普通高等教育系列教材

理论力学

第4版

主　编　王永廉　方建士
副主编　唐国兴　张　珑　王晓军
参　编　汪云祥　杨小斌　顾建平

机 械 工 业 出 版 社

本书是为应用型本科院校以及其他院校工科各专业精心编写的理论力学教材，具有理论简明、内容翔实、突出应用、结构严谨、层次分明、语言精练、通俗易懂的特点。本书在保持前三版风格特点的基础之上，有机融入了思政元素，以提升育人效果；通过二维码引入了重难点知识点、典型例习题的讲解视频，以及各章知识要点、解题方法与难题解析，以帮助读者更好地学习和理解；适当增补了例题和习题，以拓展读者视野，满足读者深入学习的需要。

本书共十六章，包括静力学基础、平面汇交力系、力矩·力偶·平面力偶系、平面任意力系、空间力系、静力学专题、点的运动学、刚体的基本运动、点的合成运动、刚体的平面运动、质点动力学基本方程、动量定理、动量矩定理、动能定理、动静法、碰撞专题。每章都配有大量的例题、复习思考题与习题。在书的最后，给出了习题参考答案和参考文献。

本书配有可供教师使用的多媒体课件、教学设计（教案）、备课笔记、教学及考核大纲、习题详解、期末试卷等丰富的教学资源，拟将本书作为授课教材的教师请填写书后所附《教学支持申请表》免费获取。

本书适合作为应用型本科院校工科各专业理论力学课程的教材，也可作为其他院校工科各专业相应课程的教材或教学参考书，还可供有关工程技术人员参考。

图书在版编目（CIP）数据

理论力学 / 王永廉，方建士主编. -- 4 版. -- 北京：机械工业出版社，2025. 1（2025. 7 重印）. --（普通高等教育系列教材）. -- ISBN 978-7-111-76604-9

Ⅰ. O31

中国国家版本馆 CIP 数据核字第 2024EY8695 号

机械工业出版社（北京市百万庄大街 22 号　邮政编码 100037）
策划编辑：张金奎　　　　责任编辑：张金奎　汤　嘉
责任校对：曹若菲　张　薇　　封面设计：张　静
责任印制：李　昂
涿州市般润文化传播有限公司印刷
2025 年 7 月第 4 版第 3 次印刷
169mm×239mm · 21.5 印张 · 418 千字
标准书号：ISBN 978-7-111-76604-9
定价：59.80 元

电话服务　　　　　　　　网络服务
客服电话：010-88361066　　机　工　官　网：www.cmpbook.com
　　　　　010-88379833　　机　工　官　博：weibo.com/cmp1952
　　　　　010-68326294　　金　　书　　网：www.golden-book.com
封底无防伪标均为盗版　　机工教育服务网：www.cmpedu.com

第 4 版前言

本书是为应用型本科院校以及其他院校工科各专业精心编写的理论力学教材，具有理论简明、内容翔实、突出应用、结构严谨、层次分明、语言精练、通俗易懂的特点。第1版自2008年出版发行以来，受到了有关师生的普遍欢迎。

本书在前三版的基础之上，做出了如下修订：

(1) 为更好地用党的二十大精神指导教学，在适当章节自然有机地融入了思政元素，以提升育人效果。

(2) 为了帮助读者更好地学习和理解，在有关章节嵌入了重难点知识点、典型例习题的讲解视频，以及各章知识要点、解题方法与难题解析，读者可以扫描相应的二维码学习。

(3) 对某些章节的例题和习题做了适当增补，以拓展读者视野，满足读者深入学习的需要。

参与本次修订工作的有南京工程学院的王永廉、方建士、张珑和顾建平。其中，王永廉负责统稿定稿。

本书适合作为应用型本科院校工科各专业理论力学课程的教材，也可作为其他院校工科各专业相应课程的教材或教学参考书，还可供有关工程技术人员参考。

本书配有可供教师使用的多媒体课件、教学设计（教案）、备课笔记、教学及考核大纲、习题详解、期末试卷等丰富的教学资源，拟将本书作为授课教材的教师请填写书后所附《教学支持申请表》免费获取。

本书的姊妹教材——《材料力学》（第 4 版）与《工程力学（静力学与材料力学）》（第 3 版），已与本书同时由机械工业出版社出版发行，可分别供应用型本科院校以及其他院校工科各专业的材料力学课程与工程力学课程的教学选用。

本书虽经数次修订，但疏漏与欠妥之处仍在所难免，欢迎读者批评指正。有建议者请与南京工程学院力学教研室王永廉联系（E-mail：ylwang0606@163. net）。谢谢。

编　者

2024 年 6 月

第 3 版前言

本书是为应用型本科院校以及其他院校工科各专业精心编写的理论力学教材，具有理论简明、内容翔实、突出应用、结构严谨、层次分明、语言精练、通俗易懂的特点。第 1 版自 2008 年出版发行以来，受到了有关师生的普遍欢迎。

在保持前两版风格特点的基础之上，本书做出了如下修订：

(1) 为了满足多课时理论力学课程的教学要求以及学生的考研与竞赛需要，在第六章“静力学专题”中，增加了“虚位移原理”一节；增加了第十六章“碰撞专题”。

(2) 对各章的例题和习题做了适当调整和增补，使题型更加丰富和均衡。

(3) 对全书的文字进一步润色和提炼。

(4) 将全书的插图改为彩色图，使之形象生动。

本次修订工作由南京工程学院的王永廉、方建士和顾建平负责完成。

本书插图由南京工程学院模具设计专业吴衍文、王琪、胡胜寒、陈磊、吴凤楠、薛颖、谢亚晴、刘蓝雨、曹鸣超、张天龙、浦一子、仇志艳、何贤、甘子瑞、姜程和王玉华等同学制作，谨致谢意。

本书的姊妹教材——《材料力学》（第 3 版）与《工程力学（静力学与材料力学）》，也由机械工业出版社出版发行，可分别供应用型本科院校以及其他院校工科各专业的材料力学课程与工程力学课程的教学选用。

本书虽已是第 2 次修订，但疏漏与欠妥之处在所难免，欢迎读者继续批评指正。有建议者请与南京工程学院材料工程系王永廉联系（E-mail：ylwang0606@sina. com）。

编　者

2018 年 8 月

第 2 版前言

作为适用于应用型本科院校及其他院校工科各专业的教材，第 1 版自 2008 年 7 月出版发行以来，受到有关师生的普遍欢迎。为了使之更臻完善，在保持教材的定位、体系、风格与特点不变的基础之上，编者对第 1 版做了精心修订。

主要修订工作如下：

(1) 对各章的例题和习题做了适当的增补和调整。

(2) 在“第五章空间力系”的第二节中，增加了“力对点的矩的矢量定义”。

(3) 在第六章“静力学专题”的第三节中，增加了“用实验法确定复杂形状物体的重心”。

(4) 在“第十四章动能定理”中，增加了“功率、功率方程与机械效率”一节。

(5) 在“第十五章动静法”中，增加了“绕定轴转动刚体的轴承动约束力”一节。

(6) 进一步润色和提炼全书的文字与插图。

本次的修订工作由南京工程学院的王永廉负责完成。

本书的姊妹教材——《材料力学》(第 2 版) 以及《工程力学 (静力学与材料力学)》，已与本书同时由机械工业出版社出版发行，可分别供应用型本科院校以及其他院校工科各专业的材料力学课程、工程力学课程的教学选用。

本书虽经修订，但疏漏与欠妥之处在所难免，欢迎读者继续批评指正。有建议者请与南京工程学院材料工程系王永廉联系 (E-mail：ylwang0606@163. net)。

编　者

2011 年 2 月

第1版前言

本书是为国内应用型本科院校编写的理论力学教材，主要适合于这些院校工科各专业的理论力学课程以及工程力学课程中理论力学部分的教学，也可作为其他院校工科专业相应课程的教材或参考书。

本书涵盖了理论力学的主要内容，静力学部分包括静力学基础、平面汇交力系、力矩·力偶·平面力偶系、平面任意力系，空间力系与静力学专题六章；运动学部分包括点的运动学、刚体的基本运动、点的合成运动与刚体的平面运动四章；动力学部分包括质点动力学基本方程、动量定理、动量矩定理、动能定理与动静法五章。考虑到学生的认知规律和教师的授课习惯，在章节编排上采用了由特殊到一般、由平面到空间、由浅入深的传统方式，并将静力学中相对独立的三个专门问题，即摩擦、桁架与重心编为一章，以方便不同学时课程的选用。

本书借鉴近年来国内应用型本科院校与民办二级学院力学课程的教学经验，考虑到培养应用型人才的定位，本着以必需够用为度、以实际应用为重的原则，对内容进行了适当取舍，并简化了理论推导，加大了例题、思考题与习题的分量，着重于培养学生的实际应用能力。

本书对基本理论、基本概念的阐述简洁明了，对工程应用、解题方法的介绍翔实清楚，尽力做到结构严谨、层次分明、语言精练、通俗易懂。

参加本书编写工作的有常州工学院的唐国兴、王晓军、杨小斌，南京工程学院的王永廉、张珑、汪云祥。其中，唐国兴、王永廉任主编，张珑、王晓军任副主编。王永廉负责全书的统稿定稿工作。

本书承蒙南京航空航天大学吴文龙教授悉心审阅，谨在此表示衷心感谢。

本书配有制作精美的多媒体电子教案，读者可在机械工业出版社教育服务网（www.cmpedu.com）上注册下载。同时，与本书配套的教学与学习指导书——《理论力学学习指导与题解》也已由机械工业出版社出版发行。

本书的姊妹教材——《材料力学》，与本书同时由机械工业出版社出版发行，可供应用型本科院校与独立学院工科各专业的材料力学课程以及工程力学课程中材料力学部分的教学选用。

编者期望这套教材能够使这个层面上的师生满意。但由于编者能力有限，难免会存在不足之处，衷心希望读者批评指正。有建议者请与南京工程学院材料工程系王永廉联系（E-mail：ylwang0606@163. net）。

编　者

2008年6月

目　录

第七章　点的运动学

第八章　刚体的基本运动

第九章　点的合成运动

第十章　刚体的平面运动

第十一章　质点动力学基本方程

第十二章　动量定理

第十三章　动量矩定理

第十四章　动能定理

第十五章 动静法

第十六章 碰撞专题

绪　　论

一、理论力学的研究内容

理论力学是研究物体机械运动的一般规律性的学科。所谓机械运动是指物体在空间的位置随时间的变化。平衡是机械运动的特殊形式，故也属于理论力学的研究范畴。

理论力学的研究内容可以分为以下三大部分：

静力学　主要研究物体的平衡规律。

运动学　主要从几何的角度来研究物体的机械运动。

动力学　主要研究物体的机械运动与作用力之间的关系。

二、理论力学的研究方法

理论力学的研究方法是从实践出发，经过抽象、综合与归纳，建立公理；然后以公理为基础，通过数学演绎和逻辑推理，获得定理和推论，形成理论体系；最后再将理论应用于实践，使之在实践中得到完善和发展。

三、学习理论力学的目的

理论力学所研究的是力学中最一般、最基本的规律。许多工科专业的后续课程，如材料力学、结构力学、机械原理、机械设计、振动理论等，都要以理论力学为基础。学习理论力学的目的之一是为后续课程打下必要的理论基础。

有些日常生活中的现象和工程技术问题，可以直接运用理论力学的理论去解释和解决。还有些问题，则需用理论力学知识和其他学科知识结合起来共同研究。所以，学习理论力学的目的之二是为解决有关工程实际问题奠定基础。

理论力学的研究方法就是自然科学研究的一般方法。因此，学习理论力学的目的之三是理解和掌握自然科学研究的一般方法，培养正确分析问题和解决问题的能力，为今后从事科学研究和工程技术工作打下基础。

第一章
静力学基础

·思 政 导 读·

静力学主要研究物体在力作用下的平衡规律，在工程和科学实践中得到了广泛应用。一般认为，静力学起源并发展于欧洲，对其做出重要贡献的学者有古希腊的阿基米德（约公元前287—前212），荷兰的斯蒂文（1548—1620）和法国的伐里农（1654—1721）等。实际上，中国古代科学家也对静力学做出过重大贡献，早在春秋战国时期，墨子（约公元前470—前391）在其代表作《墨经》中就对杠杆、轮轴和斜面做了分析，明确指出，“衡……长重者下，短轻者上”，提出了杠杆原理，比阿基米德早了一两百年。

本章介绍静力学的基础知识，主要内容包括静力学基本概念、静力学公理及推论、约束与约束力以及物体的受力分析。

第一节　静力学的基本概念

一、力的概念

力是物体间的相互机械作用。这种作用一方面会改变物体的机械运动状态，另一方面会使物体产生变形。前者称为**力的运动效应**或**外效应**，后者称为**力的变形效应**或**内效应**。理论力学主要研究力的外效应，力的内效应将在后续课程材料力学中研究。

经验表明，力对物体的作用效应取决于**力的三要素，即大小、方向和作用点**。力的大小表示物体间相互机械作用的强弱程度。在国际单位制中，衡量力大小的单位是N（牛）。力的方向包括力的作用线方位和力沿作用线的指向。力的作用点是力作用位置的抽象。从严格意义上来说，物体相互作用的位置不可能是一个点，而应是物体的一部分。但当力的作用范围很小时，就可将其抽象为一点，该点即称为力的作用点。

综上所述，力是一个具有大小、方向和作用点的物理量，因此是一个**定位矢量**，可用一带箭头的有向线段来表示（见图 1-1）。有向线段的长度按一定的比例尺表示力的大小；有向线段的方位和箭头表示力的方向；有向线段的起点或终点表示力的作用点；与有向线段重合的直线则表示力的作用线。

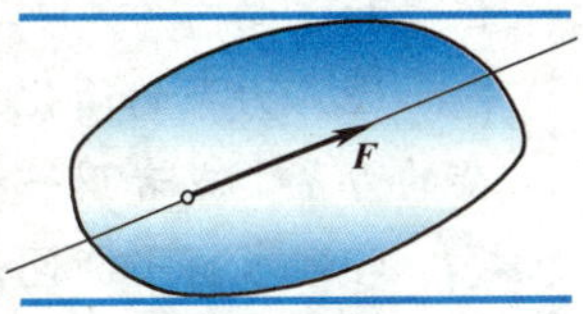

图　1-1

矢量通常用黑体字母（如 $\boldsymbol{F}$）或上方带箭头的字母（如$\vec{F}$）来表示，而矢量的大小则用普通字母（如 F）来表示。在本书中，一律采用黑体字母（如 $\boldsymbol{F}$）来表示矢量。

二、刚体的概念

所谓**刚体是指在任何力的作用下都不发生变形的物体**。其特征表现为：刚体内任意两点的距离永远保持不变。刚体是理论力学中理想化的力学模型，实际上，任何物体受力都会产生程度不同的变形。如果物体的变形很小，对所研究的问题没有实质性影响，则可将该物体抽象为刚体。在理论力学中，泛指的物体均应理解为刚体。

三、平衡的概念

平衡是指物体相对于惯性参考系（如地球）**处于静止或匀速直线运动状态。**它是物体机械运动的一种特殊形式。

四、力系的概念

力系是指作用于物体上的一群力。根据力系中力的作用线是否位于同一平面内，可将力系分为**平面力系**和**空间力系**两大类。根据力系中力的作用线的相互关系，又可将力系分为作用线汇交于一点的**汇交力系**，作用线互相平行的**平行力系**和作用线既不完全平行、也不完全汇交于一点的**任意力系**。

使物体处于平衡状态的力系称为**平衡力系**。如果某两力系对物体的作用效应相同，则称这两个力系为**等效力系**。若一个力与一个力系等效，则称该力为力系的**合力**，而称力系中的各力为该合力的**分力**。用一个较简单的力系等效替换一个较复杂的力系，称为**力系的简化**。用一个力等效替换一个力系，称为**力系的合成**。反之，一个力用其分力来等效替换，则称为**力的分解**。

静力学的主要内容有：

(1) 物体的受力分析　分析物体受哪些力作用，以及每个力的作用位置和方向。

(2) 力系的简化或合成　用一个较简单的力系来等效替换一个较复杂的力系，或者用一个力来等效替换一个力系。

(3) 求解平衡问题　研究作用于物体上的各种力系所应满足的平衡条件，并应用这些平衡条件来解决工程中的平衡问题。

第二节　静力学公理

静力学公理是人类关于力的基本性质的概括和总结，是静力学理论的基础。它无须证明而为人们所确认。

公理1　力的平行四边形法则

作用于物体上同一点的两个力，可以合成为一个合力。合力的作用点仍在该点，合力的大小和方向由这两个力为邻边构成的平行四边形的对角线确定，如图1-2a所示。它们的矢量关系式为

$$\boldsymbol{F}_{\mathrm{R}}=\boldsymbol{F}_1+\boldsymbol{F}_2 \tag{1-1}$$

即合力矢 $\boldsymbol{F}_{\mathrm{R}}$ 等于两个分力矢 $\boldsymbol{F}_1$ 与 $\boldsymbol{F}_2$ 的矢量和。

在求作用于刚体上同一点的两个力的合力时，也可采用**力的三角形法则，即将两个力依次首尾相连，构成一不封闭的三角形，合力的大小和方向则由该三角形的封闭边矢量确定，**如图1-2b或c所示。

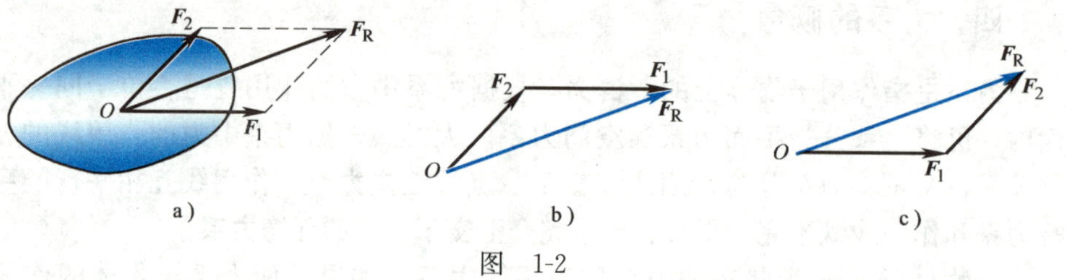

图　1-2

反之，也可以根据这一公理将一个力分解为作用于同一点的两个分力。由于同一对角线可画出无数多个不同的平行四边形，因此分解的结果不唯一。要使分解结果唯一，必须附加条件。通常是将一个力分解为方向互相垂直的两个力，这种分解方式称为**正交分解**，所得的两个分力称为**正交分力**。

公理 2　二力平衡公理

作用在同一刚体上的两个力，使刚体保持平衡的必要且充分条件是：这两个力大小相等、方向相反，且作用在同一条直线上。

二力平衡公理指出了作用于刚体上最简单力系平衡时所必须满足的条件。对刚体而言，这个条件既必要又充分，但对非刚体而言，这个条件只是必要条件。

受两个力作用而处于平衡状态的构件，称为**二力构件**。当二力构件的形状为杆件时，则称为**二力杆**。根据二力平衡公理，不论二力构件的形状如何，其所受的两个力的作用线必沿此两力作用点的连线。

公理 3　加减平衡力系公理

在已知力系上加上或减去任一平衡力系，并不改变原力系对刚体的作用效应。

此公理是研究力系等效变换的重要依据，但其只适用于刚体而不适用于变形体。

由上述几个公理可得到下面两个推论：

推论 1　力的可传性原理

作用在刚体上的力，可沿其作用线滑移到刚体内的任一点，而不改变该力对刚体的作用效应。

证明：设力 $\boldsymbol{F}$ 作用在刚体上的点 A，如图 1-3a 所示。根据公理 2 和公理 3，在该力作用线上的任一点 B 加上一对平衡力 $\boldsymbol{F}_1$ 和 $\boldsymbol{F}_2$，并令 $\boldsymbol{F}_2=-\boldsymbol{F}_1=\boldsymbol{F}$（见图 1-3b）。此时，力 $\boldsymbol{F}$ 和 $\boldsymbol{F}_1$ 也是一对平衡力，再将这一对平衡力减去，就只剩下一个作用于点 B 的力 $\boldsymbol{F}_2$（见图 1-3c），其等效于作用于点 A 的力 $\boldsymbol{F}$。于是推论得证。

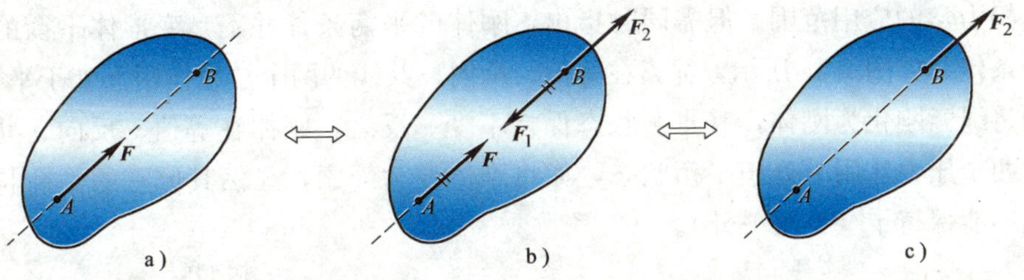

图　1-3

力的可传性原理只适用于刚体。由力的可传性原理可知，对于刚体而言，力的三要素可改为：力的大小、方向和作用线。因此，对刚体来说，力是**滑动矢量**。

推论2 三力平衡汇交定理

刚体受三力作用而平衡，且其中两个力的作用线相交于一点，则第三个力的作用线必汇交于同一点，且三力共面。

证明： 设在刚体上的 A、B、C 三点，分别作用三个平衡力 $\boldsymbol{F}_1$、$\boldsymbol{F}_2$、$\boldsymbol{F}_3$，其中 $\boldsymbol{F}_1$、$\boldsymbol{F}_2$ 的作用线相交于点 O，如图 1-4 所示。根据力的可传性原理，分别将 $\boldsymbol{F}_1$、$\boldsymbol{F}_2$ 沿各自作用线滑移至汇交点 O，并由平行四边形法则得其合力 $\boldsymbol{F}_{12}$。$\boldsymbol{F}_{12}$应与$\boldsymbol{F}_3$ 平衡，由二力平衡公理，$\boldsymbol{F}_3$ 与 $\boldsymbol{F}_{12}$共线，故 $\boldsymbol{F}_3$ 必与 $\boldsymbol{F}_1$、$\boldsymbol{F}_2$ 共面，且其作用线通过汇交点 O。由此推论得证。

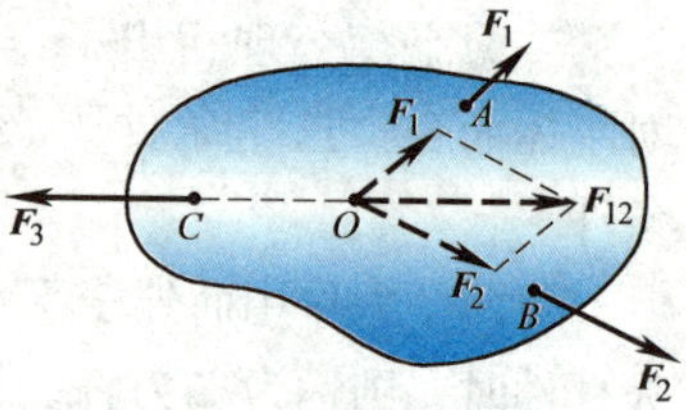

图 1-4

三力平衡汇交定理说明了不平行三力平衡的必要条件。利用这个定理可以确定不平行平衡三力中未知的第三个力的方向。三力平衡汇交定理同样只适用于刚体。

公理4 作用力与反作用力定律

两个物体之间的作用力和反作用力总是同时存在，大小相等，方向相反，沿同一直线，分别作用在这两个物体上。

这个公理概括了物体间相互作用的关系，表明一切力总是成对出现的。由于作用力与反作用力分别作用在两个不同的物体上，因此它们不是平衡力系。

公理5 刚化原理

变形体在某一力系作用下处于平衡，若将此变形体刚化为刚体，其平衡状态保持不变。

这个公理表明，刚体的平衡条件是变形体平衡的必要条件，从而扩大了刚体静力学的应用范围。但需同时指出，刚体的平衡条件并不是变形体平衡的充分条件。如图 1-5a 所示，绳索在等值、反向、共线的两个拉力作用下处于平衡，如将绳索刚化为刚体，其平衡状态保持不变。反之，刚体在等值、反向、共线的两个压力作用下处于平衡状态，如将刚体变为绳索，显然其原有的平衡状态就不能保持了（见图 1-5b）。

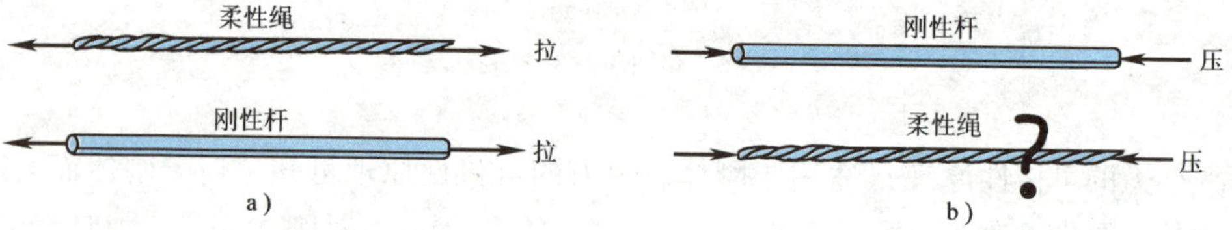

图 1-5

第三节　约束与约束力

一、约束与约束力的概念

就其运动情况而言，物体可分为两类：一类是位移不受限制的物体，称为**自由体**，如空中飞行的飞机、自由下落中的物体等；另一类是位移受限制的物体，称为**非自由体**或**受约束体**，如沿轨道行驶的火车、桌面上的茶杯等。

限制非自由体位移的周围物体称为**约束**，如限制火车位移的轨道，限制茶杯位移的桌面等。约束作用在被约束物体上限制其位移的力称为**约束力**，又称为**约束反力**或**支反力**。约束力属于**被动力**。显然，约束力的方向总与该约束所限制的物体位移方向相反；约束力的作用点位于约束与被约束物体的相互接触处。

与约束力相反，作用于物体上的重力、风力等各种载荷，将促使物体运动或使物体产生运动趋势，这类力属于**主动力**。一般来说，主动力是已知的，约束力是未知的。在平衡问题中，应根据主动力，由平衡条件确定约束力的大小。

二、约束的基本类型及其约束力

知识点 1:常见约束与约束力

下面将工程中常见的约束分类，并根据各类约束的特性说明其约束力的表达方式。

1. 柔性体约束

由绳索、链条和带等柔性连接物体构成的约束称为**柔性体约束**。这类约束的特点是绝对柔软，只能限制物体沿着柔性体伸长方向的位移。因此，柔性体的约束力作用在连接点或假想截断处，方向沿着柔性体的轴线而背离被约束物体，恒为拉力，常用 $\boldsymbol{F}_T$ 表示，如图 1-6 所示。

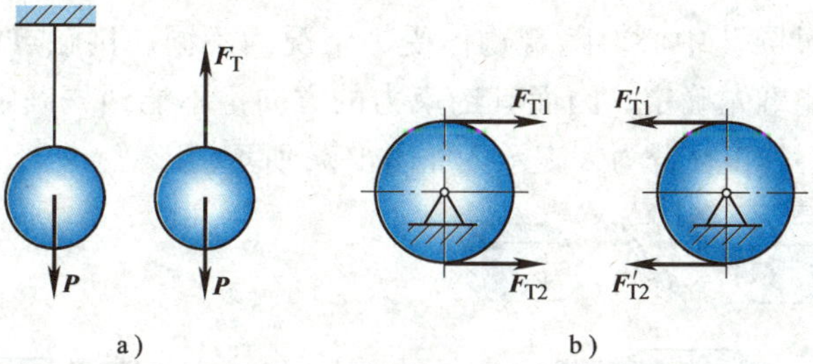

图　1-6

凡只能限制物体沿某一方向位移而不能限制物体沿相反方向位移的约束称为**单面约束**，既能限制物体沿某一方向位移又能限制物体沿相反方向位移的约束称为**双面约束**。柔性体约束属于单面约束。

2. 光滑接触面约束

物体与约束相互接触，接触面是光滑的，其间的摩擦力可以忽略不计，这类约束称为**光滑接触面约束**。光滑接触面约束只能限制物体沿接触面的公法线而趋向于约束内部的位移。因此，光滑接触面对物体的约束力，作用在接触点处，方向沿接触面的公法线而指向被约束物体。这种约束力称为**法向约束力**或**法向反力**，常用 $\boldsymbol{F}_{\mathrm{N}}$ 表示，如图 1-7 所示。光滑接触面约束也属于单面约束。

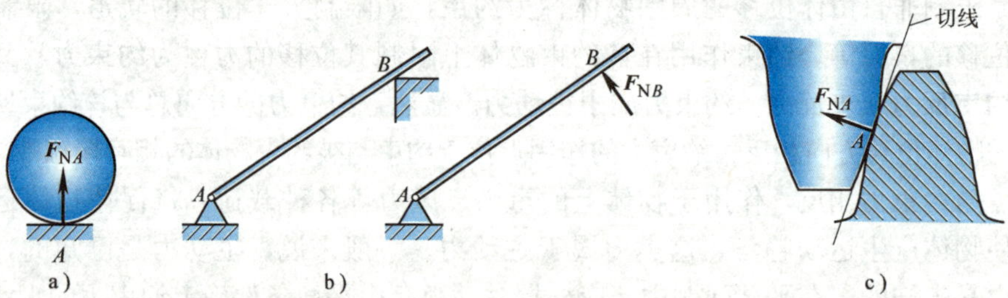

图 1-7

3. 光滑铰链约束

工程中常用的圆柱铰链、固定铰链支座、活动铰链支座、向心轴承、推力轴承、球形铰链等，都属于**光滑铰链约束**。它们的共同特点是只能限制物体的移动，而不能限制物体的转动。

(1) 圆柱铰链 **圆柱铰链**又称**中间铰链**，简称**铰链**，它由圆柱销钉插入两构件的圆孔而构成的（见图 1-8a），其简图如图 1-8b 所示。圆柱铰链只能限制物体沿销钉径向的位移，而不能限制物体沿销钉轴向的位移。因此，其约束力必然位于垂直于销钉轴线的平面内，作用在销钉与构件圆孔的接触点，方向沿接触面公法线通过圆孔中心。随着物体受力情况的不同，接触点的位置也不同。由于接触点不能事先确定，因而其约束力的方向也不能预先确定，通常用两个作用于圆孔中心的正交分力来表示，如图 1-8c 所示。

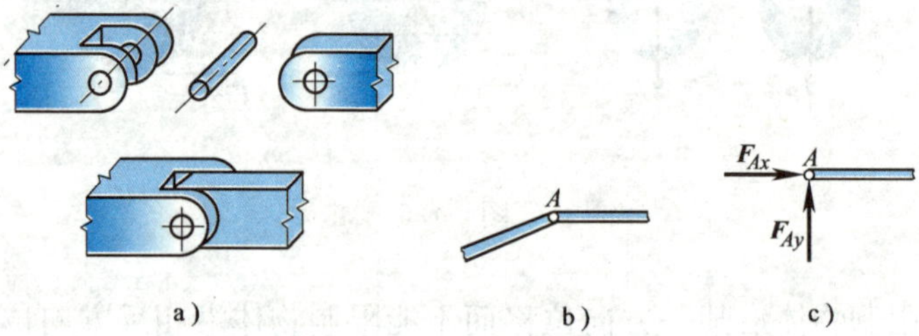

图 1-8

（2）固定铰链支座　若铰链约束中有一个构件固定在地面或机架上作为支座，则称为**固定铰链支座**，简称**铰支座**（见图 1-9a），其简图如图 1-9b 所示。由于固定铰支座的构造和圆柱铰链相同，故其约束力通常也用两个作用于圆孔中心的正交分力来表示，如图 1-9c 所示。

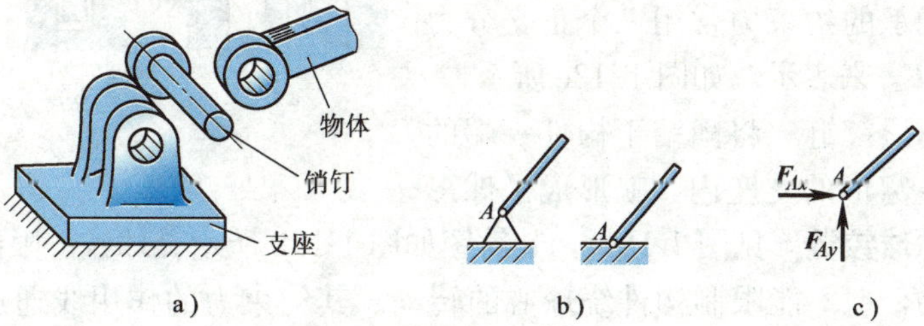

图　1-9

（3）活动铰链支座　在铰支座下面用几个辊轴支承在光滑平面上，就构成了**活动铰链支座**，也称为**辊轴支座**（见图 1-10a），其简图如图 1-10b 所示。活动铰链支座只能限制物体沿支承面法线方向的位移，而不能限制物体沿支承面切线方向的位移，故其约束力垂直于光滑支承面，通常用 $\boldsymbol{F}_{\mathrm{N}}$ 表示，如图 1-10c 所示。与光滑接触面约束不同，活动铰链支座通常为双面约束。

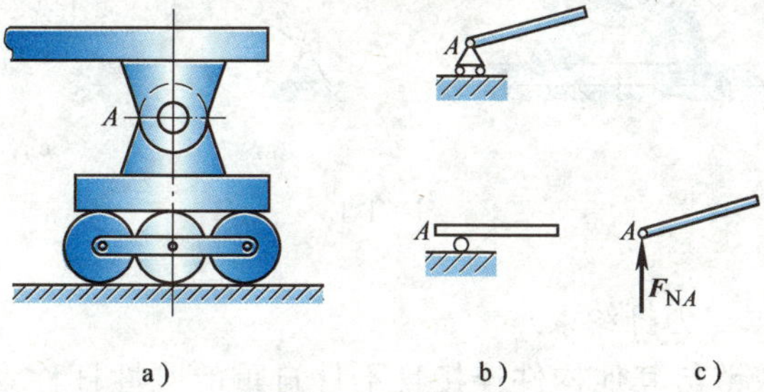

图　1-10

（4）向心轴承　**向心轴承**又称**径向轴承**（见图 1-11a），支承在转轴的两端，其简图如图 1-11b 或 c 所示。向心轴承只能限制转轴沿径向的位移，而不能限制转轴沿轴向的位移。因此，向心轴承对转轴的约束力一定沿着径向，但具体方向一般未知，通常也用作用于轴心的两个正交分力来表示，如图 1-11b 或 c 所示。

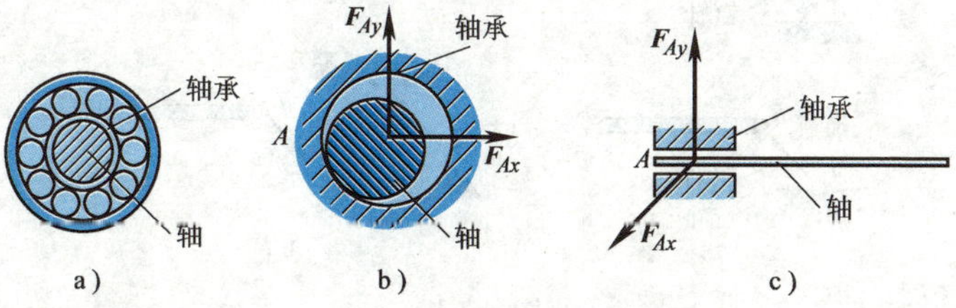

图　1-11

（5）推力轴承 **推力轴承**（见图 1-12a）的简图如图 1-12b 所示。与向心轴承不同，它能同时限制转轴沿轴向和径向的位移，比向心轴承多一个沿轴向的约束力。因此，推力轴承的约束力常用三个正交分力 $\boldsymbol{F}_x$、$\boldsymbol{F}_y$、$\boldsymbol{F}_z$ 来表示，如图 1-12c 所示。

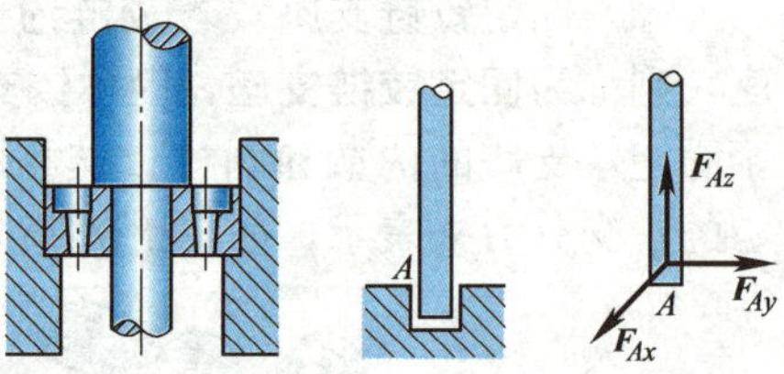

a） b） c）

图 1-12

（6）球形铰链 将固结于构件一端的球体置于球窝形的支座内，就形成了**球形铰链**，简称**球铰链**（见图 1-13a），其简图如图 1-13b 所示。球铰链限制构件端部球心的移动，但不能限制构件绕球心的转动。其约束力的作用线通过球心，但方向一般不能预先确定，通常用三个正交分力来表示，如图 1-13c 所示。

a） b） c）

图 1-13

4. 链杆约束（二力杆约束）

两端用光滑铰链与其他构件连接且不计自重的刚性杆称为链杆，常被用来作为拉杆或撑杆构成**链杆约束**，如图 1-14a 所示。由于链杆为二力杆，故又称为**二力杆约束**。显然，链杆约束的约束力方向必沿其两端铰链中心的连线，但指向一般不能预先确定，通常可假设为拉力，如图 1-14b 所示。链杆约束为双面约束。

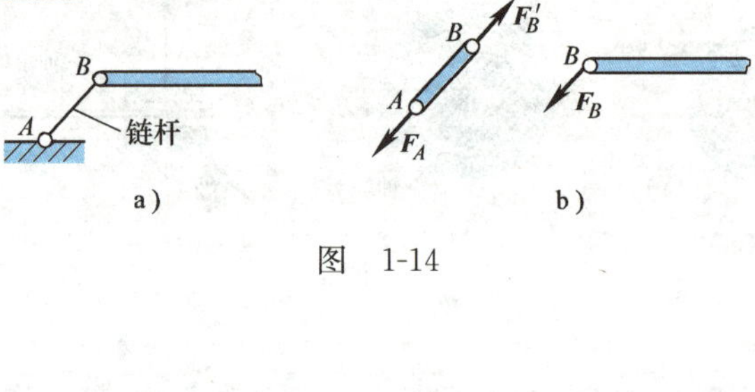

a） b）

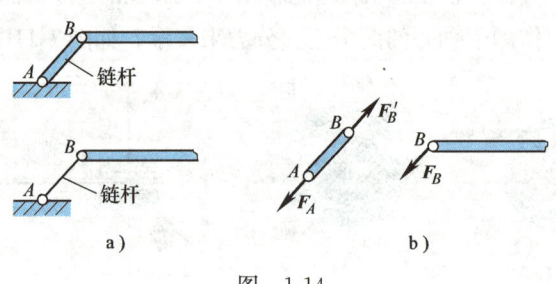

图 1-14

5. 固定端约束

物体的一部分固嵌于另一物体所形成的约束称为**固定端约束**。例如，输电线的电杆、房屋的阳台、固定在刀架上的车刀等所受的约束都是固定端约束。固定端约束的简图如图 1-15所示。固定端约束限制物体的所有位移，由于其约束力的分布比较复杂，需要加以简化，因此，固定端的约束力的表达方式将在第四章中介绍。

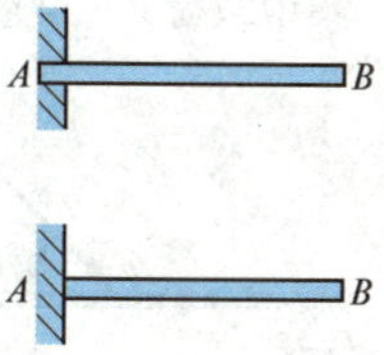

图　1-15

第四节　物体的受力分析

解决力学问题时，首先要选取研究对象，然后分析研究对象的受力情况，并作出表明其受力情况的简图，这个过程称为**物体的受力分析**。为了清晰地表示物体的受力情况，需要取**分离体**，即解除研究对象所受的全部约束，将它从周围物体中分离出来，并单独画出其简图。在分离体的简图上作出的表示其受力情况的力矢图称为**受力图**。正确地对物体进行受力分析并作受力图，是分析、解决力学问题的基础。

物体受力分析的基本步骤如下：

1）选定研究对象，并取分离体；

2）在分离体简图上画出研究对象所受的主动力；

3）根据约束类型及其他有关静力学知识，在分离体简图上画出研究对象所受的约束力。

【例 1-1】 重为 $\boldsymbol{P}$ 的匀质球体，在 A 处用绳索系在墙上，如图 1-16a 所示，试画出球体的受力图。

解：（1）选取研究对象

选取球体为研究对象，解除约束，单独画出其简图（见图 1-16b）。

（2）画主动力

主动力为重力 $\boldsymbol{P}$，垂直向下，作用点在球心 O。

（3）画约束力

小球在 A 点有绳索约束，约束力为拉力 $\boldsymbol{F}_{\mathrm{T}}$，作用于 A 点并沿绳索背离小球；在 B 点有光滑接触面约束，约束力为法向约束力 $\boldsymbol{F}_{\mathrm{N}}$，作用于接触点 B 并沿接触面的公法线指向球体。

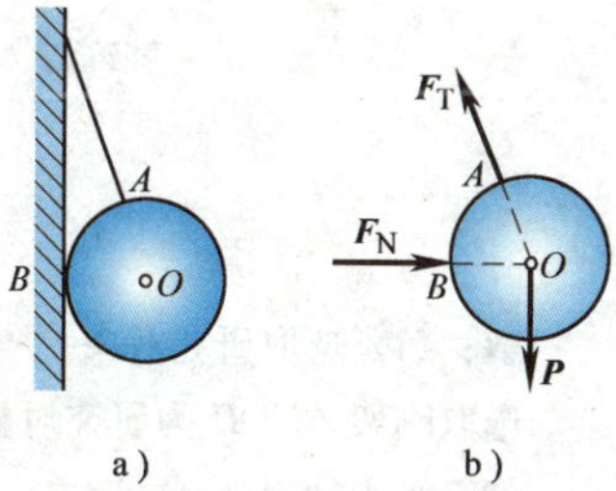

图　1-16

球体的受力图如图 1-16b 所示。

【例 1-2】 梁 AB 左端为固定铰支座，右端为活动铰支座，如图 1-17a 所示。在 C 处作用一集中载荷 $\boldsymbol{F}$，梁重不计，试作出梁 AB 的受力图。

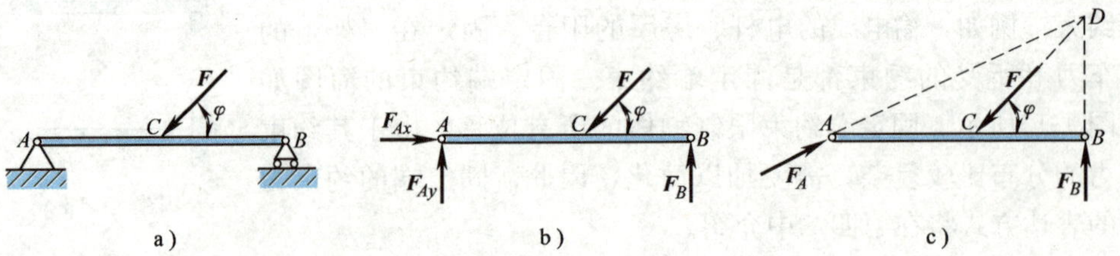

图 1-17

解：(1) 选取研究对象

选取梁 AB 为研究对象，解除约束，单独画出其简图（见图 1-17b）。

(2) 画主动力

主动力为已知集中载荷 $\boldsymbol{F}$。

(3) 画约束力

B 端活动铰支座的约束力为法向约束力 $\boldsymbol{F}_B$，垂直于支承面铅垂向上；A 端固定铰支座的约束力用一对正交分力 $\boldsymbol{F}_{Ax}$、$\boldsymbol{F}_{Ay}$ 来表示。

梁 AB 的受力图如图 1-17b 所示。

梁 AB 的受力图还可以画成如图 1-17c 所示。根据三力平衡汇交定理，已知力 $\boldsymbol{F}$ 与 $\boldsymbol{F}_B$ 的作用线相交于点 D，则 A 端的约束力 $\boldsymbol{F}_A$ 的作用线必汇交于点 D，从而确定 $\boldsymbol{F}_A$ 一定沿着 A、D 两点的连线。

【例 1-3】 试画出图 1-18a 所示简支刚架 $ACDB$ 的受力图。

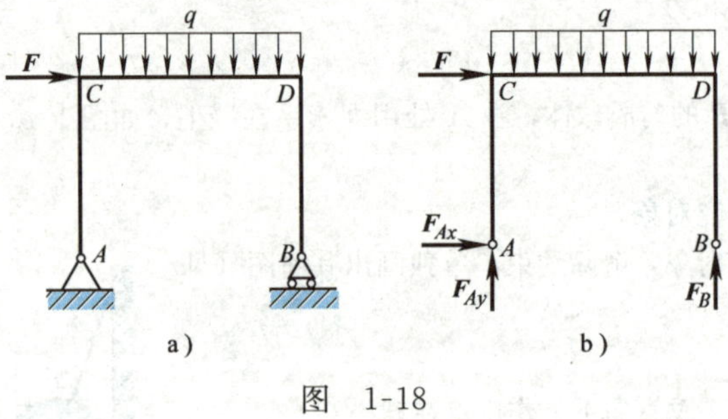

图 1-18

解：(1) 选取研究对象

选取刚架 $ACDB$ 为研究对象，解除约束，单独画出其简图（见图 1-18b）。

(2) 画主动力

C 点受有水平集中载荷 $\boldsymbol{F}$，CD 段受有竖向均布载荷 q。

(3) 画约束力

A 端固定铰支座的约束力用一对正交分力 $\boldsymbol{F}_{Ax}$、$\boldsymbol{F}_{Ay}$ 表示；B 端活动铰支座的约束力为

法向约束力 F_B。

刚架 $ACDB$ 的受力图如图 1-18b 所示。

【例 1-4】 如图 1-19a 所示，匀质水平梁 AB 用斜杆 CD 支承，A、C、D 三处均为光滑铰链连接。梁 AB 重为 $\boldsymbol{P}_1$，其上放置一重为 $\boldsymbol{P}_2$ 的电动机。如不计杆 CD 的重力，试分别画出斜杆 CD 和梁 AB（包括电动机）的受力图。

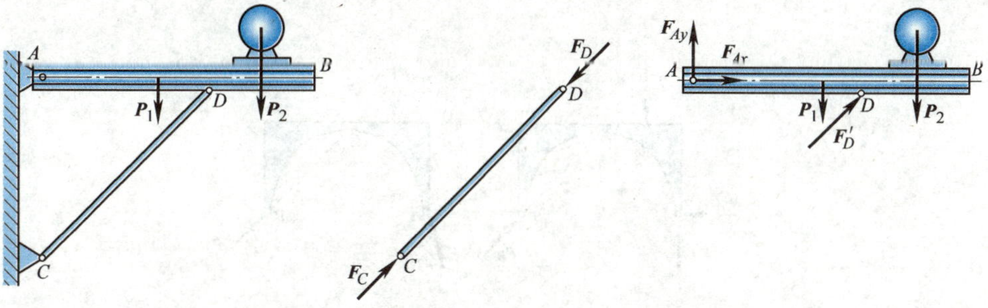

图　1-19

解：（1）画斜杆 CD 的受力图

选取斜杆 CD 为研究对象，解除约束，单独画出其简图。

由于斜杆 CD 的自重不计，且只在 C、D 两处受到光滑铰链约束，因此杆 CD 为二力杆。由此可确定 $\boldsymbol{F}_C$ 和 $\boldsymbol{F}_D$ 的作用线应沿铰链中心 C、D 的连线，且大小相等、方向相反，即 $\boldsymbol{F}_C=-\boldsymbol{F}_D$。由经验判断，杆 CD 受压力，其受力图如图 1-19b 所示。如果 $\boldsymbol{F}_C$（$\boldsymbol{F}_D$）的指向不能预先判定，通常可先假设杆件受拉。若最后求出的力为正值，即说明原假设正确，杆件受拉；若为负值，则表明杆件实际受力方向与原假设方向相反，为压力。

（2）画梁 AB（包括电动机）的受力图

选取梁 AB（包括电动机）为研究对象，解除约束，并单独画出其简图。

依次画出作用于其上的主动力及约束力：它受有 $\boldsymbol{P}_1$、$\boldsymbol{P}_2$ 两个主动力的作用；梁在铰链 D 处受有二力杆 CD 给它的约束力 $\boldsymbol{F}'_D$，根据作用力与反作用力定律，$\boldsymbol{F}'_D=-\boldsymbol{F}_D$，即 $\boldsymbol{F}'_D$ 与 $\boldsymbol{F}_D$ 的大小相等、方向相反；梁在 A 处受到固定铰支座约束力的作用，由于方向未知，可用一对正交分力 $\boldsymbol{F}_{Ax}$、$\boldsymbol{F}_{Ay}$ 来表示。

梁 AB（包括电动机）的受力图如图 1-19c 所示。

【例 1-5】 如图 1-20a 所示，三铰拱由左、右两半拱铰接而成，在左半拱 AC 上作用有集中载荷 $\boldsymbol{F}$。若不计构件自重，试分别画出该结构整体和各个构件的受力图。

解：（1）画右半拱 BC 的受力图

选取右半拱 BC 为研究对象，解除约束并单独画出其简图。

画出作用于其上的主动力与约束力：由于拱 BC 自重不计，且只在 B、C 两处受到铰链约束，因此为二力构件。在铰链中心 B、C 处分别受到大小相等、方向相反的 $\boldsymbol{F}_B$、$\boldsymbol{F}_C$ 两约

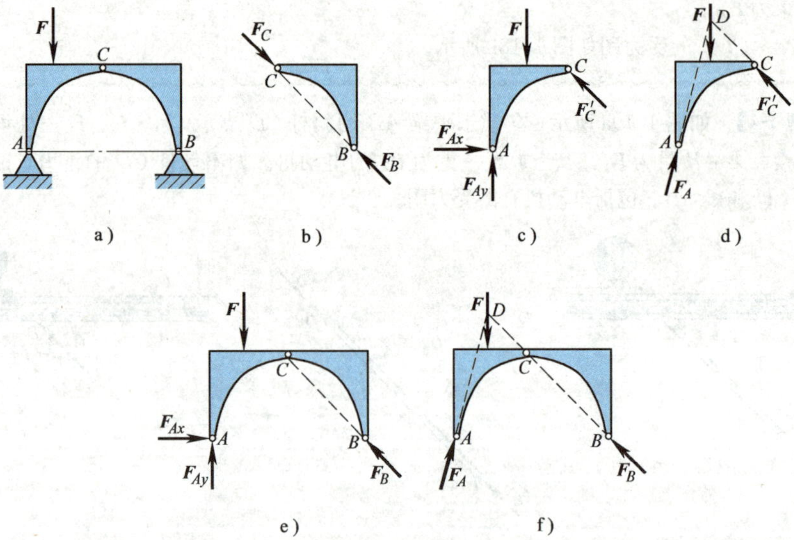

图 1-20

束力的作用，即 $\boldsymbol{F}_B=-\boldsymbol{F}_C$。其受力图如图 1-20b 所示。

(2) 画左半拱 AC 的受力图

选取左半拱 AC 为研究对象，解除约束并单独画出其简图。

依次画出作用于其上的主动力与约束力：由于拱 AC 自重不计，因此主动力只有集中载荷 $\boldsymbol{F}$；左半拱 AC 在铰链 C 处受有约束力 $\boldsymbol{F}'_C$，$\boldsymbol{F}'_C$ 与 $\boldsymbol{F}_C$ 可视为一对作用力与反作用力，故有 $\boldsymbol{F}'_C=-\boldsymbol{F}_C$，即 $\boldsymbol{F}'_C$ 与 $\boldsymbol{F}_C$ 大小相等、方向相反；在 A 处受有固定铰支座的约束力 $\boldsymbol{F}_A$，由于方向未定，故可用它的一对正交分力 $\boldsymbol{F}_{Ax}$ 和 $\boldsymbol{F}_{Ay}$ 来表示。其受力图如图 1-20c 所示。

进一步分析可知，由于左半拱 AC 在 $\boldsymbol{F}$、$\boldsymbol{F}'_C$ 与 $\boldsymbol{F}_A$ 三个不平行力的作用下平衡，故可根据三力平衡汇交定理确定铰链 A 处约束力 $\boldsymbol{F}_A$ 的方向。设点 D 为 $\boldsymbol{F}$ 和 $\boldsymbol{F}'_C$ 作用线的交点，则 $\boldsymbol{F}_A$ 的作用线必交于点 D，指向可任意假定，如图 1-20d 所示。

(3) 画整体的受力图

选取整体为研究对象，解除约束并单独画出其简图。

当对整体进行受力分析时，由于铰链 C 处所受的力 $\boldsymbol{F}_C$ 与 $\boldsymbol{F}'_C$ 成对作用在系统内部，并且大小相等、方向相反，对整个系统的作用效应相互抵消，因此在受力图中不必画出。这种系统内部的作用力称为**内力**；而系统以外的物体对系统的作用力，则称为**外力**。即在受力图中，只需画出外力，而不要画出内力。整体所受的外力有主动力 $\boldsymbol{F}$，约束力 $\boldsymbol{F}_{Ax}$、$\boldsymbol{F}_{Ay}$（或 $\boldsymbol{F}_A$）和 $\boldsymbol{F}_B$，其受力图如图 1-20e（或图 1-20f）所示。需要注意，图 1-20e（或图 1-20f）中的 $\boldsymbol{F}_{Ax}$、$\boldsymbol{F}_{Ay}$（或 $\boldsymbol{F}_A$）和 $\boldsymbol{F}_B$ 应与半拱 AC、BC 受力图中的 $\boldsymbol{F}_{Ax}$、$\boldsymbol{F}_{Ay}$（或 $\boldsymbol{F}_A$）和 $\boldsymbol{F}_B$ 完全一致。

【例 1-6】 如图 1-21a 所示，匀质圆柱 O 重为 $\boldsymbol{P}_1$，由重为 $\boldsymbol{P}_2$ 的光滑匀质板 AB、绳索 BE 和光滑墙壁支持，A 处是固定铰链支座。试画出圆柱 O 与板 AB 组成的系统的受力图以及圆柱 O 和板 AB 单独的受力图。

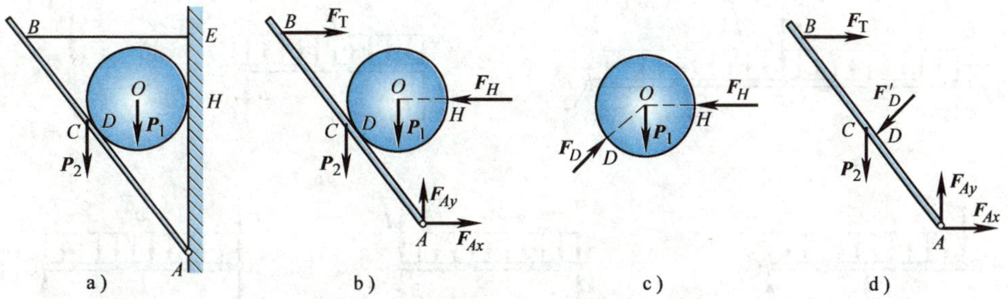

图 1-21

解：（1）画圆柱 O 与板 AB 组成的系统的受力图

选取圆柱 O 与板 AB 组成的系统为研究对象，解除约束，单独画出其简图。

依次画出作用于其上的全部外力：主动力 $\boldsymbol{P}_1$、$\boldsymbol{P}_2$ 与 A、B、H 三处的约束力。D 处的约束力属于内力，不必画出。其受力图如图 1-21b 所示。

（2）画圆柱 O 的受力图

选取圆柱 O 为研究对象，解除约束，单独画出其简图。

依次画出作用于其上的主动力与约束力：主动力为圆柱 O 的重力 $\boldsymbol{P}_1$；约束力为在 D、H 两处受到的光滑接触面的法向约束力 $\boldsymbol{F}_D$、$\boldsymbol{F}_H$。这三个力的作用线汇交于球心 O，如图 1-21c 所示。

（3）画板 AB 的受力图

选取板 AB 为研究对象，解除约束，单独画出其简图。

依次画出作用于其上的主动力与约束力：板 AB 受主动力 $\boldsymbol{P}_2$ 的作用；在 D 处受圆柱 O 对它的法向约束力 $\boldsymbol{F}'_D$ 的作用，显然 $\boldsymbol{F}'_D$ 与 $\boldsymbol{F}_D$ 是一对作用力与反作用力，其大小相等、方向相反，即有 $\boldsymbol{F}'_D=-\boldsymbol{F}_D$；在 B 处受绳索拉力 $\boldsymbol{F}_T$ 的作用；固定铰支座 A 处的约束力用一对正交分力 $\boldsymbol{F}_{Ax}$ 和 $\boldsymbol{F}_{Ay}$ 表示。其受力图如图 1-21d 所示。

【例 1-7】 组合梁如图 1-22a 所示，其中，集中载荷 $\boldsymbol{F}$ 作用于圆柱销钉 B 上，梁的自重不计。试分别作出梁 AB、销钉 B、梁 BC、梁 AB 与销钉 B 组合、梁 BC 与销钉 B 组合的受力图。

解： 分别选取梁 AB、销钉 B、梁 BC、梁 AB 与销钉 B 组合、梁 BC 与销钉 B 组合为研究对象，并取分离体。

梁 AB 的受力图如图 1-22b 所示，$\boldsymbol{F}_A$、$\boldsymbol{F}_{B1}$ 分别为链杆 A、圆柱销钉 B 对梁 AB 的约束力。由于集中载荷 $\boldsymbol{F}$ 是作用在销钉 B 上的，故在梁 AB 的受力图中不应画出。

销钉 B 的受力图如图 1-22c 所示，$\boldsymbol{F}'_{B1}$、$\boldsymbol{F}'_{B2}$ 分别为梁 AB、梁 BC 对销钉 B 的约束力。$\boldsymbol{F}'_{B1}$ 与 $\boldsymbol{F}_{B1}$ 互为作用力与反作用力。

梁 BC 的受力图如图 1-22d 所示，$\boldsymbol{F}_{B2}$、$\boldsymbol{F}_D$ 和 $\boldsymbol{F}_C$ 分别为销钉 B、链杆 D 和固定铰支座 C 对梁 BC 的约束力。$\boldsymbol{F}_{B2}$ 与 $\boldsymbol{F}'_{B2}$ 互为作用力与反作用力。同理，集中载荷 $\boldsymbol{F}$ 在梁 BC 的受力图中也不应画出。

梁 AB 与销钉 B 组合的受力图如图 1-22e 所示。此时，B 端受到集中载荷 $\boldsymbol{F}$ 和梁 BC 对

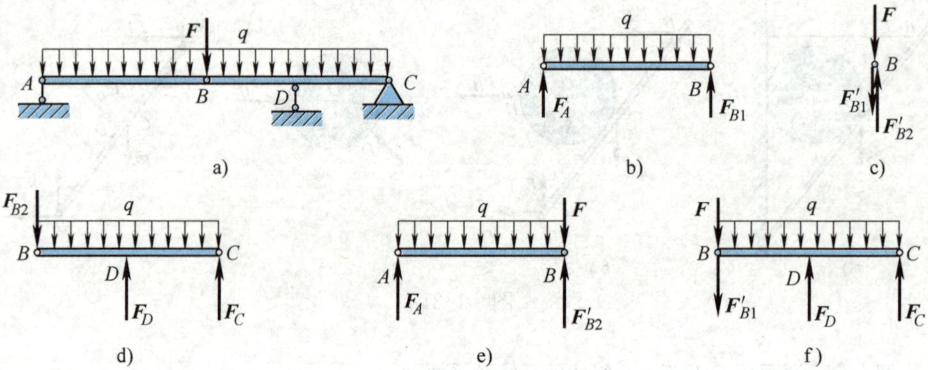

图 1-22

销钉 B 的约束力 $\boldsymbol{F}'_{B2}$ 的作用，而梁 AB 与销钉 B 之间的相互作用力 $\boldsymbol{F}_{B1}$ 与 $\boldsymbol{F}'_{B1}$ 为内力，则不应画出。

梁 BC 与销钉 B 组合的受力图如图 1-22f 所示。此时，B 端受到集中载荷 $\boldsymbol{F}$ 和梁 AB 对销钉 B 的约束力 $\boldsymbol{F}'_{B1}$ 的作用，而梁 BC 与销钉 B 之间的相互作用力 $\boldsymbol{F}_{B2}$ 与 $\boldsymbol{F}'_{B2}$ 为内力，则不应画出。

在上述各个受力图中，由于圆柱销钉 B 与固定铰支座 C 处的水平约束力显然为零，故均省略没有画出。

综上所述，在对物体进行受力分析、画受力图时必须注意以下几点：

1）明确研究对象并取分离体。根据需要，可取单个物体为研究对象，也可取由几个物体组成的系统为研究对象。不同研究对象的受力图是不同的。

2）搞清研究对象受力的数目，既不要多画又不要漏画。由于力是物体间的相互机械作用，因此必须清楚每一个力既有施力者又有受力者。一般应先画已知的主动力，再画未知的约束力。

3）正确表达约束力。凡是研究对象与周围其他物体接触的地方，都一定存在着约束力。约束力的表达方式应根据约束的类型来确定。画受力图时采用解除约束代之以力的方法，受力图上不能再带上约束。

4）正确表达作用力与反作用力之间的关系。分析两物体间相互作用时，应遵循作用力与反作用力定律。作用力的方向一经假定，反作用力的方向必须与之相反。

5）受力图上只画外力，不画内力。在画物体系统的受力图时，由于内力成对出现，组成平衡力系，因此不必画出。一个力属于外力还是内力，可能因研究对象的不同而不同。当将物体系统拆开来分析时，系统中的有些内力就会成为作用在拆开的物体上的外力。

6）同一物体系统中各研究对象的受力图必须协调一致。同一力在不同的受力图中的表示应完全相同。某处的约束力一旦确定，则无论是在整体、局部还是单个物体的受力图上，该约束力的表示必须完全一致，不能相异。

7）正确判断二力构件。由于二力构件上两个力的方向可以根据二力平衡公理确定，从而简化受力图，因此二力构件的正确判断对于受力分析意义重大。

复习思考题

1-1　刚体上 A 点的作用力 $\boldsymbol{F}$ 平行移到另一点 B（见思考题 1-1 图）是否会改变原力对刚体的作用效应？

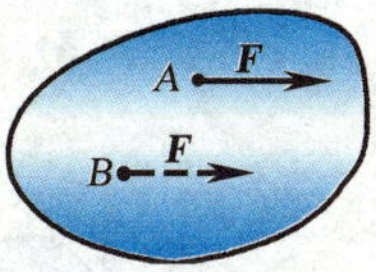

思考题 1-1 图

1-2　能否说合力一定大于分力？为什么？

1-3　凡两端用铰链连接的杆都是二力杆吗？

1-4　$\boldsymbol{F}_1=\boldsymbol{F}_2$ 和 $F_1=F_2$ 两式所代表的意义相同吗？为什么？

1-5　什么是力系的简化？什么是力系的合成？两者的关联与区别何在？

1-6　如果作用于刚体同一平面内的三个力的作用线汇交于一点，此刚体是否一定处于平衡状态？

1-7　应根据什么原则来确定约束力的方向？约束有哪几种基本类型？其约束力应如何表示？

1-8　什么是平衡二力？什么是作用力与反作用力？如何区分二者？

1-9　两个共点力可以合成为一个力，合力矢可根据平行四边形法则唯一确定。反之，将已知的一个力分解为两个力，则其两分力是否可以唯一确定？

1-10　受力分析时为什么一定要取分离体？其意义何在？

1-11　为什么受力图中不画内力？

1-12　如思考题 1-12 图 a 所示，梯子由 AC 和 BC 两部分构成，C 处为铰链，DE 为绳

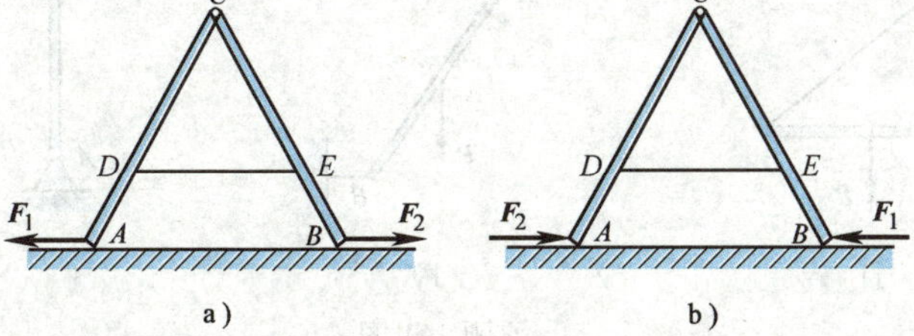

思考题 1-12 图

索；在点 A 和点 B 分别作用有力 $\boldsymbol{F}_1$ 和 $\boldsymbol{F}_2$。试问是否可以根据力的可传性，将力 $\boldsymbol{F}_1$ 移至点 B、将力 $\boldsymbol{F}_2$ 移至点 A（见思考题 1-12 图 b）？为什么？

习题

1-1 画出习题 1-1 图中物体 A 或 AB 的受力图。题图中未画重力的各物体自重不计，所有接触处均为光滑接触。

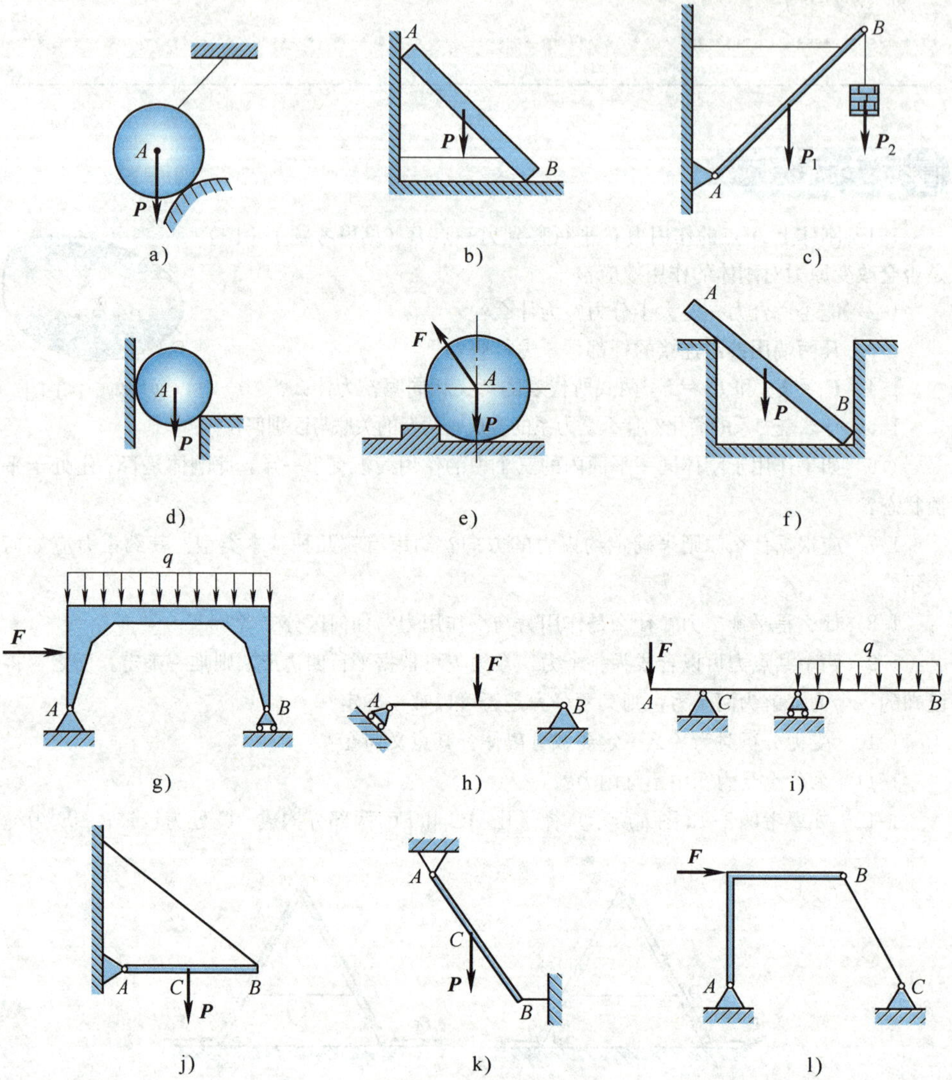

习题 1-1 图

1-2　画出习题 1-2 图中各物体系统中指定物体的受力图。题图中未画重力的各物体的自重不计，所有接触处均为光滑接触。

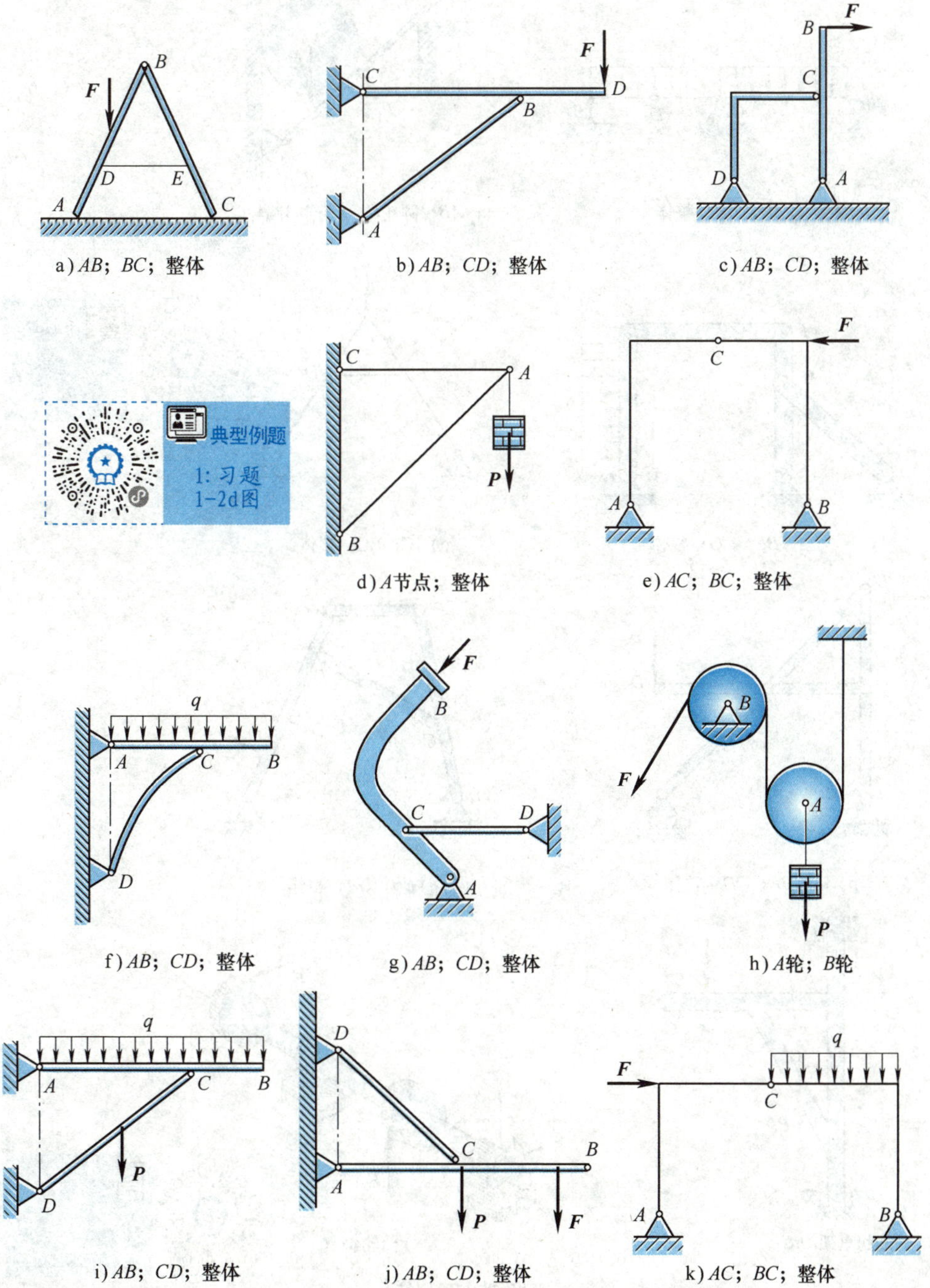

a) AB；BC；整体　b) AB；CD；整体　c) AB；CD；整体

d) A节点；整体　e) AC；BC；整体

f) AB；CD；整体　g) AB；CD；整体　h) A轮；B轮

i) AB；CD；整体　j) AB；CD；整体　k) AC；BC；整体

习题 1-2 图

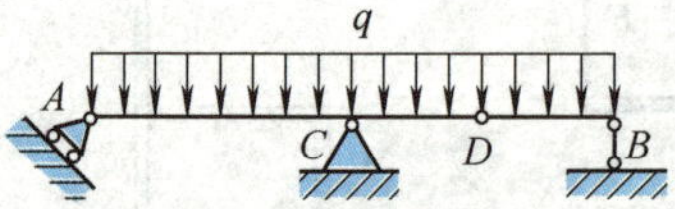

l) AD；BD；整体

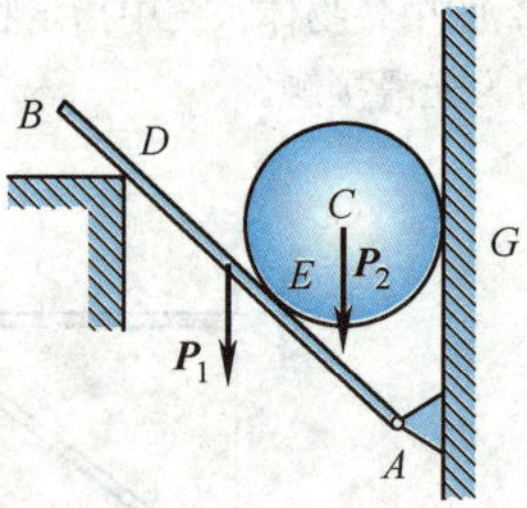

m) AB；圆轮C；AB连同圆轮C

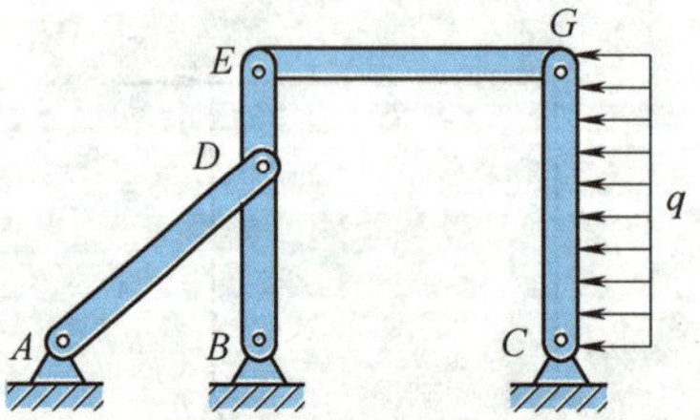

n) BE；CG；整体

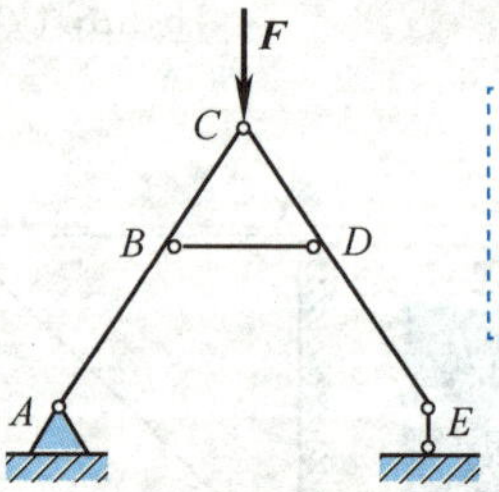

o) AC；EC；整体

典型例题

2: 习题1-2o图

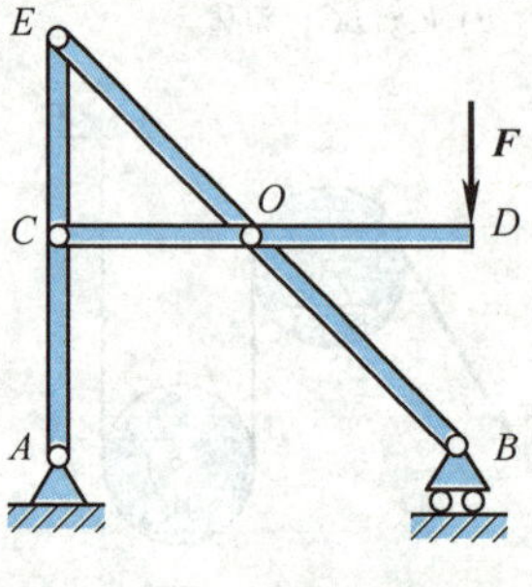

p) AE；BE；CD；整体

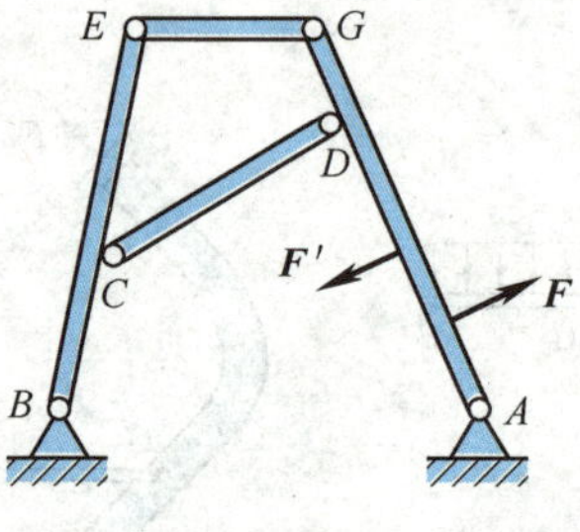

q) EB；GA；整体

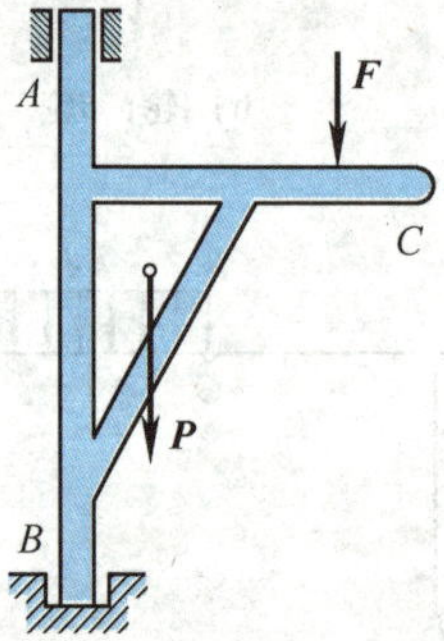

r) 起重架ABC

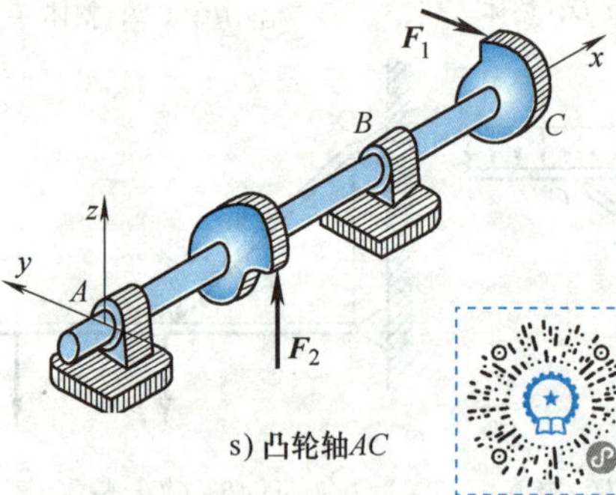

s) 凸轮轴AC

第1章 知识要点、解题方法与难题解析

习题 1-2 图（续）

第二章
平面汇交力系

各力的作用线都位于同一平面内且汇交于同一点的力系称为**平面汇交力系**。本章主要研究平面汇交力系的合成与平衡问题。

第一节　平面汇交力系合成与平衡的几何法

一、平面汇交力系合成的几何法

设刚体上作用一平面汇交力系 $\boldsymbol{F}_1$、$\boldsymbol{F}_2$、$\boldsymbol{F}_3$、$\boldsymbol{F}_4$，各力作用线汇交于点 A（见图 2-1a），先由力的可传性，将各力的作用点沿其作用线移至汇交点 A（见图 2-1b）；然后连续应用力的三角形法则将各力依次两两合成，具体过程如图 2-1c 所示：首先将 $\boldsymbol{F}_1$ 与 $\boldsymbol{F}_2$ 首尾相连作力三角形，求出其合力 $\boldsymbol{F}_{R1}$；再作力三角形求出 $\boldsymbol{F}_{R1}$与 $\boldsymbol{F}_3$ 的合力 $\boldsymbol{F}_{R2}$；最后作三角形合成 $\boldsymbol{F}_{R2}$与 $\boldsymbol{F}_4$，得到的 $\boldsymbol{F}_R$ 即为该力系的合力矢。由图 2-1c 可知，在求合力矢 $\boldsymbol{F}_R$ 时，实际上不必画出 $\boldsymbol{F}_{R1}$、$\boldsymbol{F}_{R2}$，而只需将各分力矢 $\boldsymbol{F}_1$、$\boldsymbol{F}_2$、$\boldsymbol{F}_3$ 和 $\boldsymbol{F}_4$ 依次首尾相连，构成一开口力多边形，由该开口力多边形的始点 a 指向终点 e 的封闭边矢量即为其合力矢 $\boldsymbol{F}_R$。这种求合力矢的几何作图方法称为**力多边形法则**。比较图 2-1c 与图 2-1d 可知，若改变各力的合成次序，力多边形的形状也将改变，但封闭边，即合力矢 $\boldsymbol{F}_R$ 则完全相同。

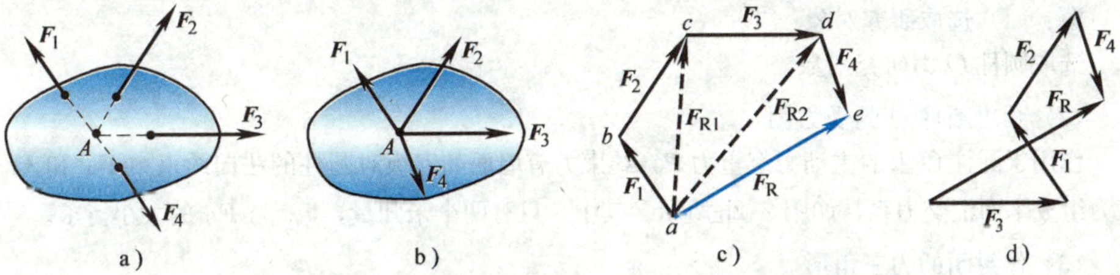

图　2-1

显然，上述方法可推广到由 n 个力组成的任一平面汇交力系，故有结论：**平面汇交力系的合成结果为一个合力，合力的作用线通过汇交点，合力的大小和方向可由各分力依次首尾相连构成的力多边形的封闭边矢量确定。**它们对应的矢量关系式为

$$\boldsymbol{F}_{\mathrm{R}}=\boldsymbol{F}_1+\boldsymbol{F}_2+\cdots+\boldsymbol{F}_n=\sum\boldsymbol{F}_i \tag{2-1}$$

即合力 $\boldsymbol{F}_{\mathrm{R}}$ 等于各分力 $\boldsymbol{F}_i$ 的矢量和。

二、平面汇交力系平衡的几何条件

由于平面汇交力系可以等效为一个合力，因此，**平面汇交力系平衡的必要且充分条件为其合力为零**，即

$$\boldsymbol{F}_{\mathrm{R}}=\sum\boldsymbol{F}_i=\boldsymbol{0} \tag{2-2}$$

根据力多边形法则，合力为零意味着力多边形封闭边长度为零，故有结论：**平面汇交力系平衡的必要且充分的几何条件为其力多边形自行封闭。**

利用上述平面汇交力系平衡的几何条件，可以通过几何作图的方法来求解平面汇交力系的平衡问题。具体方法为：先按选定的比例尺将各分力依次首尾相连，画出封闭的力多边形；然后，按所选比例尺量得待求未知量，或根据图形的几何关系，利用三角公式算出待求未知量。由作图规则可知，待求的未知量不应超过两个。

【例 2-1】 如图 2-2a 所示，圆柱 O 重 $P=500$ N，搁在墙面与夹板之间。夹板与墙面的夹角为 60°。若接触面是光滑的，试分别求出圆柱给墙面和夹板的压力。

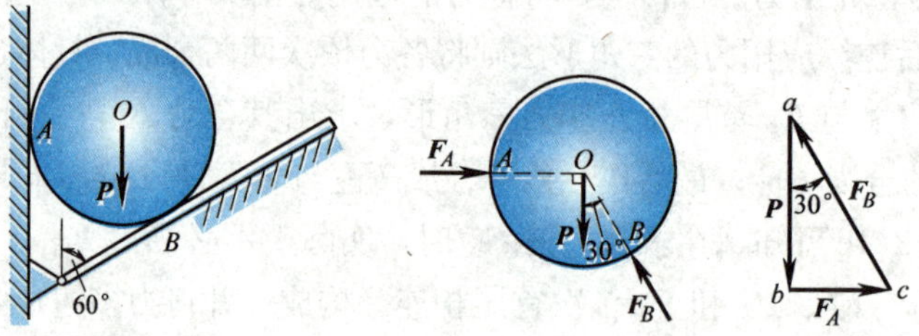

图 2-2

解：（1）选取研究对象

选取圆柱 O 为研究对象。

（2）画出圆柱 O 的受力图

作用于圆柱 O 上的主动力有重力 $\boldsymbol{P}$，约束力有墙面和夹板对圆柱的法向约束力 $\boldsymbol{F}_A$ 和 $\boldsymbol{F}_B$。三力组成平面汇交力系，如图 2-2b 所示。其中，只有两个未知量，$\boldsymbol{F}_A$ 与 $\boldsymbol{F}_B$ 的大小待求。

（3）作封闭的力三角形

根据平面汇交力系平衡的几何条件，这三个力应组成一个封闭的力三角形。选择适当的比

例尺，先从任一点 a 画已知力矢 $\overrightarrow{ab}=\boldsymbol{P}$，接着从力矢 $\boldsymbol{P}$ 的末端 b 作直线平行于 $\boldsymbol{F}_A$，过力矢 $\boldsymbol{P}$ 的始端 a 作直线平行于 $\boldsymbol{F}_B$，两直线交于点 c，从而构成一封闭的力三角形 abc，如图 2-2c 所示。

（4）确定未知量

在力三角形 abc 中，线段 bc 和 ca 的长度分别代表力 $\boldsymbol{F}_A$ 和 $\boldsymbol{F}_B$ 的大小，按选定的比例尺即可直接量得。或者利用三角函数，易得 $\boldsymbol{F}_A$ 和 $\boldsymbol{F}_B$ 的大小分别为

$$F_A=P\tan 30^\circ=500\ \text{N}\times\tan 30^\circ=288.7\ \text{N}$$

$$F_B=\frac{P}{\cos 30^\circ}=\frac{500\ \text{N}}{\cos 30^\circ}=577.4\ \text{N}$$

这里的 $\boldsymbol{F}_A$ 和 $\boldsymbol{F}_B$ 分别为墙面和夹板作用在圆柱上的约束力，根据作用力与反作用力的关系，圆柱给墙面和夹板的压力分别与 $\boldsymbol{F}_A$ 和 $\boldsymbol{F}_B$ 大小相等、方向相反。

由上例可知，用几何法求解平面汇交力系平衡问题的步骤为：

1）根据题意，选取适当的平衡物体为研究对象。

2）对研究对象进行受力分析，画出受力图。

3）选择适当的比例尺，将研究对象上的各个力依次首尾相连，作出封闭的力多边形。作图时应从已知力开始，根据矢序规则和封闭特点，就可以确定未知力的方位与指向。

4）按选定的比例尺量取未知量，或者利用三角函数求出未知量。

第二节　平面汇交力系合成与平衡的解析法

一、力在直角坐标轴上的投影

如图 2-3 所示，在力 $\boldsymbol{F}$ 所在平面内建立直角坐标系 Oxy。由力矢 $\boldsymbol{F}$ 的始端 A 和末端 B 分别向 x 轴、y 轴作垂线，得垂足 a_1、b_1 和 a_2、b_2，所得线段 a_1b_1 和 a_2b_2 分别称为力 $\boldsymbol{F}$ 在 x 轴和 y 轴上的投影，记作 F_x 和 F_y。并规定：力矢 $\boldsymbol{F}$ 的始端垂足 $a_1(a_2)$ 至末端垂足 $b_1(b_2)$ 的指向与 $x(y)$ 轴指向一致时，投影 $F_x(F_y)$ 取正值；反之，取负值。

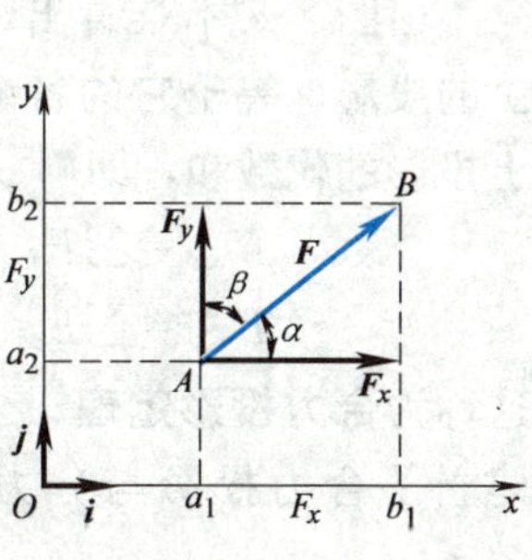

图　2-3

设力 $\boldsymbol{F}$ 与 x 轴、y 轴正方向之间的夹角分别为 α、β（见图 2-3），则根据上述定义，力 $\boldsymbol{F}$ 在 x 轴、y 轴上的投影的表达式分别为

$$\left.\begin{aligned}F_x&=F\cos\alpha\\F_y&=F\cos\beta\end{aligned}\right\}\tag{2-3}$$

即力在某轴上的投影等于力的大小乘以力与该轴正向间夹角的余弦。在实际运算中，通常可利用力与坐标轴间的锐角来计算投影大小，而通过观察来直接判定投影的正负号。

反之，如果已知力$\boldsymbol{F}$在x轴、y轴上的投影F_x、F_y，则该力的大小和方向余弦分别为

$$F=\sqrt{F_x^2+F_y^2}\tag{2-4}$$

$$\cos\alpha=\frac{F_x}{F},\quad \cos\beta=\frac{F_y}{F}\tag{2-5}$$

需要特别指出的是，力在坐标轴上的投影与分力是两个不同的概念，力在坐标轴上的投影是代数量，而分力则是矢量。在直角坐标系中，力在某轴上投影的大小与力沿该轴分力的大小相等，投影的正负号则与该分力的指向对应，它们之间的关系可表达为

$$\boldsymbol{F}=\boldsymbol{F}_x+\boldsymbol{F}_y=F_x\boldsymbol{i}+F_y\boldsymbol{j}\tag{2-6}$$

式中，$\boldsymbol{i}$、$\boldsymbol{j}$分别为沿x轴、y轴正向的单位矢量（见图2-3）。

【例2-2】 已知平面内四个力，其中$F_1=F_2=6\text{ kN}$，$F_3=F_4=4\text{ kN}$，各力的方向如图2-4所示，试分别求出各力在x轴和y轴上的投影。

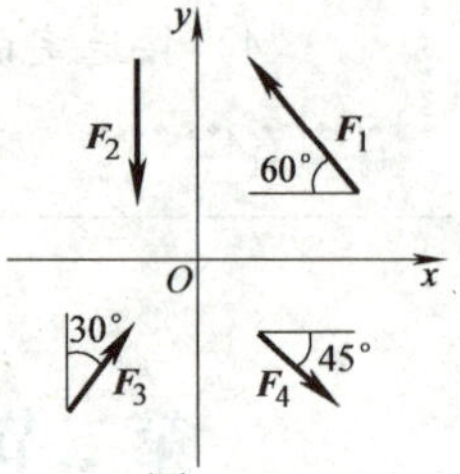

图 2-4

解： 根据定义，各力在x轴和y轴上的投影分别为

$F_{1x}=-F_1\cos 60°=-3\text{ kN}$，$F_{1y}=F_1\sin 60°=5.20\text{ kN}$

$F_{2x}=0$，$F_{2y}=-F_2=-6\text{ kN}$

$F_{3x}=F_3\sin 30°=2\text{ kN}$，$F_{3y}=F_3\cos 30°=2\sqrt{3}\text{ kN}=3.46\text{ kN}$

$F_{4x}=F_4\cos 45°=2\sqrt{2}\text{ kN}=2.83\text{ kN}$，$F_{4y}=-F_4\sin 45°=-2\sqrt{2}\text{ kN}=-2.83\text{ kN}$

二、合力投影定理

由图2-5不难看出，**合力在某轴上的投影，等于它的各分力在同一轴上投影的代数和**，即

$$\left.\begin{aligned}F_{Rx}&=\sum F_{ix}\\F_{Ry}&=\sum F_{iy}\end{aligned}\right\}\tag{2-7}$$

这称为**合力投影定理**。合力投影定理建立了合力投影与分力投影之间的关系。

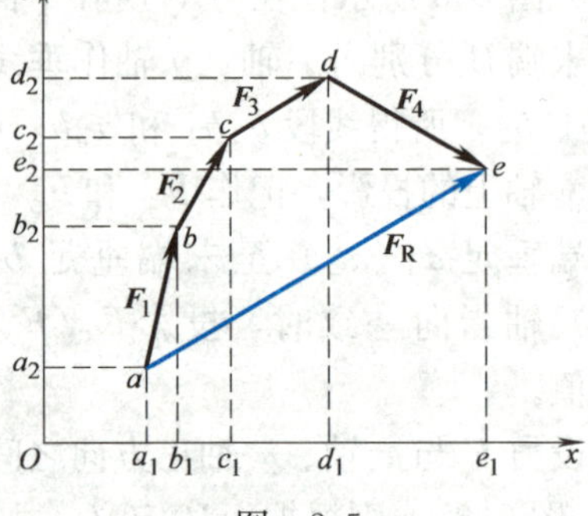

图 2-5

三、平面汇交力系合成的解析法

利用合力投影定理，可以用解析法来求平面汇交力系的合力。具体方法为：先计算出各分力 $\boldsymbol{F}_i$ 在 x 轴、y 轴上的投影 F_{ix}、F_{iy}；然后根据合力投影定理计算出合力 $\boldsymbol{F}_R$ 在 x 轴、y 轴上的投影 F_{Rx}、F_{Ry}；最后再根据合力的投影 F_{Rx} 和 F_{Ry} 确定合力的大小与方向余弦，即

$$F_R=\sqrt{F_{Rx}^2+F_{Ry}^2}=\sqrt{(\sum F_{ix})^2+(\sum F_{iy})^2} \tag{2-8}$$

$$\cos\alpha=\frac{F_{Rx}}{F_R}=\frac{\sum F_{ix}}{F_R},\quad \cos\beta=\frac{F_{Ry}}{F_R}=\frac{\sum F_{iy}}{F_R} \tag{2-9}$$

【例 2-3】 试求图 2-6a 所示平面汇交力系的合力，已知 $F_1=200\ \text{N}$、$F_2=300\ \text{N}$、$F_3=100\ \text{N}$、$F_4=250\ \text{N}$，各力方向如图所示。

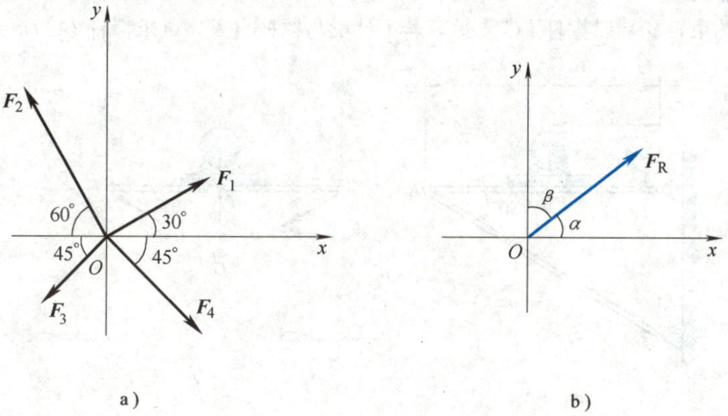

图 2-6

解：（1）计算合力的投影

由合力投影定理，得合力的投影

$$F_{Rx}=\sum F_{ix}=F_1\cos 30°-F_2\cos 60°-F_3\cos 45°+F_4\cos 45°=129.3\ \text{N}$$

$$F_{Ry}=\sum F_{iy}=F_1\sin 30°+F_2\sin 60°-F_3\sin 45°-F_4\sin 45°=112.3\ \text{N}$$

（2）确定合力的大小和方向

根据式（2-8）和式（2-9），得合力 $\boldsymbol{F}_R$ 的大小和方向余弦分别为

$$F_R=\sqrt{F_{Rx}^2+F_{Ry}^2}=\sqrt{129.3^2+112.3^2}\ \text{N}=171.3\ \text{N}$$

$$\cos\alpha=\frac{F_{Rx}}{F_R}=\frac{129.3\ \text{N}}{171.3\ \text{N}}=0.755,\quad \cos\beta=\frac{F_{Ry}}{F_R}=\frac{112.3\ \text{N}}{171.3\ \text{N}}=0.656$$

由方向余弦即得合力 $\boldsymbol{F}_R$ 与 x 轴、y 轴正方向之间的夹角分别为 $\alpha=41.0°$、$\beta=49.0°$，合力 $\boldsymbol{F}_R$ 的作用线通过力系的汇交点 O（见图 2-6b）。

四、平面汇交力系平衡的解析条件·平衡方程

据前所述，平面汇交力系平衡的必要且充分条件为力系的合力等于零，根

据式（2-8），即有

$$F_R=\sqrt{(\sum F_{ix})^2+(\sum F_{iy})^2}=0$$

欲使上式成立，必须同时满足

$$\left.\begin{array}{l}\sum F_{ix}=0\\ \sum F_{iy}=0\end{array}\right\} \tag{2-10}$$

即平面汇交力系平衡的必要且充分的解析条件为：力系中所有各力分别在两个坐标轴上投影的代数和同时等于零。式（2-10）**称为平面汇交力系的平衡方程。**

显然，利用平面汇交力系的平衡方程可以求解两个未知量。在列平衡方程时，用于投影的坐标轴可任意选择，以方便投影为好，只要两投影轴不相互平行即可。

【例 2-4】 如图 2-7a 所示，重 $P=5$ kN 的电动机放在水平梁 AB 的中央，梁的 A 端受固定铰支座的约束，B 端以撑杆 BC 支承。若不计梁与撑杆自重，试求撑杆 BC 所受的力。

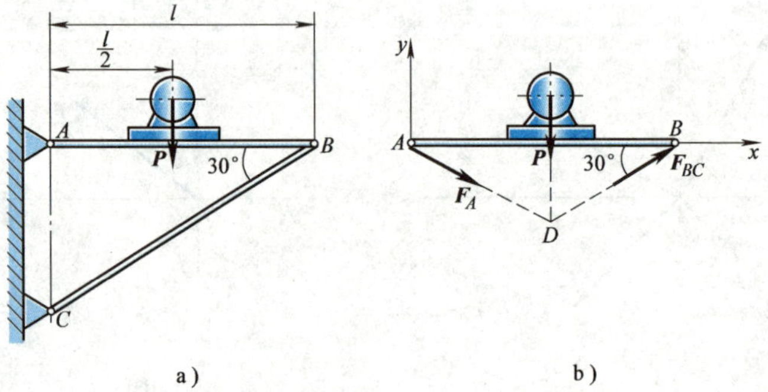

图 2-7

解：（1）选取研究对象

选取梁 AB（含电动机）为研究对象。

（2）画受力图

作出梁 AB（含电动机）的受力图如图 2-7b 所示，撑杆 BC 为二力杆，它对梁 AB 的约束力 $\boldsymbol{F}_{BC}$ 的指向按撑杆 BC 受压确定；铰支座 A 处的约束力 $\boldsymbol{F}_A$ 的方位由三力平衡汇交定理确定，指向任意假设。$\boldsymbol{F}_{BC}$、$\boldsymbol{F}_A$ 与电动机重力 $\boldsymbol{P}$ 三力构成平面汇交力系，其中只有 $\boldsymbol{F}_{BC}$ 和 $\boldsymbol{F}_A$ 的大小两个未知量，可解。

（3）列平衡方程

选取图示坐标系，注意到 $\boldsymbol{F}_A$ 与 AB 的夹角也为30°，建立平衡方程

$$\sum F_{ix}=0,\quad F_A\cos 30°+F_{BC}\cos 30°=0$$

$$\sum F_{iy}=0,\quad -F_A\sin 30°+F_{BC}\sin 30°-P=0$$

（4）求解未知量

联立上述两平衡方程，解得

$$F_{BC}=-F_A=P=5\text{ kN}$$

所得 F_{BC} 为正值，表示其假设方向与实际方向相同，即撑杆 BC 受压；而 F_A 为负值，则表明其实际方向与假设方向相反。

【例 2-5】 如图 2-8a 所示，重 $P=20\ \text{kN}$ 的重物，用钢丝绳挂在绞车 D 与滑轮 B 上。A、B、C 处均为光滑铰链连接。若钢丝绳、杆和滑轮的自重不计，并忽略滑轮尺寸，试求系统平衡时杆 AB 和 BC 所受的力。

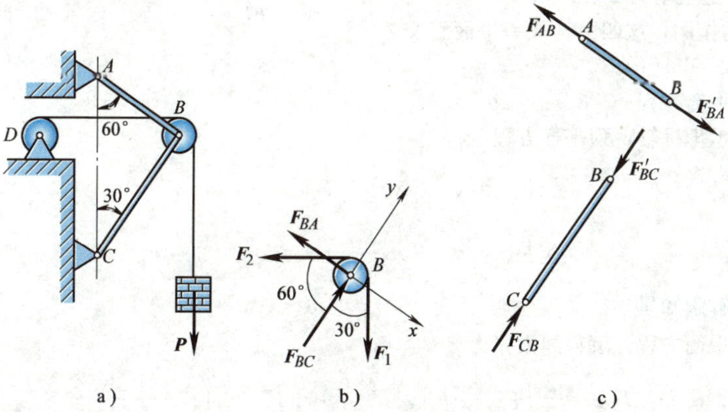

图 2-8

解：（1）选取研究对象

由于 AB、BC 两杆都是二力杆，所受力与两杆对滑轮的约束力是作用力与反作用力的关系，因此，可选取滑轮（含销钉）B 为研究对象，只要求出两杆对滑轮（含销钉）B 的约束力即可。

（2）画受力图

如图 2-8b 所示，作用于滑轮（含销钉）B 上的力有钢丝绳的拉力 $\boldsymbol{F}_1$ 和 $\boldsymbol{F}_2$，其中 $F_1=F_2=P$；杆 AB 和 BC 对滑轮（含销钉）B 的约束力 $\boldsymbol{F}_{BA}$ 和 $\boldsymbol{F}_{BC}$，其中 $\boldsymbol{F}_{BA}$ 和 $\boldsymbol{F}_{BC}$ 的指向分别按照杆 AB 受拉、杆 BC 受压确定（见图 2-8c）。由于不计滑轮尺寸，故这些力构成的力系可视为平面汇交力系。

（3）列平衡方程

选取图示坐标系，其中 x 轴的方向垂直于未知力 $\boldsymbol{F}_{BC}$ 的作用线。这样，在每个平衡方程中只会出现一个未知量，从而避免求解联立方程组。列出平衡方程

$$\sum F_{ix}=0,\quad -F_{BA}+F_1\sin 30°-F_2\sin 60°=0$$

$$\sum F_{iy}=0,\quad F_{BC}-F_1\cos 30°-F_2\cos 60°=0$$

（4）求解未知量

由平衡方程解得

$$F_{BA}=-0.366P=-7.3\ \text{kN},\quad F_{BC}=1.366P=27.3\ \text{kN}$$

所得 F_{BA} 为负值，表示其实际方向与假设方向相反，即杆 AB 受压，F_{BC} 为正值，表示其实际方向与假设方向相同，即杆 BC 也受压。

【例 2-6】 如图 2-9a 所示，已知 $P=534\ \text{N}$，求使两根绳索 AC、BC 始终保持张紧所需力 $\boldsymbol{F}$ 的取值范围。

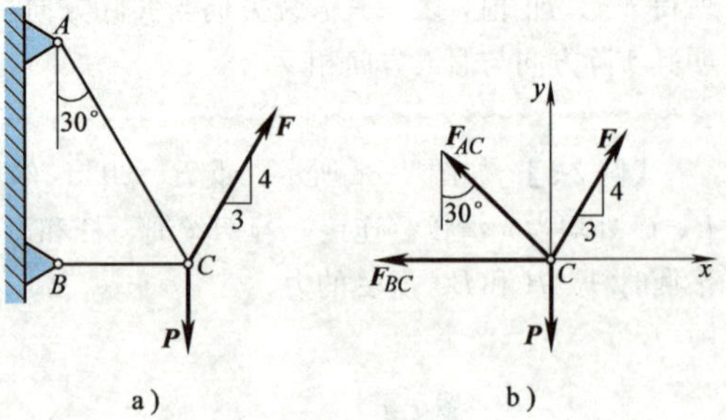

图 2-9

解：(1) 选取研究对象

选取节点 C 为研究对象。

(2) 画受力图

节点 C 受主动力 $\boldsymbol{F}$、$\boldsymbol{P}$ 以及绳索张力 $\boldsymbol{F}_{AC}$、$\boldsymbol{F}_{BC}$ 的作用，这四力构成一平面汇交力系，如图 2-9b 所示。

(3) 列平衡方程

选取图示坐标轴，列平衡方程

$$\sum F_{ix}=0,\quad F\times\frac{3}{5}-F_{BC}-F_{AC}\sin 30^\circ=0$$

$$\sum F_{iy}=0,\quad F\times\frac{4}{5}-P+F_{AC}\cos 30^\circ=0$$

(4) 求解未知量

由上述平衡方程，解得绳索张力

$$F_{AC}=\frac{2}{\sqrt{3}}\left(P-\frac{4}{5}F\right),\quad F_{BC}=\frac{3}{5}F-\frac{1}{\sqrt{3}}\left(P-\frac{4}{5}F\right)$$

为使两根绳索始终保持张紧，则应有 $F_{AC}>0$ 且 $F_{BC}>0$，即有

$$P-\frac{4}{5}F>0 \quad 且 \quad \frac{3}{5}F-\frac{1}{\sqrt{3}}\left(P-\frac{4}{5}F\right)>0$$

由此得到力 $\boldsymbol{F}$ 的取值范围为

$$290.3\ \text{N}<F<667.5\ \text{N}$$

【例 2-7】 简易压榨机由两端铰接的杆 AB、BC 和压板 D 组成，如图 2-10a 所示。已知 $AB=BC$，杆的倾角为 α，B 点所受铅垂压力为 $\boldsymbol{F}$。若不计各构件的自重与各处摩擦，试求水平压榨力的大小。

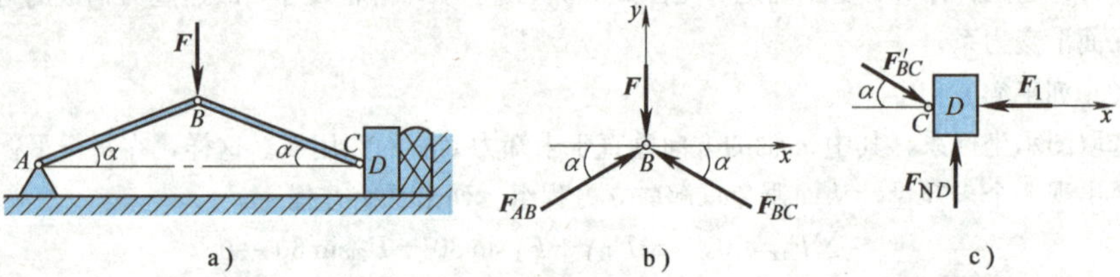

图 2-10

解：1) 先选取销钉 B 为研究对象，注意到杆 AB 与 BC 均为二力杆，其受力图如图 2-10b 所示。建立图示坐标系，列平衡方程

$$\sum F_{ix}=0,\quad F_{AB}\cos\alpha-F_{BC}\cos\alpha=0$$

$$\sum F_{iy}=0,\quad F_{AB}\sin\alpha+F_{BC}\sin\alpha-F=0$$

解得

$$F_{BC}=F_{AB}=\frac{F}{2\sin\alpha}$$

2）再选取压板 D 为研究对象，其受力图如图 2-10c 所示。选取图示 x 轴为投影轴，列平衡方程

$$\sum F_{ix}=0,\quad F'_{BC}\cos\alpha-F_1=0$$

注意到 $F'_{BC}=F_{BC}=\dfrac{F}{2\sin\alpha}$，即得水平压榨力 $\boldsymbol{F}_1$ 的大小为

$$F_1=\frac{F}{2}\cot\alpha$$

利用平衡方程求解平衡问题的方法称为解析法，它是求解平衡问题的主要方法。由上述例题可知，用解析法求解平衡问题的过程可归纳为下列四个步骤：

（1）选研究对象　适当地选取研究对象。选取研究对象的一般原则为：所选取物体上既包含已知力又包含待求的未知力；先选受力情况较为简单的物体，再选受力情况相对复杂的物体；选取的研究对象上所包含的未知量的数目一般不要超过相应力系的独立的平衡方程的数目。

（2）画受力图　按照第一章介绍的方法，对所选取的研究对象进行受力分析，画出受力图。很显然，受力图是计算的基础，不容许出现任何差错。

（3）列平衡方程　选取坐标轴，列平衡方程。在选取坐标轴时，应使尽可能多的未知力与坐标轴垂直，同时还要便于投影。

（4）求未知量　解方程，求出未知量。

【例 2-8】 如图 2-11a 所示，不计重量的细杆 AB 的两端用光滑铰链分别与两个重均为 $\boldsymbol{P}$ 的相同匀质轮的中心 A、B 连接，置于互相垂直的两光滑斜面上。试求平衡时杆 AB 的水平倾角 θ。

解： 分别选取轮 A 和轮 B 为研究对象，注意到杆 AB 为二力杆，分别作出两轮的受力图如图 2-11b、c 所示，其中 $F_{AB}=F_{BA}$。下面，分别采用解析法和几何法来求解。

解析法——

对于轮 A，建立投影轴 x 与未知力 $\boldsymbol{F}_A$ 垂直，列平衡方程

$$\sum F_x=0,\quad F_{AB}\cos(\theta+30^\circ)-P\sin30^\circ=0 \tag{a}$$

对于轮 B，建立投影轴 x 与未知力 $\boldsymbol{F}_B$ 垂直，列平衡方程

$$\sum F_x=0,\quad F_{BA}\cos(60^\circ-\theta)-P\cos30^\circ=0 \tag{b}$$

联立方程（a）、（b），并注意到 $F_{AB}=F_{BA}$，解得平衡时杆 AB 的水平倾角

$$\theta=30^\circ$$

几何法——

根据平面汇交力系平衡的几何条件，分别作出轮 A、轮 B 对应的封闭力三角形如图 2-11d、e 所示。

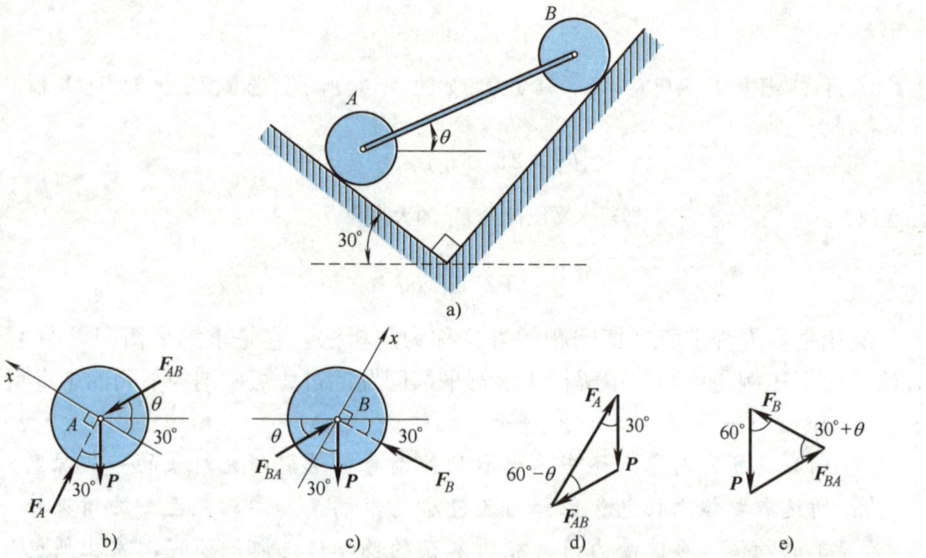

图 2-11

由图 2-11d，根据正弦定理有

$$\frac{F_{AB}}{\sin 30^\circ}=\frac{P}{\sin(60^\circ-\theta)} \tag{c}$$

由图 2-11e，根据正弦定理有

$$\frac{F_{BA}}{\sin 60^\circ}=\frac{P}{\sin(30^\circ+\theta)} \tag{d}$$

联立方程（c）、(d)，并注意到 $F_{AB}=F_{BA}$，解得平衡时杆 AB 的水平倾角

$$\theta=30^\circ$$

讨论：在求解由三个力构成的平面汇交力系的平衡问题时，采用几何法往往比较方便。

复习思考题

2-1　若力 $\boldsymbol{F}_1$、$\boldsymbol{F}_2$ 在同一轴上的投影相等，问这两个力是否一定相等？

2-2　试分别计算思考题 2-2 图 a、b 所示两种情况下，力 $\boldsymbol{F}$ 在两坐标轴上的投影以及沿两坐标轴的分力，并说明在这两种情况下，投影与分力的联系与区别。

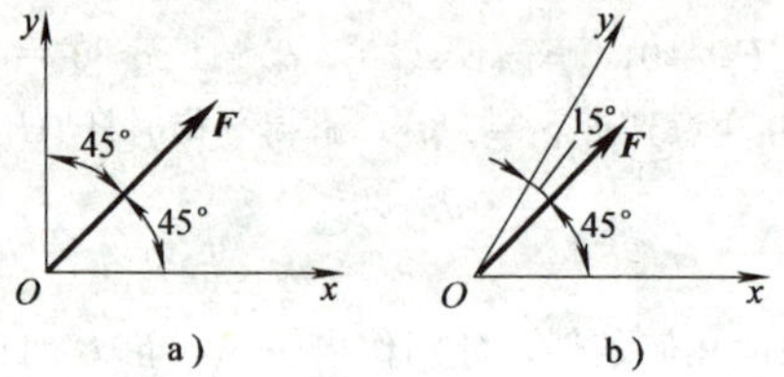

思考题 2-2 图

2-3　用力多边形法则求合力时，各分力的次序可以变更吗？

2-4　用几何法求解平面汇交力系平衡问题的理论依据是什么？

2-5　用解析法求解平面汇交力系平衡问题的理论依据是什么？

2-6　用解析法求平面汇交力系的合力时，选取不同的直角坐标轴，所得合力是否相同？

2-7　用解析法求解平面汇交力系的平衡问题时，两投影轴是否一定要相互垂直？

2-8　刚体上 A、B、C 三点分别作用有三个力 $\boldsymbol{F}_1$、$\boldsymbol{F}_2$、$\boldsymbol{F}_3$，其指向如思考题 2-8 图所示。若这三力构成的力三角形自行封闭，试问该刚体是否平衡？

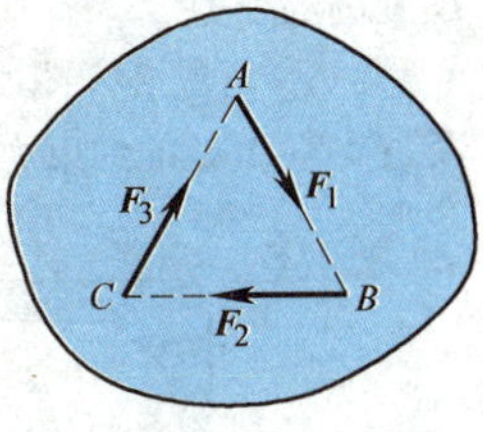

思考题 2-8 图

习题

2-1　试分别求出习题 2-1 图中各力在 x 轴和 y 轴上的投影。

2-2　铆接薄钢板在孔 A、B、C、D 处受四个力作用，孔间尺寸如习题 2-2 图所示（图中尺寸单位为 cm）。已知 $F_1=50$ N、$F_2=100$ N、$F_3=150$ N、$F_4=220$ N，试求此平面汇交力系的合力。

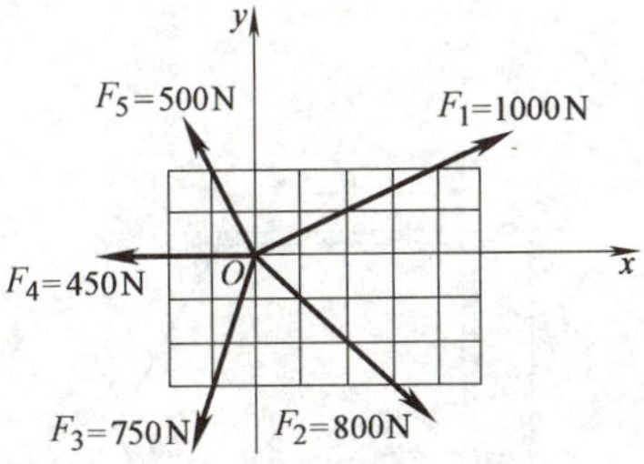

习题 2-1 图

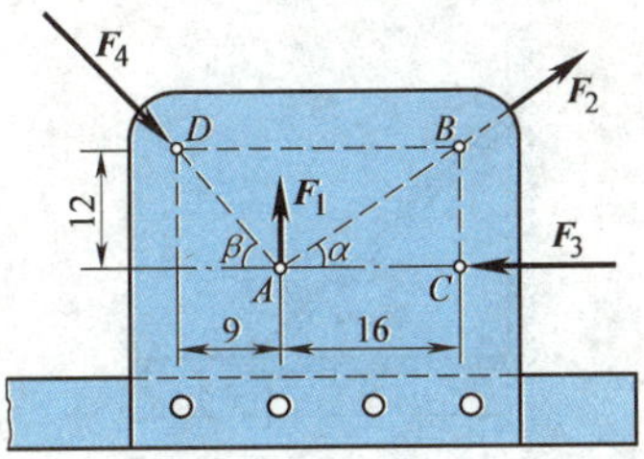

习题 2-2 图

2-3　平面汇交力系如习题 2-3 图所示，已知 $F_1=150$ N、$F_2=200$ N、$F_3=250$ N、$F_4=100$ N。试分别用几何法和解析法求其合力 $\boldsymbol{F}_\mathrm{R}$。

2-4　简易起吊装置如习题 2-4 图所示，已知杆 AB 位于水平位置，绞盘 D 以匀速起吊一重 $P=20$ kN 的重物。若不计滑轮尺寸和构件自重，试求 AB、CB 两杆受力。

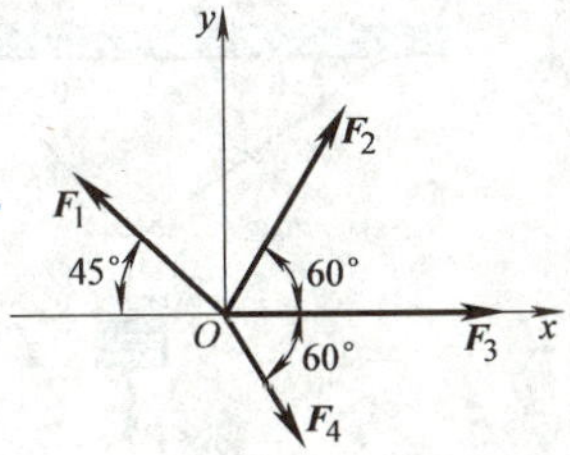

习题 2-3 图

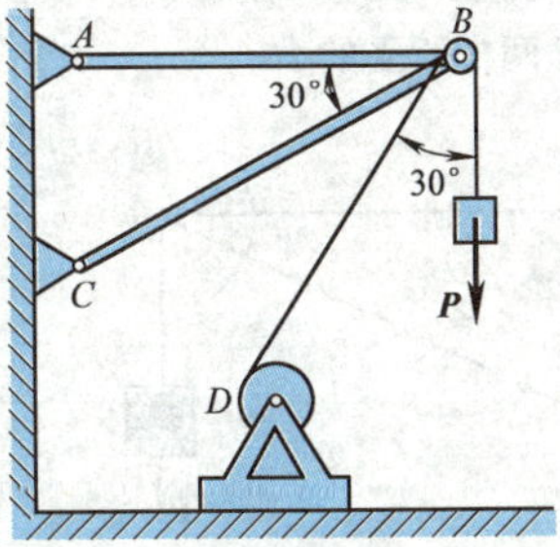

习题 2-4 图

2-5 在习题 2-5 图所示刚架的点 B 作用一水平力 $\boldsymbol{F}$，刚架重量略去不计，试求支座 A、D 处的约束力。

2-6 习题 2-6 图所示构架，已知 $P=10\ \mathrm{kN}$，若不计各杆自重，试求 BC 杆所受的力以及铰支座 A 处的约束力。

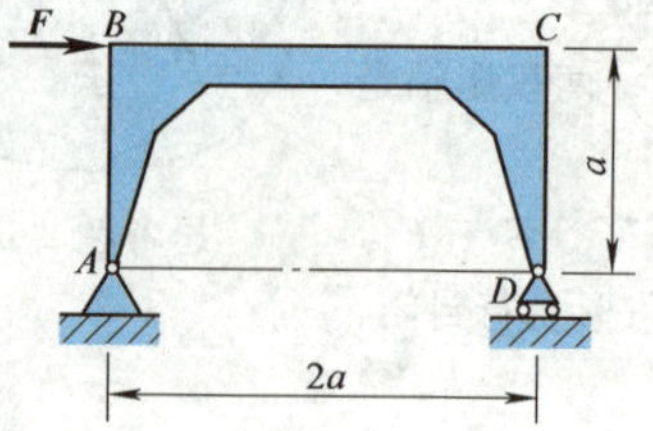

习题 2-5 图

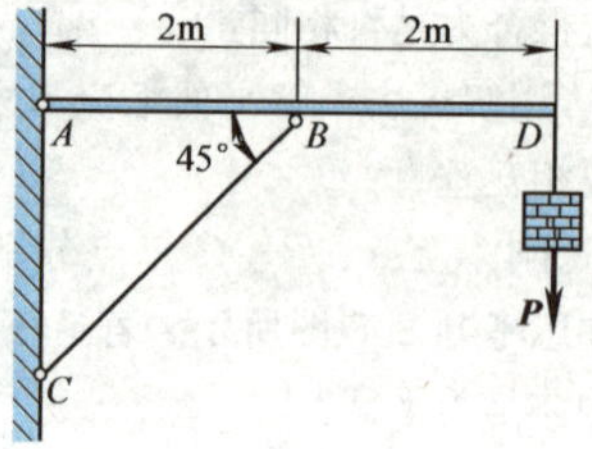

习题 2-6 图

2-7 习题 2-7 图所示管道支架由杆 AB 与 CD 构成，管道通过绳索悬挂在水平杆 AB 的 B 端，每个支架负担的管道重为 2 kN。若不计杆件自重，试求杆 CD 所受的力和铰支座 A 处的约束力。

2-8 如习题 2-8 图所示，边长为 a 的直角折杆 ABC 的 A 端为固定铰支座，C 端与杆 CD 用铰链连接。已知沿 BC 方向的水平力 $F=60\ \mathrm{kN}$，杆 CD 与水平线的夹角为60°。忽略各杆重量，试求铰支座 A 和铰链 C 处的约束力。

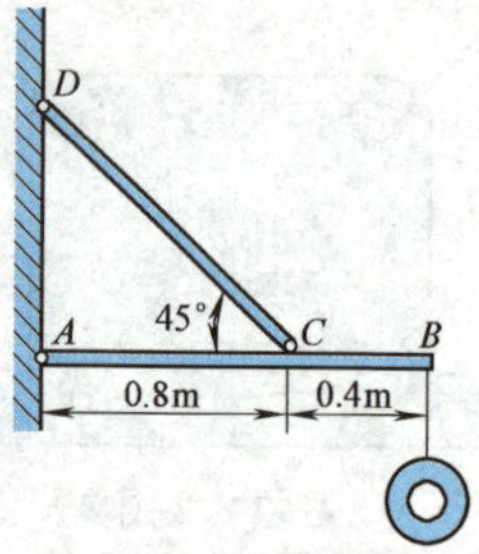

习题 2-7 图

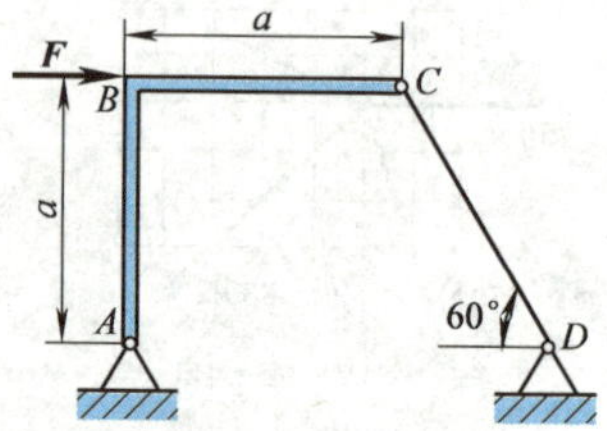

习题 2-8 图

2-9 在习题 2-9 图所示三角支架的铰链 B 上，悬挂物重 $P=50\ \mathrm{kN}$。不计杆件自重，试求 AB、BC 两杆所受的力。

2-10 如习题 2-10 图所示，用杆 AB 和 AC 铰接后吊起重为 $\boldsymbol{P}$ 的重物。不计杆件自重，试求 AB、AC 两杆所受的力。

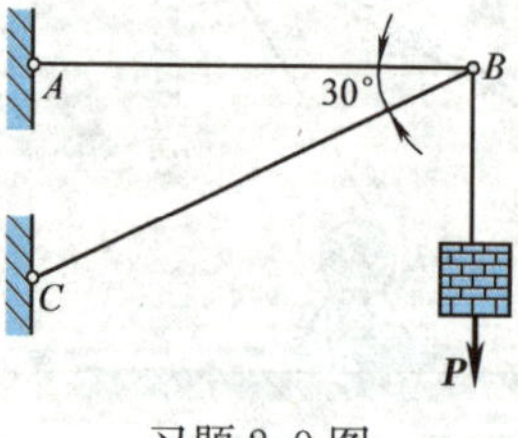

习题 2-9 图

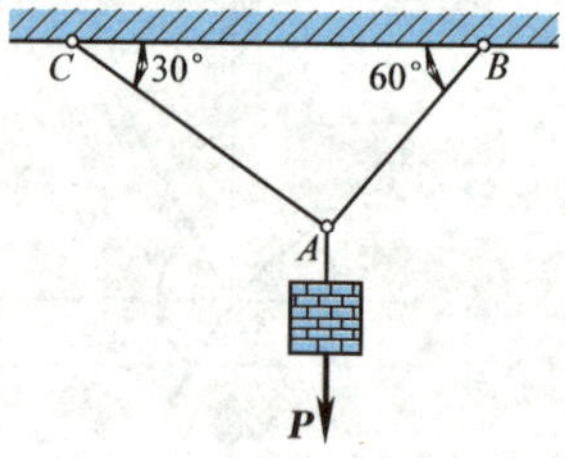

习题 2-10 图

典型例题 3: 习题2-11

2-11 四杆机构 $ABCD$ 如习题 2-11 图所示，在节点 B、C 上分别作用有力 $\boldsymbol{F}_1$、$\boldsymbol{F}_2$，在图示位置处于平衡状态。若不计各杆自重，试确定 $\boldsymbol{F}_1$ 和 $\boldsymbol{F}_2$ 之间的关系。

2-12 如习题 2-12 图所示，将两个相同的光滑圆柱放在矩形槽内。已知两圆柱的半径 $r=20\,\text{cm}$，重量 $P=600\,\text{N}$。试求出接触点 A、B、C 处的约束力。

2-13 习题 2-13 图所示为夹具中所用的增力机构，已知推力 $\boldsymbol{F}_1$ 和杆 AB 的水平倾角 α。不计各构件自重，试求夹紧时夹紧力 $\boldsymbol{F}_2$ 的大小以及当 $\alpha=10°$ 时的增力倍数 F_2/F_1。

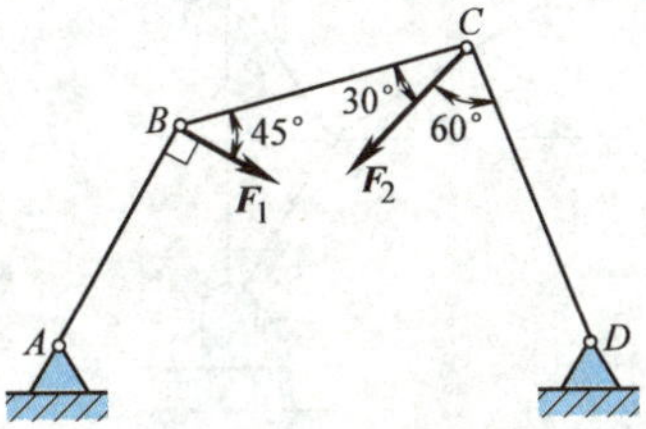

习题 2-11 图

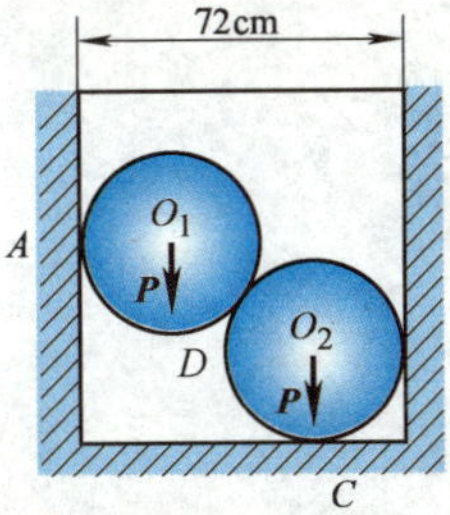

习题 2-12 图

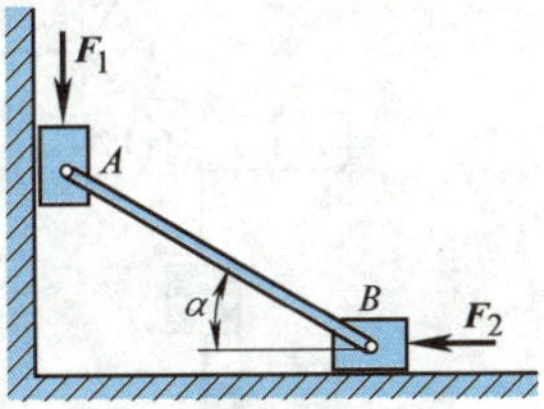

习题 2-13 图

2-14 如习题 2-14 图所示，三铰门式刚架受集中力 $\boldsymbol{F}$ 作用，不计构件自重，试求图示 a、b 两种情况下铰支座 A、B 处的约束力。

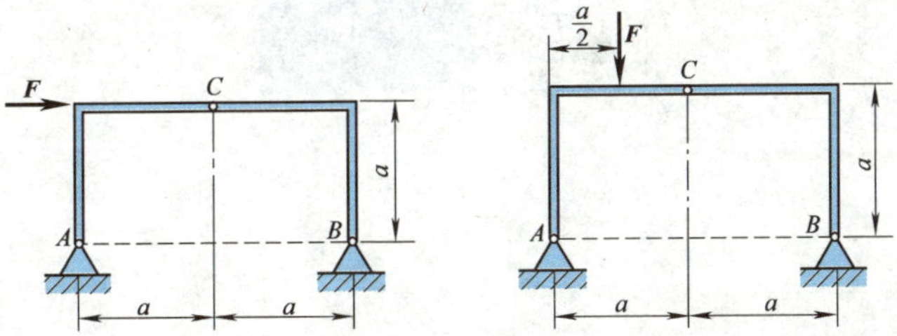

a) b)

习题 2-14 图

2-15 如习题 2-15 图所示，已知匀质杆 AB 重为 $\boldsymbol{P}$、长为 l，在 B 端用跨过滑轮的绳索吊起，绳索的末端有重为 $\boldsymbol{P}_1$ 的重物。设 A、C 两点在同一铅垂线上，$AC=AB$，并不计滑轮尺寸，试求平衡时角 θ 的大小。

2-16 习题 2-16 图中的匀质杆 AB 重为 $\boldsymbol{P}$、长为 $2l$，两端置于相互垂直的光滑斜面上，已知左斜面与水平面成 α 角，试求平衡时杆与水平线所成的角度 θ。

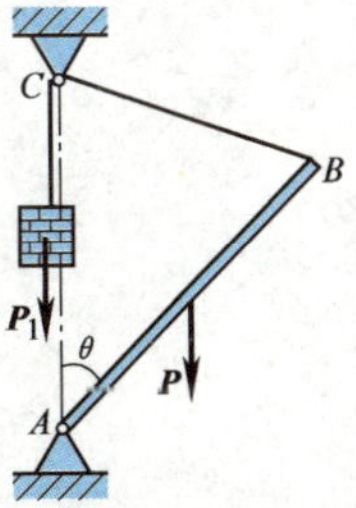

习题 2-15 图

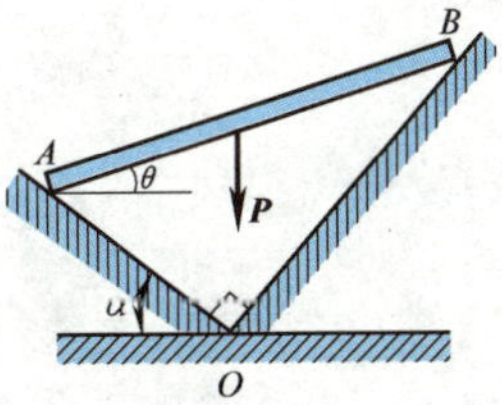

习题 2-16 图

2-17 如习题 2-17 图所示，用一组绳悬挂一重 $P=1\ \mathrm{kN}$ 的物体，试求各段绳的张力。

2-18 习题 2-18 图所示为液压夹紧机构，B、C、D、E 各处均为光滑铰链连接。已知推力 $\boldsymbol{F}$，在图示位置机构平衡。若不计各构件自重，试求此时工件 H 所受到的压紧力。

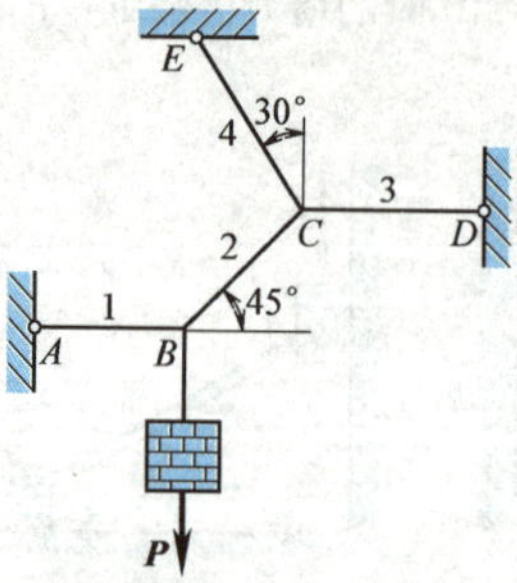

习题 2-17 图

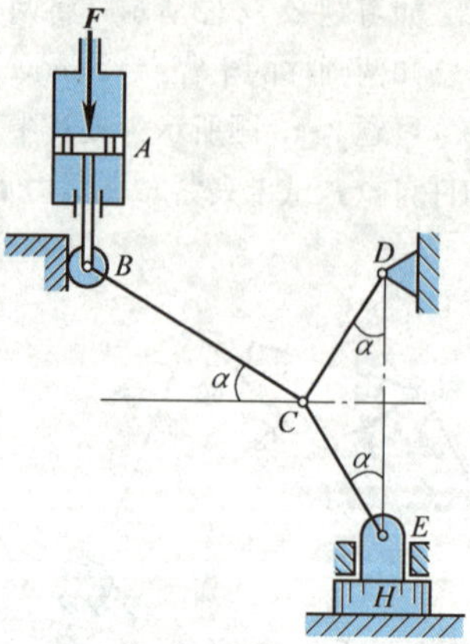

习题 2-18 图

第2章
知识要点、解题方法与难题解析

第三章
力矩·力偶·平面力偶系

本章主要研究平面内力对点的矩、力偶与力偶矩以及平面力偶系的合成与平衡问题。

第一节　力对点的矩

一、力对点的矩

力对物体的运动效应分为移动效应和转动效应，其中移动效应可用力矢来度量；而转动效应则需用力矩来度量，**力矩是度量力对物体的转动效应的物理量**。

如图 3-1 所示，力 $\boldsymbol{F}$ 与点 O 位于同一平面内，力 $\boldsymbol{F}$ 可使物体绕点 O 转动。经验表明，力 $\boldsymbol{F}$ 使物体绕点 O 转动的效应不仅与力 $\boldsymbol{F}$ 的大小成正比，而且还与转动中心 O 至力 $\boldsymbol{F}$ 作用线的垂直距离 d 成正比。因此，定义

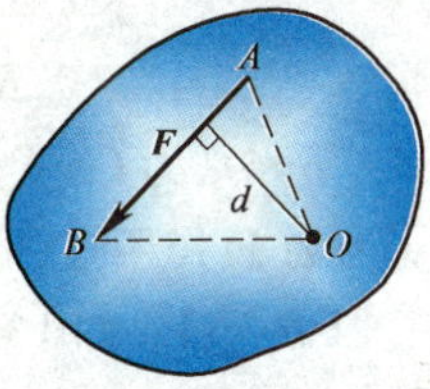

图 3-1

$$M_O(\boldsymbol{F})=\pm Fd \tag{3-1}$$

为**平面内力 $\boldsymbol{F}$ 对点 O 的矩**，简称**力矩**。其中，点 O 称为**矩心**；矩心 O 至力 $\boldsymbol{F}$ 作用线的垂直距离 d 称为**力臂**；正负号表示力 $\boldsymbol{F}$ 使物体绕矩心 O 转动的方向，一般规定，**力使物体绕矩心逆时针转动时为正，反之为负**。根据上述定义，平面内力对点的矩为代数量。在国际单位制中，力矩的单位为 N·m（牛·米）。

由图 3-1 可以看出，力 $\boldsymbol{F}$ 对点 O 的矩的大小在数值上也等于以力 $\boldsymbol{F}$ 为底边、矩心 O 为顶点所构成的△OAB 的面积的两倍，即

$$M_O(\boldsymbol{F})=\pm Fd=\pm 2A_{\triangle OAB} \tag{3-2}$$

其中，$A_{\triangle OAB}$ 为△OAB 的面积。

由上述力矩的定义，易得如下结论：

1）若力的作用线通过矩心，力臂为零，力矩必为零；
2）当力沿其作用线滑动时，不会改变力对指定点的矩。

二、合力矩定理

根据力系等效概念，易得结论：**平面汇交力系的合力对平面内任意一点的矩等于其各分力对同一点的矩的代数和**，即

$$M_O(\boldsymbol{F}_R)=\sum M_O(\boldsymbol{F}_i) \tag{3-3}$$

该结论称为**合力矩定理**。上述合力矩定理不仅适用于平面汇交力系，而且适用于任何有合力存在的平面力系。

以后，在计算力对点的矩时，也可以利用合力矩定理。例如，当力臂不易求出时，可以先将力分解为两个便于确定力臂的分力，然后再利用合力矩定理来计算力矩。这样，往往比较方便。

如图3-2所示，力$\boldsymbol{F}$的大小、方向以及作用点A的位置均已知，欲求力$\boldsymbol{F}$对坐标原点O的矩，就可以根据合力矩定理，通过其分力$\boldsymbol{F}_x$与$\boldsymbol{F}_y$对点O的矩而得到，即

$$M_O(\boldsymbol{F})=M_O(\boldsymbol{F}_y)+M_O(\boldsymbol{F}_x)=xF\sin\theta-yF\cos\theta$$

或

$$M_O(\boldsymbol{F})=xF_y-yF_x \tag{3-4}$$

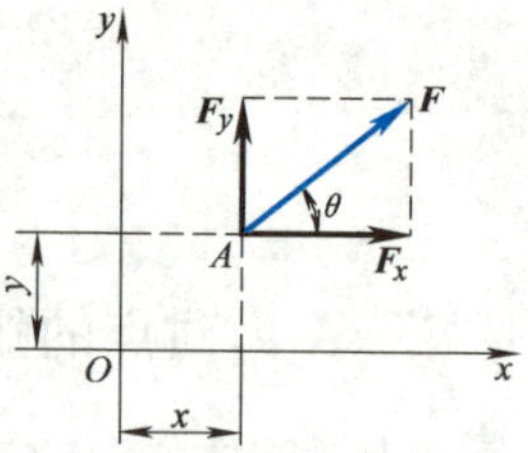

图 3-2

式（3-4）为Oxy坐标平面内力$\boldsymbol{F}$对坐标原点O的矩的解析表达式。式中，x、y为力$\boldsymbol{F}$作用点的坐标；F_x、F_y为力$\boldsymbol{F}$在x、y轴上的投影。

【例3-1】 如图3-3所示，已知$F_1=50\ \text{kN}$，$F_2=100\ \text{kN}$，$AB=6\ \text{m}$。试分别求$\boldsymbol{F}_1$、$\boldsymbol{F}_2$对点A的矩。

解： 由于力$\boldsymbol{F}_1$垂直于AB，力臂即为$AB=6\ \text{m}$，力$\boldsymbol{F}_1$使杆AB绕点A逆时针转动，所以力$\boldsymbol{F}_1$对点A的矩为

$$M_A(\boldsymbol{F}_1)=50\ \text{kN}\times 6\ \text{m}=300\ \text{kN}\cdot\text{m}$$

力$\boldsymbol{F}_2$对点A的力臂

$$AC=AB\sin 30°=6\ \text{m}\times 0.5=3\ \text{m}$$

力$\boldsymbol{F}_2$使杆AB绕点A顺时针转动，所以力$\boldsymbol{F}_2$对点A的矩为

$$M_A(\boldsymbol{F}_2)=-100\ \text{kN}\times 3\ \text{m}=-300\ \text{kN}\cdot\text{m}$$

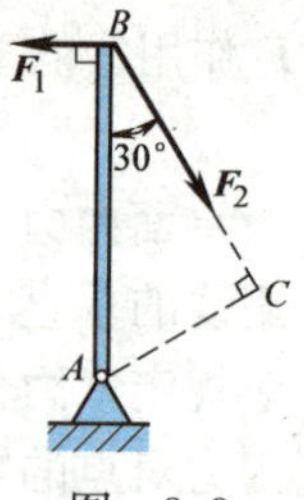

图 3-3

【例3-2】 简支刚架如图3-4所示，已知$\boldsymbol{F}$、a、b和α。试计算力$\boldsymbol{F}$对点A的矩。

解： 方法一　根据定义计算力$\boldsymbol{F}$对点A的矩

先计算力臂d，由图中的几何关系有

$d=AE\sin\alpha=(AD-ED)\sin\alpha=(a-b\cot\alpha)\sin\alpha=a\sin\alpha-b\cos\alpha$

故得力 $\boldsymbol{F}$ 对点 A 的矩

$$M_A(\boldsymbol{F})=Fd=Fa\sin\alpha-Fb\cos\alpha$$

方法二　利用合力矩定理计算力 $\boldsymbol{F}$ 对点 A 的矩

将力 $\boldsymbol{F}$ 分解为图示两个正交分力 $\boldsymbol{F}_x$ 与 $\boldsymbol{F}_y$，利用合力矩定理即得力 $\boldsymbol{F}$ 对点 A 的矩为

$$M_A(\boldsymbol{F})=M_A(\boldsymbol{F}_x)+M_A(\boldsymbol{F}_y)=-F_xb+F_ya=Fa\sin\alpha-Fb\cos\alpha$$

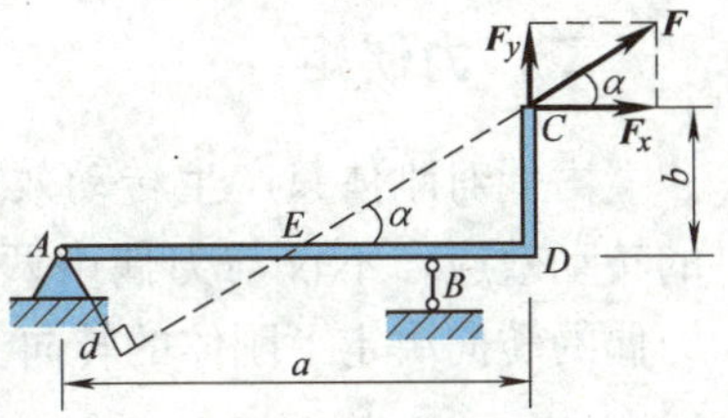

图　3-4

两种算法显然后者更为方便。

【例 3-3】 如图 3-5 所示，已知大圆轮半径为 R，小圆轮半径为 r，在小圆轮最右侧点 B 处受一力 $\boldsymbol{F}$ 作用，力 $\boldsymbol{F}$ 的水平倾角为 θ。试计算力 $\boldsymbol{F}$ 对大圆轮与地面接触点 A 的矩。

解： 由于力 $\boldsymbol{F}$ 对点 A 的力臂不易确定，故先将力 $\boldsymbol{F}$ 分解为两个正交分力 $\boldsymbol{F}_x$ 与 $\boldsymbol{F}_y$，然后利用合力矩定理来计算力 $\boldsymbol{F}$ 对点 A 的矩，即有

$$M_A(\boldsymbol{F})=M_A(\boldsymbol{F}_x)+M_A(\boldsymbol{F}_y)=-F_xR+F_yr=F(r\sin\theta-R\cos\theta)$$

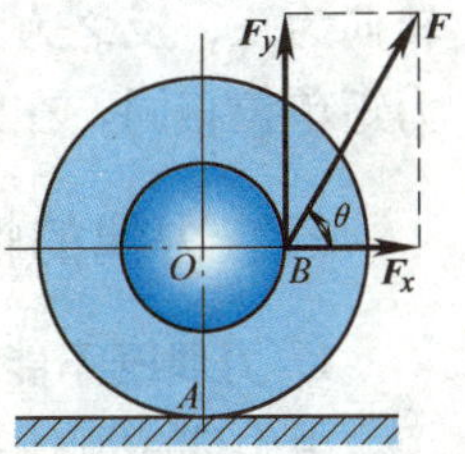

图　3-5

第二节　力偶与力偶矩

一、力偶

在实际中，常会遇到物体同时受到大小相等、方向相反、作用线不在同一直线上的两个力作用的情况。例如，驾驶员用双手转动方向盘（见图 3-6a）；钳工用丝锥攻螺纹（见图 3-6b）等。在力学中，将这样的两个力视为一个整体，称为**力偶**，用符号（$\boldsymbol{F},\boldsymbol{F}'$）表示，如图 3-7 所示，力偶所在平面称为**力偶作用面**，力偶中二力作用线之间的垂直距离 d 称为**力偶臂**。

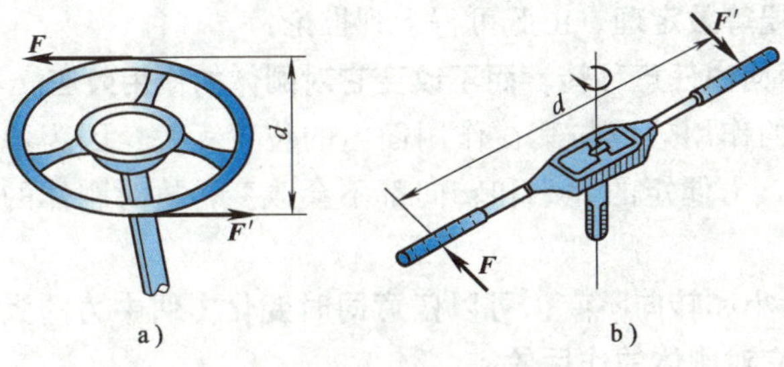

图　3-6

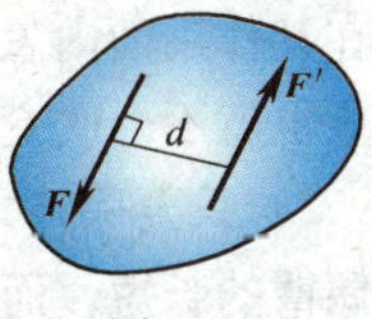

图　3-7

二、力偶矩

力偶对刚体只产生转动效应，而不产生移动效应。经验表明，力偶对刚体的转动效应，不仅与力偶中两力的大小成正比，而且与力偶臂成正比；另外，力偶的转向决定了刚体的转向。因此，为了度量力偶对刚体的转动效应，定义

$$M=\pm Fd \tag{3-5}$$

为平面内力偶（$\boldsymbol{F},\boldsymbol{F}'$）的矩，简称**力偶矩**。即，**力偶矩的大小等于力偶中力的大小和力偶臂的乘积；正负号表示力偶在作用面内的转向**，通常规定，**逆时针转向为正，反之为负**。根据上述定义，平面内力偶矩为代数量。力偶矩单位与力矩单位相同，在国际单位制中为N·m（牛·米）。

三、力偶的性质

1. 力偶既不能与一个力等效，也不能与一个力平衡

由力偶对刚体的作用效应可知，力偶不能与一个力等效，也不能与一个力平衡；力偶只能与力偶等效，力偶只能与力偶平衡。力偶与力同属于力系中的基本元素。

还需指出，由于组成力偶的两个力的大小相等、方向相反，所以它们在任一坐标轴上投影的代数和均为零；但因其不共线，故力偶本身并不平衡。

2. 组成力偶的两个力对其作用面内任一点的矩的代数和恒等于力偶矩，而与矩心位置无关

如图3-8所示，在力偶（$\boldsymbol{F},\boldsymbol{F}'$）的作用面内任取一点$O$为矩心，设其中力$\boldsymbol{F}'$对矩心$O$的力臂为$x$，则组成力偶的两个力$\boldsymbol{F}$、$\boldsymbol{F}'$对点$O$的矩的代数和

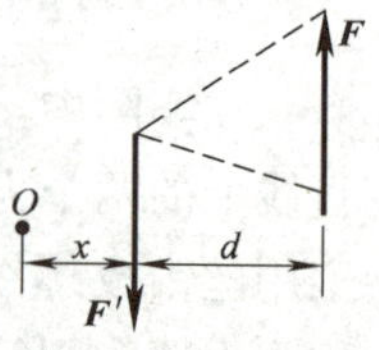

图 3-8

$$M_O(\boldsymbol{F})+M_O(\boldsymbol{F}')=F(x+d)-F'x=Fd=M$$

即组成力偶的两个力对其作用面内任一点的矩的代数和恒等于力偶矩，而与矩心位置无关。

3. 作用于刚体同一平面内两个力偶等效的充分且必要条件为其力偶矩相等

这一性质称为**平面力偶等效定理**。由此可得下列推论：

1）**力偶可以在其作用面内任意移转，而不改变它对刚体的作用效应。**

换言之，力偶对刚体的作用效应与其在作用面内的位置无关。因为不论力偶在其作用面内怎样移转，力偶矩的大小和转向都不会改变，故对刚体的作用效应也就不会改变。

2）**只要保持力偶矩大小和转向不变，可以任意同时变化力偶中力的大小和力偶臂的长短，而不改变它对刚体的作用效应。**

由此可见，力的大小和力偶臂都不是力偶的特征量，只有力偶矩才是力偶

对刚体作用的唯一度量。所以，今后常用力偶矩 M 的符号来表示力偶，如图 3-9 所示。

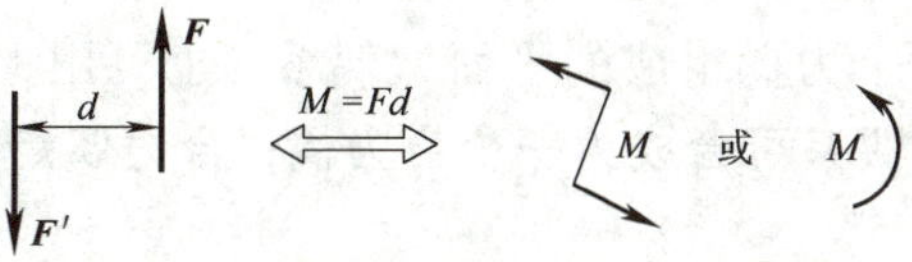

图　3-9

第三节　平面力偶系的合成与平衡

作用在物体同一平面内的若干个力偶所组成的力系称为**平面力偶系**。下面依次讨论平面力偶系的合成与平衡问题。

一、平面力偶系的合成

设平面力偶系由两个力偶（$\boldsymbol{F}_1,\boldsymbol{F}_1'$）、（$\boldsymbol{F}_2,\boldsymbol{F}_2'$）所组成，其力偶矩分别为 $M_1=F_1d_1$、$M_2=-F_2d_2$，如图 3-10a 所示，试求它们合成的结果。

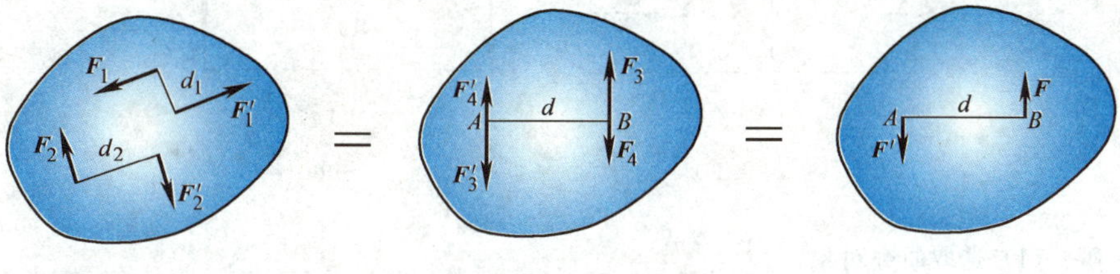

图　3-10

根据平面力偶等效定理，在保持力偶矩不变的条件下，同时改变这两个力偶中力的大小和力偶臂的长短，使它们具有相同的力偶臂 d，并将它们在其作用面内移转，使力的作用线重合，如图 3-10b 所示。于是得到与原力偶等效的两个新力偶（$\boldsymbol{F}_3,\boldsymbol{F}_3'$）、（$\boldsymbol{F}_4,\boldsymbol{F}_4'$），并有

$$M_1=F_1d_1=F_3d,\quad M_2=-F_2d_2=-F_4d$$

分别将作用在点 A、点 B 的两个共线力 $\boldsymbol{F}_3$ 和 $\boldsymbol{F}_4$、$\boldsymbol{F}_3'$和 $\boldsymbol{F}_4'$合成（设 $F_3>F_4$），得到两个新的力 $\boldsymbol{F}$ 和$\boldsymbol{F}'$，其中

$$F=F_3-F_4,\quad F'=F_3'-F_4'$$

它们组成了与原力偶系等效的合力偶（$\boldsymbol{F},\boldsymbol{F}'$），如图 3-10c 所示，此合力偶的

矩为

$$M=Fd=(F_3-F_4)d=F_3d-F_4d=M_1+M_2$$

显然，对由任意个力偶组成的平面力偶系，也可用上述同样的方法合成。于是有结论：**平面力偶系可合成为一个合力偶；合力偶矩等于各分力偶矩的代数和**，即

$$M=M_1+M_2+\cdots+M_n=\sum M_i \tag{3-6}$$

二、平面力偶系的平衡

由平面力偶系的合成结果容易推知，**平面力偶系平衡的必要且充分条件为平面力偶系中各力偶矩的代数和等于零**，即

$$\sum M_i=0 \tag{3-7}$$

式（3-7）称为**平面力偶系的平衡方程**。利用平面力偶系的平衡方程，可以求解一个未知量。

【例 3-4】 在梁 AB 上作用一力偶，其力偶矩 $M=100\ \mathrm{kN\cdot m}$，转向如图 3-11a 所示。已知梁长 $l=5\ \mathrm{m}$，若不计梁的自重，试求支座 A、B 处的约束力。

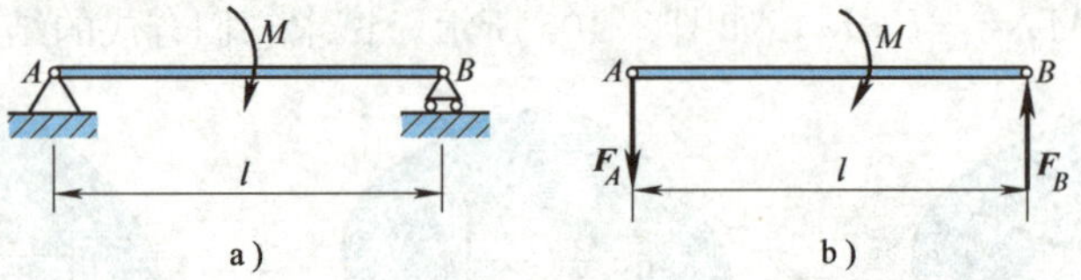

图 3-11

解：（1）选取研究对象

选取梁 AB 为研究对象。

（2）画受力图

梁 AB 上作用有矩为 M 的已知力偶和支座 A、B 的约束力。活动铰支座 B 的约束力 $\boldsymbol{F}_B$ 的作用线沿铅垂方向，根据力偶只能与力偶平衡的性质可知，固定铰支座 A 的约束力 $\boldsymbol{F}_A$ 和 $\boldsymbol{F}_B$ 必组成一个力偶，因此 $\boldsymbol{F}_A$ 的作用线也沿铅垂方向并与 $\boldsymbol{F}_B$ 反向，如图 3-11b 所示。于是，梁 AB 上的作用力组成一平面力偶系。

（3）列平衡方程

根据平面力偶系的平衡方程，有

$$\sum M_i=0,\quad F_Al-M=0$$

解得支座 A、B 处的约束力

$$F_A=F_B=\frac{M}{l}=\frac{100\ \mathrm{kN\cdot m}}{5\ \mathrm{m}}=20\ \mathrm{kN}$$

$F_A(F_B)$ 为正值，说明图中 $\boldsymbol{F}_A(\boldsymbol{F}_B)$ 的假设方向是正确的。

【例 3-5】 图 3-12 所示工件上作用有三个力偶，已知三个力偶的矩分别为 $M_1=M_2=10\ \text{N}\cdot\text{m}$、$M_3=20\ \text{N}\cdot\text{m}$；固定螺柱 A 和 B 相距 $l=200\ \text{mm}$。若不计摩擦，试求两个固定螺柱所承受的力。

解：(1) 选取研究对象

选取工件为研究对象。

(2) 画受力图

工件受到三个力偶和两个螺柱的法向约束力的作用。三个力偶合成后仍为一个力偶，如果工件平衡，必定有一个约束力偶与它相平衡。因此螺柱 A 和 B 的约束力 $\boldsymbol{F}_A$ 和 $\boldsymbol{F}_B$ 必组成一个力偶。由此，作出工件的受力图如图 3-12 所示，其上的作用力组成一平面力偶系。

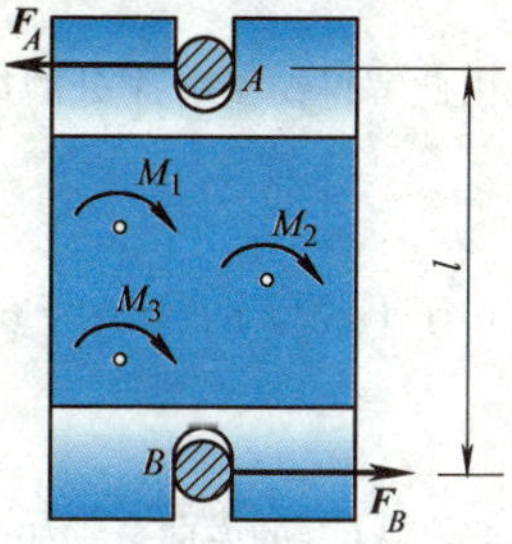

图　3-12

(3) 列平衡方程

根据平面力偶系的平衡方程，有

$$\sum M_i=0,\quad F_A l-M_1-M_2-M_3=0$$

解得

$$F_A=F_B=\frac{M_1+M_2+M_3}{l}=\frac{(10+10+20)\ \text{N}\cdot\text{m}}{200\times10^{-3}\ \text{m}}=200\ \text{N}$$

两个固定螺柱 A、B 所承受的力与螺柱对工件的约束力 $\boldsymbol{F}_A$、$\boldsymbol{F}_B$ 互为作用力与反作用力，即分别与 $\boldsymbol{F}_A$、$\boldsymbol{F}_B$ 大小相等，方向相反。

【例 3-6】 在图 3-13a 所示结构中，用铰链 B 连接两根直角折杆 AB 和 BC，在直角折杆 AB 上作用一矩为 M 的力偶。若不计各构件自重，试求铰支座 A 和 C 处的约束力。

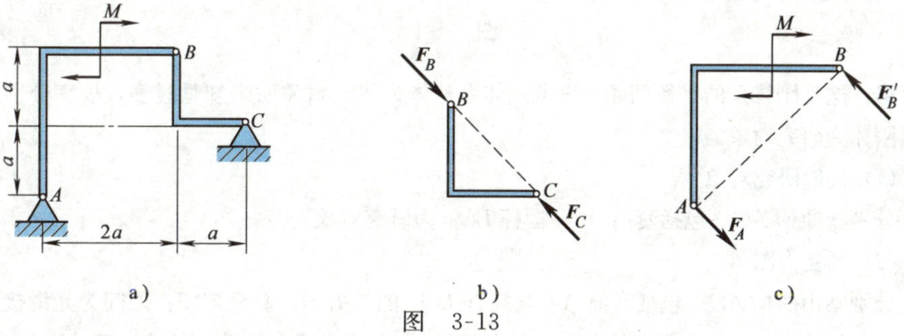

图　3-13

解：(1) 选取研究对象

选取直角折杆 AB 为研究对象。

(2) 画受力图

由于 BC 为二力构件，故 $\boldsymbol{F}_B$ 与 $\boldsymbol{F}_C$ 等值、反向、共线，如图 3-13b 所示。AB 上所受的主动力为一矩为 M 的已知力偶；由于力偶只能与力偶平衡，因此 A、B 处的约束力 $\boldsymbol{F}_A$、$\boldsymbol{F}'_B$ 必构成一力偶，且转向与 M 相反。直角折杆 AB 的受力图如图 3-13c 所示，其中 $\boldsymbol{F}'_B$ 是 $\boldsymbol{F}_B$ 的反作用力，垂直于 AB。于是，直角折杆 AB 上的作用力构成一平面力偶系。

（3）列平衡方程

根据平面力偶系的平衡方程，有

$$\sum M_i=0,\quad 2\sqrt{2}a\cdot F_A-M=0$$

由此解得铰支座 A 处的约束力

$$F_A=\frac{\sqrt{2}M}{4a}$$

由于 $F_A=F'_B=F_B=F_C$，故铰支座 C 处的约束力

$$F_C=F_A=\frac{\sqrt{2}M}{4a}$$

$\boldsymbol{F}_A$ 和 $\boldsymbol{F}_C$ 的方向分别如图 3-13c、b 所示。

【例 3-7】 在图 3-14a 所示机构中，套筒 A 穿过摆杆 BO_1，用铰链连接在曲柄 AO 上。已知曲柄 AO 长为 r，其上作用有矩为 M_1 的力偶。在图示位置，$\theta=30°$，机构平衡，试求作用于摆杆 BO_1 上的力偶矩 M_2，不计摩擦和各构件自重。

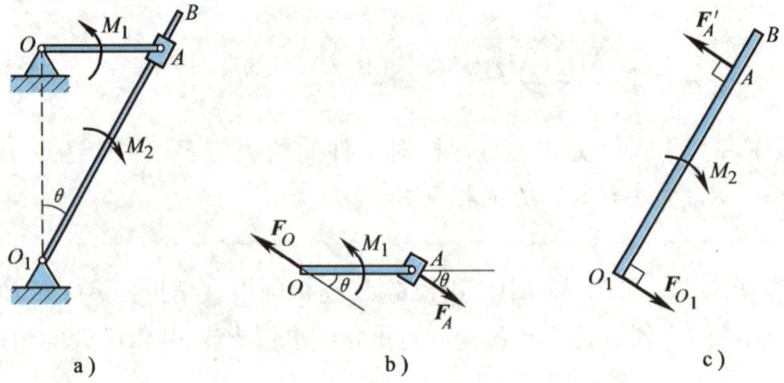

图 3-14

解： 这是刚体系的平衡问题。因取刚体系整体为研究对象时未知量过多，故宜分别选取单个刚体为研究对象。

（1）选取研究对象

分别选曲柄 AO（包括套筒 A）、摆杆 BO_1 为研究对象。

（2）画受力图

分别画出曲柄 AO（包括套筒 A）与摆杆 BO_1 的受力图。套筒与摆杆之间为光滑接触面约束，其约束力应垂直于摆杆 BO_1。AO 与 BO_1 上的主动力分别为矩为 M_1 与 M_2 的力偶，并各受两个约束力的作用，因此各自的两个约束力必构成力偶与各自的主动力偶平衡，由此即可确定铰支座 O、O_1 处的约束力的方向。两个构件的受力图分别如图 3-14b、c 所示。

（3）列平衡方程

两个构件都是在平面力偶系作用下处于平衡状态，列出各自的平衡方程如下：

$$\text{曲柄 } AO\text{：}\sum M_i=0,\quad M_1-F_A\cdot AO\sin 30°=0$$

$$\text{摆杆 } BO_1\text{：}\sum M_i=0,\quad -M_2+F'_A\cdot AO_1=0$$

其中，$F'_A=F_A$，$AO=r$，$AO_1=r/\sin 30°$。

联立上述两个平衡方程，解得作用于摆杆 BO_1 上的力偶矩

$$M_2=4M_1$$

复习思考题

3-1　力和力偶对物体的作用效应有何不同?

3-2　力对点的矩和力偶矩有何异同?

3-3　如思考题 3-3 图所示，物体上作用有两个力偶（$\boldsymbol{F}_1,\boldsymbol{F}_1'$）、（$\boldsymbol{F}_2,\boldsymbol{F}_2'$），其力多边形自行封闭，试问物体是否平衡?为什么?

3-4　作用于刚体上的力偶的等效条件是什么?

3-5　组成力偶的二力等值反向；作用力与反作用力等值反向；平衡二力同样等值反向，试问这三者间有何区别?

3-6　力偶有哪些基本性质?

3-7　试说明求解平面力偶系平衡问题的一般步骤与注意事项。

3-8　既然力偶不能与一力平衡，那为什么思考题 3-8 图中的圆轮又能平衡呢?

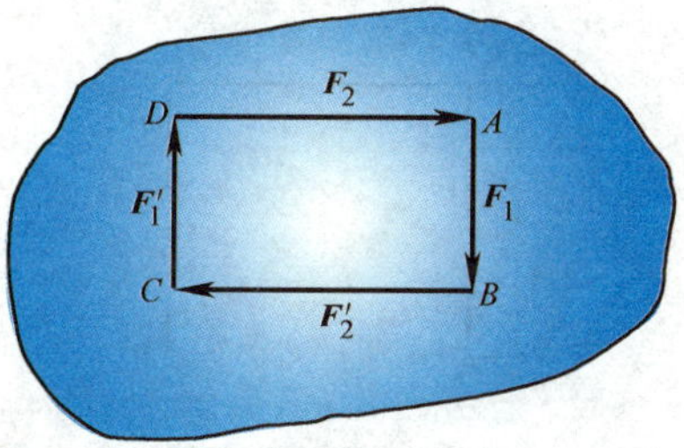

思考题 3-3 图

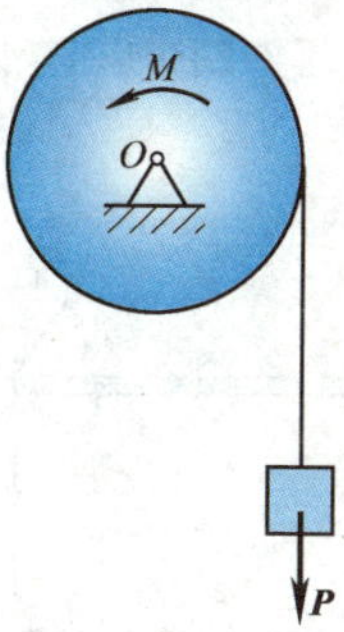

思考题 3-8 图

3-9　思考题 3-9 图所示的四个力偶中，试问哪些力偶是等效的?

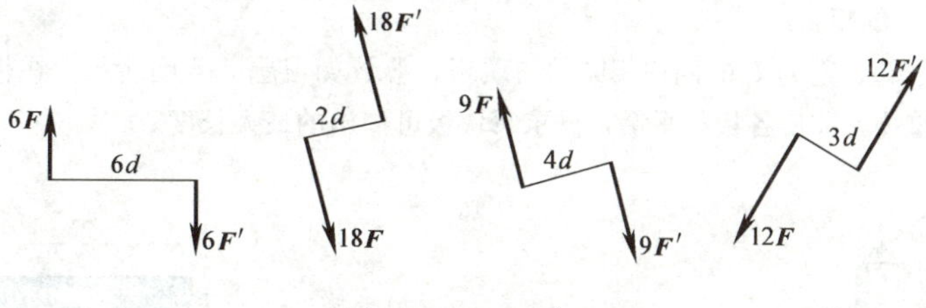

思考题 3-9 图

3-10　试问思考题 3-10 图所示力 $\boldsymbol{F}$ 和力偶（$\boldsymbol{F}_1,\boldsymbol{F}_1'$）对圆轮的作用有何不同?假设两轮半径均为 r，$F_1=F_1'=F/2$。

3-11 如思考题 3-11 图所示，不计自重的三角板用三根链杆连接，其中链杆 A、B 相互平行，链杆 C 垂直于链杆 A 和链杆 B，矩为 M 的力偶作用在三角板平面 ABC 内。试根据力偶的性质确定链杆 C 的约束力。

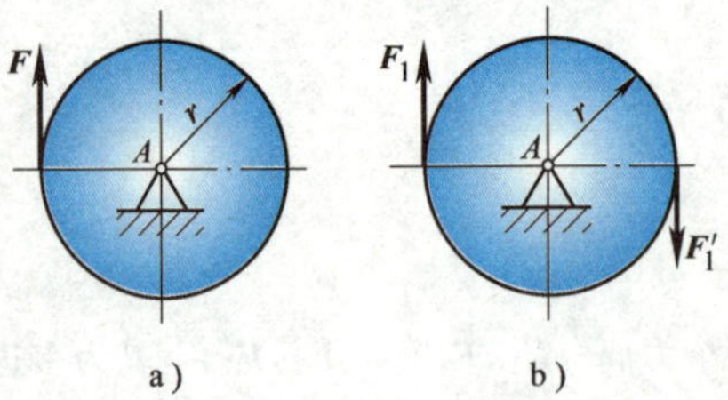

思考题 3-10 图

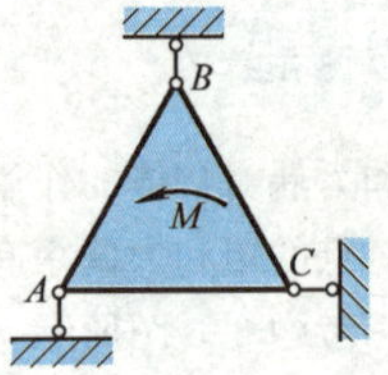

思考题 3-11 图

习题

3-1 作用在悬臂梁端点 B 的四个力的大小均为 8 kN，方向如习题 3-1 图所示。试分别求出各力对点 A 的矩。

3-2 如习题 3-2 图所示，试分别计算力 $\boldsymbol{F}$ 对点 A 和点 B 的矩。

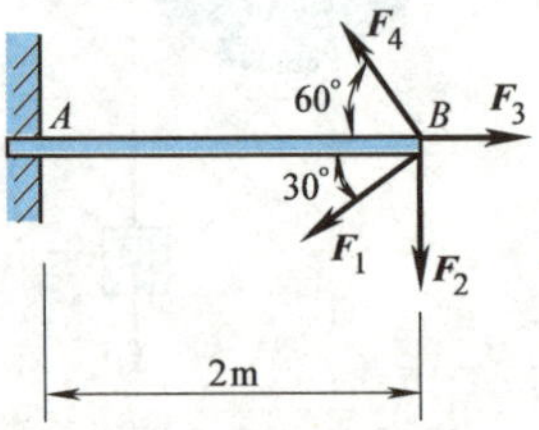

习题 3-1 图

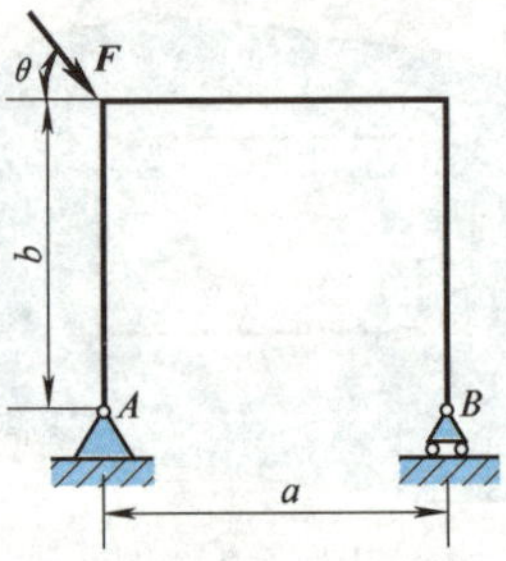

习题 3-2 图

3-3 悬臂刚架如习题 3-3 图所示，已知载荷 $F_1=12$ kN，$F_2=6$ kN，试求 $\boldsymbol{F}_1$ 与 $\boldsymbol{F}_2$ 的合力 $\boldsymbol{F}_R$ 对点 A 的矩。

3-4 长为 $2b$、重为 $\boldsymbol{P}$ 的四块相同的匀质板，叠放如习题 3-4 图所示。在板 1 的右端挂一重为 $2\boldsymbol{P}$ 的重物，欲使各板都平衡，试求每块板可伸出的最大长度。

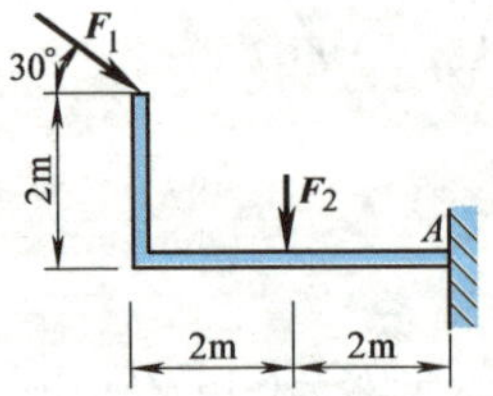

习题 3-3 图

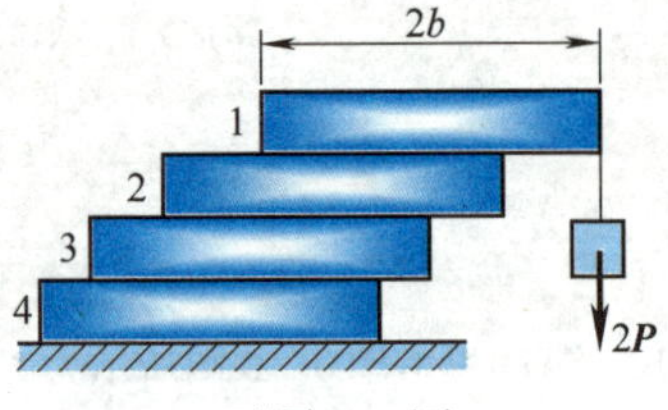

习题 3-4 图

3-5　已知梁 AB 上作用一矩为 M 的力偶，梁长 l。若不计梁自重，试求在习题 3-5 图 a、b、c 三种情况下，铰支座 A 和 B 处的约束力。

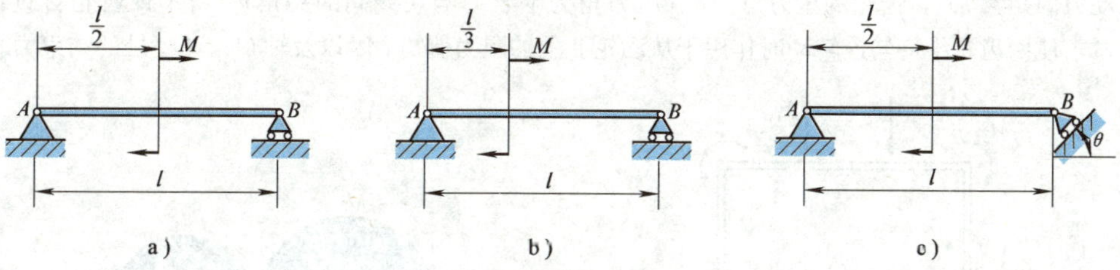

习题 3-5 图

3-6　如习题 3-6 图所示，已知梁 AC 受两个力偶的作用，力偶矩的大小分别为 $M_1=225\ \mathrm{kN\cdot m}$、$M_2=130\ \mathrm{kN\cdot m}$。不计梁的自重，试求铰支座 A、B 处的约束力。

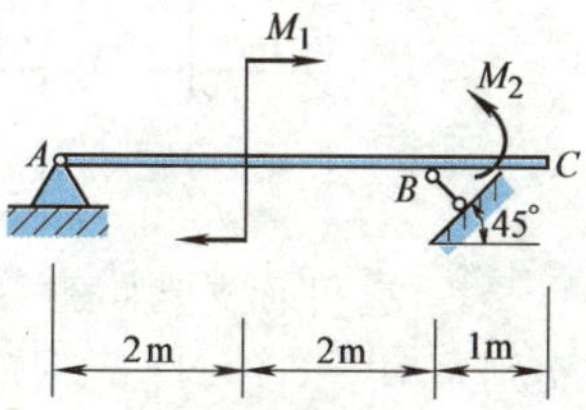

习题 3-6 图

3-7　已知直角折杆 AB 上作用一矩为 M 的力偶，不计杆重，试求在习题 3-7 图 a、b 两种情况下，铰支座 A、B 处的约束力。

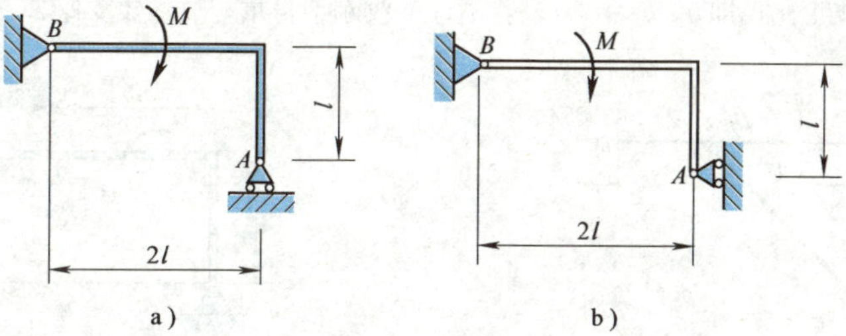

习题 3-7 图

3-8　构架如习题 3-8 图所示，已知 $F=F'$，若不计杆件自重，试求铰支座 C、D 处的约束力。

3-9　如习题 3-9 图所示，已知 $F_1=F_1'=5\ \mathrm{kN}$，$F_2=F_2'=2\ \mathrm{kN}$，图中尺寸单位为 m。若不计杆件自重，试求铰支座 A、B 处的约束力。

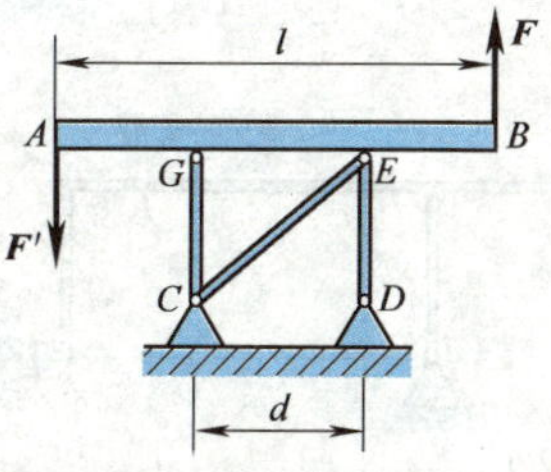

习题 3-8 图

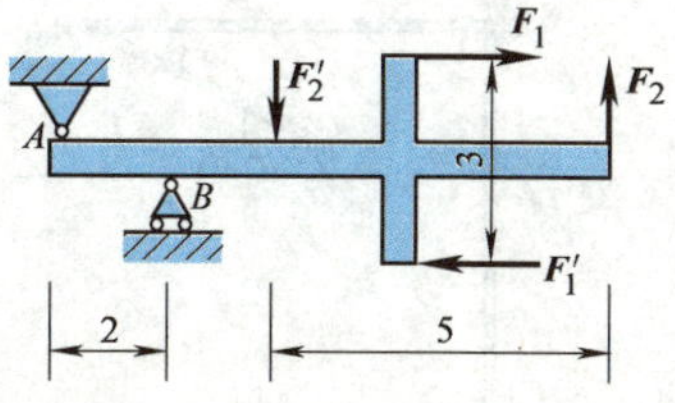

习题 3-9 图

3-10　如习题 3-10 图所示，简支刚架上作用有三个力偶，其中 $F_1=F_1'=5\ \mathrm{kN}$、$M_2=$

20 kN · m、$M_3=9$ kN · m。已知 $\theta=30°$，若不计刚架自重，试求铰支座 A、B 处的约束力。

3-11 如习题 3-11 图所示，已知两齿轮的半径分别为 r_1、r_2，作用于主动轮Ⅰ上的驱动力偶矩为 M_1，齿轮的压力角为 θ（压力角为啮合力与切线间的夹角）。若不计齿轮自重，试求使两齿轮维持匀速转动时作用于从动轮Ⅱ上的阻力偶矩 M_2 以及轴 O_1、O_2 处的约束力。

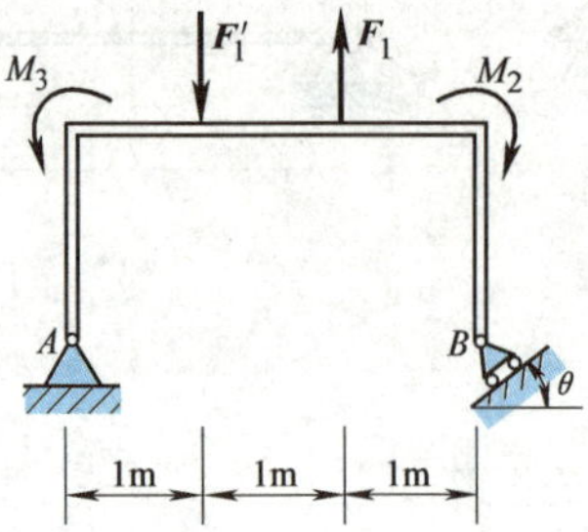

习题 3-10 图

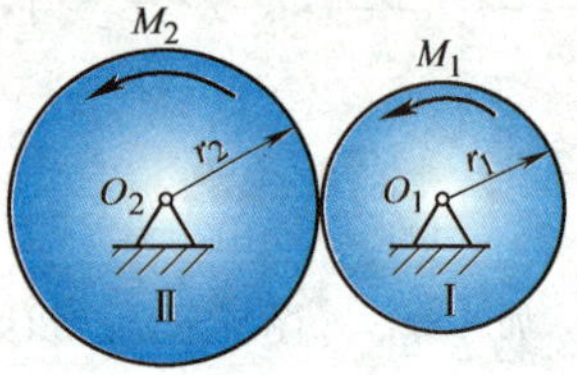

习题 3-11 图

3-12 平面支架如习题 3-12 图所示，已知 $CB=0.8$ m；作用于横杆 CD 上的两个力偶的矩分别为 $M_1=0.2$ kN · m、$M_2=0.5$ kN · m。若不计杆件自重，试求铰支座 A、C 处的约束力。

3-13 如习题 3-13 图所示，三铰刚架的 AD 部分上作用有矩为 M 的力偶。已知左右两部分的直角边成正比，即 $a:b=c:a$。若不计三铰刚架自重，试求铰支座 A、B 处的约束力。

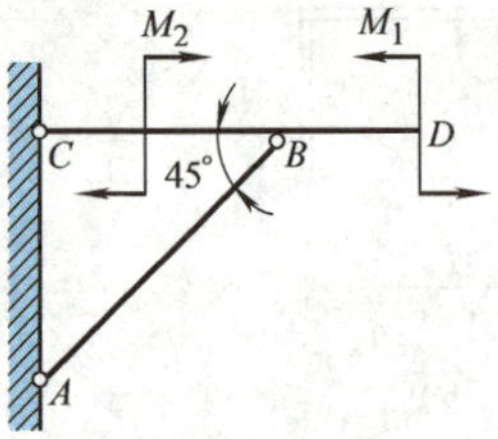

习题 3-12 图

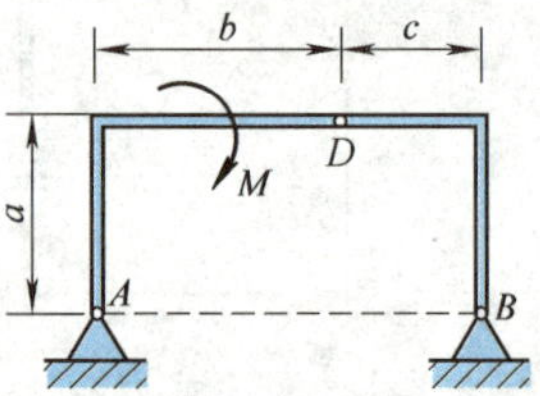

习题 3-13 图

3-14 四杆机构 $OABO_1$ 在习题 3-14 图所示位置平衡，已知 $OA=40$ cm、$O_1B=60$ cm，作用在杆 OA 上的力偶矩 $M_1=1$ N · m。若各杆自重不计，试求作用在杆 O_1B 上的力偶矩 M_2 以及杆 AB 所受的力。

3-15 习题 3-15 图所示结构，在构件 BC 上作用一矩为 M 的力偶，若不计各构件自重，试求铰支座 A 处的约束力。

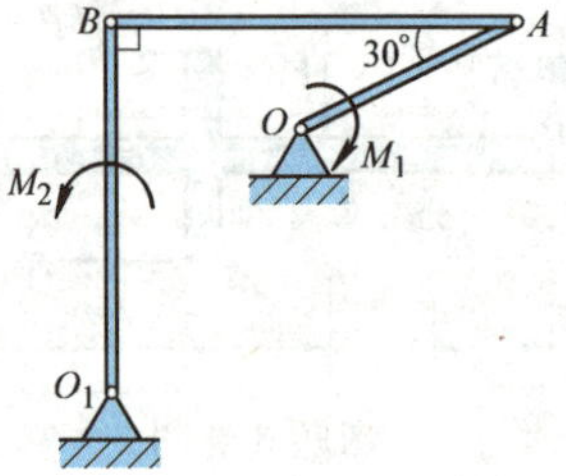

习题 3-14 图

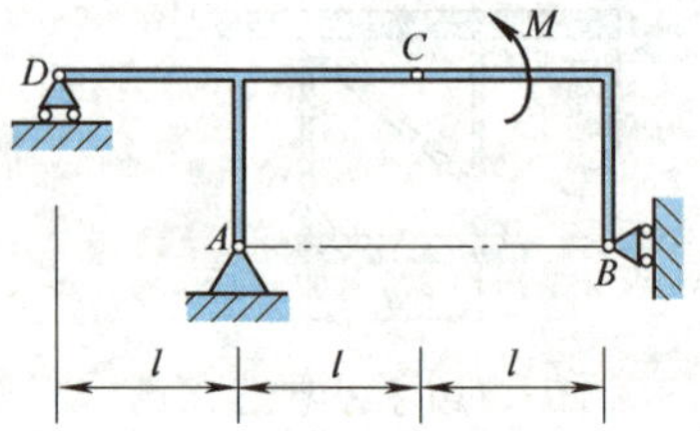

习题 3-15 图

3-16　在习题 3-16 图所示机构中，曲柄 OA 上作用一矩为 M 的力偶，另在滑块 D 上作用一水平力 $\boldsymbol{F}$。机构在图示位置平衡，不计摩擦与各杆自重，试求力 F 与力偶矩 M 的关系。

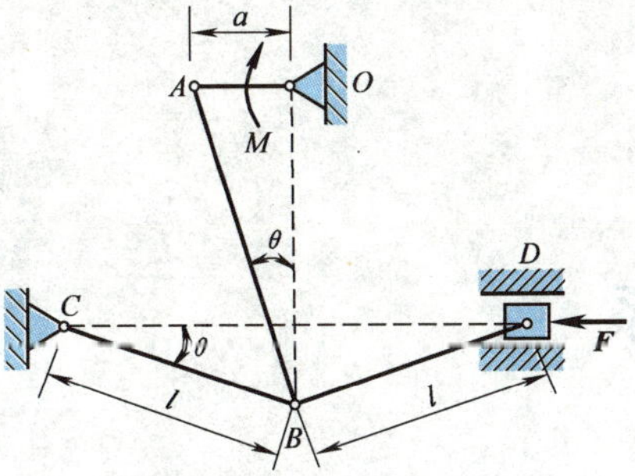

习题 3-16 图

第3章
知识要点与
解题方法

第四章 平面任意力系

各力的作用线在同一平面内任意分布的力系称为**平面任意力系**。平面任意力系是工程中最为常见的一种力系。本章主要研究平面任意力系的简化（合成）与平衡问题。

第一节　平面任意力系向一点的简化

一、力的平移定理

作用于刚体上的力可以等效地平行移动至刚体上任一指定点，但必须在该力与指定点所在平面内附加一力偶，该附加力偶的矩等于原力对指定点的矩。此结论称为**力的平移定理**。力的平移定理是平面任意力系简化的理论基础。现证明如下：

如图 4-1a 所示，力 $\boldsymbol{F}$ 作用于刚体上的点 A，在刚体上任取一点 B，并在点 B 加上等值反向的平衡二力 $\boldsymbol{F}'$ 和 $\boldsymbol{F}''$，并使 $\boldsymbol{F}'=\boldsymbol{F}=-\boldsymbol{F}''$（见图 4-1b）。根据加减平衡力系公理，三个力 $\boldsymbol{F}$、$\boldsymbol{F}'$、$\boldsymbol{F}''$ 组成的新力系与原来的一个力 $\boldsymbol{F}$ 等效。显然，这三个力可视为一个作用于点 B 的力 $\boldsymbol{F}'$ 和一个力偶 $(\boldsymbol{F},\boldsymbol{F}'')$。由于 $\boldsymbol{F}'=\boldsymbol{F}$，

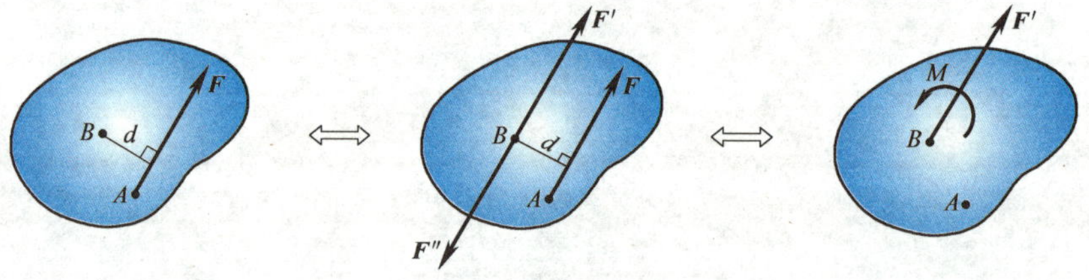

a)　　b)　　c)

图　4-1

这样就将作用于点 A 的力 $\boldsymbol{F}$ 平行移动至了另一点 B，但同时附加了一个力偶，该附加力偶的矩为

$$M=Fd=M_B(\boldsymbol{F})$$

于是定理得证。

由力的平移定理的逆过程可知：位于同一平面内的一个力和一个力偶可以合成为一个力。例如，图 4-1c 中位于同一平面内的作用于点 B 的力 $\boldsymbol{F}'$ 与矩为 M 的力偶可合成为一个作用于点 A 的力 $\boldsymbol{F}$（见图 4-1a），其中 $\boldsymbol{F}=\boldsymbol{F}'$、$d=\dfrac{M}{F'}$。

二、平面任意力系向作用面内一点的简化

知识点 2: 力的平移定理以及平面任意力系向一点简化

设平面任意力系 $\boldsymbol{F}_1,\boldsymbol{F}_2,\cdots,\boldsymbol{F}_n$ 作用于一刚体上，如图 4-2a 所示。在力系作用平面内任取一点 O，称为**简化中心**。应用力的平移定理，把各力都平移到点 O。这样，得到作用于点 O 的力 $\boldsymbol{F}'_1,\boldsymbol{F}'_2,\cdots,\boldsymbol{F}'_n$，以及相应的附加力偶，其矩分别为 $M_1,M_2,\cdots,M_n$，如图 4-2b 所示。显然，这些附加力偶作用在同一平面内，它们的矩分别等于原力 $\boldsymbol{F}_1,\boldsymbol{F}_2,\cdots,\boldsymbol{F}_n$ 对简化中心 O 的矩，即

$$M_i=M_O(\boldsymbol{F}_i)\quad(i=1,2,\cdots,n)$$

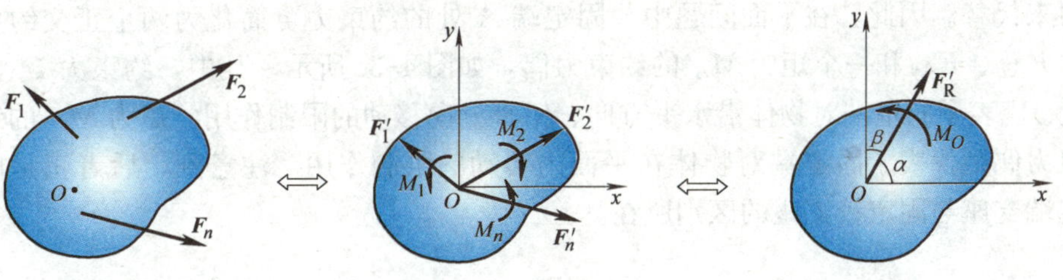

a)　　b)　　c)

图　4-2

这样，平面任意力系等效为了两个简单力系：平面汇交力系和平面力偶系。然后，再分别合成这两个简单力系。

平面汇交力系 $\boldsymbol{F}'_1,\boldsymbol{F}'_2,\cdots,\boldsymbol{F}'_n$ 可合成为一个作用线通过简化中心 O 的力 $\boldsymbol{F}'_{\rm R}$，如图 4-2c 所示。因为各力矢 $\boldsymbol{F}'_1,\boldsymbol{F}'_2,\cdots,\boldsymbol{F}'_n$ 分别与原力矢 $\boldsymbol{F}_1,\boldsymbol{F}_2,\cdots,\boldsymbol{F}_n$ 相等，故有

$$\boldsymbol{F}'_{\rm R}=\boldsymbol{F}'_1+\boldsymbol{F}'_2+\cdots+\boldsymbol{F}'_n=\boldsymbol{F}_1+\boldsymbol{F}_2+\cdots+\boldsymbol{F}_n=\sum\boldsymbol{F}_i \tag{4-1}$$

即力矢 $\boldsymbol{F}'_{\rm R}$ 等于原力系中各力的矢量和，称为原力系的**主矢**。运用解析法可得主矢 $\boldsymbol{F}'_{\rm R}$ 的大小与方向余弦分别为

$$F'_{\rm R}=\sqrt{F'^2_{{\rm R}x}+F'^2_{{\rm R}y}}=\sqrt{(\sum F_{ix})^2+(\sum F_{iy})^2} \tag{4-2}$$

$$\cos\alpha=\frac{F'_{{\rm R}x}}{F'_{\rm R}}=\frac{\sum F_{ix}}{F'_{\rm R}},\quad \cos\beta=\frac{F'_{{\rm R}y}}{F'_{\rm R}}=\frac{\sum F_{iy}}{F'_{\rm R}} \tag{4-3}$$

平面力偶系可合成为一个力偶，这个力偶的矩 M_O 称为原力系对简化中心 O 的**主矩**，它等于各附加力偶矩 M_i 的代数和。由于 $M_i = M_O(\boldsymbol{F}_i)$，所以主矩 M_O 又等于原力系中各力对简化中心 O 的矩 $M_O(\boldsymbol{F}_i)$ 的代数和，即

$$M_O = \sum M_i = \sum M_O(\boldsymbol{F}_i) \tag{4-4}$$

综上所述可得如下结论：**在一般情形下，平面任意力系向作用面内任一点 O 简化，可得一个力和一个力偶。这个力等于该力系的主矢，作用线通过简化中心 O；这个力偶的矩等于该力系对简化中心 O 的主矩。**

由于主矢等于原力系中各力的矢量和，故其与简化中心的选择无关。

由于主矩等于原力系中各力对简化中心的矩的代数和，而当取不同的点为简化中心时，各力对简化中心的矩将随之改变，因此主矩一般与简化中心的选择有关，必须指明简化中心的位置。

下面利用平面任意力系向一点简化的方法，来分析第一章中所介绍的固定端支座的约束力。

显然，固定端支座对物体的约束力是作用于接触面上的分布力。在平面问题中，这些约束力为一平面任意力系，如图 4-3a 所示。根据上述平面任意力系的简化理论，将其向作用面内点 A 简化得到一个力 $\boldsymbol{F}_A$ 和一个矩为 M_A 的力偶，如图 4-3b 所示。一般情况下，这个力的大小和方向是未知的，可用两个正交分力来代替。因此，在平面问题中，固定端 A 处的约束力可简化为两个正交约束力 $\boldsymbol{F}_{Ax}$、$\boldsymbol{F}_{Ay}$ 和一个矩为 M_A 的约束力偶，如图 4-3c 所示。其中，约束力 $\boldsymbol{F}_{Ax}$、$\boldsymbol{F}_{Ay}$ 代表了固定端对物体沿水平方向、铅垂方向移动的限制作用，矩为 M_A 的约束力偶则代表了固定端对物体在平面内转动的限制作用。注意到，后者正是固定端支座与固定铰支座的区别所在。

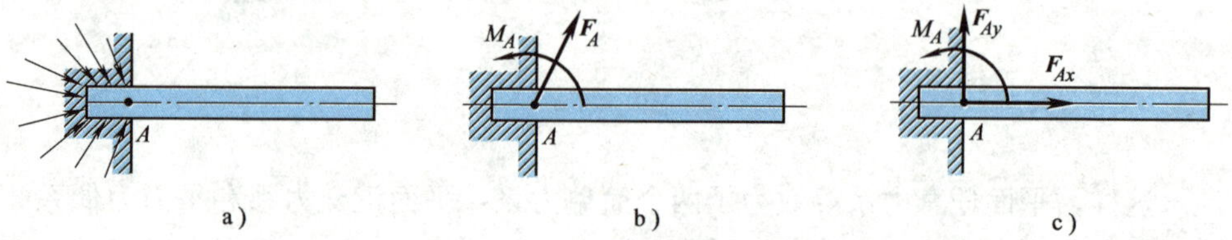

图 4-3

三、平面任意力系简化结果的讨论

平面任意力系向其作用面内一点简化的结果，可能有下列四种情况：

1）主矢 $\boldsymbol{F}'_R = \boldsymbol{0}$ 且主矩 $M_O = 0$，则力系平衡。这一情况将在下节中详细讨论。

2）主矢 $\boldsymbol{F}'_R = \boldsymbol{0}$ 但主矩 $M_O \neq 0$，则力系合成为一个力偶，该合力偶的矩等

于力系的主矩，即 $M=M_O=\sum M_O(\boldsymbol{F}_i)$。此时，原力系等价于平面力偶系，力系的主矩即成为合力偶矩，而与简化中心的位置无关。

3）主矢 $\boldsymbol{F}'_{\mathrm{R}}\neq\boldsymbol{0}$ 但主矩 $M_O=0$，则力系合成为一个作用线通过简化中心 O 的合力，该合力矢等于力系的主矢，即 $\boldsymbol{F}_{\mathrm{R}}=\boldsymbol{F}'_{\mathrm{R}}=\sum\boldsymbol{F}_i$。此时，附加的平面力偶系平衡，原力系等价于汇交于简化中心 O 的平面汇交力系。

4）主矢 $\boldsymbol{F}'_{\mathrm{R}}\neq\boldsymbol{0}$ 且主矩 $M_O\neq0$，则由力的平移定理的逆过程可知，力系向点 O 简化所得的力 $\boldsymbol{F}'_{\mathrm{R}}$ 和矩为 M_O 的力偶可合成为一个合力 $\boldsymbol{F}_{\mathrm{R}}$，如图 4-4 所示，该合力矢等于力系的主矢，即 $\boldsymbol{F}_{\mathrm{R}}=\boldsymbol{F}'_{\mathrm{R}}=\sum\boldsymbol{F}_i$，简化中心 O 至合力 $\boldsymbol{F}_{\mathrm{R}}$ 作用线的垂直距离为

$$d=\frac{|M_O|}{F'_{\mathrm{R}}} \tag{4-5}$$

至于合力作用线位于点 O 的哪一侧，显然根据主矢 $\boldsymbol{F}'_{\mathrm{R}}$ 的方向和主矩 M_O 的转向即可确定。

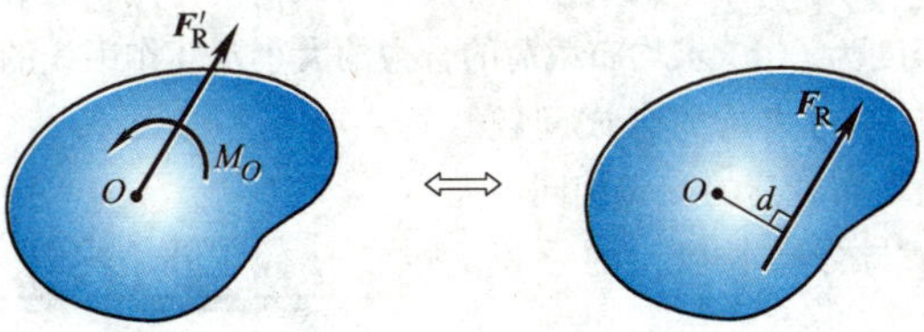

a）　　b）

图　4-4

【例 4-1】 平面任意力系如图 4-5a 所示，已知 $F_1=10\ \mathrm{N}$、$F_2=20\ \mathrm{N}$、$F_3=25\ \mathrm{N}$、$F_4=12\ \mathrm{N}$，图中各力作用点坐标的单位为 cm。试向坐标原点 O 简化此力系并求其合成结果。

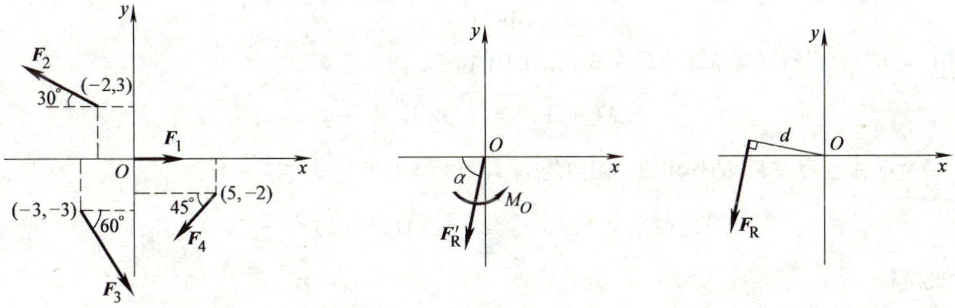

a）　　b）　　c）

图　4-5

解： 力系主矢 $\boldsymbol{F}'_{\mathrm{R}}$ 在 x、y 轴上的投影为

$$F'_{\mathrm{R}x}=\sum F_{ix}=F_1-F_2\cos 30°+F_3\cos 60°-F_4\cos 45°=-3.3\ \mathrm{N}$$

$$F'_{\mathrm{R}y}=\sum F_{iy}=F_2\sin 30°-F_3\sin 60°-F_4\sin 45°=-20.2\ \mathrm{N}$$

主矢 $\boldsymbol{F}'_R$ 的大小以及与 x 轴所夹的锐角分别为

$$F'_R=\sqrt{F'^2_{Rx}+F'^2_{Ry}}=20.5\ \mathrm{N}$$

$$\alpha=\arctan\left|\frac{F'_{Ry}}{F'_{Rx}}\right|=\arctan 6.1=80.8°$$

由 $F'_{Rx}<0$、$F'_{Ry}<0$ 可知，$\boldsymbol{F}'_R$ 指向第三象限（见图 4-5b）。

根据式（4-4），力系对原点 O 的主矩为

$$M_O=\sum M_O(\boldsymbol{F}_i)=F_2\cos30°\times3\ \mathrm{cm}-F_2\sin30°\times2\ \mathrm{cm}+F_3\cos60°\times3\ \mathrm{cm}+F_3\sin60°\times3\ \mathrm{cm}-F_4\cos45°\times2\ \mathrm{cm}-F_4\sin45°\times5\ \mathrm{cm}=75.0\ \mathrm{N\cdot cm}$$

由于主矢 $\boldsymbol{F}'_R\neq\boldsymbol{0}$ 且主矩 $M_O\neq0$，故原力系可合成为一个合力，合力矢 $\boldsymbol{F}_R=\boldsymbol{F}'_R$，其作用线离坐标原点 O 的距离为

$$d=\frac{|M_O|}{F'_R}=\frac{75.0\ \mathrm{N\cdot cm}}{20.5\ \mathrm{N}}=3.7\ \mathrm{cm}$$

合力作用线的位置位于坐标原点 O 的左侧，如图 4-5c 所示。

【例 4-2】 如图 4-6 所示，水平简支梁 AB 受均布载荷的作用，其载荷集度（单位长度上的载荷）为 q，梁的跨度为 l。试求均布载荷的合力的大小及其作用线的位置。

解： 这是平面同向平行力系的合成问题。显然其合力 $\boldsymbol{F}_q$ 的方向与均布载荷的方向相同，大小等于均布载荷集度 q 与分布长度 l 的乘积，即 $F_q=ql$。

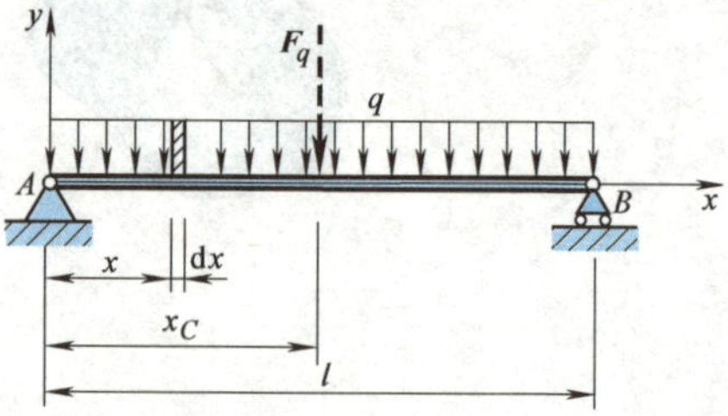

图 4-6

现来确定合力 $\boldsymbol{F}_q$ 的作用线位置。取梁的 A 端为坐标原点，建立图示坐标轴。在 x 处取微段 $\mathrm{d}x$，则均布载荷在 $\mathrm{d}x$ 上的合力

$$\mathrm{d}F_q=q\mathrm{d}x$$

此微力对点 A 的矩为

$$M_A(\mathrm{d}\boldsymbol{F}_q)=xq\mathrm{d}x$$

对上式积分，得所有均布载荷对点 A 的矩的代数和

$$\sum M_A(\mathrm{d}\boldsymbol{F}_q)=\int_0^l xq\mathrm{d}x=\frac{ql^2}{2}$$

设点 A 至合力 $\boldsymbol{F}_q$ 的作用线的距离为 x_C，根据合力矩定理，有

$$M_A(\boldsymbol{F}_q)=F_qx_C=qlx_C=\sum M_A(\mathrm{d}\boldsymbol{F}_q)=\frac{ql^2}{2}$$

由此解得

$$x_C=\frac{l}{2}$$

以同样的方法分析其他形式的分布载荷，可得一般性结论：**当分布载荷垂直于被作用杆件时，分布载荷合力 $\boldsymbol{F}_q$ 的方向与分布载荷的方向相同；大小等于分布载荷曲线下几何图形的面积；作用线通过分布载荷曲线下几何图形的形心。**

例如，对于图 4-7 所示的线性分布载荷，根据上述结论不难确定，其合力 $\boldsymbol{F}_q$ 的大小

$$F_q=\frac{1}{2}ql$$

作用线位置

$$x_C=\frac{2}{3}l$$

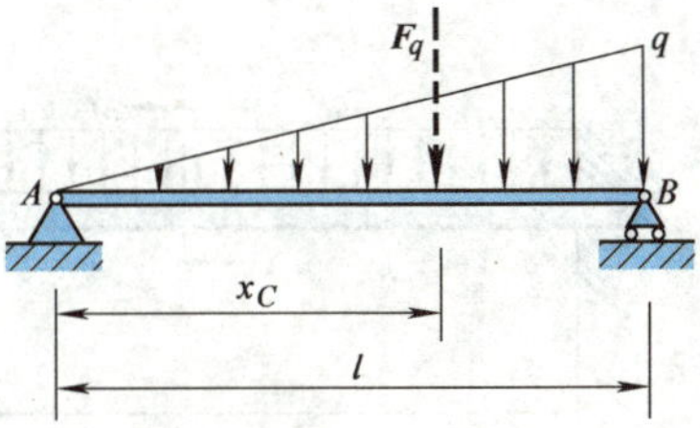

图　4-7

第二节　平面任意力系的平衡方程

一、平面任意力系的平衡方程

1. 平面任意力系平衡方程的基本形式

由上节可知，**平面任意力系平衡的必要且充分条件为：力系的主矢和对任一点的主矩都等于零**，即

$$\left.\begin{aligned}\boldsymbol{F}'_{\mathrm{R}}=\mathbf{0}\\ M_O=0\end{aligned}\right\}$$

将式（4-2）和式（4-4）代入上式，得

$$\left.\begin{aligned}\sum F_{ix}=0\\ \sum F_{iy}=0\\ \sum M_O(\boldsymbol{F}_i)=0\end{aligned}\right\}\tag{4-6}$$

即平面任意力系平衡的必要且充分的解析条件为：**力系中所有力在作用面内任意两个坐标轴上投影的代数和分别等于零，并且所有力对作用面内任意一点的矩的代数和等于零。**式（4-6）称为**平面任意力系的平衡方程**。它是平面任意力系平衡方程的基本形式，包含两个投影方程和一个力矩方程，可以求解三个未知量。在求解具体问题时，由于投影轴和矩心是可以任意选取的，为了使每个方程中尽可能出现较少的未知量，以简化计算，通常将矩心选取在多个未知力作用线的交点上，投影轴则尽可能与未知力的作用线垂直。

【例 4-3】 如图 4-8a 所示，悬臂梁 AB 上作用有矩为 M 的力偶和集度为 q 的均布载荷，在梁的自由端还受一集中力 $\boldsymbol{F}$ 的作用，梁的跨度为 l。试求固定端 A 处的约束力。

解：（1）选取研究对象

选取悬臂梁 AB 为研究对象。

（2）画受力图

梁 AB 受到集中力 $\boldsymbol{F}$、均布载荷 q、力偶矩 M，以及固定端约束力 $\boldsymbol{F}_{Ax}$、$\boldsymbol{F}_{Ay}$ 与 M_A 的作

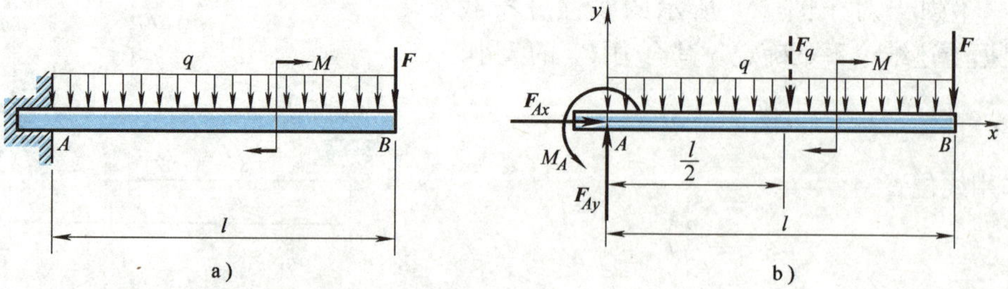

图 4-8

用，其受力图如图 4-8b 所示，其中均布载荷的合力 $F_q=ql$。这些力构成平面任意力系，其中包含了 $\boldsymbol{F}_{Ax}$、$\boldsymbol{F}_{Ay}$ 与 M_A 三个未知量。

（3）列平衡方程

选取图示坐标系，并以点 A 为矩心，列平衡方程

$$\sum F_{ix}=0,\quad F_{Ax}=0$$

$$\sum F_{iy}=0,\quad F_{Ay}-ql-F=0$$

$$\sum M_A(\boldsymbol{F}_i)=0,\quad M_A-ql\cdot\frac{l}{2}-Fl-M=0$$

（4）求解未知量

由上述平衡方程，解得固定端 A 的约束力为

$$F_{Ax}=0,\quad F_{Ay}=ql+F,\quad M_A=\frac{ql^2}{2}+Fl+M$$

所得结果为正值，说明图中假设的约束力的方向是正确的。

2. 平面任意力系平衡方程的其他形式

（1）一投影二力矩式

$$\left.\begin{array}{l}\sum F_{ix}=0\\ \sum M_A(\boldsymbol{F}_i)=0\\ \sum M_B(\boldsymbol{F}_i)=0\end{array}\right\}\tag{4-7}$$

式中，A、B 为力系作用面内的任意两点，但其连线不能垂直于 x 轴。

式（4-7）是平面任意力系平衡方程的另一种形式。因为，如果力系对点 A 的主矩等于零，则这个力系只可能有两种情形：或者合成为作用线通过点 A 的一个力，或者平衡。如果力系对另一点 B 的主矩也同时为零，则这个力系或者合成为作用线通过 A、B 两点连线的一个力，或者平衡（见图 4-9）。如果再满足 $\sum F_{ix}=0$，那么力系如有合力，则此合力必与 x 轴垂直。而式（4-7）的附加条件（A、B 两点连线不垂直于 x 轴），则完全排除了力系合成为一个力的可能性，因此，该力系必为平衡力系。

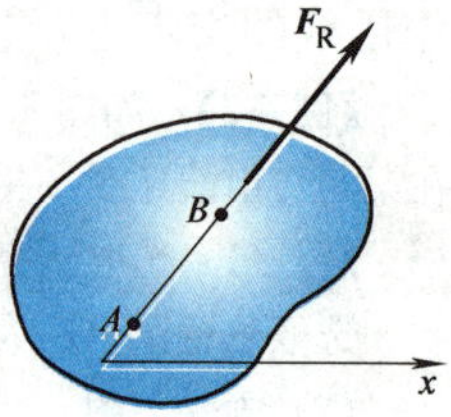

图 4-9

（2）三力矩式

$$\left.\begin{array}{l}\sum M_A(\boldsymbol{F}_i)=0\\ \sum M_B(\boldsymbol{F}_i)=0\\ \sum M_C(\boldsymbol{F}_i)=0\end{array}\right\} \tag{4-8}$$

式中，A、B、C 为力系作用面内的任意三点，但 A、B、C 三点不共线。

为什么式（4-8）是平面任意力系平衡方程的又一种形式？请读者自行证明。

对于上面介绍的平面任意力系平衡方程的三种形式，在求解平衡问题时，可根据具体情况，灵活选用。

需要强调指出，对于平面任意力系，只能列出三个独立的平衡方程，求解三个未知量。任何第四个方程只能是前三个方程的线性组合，而不是独立的。但可以利用第四个方程来校核计算结果。

【例 4-4】 一重为 $\boldsymbol{P}$ 的物块悬挂在图 4-10a 所示构架上。已知 $P=1.8\ \text{kN}$，$\alpha=45°$。若不计构架与滑轮自重，试求铰支座 A 处的约束力以及杆 BC 所受的力。

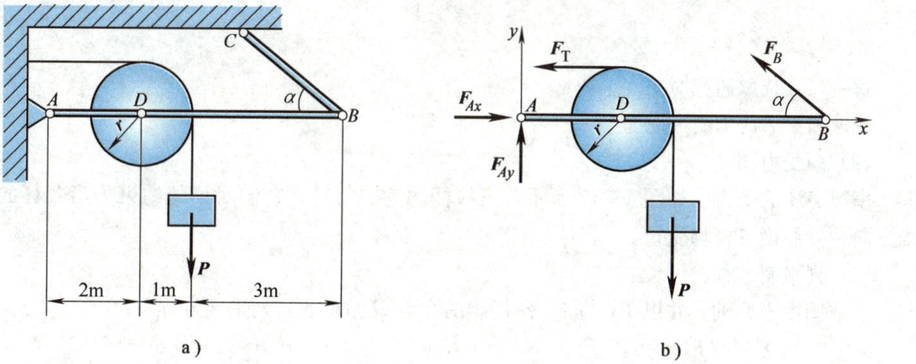

图　4-10

解：（1）选取研究对象

选取滑轮 D、杆 AB 与物块组成的系统为研究对象。

（2）画受力图

研究对象的受力图如图 4-10b 所示，由于杆 BC 为二力杆，故 B 处约束力 $\boldsymbol{F}_B$ 沿杆 BC 方向，其指向按杆 BC 受拉确定；绳索的拉力 $F_T=P=1.8\ \text{kN}$。

（3）列平衡方程

选取图示坐标轴，并分别以 A、B 为矩心，列平衡方程

$$\sum M_A(\boldsymbol{F}_i)=0,\quad F_B\sin 45°\times 6\ \text{m}-P\times 3\ \text{m}+F_T\times 1\ \text{m}=0$$

$$\sum M_B(\boldsymbol{F}_i)=0,\quad -F_{Ay}\times 6\ \text{m}+P\times 3\ \text{m}+F_T\times 1\ \text{m}=0$$

$$\sum F_{ix}=0,\quad F_{Ax}-F_T-F_B\cos 45°=0$$

（4）求解未知量

代入 P 与 F_T 的数值，解上述平衡方程，得

$$F_{Ax}=2.4\text{ kN},\quad F_{Ay}=1.2\text{ kN},\quad F_B=0.85\text{ kN}$$

杆 BC 所受的力与 $\boldsymbol{F}_B$ 是作用力与反作用力的关系，即杆 BC 受到大小为 0.85 kN 的拉力。

【例 4-5】 横梁 AB 用三根杆支撑，受载荷如图 4-11a 所示。已知 $F=10$ kN，$M=5$ kN · m，不计构件自重，试求三杆所受的力。

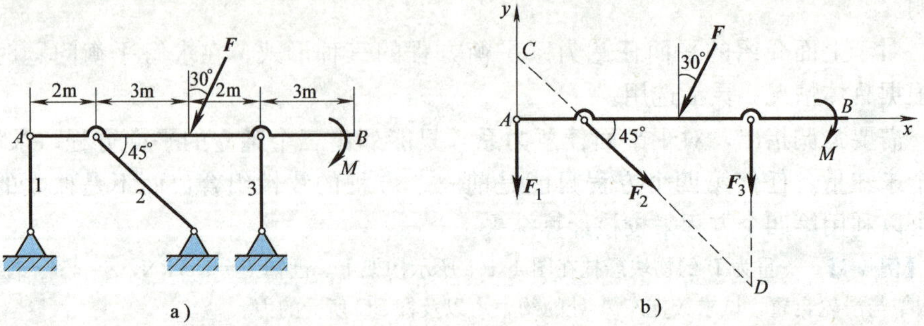

图　4-11

解：(1) 选取研究对象

选取横梁 AB 为研究对象。

(2) 画受力图

横梁 AB 的受力图如图 4-11b 所示，三根杆均为二力杆，它们对梁的约束力沿各杆的轴线方向，并假设各杆均受拉。

(3) 列平衡方程

选取图示坐标轴，并以 $\boldsymbol{F}_1$ 与 $\boldsymbol{F}_2$ 作用线的交点 C 为矩心，列平衡方程

$$\sum M_C(\boldsymbol{F}_i)=0,\quad -F_3\times 7\text{ m}-F\sin 30°\times 2\text{ m}-F\cos 30°\times 5\text{ m}-M=0$$

$$\sum F_{ix}=0,\quad F_2\cos 45°-F\sin 30°=0$$

$$\sum F_{iy}=0,\quad -F_1-F_2\sin 45°-F\cos 30°-F_3=0$$

(4) 求解未知量

代入 F 与 M 的数值，解上述平衡方程，得三杆所受的力分别为

$$F_1=-5.33\text{ kN},\quad F_2=7.07\text{ kN},\quad F_3=-8.33\text{ kN}$$

结果中 F_2 为正值，说明杆 2 承受拉力；F_1 与 F_3 为负值，则说明杆 1、3 承受压力。

另外，还可以以 $\boldsymbol{F}_2$ 与 $\boldsymbol{F}_3$ 作用线的交点 D 为矩心（见图 4-11b），利用第四个平衡方程 $\sum M_D(\boldsymbol{F}_i)=0$ 求出 F_1，来对上述计算结果进行校核。请读者自行尝试。

二、平面平行力系的平衡方程

各力作用线在同一平面内并相互平行的力系称为**平面平行力系**。平面平行力系是平面任意力系的特殊情况。当它平衡时，也应满足平面任意力系的平衡方程。若选择 y 轴与力系中各力平行（见图 4-12），则 $\sum F_{ix}=0$ 自然满足，因此平

面平行力系独立的平衡方程只有两个，即

$$\left.\begin{aligned}\sum F_{iy}&=0\\ \sum M_O(\boldsymbol{F}_i)&=0\end{aligned}\right\}\qquad(4\text{-}9)$$

平面平行力系的平衡方程也可以表示为二力矩式，即

$$\left.\begin{aligned}\sum M_A(\boldsymbol{F}_i)&=0\\ \sum M_B(\boldsymbol{F}_i)&=0\end{aligned}\right\}\qquad(4\text{-}10)$$

式中，A、B 为力系作用面内任意两点，但其连线不能与各力平行。

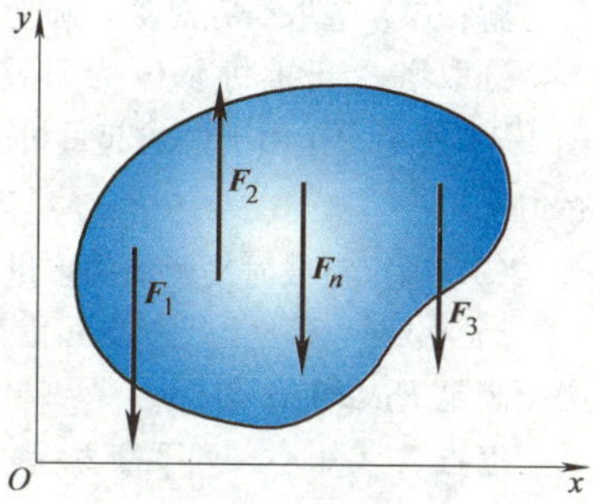

图　4-12

【例 4-6】　外伸梁如图 4-13a 所示，沿全长作用有均布载荷 $q=8$ kN/m，两支座中间作用有集中力 $F=8$ kN。已知 $a=1$ m，若不计梁的自重，试求铰支座 A、B 处的约束力。

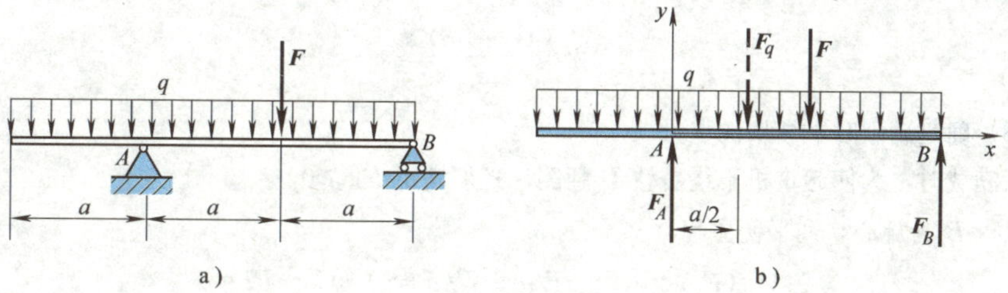

图　4-13

解：(1) 选取研究对象

选取外伸梁为研究对象。

(2) 画受力图

外伸梁的受力图如图 4-13b 所示，其中均布载荷的合力 $F_q=3qa$。由于固定铰支座 A 的水平约束力显然为零，故受力图中没有画出。于是，作用于梁上的各力组成一平面平行力系。

(3) 列平衡方程

选取图示坐标轴，并以点 A 为矩心，列平衡方程

$$\sum M_A(\boldsymbol{F}_i)=0,\quad F_B\cdot 2a-F\cdot a-3qa\cdot\frac{a}{2}=0$$

$$\sum F_{iy}=0,\quad F_A+F_B-3qa-F=0$$

(4) 求解未知量

代入有关数值，解上述平衡方程，得铰支座 A、B 处的约束力分别为

$$F_B=10\ \text{kN},\quad F_A=22\ \text{kN}$$

【例 4-7】　塔式起重机结构简图如图 4-14 所示。已知机架自重为 $\boldsymbol{G}$，其作用线与右轨 B 的间距为 e；满载时荷重为 $\boldsymbol{P}$，与右轨 B 的间距为 l；平衡块与左轨 A 的间距为 a；轨道 A、B 的间距为 b。要保证起重机在空载和满载时都不翻倒，试问平衡块的重 $\boldsymbol{W}$ 应为多少？

解：(1) 选取研究对象，画受力图

选取塔式起重机整体为研究对象，其受力图如图 4-14 所示。作用于塔式起重机上各力组成一平面平行力系。

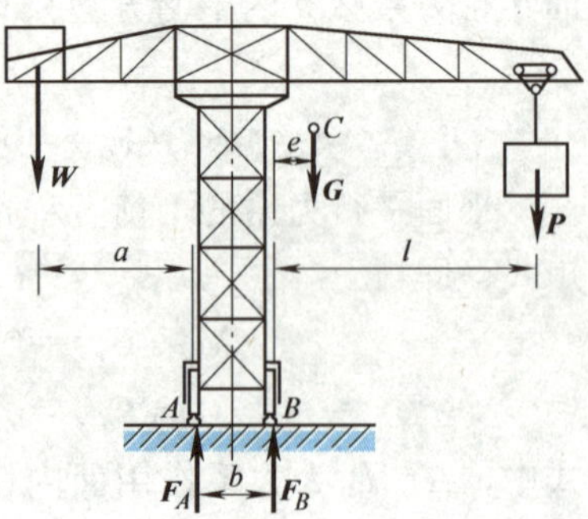

图 4-14

(2) 确定空载时平衡块的重量

当空载时，$P=0$。为使起重机不绕左轨 A 翻倒，必须满足 $F_B \geqslant 0$。

以点 A 为矩心，列平衡方程

$$\sum M_A(\boldsymbol{F}_i)=0,\quad F_B b-G(e+b)+Wa=0$$

解得

$$F_B=\frac{1}{b}[G(e+b)-Wa]$$

将上式代入条件 $F_B \geqslant 0$，可得空载时平衡块的重量

$$W \leqslant \frac{G(e+b)}{a}$$

(3) 确定满载时平衡块的重量

当满载时，为使起重机不绕右轨 B 翻倒，必须满足 $F_A \geqslant 0$。

以点 B 为矩心，列平衡方程

$$\sum M_B(\boldsymbol{F}_i)=0,\quad -F_A b+W(a+b)-Ge-Pl=0$$

解得

$$F_A=-\frac{1}{b}[Ge+Pl-W(a+b)]$$

将上式代入条件 $F_A \geqslant 0$，可得满载时平衡块的重量

$$W \geqslant \frac{1}{a+b}(Ge+Pl)$$

综合考虑到上述两种情况，平衡块的重量应满足不等式

$$\frac{1}{a+b}(Ge+Pl) \leqslant W \leqslant \frac{G(e+b)}{a}$$

·思 政 导 读·

塔式起重机起源于 20 世纪初的欧洲，早已成为建筑、交运等行业中必不可少的起重设备。但在旧中国，人们却很难见到塔式起重机。新中国成立后，特别是改革开放以来，中国的塔机行业得到了飞速发展，业已成为世界上塔式起重机最大的产销国。图 4-15 为中联重科生产的大国重器——全球最大的塔式起重机 R20000-720，其最大起重量达 720t，最大起升高度为 400m，相当于可以一次起吊 500 辆小轿车至 130 层楼的高度。

图 4-15

第三节 物体系的平衡问题

实际中，经常遇到由若干物体组成的物体系。当物体系平衡时，组成该系统的每一个物体均处于平衡状态，而对于每一个受平面任意力系作用的平衡物体，都可以列出三个独立的平衡方程。如物体系由 n 个物体组成，则共有 $3n$ 个独立方程。若物体系中有物体受平面汇交力系或平面力偶系或平面平行力系作用，则独立的平衡方程的数目则相应减少。当系统中未知力的数目等于其独立的平衡方程的数目时，所有的未知力都能由平衡方程确定，这样的问题称为**静定问题**，例如，图 4-16a、b、c 所示均为静定问题。工程中，有时为了提高结构的承载能力，会增加一些相对于维持结构平衡而多余的约束，使得这些结构中未知力的数目多于独立平衡方程的数目，未知力就不能全部由平衡方程确定，这样的问题称为**超静定问题**或**静不定问题**，而总未知力数目与总独立平衡方程数目之差则称为**超静定次数**或**静不定次数**。例如，图 4-16d、e、f 所示均为一次超静定问题。对于超静定问题，必须考虑物体因受力作用而产生的变形，加列某些补充方程，方能获解。超静定问题的求解已超出了刚体静力学的范畴，将在材料力学与结构力学等后续课程中研究。

求解物体系的平衡问题时，既可选取整个系统为研究对象，也可选取单个物体或系统中部分物体的组合（分系统）为研究对象，应视具体情况灵活掌握。下面通过实例来说明各类物体系平衡问题的求解方法。

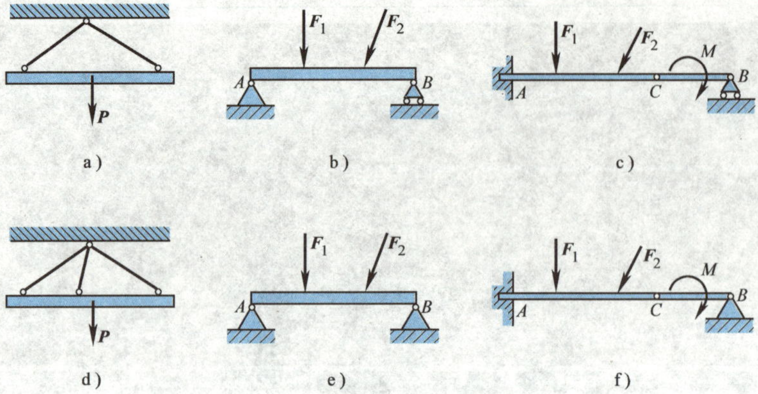

图 4-16

【例 4-8】 图 4-17a 所示为压榨机的机构简图，已知曲柄 AO 上作用一矩 $M=500\ \text{N}\cdot\text{m}$ 的力偶，$AO=r=0.1\ \text{m}$，$BD=DC=ED=a=0.3\ \text{m}$，$\theta=30°$，机构在图示位置处于平衡状态。若不计构件自重，试求此时的水平压榨力 $\boldsymbol{F}$。

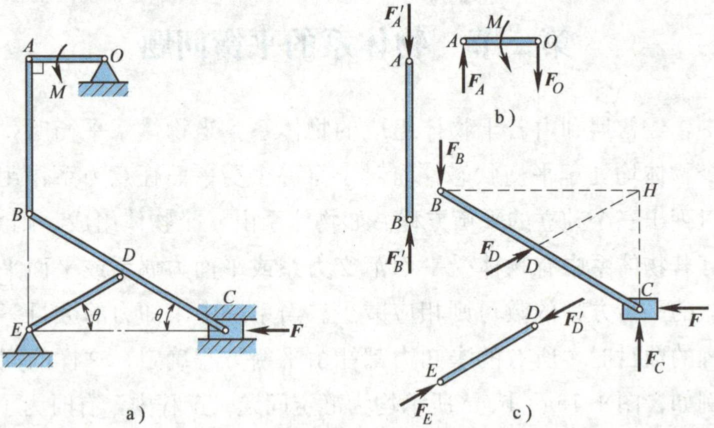

图 4-17

解： 这是可变机构的平衡问题。欲使可变机构处于平衡状态，作用于其上的主动力之间必须满足一定的关系。这类问题往往不必求出所有约束力，而是从已知主动力到未知主动力，按传动顺序依次将机构拆开，分别选取各构件为研究对象，通过分析各连接点处的受力，来逐步建立主动力之间应满足的关系。

1）首先选取曲柄 AO 为研究对象，其受力图如图 4-17b 所示。由于杆 AB 为二力杆，故铰链 A 对曲柄 AO 的约束力 $\boldsymbol{F}_A$ 沿 AB 方向。根据力偶的基本性质，铰支座 O 处的约束力 $\boldsymbol{F}_O$ 与 $\boldsymbol{F}_A$ 等值、反向，构成一力偶。由平面力偶系的平衡方程

$$\sum M_i=0,\quad M-F_A r=0$$

得

$$F_A=\frac{M}{r} \tag{a}$$

2）然后选取杆 BC 与滑块 C 组成的分系统为研究对象，其受力图如图 4-17c 所示。以未知力 $\boldsymbol{F}_D$、$\boldsymbol{F}_C$ 作用线的交点 H 为矩心，列平衡方程

$$\sum M_H(\boldsymbol{F}_i)=0,\quad -F\times 2a\sin\theta+F_B\times 2a\cos\theta=0$$

解得

$$F=\sqrt{3}F_B \tag{b}$$

由于 $F_B=F'_B=F'_A=F_A$，故联立式（a）、式（b），即得水平压榨力

$$F=\sqrt{3}\frac{M}{r}=8660\text{ N}$$

【例 4-9】 静定组合梁如图 4-18a 所示。已知 $F=10$ kN，$q=10$ kN/m，$M=20$ kN·m，$\alpha=30°$，$a=1$ m。试求支座 A、B 以及铰链 C 处的约束力。

典型例题 5：例4-9

解： 静定组合梁由若干根梁组合而成。其中，本身能保持平衡并能独立承受载荷的梁称为组合梁的基本部分；而本身不能保持平衡、必须依赖于基本部分才能够承受载荷的梁称为组合梁的附属部分。显然，本题中的梁 AC 是基本部分，梁 CB 则为附属部分。解这类平衡问题通常是先研究附属部分，然后再研究基本部分或整个系统。

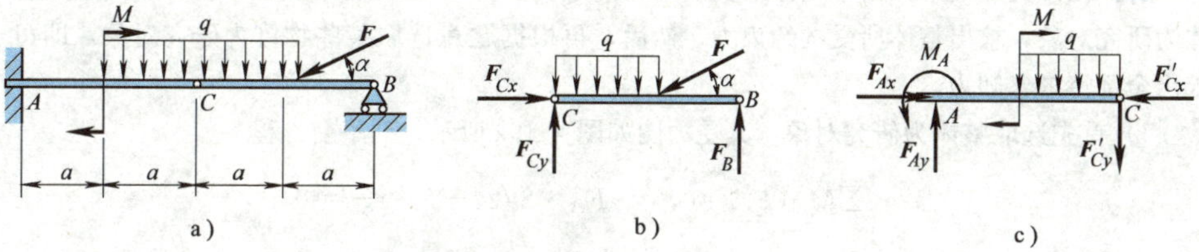

图 4-18

1）首先选取附属部分，即梁 CB 为研究对象，其受力图如图 4-18b 所示。列平衡方程

$$\sum M_C(\boldsymbol{F}_i)=0,\quad F_B\cdot 2a-F\sin\alpha\cdot a-qa\cdot\frac{a}{2}=0$$

$$\sum F_{ix}=0,\quad F_{Cx}-F\cos\alpha=0$$

$$\sum F_{iy}=0,\quad F_{Cy}-qa-F\sin\alpha+F_B=0$$

解得活动铰支座 B 与铰链 C 处的约束力分别为

$$F_B=5\text{ kN}(\uparrow),\quad F_{Cx}=8.66\text{ kN}(\rightarrow),\quad F_{Cy}=10\text{ kN}(\uparrow)$$

2）然后选取基本部分，即梁 AC 为研究对象，其受力图如图 4-18c 所示。其中，根据作用力与反作用力的关系有 $F'_{Cx}=F_{Cx}=8.66$ kN、$F'_{Cy}=F_{Cy}=10$ kN。列平衡方程

$$\sum F_{ix}=0,\quad F_{Ax}-F'_{Cx}=0$$

$$\sum F_{iy}=0,\quad F_{Ay}-qa-F'_{Cy}=0$$

$$\sum M_A(\boldsymbol{F}_i)=0,\quad M_A-M-qa\cdot\frac{3a}{2}-F'_{Cy}\cdot 2a=0$$

解得固定端支座 A 处的约束力

$$F_{Ax}=8.66\ \text{kN}(\rightarrow),\quad F_{Ay}=20\ \text{kN}(\uparrow),\quad M_A=55\ \text{kN}\cdot\text{m}(\text{逆时针})$$

【例 4-10】 构架如图 4-19a 所示，已知重物的重力为 $\boldsymbol{P}$，$DC=CE=AC=CB=2l$，定滑轮半径为 R，动滑轮半径为 r，其中 $R=2r=l$，$\theta=45°$。不计构架和滑轮自重，试求支座 A、E 处的约束力以及杆 BD 所受的力。

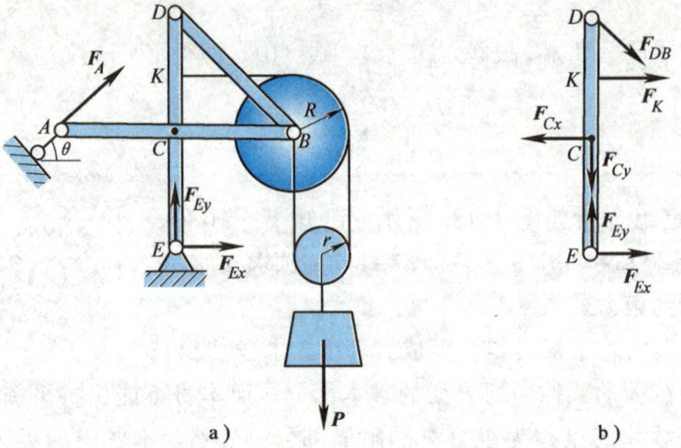

图 4-19

解： 在该类问题中，由于整体所受的未知约束力较少，可以全部求出，故一般先选取整体为研究对象，求出整体所受的约束力。然后，再根据题意选取某些物体为研究对象，即可求出全部待求未知力。

1）首先选取整体为研究对象，其受力图如图 4-19a 所示。列平衡方程

$$\sum M_E(\boldsymbol{F}_i)=0,\quad -F_A\cdot 2\sqrt{2}\,l-P\cdot\frac{5}{2}l=0$$

$$\sum F_{ix}=0,\quad F_A\cos 45°+F_{Ex}=0$$

$$\sum F_{iy}=0,\quad F_A\sin 45°+F_{Ey}-P=0$$

解得支座 A、E 处的约束力分别为

$$F_A=-\frac{5\sqrt{2}}{8}P,\quad F_{Ex}=\frac{5}{8}P,\quad F_{Ey}=\frac{13}{8}P$$

2）为了求出杆 BD 所受的力，应选取包含此力的物体或分系统为研究对象。不难判断，此时选取杆 DE 为研究对象最为方便。杆 DE 的受力图如图 4-19b 所示。以点 C 为矩心，列平衡方程

$$\sum M_C(\boldsymbol{F}_i)=0,\quad -F_{DB}\cos 45°\cdot 2l-F_K l+F_{Ex}\cdot 2l=0$$

其中，$F_K=P/2$、$F_{Ex}=5P/8$，代入上式，解得

$$F_{DB}=\frac{3\sqrt{2}}{8}P$$

杆 BD 所受的力与 $\boldsymbol{F}_{DB}$ 为作用力与反作用力的关系，即杆 BD 受拉力作用，大小为 $\frac{3\sqrt{2}}{8}P$。

【例 4-11】 图 4-20a 所示三铰构架由 AC 和 BC 两个简单桁架通过铰链 C 连接而成。若铰支座 A 和 B 等高，桁架重 $W_1=W_2=W$，在左桁架上作用一水平力 $\boldsymbol{F}$，尺寸 l、H、a 和 h 均为已知。试求铰支座 A、B 处以及铰链 C 处的约束力。

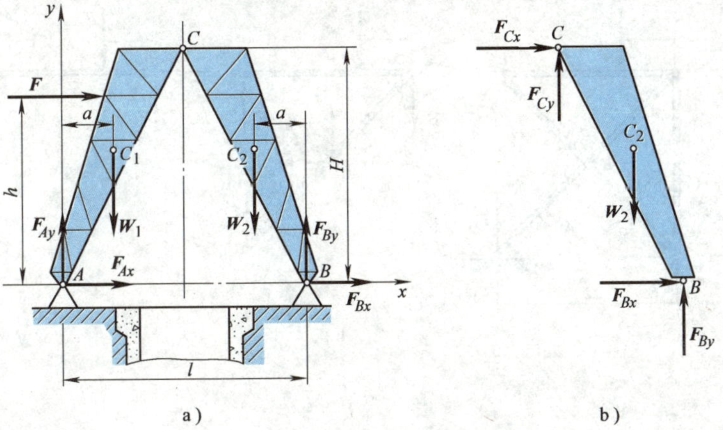

图　4-20

解： 对支座等高的三铰构架，通常是先取整体再取分体进行计算。

1）首先选取整体为研究对象，其受力图如图 4-20a 所示。分别以点 A 和点 B 为矩心，列平衡方程

$$\sum M_A(\boldsymbol{F}_i)=0,\quad F_{By}l-W_1a-W_2(l-a)-Fh=0$$

$$\sum M_B(\boldsymbol{F}_i)=0,\quad -F_{Ay}l-Fh+W_1(l-a)+W_2a=0$$

解得

$$F_{By}=\frac{1}{l}(Wl+Fh),\quad F_{Ay}=\frac{1}{l}(Wl-Fh)$$

2）然后选取右桁架 BC 为研究对象，其受力图如图 4-20b 所示。列平衡方程

$$\sum M_C(\boldsymbol{F}_i)=0,\quad F_{By}\frac{l}{2}+F_{Bx}H-W_2\left(\frac{l}{2}-a\right)=0$$

$$\sum F_{ix}=0,\quad F_{Cx}+F_{Bx}=0$$

$$\sum F_{iy}=0,\quad F_{By}+F_{Cy}-W_2=0$$

代入 F_{By}，解得

$$F_{Bx}=-\frac{1}{2H}(2Wa+Fh),\quad F_{Cx}=\frac{1}{2H}(2Wa+Fh),\quad F_{Cy}=-\frac{Fh}{l}$$

3）最后再根据整体受力图，列平衡方程

$$\sum F_{ix}=0,\quad F_{Ax}+F_{Bx}+F=0$$

代入 F_{Bx}，解得

$$F_{Ax}=\frac{1}{2H}(2Wa+Fh-2FH)$$

若三铰构架的支座 A、B 位于不同高程，又应如何求解？请读者自行思考。

【例 4-12】 如图 4-21a 所示，编号为 1、2、3、4 的四根杆件组成一平面结构，其中 A、C、E 处为光滑铰链，B、D 处为光滑接触，E 为结构中点。在水平杆 2 上作用有铅垂力 $\boldsymbol{F}$。若不计各杆自重，试证：无论力 $\boldsymbol{F}$ 的位置 x 如何改变，其竖杆 1 总是受到大小等于 F 的压力。

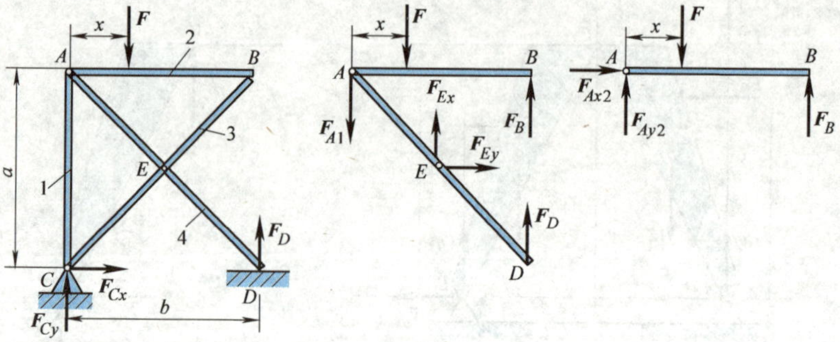

a） b） c）

图 4-21

解： 本题归结为求解二力杆杆 1 的内力。

1）首先选取杆 2、杆 4 与销钉 A 组成的分系统为研究对象，其受力图如图 4-21b 所示，其中 $\boldsymbol{F}_{A1}$ 与杆 1 所受的力是作用力与反作用力的关系。以点 E 为矩心，列平衡方程

$$\sum M_E(\boldsymbol{F}_i)=0,\quad F_{A1}\frac{b}{2}+F\left(\frac{b}{2}-x\right)+F_B\frac{b}{2}+F_D\frac{b}{2}=0 \tag{a}$$

由式（a）可见，欲求出 F_{A1} 必须先求得 F_B 和 F_D。

2）其次选取整体为研究对象，其受力图如图 4-21a 所示。以点 C 为矩心，列平衡方程

$$\sum M_C(\boldsymbol{F}_i)=0,\quad F_D b-Fx=0$$

解得

$$F_D=\frac{x}{b}F \tag{b}$$

3）再选取水平杆 2 为研究对象，其受力图如图 4-21c 所示，其中 $\boldsymbol{F}_{Ax2}$、$\boldsymbol{F}_{Ay2}$ 是销钉 A 对杆 2 的约束力。以点 A 为矩心，列平衡方程

$$\sum M_A(\boldsymbol{F}_i)=0,\quad F_B b-Fx=0$$

求得

$$F_B=\frac{x}{b}F \tag{c}$$

将式（b）、式（c）代入式（a），即得

$$F_{A1}=-F$$

于是，命题得证。此题还有其他解法，请读者自行研究。

【例 4-13】 在图 4-22a 所示构架中，$\boldsymbol{F}_1$、$\boldsymbol{F}_2$、M、a 为已知，且 $M=F_1a$，$\boldsymbol{F}_2$ 作用于销钉 B 上。若不计构件自重，试求：(1) 固定端 A 处的约束力；(2) 销钉 B 对杆 AB 以及 T 形杆 BCE 的约束力。

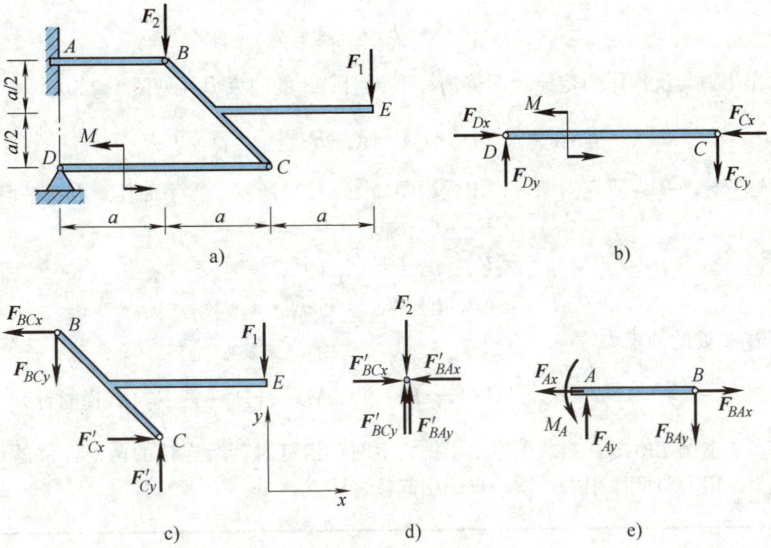

图　4-22

解： 先选取杆 CD 为研究对象，作出受力图如图 4-22b 所示。以点 D 为矩心，列平衡方程

$$\sum M_D(\boldsymbol{F}_i)=0,\ -F_{Cy}\cdot 2a+M=0$$

解得

$$F_{Cy}=\frac{M}{2a}=\frac{F_1}{2}(\downarrow)$$

次选取 T 形杆 BCE 为研究对象，作出受力图如图 4-22c 所示。其中，$\boldsymbol{F}'_{Cx}$ 与 $\boldsymbol{F}_{Cx}$、$\boldsymbol{F}'_{Cy}$ 与 $\boldsymbol{F}_{Cy}$ 互为作用力与反作用力，有 $F'_{Cy}=F_{Cy}=\dfrac{F_1}{2}$。这里只有三个未知量，可以全部求出。由平面任意力系平衡方程

$$\sum F_x=0,\ F'_{Cx}-F_{BCx}=0$$
$$\sum F_y=0,\ F'_{Cy}-F_{BCy}-F_1=0$$
$$\sum M_B(\boldsymbol{F}_i)=0,\ F'_{Cy}\cdot a+F'_{Cx}\cdot a-F_1\cdot 2a=0$$

解得销钉 B 对 T 形杆 BCE 的约束力以及销钉 C 处的约束力分别为

$$F_{BCx}=\frac{3}{2}F_1(\leftarrow),F_{BCy}=-\frac{1}{2}F_1(\uparrow),\ F'_{Cx}=\frac{3}{2}F_1(\rightarrow)$$

再选取销钉 B 为研究对象，作出受力图如图 4-22d 所示。其中，$\boldsymbol{F}'_{BCx}$ 与 $\boldsymbol{F}_{BCx}$、$\boldsymbol{F}'_{BCy}$ 与 $\boldsymbol{F}_{BCy}$ 互为作用力与反作用力，有 $F'_{BCx}=F_{BCx}=\dfrac{3}{2}F_1$、$F'_{BCy}=F_{BCy}=-\dfrac{1}{2}F_1$。由平面汇交力系平衡方程

$$\sum F_x=0,\ F'_{BCx}-F'_{BAx}=0$$
$$\sum F_y=0,\ F'_{BCy}+F'_{BAy}-F_2=0$$

解得杆 AB 对销钉 B 的作用力

$$F'_{BAx}=\frac{3}{2}F_1(\leftarrow),\ F'_{BAy}=F_2+\frac{1}{2}F_1(\uparrow)$$

根据作用力与反作用力定律，即得销钉 B 对杆 AB 的约束力（见图 4-22e）

$$F_{BAx}=\frac{3}{2}F_1(\rightarrow),\ F_{BAy}=F_2+\frac{1}{2}F_1(\downarrow)$$

最后选取杆 AB 为研究对象，作出受力图如图 4-22e 所示。由平面任意力系平衡方程

$$\sum F_x=0,\ F_{BAx}-F_{Ax}=0$$
$$\sum F_y=0,\ -F_{BAy}+F_{Ay}=0$$
$$\sum M_A(F)=0,\ -F_{BAy}\cdot a+M_A=0$$

解得固定端 A 处的约束力

$$F_{Ax}=\frac{3}{2}F_1(\leftarrow),\ F_{Ay}=F_2+\frac{1}{2}F_1(\uparrow),\ M_A=\left(F_2+\frac{1}{2}F_1\right)a（逆时针）$$

注意：如本例题所示，当载荷作用于销钉上时，销钉对其所连接的两根杆件的约束力不可再视同为作用力与反作用力，这一点应引起读者注意。

复习思考题

4-1 设平面力系向一点简化的主矢为零，主矩不为零，问能否适当地选取另一点为简化中心，使其主矩等于零？为什么？

4-2 若某平面力系向 A、B 两点简化的主矩皆为零，试讨论此力系简化的可能结果。

4-3 已知一平面力系对不在同一直线上的三点 A、B、C 的主矩相等，试问此力系简化的最终结果是什么？

4-4 若平面任意力系的力多边形自行封闭，问此力系是否为平衡力系？为什么？

4-5 若某平面力系向作用面内任一点简化的结果都相同，则此力系简化的最终结果可能是什么？

4-6 若某平面力系各力在任一坐标轴上投影的代数和均为零，则该力系为平衡力系。试问该结论正确与否？为什么？

4-7 试确定思考题 4-7 图 a、b 所示两种情况下，$\boldsymbol{F}_1$ 与 $\boldsymbol{F}_2$ 的合力 $\boldsymbol{F}_R$ 的作用线位置。已知 $\boldsymbol{F}_1 /\!/ \boldsymbol{F}_2$，$F_1=2F_2$，$AB=l$。

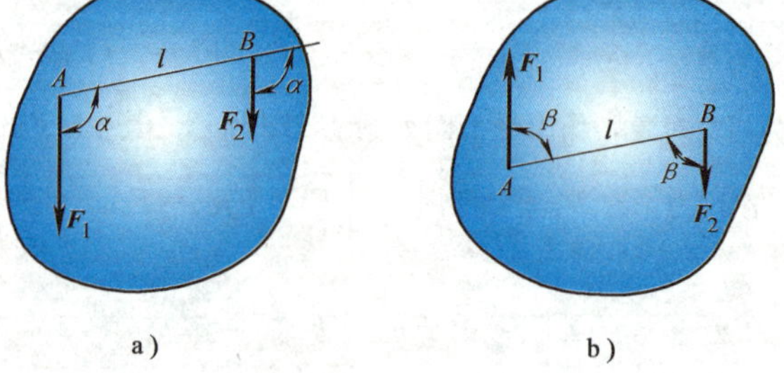

思考题 4-7 图

4-8　试判断思考题 4-8 图所示各种平衡问题中，哪些是静定的，哪些是超静定的？假设各接触面均为光滑，主动力均为已知。

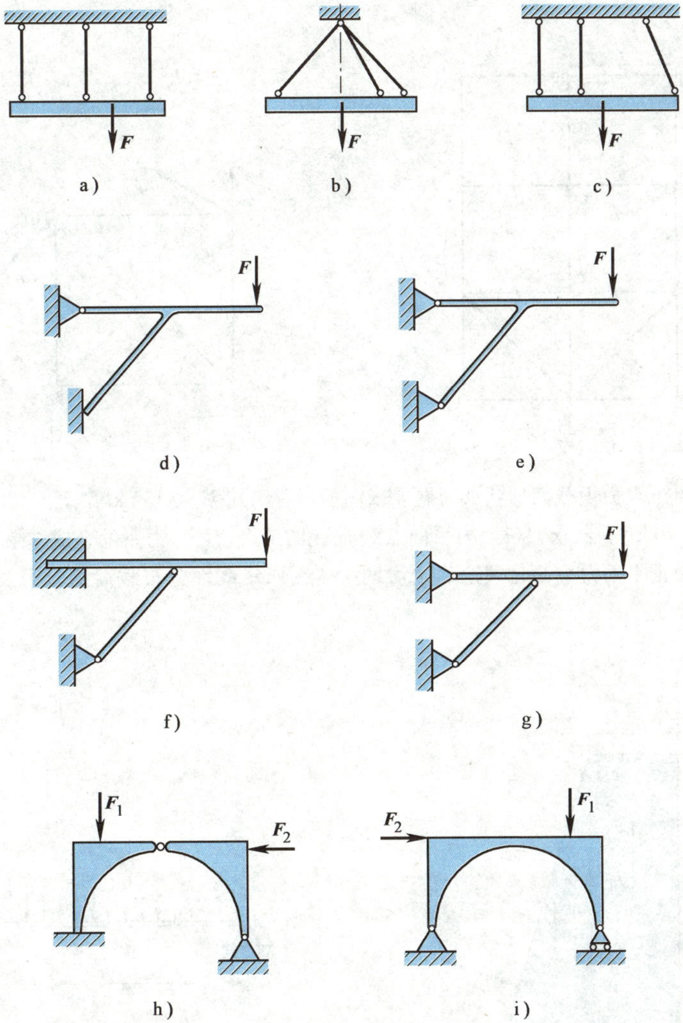

思考题 4-8 图

习题

4-1　习题 4-1 图所示平面任意力系，已知 $F_1=F_2=F$，$F_3=F_4=\sqrt{2}F$，每方格的边长为 a，试求力系向点 O 简化的结果。

4-2　如习题 4-2 图所示，在边长 $a=1$ m 的正方形的四个顶点上，分别作用有 $\boldsymbol{F}_1$、$\boldsymbol{F}_2$、

$\boldsymbol{F}_3$、$\boldsymbol{F}_4$ 四个力，已知 $F_1=40\,\text{N}$，$F_2=60\,\text{N}$，$F_3=60\,\text{N}$，$F_4=80\,\text{N}$。试求：(1) 力系向点 A 简化的结果；(2) 力系的合成结果。

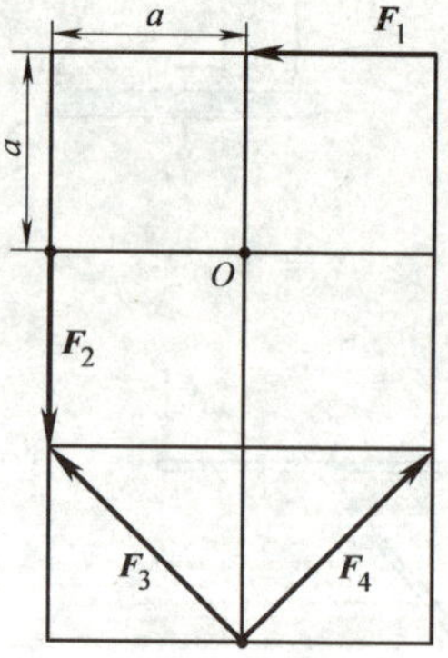

习题 4-1 图

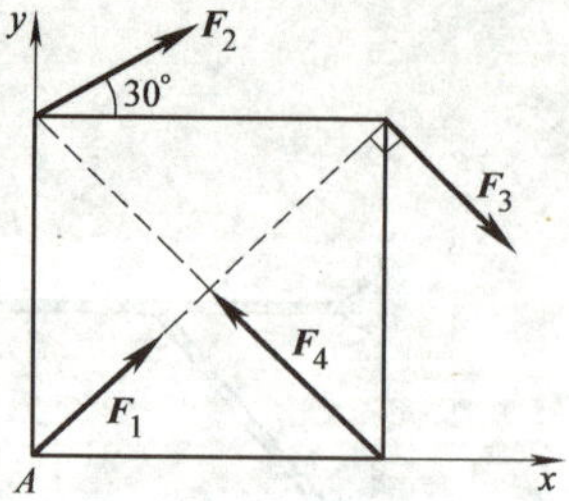

习题 4-2 图

4-3 混凝土重力坝截面形状如习题 4-3 图所示，已知 $P_1=450\,\text{kN}$，$P_2=200\,\text{kN}$，$F_1=300\,\text{kN}$，$F_2=70\,\text{kN}$。试求：(1) 力系向点 O 简化的结果；(2) 力系的合成结果。

4-4 试根据平面力系简化理论确定习题 4-4 图所示线性分布载荷的合力及其作用线的位置。

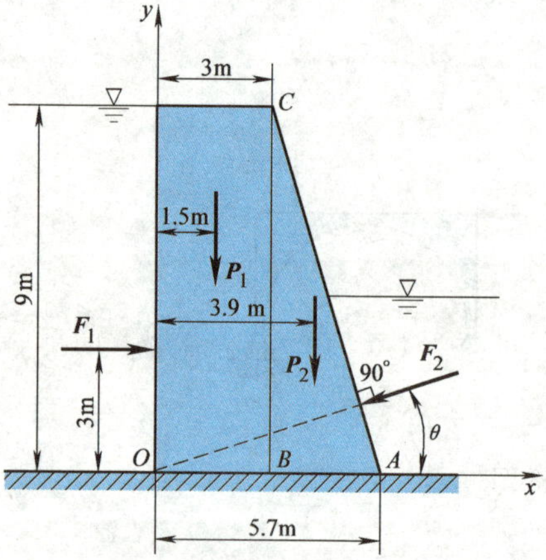

习题 4-3 图

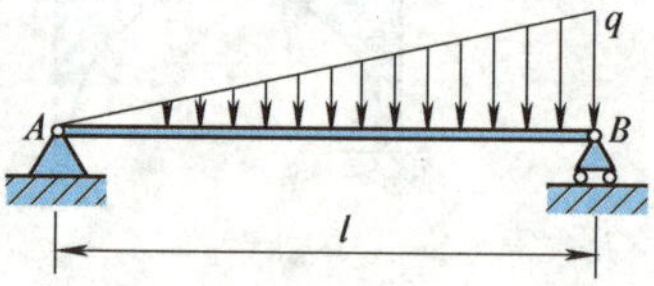

习题 4-4 图

4-5 单跨梁的载荷及尺寸如习题 4-5 图所示，不计梁自重，试求梁各支座的约束力。

4-6 习题 4-6 图所示露天厂房立柱的底部用混凝土砂浆与杯形基础固连在一起。已知吊车梁传来的铅垂载荷 $F=60\,\text{kN}$，风压集度 $q=2\,\text{kN/m}$，立柱自重 $P=40\,\text{kN}$，几何尺寸 $a=0.5\,\text{m}$、$h=10\,\text{m}$。试求立柱底部所受的约束力。

4-7 试求习题 4-7 图所示各平面刚架支座的约束力，不计刚架自重，图中尺寸单位为 m。

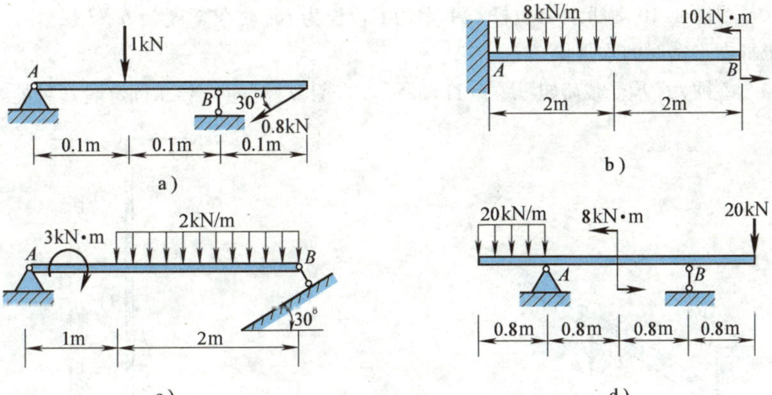

习题 4-5 图

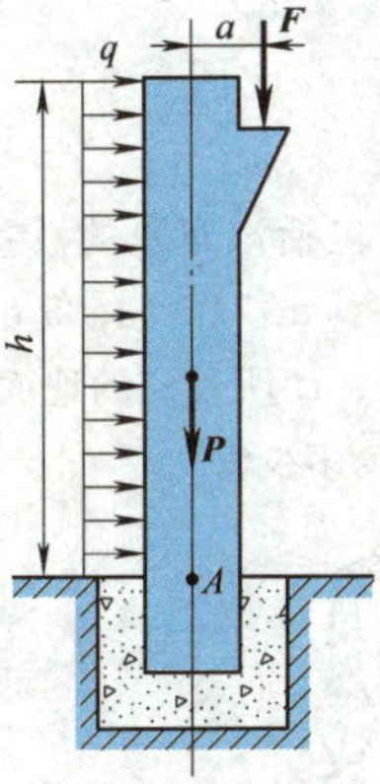

习题 4-6 图

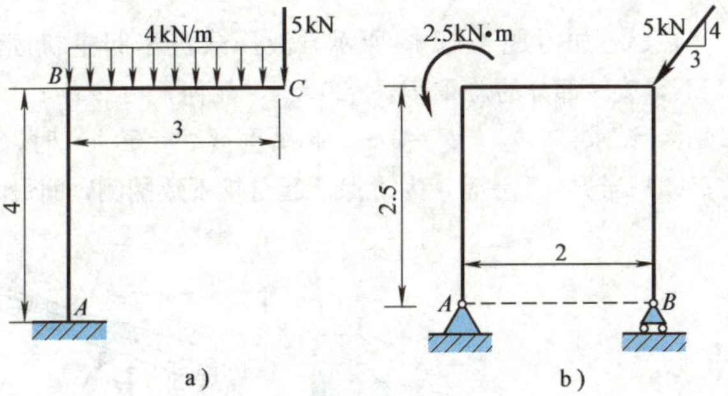

习题 4-7 图

4-8　匀质杆 AB 重 $P=1$ kN，在习题 4-8 图所示位置平衡，试求绳子的拉力和铰支座 A 处的约束力。

4-9　试求习题 4-9 图所示斜梁支座 A、B 处的约束力，已知均布载荷集度 $q_1=2$ kN/m、$q_2=3$ kN/m，斜梁自重忽略不计。

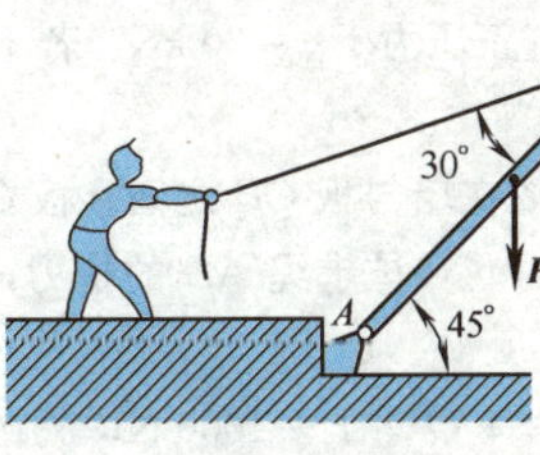

习题 4-8 图

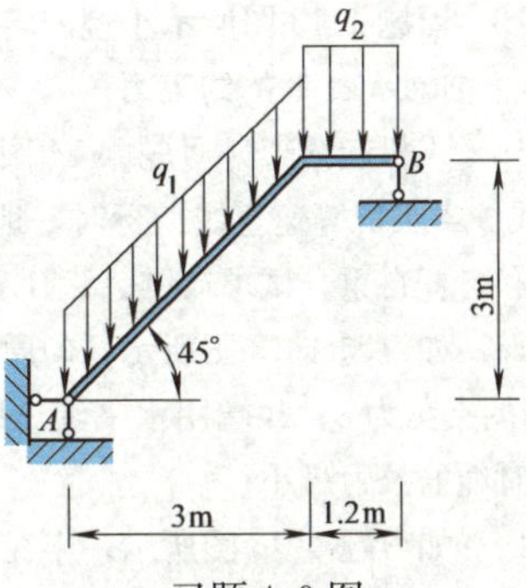

习题 4-9 图

4-10 习题4-10图所示匀质杆 OA 重为 $\boldsymbol{P}$，长为 l，放在宽度为 b（$b<l/2$）的光滑槽内。试求杆在平衡时的水平倾角 α。

4-11 立柱 AC 承受载荷如习题4-11图所示，不计立柱自重，试求固定端 A 处的约束力。

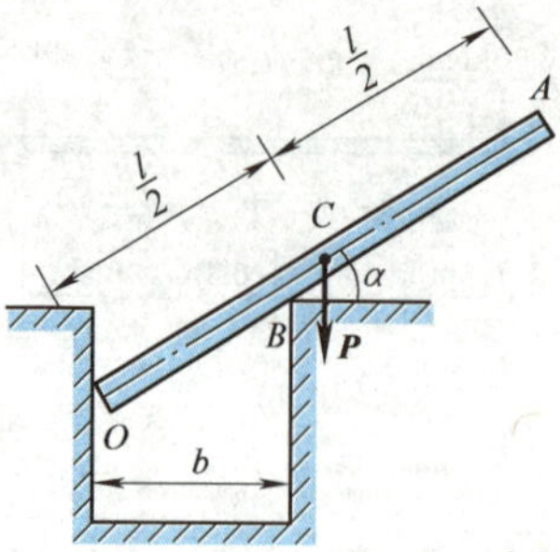

习题4-10图

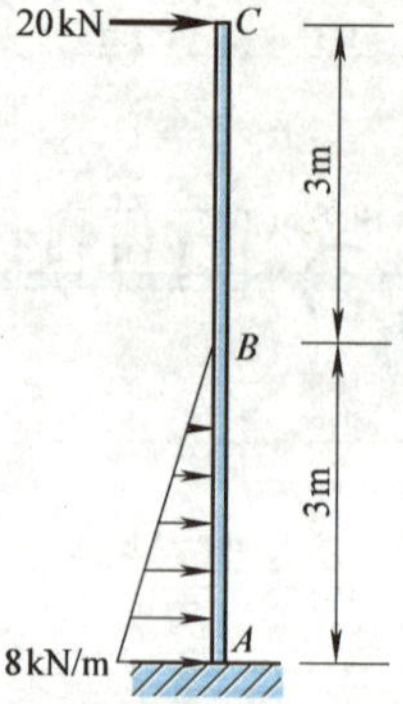

习题4-11图

4-12 如习题4-12图所示，液压式汽车起重机固定部分（包括汽车）的总重 $P_1=60\ \mathrm{kN}$，旋转部分的总重 $P_2=20\ \mathrm{kN}$，几何尺寸 $a=1.4\ \mathrm{m}$，$b=0.4\ \mathrm{m}$，$l_1=1.85\ \mathrm{m}$，$l_2=1.4\ \mathrm{m}$。试求：(1) 当 $R=3\ \mathrm{m}$，起吊重量 $P=50\ \mathrm{kN}$ 时，支撑腿 A、B 所受到的地面的支承力；(2) 当 $R=5\ \mathrm{m}$ 时，为了保证起重机不致翻倒，问最大起重量为多少？

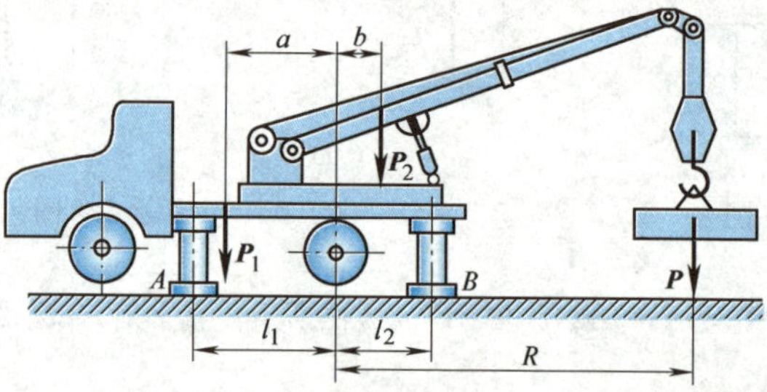

习题4-12图

4-13 习题4-13图所示小型回转式起重机，已知 $P_1=10\ \mathrm{kN}$，$P_2=3.5\ \mathrm{kN}$。试求向心轴承 A 与止推轴承 B 处的约束力。

4-14 飞机起落架如习题4-14图所示，A、B、C 处均为光滑铰链连接，杆 OA 垂直于 AB 连线。当飞机等速直线滑行时，地面作用于轮上的铅直正压力 $F_N=30\ \mathrm{kN}$。若不计水平摩擦力和各杆自重，试求铰链 A、B 处的约束力。

4-15 如习题4-15图所示，匀质球重 $\boldsymbol{P}$，半径为 r，放在墙与板 CB 之间。板 CB 长为 l，与墙的夹角为 α；B 端用水平绳 AB 拉住。不计摩擦和杆重，试求绳 AB 的拉力，并问 α 为何值时绳的拉力最小？

4-16 如习题4-16图所示，半径 $r=0.4\ \mathrm{m}$ 的匀质圆柱体 O 重 $P=1000\ \mathrm{N}$，放在斜面上用撑架支承。若不计架重和摩擦，试求铰支座 A、C 处的约束力。

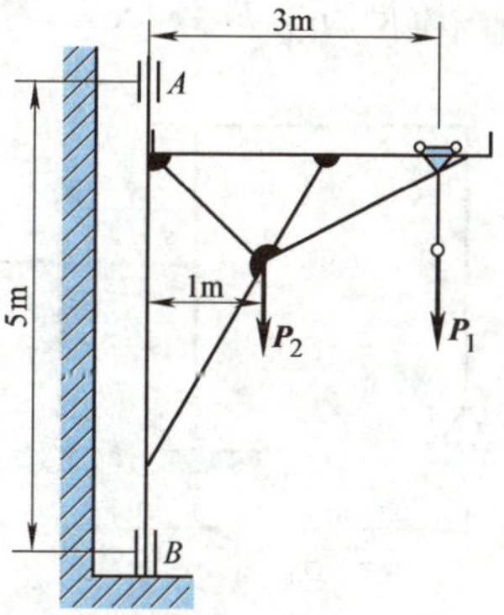

习题 4-13 图

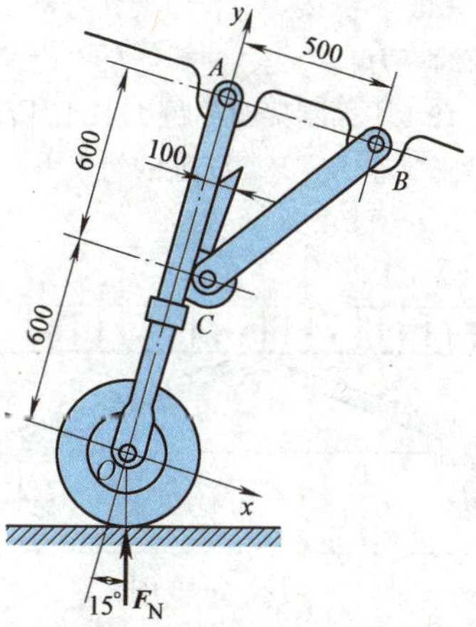

习题 4-14 图

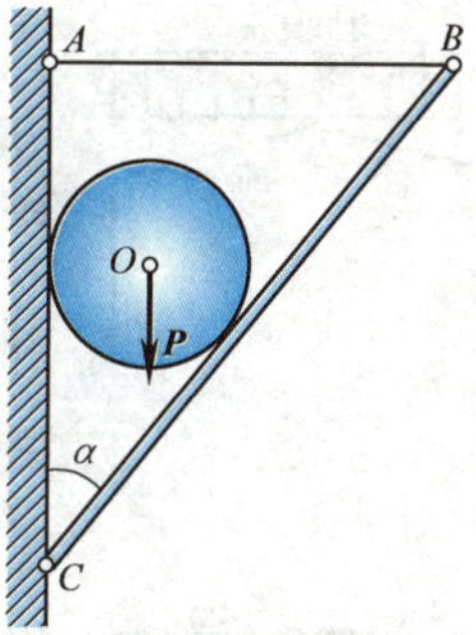

习题 4-15 图

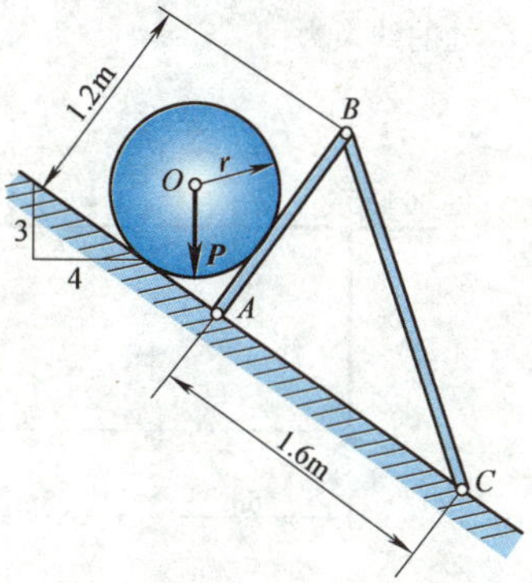

习题 4-16 图

4-17　静定组合梁的载荷及尺寸如习题 4-17 图所示，图中尺寸单位为 m。试求梁各支座的约束力。

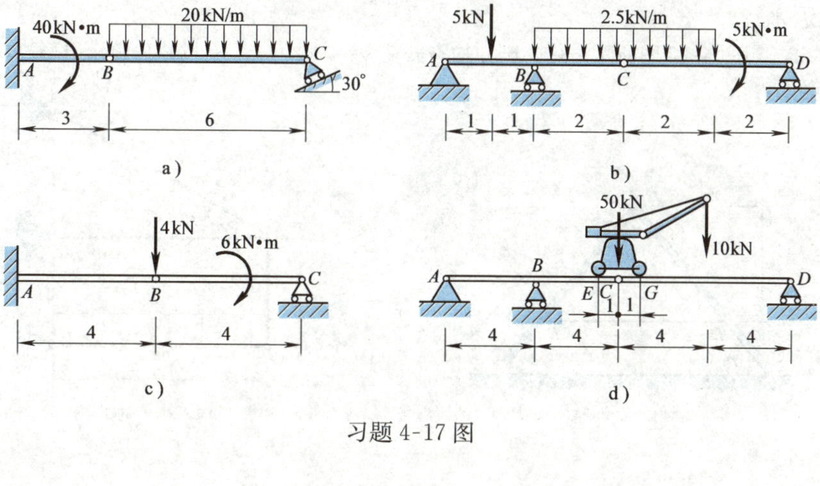

习题 4-17 图

4-18 三铰拱式组合屋架如习题4-18图所示，不计架重，试求拉杆 AB 的受力以及铰链 C 处的约束力。

4-19 平面刚架如习题4-19图所示，已知载荷 $q=10\ \mathrm{kN/m}$，$F=50\ \mathrm{kN}$。不计刚架自重，试求支座 A、B、D 处的约束力。

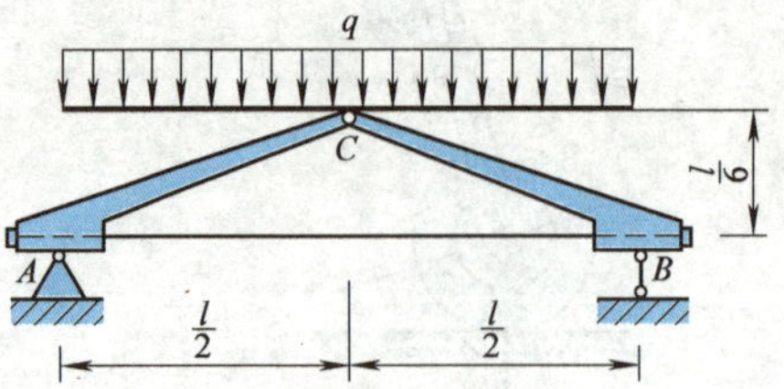

习题4-18图

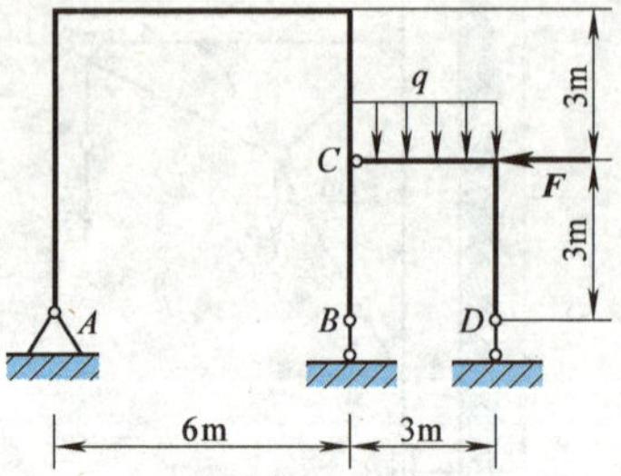

习题4-19图

4-20 平面刚架所受载荷以及尺寸如习题4-20图所示，不计刚架自重，试求铰支座 A、B 处及 C 处的约束力。

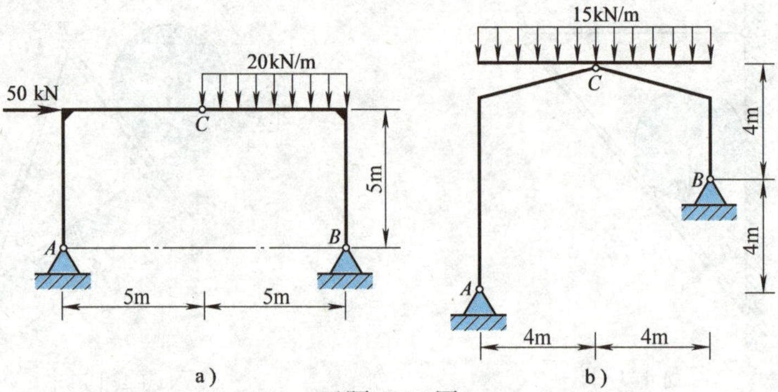

习题4-20图

4-21 如习题4-21图所示，人字梯的两部分 AB 和 AC 的长均为 l，在点 A 铰接，在 D、E 两点用水平绳连接。梯子放在光滑的水平面上，其一边作用有铅直力 $\boldsymbol{F}$。如不计梯重，试求绳 DE 的拉力。

4-22 习题4-22图所示结构，已知均布载荷 $q=2\ \mathrm{kN/m}$，不计各杆自重，试求杆 AC 和 BC 所受的力。

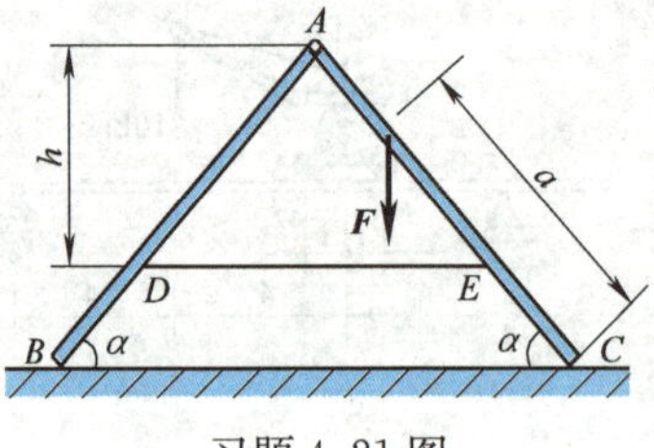

习题4-21图

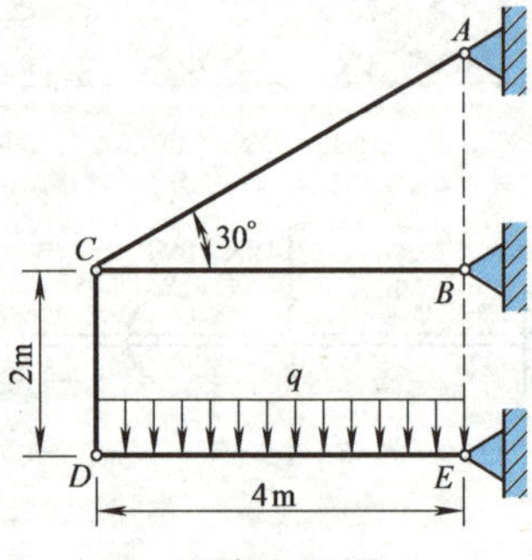

习题4-22图

4-23　习题 4-23 图所示结构，已知 $q=3\ \mathrm{kN/m}$，$F=4\ \mathrm{kN}$，$M=2\ \mathrm{kN\cdot m}$，$l=2\ \mathrm{m}$，$CD=BD$，$\varphi=30°$。试求支座 A、B 处的约束力。

4-24　两根自重均为 $\boldsymbol{P}$ 的相同匀质杆连接如习题 4-24 图所示。如在点 C 作用一水平力 $F=\sqrt{3}P/2$，系统处于平衡状态，试求此时的角 φ 与角 θ。

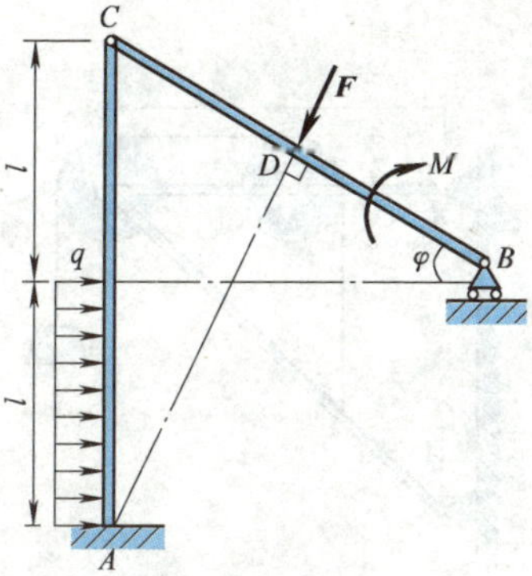

习题 4-23 图

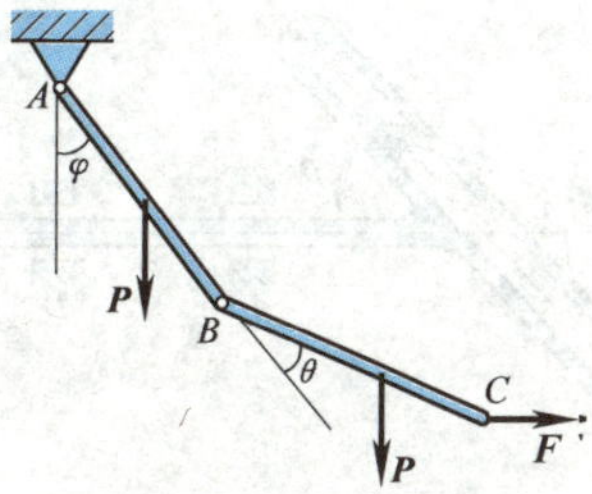

习题 4-24 图

4-25　习题 4-25 图所示为火箭发动机实验台，发动机固定在实验台上，实验台和发动机共重 $\boldsymbol{P}$。若用测力计测得绳索拉力为 $\boldsymbol{F}_{\mathrm{T}}$，试求火箭推力大小 F 和杆 BD 所受的力。

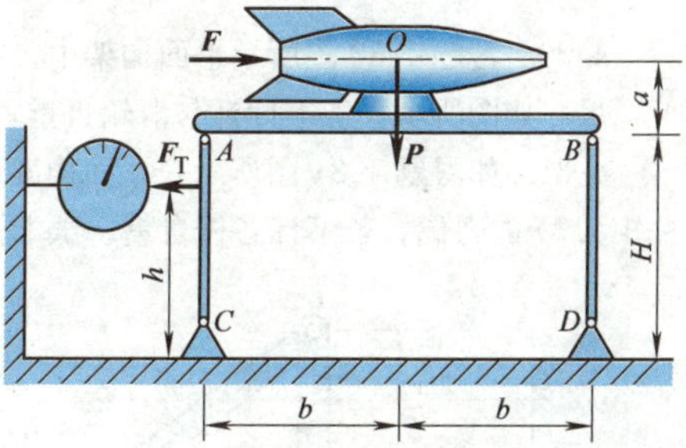

习题 4-25 图

4-26　如习题 4-26 图所示，大力钳由构件 AC、AB、BD 和 CDE 通过铰链连接而成，各构件自重和各处摩擦均不计，若要在 E 处产生 1500 N 的力，试问所施加的力 F 应为多大？

4-27　习题 4-27 图所示平面结构，已知载荷 $F=20\ \mathrm{kN}$、$q=10\ \mathrm{kN/m}$、$M=20\ \mathrm{kN\cdot m}$，尺寸 $a=2\ \mathrm{m}$。若不计各杆自重，试求铰支座 A、G 处的约束力以及 BE、CE 两杆受力。

典型例题
6: 习题4-27

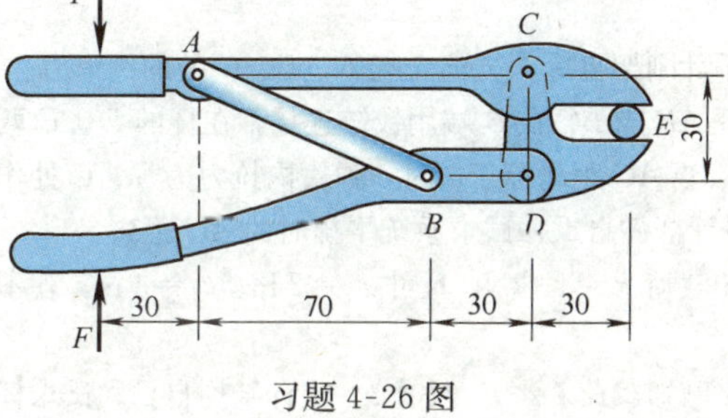

习题 4-26 图

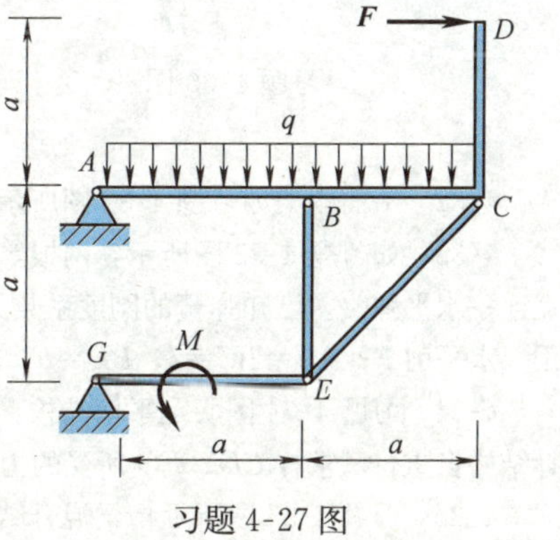

习题 4-27 图

4-28 习题4-28图所示为一滑道连杆机构，在滑道连杆上作用着水平力 $\boldsymbol{F}$。已知 $AO=r$，滑道倾角为 β，机构重量和各处摩擦均不计。试求当机构平衡时，作用在曲柄 OA 上的力偶矩 M 与角 θ 之间的关系。

4-29 习题4-29图所示平面构架，已知两个相同滑轮的半径为 $l/6$，载荷 $P=6$ kN。若不计构架与滑轮自重，试求铰支座 A、C 处的约束力。

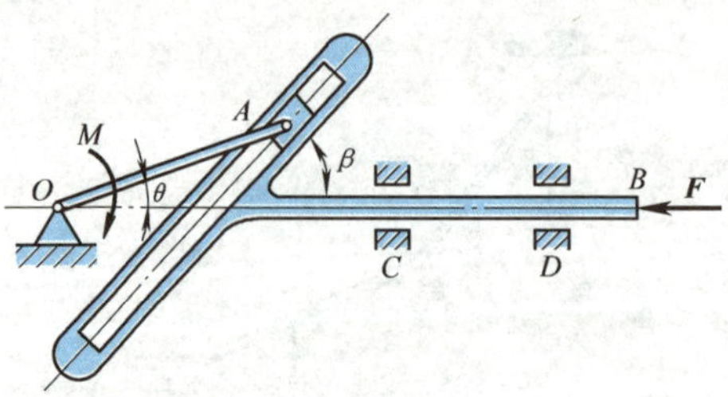

习题4-28图

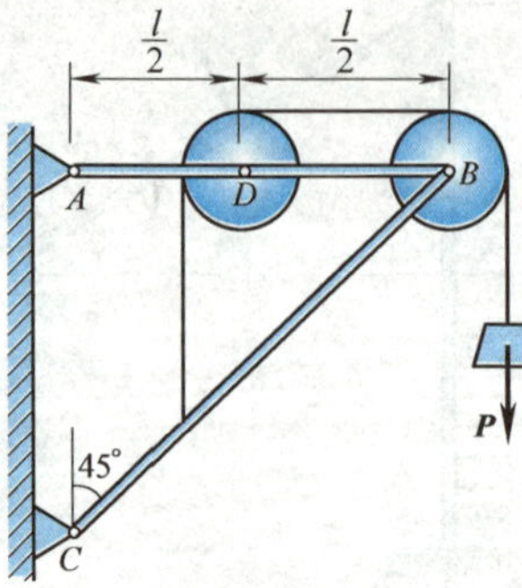

习题4-29图

4-30 习题4-30图所示平面构架中，物体重 $P=1200$ N，由细绳跨过滑轮 E 水平系在墙上，尺寸如图所示。若不计杆与滑轮自重，试求支座 A、B 处的约束力以及杆 BC 所受的力。

4-31 如习题4-31图所示，平面构架由杆 AB、AC 和 DH 铰接而成，在杆 DH 上作用一矩为 M 的力偶。若不计各杆自重，试求铰链 A、B、D 对杆 AB 的约束力。

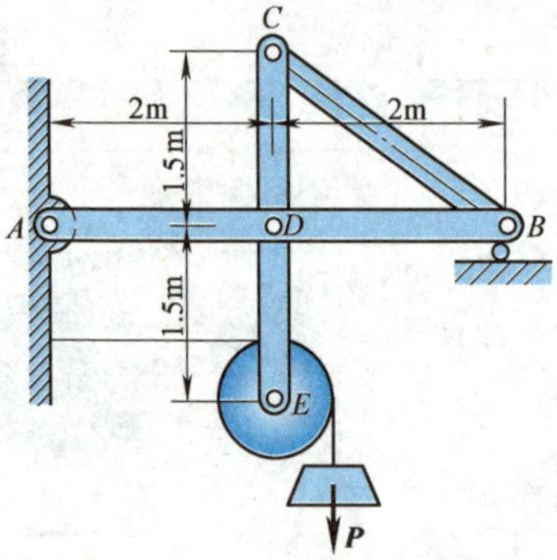

习题4-30图

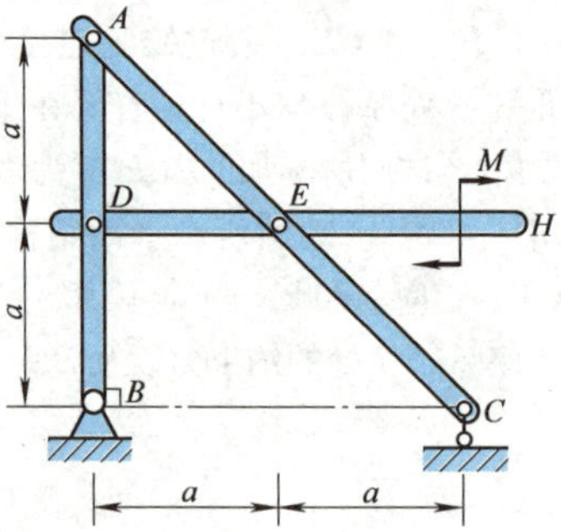

习题4-31图

4-32 平面刚架如习题4-32图所示，不计刚架自重，试求支座 A、B、C 处的约束力。

4-33 如习题4-33图所示，两根等长杆 AB 与 BC 在 B 端用铰链连接，在杆的 D、E 两点连一水平弹簧。已知弹簧的刚度系数为 k，当 AC 距离等于 a 时，弹簧内拉力为零；C 处作用一水平力 $\boldsymbol{F}$；$AB=BC=l$，$BD=b$。若不计杆件自重，试求系统平衡时的 AC 距离。

4-34 习题4-34图所示平面结构，已知载荷 $F=10$ kN，尺寸 $l_1=2$ m、$l_2=3$ m。若不计结构自重，试求杆 CD、EO 所受的力。

4-35 习题4-35图所示桁梁混合结构，已知载荷 $\boldsymbol{F}$、q，尺寸 l。不计结构自重，试求杆

1、2、3 所受的力。

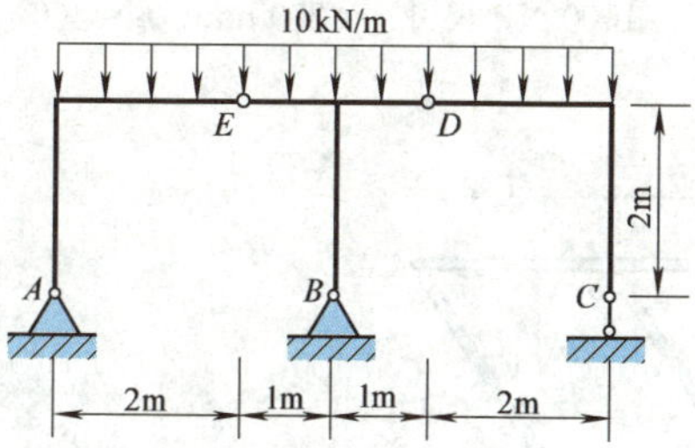

习题 4-32 图

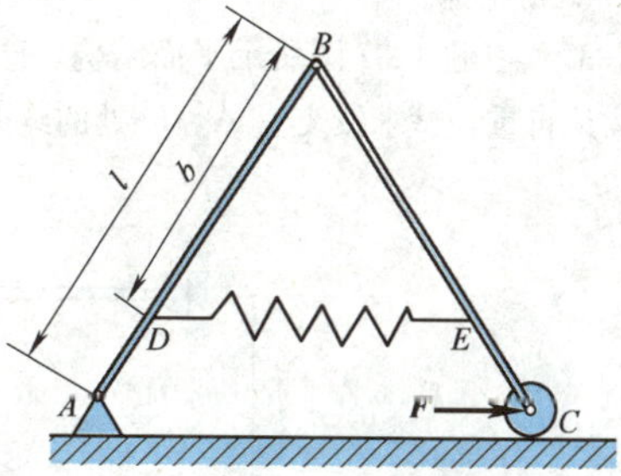

习题 4-33 图

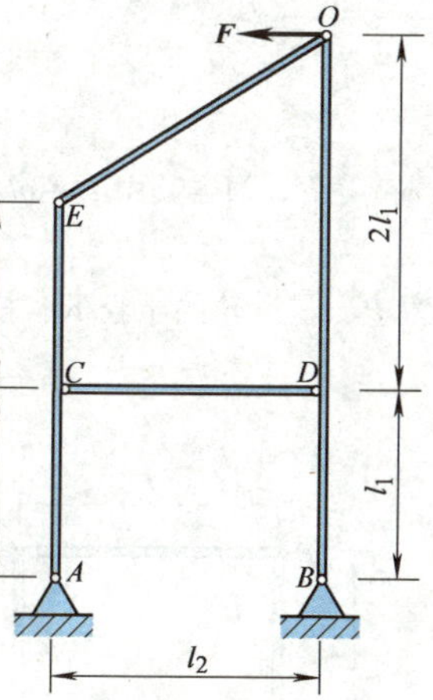

习题 4-34 图

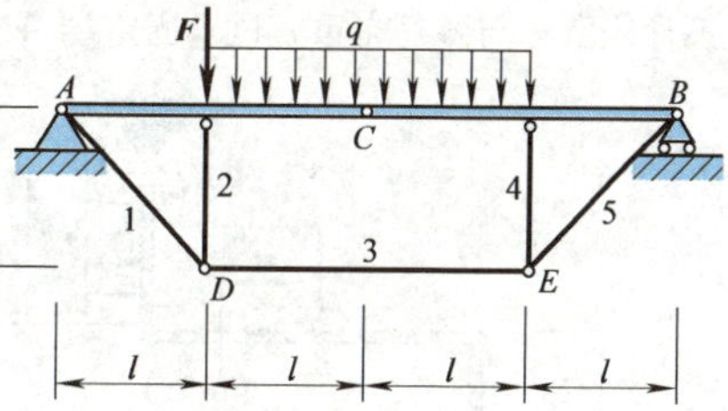

习题 4-35 图

4-36　铸工造型机翻台机构如习题 4-36 图所示，已知尺寸 $BD=b=0.3\ \text{m}$、$CD=EO=h=0.4\ \text{m}$、$DO=l=1\ \text{m}$，且 $DO\perp EO$；翻台的重力 $P=500\ \text{N}$，重心在点 C。在图示位置，

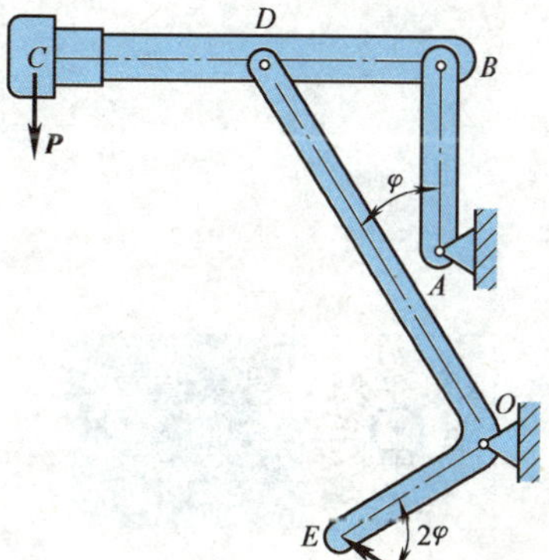

习题 4-36 图

AB 铅直且垂直于 BC，$\varphi=30°$。若不计构件自重，试求保持平衡的力 $\boldsymbol{F}$ 以及铰支座 A、O 与铰链 D 处的约束力。

4-37　习题 4-37 图所示平面结构，已知载荷 $F=1000$ N，尺寸 $l=300$ mm、$h=400$ mm。不计构架自重，试求铰支座 A、D 处的约束力。

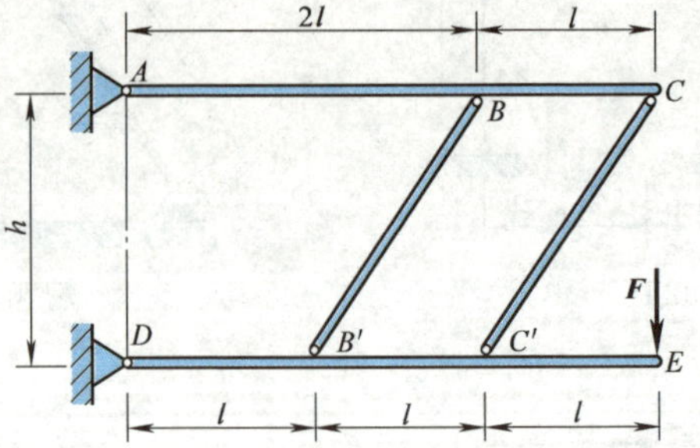

习题 4-37 图

4-38　习题 4-38 图所示平面结构，已知尺寸 l，载荷 q、F、M，其中 $F=ql$、$M=ql^2$。若不计结构自重，试求支座 A、D 处的约束力。

4-39　在习题 4-39 图所示构架中，已知重物的重力 $\boldsymbol{P}$、定滑轮的半径 R、杆件尺寸 l。若不计定滑轮与各杆自重，试求固定端 A 处的约束力。

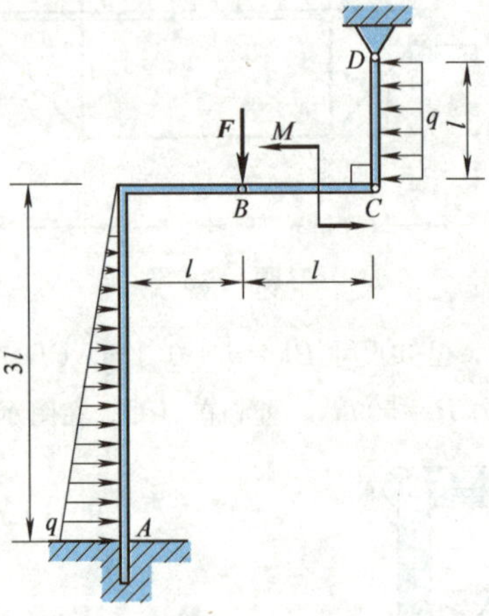

习题 4-38 图

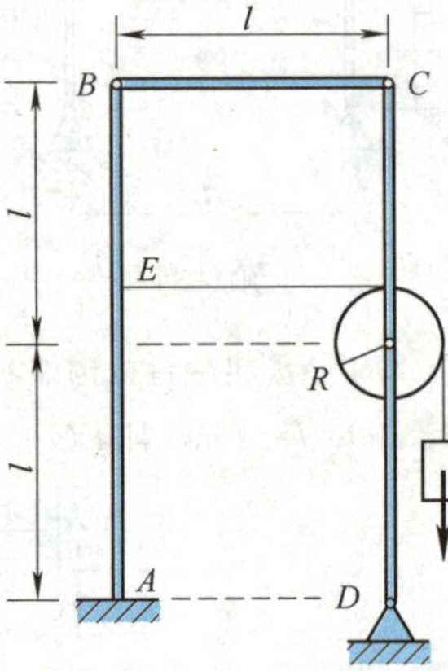

习题 4-39 图

第4章
知识要点、解题方法与难题解析

第五章
空间力系

各力的作用线不在同一平面内的力系称为**空间力系**。空间力系是力系中最一般的情形。空间力系又可分为空间汇交力系、空间力偶系、空间平行力系和空间任意力系。本章主要讨论空间力系的平衡问题。

第一节　空间汇交力系

研究空间力系的方法与研究平面力系的方法基本相同。但因空间力系中的各力分布在三维空间，故平面力系中的有关概念、理论和方法需要加以引申和扩展。本节在讨论空间汇交力系的合成与平衡问题之前，需要先介绍力在空间直角坐标轴上的投影。

一、力在空间直角坐标轴上的投影

计算力在空间直角坐标轴上的投影，一般有两种方法。

1. 直接投影法

若力 $\boldsymbol{F}$ 与 x、y、z 轴的正向夹角 α、β、γ 为已知，如图 5-1 所示，则根据力在坐标轴上投影的定义，力 $\boldsymbol{F}$ 在空间直角坐标轴上的投影就等于力 $\boldsymbol{F}$ 的大小乘以力 $\boldsymbol{F}$ 与该轴正向夹角的余弦，即

$$\left.\begin{aligned} F_x &= F\cos\alpha \\ F_y &= F\cos\beta \\ F_z &= F\cos\gamma \end{aligned}\right\} \tag{5-1}$$

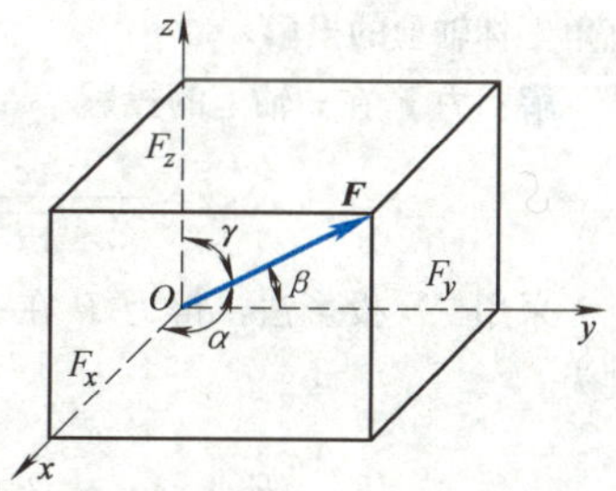

图　5-1

这种方法称为**直接投影法**或**一次投影法**。

2. 间接投影法

当力 $\boldsymbol{F}$ 与坐标轴 x、y 的正向夹角 α、β 不易确定时，可先将力 $\boldsymbol{F}$ 投影到坐标平面 Oxy 上，得到力 $\boldsymbol{F}$ 在坐标平面 Oxy 上的投影 $\boldsymbol{F}_{xy}$，然后再将 $\boldsymbol{F}_{xy}$ 投影到 x、y 轴上。这种方法称为**间接投影法**或**二次投影法**。在图 5-2 中，已知力 $\boldsymbol{F}$ 与 z 轴的正向夹角 γ 和投影 $\boldsymbol{F}_{xy}$ 与 x 轴的夹角 φ，则由二次投影法，力 $\boldsymbol{F}$ 在三个坐标轴上的投影分别为

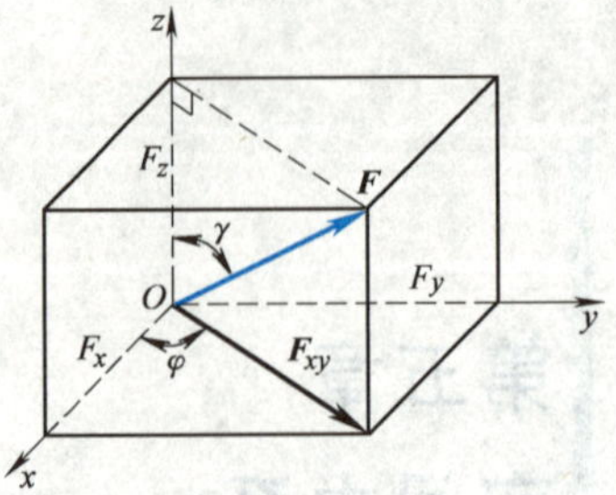

图 5-2

$$\left.\begin{aligned} F_x &= F\sin\gamma\cos\varphi \\ F_y &= F\sin\gamma\sin\varphi \\ F_z &= F\cos\gamma \end{aligned}\right\} \tag{5-2}$$

需要特别指出的是，力在轴上的投影是代数量；而力在平面上的投影则是矢量，这是因为力在平面上的投影具有方向性，必须用矢量来表示。

反之，若已知力 $\boldsymbol{F}$ 在空间直角坐标轴上的投影 F_x、F_y、F_z，则该力的大小与方向余弦分别为

$$F=\sqrt{F_x^2+F_y^2+F_z^2} \tag{5-3}$$

$$\left.\begin{aligned} \cos\alpha &= \frac{F_x}{F} \\ \cos\beta &= \frac{F_y}{F} \\ \cos\gamma &= \frac{F_z}{F} \end{aligned}\right\} \tag{5-4}$$

【例 5-1】 如图 5-3 所示，设力 $\boldsymbol{F}$ 作用于长方体的顶点 C，其作用线沿长方体对角线。若长方体三个棱长分别为 $AB=a$，$BC=b$，$BE=c$，试求此力在图示直角坐标轴上的投影。

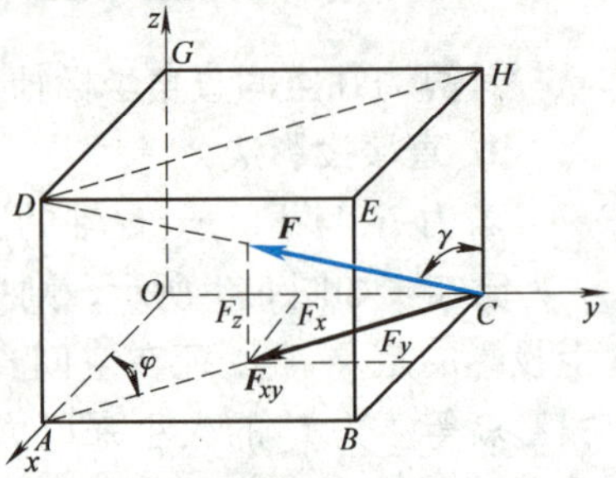

图 5-3

解： 力 $\boldsymbol{F}$ 在 z 轴上的投影

$$F_z=F\cos\gamma=\frac{c}{\sqrt{a^2+b^2+c^2}}F$$

采用二次投影法，得力 $\boldsymbol{F}$ 在 x、y 轴上的投影分别为

$$F_x=F\sin\gamma\cos\varphi=F\,\frac{\sqrt{a^2+b^2}}{\sqrt{a^2+b^2+c^2}}\;\frac{b}{\sqrt{a^2+b^2}}=\frac{b}{\sqrt{a^2+b^2+c^2}}F$$

$$F_y=-F\sin\gamma\sin\varphi=-F\,\frac{\sqrt{a^2+b^2}}{\sqrt{a^2+b^2+c^2}}\;\frac{a}{\sqrt{a^2+b^2}}=-\frac{a}{\sqrt{a^2+b^2+c^2}}F$$

二、空间汇交力系的合成与平衡

将平面汇交力系的合成法则扩展到空间，可得结论：**空间汇交力系可以合成为一个作用线通过汇交点的合力，合力矢等于各分力的矢量和**，即

$$\boldsymbol{F}_{\mathrm{R}}=\sum \boldsymbol{F}_i=\sum F_{ix}\boldsymbol{i}+\sum F_{iy}\boldsymbol{j}+\sum F_{iz}\boldsymbol{k} \tag{5-5}$$

式中，$\sum F_{ix}$、$\sum F_{iy}$、$\sum F_{iz}$ 分别为合力 $\boldsymbol{F}_{\mathrm{R}}$ 在 x、y、z 轴上的投影；$\boldsymbol{i}$、$\boldsymbol{j}$、$\boldsymbol{k}$ 分别为沿 x、y、z 轴正向的单位矢量。合力的大小和方向余弦分别为

$$F_{\mathrm{R}}=\sqrt{(\sum F_{ix})^2+(\sum F_{iy})^2+(\sum F_{iz})^2} \tag{5-6}$$

$$\left.\begin{aligned}\cos\langle \boldsymbol{F}_{\mathrm{R}},\boldsymbol{i}\rangle&=\frac{\sum F_{ix}}{F_{\mathrm{R}}}\\ \cos\langle \boldsymbol{F}_{\mathrm{R}},\boldsymbol{j}\rangle&=\frac{\sum F_{iy}}{F_{\mathrm{R}}}\\ \cos\langle \boldsymbol{F}_{\mathrm{R}},\boldsymbol{k}\rangle&=\frac{\sum F_{iz}}{F_{\mathrm{R}}}\end{aligned}\right\} \tag{5-7}$$

式中，$\langle \boldsymbol{F}_{\mathrm{R}},\boldsymbol{i}\rangle$、$\langle \boldsymbol{F}_{\mathrm{R}},\boldsymbol{j}\rangle$、$\langle \boldsymbol{F}_{\mathrm{R}},\boldsymbol{k}\rangle$ 分别表示 $\boldsymbol{F}_{\mathrm{R}}$ 与 x、y、z 轴的正向夹角。

根据空间汇交力系的合成结果可知，**空间汇交力系平衡的必要且充分条件为该力系的合力等于零。**由式（5-6）可知，为使合力 F_{R} 为零，必须同时满足

$$\left.\begin{aligned}\sum F_{ix}&=0\\ \sum F_{iy}&=0\\ \sum F_{iz}&=0\end{aligned}\right\} \tag{5-8}$$

即空间汇交力系平衡的必要且充分的解析条件为力系中所有各力分别在三个坐标轴上投影的代数和同时等于零。式（5-8）称为空间汇交力系的平衡方程。

应用上述三个独立的平衡方程，可求解包含不多于三个未知量的空间汇交力系的平衡问题。解题方法及步骤与求解平面汇交力系的平衡问题相似。

【例 5-2】　如图 5-4a 所示，三根杆 AB、AC、AD 铰接于点 A，在点 A 悬挂一重为 $\boldsymbol{P}$ 的

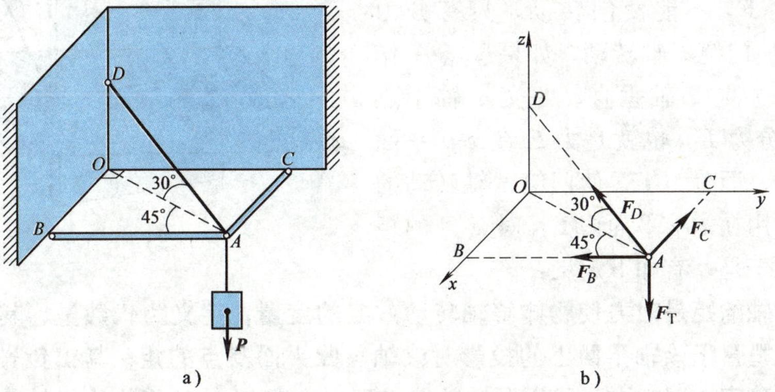

图　5-4

物体。AB 与 AC 相互垂直且长度相等，杆 AD 与水平面 $OBAC$ 间的夹角 $\angle OAD=30°$，B、A、C、D 处均为光滑铰链。若 $P=1000\ \mathrm{N}$，不计杆件自重，试求各杆所受的力。

解： 因重力不计，各杆都是二力杆，假设各杆均受拉。选取铰链 A 为研究对象，受力图如图 5-4b 所示，铰链 A 受三杆的拉力 $\boldsymbol{F}_B$、$\boldsymbol{F}_C$、$\boldsymbol{F}_D$ 以及挂重物的绳子的拉力 $\boldsymbol{F}_\mathrm{T}$ 的作用而平衡，这些力组成空间汇交力系。

取图示坐标系，列平衡方程

$$\sum F_{ix}=0,\quad -F_C-F_D\cos 30°\sin 45°=0$$
$$\sum F_{iy}=0,\quad -F_B-F_D\cos 30°\cos 45°=0$$
$$\sum F_{iz}=0,\quad F_D\sin 30°-F_\mathrm{T}=0$$

其中 $F_\mathrm{T}=P=1000\ \mathrm{N}$。于是，解得各杆受力为

$$F_D=2000\ \mathrm{N},\quad F_B=F_C=-1225\ \mathrm{N}$$

F_B 与 F_C 为负值，说明其实际方向与假定的方向相反，即杆 AB、AC 受压；F_D 为正值，说明 AD 杆受拉。

第二节　力对轴的矩与力对点的矩的矢量定义

一、力对轴的矩的概念

在工程和生活实际中，经常遇到物体在力的作用下绕轴转动的情形。为了度量力使物体绕轴转动的效应，需要引入**力对轴的矩**的概念。

如图 5-5 所示，力 $\boldsymbol{F}$ 作用于门上的点 A，使门绕 z 轴转动。为了确定力 $\boldsymbol{F}$ 使门绕 z 轴转动的效应，将该力分解为两个分力 $\boldsymbol{F}_z$ 和 $\boldsymbol{F}_{xy}$，其中 $\boldsymbol{F}_z$ 与 z 轴平行，$\boldsymbol{F}_{xy}$ 与 z 轴垂直。由经验可知，平行于 z 轴的分力 $\boldsymbol{F}_z$ 不能使门转动，只有分力 $\boldsymbol{F}_{xy}$ 才能使门绕 z 轴转动。如果过点 A 作一平面 x-y 与 z 轴垂直，并交 z 轴于点 O，显然分力 $\boldsymbol{F}_{xy}$ 也就是力 $\boldsymbol{F}$ 在 x-y 平面上的投影，而分力 $\boldsymbol{F}_{xy}$ 使门绕 z 轴转动的效应可以用在 x-y 平面内 $\boldsymbol{F}_{xy}$ 对点 O 的矩来度量。于是，有如下定义：

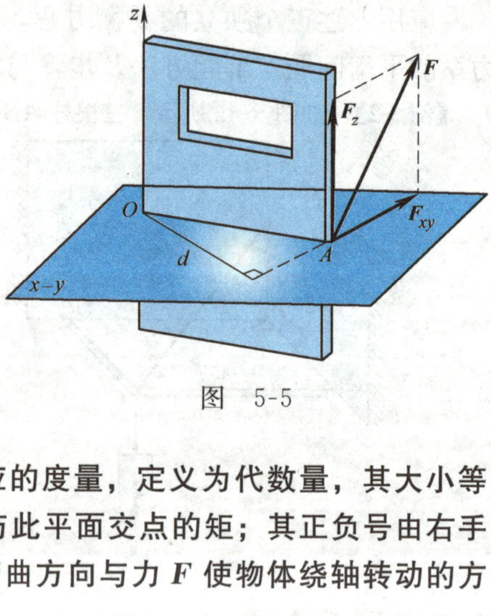

图 5-5

力对轴的矩是对力使物体绕轴转动效应的度量，定义为代数量，其大小等于该力在垂直于该轴平面上的投影对该轴与此平面交点的矩；其正负号由右手螺旋法则确定，即将右手四指握轴并使其弯曲方向与力 $\boldsymbol{F}$ 使物体绕轴转动的方

向一致，若大拇指的指向与轴的正向相同，则取正号；反之取负号（见图 5-6）。力对轴的矩的正负号也可规定为：从轴的正向往负向看去，逆时针转向为正，反之为负。显然这两种规则是一致的。力 $\boldsymbol{F}$ 对 z 轴的矩用符号 $M_z(\boldsymbol{F})$ 表示，即有

$$M_z(\boldsymbol{F})=M_O(\boldsymbol{F}_{xy})=\pm F_{xy}d \tag{5-9}$$

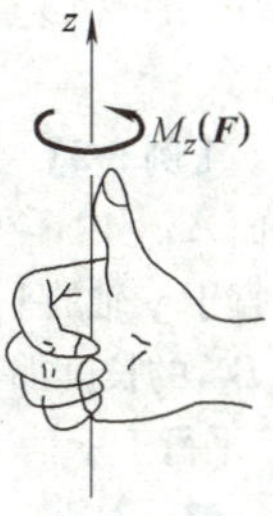

图 5-6

力对轴的矩的单位与力对点的矩的单位相同，在国际单位制中为 N·m（牛·米）。

由力对轴的矩的定义可知：

> 1）当力的作用线与轴平行（此时 $F_{xy}=0$）或相交（此时 $d=0$）时，力对该轴的矩等于零。
>
> 2）当力沿其作用线滑移时，力对轴的矩不变。

二、力对轴的合力矩定理

由平面力系中对点的合力矩定理，可推出空间力系中对轴的合力矩定理：**空间力系的合力对某一轴的矩等于力系中所有各力对同一轴的矩的代数和**，即

$$M_z(\boldsymbol{F}_{\mathrm{R}})=\sum M_z(\boldsymbol{F}_i) \tag{5-10}$$

在计算力对轴的矩时，有时利用上述合力矩定理较为方便，具体方法为：先将力做正交分解，然后计算每个分力对该轴的矩，最后求这些力矩的代数和，即得该力对该轴的矩。

三、力对轴的矩的解析算式

如图 5-7 所示，力 $\boldsymbol{F}$ 作用点 A 的坐标为 (x,y,z)；将力 $\boldsymbol{F}$ 在 Oxy 平面上的投影 $\boldsymbol{F}_{xy}$ 做正交分解，得分力 $\boldsymbol{F}_x$ 与 $\boldsymbol{F}_y$，从而有

$$M_z(\boldsymbol{F})=M_O(\boldsymbol{F}_{xy})=M_O(\boldsymbol{F}_x)+M_O(\boldsymbol{F}_y)$$

其中，$M_O(\boldsymbol{F}_x)=-yF_x$、$M_O(\boldsymbol{F}_y)=xF_y$，代入上式即得

$$M_z(\boldsymbol{F})=xF_y-yF_x$$

同理，可得力 $\boldsymbol{F}$ 对 x、y 轴的矩的解析算式。概括起来有

$$\left.\begin{aligned}M_x(\boldsymbol{F})&=yF_z-zF_y\\M_y(\boldsymbol{F})&=zF_x-xF_z\\M_z(\boldsymbol{F})&=xF_y-yF_x\end{aligned}\right\} \tag{5-11}$$

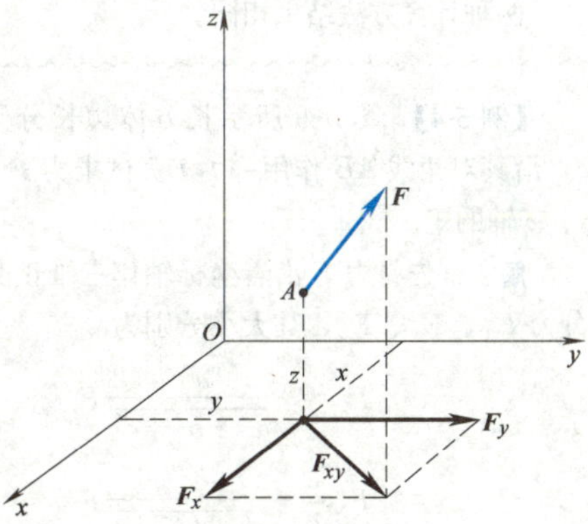

图 5-7

其中，(x,y,z) 为力 $\boldsymbol{F}$ 作用点的坐标，F_x、F_y、F_z 为力 $\boldsymbol{F}$ 在 x、y、z 轴上的投影。

【例 5-3】 如图 5-8 所示，手柄 $ABCE$ 位于平面 Axy 内，在 D 处受力 $\boldsymbol{F}$ 的作用。力 $\boldsymbol{F}$ 位于垂直于 y 轴的平面内，偏离铅直线的角度为 θ。AB 和 BC 的长度都等于 l，$CD=a$，BC 平行于 x 轴，CE 平行于 y 轴。试求力 $\boldsymbol{F}$ 对 x、y、z 轴的矩。

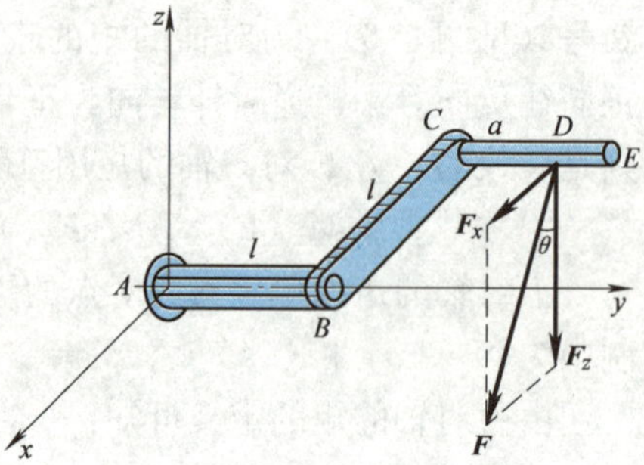

图 5-8

解： 方法一 利用力对轴的合力矩定理求解

将力 $\boldsymbol{F}$ 沿坐标轴分解为 $\boldsymbol{F}_x$ 和 $\boldsymbol{F}_z$ 两个分力，其中，分力大小 $F_x=F\sin\theta$、$F_z=F\cos\theta$。根据合力矩定理，得

$$M_x(\boldsymbol{F})=M_x(\boldsymbol{F}_x)+M_x(\boldsymbol{F}_z)=0+[-F_z(AB+CD)]=-F(l+a)\cos\theta$$

$$M_y(\boldsymbol{F})=M_y(\boldsymbol{F}_x)+M_y(\boldsymbol{F}_z)=0+(-F_z\cdot BC)=-Fl\cos\theta$$

$$M_z(\boldsymbol{F})=M_z(\boldsymbol{F}_x)+M_z(\boldsymbol{F}_z)=[-F_x(AB+CD)]+0=-F(l+a)\sin\theta$$

方法二 利用力对轴的矩的解析表达式求解

力 $\boldsymbol{F}$ 在 x、y、z 轴上的投影分别为

$$F_x=F\sin\theta,\quad F_y=0,\quad F_z=-F\cos\theta$$

力 $\boldsymbol{F}$ 作用点 D 的坐标为

$$x=-l,\quad y=l+a,\quad z=0$$

由式 (5-11)，即得

$$M_x(\boldsymbol{F})=yF_z-zF_y=(l+a)(-F\cos\theta)-0=-F(l+a)\cos\theta$$

$$M_y(\boldsymbol{F})=zF_x-xF_z=0-(-l)(-F\cos\theta)=-Fl\cos\theta$$

$$M_z(\boldsymbol{F})=xF_y-yF_x=0-(l+a)(F\sin\theta)=-F(l+a)\sin\theta$$

两种计算方法结果相同。

【例 5-4】 图 5-9 所示长方体边长分别为 a、b、c，沿其对角线 AB 作用一力 $\boldsymbol{F}$。试求力 $\boldsymbol{F}$ 对 x、z 及 y_1 三轴的矩。

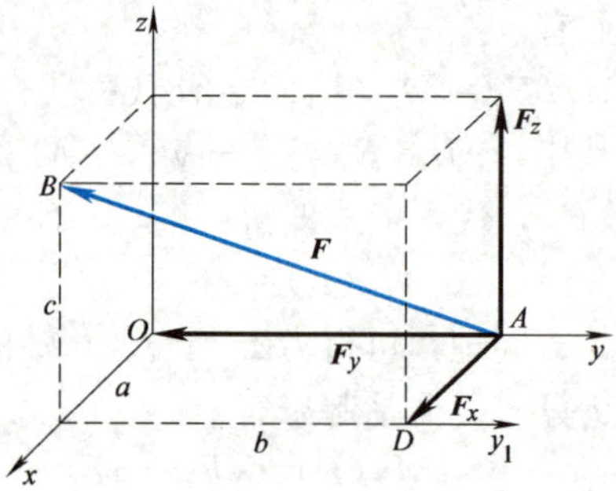

图 5-9

解： 首先将力 $\boldsymbol{F}$ 沿着坐标轴作三维正交分解，得分力 $\boldsymbol{F}_x$、$\boldsymbol{F}_y$、$\boldsymbol{F}_z$，其大小分别为

$$F_x=\frac{a}{\sqrt{a^2+b^2+c^2}}F$$

$$F_y=\frac{b}{\sqrt{a^2+b^2+c^2}}F$$

$$F_z=\frac{c}{\sqrt{a^2+b^2+c^2}}F$$

利用力对轴的矩的合力矩定理，即得

$$M_x(\boldsymbol{F})=M_x(\boldsymbol{F}_z)=\frac{bc}{\sqrt{a^2+b^2+c^2}}F$$

$$M_z(\boldsymbol{F})=M_z(\boldsymbol{F}_x)=-\frac{ab}{\sqrt{a^2+b^2+c^2}}F$$

$$M_{y1}(\boldsymbol{F})=M_{y1}(\boldsymbol{F}_z)=\frac{ac}{\sqrt{a^2+b^2+c^2}}F$$

四、力对点的矩的矢量定义

如第三章所述，平面内力对点的矩为代数量，因为在平面内，用代数量表示力对点的矩足以概括它的所有要素——大小和转向。但在空间，力对点的矩有三个要素：大小、力矩作用面（力与矩心所决定的平面）以及在作用面内的转向，为了能够完整地描述这三个要素，必须将力对点的矩定义为矢量。

如图 5-10 所示，力 $\boldsymbol{F}$ 对点 O 的矩的矢量定义为

$$\boldsymbol{M}_O(\boldsymbol{F})=\boldsymbol{r}\times\boldsymbol{F} \tag{5-12}$$

式中，$\boldsymbol{r}$ 为矩心 O 至力 $\boldsymbol{F}$ 作用点 A 的矢径。即**力对点的矩矢等于矩心至力作用点的矢径与该力的矢积**。根据矢积的定义可知，力矩矢 $\boldsymbol{M}_O(\boldsymbol{F})$ 垂直于力矩作用面，指向按右手螺旋法则确定（见图 5-10），大小为

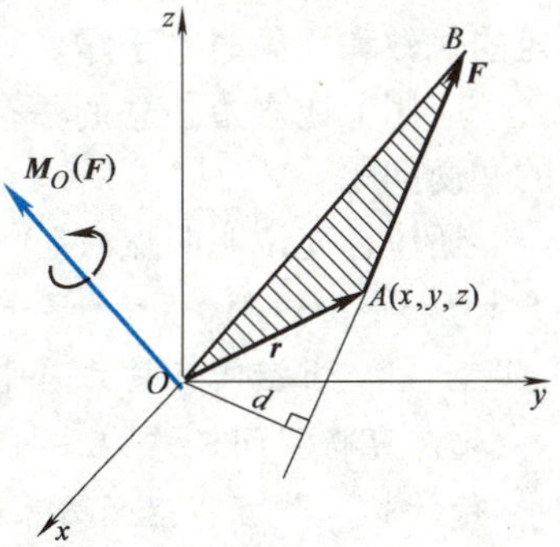

图　5-10

$$M_O(\boldsymbol{F})=Fd=2A_{\triangle OAB} \tag{5-13}$$

五、力对点的矩矢与力对通过该点的轴的矩的关系

由式（5-12）与式（5-11）不难验证：**力对点的矩矢在通过该点的任一轴上的投影等于力对该轴的矩**，即

$$\left.\begin{aligned}[\boldsymbol{M}_O(\boldsymbol{F})]_x&=M_x(\boldsymbol{F})\\ [\boldsymbol{M}_O(\boldsymbol{F})]_y&=M_y(\boldsymbol{F})\\ [\boldsymbol{M}_O(\boldsymbol{F})]_z&=M_z(\boldsymbol{F})\end{aligned}\right\} \tag{5-14}$$

式（5-14）建立了力对点的矩矢与力对通过该点的轴的矩的关系。

第三节 空间任意力系的平衡方程

一、空间任意力系的平衡方程

可以证明，当一个空间任意力系平衡时，必须同时满足下面的六个平衡方程：

$$\left.\begin{aligned}\sum F_{ix}&=0\\ \sum F_{iy}&=0\\ \sum F_{iz}&=0\\ \sum M_x(\boldsymbol{F}_i)&=0\\ \sum M_y(\boldsymbol{F}_i)&=0\\ \sum M_z(\boldsymbol{F}_i)&=0\end{aligned}\right\}\tag{5-15}$$

式（5-15）表明，**空间任意力系平衡的必要且充分的解析条件是：力系中所有各力分别在三个坐标轴上投影的代数和以及所有各力分别对三个坐标轴的矩的代数和均同时等于零。**

应用上述六个独立的平衡方程，可求解不多于六个未知量的空间任意力系的平衡问题。

还应补充说明两点：

1）当空间任意力系平衡时，它在任何平面上的投影力系也平衡。因此，可将空间任意力系投影在三个坐标平面上，通过三个平面力系来进行计算，即可将空间力系的平衡问题转化为平面力系的平衡问题来处理。

2）与平面任意力系类似，空间任意力系的平衡方程除了式（5-15）所示的三投影三力矩式的基本形式外，还可以采用二投影四力矩式、一投影五力矩式、六力矩式等其他形式，但同样对投影轴和矩轴有一定的限制条件，读者如有兴趣可自行研究。

二、空间平行力系的平衡方程

空间平行力系为空间任意力系的一种特殊情况。若取 z 轴与各力平行（见图 5-11），则显然，各力对 z 轴的矩都恒等于零，同时各力在 x、y 两坐标轴上的投影也都恒等于零。于是，式（5-15）中的方程

$$\sum F_{ix}=0,\quad \sum F_{iy}=0,\quad \sum M_z(\boldsymbol{F}_i)=0$$

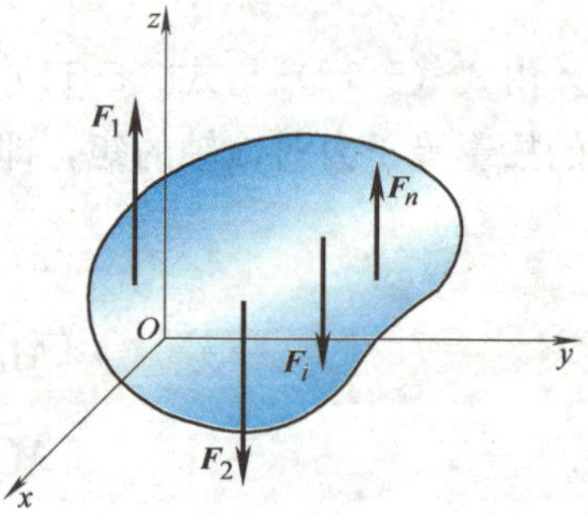

图 5-11

成为恒等式。因此，空间平行力系的平衡方程为

$$\left.\begin{array}{r}\sum F_{iz}=0\\ \sum M_x(\boldsymbol{F}_i)=0\\ \sum M_y(\boldsymbol{F}_i)=0\end{array}\right\}\tag{5-16}$$

式（5-16）表明，**空间平行力系平衡的必要且充分的解析条件是：该力系中所有各力在与力作用线平行的坐标轴上投影的代数和以及所有各力分别对两个与力作用线垂直的轴的矩的代数和同时等于零。**

空间平行力系有三个独立的平衡方程，最多可求解三个未知量。

三、空间约束的常见类型

物体在空间力系作用下可能产生的运动有沿空间坐标轴 x、y、z 三个方向的移动以及绕三个坐标轴的转动。因此，要求空间约束提供相应的约束力以限制物体的移动，以及相应的约束力偶以限制物体的转动。表 5-1 给出了几种常见的空间约束及其约束力的表达方式。

在分析实际的空间约束时，应抓住主要因素，忽略次要因素，做一些合理的简化。例如，导向轴承能阻碍轴沿 y 轴和 z 轴的移动，并能阻碍绕 y 轴和 z 轴的转动，所以有 4 个约束力 $\boldsymbol{F}_{Ay}$、$\boldsymbol{F}_{Az}$、M_{Ay}、M_{Az}；而径向轴承限制绕 y 轴和 z 轴的转动作用很小，M_{Ay} 和 M_{Az} 可忽略不计，所以只有两个约束力 $\boldsymbol{F}_{Ay}$ 和 $\boldsymbol{F}_{Az}$。又如，一般柜门都装有两个合页，形如表 5-1 中的蝶形铰链，它主要限制物体沿 y、z 轴的移动，因而有两个约束力 $\boldsymbol{F}_{Ay}$ 和 $\boldsymbol{F}_{Az}$；合页不限制物体绕转轴的转动，单个合页对物体绕 y、z 轴转动的限制作用也很小，因而没有约束力偶。

表 5-1 常见的空间约束及其约束力

约 束 力	约 束 类 型
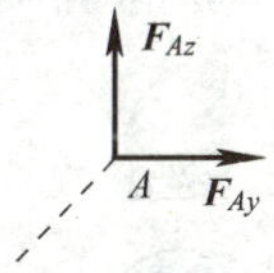	径向轴承 圆柱铰链 铁轨 蝶铰链 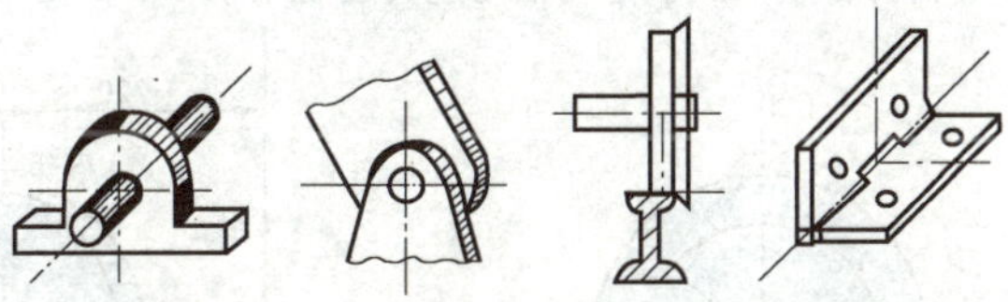
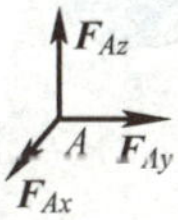	球形铰链 止推轴承 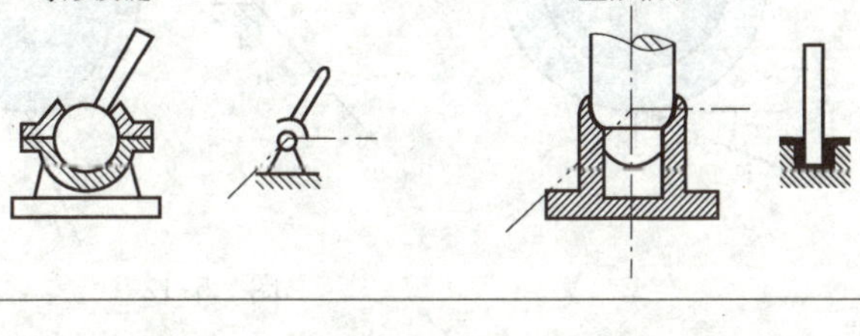

（续）

约 束 力	约束类型
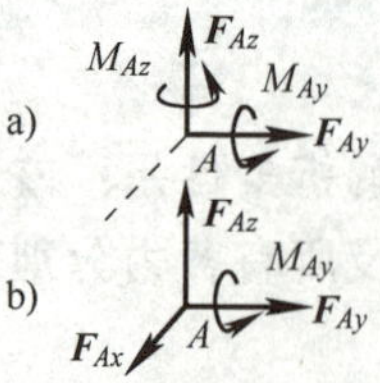	导向轴承 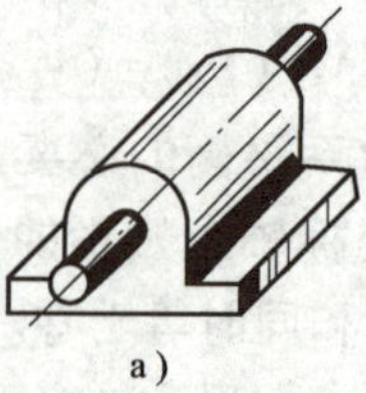 a)　万向接头 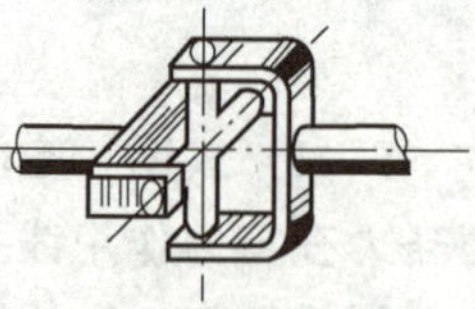 b)
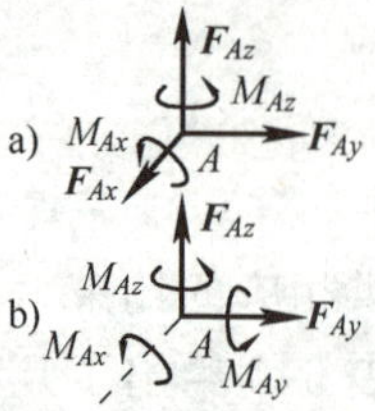	带有销子的夹板  a)　导轨 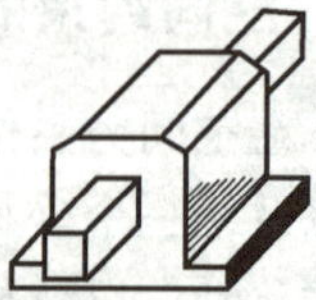 b)
	空间的固定端支座 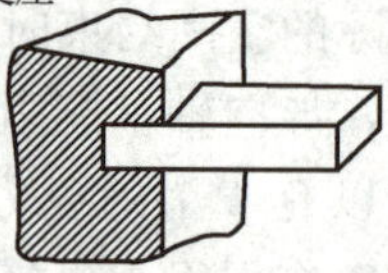

另外，同一种约束装置的约束力的数目还与所受到的力系有关。例如，在空间任意力系作用下，固定端 A 的约束力共有 6 个，即 $\boldsymbol{F}_{Ax}$、$\boldsymbol{F}_{Ay}$、$\boldsymbol{F}_{Az}$、M_{Ax}、M_{Ay}、M_{Az}；而在 Oxy 平面内受平面任意力系作用时，固定端 A 的约束力就只有 3 个，即 $\boldsymbol{F}_{Ax}$、$\boldsymbol{F}_{Ay}$、M_{Az}。

【例 5-5】 支承于两个径向轴承 A、B 的传动轴如图 5-12 所示。已知圆柱直齿轮的节圆直径 $d=173\ \mathrm{mm}$，压力角 $\alpha=20°$；在法兰盘上作用一力偶，其力偶矩 $M=1030\ \mathrm{N\cdot m}$。若不计摩擦和构件自重，试求传动轴匀速转动时轴承 A、B 处的约束力以及齿轮所受的啮合力 $\boldsymbol{F}$。

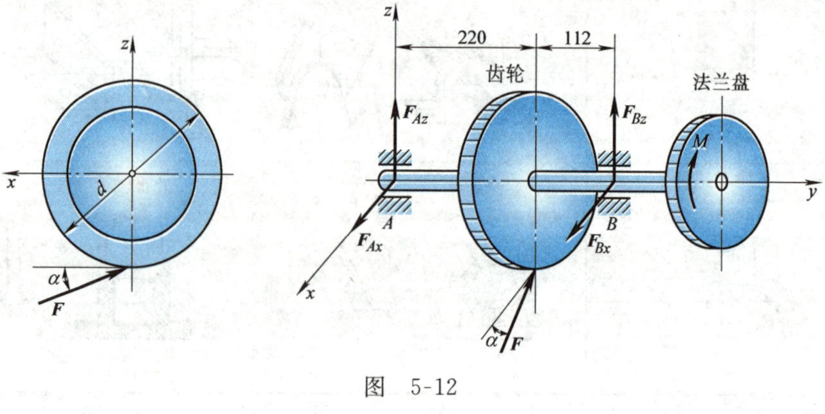

图 5-12

解: 选取整个传动轴为研究对象，其受力如图 5-12 所示。其中，径向轴承 A、B 的约束力 $\boldsymbol{F}_{Ax}$、$\boldsymbol{F}_{Az}$ 与 $\boldsymbol{F}_{Bx}$、$\boldsymbol{F}_{Bz}$ 均假设沿 x、z 轴的正向。这是空间任意力系，共含有 5 个未知力。建立图示坐标轴，列平衡方程

$$\sum M_y(\boldsymbol{F}_i)=0,\quad -M+F\cos 20^\circ\times\frac{d}{2}=0$$

$$\sum M_x(\boldsymbol{F}_i)=0,\quad F\sin 20^\circ\times 220\ \text{mm}+F_{Bz}\times 332\ \text{mm}=0$$

$$\sum M_z(\boldsymbol{F}_i)=0,\quad -F_{Bx}\times 332\ \text{mm}+F\cos 20^\circ\times 220\ \text{mm}=0$$

$$\sum F_{ix}=0,\quad F_{Ax}+F_{Bx}-F\cos 20^\circ=0$$

$$\sum F_{iz}=0,\quad F_{Az}+F_{Bz}+F\sin 20^\circ=0$$

代入已知数值，解得轴承 A、B 处的约束力以及齿轮所受的啮合力分别为

$$F_{Ax}=4.02\ \text{kN},\quad F_{Az}=-1.46\ \text{kN}$$

$$F_{Bx}=7.89\ \text{kN},\quad F_{Bz}=-2.87\ \text{kN}$$

$$F=12.67\ \text{kN}$$

负号表示该力的方向与图中假设方向相反。

【例 5-6】 一曲柄传动轴上安装着带轮，如图 5-13 所示。已知带的拉力 $F_2=2F_1$，曲柄上作用的铅垂力 $F=2000\ \text{N}$，带轮的直径 $D=400\ \text{mm}$，曲柄长 $R=300\ \text{mm}$，两侧带与铅垂线间的夹角分别为 $\alpha=30^\circ$、$\beta=60^\circ$，其他尺寸如图所示。试求带的拉力和径向轴承 A、B 处的约束力。

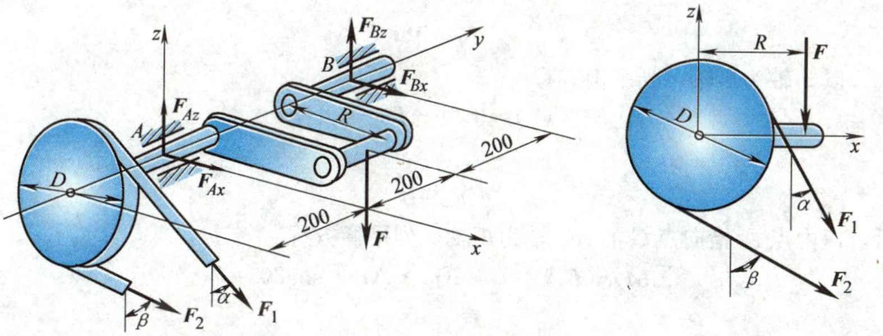

图　5-13

解: 选取整个轴为研究对象，其受力图如图 5-13 所示。其中，轴承 A、B 处的约束力 $\boldsymbol{F}_{Ax}$、$\boldsymbol{F}_{Az}$ 与 $\boldsymbol{F}_{Bx}$、$\boldsymbol{F}_{Bz}$ 均假设沿 x、z 轴的正向。这些力构成空间任意力系。取图示坐标轴，列平衡方程

$$\sum F_{ix}=0,\quad F_1\sin 30^\circ+F_2\sin 60^\circ+F_{Ax}+F_{Bx}=0$$

$$\sum F_{iz}=0,\quad -F_1\cos 30^\circ-F_2\cos 60^\circ-F+F_{Az}+F_{Bz}=0$$

$$\sum M_x(\boldsymbol{F}_i)=0,\quad F_1\cos 30^\circ\times 200\ \text{mm}+F_2\cos 60^\circ\times 200\ \text{mm}-F\times 200\ \text{mm}+F_{Bz}\times 400\ \text{mm}=0$$

$$\sum M_y(\boldsymbol{F}_i)=0,\quad F\times 300\ \text{mm}-(F_2-F_1)\times 200\ \text{mm}=0$$

$$\sum M_z(\boldsymbol{F}_i)=0,\quad F_1\sin 30^\circ\times 200\ \text{mm}+F_2\sin 60^\circ\times 200\ \text{mm}-F_{Bx}\times 400\ \text{mm}=0$$

据题意还有

$$F_2=2F_1$$

六个方程、六个未知量，联立解之，即得带的拉力和径向轴承 A、B 处的约束力分别为

$$F_1=3000\ \text{N},\quad F_2=6000\ \text{N}$$
$$F_{Ax}=-1004\ \text{N},\quad F_{Az}=9397\ \text{N}$$
$$F_{Bx}=3348\ \text{N},\quad F_{Bz}=-1799\ \text{N}$$

【例 5-7】 如图 5-14 所示，匀质长方形板 $ABCD$ 重量为 $\boldsymbol{P}$，用球形铰支座 A 和蝶形铰支座 B 固定在墙上，并用绳 EC 维持在水平位置上。试求绳的拉力和支座 A、B 处的约束力。

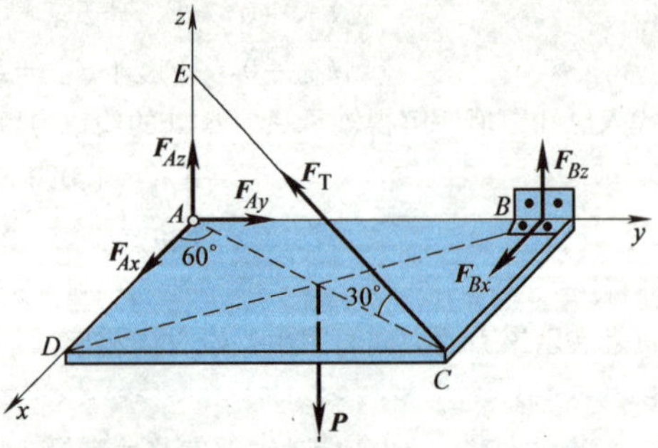

图 5-14

解: 选取板 $ABCD$ 为研究对象。如图 5-14 所示，板 $ABCD$ 所受的力有：重力 $\boldsymbol{P}$，球铰 A 的支座约束力 $\boldsymbol{F}_{Ax}$、$\boldsymbol{F}_{Ay}$、$\boldsymbol{F}_{Az}$，蝶形铰 B 的支座约束力 $\boldsymbol{F}_{Bx}$、$\boldsymbol{F}_{Bz}$ 以及绳 EC 的拉力 $\boldsymbol{F}_T$，这些力构成空间任意力系。取图示坐标轴，为避免解联立方程，首先以 y 轴为矩轴，列平衡方程

$$\sum M_y(\boldsymbol{F}_i)=0,\quad -F_T\sin 30°\cdot BC+P\cdot\frac{BC}{2}=0$$

解得

$$F_T=P$$

其次，以 z 轴为矩轴，列平衡方程

$$\sum M_z(\boldsymbol{F}_i)=0,\quad -F_{Bx}\cdot AB=0$$

解得

$$F_{Bx}=0$$

然后，以由点 A 指向点 C 的 AC 轴为矩轴，列平衡方程

$$\sum M_{AC}(\boldsymbol{F}_i)=0,\quad F_{Bz}\cdot AB\cdot\sin 30°=0$$

解得

$$F_{Bz}=0$$

最后，再列出三个投影式平衡方程

$$\sum F_{ix}=0,\quad F_{Ax}-F_T\cdot\cos 30°\cdot\cos 60°=0$$
$$\sum F_{iy}=0,\quad F_{Ay}-F_T\cdot\cos 30°\cdot\sin 60°=0$$
$$\sum F_{iz}=0,\quad F_{Az}+F_T\cdot\sin 30°-P=0$$

解得

$$F_{Ax}=\frac{\sqrt{3}}{4}P,\quad F_{Ay}=\frac{3}{4}P,\quad F_{Az}=\frac{1}{2}P$$

【例 5-8】 三轮车如图 5-15 所示，已知车重 $P=8$ kN，重心位于点 C；载荷 $P_1=10$ kN，作用于点 E。试求三轮车静止时地面对车轮的约束力。

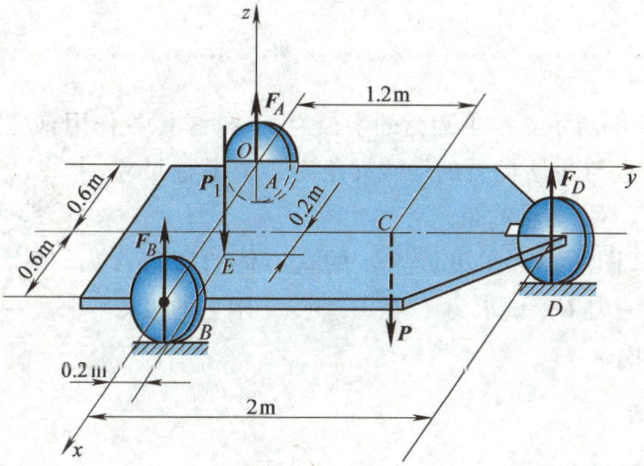

图 5-15

解： 选取三轮车为研究对象。车上作用有主动力 $\boldsymbol{P}$、$\boldsymbol{P}_1$ 和地面对三个车轮的法向约束力 $\boldsymbol{F}_A$、$\boldsymbol{F}_B$、$\boldsymbol{F}_D$，受力图如图 5-15 所示，这些力组成空间平行力系。

取图示坐标轴，列平衡方程

$$\sum F_{iz}=0,\quad -P-P_1+F_A+F_B+F_D=0$$

$$\sum M_x(\boldsymbol{F}_i)=0,\quad -P_1\times 0.2\ \text{m}-P\times 1.2\ \text{m}+F_D\times 2\ \text{m}=0$$

$$\sum M_y(\boldsymbol{F}_i)=0,\quad P_1\times 0.8\ \text{m}+P\times 0.6\ \text{m}-F_D\times 0.6\ \text{m}-F_B\times 1.2\ \text{m}=0$$

解得地面对车轮的约束力

$$F_A=4.4\ \text{kN},\quad F_B=7.8\ \text{kN},\quad F_D=5.8\ \text{kN}$$

复习思考题

5-1 若 $\boldsymbol{F}$ 与 x 轴的正向夹角为 α，在什么情况下它在 y 轴上的投影 $F_y=-F\sin\alpha$？此时它在 z 轴上的投影为多少？

5-2 已知力 $\boldsymbol{F}$ 及其与 x 轴的正向夹角 α、与 y 轴的正向夹角 β，能不能算出 F_z？

5-3 在什么情况下力对轴的矩等于零？

5-4 平面力对点的矩为代数量。为什么空间力对点的矩必须定义为矢量？

5-5 如何确定力矩矢的方向？

5-6 空间任意力系向三个互相垂直的坐标平面上投影，可得到三个平面任意力系，每个平面任意力系可列出三个平衡方程，故共有九个平衡方程。这样是否可以求解九个未知量？为什么？

5-7 试确定下列空间力系的独立平衡方程的数目：(1) 各力的作用线都与一直线相交；(2) 各力的作用线都平行于某一固定平面。

5-8 思考题 5-8 图中的四个力的大小都等于 F，尺寸 a 为已知，试问哪个力对哪个坐标轴的矩为零？

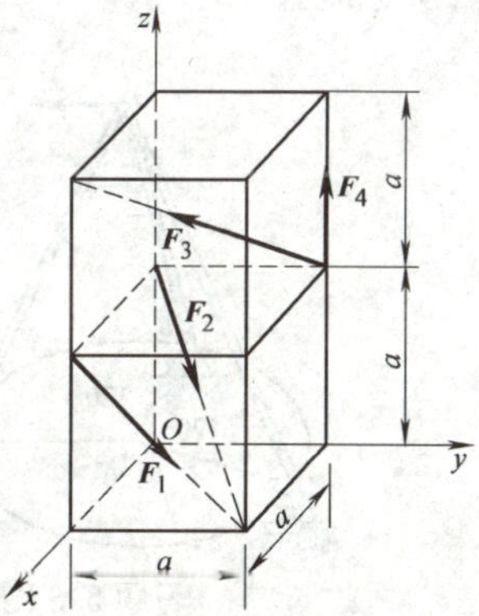

思考题 5-8 图

习题

5-1 如习题 5-1 图所示，水平圆盘的半径为 r，外缘 C 处作用有已知力 $\boldsymbol{F}$，力 $\boldsymbol{F}$ 位于圆盘 C 处的切平面内，且与圆盘 C 处的切线夹角为60°，其他尺寸如图。试求力 $\boldsymbol{F}$ 对 x、y、z 轴的矩。

典型例题

7: 习题5-2

5-2 如习题 5-2 图所示，在边长为 a 的立方体的顶角 A 处，沿着对角线作用一力 $\boldsymbol{F}$。试求力 $\boldsymbol{F}$ 在 x、y、z 轴上的投影以及对 x、y、z 轴的矩。

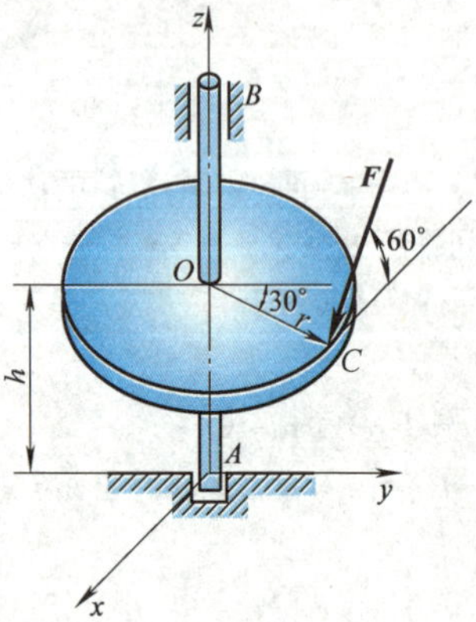

习题 5-1 图

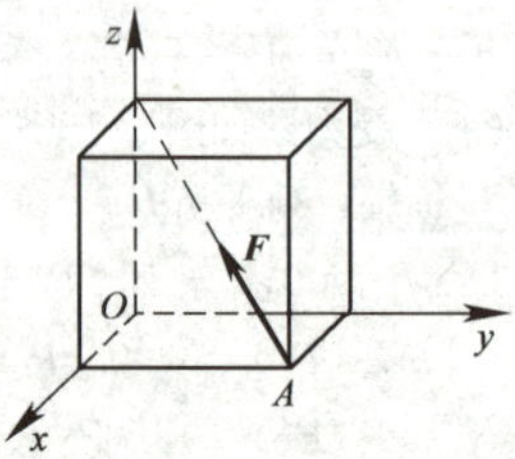

习题 5-2 图

5-3 习题 5-3 图所示为一对称三角支架，已知 A、B、C 三点在半径 $r=0.5\ \text{m}$ 的圆周上，架高 $l=1\ \text{m}$，在铰链 O 上作用一水平力 $F=400\ \text{N}$，该力与杆 OA 位于同一铅垂平面内。不计各杆自重，试求三根杆所受的力。

5-4 在习题 5-4 图所示起重机中，已知 $AB=BC=AD=AE$，A、B、C、D、E 处均为铰链连接，三角形 ABC 在 Axy 平面上的投影为 AG 线，AG 线与 y 轴的夹角为 θ。试求各杆所受的力。

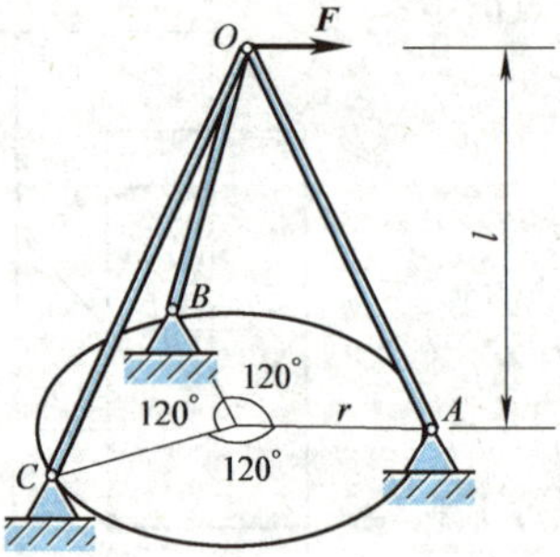

习题 5-3 图

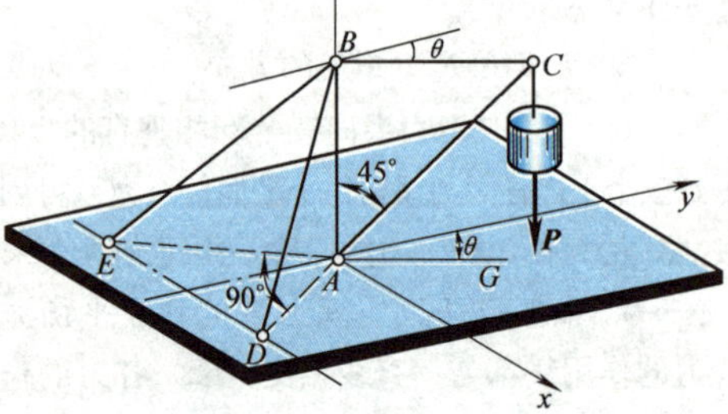

习题 5-4 图

5-5 如习题 5-5 图所示，三脚圆桌的半径 $r=500\ \text{mm}$，重 $P=600\ \text{N}$。圆桌的三脚 A、

B、C 形成一等边三角形。若在中线 CD 上距圆心 D 为 a 的点 E 处作用一铅直力 $F=1500$ N，试求使圆桌不致翻倒的最大距离 a。

5-6　如习题 5-6 图所示，已知作用在曲柄脚踏板上的铅垂力 $F_1=300$ N，机构的几何尺寸 $b=15$ cm、$h=9$ cm，角度 $\varphi=30°$。试求沿铅直方向的拉力 $\boldsymbol{F}_2$ 以及径向轴承 A、B 处的约束力。

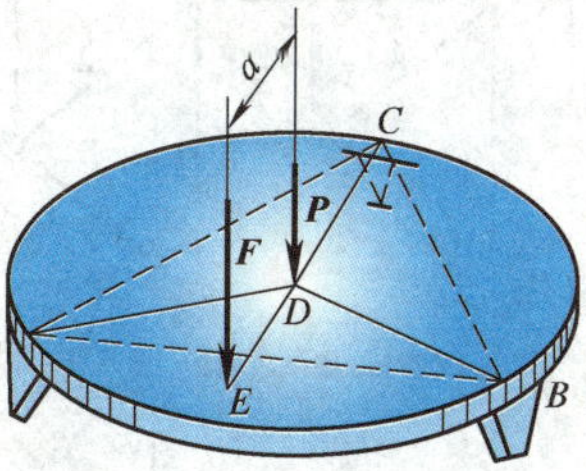

习题 5-5 图

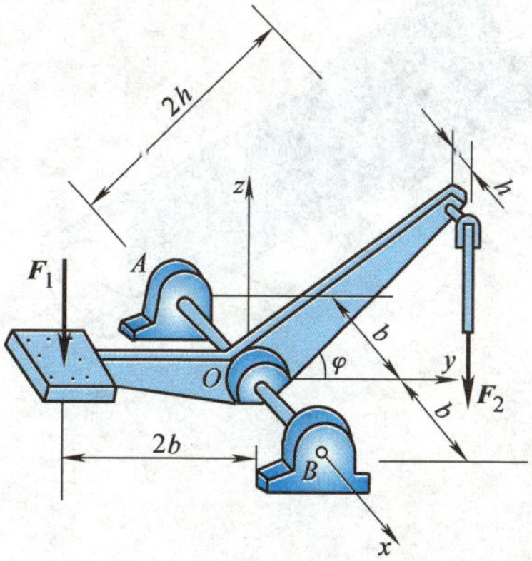

习题 5-6 图

5-7　如习题 5-7 图所示，作用于齿轮上的啮合力 $\boldsymbol{F}$ 推动带轮绕水平轴 AB 做匀速转动。已知沿铅直方向的带的紧边拉力为 200 N、松边拉力为 100 N，图中尺寸单位为 mm。试求啮合力 $\boldsymbol{F}$ 的大小以及径向轴承 A、B 处的约束力。

5-8　习题 5-8 图所示传动轴，带轮Ⅰ上的带沿铅直方向，松边拉力 F_2 与紧边拉力 F_1 之比为 1∶2；带轮Ⅱ上的带沿水平方向，松边拉力 P_2 与紧边拉力 P_1 之比为 1∶3。已知带轮Ⅱ上的松边拉力 $P_2=2$ kN，带轮Ⅰ的直径 $D_1=300$ mm，带轮Ⅱ的直径 $D_2=150$ mm，试求径向轴承 A、B 处的约束力。

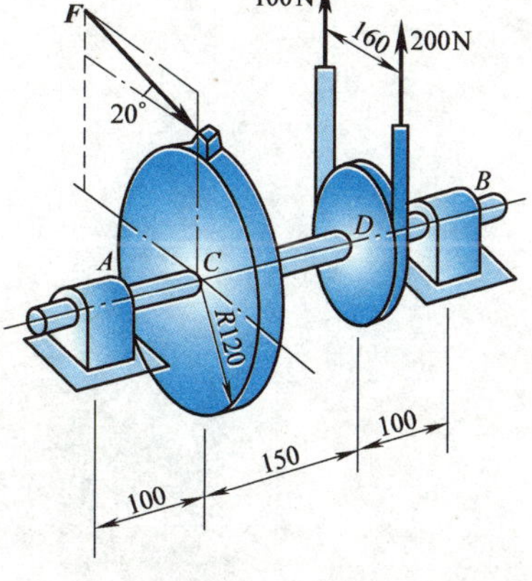

习题 5-7 图

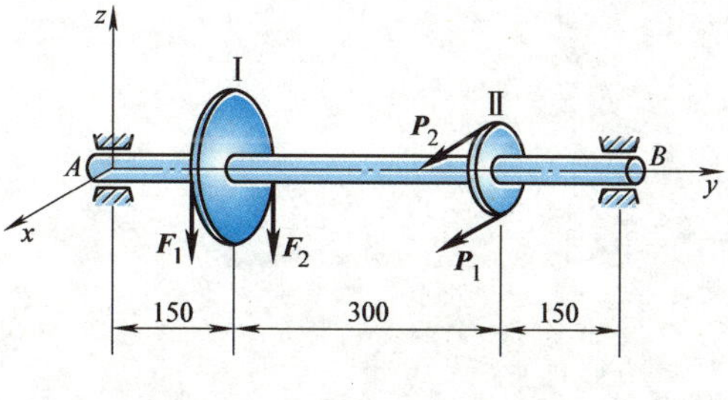

习题 5-8 图

5-9　如习题 5-9 图所示，已知工件所受镗刀的切削力 $F_z=500$ N、径向力 $F_x=150$ N、

轴向力 $F_y=75$ N；刀尖位于 x-y 平面内，其坐标 $x=75$ mm、$y=200$ mm。若不计工件自重，试求被切削工件在左端 O 处所受的约束力。

5-10　如习题 5-10 图所示，边长为 a 的正方形板 $ABCD$ 用六根杆支撑在水平位置，在点 A 沿 AD 边作用一水平力 $\boldsymbol{F}$。若不计板及杆的重量，试求各杆所受的力。

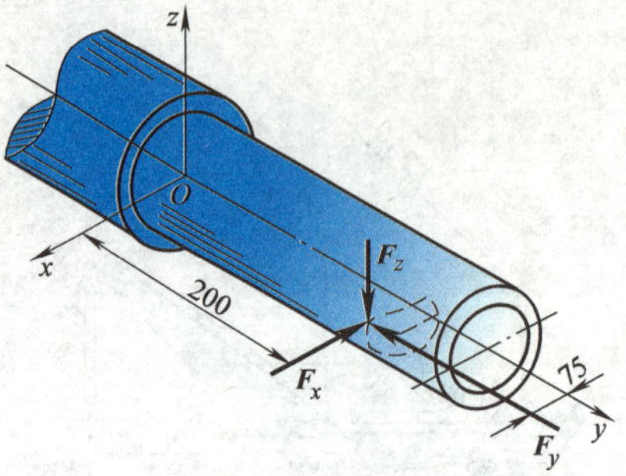

习题 5-9 图

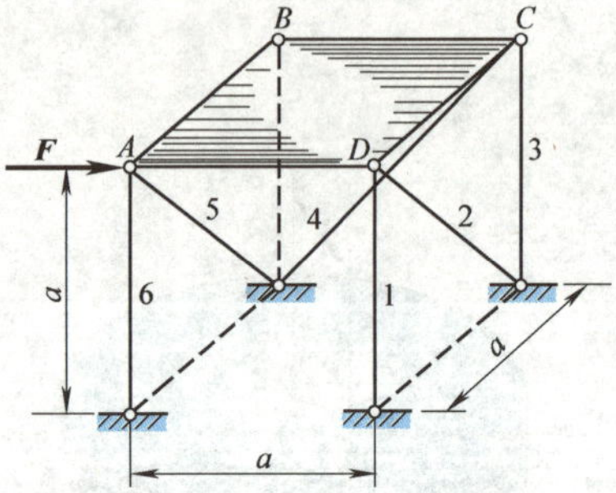

习题 5-10 图

第5章
知识要点与解题方法

第六章
静力学专题

本章研究静力学的四个专门问题：滑动摩擦、平面桁架、物体重心以及虚位移原理。

第一节　滑动摩擦

在前面章节中，两物体间的接触面均被认为是理想光滑的。而实际上，两物体间的接触面一般都有摩擦，只是在有些场合，摩擦属于次要因素，可以忽略不计。但在工程以及日常生活的许多问题中，摩擦影响显著，不容忽略。本节主要介绍滑动摩擦的有关概念以及如何求解考虑滑动摩擦的平衡问题。

一、滑动摩擦

两个表面粗糙的物体，当其接触表面之间有相对滑动趋势或相对滑动时，彼此作用有阻碍相对滑动趋势或相对滑动的切向约束力，这种切向约束力称为**滑动摩擦力**。

滑动摩擦力作用于物体的相互接触处，方向与相对滑动趋势或相对滑动的方向相反，大小则需按下列三种不同情况加以确定：

1. 静摩擦力

如图 6-1a 所示，一重力为 $\boldsymbol{P}$ 的物体放置在粗糙的水平面上，物体在重力 $\boldsymbol{P}$ 和法向约束力 $\boldsymbol{F}_{\mathrm{N}}$ 的作用下处于平衡状态。现在该物体上作用一水平拉力 $\boldsymbol{F}$（见图 6-1b），当拉力 $\boldsymbol{F}$ 由零逐渐增加但不超过某一特定数值

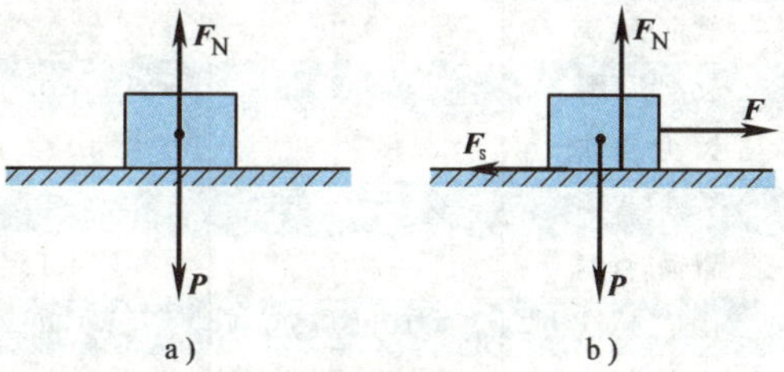

图　6-1

时，物体仍可保持静止。这表明，支承面对物体还作用有一个阻碍相对滑动趋势的切向约束力，即滑动摩擦力。此时的滑动摩擦力称为**静滑动摩擦力**，简称**静摩擦力**，常以 $\boldsymbol{F}_s$ 表示。显然，**静摩擦力的大小应由平衡条件确定**。在图 6-1b 中，由平衡条件易得 $F_s=F$。即静摩擦力 $\boldsymbol{F}_s$ 的大小取决于主动力 $\boldsymbol{F}$ 的大小。

2. 最大静摩擦力

静摩擦力随主动力的增大而增大，这是静摩擦力和一般约束力共同的性质。但静摩擦力 $\boldsymbol{F}_s$ 又有不同于一般约束力的特点，它不能随主动力 $\boldsymbol{F}$ 的增大而无限增大。当主动力 $\boldsymbol{F}$ 的大小达到一定数值时，物块就会处于将要滑动但尚未开始滑动的平衡的临界状态。此时，静摩擦力 $\boldsymbol{F}_s$ 达到最大值，即为**最大静摩擦力**，以 $\boldsymbol{F}_{s\max}$ 表示。此后，如果主动力 $\boldsymbol{F}$ 再继续增大，静摩擦力就不能再随之增大，物体将失去平衡而开始滑动。

实验证明：最大静摩擦力的大小与两接触物体间的正压力（法向约束力）F_N 成正比，即

$$F_{s\max}=f_sF_N \tag{6-1}$$

式中，比例常数 f_s 称为**静摩擦因数**。式（6-1）称为**静摩擦定律**，又称为**库仑摩擦定律**。

静摩擦因数 f_s 的量纲为一。它与接触物体的材料以及接触表面状况（如粗糙度、温度和湿度等）有关，而与接触面面积的大小无关。

静摩擦因数 f_s 需通过实验测定，其值可在有关工程手册中查到。表 6-1 中列出了一些常用材料的摩擦因数的近似值。由于影响摩擦因数的因素较多，因此，如果需要准确的数值，则应在具体条件下进行实测。

表 6-1 常用材料的滑动摩擦因数

材料名称	静摩擦因数 f_s		动摩擦因数 f_k	
	无润滑	有润滑	无润滑	有润滑
钢-钢	0.15	0.1～0.12	0.15	0.05～0.1
钢-软钢			0.2	0.1～0.2
钢-铸铁	0.3		0.18	0.05～0.15
钢-青铜	0.15	0.1～0.15	0.15	0.1～0.15
软钢-铸铁	0.2		0.18	0.05～0.15
软钢-青铜	0.2		0.18	0.07～0.15
铸铁-铸铁		0.18	0.15	0.07～0.12
铸铁-青铜			0.15～0.2	0.07～0.15
青铜-青铜		0.1	0.2	0.07～0.1
皮革-铸铁	0.3～0.5	0.15	0.6	0.15
橡皮-铸铁			0.8	0.5
木材-木材	0.4～0.6	0.1	0.2～0.5	0.07～0.15

静摩擦定律给我们指出了增大摩擦和减小摩擦的途径。要增大最大静摩擦力，可以通过加大正压力或增大静摩擦因数来实现。例如，汽车一般都用后轮驱动，这是因为后轮正压力大于前轮，这样可以允许产生较大的向前推动的摩擦力。又如，火车在雪后行驶时，要在铁轨上撒细沙，以增大摩擦因数，避免打滑。

综上所述，静摩擦力的大小随主动力而改变，但介于零与最大静摩擦力之间，即有

$$0 \leqslant F_s \leqslant F_{s\max} \tag{6-2}$$

3. 动摩擦力

当静摩擦力已达到最大值时，若主动力 $\boldsymbol{F}$ 再继续加大，接触面之间将发生相对滑动。此时，接触物体间仍作用有阻碍相对滑动的切向约束力，即滑动摩擦力。此时的滑动摩擦力称为**动滑动摩擦力**，简称**动摩擦力**，常以 $\boldsymbol{F}_k$ 表示。

实验证明：动摩擦力的大小与两接触物体间的正压力（法向约束力）F_N 成正比，即

$$F_k = f_k F_N \tag{6-3}$$

式中，比例常数 f_k 称为**动摩擦因数**。式（6-3）称为**动摩擦定律**。

动摩擦因数 f_k 除了与接触物体的材料和接触表面状况有关外，还与接触物体间相对滑动速度的大小有关。一般情况下，动摩擦因数随相对滑动速度的增大而稍微减小，但当相对滑动速度不大时，可近似认为是个常数（见表 6-1）。

动摩擦因数 f_k 一般小于静摩擦因数 f_s，但在一般工程问题中，可近似认为二者相等。

在机器中，经常通过降低接触表面的粗糙度或加入润滑剂等方法，使动摩擦因数 f_k 降低，以减小摩擦与磨损。

知识点 3：摩擦角与自锁现象

二、摩擦角与自锁现象

1. 摩擦角

当摩擦存在时，接触面对静止物体的约束力包含了法向约束力 $\boldsymbol{F}_N$ 和切向约束力，即静摩擦力 $\boldsymbol{F}_s$，这两个力的合力 $\boldsymbol{F}_R$ 称为**全约束力**，又称为**全反力**。记全反力 $\boldsymbol{F}_R$ 与接触面法线间的夹角为 φ，当静摩擦力达到最大值时，φ 角也达到最大值 φ_f。**全反力与接触面法线间的夹角的最大值 $\boldsymbol{\varphi_f}$ 称为摩擦角**。由图 6-2a 可得

$$\tan\varphi_f = \frac{F_{s\max}}{F_N} = \frac{f_s F_N}{F_N} = f_s \tag{6-4}$$

即摩擦角的正切等于静摩擦因数。

改变主动力在水平面内的方向，则全反力的方向也随之改变。这样，临界平衡时的全反力的作用线将形成一个以接触点为顶点的锥面，称为**摩擦锥**。若物体与支承面间沿各个方向的静摩擦因数都相同，即沿各个方向的摩擦角 φ_f 是常数，则摩擦锥是一个顶角为 $2\varphi_f$ 的正圆锥体，如图 6-2b 所示。

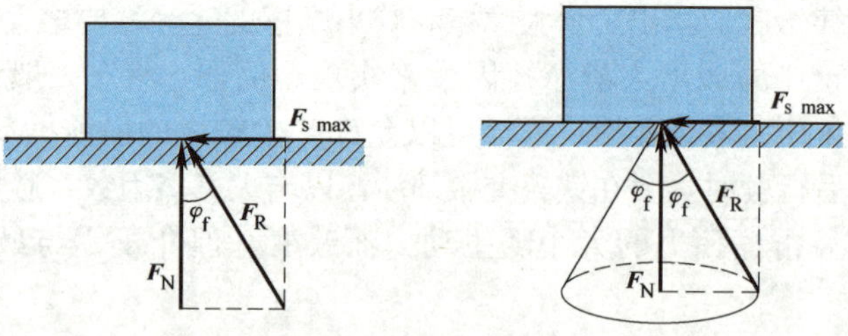

a) b)

图 6-2

2. 自锁现象

由于物体平衡时静摩擦力总是小于或等于最大静摩擦力，因此全反力与接触面法线间的夹角 φ 也总是小于或等于摩擦角 φ_f，即

$$0 \leqslant \varphi \leqslant \varphi_f \tag{6-5}$$

这表明，全反力的作用线不可能超出摩擦角的范围。由此可知：

1）当主动力的合力 $\boldsymbol{F}$ 的作用线落在摩擦角 φ_f 以内时，全反力 $\boldsymbol{F}_R$ 与 $\boldsymbol{F}$ 就能满足二力平衡条件（见图 6-3a）。因此，只要主动力的合力 $\boldsymbol{F}$ 的作用线与接触面法线间的夹角 θ 不超过摩擦角 φ_f，即

$$\theta \leqslant \varphi_f \tag{6-6}$$

则不论这个力有多大，物体总能保持静止。这种现象称为**自锁现象**。式（6-6）称为**自锁条件**。利用自锁条件可以设计某些机构或夹具，如千斤顶、压榨机、圆锥销等，使之能够始终保持在静平衡状态下工作。

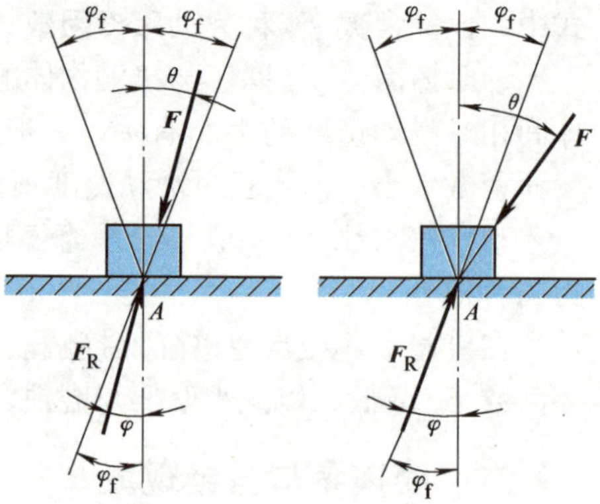

a) b)

图 6-3

2）当主动力的合力 $\boldsymbol{F}$ 的作用线与接触面法线间的夹角 $\theta > \varphi_f$ 时（见图 6-3b），全反力 $\boldsymbol{F}_R$ 就不可能与之平衡。因此，不论这个力有多小，物体一定会滑动。工程中应用这一原理，可设法避免自锁，以保证传动机构不致卡死。

·思 政 导 读·

自锁现象对提高效率、保障安全有着十分重要的作用，在航天航空、机械工程、交通运输、医疗器械、建筑工程以及日常生活用品等各个领域都得到了广泛运用。文字记载表明，我国是最早发现并运用自锁现象的国家。早在战国时期，《墨经》中就描述了自锁现象并记载了当时对自锁现象的运用，充分显示了中国古人的智慧。

三、考虑滑动摩擦的平衡问题

求解考虑滑动摩擦的平衡问题的方法及步骤与不考虑摩擦时大致相同，但需要注意以下几点：

1）画受力图时必须加上静摩擦力 $\boldsymbol{F}_s$。静摩擦力 $\boldsymbol{F}_s$ 的方向沿着接触面的切线，与物体相对滑动趋势方向相反，其指向一般不能随便假设。

2）由于考虑摩擦力，增加了未知量的数目，因此，为使问题获解，除了平衡方程外，还需列出关于摩擦力的补充方程，即

$$0\leqslant F_s\leqslant F_{s\max}=f_sF_N \quad 或者 \quad 0\leqslant\varphi\leqslant\varphi_f=\arctan f_s$$

3）由于物体处于平衡状态时，静摩擦力 $\boldsymbol{F}_s$ 的值有一定的范围，介于 0 与 $F_{s\max}$ 之间。因此，有摩擦时平衡问题的解答也是一个范围值。在确定这个范围值时，一般可采取两种方式：一种是考虑平衡的临界状态，假定静摩擦力取最大值，以 $F_s=F_{s\max}=f_sF_N$（或者 $\varphi=\varphi_f=\arctan f_s$）作为平衡方程的补充方程，确定平衡范围的界限值；另一种是直接采用 $F_s\leqslant f_sF_N$（或者 $\varphi\leqslant\arctan f_s$），以不等式进行运算。

下面通过例题，具体说明考虑滑动摩擦的平衡问题的解法。

【例 6-1】 一重为 $\boldsymbol{P}$ 的物块放在倾角为 θ 的斜面上，它与斜面间的静摩擦因数为 f_s，如图 6-4a 所示。设 $\theta>\varphi_f=\arctan f_s$，试求当物体处于静止时水平主动力 $\boldsymbol{F}$ 的大小。

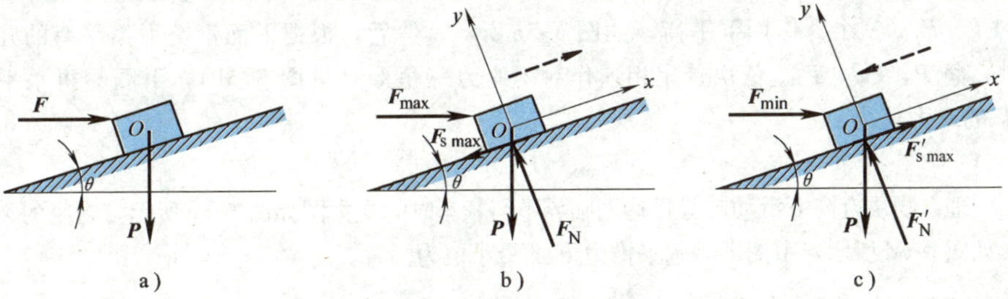

图　6-4

解： 显然，力 $\boldsymbol{F}$ 太大，物体将上滑；力 $\boldsymbol{F}$ 太小，物体将下滑，因此力 $\boldsymbol{F}$ 应在最大值与最小值之间。

先求力 $\boldsymbol{F}$ 的最大值 $F_{\max}$。当力 $\boldsymbol{F}$ 达到此值时，物体处于将要向上滑动的临界状态。在此情形下，静摩擦力沿斜面向下，并达到最大值 $F_{s\max}$。物体共受四个力作用：已知力 $\boldsymbol{P}$，未知力 $\boldsymbol{F}_{\max}$、$\boldsymbol{F}_N$、$\boldsymbol{F}_{s\max}$，如图 6-4b 所示。取图示坐标轴，列平衡方程

$$\sum F_{ix}=0,\quad F_{\max}\cos\theta-P\sin\theta-F_{s\max}=0$$

$$\sum F_{iy}=0,\quad F_N-F_{\max}\sin\theta-P\cos\theta=0$$

此外，还有一个关于摩擦力的补充方程，即

$$F_{s\max}=f_sF_N$$

三式联立求解，可得水平推力 $\boldsymbol{F}$ 的最大值

$$F_{\max}=P\frac{\sin\theta+f_s\cos\theta}{\cos\theta-f_s\sin\theta}=P\frac{\sin\theta+\tan\varphi_f\cos\theta}{\cos\theta-\tan\varphi_f\sin\theta}=P\tan(\theta+\varphi_f)$$

再求力 $\boldsymbol{F}$ 的最小值 $F_{\min}$。当力 $\boldsymbol{F}$ 达到此值时，物体处于将要向下滑动的临界状态。在此情形下，静摩擦力沿斜面向上，并达到另一最大值 $F'_{s\max}$。物体的受力情况如图 6-4c 所示。取图示坐标轴，列平衡方程

$$\sum F_{ix}=0,\quad F_{\min}\cos\theta-P\sin\theta+F'_{s\max}=0$$
$$\sum F_{iy}=0,\quad F'_N-F_{\min}\sin\theta-P\cos\theta=0$$

外加补充方程

$$F'_{s\max}=f_sF'_N$$

三式联立求解，得水平推力 $\boldsymbol{F}$ 的最小值

$$F_{\min}=P\frac{\sin\theta-f_s\cos\theta}{\cos\theta+f_s\sin\theta}=P\frac{\sin\theta-\tan\varphi_f\cos\theta}{\cos\theta+\tan\varphi_f\sin\theta}=P\tan(\theta-\varphi_f)$$

所以，当物体处于静止时水平主动力 $\boldsymbol{F}$ 的大小范围为

$$P\tan(\theta-\varphi_f)\leqslant F\leqslant P\tan(\theta+\varphi_f)$$

注意到，此题如不计摩擦，平衡时应有 $F=P\tan\theta$，其解答是唯一的。

由此题可知，在临界状态下求解有摩擦的平衡问题时，必须根据物体的相对滑动趋势，正确判定最大静摩擦力 $\boldsymbol{F}_{s\max}$的方向，即最大静摩擦力 $\boldsymbol{F}_{s\max}$的方向不能假定，必须按真实方向画出。

该题也可以利用摩擦角的概念用几何法进行求解：先将法向约束力 $\boldsymbol{F}_N$ 和最大静摩擦力 $\boldsymbol{F}_{s\max}$用全反力 $\boldsymbol{F}_R$ 来代替，当物块有向上滑动趋势且达到临界平衡状态时，物块在 $\boldsymbol{P}$、$\boldsymbol{F}_R$、$\boldsymbol{F}_{\max}$三个力作用下平衡，如图 6-5a 所示。然后，根据平面汇交力系平衡的几何条件，将 $\boldsymbol{P}$、$\boldsymbol{F}_R$、$\boldsymbol{F}_{\max}$依次首尾相连作封闭的力三角形（见图 6-5b)，由图易得水平推力 $\boldsymbol{F}$ 的最大值为

$$F_{\max}=P\tan(\theta+\varphi_f)$$

同理，物块有向下滑动趋势且达到临界平衡状态时的受力图如图 6-5c 所示，封闭的力三角形如图 6-5d 所示，由图即得水平推力 F 的最小值为

$$F_{\min}=P\tan(\theta-\varphi_f)$$

于是，当物体处于静止时水平主动力 $\boldsymbol{F}$ 的大小范围为

$$P\tan(\theta-\varphi_f)\leqslant F\leqslant P\tan(\theta+\varphi_f)$$

这一结果与用解析法计算的结果完全相同。

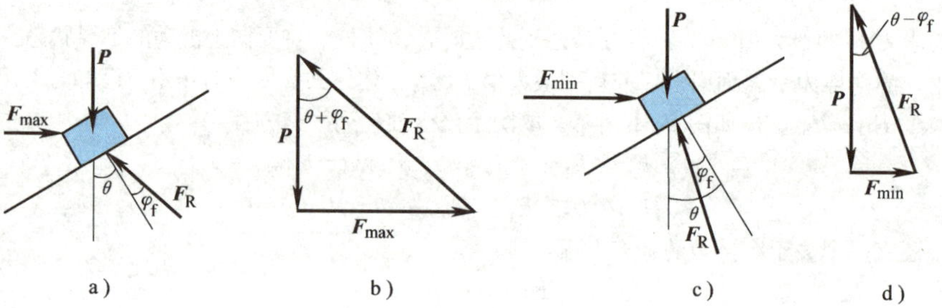

图 6-5

在此题中，若斜面的倾角小于摩擦角，即 $\theta<\varphi_f$ 时，水平推力的最小值 F_{min} 即为负值。这意味着，此时无论物块的重力 $\boldsymbol{P}$ 有多大，都不需要力 $\boldsymbol{F}$ 的支持就能静止于斜面上，这就是前面所介绍的自锁现象。

【例 6-2】 图 6-6a 所示为起重装置的制动器。已知重物重量为 P，制动块与鼓轮间的静摩擦因数为 f_s，几何尺寸如图所示。若忽略构件自重，试问在手柄上作用的制动力 $\boldsymbol{F}$ 至少应为多大时才能保持鼓轮静止？

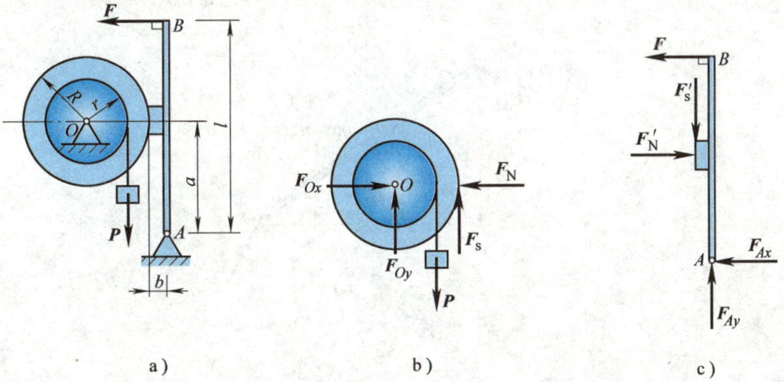

图 6-6

解： 分别选取鼓轮连同重物、制动手柄为研究对象，受力图分别如图 6-6b、c 所示，其中 $\boldsymbol{F}'_s$ 与 $\boldsymbol{F}_s$、$\boldsymbol{F}'_N$ 与 $\boldsymbol{F}_N$ 互为作用力与反作用力。

对于鼓轮连同重物，列平衡方程

$$\sum M_O(\boldsymbol{F}_i)=0,\quad F_sR-Pr=0$$

对于制动手柄，列平衡方程

$$\sum M_A(\boldsymbol{F}_i)=0,\quad Fl+F'_sb-F'_Na=0$$

当制动力 $\boldsymbol{F}$ 为最小值 F_{min} 时，鼓轮处于临界平衡状态，有补充方程

$$F_s=F_{s\,max}=f_sF_N$$

又有 $F'_N=F_N$、$F'_s=F_s$。联立求解以上各式，即得所需制动力 $\boldsymbol{F}$ 的最小值

$$F_{min}=\frac{Pr}{Rl}\left(\frac{a}{f_s}-b\right)$$

【例 6-3】 如图 6-7a 所示，匀质梯子 AB 的长为 $2a$，重量为 P，其一端放在水平地面上，另一端靠在铅垂墙面上。已知接触面间的摩擦角均为 φ_f，试求梯子平衡时与地面间的夹角 α。

解： 选取梯子为研究对象。设梯子处于平衡状态，在重力 $\boldsymbol{P}$ 的作用下，其上端 B 有往下滑动的趋势，下端 A 有往右滑动的趋势。作出受力图如图 6-7b 所示。

取图示坐标系，列平衡方程

$$\sum F_{ix}=0,\quad F_{NB}-F_{sA}=0$$

$$\sum F_{iy}=0,\quad F_{NA}+F_{sB}-P=0$$

$$\sum M_B(\boldsymbol{F}_i)=0,\quad F_{NA}\cdot 2a\cos\alpha-F_{sA}\cdot 2a\sin\alpha-P\cdot a\cos\alpha=0$$

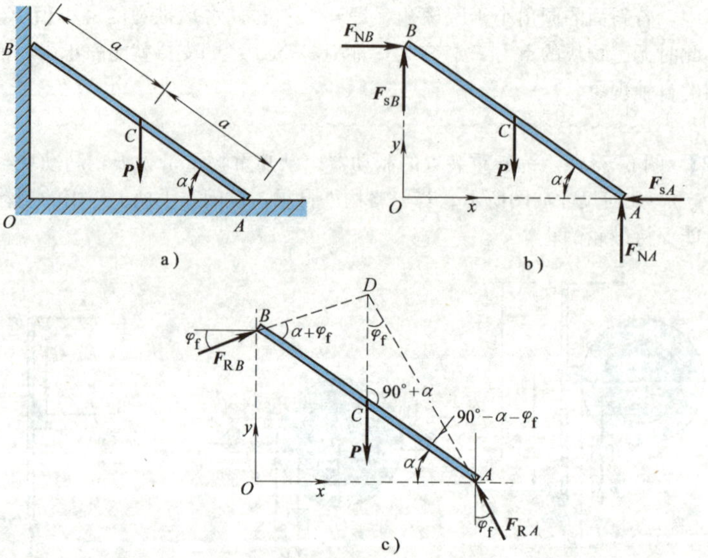

图 6-7

另有补充方程

$$F_{sA} \leqslant f_s F_{NA} = \tan\varphi_f \cdot F_{NA}$$

$$F_{sB} \leqslant f_s F_{NB} = \tan\varphi_f \cdot F_{NB}$$

联立求解上述方程，可得

$$\tan\alpha \geqslant \frac{1-\tan^2\varphi_f}{2\tan\varphi_f} = \cot 2\varphi_f = \tan\left(\frac{\pi}{2} - 2\varphi_f\right)$$

$$\alpha \geqslant \frac{\pi}{2} - 2\varphi_f$$

另据题意有 $\alpha \leqslant \frac{\pi}{2}$，故得梯子平衡时与地面间的夹角 α 应满足的条件为

$$\frac{\pi}{2} - 2\varphi_f \leqslant \alpha \leqslant \frac{\pi}{2}$$

此题也可利用摩擦角的概念用几何法求解：当 α 为最小值时，梯子处于临界平衡状态，先将此时梯子在 A、B 两端所受的法向约束力和最大静摩擦力用全反力来表示（见图 6-7c）。再考虑到此时梯子受三力作用而平衡，根据三力平衡汇交定理，A、B 处的全反力 $\boldsymbol{F}_{RA}$、$\boldsymbol{F}_{RB}$ 与重力 $\boldsymbol{P}$ 的作用线应相交于同一点 D，如图 6-7c 所示。

由图 6-7c 易知，三角形 ABD 是直角三角形，故有

$$AD = AB\sin(\alpha + \varphi_f)$$

在三角形 ACD 中，由正弦定理得

$$\frac{AC}{\sin\varphi_f} = \frac{AD}{\sin(90° + \alpha)}$$

由上述两式，可得

$$\frac{2a\sin(\alpha+\varphi_f)}{\cos\alpha}=\frac{a}{\sin\varphi_f}$$

从而解得

$$\tan\alpha=\cot 2\varphi_f=\tan\left(\frac{\pi}{2}-2\varphi_f\right)$$

$$\alpha=\frac{\pi}{2}-2\varphi_f$$

与前面解析法的计算结果完全一致。

【例 6-4】 如图 6-8a 所示，一重 $P=480$ N 的矩形匀质物块置于水平面上，其上作用有力 $\boldsymbol{F}$。已知接触面间的静摩擦因数 $f_s=1/3$。试问此物体在力 $\boldsymbol{F}$ 作用下是先滑动还是先倾倒？并求出使物体保持静平衡的 $\boldsymbol{F}$ 的最大值。

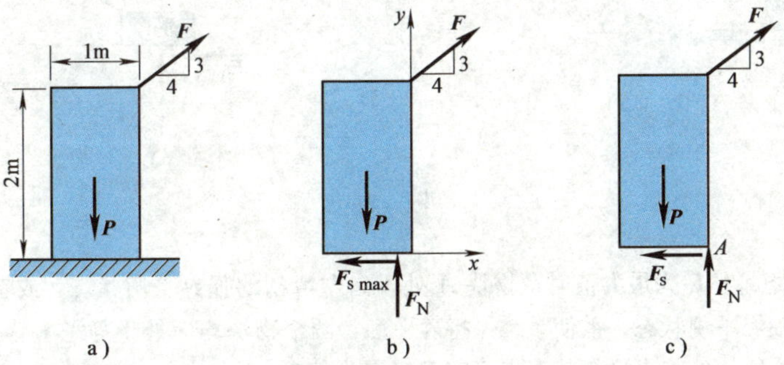

图　6-8

解： 1）设物体处于即将滑动的临界平衡状态，其受力图如图 6-8b 所示。取图示坐标轴，列平衡方程

$$\sum F_{ix}=0,\quad \frac{4}{5}F-F_{s\max}=0$$

$$\sum F_{iy}=0,\quad F_N+\frac{3}{5}F-P=0$$

另有补充方程

$$F_{s\max}=f_sF_N$$

联立解之，得

$$F=\frac{1}{3}P=160\ \text{N}$$

2）设物体处于即将绕点 A 倾倒的临界平衡状态，其受力图如图 6-8c 所示。以点 A 为矩心，列平衡方程

$$\sum M_A(\boldsymbol{F}_i)=0,\quad -F\times\frac{4}{5}\times 2\ \text{m}+P\times 0.5\ \text{m}=0$$

解得

$$F=\frac{5}{16}P=150\ \text{N}$$

由此可见，物体在 $\boldsymbol{F}$ 作用下将先倾倒；使物体保持平衡的 $\boldsymbol{F}$ 的最大值为

$$F_{\max}=150\ \text{N}$$

【例 6-5】 如图 6-9a 所示，两个重量均为 100 N 的物块 A 和 B 用两根无重刚性杆连接。杆 AC 平行于倾角 $\theta=30^\circ$ 的斜面，杆 CB 平行于水平面。已知两物块与地面间的静摩擦因数 $f_s=0.5$，试确定使系统保持静平衡的竖直力 $\boldsymbol{F}$ 的最大值。

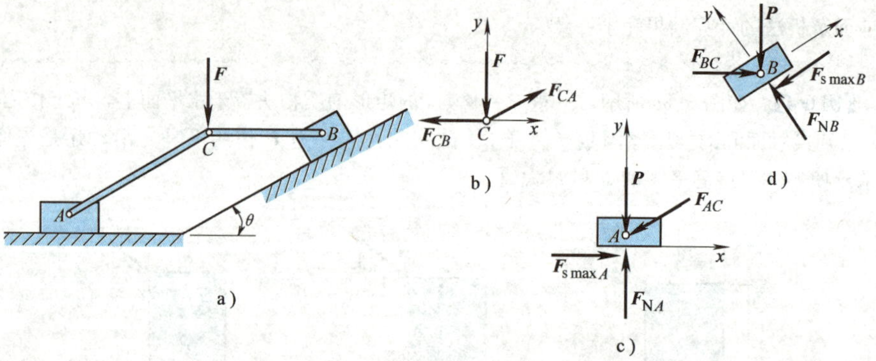

图 6-9

解： 当竖直力 $\boldsymbol{F}$ 为最大值时，物块 A 处于向左滑动的临界平衡状态，或者物块 B 处于向上滑动的临界平衡状态。欲使系统保持静平衡，两个物块均应处于静平衡状态。因此，需分别根据两个物块的临界平衡状态来确定 $\boldsymbol{F}$ 的最大值。

1）选取节点 C 为研究对象，其受力图如图 6-9b 所示。取图示坐标轴，列平衡方程

$$\sum F_{iy}=0,\quad F_{CA}\sin\theta-F=0 \tag{a}$$

$$\sum F_{ix}=0,\quad -F_{CB}+F_{CA}\cos\theta=0 \tag{b}$$

2）根据物块 A 的临界平衡状态来确定 $\boldsymbol{F}$ 的最大值。选取物块 A 为研究对象，其受力图如图 6-9c 所示。取图示坐标轴，列平衡方程

$$\sum F_{ix}=0,\quad -F_{AC}\cos\theta+F_{s\max A}=0 \tag{c}$$

$$\sum F_{iy}=0,\quad F_{NA}-F_{AC}\sin\theta-P=0 \tag{d}$$

另有补充方程

$$F_{s\max A}=f_s F_{NA} \tag{e}$$

联立上述五式，并注意到杆 AC 为二力杆，$F_{CA}=F_{AC}$，即得

$$F=\frac{f_s\sin\theta}{\cos\theta-f_s\sin\theta}P=40.6\ \text{N}$$

3）根据物块 B 的临界平衡状态来确定 $\boldsymbol{F}$ 的最大值。再选取物块 B 为研究对象，其受力图如图 6-9d 所示。取图示坐标轴，列平衡方程

$$\sum F_{ix}=0,\ F_{BC}\cos\theta-P\sin\theta-F_{s\max B}=0 \tag{f}$$

$$\sum F_{iy}=0,\ -F_{BC}\sin\theta-P\cos\theta+F_{NB}=0 \tag{g}$$

另有补充方程

$$F_{s\max B}=f_s F_{NB} \tag{h}$$

将式（f）～式（h）与式（a）、式（b）联立，并注意到杆 CB 为二力杆，$F_{CB}=F_{BC}$，又得

$$F=\frac{\sin\theta+f_s\cos\theta}{\cos\theta-f_s\sin\theta}\tan\theta\cdot P=87.4\ \mathrm{N}$$

综上所述，使系统保持静平衡的竖直力 $\boldsymbol{F}$ 的最大值应为

$$F_{max}=40.6\ \mathrm{N}$$

第二节　平面桁架的内力计算

桁架是由杆件在两端用适当的方式连接而构成的一种承载结构。由于桁架中的各杆主要承受轴向拉力或轴向压力，可以充分发挥材料潜能，起到节约材料、减轻重量的作用，因此桁架在工程中得到了广泛应用，例如房屋的屋架、桥梁的拱架、起重机的机身和悬臂等（见图 6-10）。

桁架中，杆件的结合处称为**节点**。所有杆件的轴线在同一平面内的桁架称为**平面桁架**。本节主要研究平面桁架的内力计算。

为了简化计算，工程中通常对桁架做如下理想化假设：

1）桁架中的杆件都是直杆。

2）杆件均用光滑铰链连接。

3）桁架所受载荷都作用在节点上；对于平面桁架，载荷且位于桁架同一平面内。

4）杆件的重力忽略不计，或平均分配在杆件两端的节点上。

符合上述假设的桁架，称为**理想桁架**。由上述假设可知，理想桁架的各杆都是只在两端受力的二力杆，各杆所受的力必然沿着杆的轴线方向，即只承受轴向拉力或轴向压力。

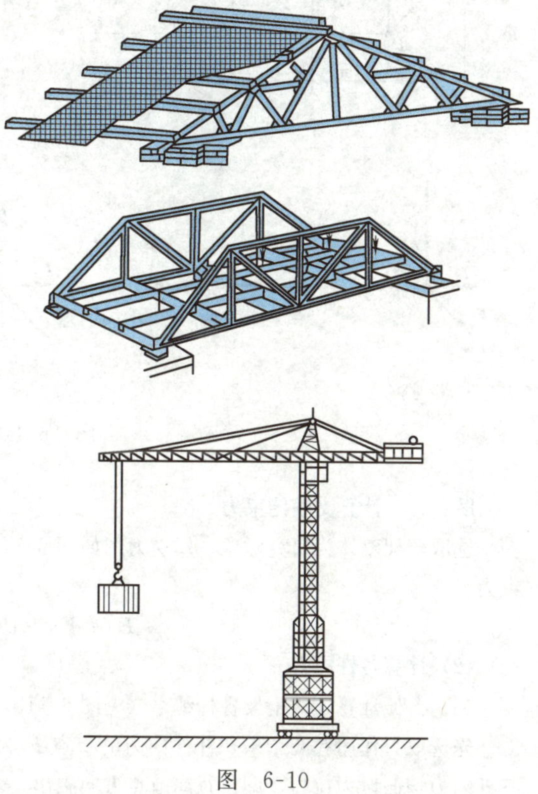

图　6-10

工程中的实际桁架，当然不可能完全符合上述假设。但经验表明，根据上述假设简化计算所

得的结果一般能够满足工程需要。

下面依次介绍计算桁架内力的两种基本方法：节点法与截面法。

一、节点法

由于桁架的外力和内力汇交于节点，因此平面桁架中的各个节点都受到一个平面汇交力系的作用。为了求出每个杆件的内力，可以依次选取各个节点为研究对象，用平面汇交力系的平衡方程求解。这种方法称为**节点法**。由于平面汇交力系只有两个独立的平衡方程，故运用节点法计算时，每次所选取的节点上的未知力一般不应超过两个。另外，在画受力图时，应假设各杆内力均为拉力，即令其指向背离节点。这样，所求得的杆件内力若为正值即表明是拉力，若为负值则是压力。节点法的具体计算过程举例说明如下：

【例 6-6】 试用节点法求图 6-11a 所示平面桁架各杆内力。

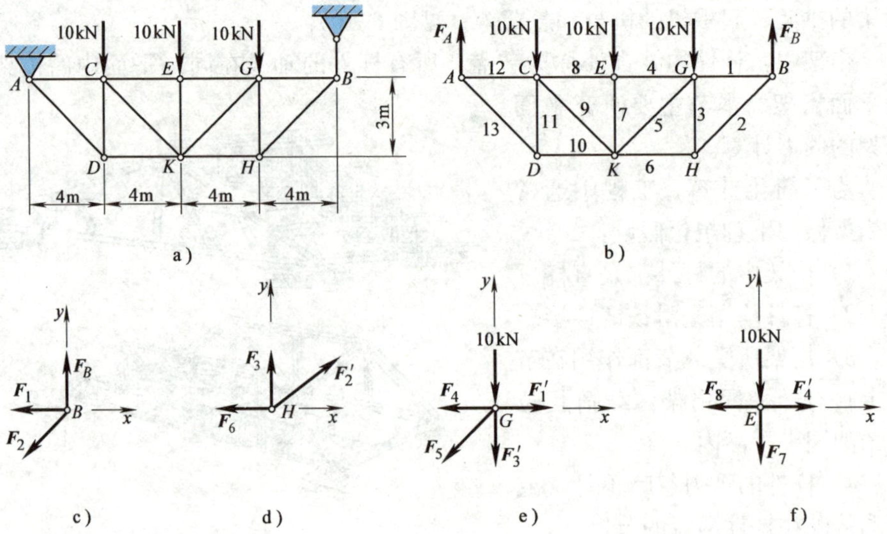

图　6-11

解：(1) 计算支座约束力

选取桁架整体为研究对象，作受力图如图 6-11b 所示。由对称性易得支座 A、B 处的约束力

$$F_A = F_B = 15\ \text{kN}$$

(2) 计算各杆内力

为了方便计算，对桁架各杆编号（见图 6-11b）。

先选取只作用有两个未知杆件内力的节点 B 为研究对象，画出受力图如图 6-11c 所示。各杆内力均假设为拉力，即按背离节点方向画出。取图示坐标轴，列平衡方程

$$\sum F_{iy}=0,\quad F_B-F_2\times\frac{3}{5}=0$$

$$\sum F_{ix}=0,\quad -F_1-F_2\times\frac{4}{5}=0$$

将 $F_B=15\ \text{kN}$ 代入，解得杆 1、杆 2 的内力分别为

$$F_1=-20\ \text{kN(压)},\quad F_2=25\ \text{kN(拉)}$$

次选节点 H 为研究对象，画出受力图如图 6-11d 所示。取图示坐标轴，列平衡方程

$$\sum F_{ix}=0,\quad F_2'\times\frac{4}{5}-F_6=0$$

$$\sum F_{iy}=0,\quad F_3+F_2'\times\frac{3}{5}=0$$

代入 $F_2'=F_2=25\ \text{kN}$，解得杆 3、杆 6 的内力分别为

$$F_6=20\ \text{kN(拉)},\quad F_3=-15\ \text{kN(压)}$$

再选节点 G 为研究对象，画出受力图如图 6-11e 所示。取图示坐标轴，列平衡方程

$$\sum F_{iy}=0,\quad -10\ \text{kN}-F_5\times\frac{3}{5}-F_3'=0$$

$$\sum F_{ix}=0,\quad F_1'-F_4-F_5\times\frac{4}{5}=0$$

代入 $F_1'=F_1=-20\ \text{kN}$、$F_3'=F_3=-15\ \text{kN}$，解得杆 5、杆 4 的内力分别为

$$F_5=8.33\ \text{kN(拉)},\quad F_4=-26.67\ \text{kN(压)}$$

最后选节点 E 为研究对象，画出受力图如图 6-11f 所示。取图示坐标轴，列平衡方程

$$\sum F_{iy}=0,\quad -10\ \text{kN}-F_7=0$$

解得杆 7 的内力为

$$F_7=-10\ \text{kN(压)}$$

由于桁架结构及载荷均对称，故其他杆件内力无须再进行计算，可对称地得到，分别为

$$F_8=F_4=-26.67\ \text{kN(压)},\quad F_9=F_5=8.33\ \text{kN(拉)}$$

$$F_{10}=F_6=20\ \text{kN(拉)},\quad F_{11}=F_3=-15\ \text{kN(压)}$$

$$F_{12}=F_1=-20\ \text{kN(压)},\quad F_{13}=F_2=25\ \text{kN(拉)}$$

【例 6-7】 试用节点法求图 6-12a 所示平面桁架各杆内力。

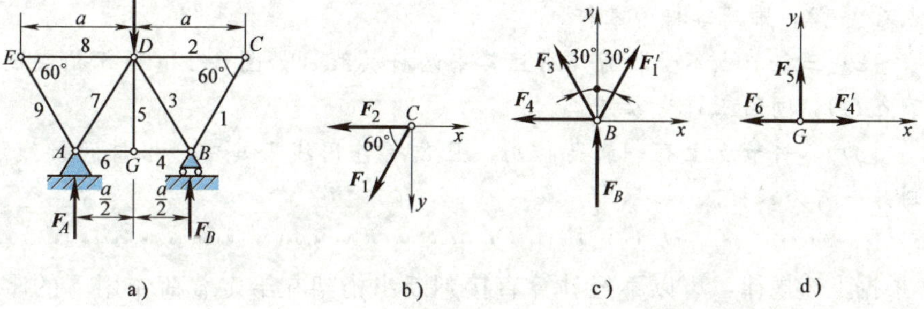

图　6-12

解：(1) 计算支座约束力

选取桁架整体为研究对象，作受力图如图 6-12a 所示。由对称性易得支座 A、B 处的约束力

$$F_A=F_B=\frac{F}{2}$$

(2) 计算各杆内力

先选节点 C 为研究对象，画出受力图如图 6-12b 所示。取图示坐标轴，列平衡方程

$$\sum F_{iy}=0,\quad F_1\sin 60°=0$$

$$\sum F_{ix}=0,\quad -F_1\cos 60°-F_2=0$$

解得杆 1、杆 2 的内力

$$F_1=0,\quad F_2=0$$

显然，取节点 E 为研究对象，同样可得杆 8、杆 9 的内力

$$F_8=F_9=0$$

再取节点 B 为研究对象，画出受力图如图 6-12c 所示，其中 $F_1'=F_1=0$。取图示坐标轴，列平衡方程

$$\sum F_{iy}=0,\quad F_B+F_3\cos 30°=0$$

$$\sum F_{ix}=0,\quad -F_4-F_3\sin 30°=0$$

解得杆 3、杆 4 的内力

$$F_3=-0.58F(\text{压}),\quad F_4=0.29F(\text{拉})$$

由对称性，得杆 6、杆 7 的内力

$$F_6=F_4=0.29F(\text{拉}),\quad F_7=F_3=-0.58F(\text{压})$$

最后取节点 G 为研究对象，画出受力图如图 6-12d 所示。由方程 $\sum F_{iy}=0$，得杆 5 的内力

$$F_5=0$$

在给定载荷作用下，桁架中内力为零的杆称为**零杆**。在本例中，杆 1、2、8、9、5 都是零杆。

通过分析和归纳，可以得出关于零杆的如下结论：

1) 二杆节点不受载荷作用且二杆不共线（如图 6-12a 所示桁架的节点 C、E），则此二杆为零杆。

2) 三杆节点不受载荷作用且其中两杆共线（如图 6-12a 所示桁架的节点 G），则第三杆为零杆。

3) 二杆节点上有一载荷作用，且载荷作用线沿其中一根杆的轴线，则另一杆为零杆。

根据上述规律，可以不经计算直接判断出桁架在给定载荷作用下的零杆，从而大大简化计算过程。

【例 6-8】 一屋架如图 6-13a 所示。已知载荷 $F_1=15\ \text{kN}$、$F_2=20\ \text{kN}$，几何尺寸 $l=4\ \text{m}$、$h=3\ \text{m}$。试求各杆内力。

典型例题
8: 例6-8

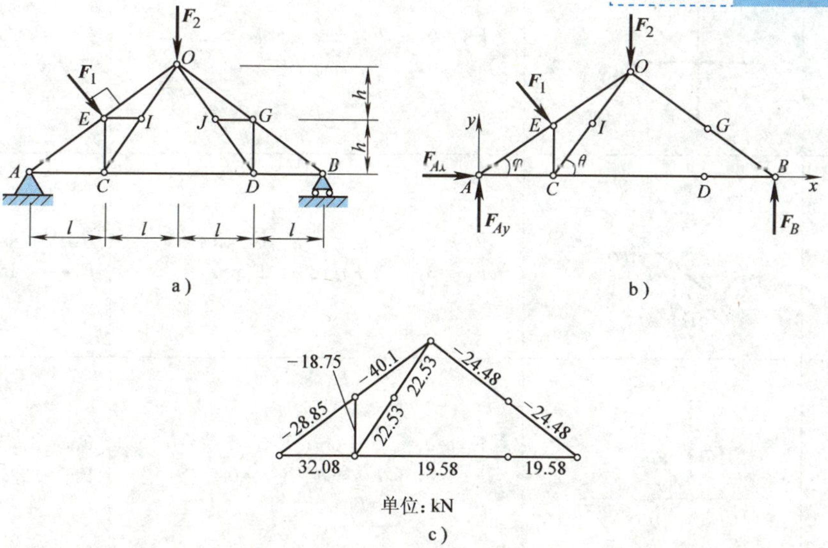

图　6-13

解：(1) 找出零杆

根据上述关于零杆的结论不难依次判断，杆 EI、JG、GD、DJ、JO 均为零杆。这样需要进行计算的杆件数大为减少（见图 6-13b）。

(2) 计算支座约束力

选取桁架整体为研究对象，作受力图如图 6-13b 所示。取图示坐标轴，列平衡方程

$$\sum F_{ix}=0,\quad F_{Ax}+F_1\sin\varphi=0$$

$$\sum F_{iy}=0,\quad F_{Ay}+F_B-F_1\cos\varphi-F_2=0$$

$$\sum M_A(\boldsymbol{F}_i)=0,\quad F_B\cdot 4l-F_1\sqrt{h^2+l^2}-F_2\cdot 2l=0$$

其中 $\sin\varphi=\dfrac{h}{\sqrt{h^2+l^2}}=\dfrac{3}{5}$、$\cos\varphi=\dfrac{l}{\sqrt{h^2+l^2}}=\dfrac{4}{5}$。代入已知数值，解得支座 A、B 处的约束力

$$F_{Ax}=-9\ \text{kN},\quad F_{Ay}=17.31\ \text{kN},\quad F_B=14.69\ \text{kN}$$

(3) 计算各杆内力

如图 6-13b 所示，I、G、D 节点均为二力平衡的节点，即有 $F_{CI}=F_{OI}$、$F_{BG}=F_{OG}$、$F_{CD}=F_{BD}$。因此，实际上只要研究 A、E、C、B 四个节点即可算出剩余所有杆件内力。现列表 6-2 计算如下：

表 6-2

节点	受力图	平衡方程	杆件内力/kN
A	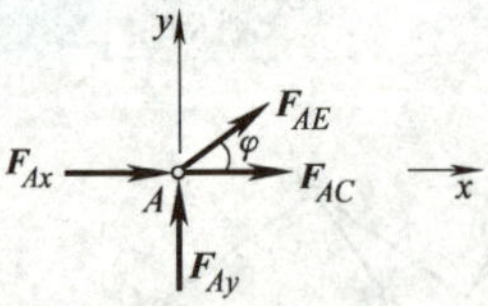	$\sum F_{ix}=0$, $F_{AE}\cos\varphi+F_{AC}+F_{Ax}=0$ $\sum F_{iy}=0$, $F_{AE}\sin\varphi+F_{Ay}=0$	$F_{AC}=32.08$ $F_{AE}=-28.85$
E	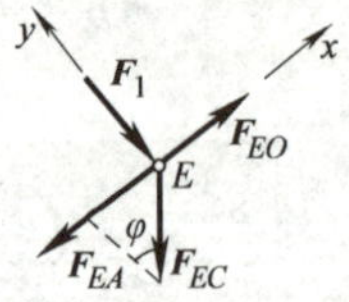	$\sum F_{ix}=0$, $F_{EO}-F_{EA}-F_{EC}\sin\varphi=0$ $\sum F_{iy}=0$, $-F_{EC}\cos\varphi-F_1=0$	$F_{EO}=-40.1$ $F_{EC}=-18.75$
C	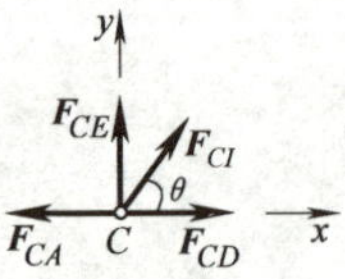	$\sum F_{ix}=0$, $F_{CI}\cos\theta+F_{CD}-F_{CA}=0$ $\sum F_{iy}=0$, $F_{CI}\sin\theta+F_{CE}=0$	$F_{CD}=19.58$ $F_{CI}=22.53$
B	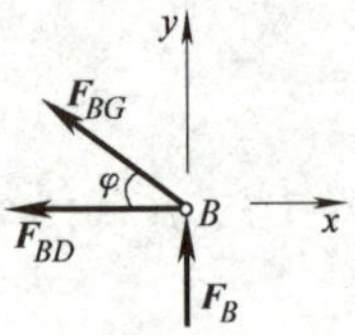	$\sum F_{iy}=0$, $F_{BG}\sin\varphi+F_B=0$	$F_{BG}=-24.48$

表 6-2 中，$\cos\varphi=\frac{4}{5}$、$\sin\varphi=\frac{3}{5}$、$\cos\theta=\frac{2}{\sqrt{13}}$、$\sin\theta=\frac{3}{\sqrt{13}}$。

为直观起见，可将最终计算结果直接标示在桁架上，如图 6-13c 所示。

二、截面法

若只需计算桁架内某几根杆件所受的内力，用节点法逐点计算往往比较麻烦。此时，如适当地选取一截面，假想地把桁架截开，考虑其中任一部分的平衡，就可以直接求出这几根被截杆件的内力，这种方法称为**截面法**。由于平面桁架的一部分受到平面任意力系的作用，而平面任意力系独立的平衡方程有三个，因此在运用截面法时，被截杆件一般不应超过 3 根。截面法的具体计算过程举例说明如下：

【例 6-9】 试求图 6-14a 所示桁架中杆件 1、2、3 的内力。

解：(1) 计算支座约束力

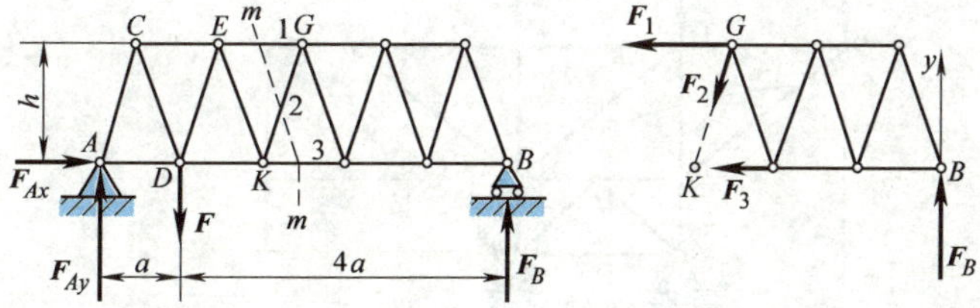

a)　　b)

图　6-14

选取桁架整体为研究对象，作受力图如图 6-14a 所示。列平衡方程，求得支座 A、B 处的约束力分别为

$$F_{Ax}=0,\quad F_{Ay}=\frac{4}{5}F,\quad F_B=\frac{1}{5}F$$

(2) 计算指定杆件的内力

假想用截面 m—m 将桁架分割成两部分。取右半部分为研究对象，作用于该部分的力有已知的约束力 $\boldsymbol{F}_B$ 和需求的杆件 1、2、3 的内力 $\boldsymbol{F}_1$、$\boldsymbol{F}_2$ 和 $\boldsymbol{F}_3$（见图 6-14b）。取图示坐标轴，列平衡方程

$$\sum F_{iy}=0,\quad -F_2\frac{h}{\sqrt{\left(\frac{a}{2}\right)^2+h^2}}+F_B=0$$

$$\sum M_K(\boldsymbol{F}_i)=0,\quad F_1h+F_B\cdot 3a=0$$

$$\sum M_G(\boldsymbol{F}_i)=0,\quad -F_3h+F_B\cdot\frac{5}{2}a=0$$

解得杆件 1、2、3 的内力分别为

$$F_1=-\frac{3a}{5h}F,\quad F_2=\frac{\sqrt{\left(\frac{a}{2}\right)^2+h^2}}{5h}F,\quad F_3=\frac{a}{2h}F$$

计算结果 F_1 为负值，说明杆 1 受压；F_2 及 F_3 为正值，说明杆 2、杆 3 受拉。

【例 6-10】 桁架如图 6-15a 所示，已知载荷 $F_1=8\ \text{kN}$、$F_2=12\ \text{kN}$，几何尺寸 $l=2\ \text{m}$、$h_1=1\ \text{m}$、$h_2=1.5\ \text{m}$。试求杆 GC 的内力。

解： 先取节点 O 为研究对象，作受力图如图 6-15b 所示。取图示坐标轴，列平衡方程

$$\sum F_{iy}=0,\quad -F_{OC}\sin\varphi-F_1=0$$

再用Ⅰ—Ⅰ截面截开桁架，取上半部分为研究对象，作受力图如图 6-15c 所示。以点 E 为矩心，列平衡方程

$$\sum M_E(\boldsymbol{F}_i)=0,\quad F_{GC}l+F_1\times 2l+F_{OC}l\sin\varphi+F_2l-2F_1l=0$$

代入有关数据，联立求解上述两方程，即得 GC 杆的内力

$$F_{GC}=-4\ \text{kN}(压)$$

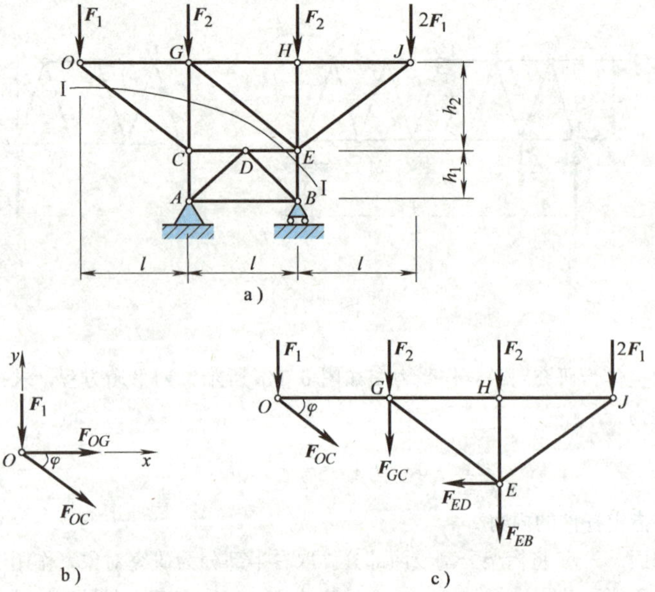

图 6-15

由本例可见，在求解桁架时，也可联合运用节点法与截面法，使求解趋于简捷。

第三节 物体的重心

任何物体都可认为是由许多微小部分组成的。在地面表面附近的物体，它的各微小部分都将受到地心的吸引力，即重力的作用。这些重力的作用线汇交于地心，但因地球远远大于一般的物体，故物体上各点到地心的连线几乎平行，因此可以足够精确地认为，物体各微小部分的重力组成一个空间平行力系。这个空间平行力系的合力即为物体的重力。不论物体相对地球如何放置，其重力的作用线总通过一个确定的点，这个点称为物体的**重心**。

物体重心的位置在工程中具有重要意义。例如：起重机吊起重物时，吊钩必须位于被吊物体重心的正上方，才能在起吊过程中使物体保持稳定；机械设备中高速旋转的构件，如电动机转子、砂轮、飞轮等，都要求它们的重心位于转动轴线上，否则就会使机器产生剧烈的振动，甚至引起破坏，造成事故；飞机、轮船与车辆的运动稳定性也与重心的位置密切相关。因此，在工程中经常需要确定物体重心的位置。

·思 政 导 读·

中国古代很早就认识到物体的重心以及重心的位置。早在商代时期，人们就掌握了利用物体的重心来保持平衡的原理，如商代的酒器斝（见图 6-16）就是通过调整三足的位置来使重心落在三足点形成的等边三角形内，从而保持稳定平衡；在春秋战国时期，人们利用重心的原理制造欹器（见图 6-17），这种器物可以在空、半空、满三种状态下自动调整重心，从而达到保持平衡的目的。这些奇妙的古代器具，彰显了中国古代文明的博大精深，是中国人民宝贵的精神财富和文化自信的源泉。

图 6-16

图 6-17

本节主要研究物体重心坐标计算公式及其应用，并对测定物体重心的实验法做了简要介绍。

一、重心坐标计算公式

如图 6-18 所示，取固连于物体的直角坐标系 $Oxyz$。设物体的重力为 $\boldsymbol{P}$，重心 C 的坐标为 x_C、y_C、z_C。将物体分成许多微小部分，设第 i 微小部分的重力为 $\Delta\boldsymbol{P}_i$，重心坐标为 x_i、y_i、z_i。分别对 x 轴、y 轴应用合力矩定理，有

$$-Py_C=-\sum\Delta P_i y_i,\quad Px_C=\sum\Delta P_i x_i$$

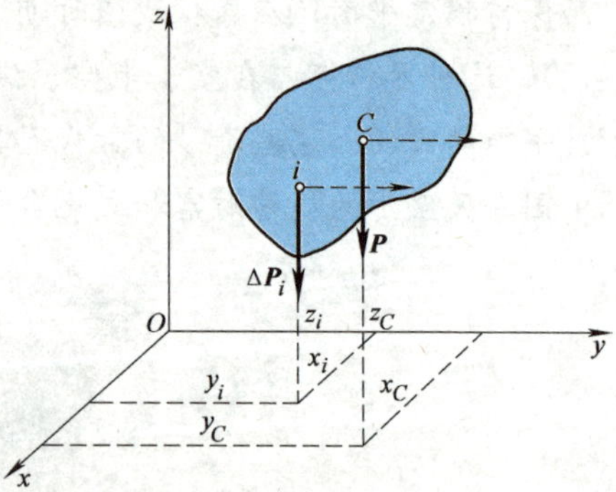

图 6-18

设想将物体连同坐标系一起绕 x 轴转过90°，$\boldsymbol{P}$ 与 $\Delta\boldsymbol{P}_i$ 也随之转过90°，与 y 轴平行，如图 6-18 虚线所示。此时，再对 x 轴取矩，有

$$-Pz_C=-\sum\Delta P_i z_i$$

归纳以上三式，即得物体重心坐标的一般计算公式

$$x_C=\frac{\sum(x_i\Delta P_i)}{P},\quad y_C=\frac{\sum(y_i\Delta P_i)}{P},\quad z_C=\frac{\sum(z_i\Delta P_i)}{P}\tag{6-7}$$

若将物体无限分割，则上述公式成为积分形式

$$x_C=\frac{\int x\,\mathrm{d}P}{P},\quad y_C=\frac{\int y\,\mathrm{d}P}{P},\quad z_C=\frac{\int z\,\mathrm{d}P}{P}\tag{6-8}$$

由于重力场均匀，物体上各点的重力加速度均为 g，因此有

$$P=mg,\quad \Delta P_i=\Delta m_i g\tag{a}$$

式中，m 为物体的质量；Δm_i 为第 i 部分的质量。将式（a）代入式（6-7）与式（6-8），分别得到

$$x_C=\frac{\sum(x_i\Delta m_i)}{m},\quad y_C=\frac{\sum(y_i\Delta m_i)}{m},\quad z_C=\frac{\sum(z_i\Delta m_i)}{m}\tag{6-9}$$

$$x_C=\frac{\int x\,\mathrm{d}m}{m},\quad y_C=\frac{\int y\,\mathrm{d}m}{m},\quad z_C=\frac{\int z\,\mathrm{d}m}{m}\tag{6-10}$$

由式（6-9）或式（6-10）确定的点只与物体的质量分布状况有关，称为物体的**质量分布中心**，简称**质心**。**即在均匀重力场中，物体重心与质心位置相同。**

如果物体的质量是均匀分布的，即其质量密度 ρ 为常量，则有

$$\Delta P_i=\rho g\Delta V_i,\quad P=\rho gV\tag{b}$$

式中，V 为物体的体积；ΔV_i 为第 i 部分的体积。这时，式（6-7）和式（6-8）成为

$$x_C=\frac{\sum(x_i\Delta V_i)}{V},\quad y_C=\frac{\sum(y_i\Delta V_i)}{V},\quad z_C=\frac{\sum(z_i\Delta V_i)}{V}\tag{6-11}$$

$$x_C=\frac{\int x\,\mathrm{d}V}{V},\quad y_C=\frac{\int y\,\mathrm{d}V}{V},\quad z_C=\frac{\int z\,\mathrm{d}V}{V}\tag{6-12}$$

由式（6-11）或式（6-12）确定的点只与物体的几何形状有关，称为物体的**几何形状中心**，简称**形心**。**即对于匀质物体，物体的重心**（质心）**与形心位置相同。**

显然，若匀质物体具有几何对称轴或对称面，则其形心、重心和质心一定位于几何对称轴或对称面上。

由式（6-11）和式（6-12），不难导出匀质等厚薄壳（板）的重心坐标计算公式为

$$x_C=\frac{\sum(x_i\Delta A_i)}{A},\quad y_C=\frac{\sum(y_i\Delta A_i)}{A},\quad z_C=\frac{\sum(z_i\Delta A_i)}{A}\tag{6-13}$$

$$x_C=\frac{\int x\,\mathrm{d}A}{A},\quad y_C=\frac{\int y\,\mathrm{d}A}{A},\quad z_C=\frac{\int z\,\mathrm{d}A}{A}\tag{6-14}$$

式中，A 为薄壳（板）的面积；ΔA_i 为第 i 部分的面积。

同理可得匀质等截面细杆的重心坐标计算公式为

$$x_C=\frac{\sum(x_i\Delta l_i)}{l},\quad y_C=\frac{\sum(y_i\Delta l_i)}{l},\quad z_C=\frac{\sum(z_i\Delta l_i)}{l}\tag{6-15}$$

$$x_C=\frac{\int x\,\mathrm{d}l}{l},\quad y_C=\frac{\int y\,\mathrm{d}l}{l},\quad z_C=\frac{\int z\,\mathrm{d}l}{l}\tag{6-16}$$

式中，l 为细杆的长度；Δl_i 为第 i 部分的长度。

二、具有简单几何形状的匀质物体的重心

具有简单几何形状的匀质物体的重心可从有关工程手册上查到，表 6-3 列出了其中一些常见情形。

表 6-3 中列出的重心位置，均可由上述积分形式的重心坐标计算公式确定，现举例说明如下：

【例 6-11】 试确定图 6-19 所示的一段匀质圆弧细杆的重心位置。设圆弧的半径为 r，圆弧所对的圆心角为 2α。

解： 如图 6-19 所示，选圆弧的对称轴为 x 轴，并以圆心 O 为坐标原点，由对称性知

$$y_C=0$$

以 $d\theta$ 表示微元弧长 dl 所对圆心角，有 $dl=r d\theta$、$x=r\cos\theta$，代入式（6-16），即得

$$x_C=\frac{\int_l x\,dl}{l}=\frac{2\int_0^\alpha r\cos\theta\cdot r d\theta}{2\int_0^\alpha r d\theta}=\frac{r\sin\alpha}{\alpha}$$

若为半圆弧，即 $\alpha=\frac{\pi}{2}$，则

$$x_C=\frac{2r}{\pi}$$

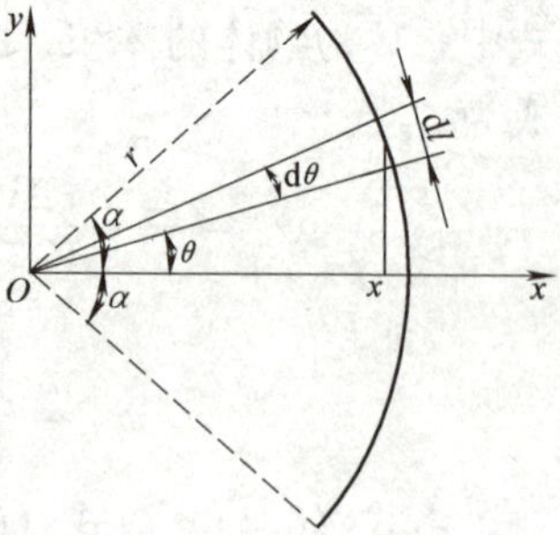

图 6-19

表 6-3 具有简单几何形状的匀质物体的重心

图形	重心位置	图形	重心位置
三角形 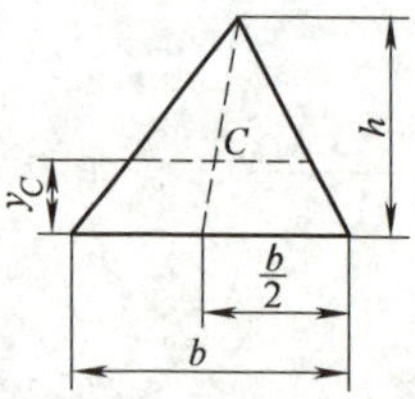	在中线的交点 $y_C=\frac{1}{3}h$	梯形 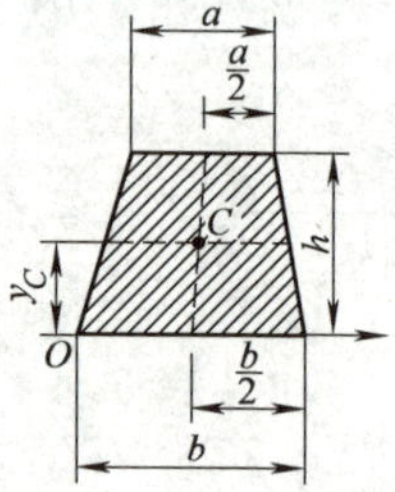	$y_C=\frac{h(2a+b)}{3(a+b)}$
圆弧 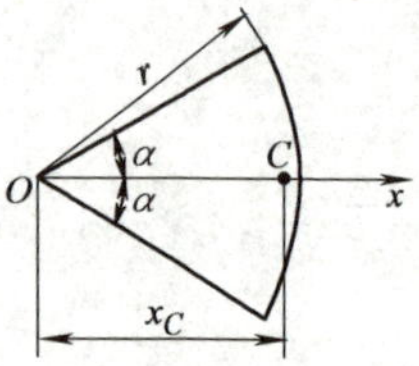	$x_C=\frac{r\sin\alpha}{\alpha}$ 对于半圆弧 $x_C=\frac{2r}{\pi}$	弓形 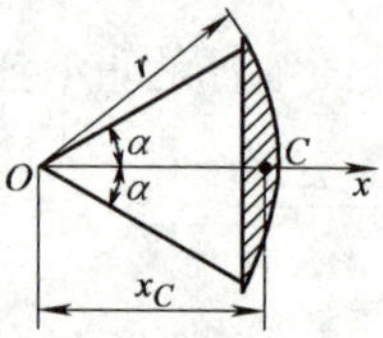	$x_C=\frac{2}{3}\frac{r^3\sin^3\alpha}{A}$ 面积 $A=\frac{r^2(2\alpha-\sin2\alpha)}{2}$
扇形 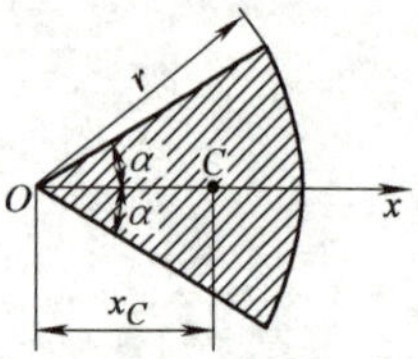	$x_C=\frac{2}{3}\frac{r\sin\alpha}{\alpha}$ 对于半圆 $x_C=\frac{4r}{3\pi}$	部分圆环 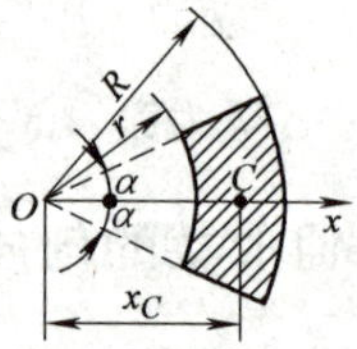	$x_C=\frac{2}{3}\frac{R^3-r^3}{R^2-r^2}\frac{\sin\alpha}{\alpha}$
抛物线面 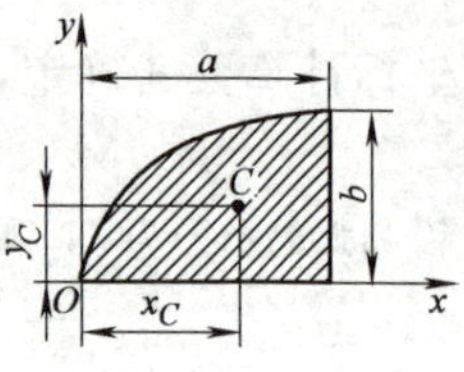	$x_C=\frac{5}{8}a$ $y_C=\frac{2}{5}b$	抛物线面 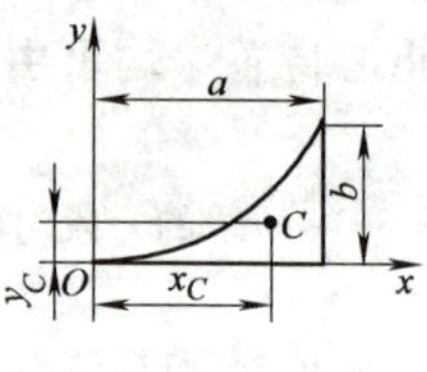	$x_C=\frac{3}{4}a$ $y_C=\frac{3}{10}b$

（续）

图　形	重心位置	图　形	重心位置
半圆球 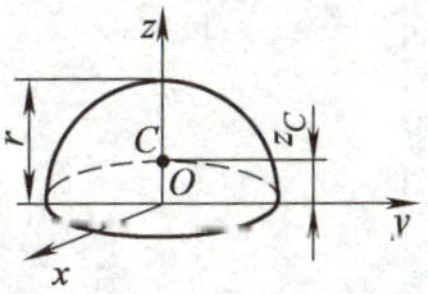	$z_C=\frac{3}{8}r$	正圆锥体 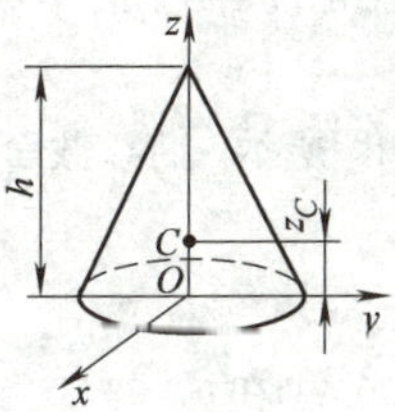	$z_C=\frac{1}{4}h$
正角锥体 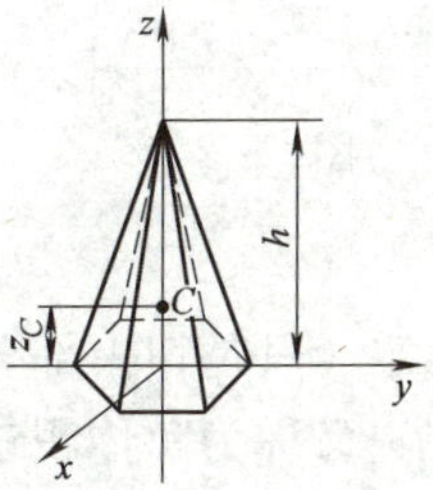	$z_C=\frac{1}{4}h$	锥形筒体 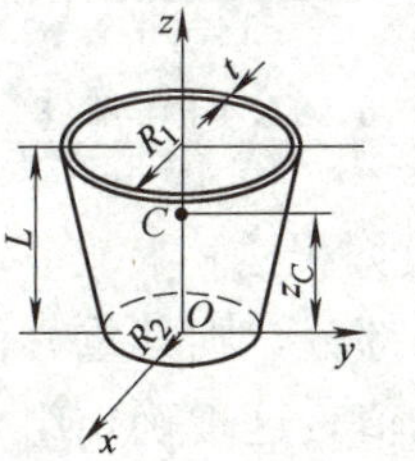	$z_C=\frac{4R_1+2R_2-3t}{6(R_1+R_2-t)}L$

【例 6-12】 试确定图 6-20 所示匀质三角板 ABD 的重心位置。设三角板底边 BD 长为 b，高为 h。

解： 如图所示，将三角板 ABD 分割成一系列平行于底边 BD 的细长条，由于每一细长条的重心均位于中点，因此整个三角板的重心 C 必位于中线 AE 上。显然，只要再求出 y_C，三角板 ABD 的重心位置即可确定。

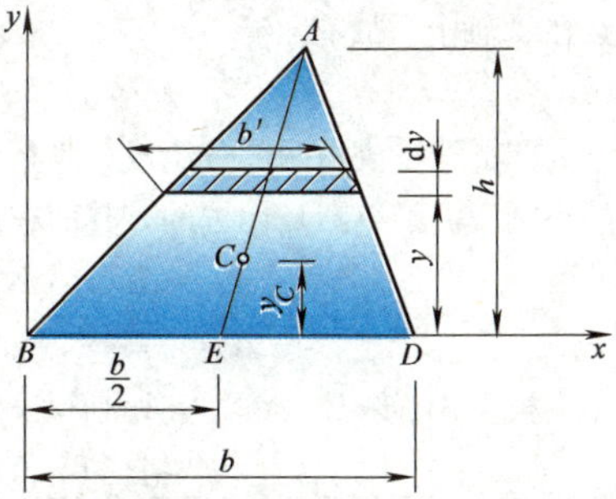

图　6-20

建立图示坐标系，取任一平行于底边 BD 的细长条为微元，其面积

$$dA=b'\cdot dy=\frac{h-y}{h}b\cdot dy$$

由式（6-14）即得

$$y_C=\frac{\int y dA}{A}=\frac{\int_0^h \frac{b}{h}(h-y)y dy}{\frac{1}{2}bh}=\frac{h}{3}$$

三、组合形状物体的重心

1. 分割法

若物体由几个简单形状的物体组合而成，而这些简单形状的物体的重心都

是已知的，则该物体的重心位置利用有限分割形式的重心坐标计算公式即可确定。这种方法称为**分割法**。现举例说明如下：

【例 6-13】 图 6-21 所示为某型号热轧不等边角钢的截面简化图，已知尺寸 $h=12\text{ cm}$、$b=8\text{ cm}$、$d=1.2\text{ cm}$，试确定该角钢截面的形心位置。

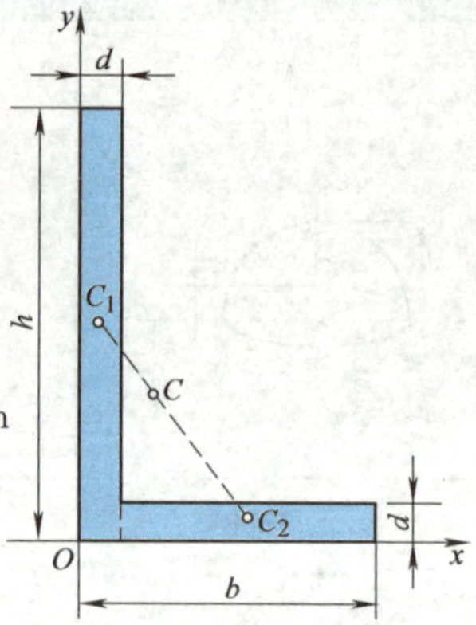

图 6-21

解： 取坐标系 Oxy 如图所示。将该截面分割成两个矩形，其面积和形心坐标分别为

$$A_1=1.2\text{ cm}\times 12\text{ cm}=14.4\text{ cm}^2,\quad x_1=0.6\text{ cm},\quad y_1=6\text{ cm}$$

$$A_2=6.8\text{ cm}\times 1.2\text{ cm}=8.16\text{ cm}^2,\quad x_2=4.6\text{ cm},\quad y_2=0.6\text{ cm}$$

根据式 (6-13)，即得该角钢截面的形心坐标为

$$x_C=\frac{x_1A_1+x_2A_2}{A_1+A_2}=\frac{0.6\times 14.4+4.6\times 8.16}{14.4+8.16}\text{ cm}=2.05\text{ cm}$$

$$y_C=\frac{y_1A_1+y_2A_2}{A_1+A_2}=\frac{6\times 14.4+0.6\times 8.16}{14.4+8.16}\text{ cm}=4.05\text{ cm}$$

2. 负体积法（负面积法）

若物体被切去一部分，则其重心位置仍可用分割法来确定，只是切去部分的体积或面积应取负值，这种确定组合形状物体的重心的方法又称为**负体积法**或**负面积法**。举例说明如下：

【例 6-14】 试确定图 6-22 所示图形的形心，已知大圆的半径为 R，小圆的半径为 r，两圆的中心距为 a。

解： 取图示坐标系 Oxy，因图形对称于 x 轴，其形心必在 x 轴上，故有

$$y_C=0$$

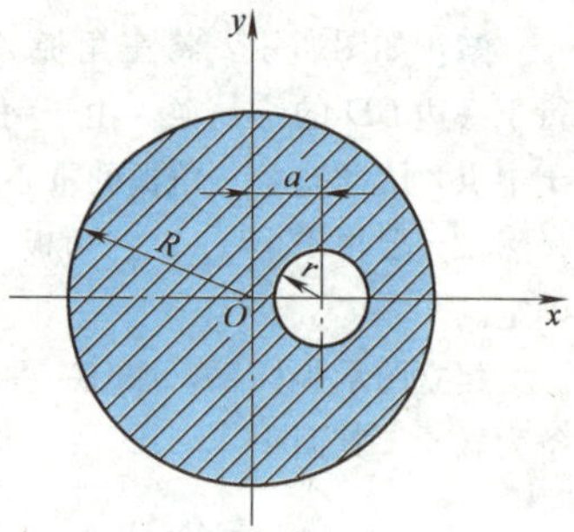

图 6-22

图形可看成由两部分组成：半径为 R 的大圆与半径为 r 的小圆。由于小圆是切去的，其面积应取负值，即有

$$A_1=\pi R^2,\quad x_1=0$$

$$A_2=-\pi r^2,\quad x_2=a$$

根据式 (6-13)，得图形的形心坐标

$$x_C=\frac{x_1A_1+x_2A_2}{A_1+A_2}=\frac{0\times\pi R^2+a\times(-\pi r^2)}{\pi R^2+(-\pi r^2)}=-\frac{ar^2}{R^2-r^2}$$

四、用实验法确定复杂形状物体的重心

非规则复杂形状物体的重心位置一般不便于用公式计算，而需通过实验方法确定。工程中常用的实验方法有下列两种：

1. 悬挂法

对于板状物体，可先将物体悬挂在任一点 A，如图 6-23a 所示，根据二力平衡公理，其重心必在过悬挂点 A 的铅垂线 AA' 上；然后再将物体悬挂在另一点 B，标出另一条过悬挂点 B 的铅垂线 BB'（见图 6-23b）。显然，AA' 与 BB'

的交点 C 即为该物体的重心。

2. 称重法

对于外形复杂或体积较大的物体，通常采用称重法来确定其重心位置。例如，图 6-24 所示连杆具有对称轴，需要确定重心在该对称轴上的位置 b。可将连杆的一端 B 放在台秤上，并将另一端 A 支撑起来，使连杆的轴线 AB 保持水平。用台秤称得 B 端的支反力为 $\boldsymbol{F}_B$，由平衡方程 $\sum M_A(\boldsymbol{F}_i)=0$，即得连杆的重心位置

$$b=\frac{F_B}{P}l$$

其中，P 为连杆重力，l 为 AB 的长度，均可事先测得。

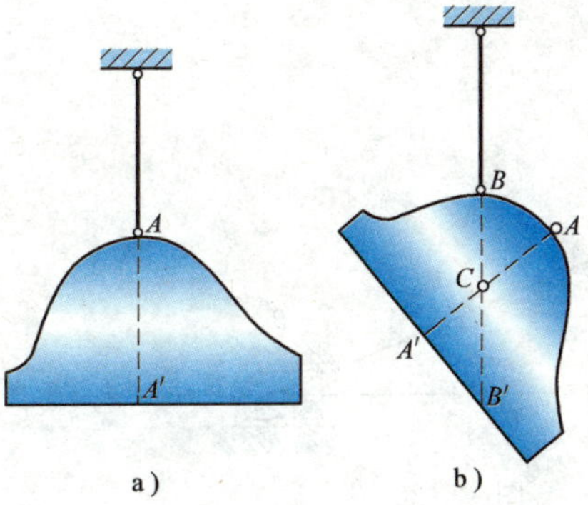

图 6-23

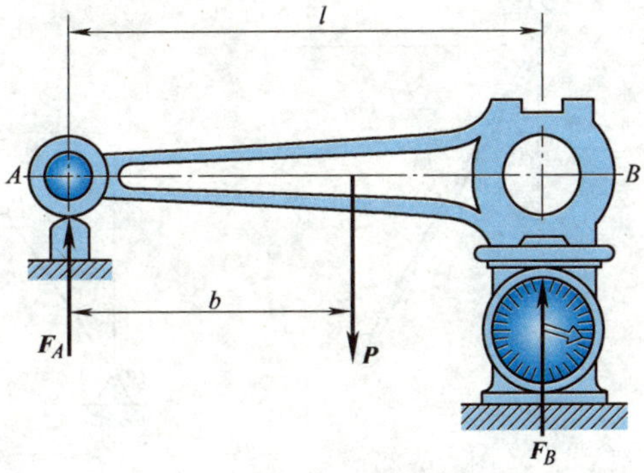

图 6-24

对于空间形状非对称的物体，可采用类似方法通过三次称重来确定其重心位置。

第四节 虚位移原理

虚位移原理又称为虚功原理，它应用功的概念分析系统的平衡问题，为解决静力学平衡问题提供了另一途径。

一、约束、虚位移和虚功

1. 约束及其分类

在第一章中，将限制非自由体位移的周围物体称为约束。这里，为了引出虚位移原理，我们将**约束重新定义为限制质点或质点系运动的条件**。并称**描述这些限制条件的数学表达式为约束方程**。按此定义的约束有以下四种分类方式：

(1) 几何约束和运动约束 **限制质点或质点系在空间几何位置的条件**称为**几何约束**。如图 6-25 所示单摆，质点 M 绕固定点 O 在 Oxy 平面内摆动，摆杆长为 l。此时，摆杆对质点 M 的限制条件为质点 M 必须在以点 O 为圆心、以 l 为半径的圆周上运动。若以 x、y 表示质点 M 的坐标，则其几何约束方程为 $x^2+y^2=l^2$。

又如图 6-26 所示曲柄连杆机构，点 A 只能做以 O 为圆心、以 r 为半径的圆周运动，滑块 B 只能在水平滑道做直线运动，A、B 两点间的距离始终等于杆长 l。因此，此机构的几何约束方程可表示为

$$x_A^2+y_A^2=r^2$$
$$(x_B-x_A)^2+(y_B-y_A)^2=l^2$$
$$y_B=0$$

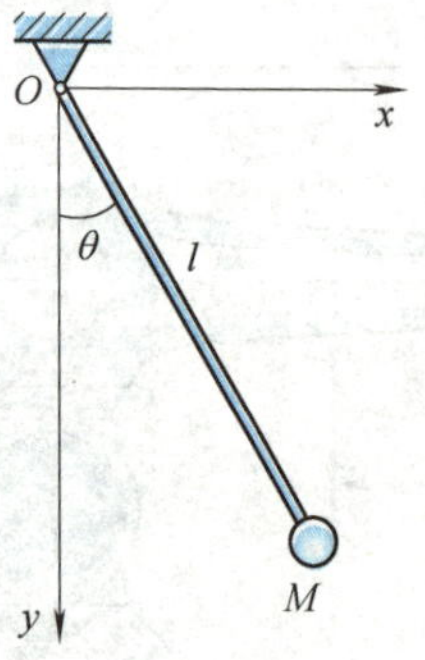

图 6-25

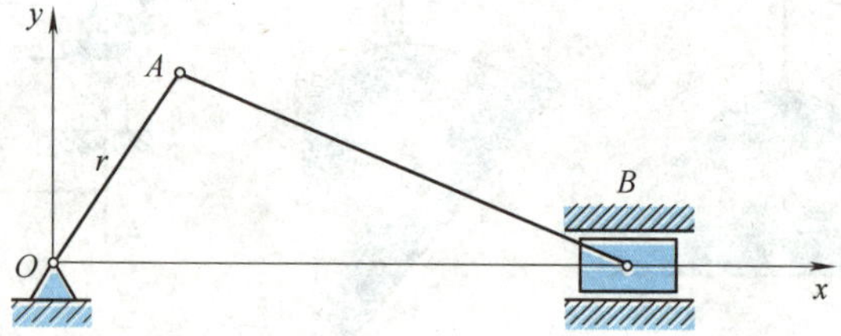

图 6-26

上述两例中各约束都只限制物体的几何位置，因此均为几何约束。

限制质点或质点系运动的运动学条件则称为**运动约束**。如图 6-27 所示，一个半径为 r 的滚轮沿水平直线轨道做纯滚动。该滚轮除了受到限制其轮心 O 始终与地面保持距离为 r 的几何约束 $y_O=r$ 外，还受到只滚不滑的运动学的限制，即轮缘上与轨道接触点 P 的速度为零，对应的运动约束方程为 $v_O-r\omega=0$。若用 x_O 和 φ 分别表示轮心 O 的坐标和滚轮转角，则上述运动约束方程可改写为 $\dot{x}_O-r\dot{\varphi}=0$。

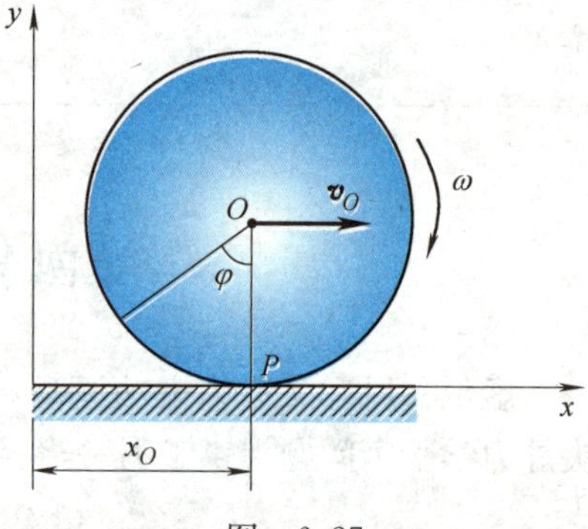

图 6-27

(2) 定常约束和非定常约束 **约束方程中不显含时间 t，即不随时间变化的**约束称为**定常约束**。图 6-25 所示单摆的约束即为定常约束。

约束方程中显含时间 t，即约束条件随时间变化的这类约束则称为**非定常约束**。例如，图 6-28 所示为一摆长 l 随时间变化的单摆，图中细绳穿过固定圆环

O，一端系以小球 M，另一端以大小不变的速度 $\boldsymbol{v}$ 拉动细绳，假设初始摆长为 l_0。则任意时刻此单摆的约束方程为

$$x^2+y^2=(l_0-vt)^2$$

式中显含时间 t，故为非定常约束。

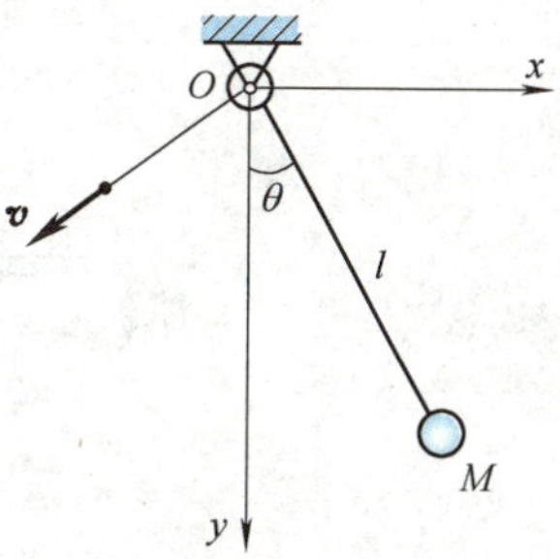

图 6-28

(3) 完整约束和非完整约束 **约束方程中不包含坐标对时间的导数，或者虽然包含了坐标对时间的导数，但它可以积分为有限形式，**这类约束称为**完整约束**。上述各例均为完整约束。需要指出，在图 6-27 所示滚轮沿直线轨道做纯滚动的例子中，其约束方程 $\dot{x}_O-r\dot{\varphi}=0$ 虽然包含了坐标 x_O 和 φ 对时间的导数，但它可以积分为有限形式，所以仍是完整约束。

约束方程中包含坐标对时间的导数，而且方程不能积分为有限形式，这种约束则称为**非完整约束**。

(4) 双面约束和单面约束 **约束既能限制物体沿某一方向运动，又能限制其沿相反方向运动，**这类约束称为**双面约束**。例如，用长为 l 的刚性杆连接质点 M 的单摆（见图 6-25）。

约束只能限制物体沿某一方向运动，而不能限制其沿相反方向运动，这类约束则称为**单面约束**。例如，将图 6-25 中的刚性杆改为不可伸长的细绳。因细绳只能限制质点沿其受拉方向的运动，而不能限制质点沿其受压方向的运动，所以就成了单面约束，其约束方程为

$$x^2+y^2\leqslant l^2$$

可见，双面约束方程是等式，而单面约束方程是不等式。

本章只讨论定常双面几何约束，其约束方程的一般形式为

$$f_j(x_1,y_1,z_1,\cdots,x_n,y_n,z_n)=0\quad(j=1,2,\cdots,s)\tag{6-17}$$

式中，n 为质点系所包含的质点数；s 为约束方程数。

2. 虚位移

在某瞬时，质点系在约束允许的条件下，可能实现的任何无限小的位移称为**虚位移**。虚位移可以是线位移，也可以是角位移。虚位移通常用变分符号 δ 表示，例如 $\delta\boldsymbol{r}$、δx、$\delta\varphi$ 等，以区别于无限小的实位移 $\mathrm{d}\boldsymbol{r}$、$\mathrm{d}x$、$\mathrm{d}\varphi$ 等。在定常约束的情况下，变分的运算规则与微分一样，只需将微分符号 d 改为变分符号 δ 即可。

如图 6-29 所示，杠杆 AB 受铰链 O 约束，假设杆 AB 转过一个微小角度 $\delta\varphi$ 到 $A'B'$，则直杆上除点 O 外，其他各点均获得了相应的虚位移。杆端 A、B 两点的虚位移分别为 $\delta\boldsymbol{r}_A$、$\delta\boldsymbol{r}_B$。因为 $\delta\varphi$ 是无限小的，故可以认为 $\delta\boldsymbol{r}_A$、$\delta\boldsymbol{r}_B$ 垂直于 AB，大小分别为

$$\delta r_A = OA \cdot \delta\varphi,\quad \delta r_B = OB \cdot \delta\varphi$$

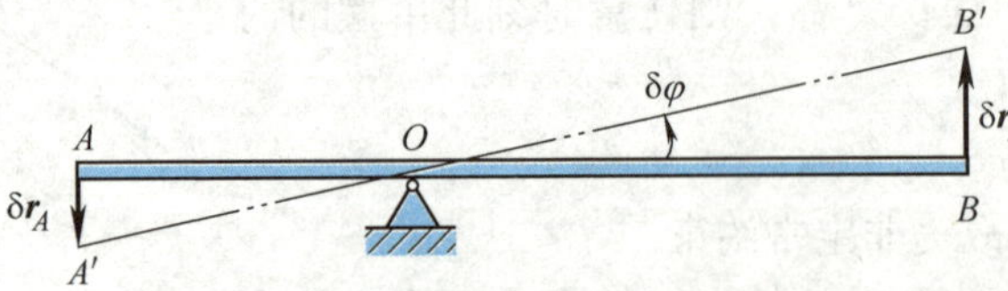

图 6-29

必须指出，虚位移和实位移是两个不同的概念。首先，虚位移仅与约束有关，是约束允许的假想位移，与时间无关；而实位移则是在一定时间内确实发生的位移，它不仅与约束有关，还与时间、主动力以及运动的初始条件有关。例如，一个静止质点可以在约束允许的情况下有虚位移，但肯定没有实位移。其次，虚位移是微小位移，而实位移可以是微小值，也可以是有限值。

3. 虚功

作用于质点上的力在该质点的虚位移中所做的功称为虚功，用 δW 表示。若用 $\boldsymbol{F}$ 和 $\delta\boldsymbol{r}$ 分别表示力和虚位移，则虚功的表达式为

$$\delta W = \boldsymbol{F} \cdot \delta\boldsymbol{r} \tag{6-18}$$

需要注意的是，虚位移是假想的，不是真实发生的，因此虚功也是假想的。虽然虚功的符号与实位移中的元功符号一样，但是它们一虚一实，有着本质区别。

若约束力在质点系的任何虚位移中所做虚功之和等于零，则这种约束称为**理想约束**。显然，不可伸长的柔索、光滑接触面、光滑铰链、链杆、固定端以及纯滚动等约束均为理想约束。

二、虚位移原理

可以证明，**对于具有双面理想约束的质点系，在给定位置保持平衡的充分必要条件为：作用在质点系上所有主动力在任何虚位移中所做虚功之和等于零。** 该结论称为**虚位移原理**，又称**虚功原理**，其表达式为

$$\sum \delta W_{Fi} = \sum \boldsymbol{F}_i \cdot \delta\boldsymbol{r}_i = 0 \tag{6-19}$$

式中，$\boldsymbol{F}_i$ 表示作用在质点系中第 i 个质点上的主动力；$\delta\boldsymbol{r}_i$ 表示该质点的虚位移。

式（6-19）对应的解析表达式为

$$\sum \delta W_{Fi} = \sum (F_{xi}\delta x_i + F_{yi}\delta y_i + F_{zi}\delta z_i) = 0 \tag{6-20}$$

式中，F_{xi}、F_{yi}、F_{zi} 和 δx_i、δy_i、δz_i 分别为主动力 $\boldsymbol{F}_i$ 和虚位移 $\delta\boldsymbol{r}_i$ 在直角坐标轴 x、y、z 上的投影。

应该指出，虽然应用虚位移原理的条件是质点系具有理想约束，但也可用于有摩擦的情况，只要把摩擦力当作主动力，在虚功方程中计入摩擦力所做的虚功即可。类似地，也可将其他约束力作为主动力来运用虚位移原理。

三、运用虚位移原理求解平衡问题

下面通过若干实例来介绍如何运用虚位移原理求解静力学平衡问题。

【例 6-15】 如图 6-30 所示，在螺旋压榨机的手柄 AB 上作用一水平面内的力偶（$\boldsymbol{F}$，$\boldsymbol{F}'$），其力偶矩 $M=2Fl$。设螺杆的螺距为 h，求平衡时作用于被压榨物体上的压力。

解： 研究以手柄、螺杆和压板组成的系统，作用于系统上的主动力有力偶（$\boldsymbol{F},\boldsymbol{F}'$）。忽略螺杆和螺母间的摩擦，并将被压物体对压板的阻力 $\boldsymbol{F}_N$ 视为主动力。

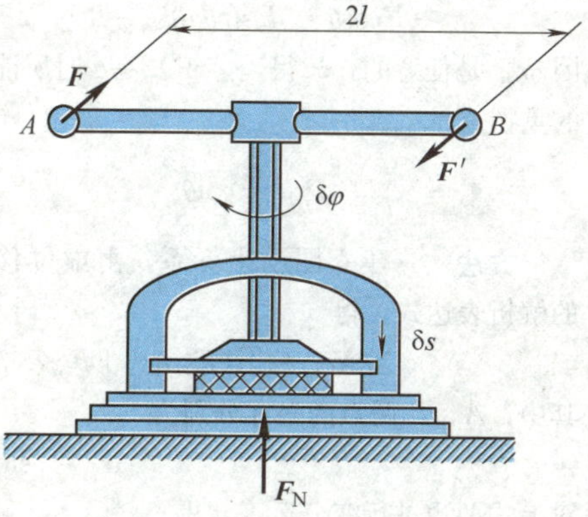

图 6-30

给系统以虚位移，将手柄按力偶（$\boldsymbol{F},\boldsymbol{F}'$）的转向转过微小角 $\delta\varphi$，则螺杆和压板得到向下的微小位移 δs。由虚位移原理，可得虚功方程

$$\sum\delta W_{Fi}=0,\quad -F_N\cdot\delta s+2Fl\cdot\delta\varphi=0$$

注意到，力偶（$\boldsymbol{F},\boldsymbol{F}'$）与虚位移 $\delta\varphi$ 转向相同做正功，力 $\boldsymbol{F}_N$ 与对应的虚位移 δs 方向相反做负功。

由机构的传动关系可知，对于单线螺纹，手柄 AB 转一周，螺杆上升或下降一个螺距，故有

$$\frac{\delta\varphi}{2\pi}=\frac{\delta s}{h},\quad \delta s=\frac{h}{2\pi}\delta\varphi$$

将上述虚位移 δs 和 $\delta\varphi$ 的关系式代入虚功方程，得

$$\left(2Fl-\frac{F_N h}{2\pi}\right)\cdot\delta\varphi=0$$

由于 $\delta\varphi$ 是任意的，故有

$$2Fl-\frac{F_N h}{2\pi}=0$$

解得

$$F_N=\frac{4\pi l}{h}F$$

所求压力与 $\boldsymbol{F}_N$ 大小相等、方向相反。

【例 6-16】 如图 6-31a 所示顶重装置，已知 $OA=AB=l$，在点 A 作用一位于平面 OAB 内的水平力 $\boldsymbol{F}$。若不计各处摩擦及杆重，试求当$\angle AOB=\theta$ 时所能顶起的重物重量 P。

解： 研究整个机构，系统的约束为理想约束。

在运用虚位移原理来求解此题时，可以采用如下三种不同的方法：

方法一 设给点 A 一方向垂直于 OA 的虚位移 $\delta\boldsymbol{r}_A$，则滑块 B 的虚位移 $\delta\boldsymbol{r}_B$ 必铅直向

上，如图 6-31b 所示。由虚位移原理

$$\sum\delta W_{Fi}=0,\quad F\cos\theta\cdot\delta r_A-P\cdot\delta r_B=0\quad\text{(a)}$$

为求得 P，需找出虚位移 δr_A 与 δr_B 的关系。由于 AB 杆为刚性杆，A、B 两点的虚位移在 AB 连线上的投影应该相等，故有

$$\delta r_A\cos\left(\frac{\pi}{2}-2\theta\right)=\delta r_B\cos\theta,\quad \delta r_B=2\delta r_A\sin\theta \quad\text{(b)}$$

将式（b）代入式（a），有

$$(F\cos\theta-2P\sin\theta)\delta r_A=0$$

因 δr_A 是任意的，故得当 $\angle AOB=\theta$ 时所能顶起的重物重量

$$P=\frac{F}{2}\cot\theta$$

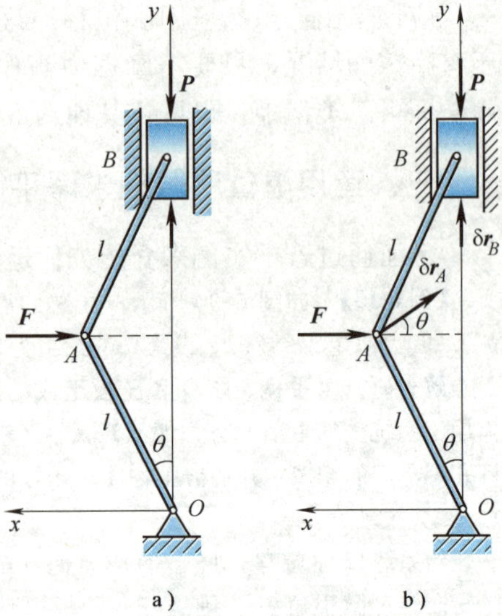

a）　b）

图 6-31

方法二　建立图示坐标系，由虚位移原理的解析表达式，得

$$\sum\delta W_{Fi}=\sum(F_{xi}\delta x_i+F_{yi}\delta y_i+F_{zi}\delta z_i)=0,\quad -F\delta x_A-P\delta y_B=0 \quad\text{(c)}$$

其中，A、B 两点的坐标分别为

$$x_A=l\sin\theta,\quad y_B=2l\cos\theta$$

对上式两边进行变分运算，得

$$\delta x_A=l\cos\theta\delta\theta,\quad \delta y_B=-2l\sin\theta\delta\theta \quad\text{(d)}$$

将式（d）代入式（c），即得

$$P=\frac{F}{2}\cot\theta$$

方法三　我们可以假想虚位移 $\delta\boldsymbol{r}_A$、$\delta\boldsymbol{r}_B$ 是在某个极短的时间 $\mathrm{d}t$ 内发生的，这时点 A 和点 B 的速度 $v_A=\dfrac{\delta r_A}{\mathrm{d}t}$ 和 $v_B=\dfrac{\delta r_B}{\mathrm{d}t}$ 称为**虚速度**。

将虚速度表达式与式（a）联立，得

$$F\cos\theta v_A-Pv_B=0 \quad\text{(e)}$$

杆 AB 做平面运动，根据速度投影定理有

$$v_A\cos\left(\frac{\pi}{2}-2\theta\right)=v_B\cos\theta,\quad v_B=2v_A\sin\theta \quad\text{(f)}$$

将式（f）代入式（e），即得

$$P=\frac{F}{2}\cot\theta$$

该法又称为**虚速度法**。

【例 6-17】 如图 6-32a 所示结构，各杆自重不计，在 G 点作用一铅直向上的力 $\boldsymbol{F}$，$AC=CE=CD=CB=DG=GE=l$。求支座 B 处的水平约束力。

解：与上述机构不同，此题涉及的是结构，无论如何假想产生虚位移，结构都是不允许

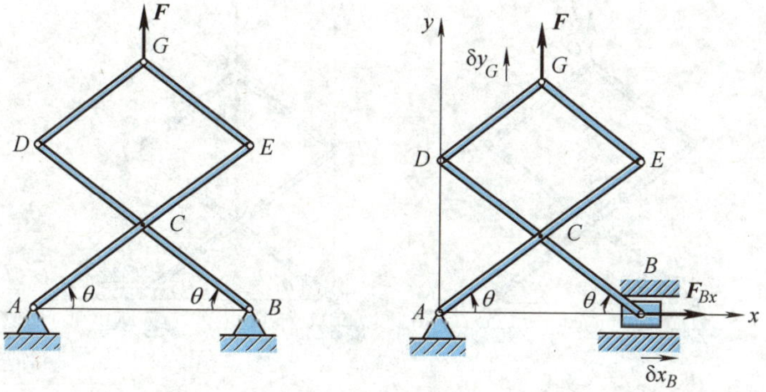

图　6-32

的。为能运用虚位移原理求出支座 B 处的水平约束力，可将 B 处水平约束解除，其作用代之以水平约束力$\boldsymbol{F}_{Bx}$，并视其为主动力，则结构变成图 6-32b 所示的机构。

建立图示坐标系，由虚位移原理的解析表达式，有

$$\sum \delta W_{Fi}=0,\quad F\delta y_G+F_{Bx}\delta x_B=0 \tag{a}$$

其中，B、G 两点的坐标

$$x_B=2l\cos\theta,\quad y_G=3l\sin\theta$$

对上式两边进行变分运算，有

$$\delta x_B=-2l\sin\theta\delta\theta,\quad \delta y_G=3l\cos\theta\delta\theta \tag{b}$$

将式（b）代入式（a），得

$$F\cdot 3l\cos\theta\delta\theta+F_{Bx}(-2l\sin\theta\delta\theta)=0$$

由此解得支座 B 处的水平约束力

$$F_{Bx}=\frac{3}{2}F\cot\theta$$

此题如果在 C、G 两点之间连接一自重不计、刚度系数为 k 的弹簧，如图 6-33a 所示，已知在图示位置，弹簧的伸长量为 δ_0，其他条件不变，试求此时支座 B 处的水平约束力。

在这种情况下，需同时解除 B 处水平方向约束和弹簧，均以力代之作用，如图 6-33b 所示。因图示位置的弹簧伸长量为 δ_0，故弹性力 $F_C=F_G=k\delta_0$。

由虚位移原理的解析表达式，有

$$\sum \delta W_{Fi}=0,\quad F\delta y_G-F_G\delta y_G+F_C\delta y_C+F_{Bx}\delta x_B=0 \tag{c}$$

其中，点 B、C、G 的坐标

$$x_B=2l\cos\theta,\quad y_C=l\sin\theta,\quad y_G=3l\sin\theta$$

对上式进行变分运算，有

$$\delta x_B=-2l\sin\theta\delta\theta,\quad \delta y_C=l\cos\theta\delta\theta,\quad \delta y_G=3l\cos\theta\delta\theta \tag{d}$$

将式（d）代入式（c），即可解得此时支座 B 处的水平约束力

$$F_{Bx}=\frac{3}{2}F\cot\theta-k\delta_0\cot\theta$$

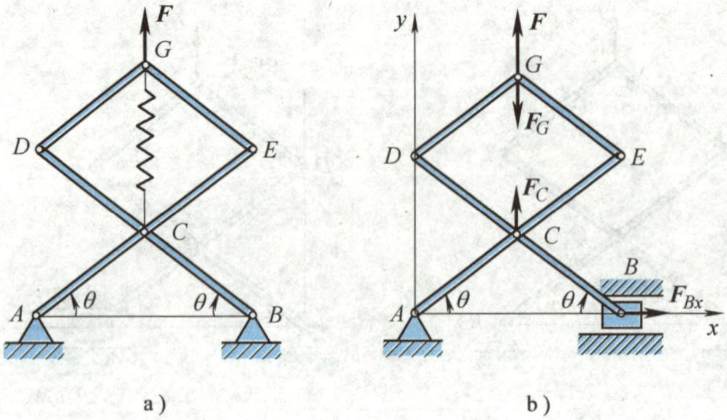

图 6-33

【例 6-18】 组合梁如图 6-34a 所示，其载荷及尺寸均已知，试求支座 A、B、D 处的约束力。

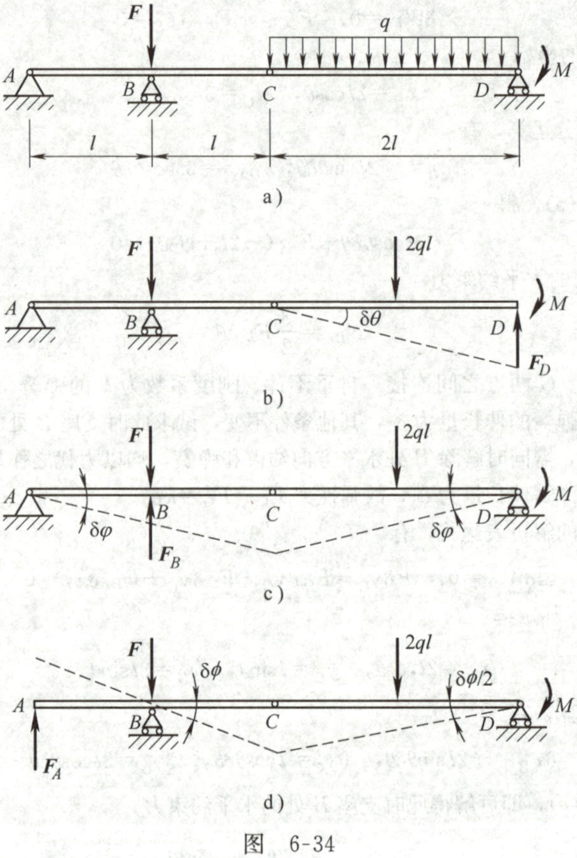

图 6-34

解： 本题应逐个解除约束，以相应的约束力代之作用，并视为主动力，运用虚位移原理逐个求出。

(1) 求支座 ***D*** 处的约束力

解除支座 D 的约束，以约束力$\boldsymbol{F}_D$ 代之作用（见图 6-34b）。给系统以虚位移 $\delta\theta$，由虚位移原理，有

$$\sum \delta W_{Fi}=0,\quad 2ql\cdot l\delta\theta-F_D\cdot 2l\delta\theta+M\delta\theta=0$$

解得支座 D 处的约束力

$$F_D=ql+\frac{M}{2l}(\uparrow)$$

(2) 求支座 ***B*** 处的约束力

解除支座 B 的约束，以约束力$\boldsymbol{F}_B$ 代之作用（见图 6-34c）。给系统以虚位移 $\delta\varphi$，由虚位移原理，有

$$\sum \delta W_{Fi}=0,\quad F\cdot l\delta\varphi-F_B\cdot l\delta\varphi+2ql\cdot l\delta\varphi-M\delta\varphi=0$$

解得支座 B 处的约束力

$$F_B=F+2ql-\frac{M}{l}(\uparrow)$$

(3) 求支座 ***A*** 处的约束力

解除支座 A 的约束，以约束力$\boldsymbol{F}_A$ 代之作用（见图 6-34d）。给系统以虚位移 $\delta\phi$，由虚位移原理，有

$$\sum \delta W_{Fi}=0,\quad F_A\cdot l\delta\phi+2ql\cdot l\,\frac{\delta\phi}{2}-M\,\frac{\delta\phi}{2}=0$$

解得支座 A 处的约束力

$$F_A=\frac{M}{2l}-ql(\uparrow)$$

综合上述各例可知，用虚位移原理求解机构的平衡问题，大致有三种方法：

1）假设机构某处产生虚位移，作图给出机构其他各处对应的虚位移，由几何关系确定各虚位移之间的关系，然后根据式（6-19）求解，如例 6-15、例 6-16、例 6-18。

2）建立坐标系，写出各有关点的坐标与某变量的关系，对坐标进行变分运算，然后根据式（6-20）求解，如例 6-16、例 6-17。

3）假设某处产生虚速度，然后利用运动学知识计算相关各点的虚速度，然后根据式（6-19）求解，如例 6-16。

用虚位移原理求解结构的平衡问题时，若要求支座的约束力，则应首先解除支座约束，以约束力代之作用，并视之为主动力，然后再利用虚位移原理求解，如例 6-17、例 6-18。

复习思考题

6-1 试分析自行车行驶时前、后轮的受力情况。

6-2 摩擦角是全反力与接触面法线间的夹角，这种说法是否正确？为什么？

6-3 如思考题6-3图所示，重为 $\boldsymbol{P}$ 的物体置于倾角为 α 的斜面上，已知物体与斜面间的静摩擦因数为 f_s，且 $\tan\alpha < f_s$，问此物体能否下滑？如果增加物体的重量或在物体上另加一重为 $\boldsymbol{P}_1$ 的物体，问能否达到下滑的目的？

6-4 已知物块的重为 $\boldsymbol{P}$，摩擦角 $\varphi_f = 20°$，今在物体上另加一个力 $\boldsymbol{F}$，且使 $F = P$，如思考题6-4图所示。问当力 $\boldsymbol{F}$ 与铅垂线的夹角 α 分别等于35°、40°、45°时，物块各处于什么状态？

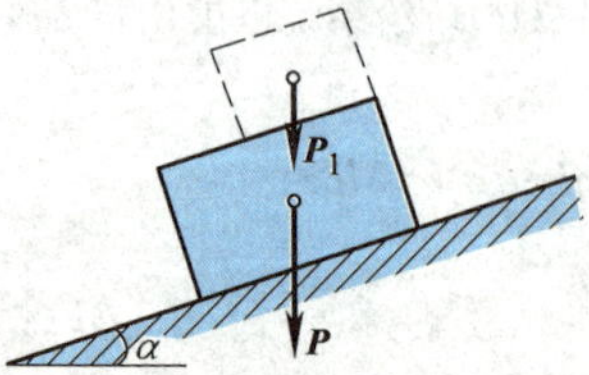

思考题 6-3 图

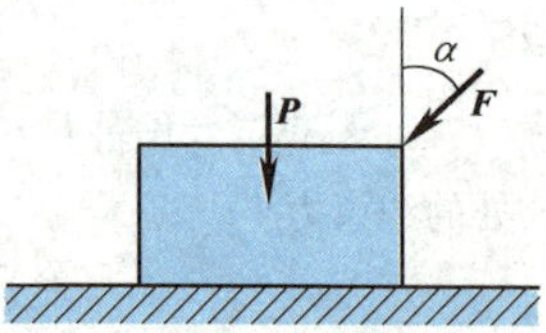

思考题 6-4 图

6-5 物块重为 $\boldsymbol{P}$，与水平面间的静摩擦因数为 f_s，如思考题6-5图所示。欲使物块向右滑动，问图 a 和图 b 的施力方法相比较，哪种省力？若要最省力，α 角应为多大？

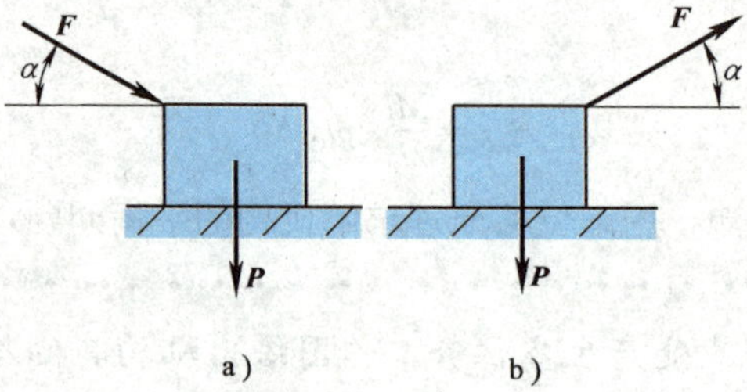

思考题 6-5 图

6-6 不经计算，试判断在思考题6-6图a、b、c、d所示四个桁架中，哪些杆是零杆？

6-7 什么是物体的重心？什么是物体的质心？什么是物体的形心？它们的位置是否相同？

6-8 物体的重心位置是否一定在物体内部？为什么？试举例说明。

6-9 计算同一物体的重心，若选取不同的坐标系，计算所得的重心坐标是否相同？若重心坐标不同，是否就意味着重心位置随坐标系选择的不同而改变？

6-10 等截面匀质直杆的重心在哪里？如果将直杆三等分折成"Z"形，杆的重心是否改变？为什么？

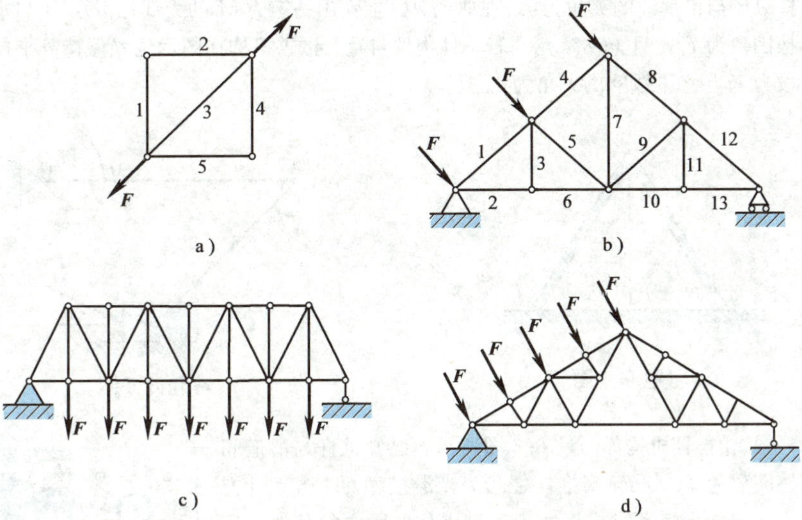

思考题 6-6 图

习题

6-1　如习题 6-1 图所示，一重为 980 N 的物块放在倾角 $\alpha=30°$的斜面上。已知接触面间的静摩擦因数 $f_s=0.2$。现用 $F=588$ N 的力沿斜面推物块，试问物块在斜面上处于何种状态（静止还是滑动）？此时实际摩擦力为多大？

6-2　如习题 6-2 图所示，已知某物块的质量为 300 kg，被力 $\boldsymbol{F}$ 压在铅直墙面上，物块与墙面间的静摩擦因数 $f_s=0.25$，试求保持物块静止的力 $\boldsymbol{F}$ 的大小。

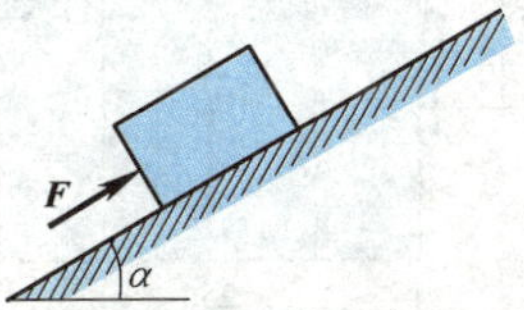

习题 6-1 图

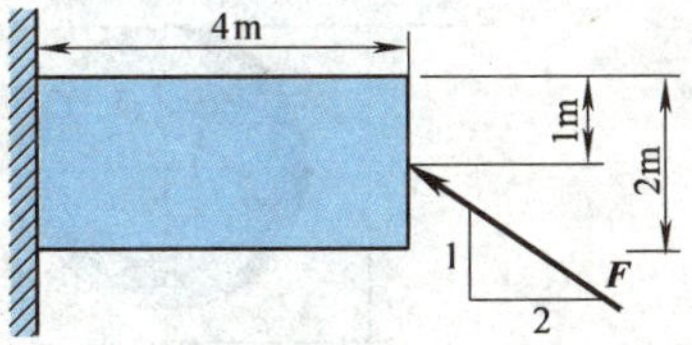

习题 6-2 图

6-3　如习题 6-3 图所示，已知滚轮重为 $\boldsymbol{P}$，半径为 R，滚轮与墙面以及地面间的静摩擦因数均为 f_s，试问轮上作用的力偶矩 M 为多大时才能转动滚轮？

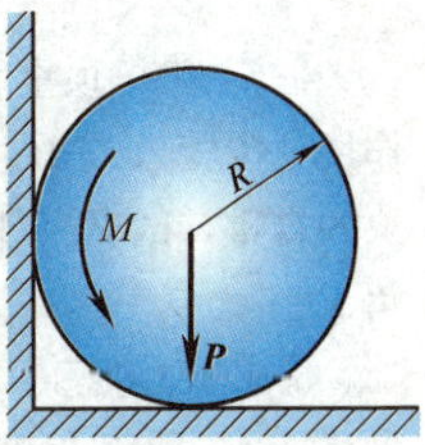

习题 6-3 图

6-4　如习题 6-4 图所示，两根相同的匀质杆 AB 和 BC 在端点 B 用光滑铰链连接，A、C 端放在粗糙的水平面上。若当$\triangle ABC$ 成等边三角形时，系统在铅直面内处于临界平衡状态，试求杆端与水平面间的静摩擦因数。

6-5　平面机构如习题 6-5 图所示，已知曲柄长 $AO=l$，AO 水平，连杆 AB 与铅垂线的夹角为 θ；在曲柄 AO 上作用一矩为 M 的力偶；滑块 B 与水平面间的静摩擦因数为 f_s，且 $\tan\theta > f_s$。若不计构件自重，试求机构在图示位置保持静平衡时力 $\boldsymbol{F}$ 的值，设力 $\boldsymbol{F}$ 与水平线间的夹角为 β。

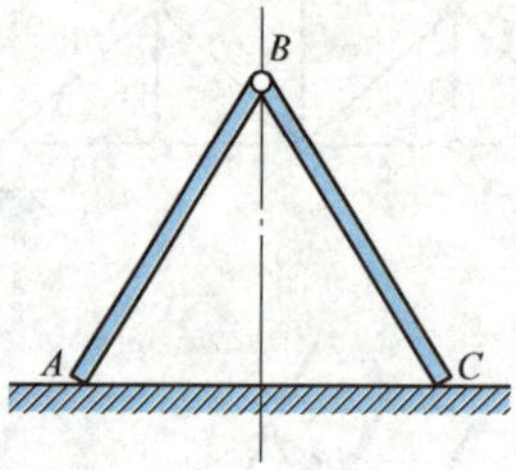

习题 6-4 图

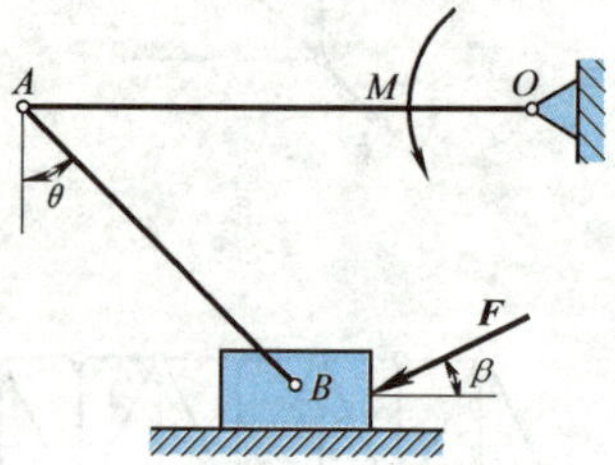

习题 6-5 图

6-6 凸轮推杆机构如习题 6-6 图所示，已知推杆与滑道间的静摩擦因数为 f_s，凸轮与推杆之间为光滑接触面。若不计推杆自重，试问 a 为多大时推杆才不致被卡住？图中的其他几何尺寸均为已知。

典型例题

9: 习题6-6

6-7 砖夹的宽度为 250 mm，曲柄 AGB 与 $GCED$ 在 G 点铰接，尺寸如习题 6-7 图所示。已知砖重 $P=120$ N，提起砖的力 $\boldsymbol{F}$ 作用在曲柄 AGB 上，其作用线与砖夹的中心线重合，砖夹与砖间的静摩擦因数 $f_s=0.5$。试问距离 b 为多大时才能把砖夹起？

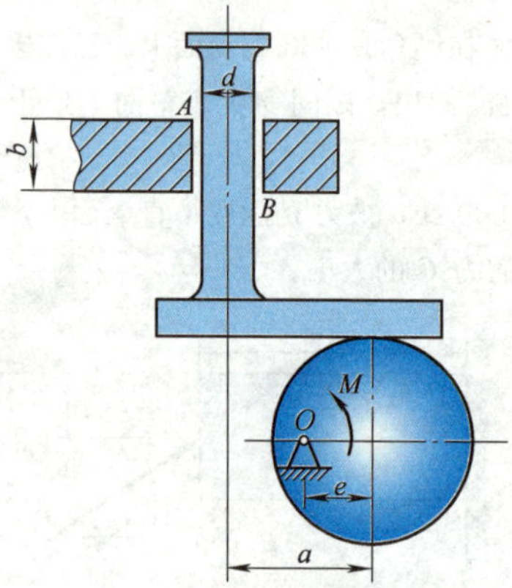

习题 6-6 图

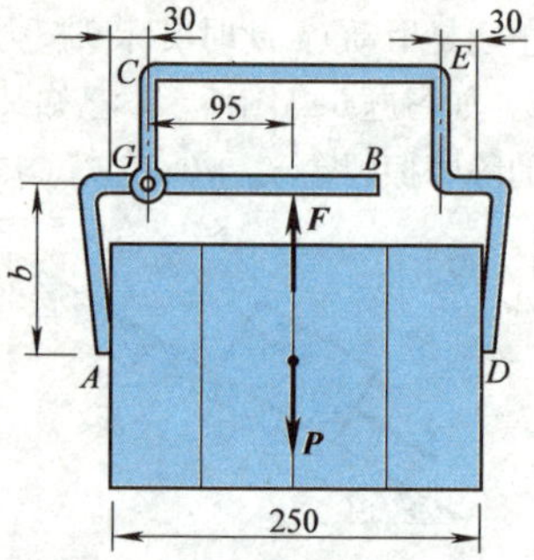

习题 6-7 图

6-8 尖劈顶重装置如习题 6-8 图所示，尖劈 A 的顶角为 α，在 B 块上受重为 $\boldsymbol{P}$ 的重物作用，尖劈 A 与 B 块间的静摩擦因数为 f_s，有滚珠处表示接触面光滑。若不计尖劈 A 与 B 块的自重，试求：(1) 顶起重物所需力 $\boldsymbol{F}$ 的值；(2) 去除力 $\boldsymbol{F}$ 后能保证自锁的尖劈 A 的顶角 α。

6-9 如习题 6-9 图所示，两重同为 $\boldsymbol{P}$ 的小球 A、B 用一不计重量的细杆固结，放置在水平桌面上。球与桌面间的静摩擦因数为 f_s。一水平力 $\boldsymbol{F}$ 沿图示方向作用于小球 A 上，试求能使系统保持平衡的力 $\boldsymbol{F}$ 的最大值。

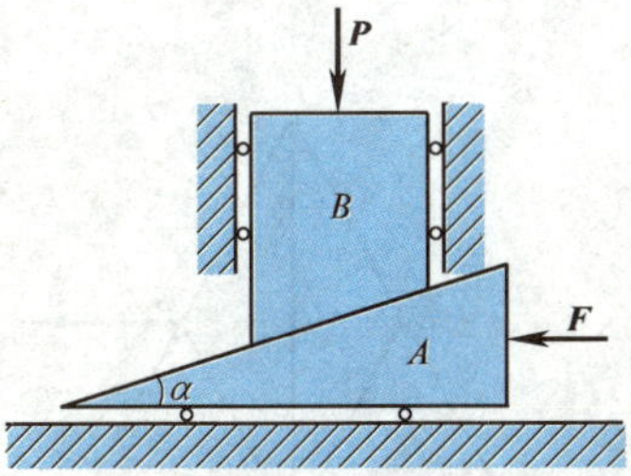

习题 6-8 图

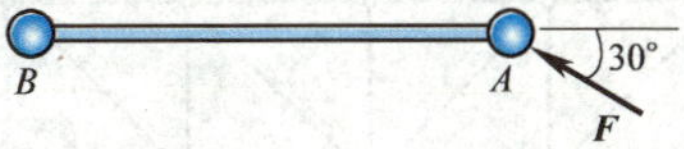

习题 6-9 图

6-10　试用节点法计算习题 6-10 图所示平面桁架各杆内力。

6-11　平面桁架如习题 6-11 图所示，已知几何尺寸 $l=2$ m、$h=3$ m，载荷 $F=10$ kN。试用节点法计算各杆内力。

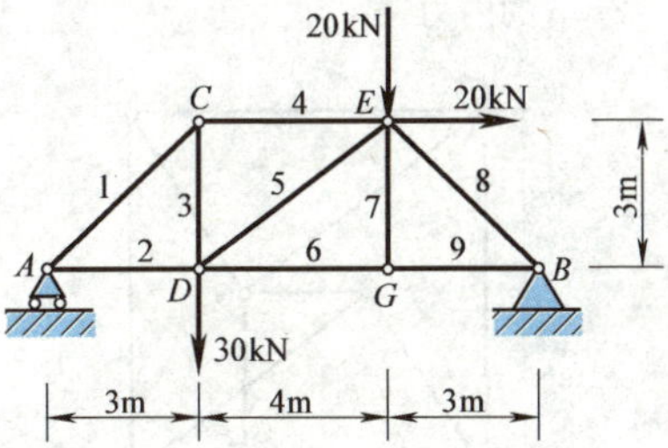

习题 6-10 图

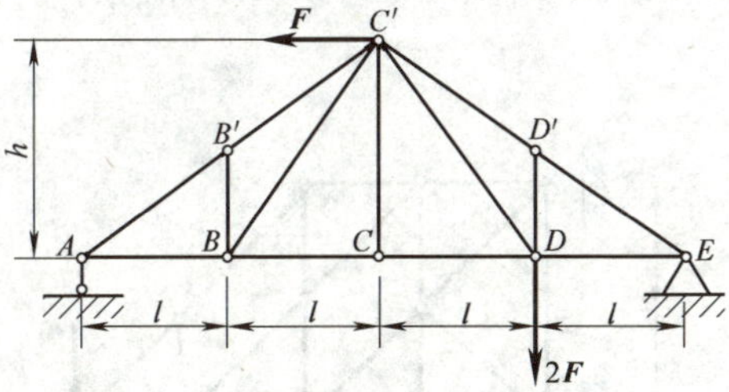

习题 6-11 图

6-12　平面桁架如习题 6-12 图所示，已知载荷 $F=3$ kN，几何尺寸 $l=3$ m。试用节点法计算各杆内力。

6-13　平面桁架如习题 6-13 图所示，试用截面法计算其中杆 1、2、3、4 的内力。

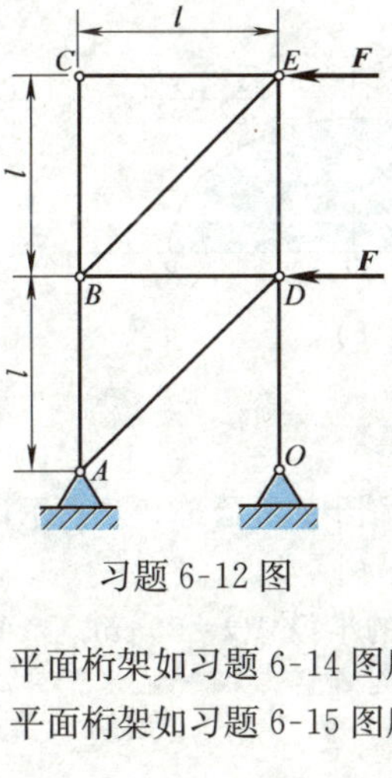

习题 6-12 图

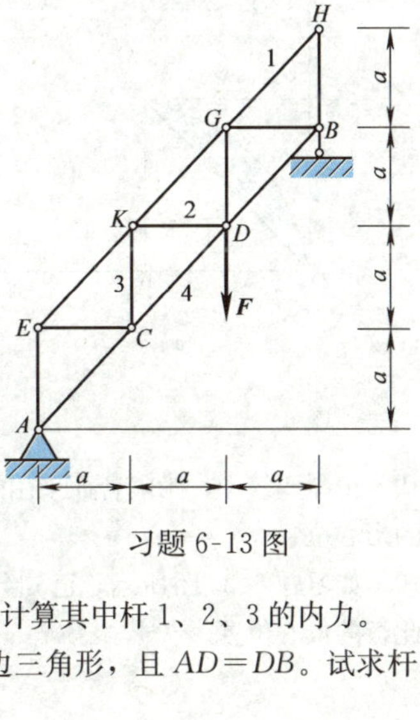

习题 6-13 图

6-14　平面桁架如习题 6-14 图所示，试用截面法计算其中杆 1、2、3 的内力。

6-15　平面桁架如习题 6-15 图所示，ABC 为等边三角形，且 $AD=DB$。试求杆 CD 的内力。

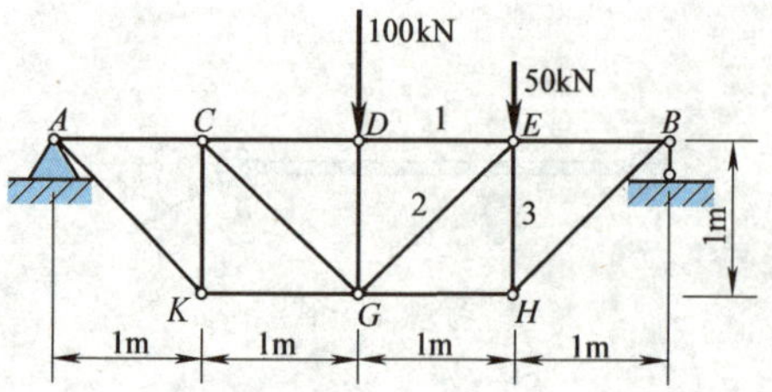

习题 6-14 图

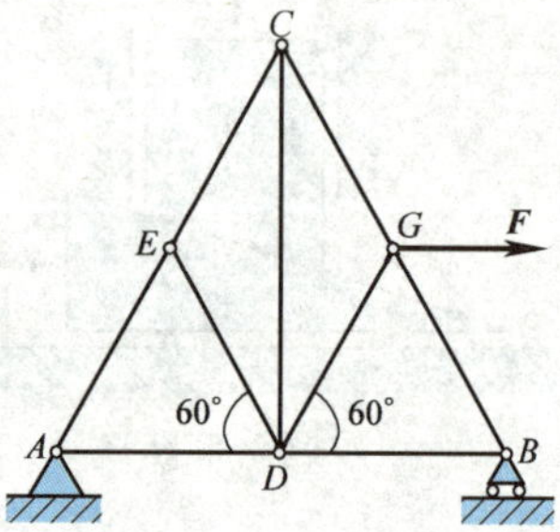

习题 6-15 图

6-16 平面桁架如习题 6-16 图所示，已知载荷 $\boldsymbol{F}$，几何尺寸 l，试求杆 1 的内力。

6-17 平面桁架如习题 6-17 图所示，试求杆 1、2、3 的内力。

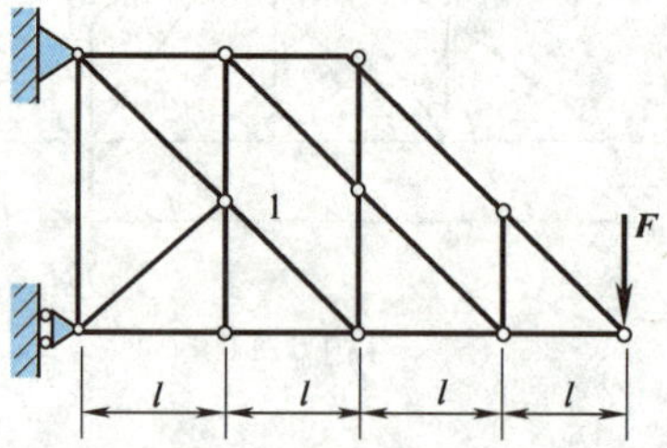

习题 6-16 图

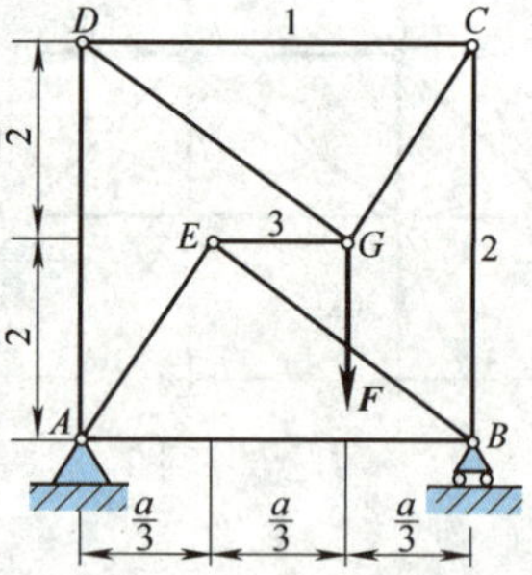

习题 6-17 图

6-18 用积分公式计算习题 6-18 图所示匀质等厚薄板的重心位置。

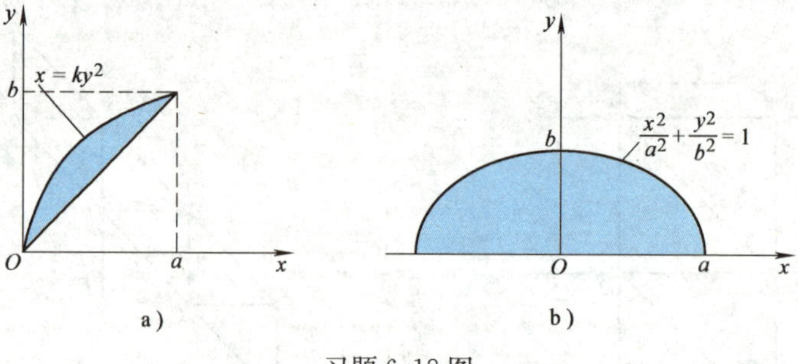

习题 6-18 图

6-19 房屋建筑中，为隔音而采用的空心三角形楼梯踏步如习题 6-19 图所示，试确定其横截面的形心位置。

6-20 如习题 6-20 图所示，已知匀质弓形板 ADB 的半径 $AO = 30$ cm，$\angle AOB = 60°$，试确定此板的重心位置。

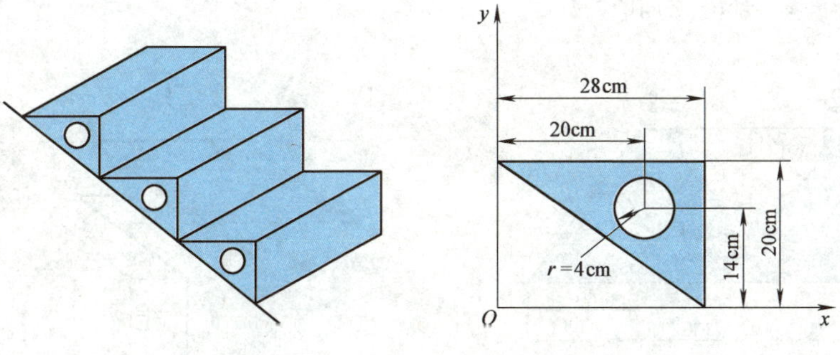

a)　　　　b)

习题 6-19 图

6-21　试确定习题 6-21 图所示工字钢截面的形心位置。

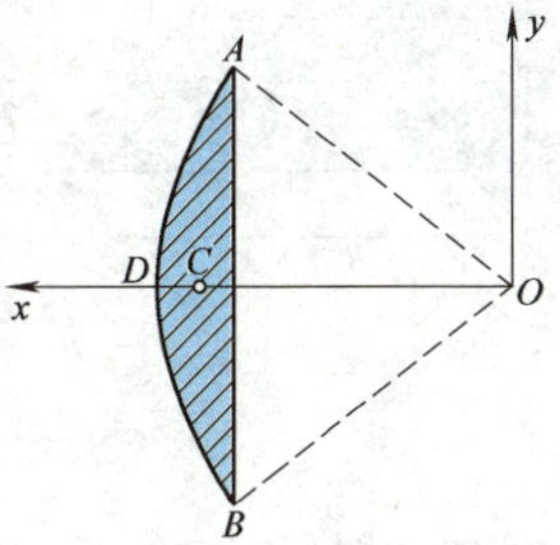

习题 6-20 图

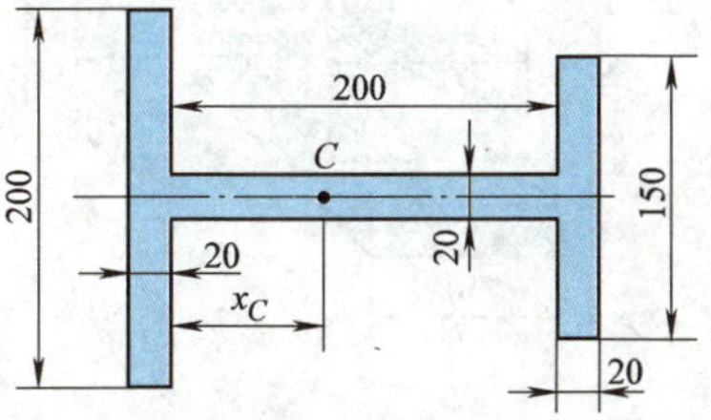

习题 6-21 图

6-22　试确定习题 6-22 图所示平面图形的形心位置，其中图 a 所示 T 形截面对称于 y 轴。

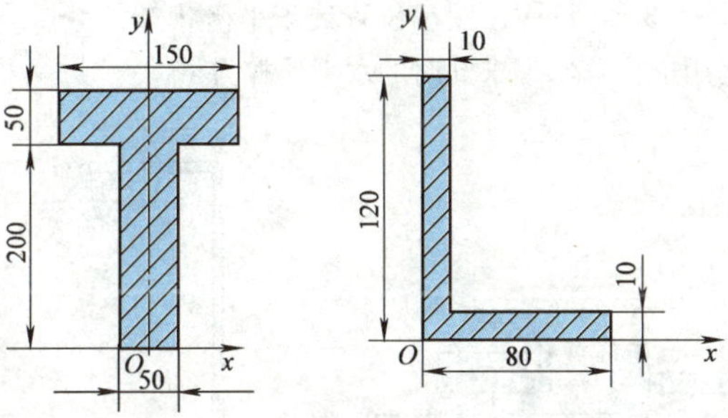

a)　　　　b)

习题 6-22 图

6-23　试确定习题 6-23 图所示平面图形的形心位置。

6-24　试确定习题 6-24 图所示匀质折杆的重心位置。

6-25　试确定习题 6-25 图所示匀质混凝土基础的重心位置，图中尺寸单位为 m。

6-26　汽车地秤如习题 6-26 图所示，不计平台与杠杆自重，试运用虚位移原理确定砝码重量P_1与汽车重量P_2之间的关系。

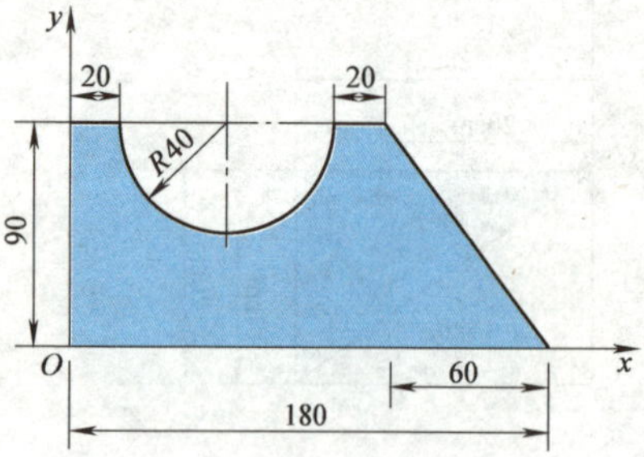

习题 6-23 图

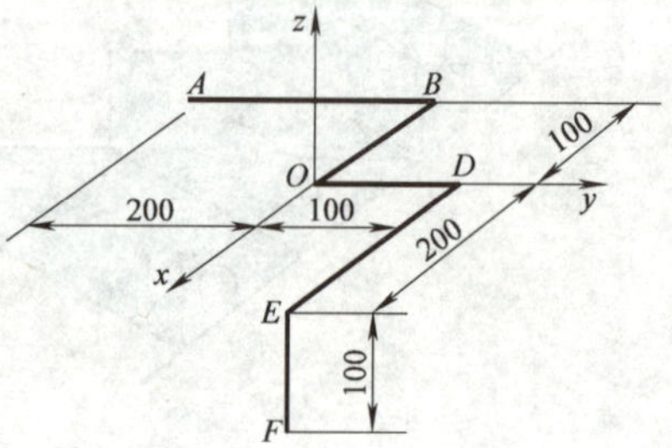

习题 6-24 图

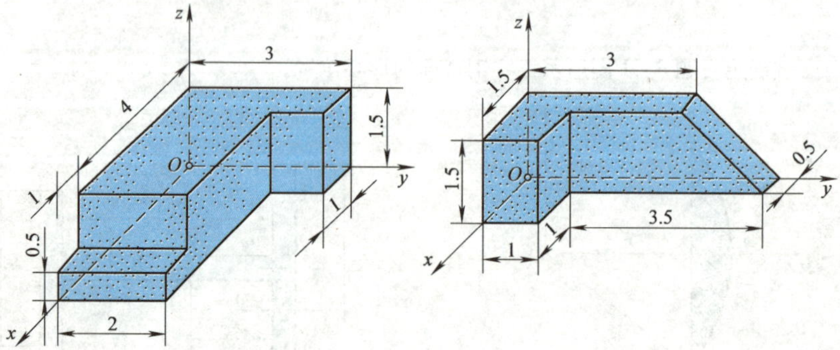

a) b)

习题 6-25 图

6-27 压榨机的机构简图如习题 6-27 图所示，已知曲柄 OA 上作用一矩 $M=500\ \mathrm{N\cdot m}$ 的力偶，$OA=r=0.1\ \mathrm{m}$，$BD=DC=ED=a=0.3\ \mathrm{m}$，$\theta=30°$，机构在图示位置处于平衡状态。若不计构件自重，试运用虚位移原理求此时的水平压榨力 $\boldsymbol{F}$。

典型例题 10: 习题6-27

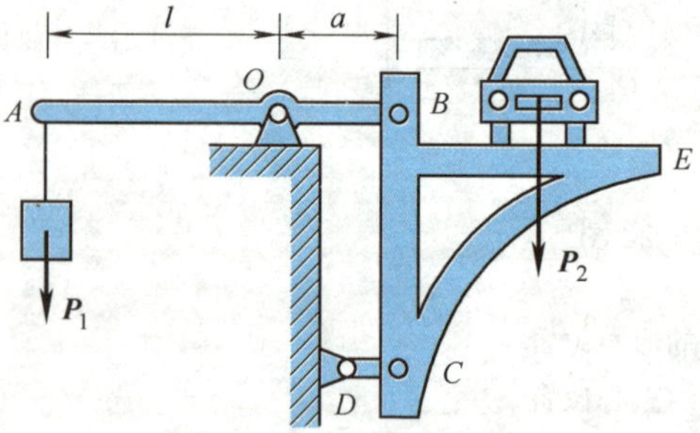

习题 6-26 图

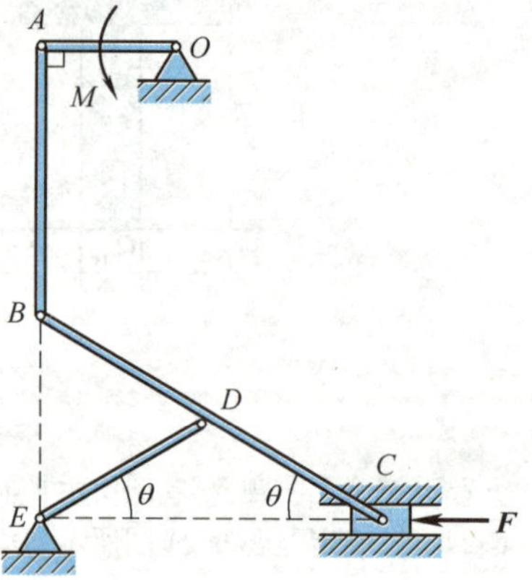

习题 6-27 图

6-28　四杆机构 $ABCD$ 如习题 6-28 图所示，在节点 B、C 上分别作用有力$\boldsymbol{F}_1$、$\boldsymbol{F}_2$，在图示位置处于平衡状态。若不计各杆自重，试运用虚位移原理确定$\boldsymbol{F}_1$ 和$\boldsymbol{F}_2$ 之间的关系。

6-29　如习题 6-29 图所示，两等长杆 AB 与 BC 在点 B 用铰链连接，在杆的 D、E 两点连一水平弹簧。已知 $AB=CB=l$，$BD=b$，弹簧的刚度系数为 k，当距离 AC 等于 a 时，弹簧内拉力为零，点 C 作用一水平力 $\boldsymbol{F}$。若杆重不计，试运用虚位移原理求系统平衡时的距离 AC。

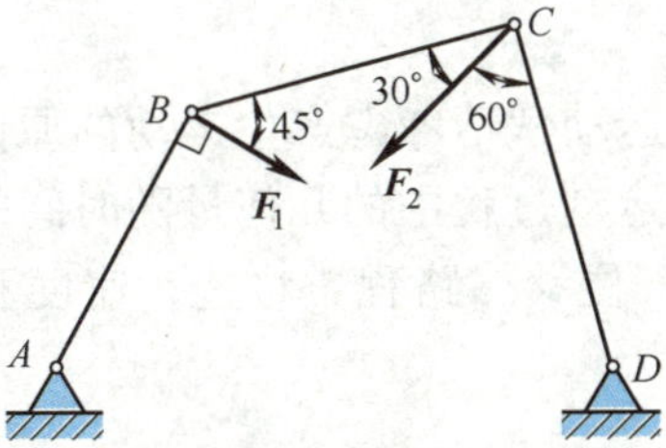

习题 6-28 图

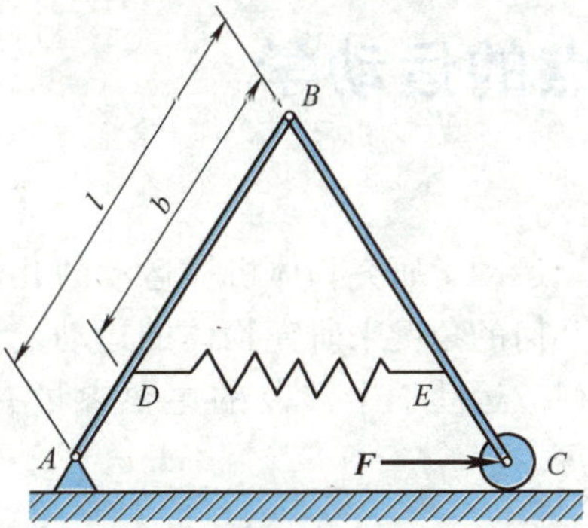

习题 6-29 图

6-30　组合梁如习题 6-30 图所示，试运用虚位移原理求支座 B、D 处的约束力。

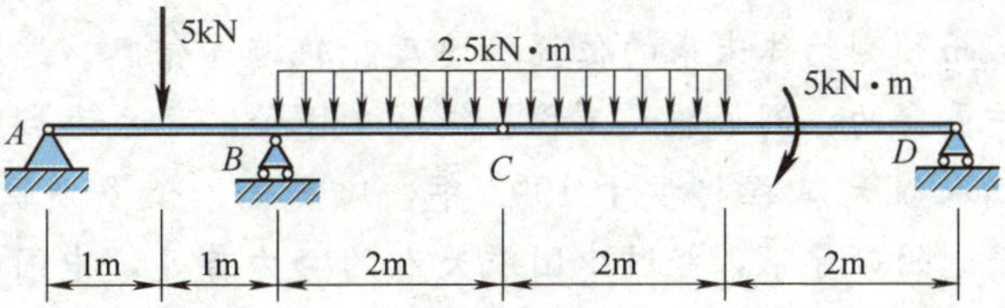

习题 6-30 图

第6章
知识要点与解题方法

第七章 点的运动学

运动学研究物体机械运动的几何性质。运动学不考虑产生运动的原因，仅从几何的角度来研究物体的运动，描述物体运动过程中的几何量随时间的变化规律。运动学中涉及的主要参量有：位置、位移、路程、轨迹、速度和加速度等。

·思 政 导 读·

运动学在现代科技中具有重要作用，它为各个领域提供了预测和控制物体运动的基础理论。借助运动学理论，科学家和工程师可以建立起物体的运动学模型，从而预测物体未来的位置、速度、轨迹等信息。这对于许多领域来说都是至关重要的，例如航天工程、机械工程和体育运动等。

中国的载人航天工程起步于 1992 年，比美国、俄罗斯晚了三十余年。但在中国共产党的领导下，经过中国航天人的努力奋斗，中国的载人航天事业实现了跨越式的发展，从神舟一号到神舟十八号，从无人到有人，从小型实验舱到大型空间站，从舱内实验到出舱活动……中国已成为世界公认的航天强国。运动学在中国的载人航天工程中扮演着重要角色，为航天器的发射、运行和控制提供了重要的理论支撑和实践指导。

描述一个物体的运动必须选取另一个物体作为**参考体**。与参考体固连的坐标系称为**参考坐标系**，简称**参考系**。参考系是参考体的抽象，不受参考体大小和形状的限制，可以无限延伸，即参考系应理解为与参考体所固连的整个空间。例如在研究月球运动时，可以选取地球作为参考体，尽管地球本身远离月球，但是作为固连在地球上的参考系则可以延伸到包含月球在内的整个宇宙太空。

同一个运动物体，相对于不同的参考系，其运动情况的描述不尽相同。例如，汽车行驶时，相对固连于车身的参考系，乘车人是静止的；相对固连于地面的参考系，乘车人则是运动的。所以在研究运动学问题时，必须指明参考系。

在运动学中，把所考察的物体抽象为**点**和**刚体**两种模型。一个物体究竟应当视为点还是作为刚体，主要在于所讨论问题的性质，而不取决于物体本身的大小和形状。一般地说，当所考察物体的大小和形状不影响研究结果时，可将物体抽象为点来研究，否则就要将物体视为刚体。例如，当我们研究地球的自转时，应将其视为刚体；而在研究它绕太阳公转的运动规律时，则可将其抽象为点。

本章研究点的运动。点的运动学也是研究刚体运动的基础。

第一节　矢　量　法

利用矢量来描述点的运动的方法称为**矢量法**。

一、点的运动方程

描述点的位置参量随时间连续变化规律的函数表达式称为点的**运动方程**。

如图 7-1 所示，在参考体中选取一个固定点 O 为原点，自原点 O 向动点 M 作矢量 $\boldsymbol{r}$，称 $\boldsymbol{r}$ 为动点 M 相对于原点 O 的**矢径**。矢径 $\boldsymbol{r}$ 是动点 M 的位置参量。当动点 M 在空间的位置随时间连续变化时，矢径 $\boldsymbol{r}$ 也随之连续变化，是时间 t 的单值连续矢量函数，即有

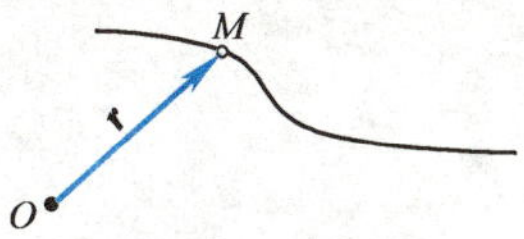

图　7-1

$$\boldsymbol{r}=\boldsymbol{r}(t) \tag{7-1}$$

由式（7-1），给定瞬时 t，得到相应的矢径 $\boldsymbol{r}$，即可确定该瞬时动点 M 在空间的位置。式（7-1）称为**矢量形式的点的运动方程**。

点在空间运动的路径称为点的**运动轨迹**。显然，在点 M 的运动过程中，矢径 $\boldsymbol{r}$ 的端点在空间所划出的曲线就是点 M 的运动轨迹。

二、点的速度

如图 7-2 所示，假设 t 瞬时动点位于 M 点，矢径为 $\boldsymbol{r}$；经过时间间隔 Δt 后的 t' 瞬时，动点位于 M' 点，对应矢径为 $\boldsymbol{r}'$。矢径的增量 $\Delta\boldsymbol{r}=\boldsymbol{r}'-\boldsymbol{r}$ 称为动点在 Δt 时间内的**位移**。定义

$$\boldsymbol{v}^*=\frac{\Delta\boldsymbol{r}}{\Delta t}$$

为动点在 Δt 时间内的**平均速度**。

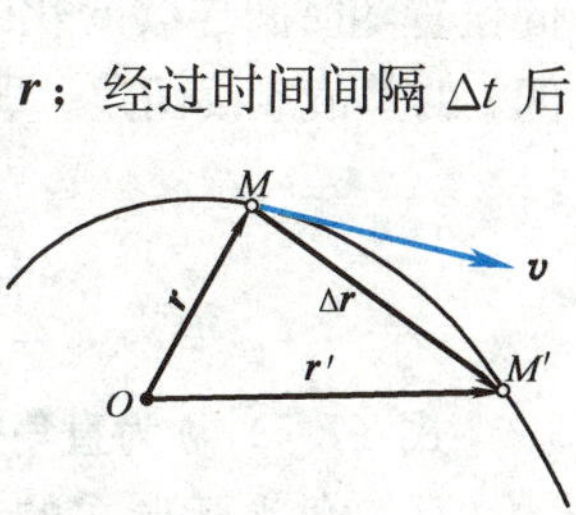

图　7-2

当 $\Delta t\to 0$ 时，平均速度 $\boldsymbol{v}^*$ 的极限

$$\boldsymbol{v}=\lim_{\Delta t\to 0}\boldsymbol{v}^*=\lim_{\Delta t\to 0}\frac{\Delta \boldsymbol{r}}{\Delta t}=\frac{\mathrm{d}\boldsymbol{r}}{\mathrm{d}t} \tag{7-2a}$$

定义为动点在 t 瞬时的**速度**，即**点的速度等于位置矢径对时间的一阶导数**。速度是矢量，方向沿轨迹上 M 点的切线，指向动点前进的方向（见图 7-2）。速度的大小为 $|\boldsymbol{v}|$，它表明动点运动的快慢。在国际单位制中，速度的单位为 m/s（米/秒）。

三、点的加速度

定义

$$\boldsymbol{a}=\lim_{\Delta t\to 0}\frac{\Delta \boldsymbol{v}}{\Delta t}=\frac{\mathrm{d}\boldsymbol{v}}{\mathrm{d}t}=\frac{\mathrm{d}^2\boldsymbol{r}}{\mathrm{d}t^2} \tag{7-3a}$$

为点的**加速度**。即**点的加速度等于点的速度矢对时间的一阶导数，也等于位置矢径对时间的二阶导数**。显然，加速度也是矢量，它反映了点的速度矢相对于时间的变化率。在国际单位制中，加速度的单位为 $\mathrm{m/s^2}$（米/秒^2）。

有时为了方便，在字母上方加“˙”来表示该量对时间的一阶导数；加“¨”来表示该量对时间的二阶导数。即式（7-2a）、式（7-3a）也可写为

$$\boldsymbol{v}=\dot{\boldsymbol{r}} \tag{7-2b}$$

$$\boldsymbol{a}=\dot{\boldsymbol{v}}=\ddot{\boldsymbol{r}} \tag{7-3b}$$

第二节 直角坐标法

利用直角坐标来描述点的运动的方法称为**直角坐标法**。

一、点的运动方程

在参考体上固连一直角坐标系 $Oxyz$，则动点 M 的位置可用三个直角坐标 x、y、z 来确定，如图 7-3 所示。当点 M 在空间的位置随时间连续变化时，其坐标 x、y、z 为时间 t 的单值连续函数，即有

$$\left.\begin{aligned}x&=x(t)\\y&=y(t)\\z&=z(t)\end{aligned}\right\} \tag{7-4}$$

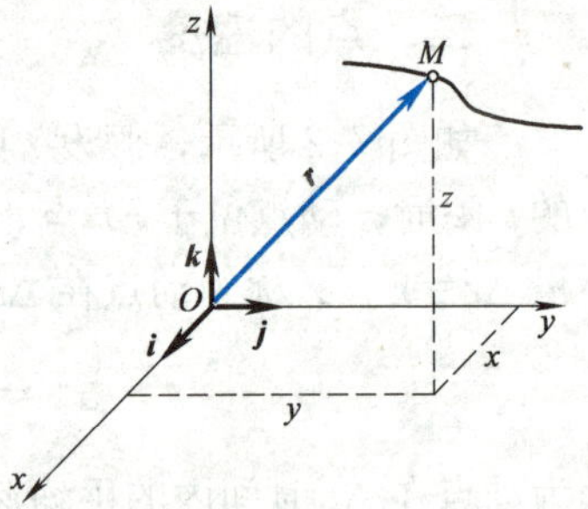

图 7-3

式（7-4）称为**直角坐标形式的点的运动方程**。

从直角坐标形式的点的运动方程中消去时间参数 t，可得到点的轨迹方程。实际上，式（7-4）也可直接视为带参数 t 的点的轨迹方程。

二、点的速度

取矢径原点和直角坐标系原点重合（见图 7-3），则矢径 $\boldsymbol{r}$ 可表为

$$\boldsymbol{r}=x\boldsymbol{i}+y\boldsymbol{j}+z\boldsymbol{k} \tag{a}$$

其中，$\boldsymbol{i}$、$\boldsymbol{j}$、$\boldsymbol{k}$ 分别为沿三根坐标轴的单位矢量。

将式（a）对时间 t 求一阶导数，由于 $\boldsymbol{i}$、$\boldsymbol{j}$、$\boldsymbol{k}$ 是大小、方向都保持不变的常矢量，故得速度矢

$$\boldsymbol{v}=\frac{\mathrm{d}\boldsymbol{r}}{\mathrm{d}t}=\dot{x}\boldsymbol{i}+\dot{y}\boldsymbol{j}+\dot{z}\boldsymbol{k} \tag{7-5}$$

另一方面，若设动点 M 的速度矢 $\boldsymbol{v}$ 在三根坐标轴上的投影分别为 v_x、v_y、v_z，则有

$$\boldsymbol{v}=v_x\boldsymbol{i}+v_y\boldsymbol{j}+v_z\boldsymbol{k} \tag{7-6}$$

比较上述两式，得到

$$\left.\begin{aligned} v_x&=\dot{x}\\ v_y&=\dot{y}\\ v_z&=\dot{z}\end{aligned}\right\} \tag{7-7}$$

即速度在直角坐标轴上的投影等于动点的对应坐标对时间的一阶导数。

在求得 v_x、v_y、v_z 后，速度 $\boldsymbol{v}$ 的大小和方向就可由它的三个投影完全确定，其大小、方向余弦分别为

$$v=\sqrt{v_x^2+v_y^2+v_z^2} \tag{7-8}$$

$$\cos\langle \boldsymbol{v},\boldsymbol{i}\rangle=\frac{v_x}{v},\quad \cos\langle \boldsymbol{v},\boldsymbol{j}\rangle=\frac{v_y}{v},\quad \cos\langle \boldsymbol{v},\boldsymbol{k}\rangle=\frac{v_z}{v} \tag{7-9}$$

三、点的加速度

设动点 M 的加速度矢 $\boldsymbol{a}$ 在直角坐标轴上的投影为 a_x、a_y、a_z，则有

$$\boldsymbol{a}=a_x\boldsymbol{i}+a_y\boldsymbol{j}+a_z\boldsymbol{k} \tag{7-10}$$

由式（7-6）又得

$$\boldsymbol{a}=\frac{\mathrm{d}\boldsymbol{v}}{\mathrm{d}t}=\dot{v}_x\boldsymbol{i}+\dot{v}_y\boldsymbol{j}+\dot{v}_z\boldsymbol{k} \tag{7-11}$$

比较上述两式，即得加速度在直角坐标轴上的投影

$$\left.\begin{aligned} a_x&=\dot{v}_x=\ddot{x}(t)\\ a_y&=\dot{v}_y=\ddot{y}(t)\\ a_z&=\dot{v}_z=\ddot{z}(t)\end{aligned}\right\} \tag{7-12}$$

即加速度在直角坐标轴上的投影等于速度在同一坐标轴上的投影对时间的一阶

导数，也等于动点的对应坐标对时间的二阶导数。

已知加速度投影 a_x、a_y、a_z，则其大小和方向余弦分别为

$$a=\sqrt{a_x^2+a_y^2+a_z^2} \tag{7-13}$$

$$\cos\langle \boldsymbol{a},\boldsymbol{i}\rangle=\frac{a_x}{a},\quad \cos\langle \boldsymbol{a},\boldsymbol{j}\rangle=\frac{a_y}{a},\quad \cos\langle \boldsymbol{a},\boldsymbol{k}\rangle=\frac{a_z}{a} \tag{7-14}$$

上述讨论的是最一般的三维空间问题。若动点在已知平面 Oxy 内运动，则只要在上述有关结论中令坐标 $z=0$ 即可。其相应的运动方程、速度方程和加速度方程分别为

$$\left.\begin{aligned} x&=x(t)\\ y&=y(t)\end{aligned}\right\} \tag{7-15}$$

$$\left.\begin{aligned} v_x&=\dot{x}(t)\\ v_y&=\dot{y}(t)\end{aligned}\right\} \tag{7-16}$$

$$\left.\begin{aligned} a_x&=\dot{v}_x=\ddot{x}(t)\\ a_y&=\dot{v}_y=\ddot{y}(t)\end{aligned}\right\} \tag{7-17}$$

【例7-1】 如图7-4所示，椭圆规的曲柄 CO 可绕定轴 O 转动，其端点 C 与规尺 AB 的中点以铰链连接，规尺的两端分别在互相垂直的滑槽中运动，M 为规尺上的一点。已知 $CO=AC=BC=l$、$MC=d$、$\varphi=\omega t$（ω 为常数），试求点 M 的运动方程、运动轨迹、速度和加速度。

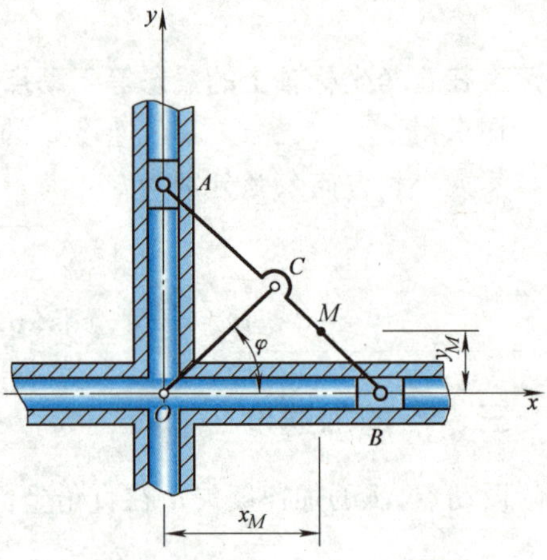

图 7-4

解： 取直角坐标系 Oxy 如图7-4所示，由几何关系易得，点 M 的运动方程为

$$\left.\begin{aligned} x_M&=(AC+CM)\cos\varphi=(l+d)\cos\omega t\\ y_M&=(CB-CM)\sin\varphi=(l-d)\sin\omega t\end{aligned}\right\} \tag{a}$$

从上述运动方程中消去时间参数 t，得点 M 的轨迹方程

$$\frac{x_M^2}{(l+d)^2}+\frac{y_M^2}{(l-d)^2}=1$$

可见，轨迹是一个长轴半径为 $l+d$、短轴半径为 $l-d$ 的椭圆。

将式(a)对时间 t 求一阶导数，得点 M 的速度在 x、y 轴上的投影

$$\left.\begin{aligned} v_{Mx}&=\dot{x}_M=-(l+d)\omega\sin\omega t\\ v_{My}&=\dot{y}_M=(l-d)\omega\cos\omega t\end{aligned}\right\} \tag{b}$$

所以，点 M 的速度的大小

$$v_M=\sqrt{(v_{Mx})^2+(v_{My})^2}=\omega\sqrt{(l+d)^2\sin^2\omega t+(l-d)^2\cos^2\omega t}$$

方向余弦

$$\left.\begin{aligned}\cos\langle \boldsymbol{v}_M,\boldsymbol{i}\rangle&=\frac{v_{Mx}}{v_M}=-\frac{1}{\sqrt{1+\left(\dfrac{l-d}{l+d}\right)^2\cot^2\omega t}}\\ \cos\langle \boldsymbol{v}_M,\boldsymbol{j}\rangle&=\frac{v_{My}}{v_M}=\frac{1}{\sqrt{1+\left(\dfrac{l+d}{l-d}\right)^2\tan^2\omega t}}\end{aligned}\right\}$$

再将式（b）对时间 t 求一阶导数，得点 M 的加速度在 x、y 轴上的投影

$$\left.\begin{aligned}a_{Mx}&=\dot{v}_{Mx}=-(l+d)\omega^2\cos\omega t\\ a_{My}&=\dot{v}_{My}=-(l-d)\omega^2\sin\omega t\end{aligned}\right\}\tag{c}$$

所以，点 M 的加速度的大小

$$a_M=\sqrt{(a_{Mx})^2+(a_{My})^2}=\omega^2\sqrt{(l+d)^2\cos^2\omega t+(l-d)^2\sin^2\omega t}$$

方向余弦

$$\left.\begin{aligned}\cos\langle \boldsymbol{a}_M,\boldsymbol{i}\rangle&=\frac{a_{Mx}}{a_M}=-\frac{1}{\sqrt{1+\left(\dfrac{l-d}{l+d}\right)^2\tan^2\omega t}}\\ \cos\langle \boldsymbol{a}_M,\boldsymbol{j}\rangle&=\frac{a_{My}}{a_M}=-\frac{1}{\sqrt{1+\left(\dfrac{l+d}{l-d}\right)^2\cot^2\omega t}}\end{aligned}\right\}$$

【例 7-2】 曲柄连杆滑块机构如图 7-5 所示，曲柄 AO 以等角速度 ω 绕轴 O 转动，带动滑块 B 沿水平滑道运动。已知连杆 AB 长为 l，曲柄 AO 长为 r、与 x 轴的夹角 $\varphi=\omega t$。试求滑块 B 的运动方程、速度和加速度。

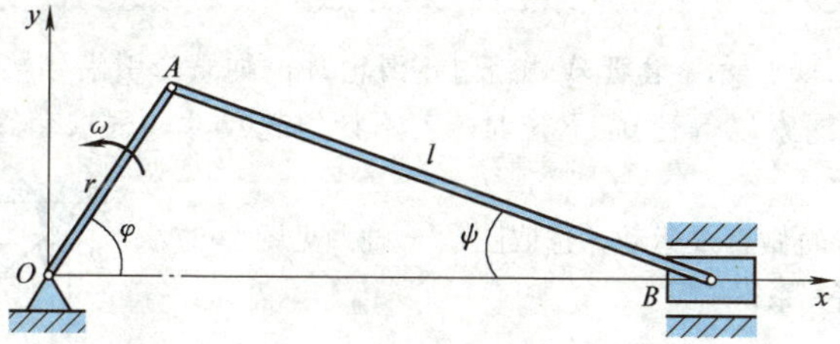

图　7-5

解：（1）列运动方程

选取图示直角坐标系 Oxy，滑块 B 沿 x 轴做直线往复运动，根据几何关系得

$$x_B=r\cos\varphi+l\cos\psi\tag{a}$$

由三角关系有

$$r\sin\varphi = l\sin\psi$$

$$\cos\psi = \sqrt{1-\sin^2\psi} = \sqrt{1-\left(\frac{r}{l}\sin\varphi\right)^2} \tag{b}$$

式（b）代入式（a），得滑块 B 的运动方程

$$x_B = r\cos\omega t + \sqrt{l^2 - r^2\sin^2\omega t} \tag{c}$$

（2）求速度和加速度

将式（c）对时间 t 求导，得滑块 B 的速度

$$v_B = \dot{x}_B = -r\omega\sin\omega t - \frac{r^2\omega\sin\omega t\cos\omega t}{\sqrt{l^2 - r^2\sin^2\omega t}}$$

再将上式对时间 t 求导，得滑块 B 的加速度

$$a_B = \dot{v}_B = -r\omega^2\cos\omega t - \frac{r^2\omega^2\cos 2\omega t(l^2 - r^2\sin^2\omega t) + r^4\omega^2\sin^2\omega t\cos^2\omega t}{(l^2 - r^2\sin^2\omega t)^{\frac{3}{2}}}$$

讨论：上述运算过于复杂，为了简化计算，将式（b）右边按泰勒级数展开，有

$$\cos\psi = 1 - \frac{1}{2}\left(\frac{r}{l}\right)^2\sin^2\varphi - \frac{1}{8}\left(\frac{r}{l}\right)^4\sin^4\varphi - \cdots$$

注意到，$\frac{r}{l} < 1$ 且 $\sin\varphi \leqslant 1$，故可略去高阶微项，得

$$\cos\psi \approx 1 - \frac{1}{2}\left(\frac{r}{l}\right)^2\sin^2\varphi = 1 - \frac{1}{4}\left(\frac{r}{l}\right)^2 + \frac{1}{4}\left(\frac{r}{l}\right)^2\cos 2\varphi$$

将上式代入式（a），便得工程中常用的滑块的近似运动方程

$$x_B = l\left[1 - \frac{1}{4}\left(\frac{r}{l}\right)^2\right] + r\left(\cos\omega t + \frac{1}{4}\frac{r}{l}\cos 2\omega t\right) \tag{d}$$

由上述近似运动方程，得滑块的速度、加速度分别为

$$v_B = \dot{x}_B = -r\omega\left(\sin\omega t + \frac{1}{2}\frac{r}{l}\sin 2\omega t\right)$$

$$a_B = \dot{v}_B = -r\omega^2\left(\cos\omega t + \frac{r}{l}\cos 2\omega t\right)$$

【例 7-3】 如图 7-6 所示，套管 A 由绕过定滑轮 B 的绳索牵引沿导轨上升，滑轮中心到导轨的距离为 l。当绳索以等速 $\boldsymbol{v}_0$ 下拉时，若不计滑轮尺寸，试求套管 A 的速度和加速度（表示为 x 的函数）。

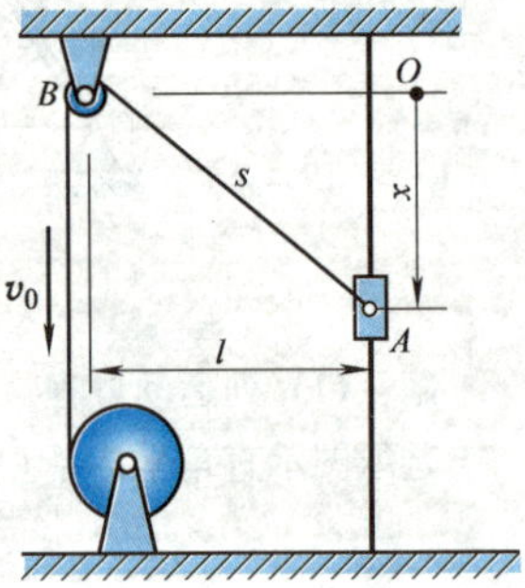

图 7-6

解：套管 A 沿导轨做直线运动，选取图示 x 轴（见图 7-6），并令 $AB=s$，由几何关系得

$$x^2 = s^2 - l^2 \tag{a}$$

将式（a）两边对时间 t 求导，有

$$x\dot{x} = s\dot{s} \tag{b}$$

联立式（a）和式（b），并注意到 $\dot{s} = -v_0$，即得套管 A 的速度为

$$v = \dot{x} = -\frac{v_0\sqrt{l^2 + x^2}}{x}$$

将上式再对时间 t 求导，整理即得套管 A 的加速度

$$a=\dot{v}=-\frac{v_0^2 l^2}{x^3}$$

其中，负号表示套管 A 的速度和加速度的指向与 x 轴的指向相反，即向上。

【例 7-4】 如图 7-7 所示，液压减震器的活塞在套筒内做直线往复运动。已知活塞的初速度为 $\boldsymbol{v}_0$，活塞的加速度 $\boldsymbol{a}=-k\boldsymbol{v}$，其中，比例系数 k 为常数、$\boldsymbol{v}$ 为活塞速度。试求活塞的运动规律。

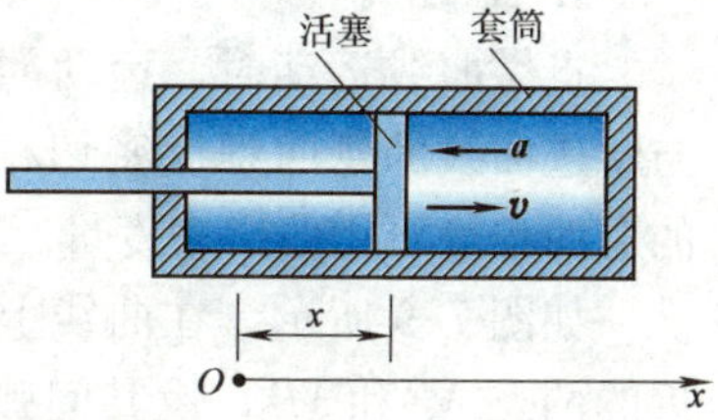

图　7-7

解： 取图示坐标轴，活塞沿 x 轴方向做直线往复运动。根据题意，由 $a_x=\dfrac{dv_x}{dt}$ 得

$$-kv=\frac{dv}{dt}$$

对上式分离变量后积分

$$\int_{v_0}^{v}\frac{1}{v}dv=-k\int_0^t dt$$

得

$$\ln\frac{v}{v_0}=-kt$$

由此得活塞速度

$$v=v_0 e^{-kt}$$

再将 $v=\dfrac{dx}{dt}$ 代入上式，再次分离变量后积分

$$\int_{x_0}^{x}dx=v_0\int_0^t e^{-kt}dt$$

得活塞的运动方程为

$$x=x_0+\frac{v_0}{k}(1-e^{-kt})$$

其中，x_0 为活塞的初始位置。

第三节　自　然　法

当点的运动轨迹已知时，可以利用运动轨迹建立参考系来描述点的运动。这种方法称为**自然法**。

一、点的运动方程

如图 7-8 所示，动点 M 沿已知轨迹运动。在轨迹上任取一固定点 O 作为原点，沿轨迹由原点 O 至动点 M 量取弧长 s，并规定弧长 s 的正负号，称为**弧坐**

标。这样，动点的位置即可用弧坐标 s 来确定。当动点沿轨迹运动时，弧坐标 s 是时间的单值连续函数，即有

$$s=s(t) \tag{7-18}$$

式（7-18）称为**弧坐标形式的点的运动方程。**

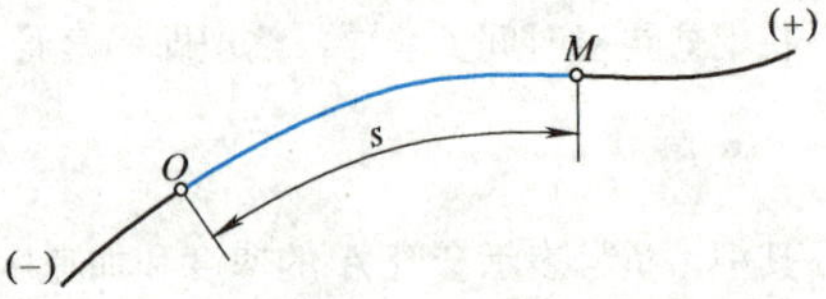

图 7-8

二、曲率与自然坐标系

1. 曲率

点做曲线运动时，运动的变化显然与轨迹曲线的弯曲程度密切相关。曲线的弯曲程度可用曲率来度量。

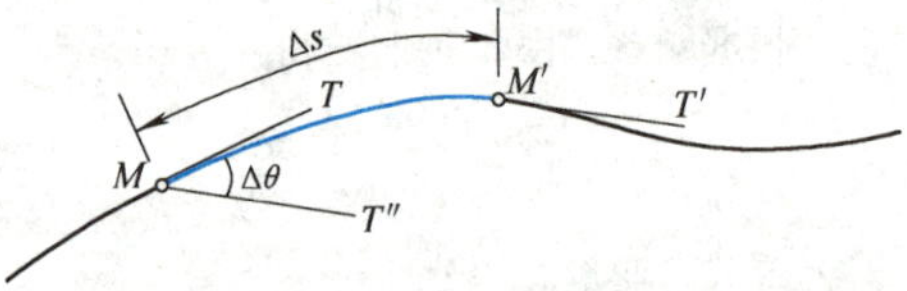

图 7-9

如图 7-9 所示，在曲线上取极为接近的两点 M 和 M'，设其间弧长为 Δs。分别过点 M、M' 作切线 MT、$M'T'$，并过点 M 作 $MT''/\!/M'T'$，设 MT 与 MT'' 的夹角为 $\Delta\theta$。定义

$$\kappa=\lim_{\Delta s\to 0}\left|\frac{\Delta\theta}{\Delta s}\right|=\left|\frac{\mathrm{d}\theta}{\mathrm{d}s}\right| \tag{7-19a}$$

为曲线在点 M 处的**曲率**。并定义曲率的倒数

$$\rho=\frac{1}{\kappa}=\left|\frac{\mathrm{d}s}{\mathrm{d}\theta}\right| \tag{7-19b}$$

为曲线在点 M 处的**曲率半径**。

2. 自然坐标系

在图 7-10 中，取沿点 M 切线 MT 的单位矢量为 $\boldsymbol{\tau}$，其指向弧坐标的正向。过点 M 作一包含 MT 与 MT'' 的平面（见图 7-9），当 M' 逐渐靠近 M 时，该平面的极限位置称为曲线在点 M 的**密切面**。如图 7-10 所示，过点 M 作垂直于切线的**法面**，法面与密切面的交线 MN 称为**主法线**，取沿主法线 MN 的单位矢量为 $\boldsymbol{n}$，其指向曲线的凹侧。过点 M 且垂直于切线与主法线的直线 MB 称为**副法线**，取沿副法线的单位矢量为 $\boldsymbol{b}$，其指向由 $\boldsymbol{b}=\boldsymbol{\tau}\times\boldsymbol{n}$ 确定。以点 M 为原点，以切线、主法线、副法线为坐标轴组成的正交坐标系称为曲线在点 M 处的**自然坐标系**。

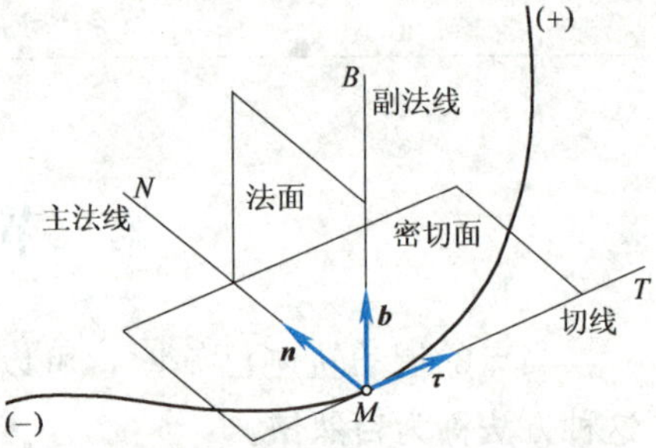

图 7-10

必须指出，随着点 M 在轨迹上运动，$\boldsymbol{\tau}$、$\boldsymbol{n}$、$\boldsymbol{b}$ 的方向也在不断变动，即自

然坐标系是沿曲线变动的运动坐标系。

三、速度与加速度

1. 点的速度

由式（7-1），点的速度

$$\boldsymbol{v}=\frac{\mathrm{d}\boldsymbol{r}}{\mathrm{d}t}=\frac{\mathrm{d}\boldsymbol{r}}{\mathrm{d}s}\frac{\mathrm{d}s}{\mathrm{d}t}=v\frac{\mathrm{d}\boldsymbol{r}}{\mathrm{d}s}$$

其中

$$\frac{\mathrm{d}\boldsymbol{r}}{\mathrm{d}s}=\lim_{\Delta s\to 0}\frac{\Delta\boldsymbol{r}}{\Delta s}$$

由于任意曲线的弦长与弧长之比的极限是 1，故此极限的大小等于 1，方向则与 $\boldsymbol{\tau}$ 一致，即有 $\frac{\mathrm{d}\boldsymbol{r}}{\mathrm{d}s}=\boldsymbol{\tau}$。由此得速度

$$\boldsymbol{v}=v\boldsymbol{\tau}=\dot{s}\boldsymbol{\tau} \tag{7-20}$$

其中

$$v=\dot{s} \tag{7-21}$$

是一个代数量，为速度矢 $\boldsymbol{v}$ 在切线上的投影。即**速度的代数值等于弧坐标对时间的一阶导数**。v 为正，则 $\boldsymbol{v}$ 的方向和 $\boldsymbol{\tau}$ 相同；v 为负，则 $\boldsymbol{v}$ 的方向和 $\boldsymbol{\tau}$ 相反。

2. 点的加速度

将式（7-20）对时间 t 求导，得动点的加速度

$$\boldsymbol{a}=\dot{v}\boldsymbol{\tau}+v\dot{\boldsymbol{\tau}} \tag{7-22}$$

式（7-22）表明，加速度 $\boldsymbol{a}$ 可分为两个分量。第一个分量 $\dot{v}\boldsymbol{\tau}$ 反映了速度大小相对于时间的变化率，记作

$$\boldsymbol{a}_{\mathrm{t}}=a_{\mathrm{t}}\boldsymbol{\tau}=\dot{v}\boldsymbol{\tau}=\ddot{s}\boldsymbol{\tau} \tag{7-23}$$

因其方向沿着轨迹的切线方向，故称为**切向加速度**。其中，

$$a_{\mathrm{t}}=\dot{v}=\ddot{s} \tag{7-24}$$

是一个代数量，为加速度 $\boldsymbol{a}$ 在切线上的投影。当 a_{t} 与 v 同号时，$\boldsymbol{a}_{\mathrm{t}}$ 与 $\boldsymbol{v}$ 同向，点做加速运动；当 a_{t} 与 v 异号时，$\boldsymbol{a}_{\mathrm{t}}$ 与 $\boldsymbol{v}$ 反向，点做减速运动。

加速度 $\boldsymbol{a}$ 的第二个分量 $v\dot{\boldsymbol{\tau}}$ 则反映了速度方向相对于时间的变化率，记作

$$\boldsymbol{a}_{\mathrm{n}}=v\dot{\boldsymbol{\tau}}$$

可以证明

$$\dot{\boldsymbol{\tau}}=\frac{\mathrm{d}\boldsymbol{\tau}}{\mathrm{d}t}=\frac{v}{\rho}\boldsymbol{n}$$

其中，ρ 为轨迹在对应点处的曲率半径。

联立上述两式，即得

$$\boldsymbol{a}_{\mathrm{n}}=a_{\mathrm{n}}\boldsymbol{n}=\frac{v^2}{\rho}\boldsymbol{n} \tag{7-25}$$

式（7-25）表明，$\boldsymbol{a}_{\mathrm{n}}$ 沿主法线方向指向曲率中心，故称为**法向加速度**。其中，

$$a_{\mathrm{n}}=\frac{v^2}{\rho} \tag{7-26}$$

恒为正值，为法向加速度的大小，也可视为加速度 $\boldsymbol{a}$ 在主法线上的投影。

综上所述，在自然法中，点的加速度矢

$$\boldsymbol{a}=\boldsymbol{a}_{\mathrm{t}}+\boldsymbol{a}_{\mathrm{n}}=a_{\mathrm{t}}\boldsymbol{\tau}+a_{\mathrm{n}}\boldsymbol{n}=\frac{\mathrm{d}v}{\mathrm{d}t}\boldsymbol{\tau}+\frac{v^2}{\rho}\boldsymbol{n} \tag{7-27}$$

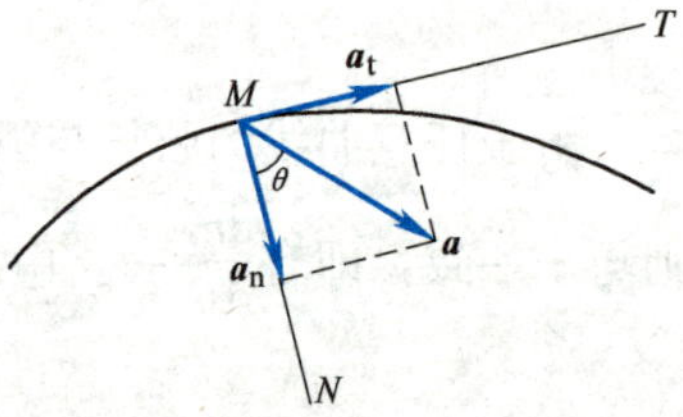

图 7-11

其大小

$$a=\sqrt{a_{\mathrm{t}}^2+a_{\mathrm{n}}^2}=\sqrt{\left(\frac{\mathrm{d}v}{\mathrm{d}t}\right)^2+\left(\frac{v^2}{\rho}\right)^2} \tag{7-28}$$

方向用其和主法线所夹锐角的正切（见图 7-11）来表示，为

$$\tan\theta=\frac{|a_{\mathrm{t}}|}{a_{\mathrm{n}}} \tag{7-29}$$

式（7-27）表明，点做曲线运动时，其加速度永远在密切面内，沿副法线的分量恒为零。

四、两种特殊运动

1. 匀变速曲线运动

点做匀变速曲线运动时，a_{t} 为常数。故将式（7-24）分离变量后积分，可得

$$v=v_0+a_{\mathrm{t}}t \tag{7-30}$$

其中，v_0 为 $t=0$ 时点的速度。

将 $v=\dfrac{\mathrm{d}s}{\mathrm{d}t}$ 代入式（7-30），再次分离变量后积分，得

$$s=s_0+v_0t+\frac{1}{2}a_{\mathrm{t}}t^2 \tag{7-31}$$

其中，s_0 为 $t=0$ 时点的弧坐标。

从上面两个方程中消去时间参数 t，又得

$$v^2=v_0^2+2a_{\mathrm{t}}(s-s_0) \tag{7-32}$$

2. 匀速曲线运动

点做匀速曲线运动时，v 为常数，切向加速度 $a_{\mathrm{t}}=0$。由式（7-21）和

式（7-28）易得

$$s=s_0+vt \tag{7-33}$$

$$a=a_n=\frac{v^2}{\rho} \tag{7-34}$$

【例 7-5】 如图 7-12 所示，动点 M 的轨迹由半径 $R_1=18\ \text{m}$、$R_2=24\ \text{m}$ 的 AO、OB 两段圆弧组成，取两段圆弧的连接点 O 为原点并规定弧坐标的正向，动点 M 的运动方程为 $s=-t^2+4t+3$（s 以 m 计，t 以 s 计），试求：(1) 当 $t=5\ \text{s}$ 时动点 M 的速度和加速度的大小；(2) 由 $t=0$ 至 $t=5\ \text{s}$ 动点 M 所经过的路程。

解：(1) 计算速度和加速度

根据式（7-21），将运动方程对时间 t 求一阶导数，得动点 M 的速度方程

$$v=\dot{s}=-2t+4 \tag{*}$$

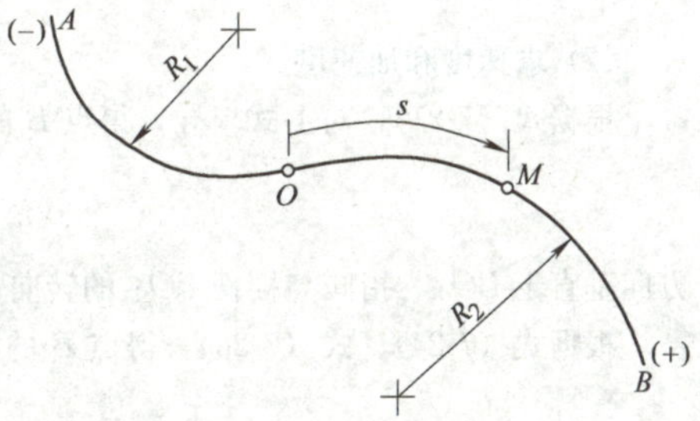

图 7-12

当 $t=5\ \text{s}$ 时，动点 M 的速度为

$$v=-6\ \text{m/s}$$

负号表示速度指向弧坐标负向。

根据式（7-24），再将式（*）对时间 t 求一阶导数，得动点 M 的切向加速度

$$a_t=\dot{v}=-2\ \text{m/s}^2$$

当 $t=5\ \text{s}$ 时，弧坐标 $s=-2\ \text{m}$，即动点 M 位于圆弧 AO 上，故由式（7-26），得动点 M 的法向加速度

$$a_n=\frac{v^2}{R_1}=2\ \text{m/s}^2$$

故当 $t=5\ \text{s}$ 时，动点 M 的加速度为

$$a=\sqrt{a_t^2+a_n^2}=2\sqrt{2}\ \text{m/s}^2$$

(2) 计算路程

由式（*）可知，当 $t<2\ \text{s}$ 时，$v>0$，动点 M 向弧坐标正向运动；当 $t=2\ \text{s}$ 时，$v=0$；当 $t>2\ \text{s}$ 时，$v<0$，动点 M 向弧坐标负向运动。由此，得由 $t=0$ 至 $t=5\ \text{s}$ 动点 M 所经过的路程

$$|\Delta s|=|s(2)-s(0)|+|s(5)-s(2)|=(|7-3|+|-2-7|)\ \text{m}=13\ \text{m}$$

注意：点的弧坐标与点的路程是两个完全不同的概念。前者为瞬时参量，是个代数量（可正可负），确定的是点在某一瞬时的位置；后者为过程参量，是个标量（恒为正值），确定的是点在一段时间内所经过的路程。两者不能混淆。

【例 7-6】 曲柄摇杆机构如图 7-13 所示，已知曲柄 AO 长为 r，以等角速度 ω 绕轴 O 转动。摇杆 BO_1 长为 l，距离 $O_1O=r$。初始时曲柄 AO 与点 O_1 成一直线，试求摇杆 BO_1 的

端点 B 的运动方程、速度和加速度。

解：（1）建立运动方程

点 B 的轨迹是以 O_1 为圆心、BO_1 为半径的圆弧。采用自然坐标法。

取点 B 的初始位置 B_0 为弧坐标原点，由图 7-13 得点 B 的弧坐标为

$$s=BO_1\cdot\theta=l\theta$$

由于$\triangle OAO_1$ 是等腰三角形，故 $\varphi=2\theta$，且 $\varphi=\omega t$，代入上式，即得点 B 沿已知轨迹的运动方程

$$s=l\frac{\varphi}{2}=\frac{l}{2}\omega t$$

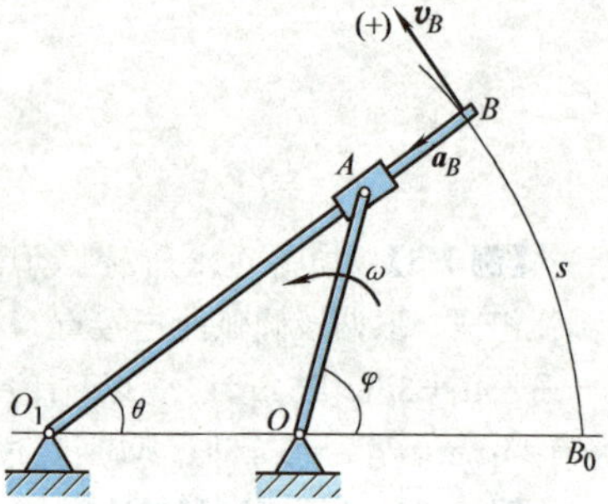

图 7-13

（2）求速度和加速度

根据式（7-21），对上式求导，得点 B 的速度

$$v_B=\dot{s}=\frac{l}{2}\omega$$

方向垂直于 BO_1，指向与摇杆 BO_1 的转向一致（见图 7-13）。

根据式（7-24）、式（7-26），得点 B 的切向加速度、法向加速度分别为

$$a_B^{\mathrm{t}}=\ddot{s}=0,\quad a_B^{\mathrm{n}}=\frac{v^2}{l}=\frac{l}{4}\omega^2$$

故点 B 的全加速度大小为

$$a_B=a_B^{\mathrm{n}}=\frac{l}{4}\omega^2$$

方向沿 BO_1 指向 O_1，如图 7-13 所示。

【例 7-7】 列车沿半径 $R=400$ m 的圆弧轨道做匀加速运动，设初速度 $v_0=10$ m/s，经过 $t=40$ s 后，其速度达到 $v=20$ m/s，试求列车在 $t=0$、$t=40$ s 时的加速度。

解：由于列车做匀加速运动，切向加速度 $a_{\mathrm{t}}=$常数，故由式（7-30）得切向加速度

$$a_{\mathrm{t}}=\frac{v-v_0}{t}=\frac{20-10}{40}\ \mathrm{m/s^2}=0.25\ \mathrm{m/s^2}$$

当 $t=0$ 时，列车的法向加速度

$$a_{\mathrm{n}}=\frac{v_0^2}{R}=\frac{100}{400}\ \mathrm{m/s^2}=0.25\ \mathrm{m/s^2}$$

全加速度大小

$$a=\sqrt{a_{\mathrm{t}}^2+a_{\mathrm{n}}^2}=\sqrt{0.25^2+0.25^2}\ \mathrm{m/s^2}=0.35\ \mathrm{m/s^2}$$

全加速度与主法线所夹锐角

$$\theta=\arctan\frac{|a_{\mathrm{t}}|}{a_{\mathrm{n}}}=\arctan 1=45^\circ$$

当 $t=40$ s 时，法向加速度

$$a_{\mathrm{n}}=\frac{v^2}{R}=\frac{400}{400}\ \mathrm{m/s^2}=1\ \mathrm{m/s^2}$$

全加速度大小

$$a=\sqrt{a_{\mathrm{t}}^2+a_{\mathrm{n}}^2}=\sqrt{0.25^2+1^2}\ \mathrm{m/s^2}=1.03\ \mathrm{m/s^2}$$

全加速度与主法线所夹锐角

$$\theta=\arctan\frac{|a_{\mathrm{t}}|}{a_{\mathrm{n}}}=\arctan 0.242=13.6°$$

【例 7-8】 如图 7-14 所示，半径为 r 的圆轮沿水平直线轨道无滑动地滚动（简称纯滚动）。设圆轮在铅垂面内运动，且轮心 C 的速度 $\boldsymbol{v}$ 为常量，试求：(1) 轮缘上的点 M 与地面接触时的速度和加速度；(2) 点 M 运动到最高处时轨迹的曲率半径 ρ。

解：(1) 建立运动方程

沿轮子滚动的方向建立图示直角坐标系 Oxy，取点 M 与坐标原点 O 重合时为运动初始时刻。由于圆盘做纯滚动，所以$\widehat{MH}=\overline{OH}=vt$。设在任意时刻 t 圆盘的转角为 φ（见图 7-14），则有

$$\varphi=\frac{\widehat{MH}}{r}=\frac{vt}{r}$$

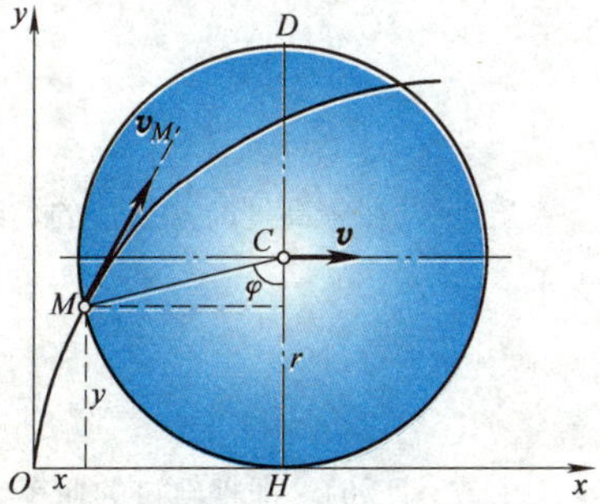

图　7-14

由几何关系

$$\left.\begin{aligned}x&=OH-CM\sin\varphi\\y&=CH-CM\cos\varphi\end{aligned}\right\}$$

得点 M 的运动方程

$$\left.\begin{aligned}x&=r\varphi-r\sin\varphi=vt-r\sin\left(\frac{vt}{r}\right)\\y&=r-r\cos\varphi=r-r\cos\left(\frac{vt}{r}\right)\end{aligned}\right\}\tag{a}$$

(2) 求点 M 与地面接触时的速度和加速度

点 M 的速度在坐标轴上的投影

$$\left.\begin{aligned}v_x&=\dot{x}=r\dot{\varphi}(1-\cos\varphi)\\v_y&=\dot{y}=r\dot{\varphi}\sin\varphi\end{aligned}\right\}\tag{b}$$

点 M 的速度大小

$$v_M=\sqrt{v_x^2+v_y^2}=\left|2v\sin\frac{\varphi}{2}\right|\tag{c}$$

点 M 的加速度在坐标轴上的投影

$$\left.\begin{aligned}a_x&=\dot{v}_x=r\ddot{\varphi}(1-\cos\varphi)+r\dot{\varphi}^2\sin\varphi\\a_y&=\dot{v}_y=r\ddot{\varphi}\sin\varphi+r\dot{\varphi}^2\cos\varphi\end{aligned}\right\}\tag{d}$$

当 $\varphi=2n\pi(n=0,1,\cdots)$时，点 M 与地面接触。由式（c）得，此时点 M 的速度为零。由式（d）得，此时点 M 的加速度在坐标轴上的投影

$$\left.\begin{aligned} a_x &= 0 \\ a_y &= r\dot{\varphi}^2 = \frac{v^2}{r} \end{aligned}\right\}$$

即当点 M 与地面接触时，其加速度的大小为$\dfrac{v^2}{r}$，方向垂直于地面指向轮心 C。

(3) 求点 M 运动到最高处时轨迹的曲率半径

当 $\varphi=\pi$ 时，点 M 运动到最高处。由式（c）、式（d）得，此时点 M 的速度、加速度分别为

$$v_M = 2v$$

$$\left.\begin{aligned} a_x &= r\ddot{\varphi} = 0 \\ a_y &= -r\dot{\varphi}^2 = -\frac{v^2}{r} \end{aligned}\right\}$$

当点 M 在最高处时，轨迹的切线方向为水平方向，且曲线向下弯曲，所以法向加速度的大小

$$a_n = |a_y| = \frac{v^2}{r}$$

由式（7-26），即得轨迹的曲率半径

$$\rho = \frac{v_M^2}{a_n} = 4r$$

复习思考题

7-1 何谓点的运动方程？

7-2 何谓位移？何谓路程？二者之间有何区别？

7-3 在自然法中，弧坐标 s 与路程的区别何在？

7-4 $\dfrac{\mathrm{d}\boldsymbol{v}}{\mathrm{d}t}$与$\dfrac{\mathrm{d}v}{\mathrm{d}t}$的区别何在？表达式 $a=\dfrac{\mathrm{d}v}{\mathrm{d}t}$在什么情况下是正确的？

7-5 请判断下面的说法是否正确：

(1) 点做匀速运动时，加速度一定为零。

(2) 在某瞬时，点的速度为零，则在该瞬时，点的加速度一定为零。

(3) 点做曲线运动时，若加速度的方向始终与速度方向垂直，则点一定做匀速运动。

(4) 若点的切向加速度 $a_t>0$，则点做加速运动。

7-6 点的加速度在副法线上的投影是否一定为零？

7-7 试判断思考题 7-7 图中 B、C 两点的运动是否可能，图中 $\boldsymbol{v}_B$、$\boldsymbol{v}_C$ 均沿轨迹的切线方向。

7-8 点 M 沿螺线自内向外运动，如思考题 7-8 图所示。设点 M 走过的弧长与时间成正

比，试问：(1) 点 M 越跑越快还是越跑越慢？(2) 点 M 的加速度是越来越大还是越来越小？

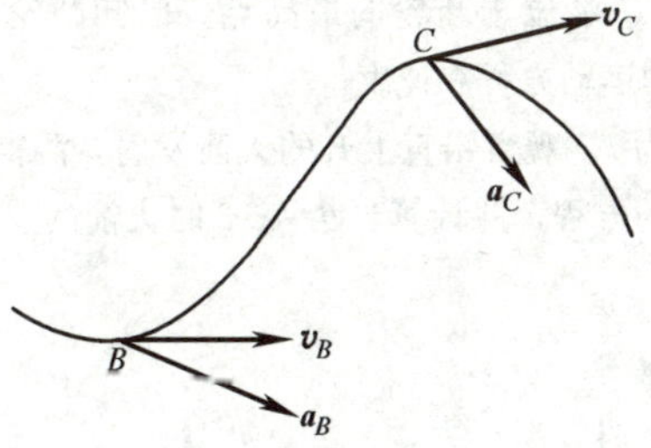

思考题 7-7 图

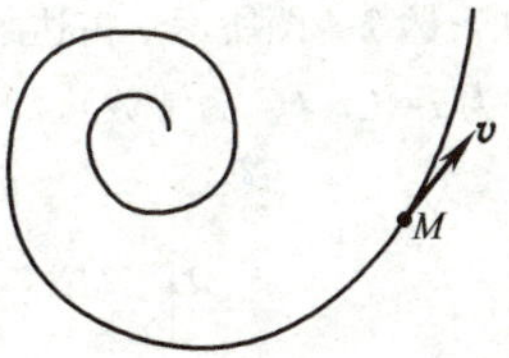

思考题 7-8 图

7-9　点沿 x 轴做匀变速直线运动，已知某瞬时点的速度 $v=2$ m/s，加速度 $a=-2$ m/s^2，试问 1s 后点的速度为多少？

7-10　试问点在下列各种情况下做何种运动？

(1) $a_t=0$ 且 $a_n=0$；

(2) $a_t\neq0$ 但 $a_n=0$；

(3) $a_t=0$ 但 $a_n\neq0$；

(4) $a_t\neq0$ 且 $a_n\neq0$。

习题

7-1　如习题 7-1 图所示，椭圆规的曲柄 AO 可绕定轴 O 转动，端点 A 以铰链连接于规尺 BC，规尺上的点 B 和点 C 可分别沿互相垂直的滑槽运动，已知 $AO=AC=AB=\frac{a}{2}$，$CM=b$，试确定规尺上点 M 的轨迹。

7-2　如习题 7-2 图所示，偏心轮半径为 R，绕轴 O 转动，转角 $\varphi=\omega t$（ω 为常量），偏心距 $CO=e$，偏心轮带动顶杆 AB 沿铅直滑槽做直线往复运动。试求顶杆的运动方程、速度与加速度。

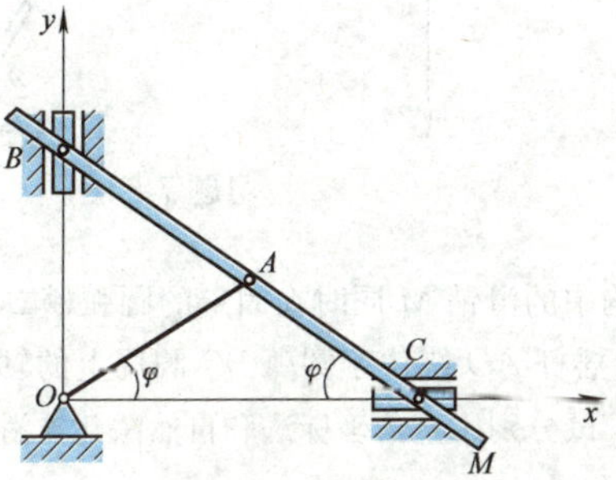

习题 7-1 图

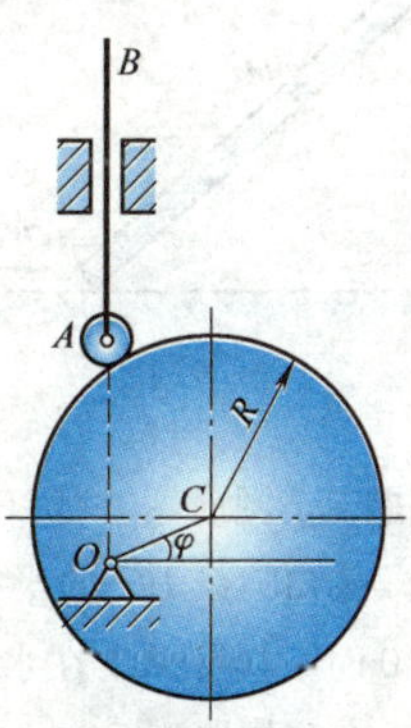

习题 7-2 图

7-3 如习题 7-3 图所示，半圆形凸轮以等速 $v_0=10$ mm/s 沿水平方向向左运动，带动活塞杆 AB 沿铅直方向运动。当运动开始时，活塞杆 B 端位于凸轮的最高点。已知凸轮半径 $R=80$ mm，试分别求出活塞 A 相对于地面、凸轮的运动方程和速度。

7-4 如习题 7-4 图所示，雷达距离火箭发射台为 l，观察铅直上升的火箭发射，测得角 θ 的变化规律为 $\theta=Ct$（C 为常数）。试写出火箭的运动方程，并计算当 $\theta=\pi/3$ 时火箭的速度和加速度。

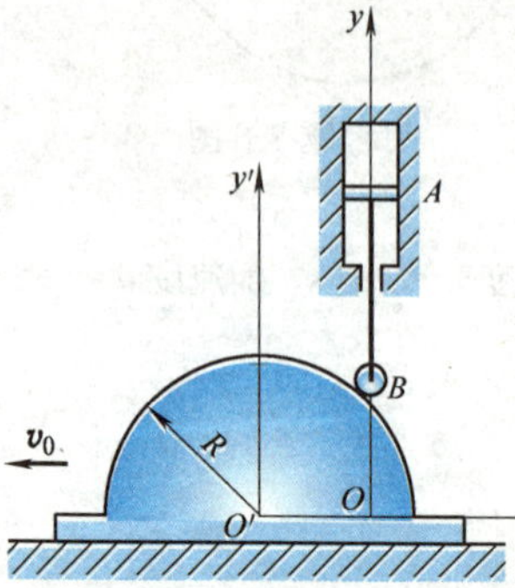

习题 7-3 图

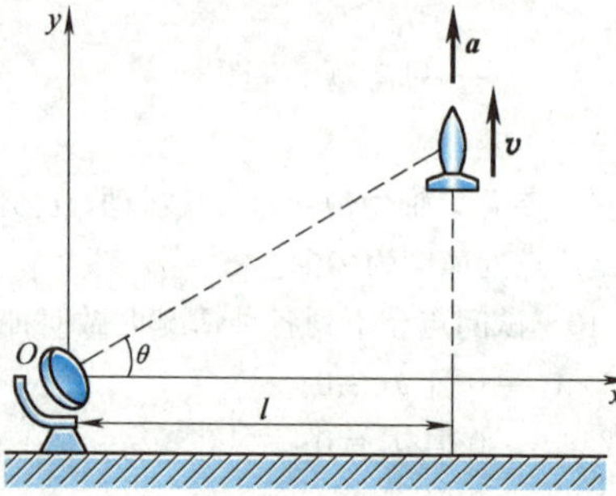

习题 7-4 图

7-5 习题 7-5 图所示梯子的 A 端放在水平地面上，另一端 B 靠在竖直墙面上。梯子保持在竖直平面内沿墙面滑下。已知 A 端的速度为常值 v_0，M 为梯子上的一点，设 $MA=l$、$MB=h$，初始时梯子处于竖直位置。试求当梯子与墙面的夹角为 θ 时，点 M 的速度和加速度。

7-6 如习题 7-6 图所示，杆 AB 长 $l=0.2$ m，以等角速度 $\omega=0.5$ rad/s 绕点 B 转动。初始时，杆 AB 位于铅直位置，与杆 AB 铰接的滑块 B 按规律 $x_B=0.2+0.5\sin\omega t$（x_B 以 m 计，t 以 s 计）沿水平直线轨道做简谐运动。试求点 A 的轨迹以及 $t=0$ 时点 A 的速度。

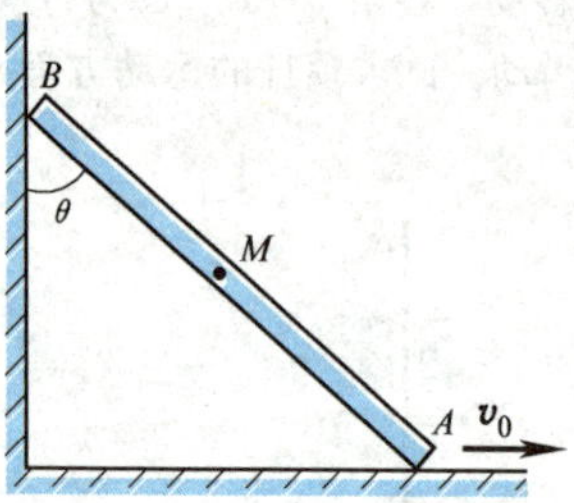

习题 7-5 图

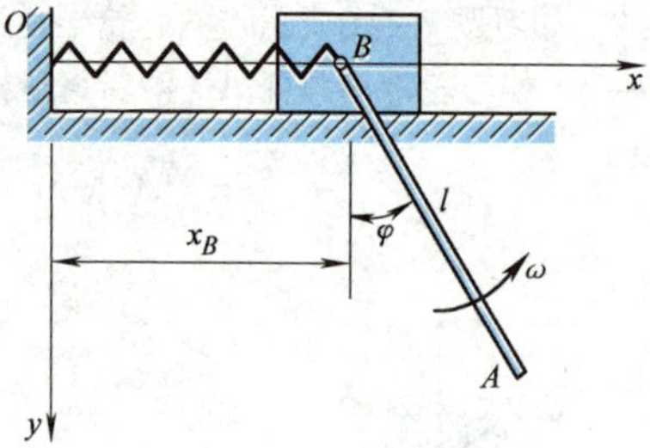

习题 7-6 图

7-7 如习题 7-7 图所示，摇杆滑道机构中的滑销 M 同时在固定的圆弧槽 BC 和摇杆 AO 的滑道中滑动。已知圆弧 BC 的半径为 R，摇杆 AO 绕位于圆弧 BC 圆周上的轴 O 以等角速度 ω 转动。$t=0$ 时，摇杆 AO 在水平位置。试分别用直角坐标法和自然法建立滑销 M 的运动方程，并求其速度和加速度。

7-8 点 M 沿抛物线 $y=0.2x^2$ 运动（其中 x、y 均以 m 计）。若在 $x=5$ m 处，点 M 的

速度 $v=4\ \mathrm{m/s}$，切向加速度 $a_t=3\ \mathrm{m/s^2}$，试求此时点 M 的全加速度。

7-9　已知动点的直角坐标形式的运动方程为 $x=t^2-t$、$y=2t$（其中 x、y 以 m 计，t 以 s 计），试求其轨迹方程，并求当 $t=1\ \mathrm{s}$ 时，轨迹在动点处的曲率半径。

7-10　如习题 7-10 图所示，半径为 r 的轮子沿水平直线轨道无滑动地滚动，已知轮心 C 的速度 $\boldsymbol{v}_C$ 为常量，试建立轮缘上任一点 M 的直角坐标形式和弧坐标形式的运动方程，并求出该点的速度、切向加速度、法向加速度以及轨迹的曲率半径。

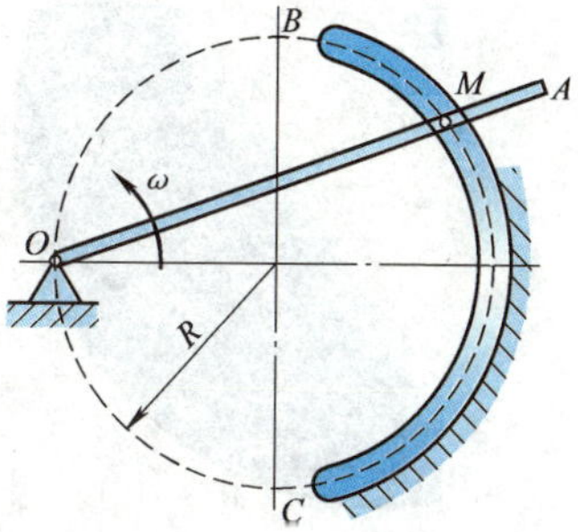

习题 7-7 图

7-11　如习题 7-11 图所示，绳 AMC 的一端系于固定点 A，绳子穿过滑块 M 上的小孔，另一端系于滑块 C 上。已知滑块 M 由 A 处出发沿水平杆以等速 $\boldsymbol{v}_0$ 运动，绳 AMC 的长度为 l，点 A 至立柱 BD 的距离为 b。试求：(1) 滑块 C 的速度大小 v_C 与距离 x（$AM=x$）之间的关系；(2) 当滑块 M 经过点 B 时，滑块 C 的速度。

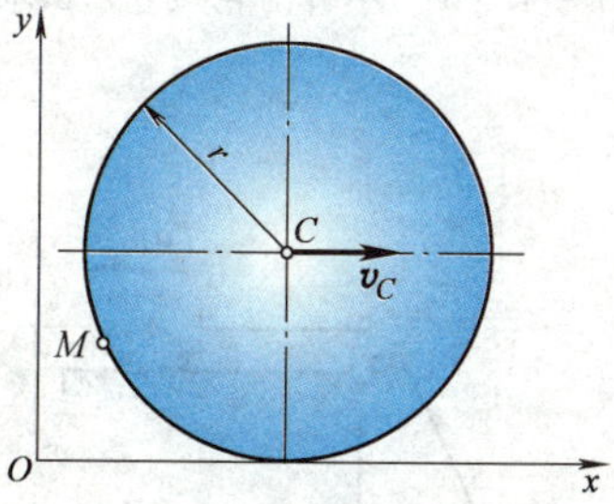

习题 7-10 图

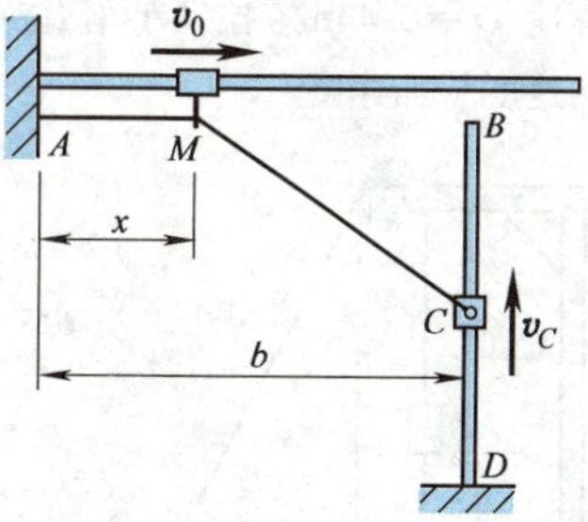

习题 7-11 图

7-12　在习题 7-12 图所示的平面机构中，滑块 A、B 分别在互相垂直的直线轨道上运动，且分别铰接在杆 CD 上，杆 CD 和 x 轴的夹角 $\varphi=\omega t$（ω 为常数）。设 $AC=AB=l$，试求：(1) 点 C 的轨迹；(2) 当 $t=0$ 时，轨迹在点 C 处的曲率半径。

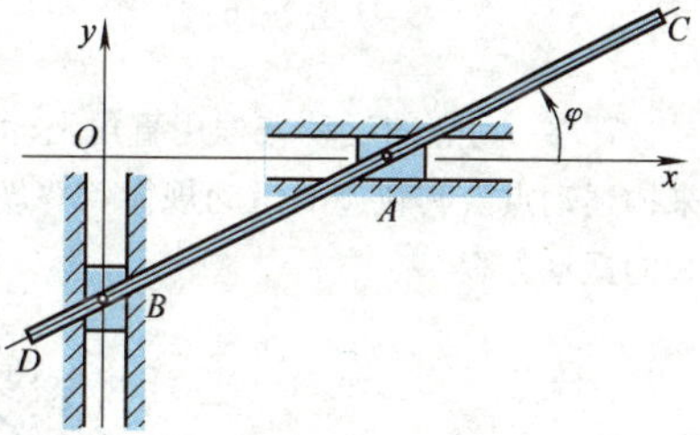

习题 7-12 图

7-13　动点沿半径 $R=10\ \mathrm{cm}$ 的圆弧轨道由静止开始做匀加速运动，若测得其速度增至 $10\ \mathrm{cm/s}$ 时所用时间 1 s，试求当时间 $t=2\ \mathrm{s}$ 时其速度和加速度的大小。

7-14　如习题 7-14 图所示，飞机在水平面内从位置 M_0 处起，以 $s=250t+5t^2$（s 以 m 计，t 以 s 计）的规律沿半径 $r=1500\ \mathrm{m}$ 的圆弧做机动飞行。试求当 $t=5\ \mathrm{s}$ 时，飞机在轨迹上的位置 M 以及速度和加速度的大小。

7-15　如习题 7-15 图所示，一人在路灯下由灯柱起以匀速 u 沿直线背离灯柱行走。已知人高 $AB=l$、灯高 $DO=h$，试求头顶影子 M 的速度和加速度。

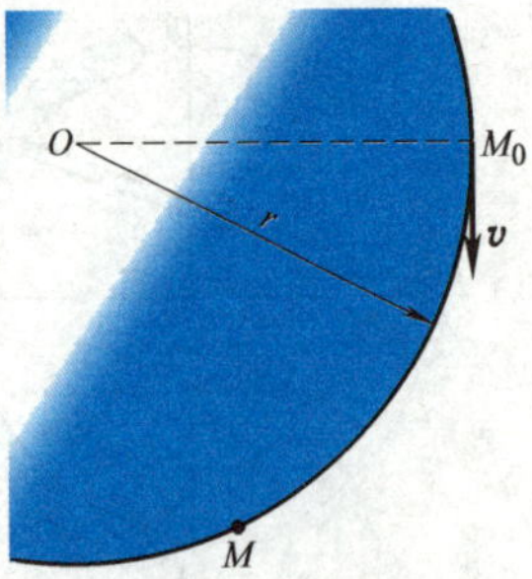

习题 7-14 图

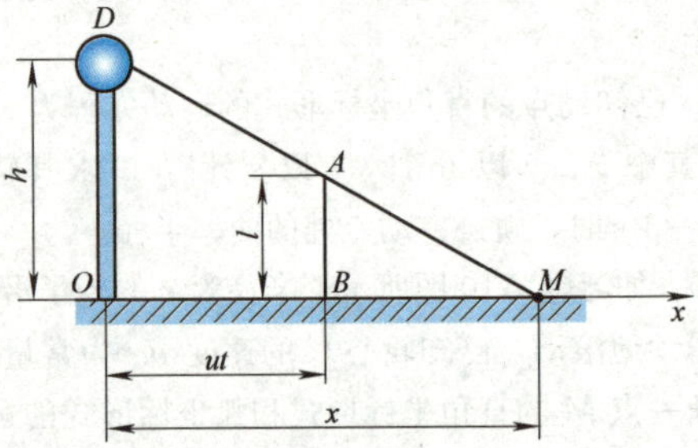

习题 7-15 图

7-16 如习题 7-16 图所示，跨过滑轮 C 的绳子的一端挂着物块 B、另一端 A 由小车拉着以匀速 $v_0=1\ \mathrm{m/s}$ 沿着水平直线轨道运动。已知 A 端离地面的高度 $h=1\ \mathrm{m}$，滑轮离地面的高度 $H=9\ \mathrm{m}$，运动开始时，物块在地面上 B_0 处，绳的 AC 段在铅直位置 A_0C 处。若不计物块和滑轮尺寸，试求物块 B 的运动方程、速度方程与加速度方程，以及物块升至架顶所需的时间。

7-17 如习题 7-17 图所示，小车 A 与 B 以绳索相连，A 车高出 B 车 $h=1.5\ \mathrm{m}$。已知小车 A 以等速 $v_A=0.4\ \mathrm{m/s}$ 拉动小车 B。开始时，$BC=l_0=4.5\ \mathrm{m}$。不计滑轮尺寸，试求 5 s 后小车 B 的速度与加速度。

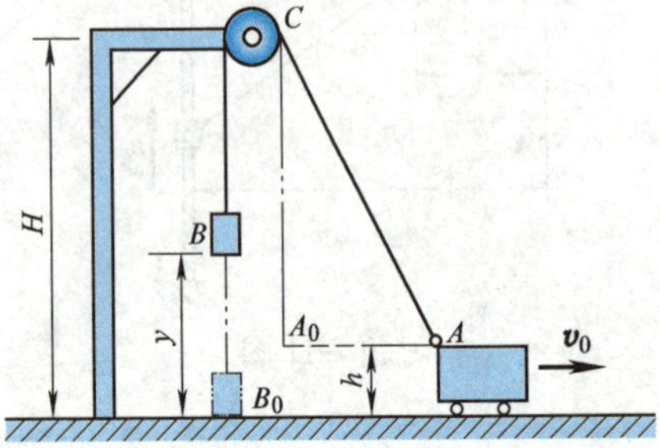

习题 7-16 图

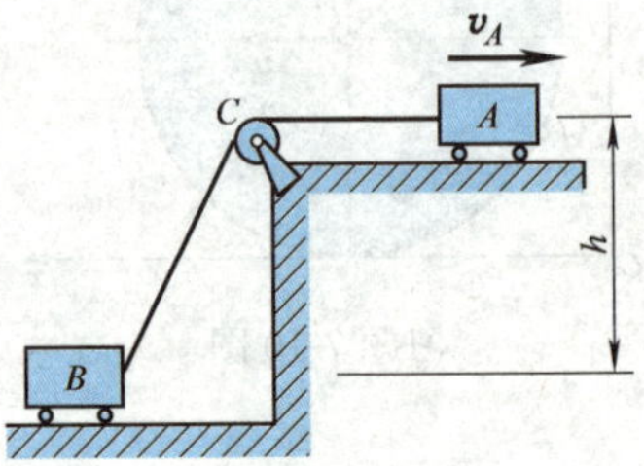

习题 7-17 图

7-18 动点的运动方程用直角坐标法表示为：$x=5\sin5t^2$、$y=5\cos5t^2$。若改用自然法来描述动点沿其轨迹的运动规律，并规定以运动开始位置作为弧坐标原点，试求其弧坐标形式的运动方程。

第7章
知识要点、解题方法与难题解析

第八章 刚体的基本运动

本章研究刚体的两种基本运动：平行移动和绕定轴转动。这两种运动都是工程中最常见、最简单的运动，也是研究刚体复杂运动的基础。

第一节 刚体的平行移动

一、平行移动的定义

刚体在运动过程中，**其上任两点的连线始终与它的初始位置平行**。这种运动称为**刚体的平行移动**，简称**平移**。刚体平移在工程中较为常见，例如，在水平直线轨道上行驶的车厢（见图 8-1a）；振动筛的筛体（见图 8-1b）等。刚体平移时，其上各点的轨迹如为直线，则称为**直线平移**；如为曲线，则称为**曲线平移**。上面所述的车厢即做直线平移；而振动筛的筛体则做曲线平移。

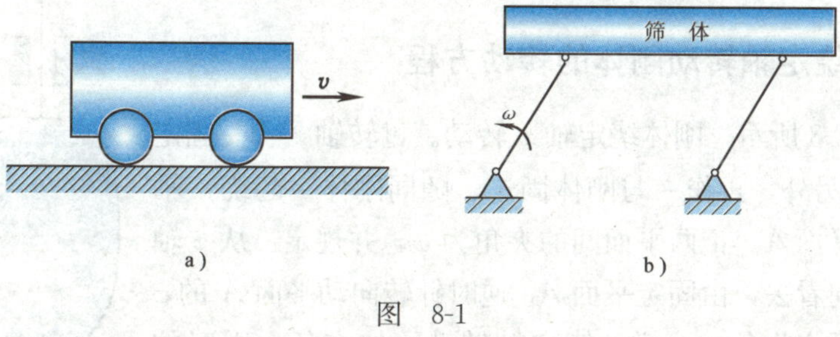

图 8-1

二、平行移动的特性

如图 8-2 所示，在平移刚体内任取两点 A 和 B，令两点的矢径分别为 $\boldsymbol{r}_A$ 和 $\boldsymbol{r}_B$，并作由 B 点指向 A 点的矢量 $\boldsymbol{r}_{AB}$，显然有

$$\boldsymbol{r}_A=\boldsymbol{r}_B+\boldsymbol{r}_{AB} \quad \text{(a)}$$

由平移的定义知，$\boldsymbol{r}_{AB}$为常矢量。因此，在运动过程中，A、B两点的轨迹曲线的形状完全相同。

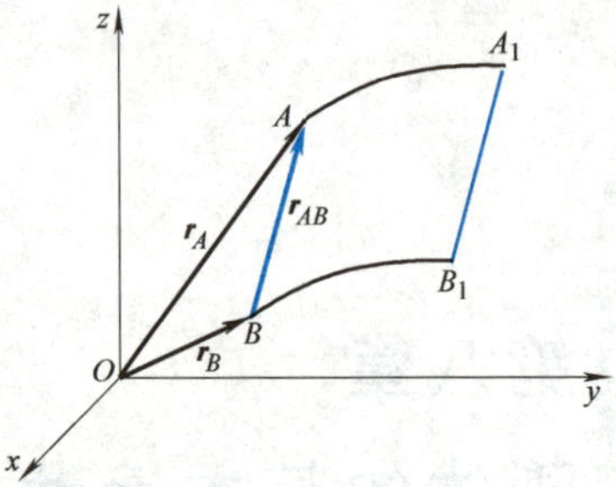

图 8-2

将式（a）两边对时间t依次求一阶导数、二阶导数，由于$\boldsymbol{r}_{AB}$为常矢量，即得

$$\boldsymbol{v}_A=\boldsymbol{v}_B,\quad \boldsymbol{a}_A=\boldsymbol{a}_B$$

从而有结论：

1）**平移刚体上各点的轨迹形状相同。**

2）**在每一瞬时，平移刚体上各点的速度、加速度均相等。**

可见，对于平移刚体，只要知道其上任一点的运动规律就知道了整个刚体的运动规律。所以，研究刚体的平移，可以归结为研究平移刚体上任一点的运动。平移刚体的运动学问题也就转化为了上一章所介绍过的点的运动学问题。

第二节　刚体绕定轴转动

刚体在运动过程中，**其上或其延拓部分上有一直线始终固定不动**，这种运动称为**刚体绕定轴转动**。该固定不动的直线称为**转轴**。刚体绕定轴转动在工程中十分常见，如机床的主轴、电动机的转子、变速箱中的齿轮以及绕固定铰链开关的门窗等，都是在绕定轴转动。

一、绕定轴转动刚体的转动方程

如图8-3所示，刚体绕定轴z转动。过转轴z作一固定平面A_0，另外，再作一与刚体固连、随同刚体一起绕z轴转动的动平面A。记两平面间的夹角为φ，并规定：从z轴正向往负向看去，由固定平面A_0逆时针转向动平面A的φ角为正，反之为负。这样，绕定轴转动刚体在任一瞬时的位置即可由φ角唯一确定，称φ角为**转角**。刚体绕定轴转动时，转角φ随时间t连续变化，是时间t的单值连续函数，即有

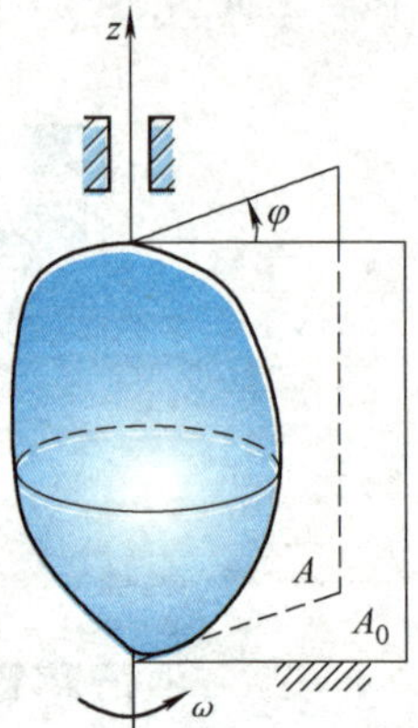

图 8-3

$$\varphi=f(t) \quad (8\text{-}1)$$

式（8-1）称为**绕定轴转动刚体的转动方程**。

二、绕定轴转动刚体的角速度

角速度表征刚体转动的快慢与转向，用 ω 表示，它等于转角 φ 对时间 t 的一阶导数，即

$$\omega=\frac{\mathrm{d}\varphi}{\mathrm{d}t} \tag{8-2}$$

绕定轴转动刚体的角速度 ω 是代数量，其正负号规定如下：从转轴 z 的正向往负向看去，刚体逆时针转动时，角速度 ω 为正，反之为负。角速度 ω 的正负号也可按照右手螺旋法则确定，即将右手四指握住转轴 z 并使其弯曲方向与刚体绕 z 轴转动的方向一致，若大拇指的指向与转轴 z 的正向相同，则角速度 ω 取正号；反之取负号（见图 8-4）。

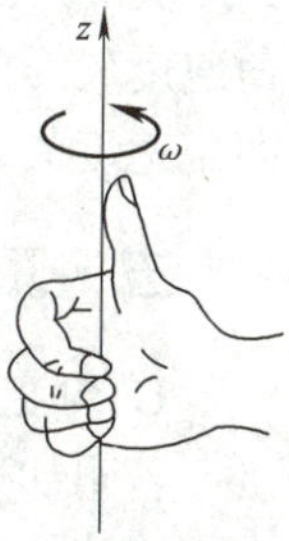

图 8-4

在国际单位制中，角速度的单位为 rad/s（弧度/秒）。

工程中常用转速 n 来表示转动件转动的快慢，其单位为 r/min（转/分）。显然，角速度 ω 与转速 n 的换算关系为

$$\omega=\frac{\pi n}{30} \tag{8-3}$$

三、绕定轴转动刚体的角加速度

角加速度表征刚体角速度的变化速率，用 α 表示，它等于角速度 ω 对时间 t 的一阶导数，也等于转角 φ 对时间 t 的二阶导数，即

$$\alpha=\frac{\mathrm{d}\omega}{\mathrm{d}t}=\frac{\mathrm{d}^2\varphi}{\mathrm{d}t^2} \tag{8-4}$$

绕定轴转动刚体的角加速度 α 也是代数量，其正负号规定与角速度 ω 的正负号规定相同，即从 z 轴的正向往负向看去，逆时针转向的角加速度 α 为正，反之为负。或者，按照右手螺旋法则来确定角加速度 α 的正负号。

若 ω 与 α 同号（即转向相同），则刚体做加速转动；若 ω 与 α 异号（即转向相反），则刚体做减速转动。

在国际单位制中，角加速度的单位为 rad/s^2（弧度/秒^2）。

四、角速度与角加速度的矢量表示

绕定轴转动刚体的角速度与角加速度也可用矢量来表示，它们的矢量定义分别为

$$\boldsymbol{\omega}=\omega\boldsymbol{k} \tag{8-5}$$

$$\boldsymbol{\alpha}=\alpha\boldsymbol{k} \tag{8-6}$$

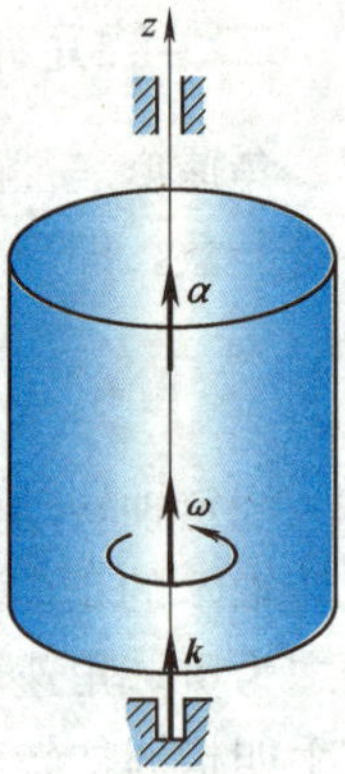

图 8-5

式中，$\boldsymbol{k}$ 为沿转轴 z 正方向的单位矢量；ω、α 分别为按式（8-2）、式（8-4）确定的角速度、角加速度的代数值。

由上述表达式可知：角速度矢 $\boldsymbol{\omega}$（角加速度矢 $\boldsymbol{\alpha}$）的大小等于角速度 ω（角加速度 α）的大小。角速度矢 $\boldsymbol{\omega}$（角加速度矢 $\boldsymbol{\alpha}$）的方向沿着转轴 z，若 $\omega>0$（$\alpha>0$），指向转轴 z 的正向；若 $\omega<0$（$\alpha<0$），指向转轴 z 的负向。角速度矢 $\boldsymbol{\omega}$（角加速度矢 $\boldsymbol{\alpha}$）的方向也可按照右手螺旋法则来确定（见图 8-5）。角速度矢 $\boldsymbol{\omega}$（角加速度矢 $\boldsymbol{\alpha}$）的始点可在转轴 z 上任意选取，即角速度矢 $\boldsymbol{\omega}$（角加速度矢 $\boldsymbol{\alpha}$）为滑动矢量。

五、几种特殊转动

1. 匀变速转动

若角加速度不变，即 α 等于常量，称刚体做**匀变速转动**。匀变速转动又分为匀加速转动（ω 与 α 同号）和匀减速转动（ω 与 α 异号）。与点的匀变速运动类似，在匀变速转动情况下，可得下列三式：

$$\omega=\omega_0+\alpha t \tag{8-7}$$

$$\varphi=\varphi_0+\omega_0 t+\frac{1}{2}\alpha t^2 \tag{8-8}$$

$$\omega^2-\omega_0^2=2\alpha(\varphi-\varphi_0) \tag{8-9}$$

式中，ω_0 和 φ_0 分别为 $t=0$ 时的角速度和转角。

2. 匀速转动

匀速转动时 $\alpha=0°$，ω 为常量，则有

$$\varphi=\varphi_0+\omega t \tag{8-10}$$

【例 8-1】 如图 8-6 所示，荡木 AB 用两条等长的钢索平行吊起。已知 $AO_1=BO_2=l$，$O_1O_2=AB$，钢索的摆动规律为 $\varphi=\varphi_0\sin\frac{\pi t}{4}$（$t$ 以 s 计，φ 以 rad 计）。试求运动初始时刻，荡木中点 M 的速度、加速度。

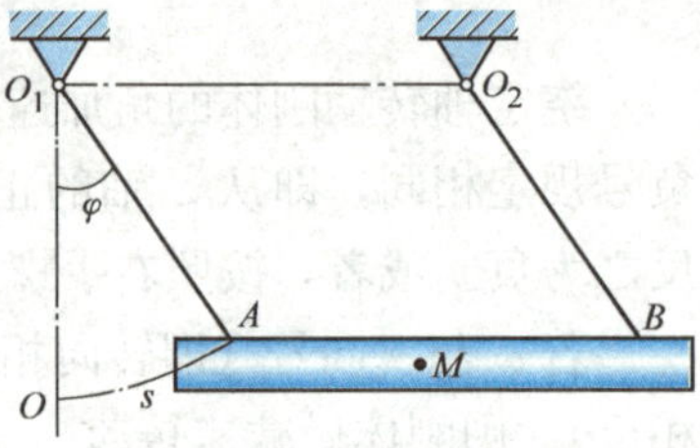

图 8-6

解： 由题意知，荡木做曲线平移。根据平移刚体的运动特性，在同一瞬时，荡木上各点的速度、加速度均相等。因此，欲求点 M 的速度、加速度，只需求出点 A 的速度、加速度即可。点 A 既是荡木上的一点，又是摆索 AO_1 上的一点。因此，点 A 沿着以 O_1 为圆心、以 AO_1 为半径的圆弧轨道做圆周运动。于是，可运用自然坐标法确定点 A 的运动。

如图 8-6 所示，以荡木自然静止时点 A 的位置 O 为坐标原点，规定弧坐标 s 向右为正，则点 A 的运动方程为

$$s=l\varphi=l\varphi_0\sin\frac{\pi}{4}t$$

由式（7-21）、式（7-24）和式（7-26），得任一瞬时点 A 的速度、切向加速度和法向加速度

$$v_A=\dot{s}=\frac{\pi l\varphi_0}{4}\cos\frac{\pi}{4}t$$

$$a_A^{t}=\dot{v}_A=-\frac{\pi^2 l\varphi_0}{16}\sin\frac{\pi}{4}t$$

$$a_A^{n}=\frac{v_A^2}{\rho}=\frac{v_A^2}{l}=\frac{\pi^2 l\varphi_0^2}{16}\cos^2\frac{\pi}{4}t$$

当运动初始时刻，$t=0$ 时，$\varphi=0$，故得荡木中点 M 的速度、加速度分别为

$$v_M=v_A=\frac{\pi l\varphi_0}{4}$$

$$a_M^{t}=a_A^{t}=0,\quad a_M^{n}=a_A^{n}=\frac{\pi^2 l\varphi_0^2}{16},\quad a_M=a_M^{n}=\frac{\pi^2 l\varphi_0^2}{16}$$

速度的方向与 $\boldsymbol{v}_A$ 相同，水平向右；加速度的方向与 $\boldsymbol{a}_A^{n}$ 相同，铅垂向上。

【例 8-2】 如图 8-7 所示，杆 AO 套在套筒 B 中绕轴 O 转动，套筒 B 沿竖直滑道运动。已知套筒 B 以匀速 $v=1$ m/s 向上运动，滑道与轴 O 的水平距离 $l=400$ mm，运动初始时 $\theta=0°$。试求当杆 AO 与水平线的夹角 $\theta=30°$时，杆 AO 的角速度和角加速度。

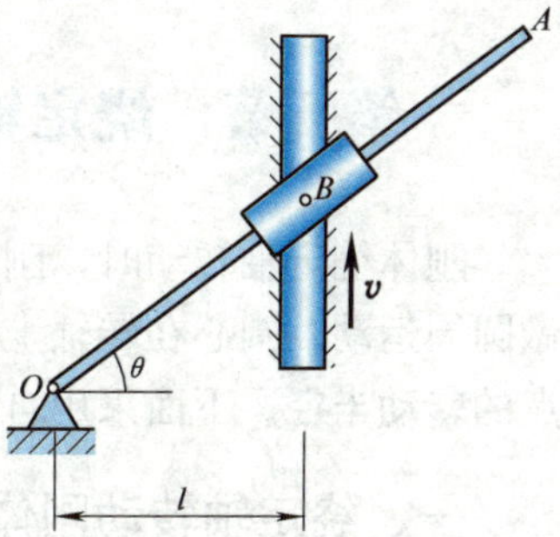

图　8-7

解： 由几何关系得

$$\tan\theta=\frac{vt}{l} \tag{a}$$

由式（a）得杆 AO 绕轴 O 转动的转动方程

$$\theta=\arctan\frac{vt}{l} \tag{b}$$

对式（b）依次求一阶导数、二阶导数，得杆 AO 的角速度、角加速度分别为

$$\omega=\dot{\theta}=\frac{1}{1+\left(\frac{vt}{l}\right)^2}\frac{v}{l} \tag{c}$$

$$\alpha=\dot{\omega}=-\frac{2\left(\frac{v}{l}\right)^3 t}{\left[1+\left(\frac{vt}{l}\right)^2\right]^2} \tag{d}$$

当 $\theta=30°$时，由式（a）得

$$t=\frac{l\tan 30°}{v}=\frac{0.4\sqrt{3}}{3}\text{ s}=0.23\text{ s}$$

将 $t=0.23$ s 代入式（c）和式（d）计算，即得当 $\theta=30°$时杆 AO 的角速度和角加速度分别为

$$\omega=1.88\text{ rad/s(逆时针)},\quad \alpha=-4.06\text{ rad/s}^2\text{(顺时针)}$$

【例 8-3】 已知飞轮由静止开始做匀加速转动，当 $t=1$ s 时，角速度达到 1 rad/s。试

求：(1) 当 $t=10\ \text{s}$ 时飞轮的角速度；(2) 由 $t=0$ 至 $t=10\ \text{s}$ 飞轮转过的圈数。

解：(1) 计算飞轮的角速度

由于飞轮做匀加速转动，故由式（8-7）得其角加速度

$$\alpha=\frac{\omega-\omega_0}{t}=\frac{1-0}{1}\ \text{rad/s}^2=1\ \text{rad/s}^2$$

再由式（8-7），即得当 $t=5\ \text{s}$ 时飞轮的角速度

$$\omega=\omega_0+\alpha t=0+1\ \text{rad/s}^2\times10\ \text{s}=10\ \text{rad/s}$$

(2) 计算飞轮转过的圈数

由式（8-8）得由 $t=0$ 至 $t=5\ \text{s}$ 飞轮转过的角度

$$\varphi-\varphi_0=\omega_0 t+\frac{1}{2}\alpha t^2=0+\frac{1}{2}\times1\ \text{rad/s}^2\times(10\ \text{s})^2=50\ \text{rad}$$

故飞轮转过的圈数为

$$N=\frac{\varphi-\varphi_0}{2\pi}=\frac{50}{2\pi}\ \text{r}=7.96\ \text{r}$$

第三节 绕定轴转动刚体内各点的速度和加速度

刚体绕定轴转动时，刚体内不在转轴上的各点均在垂直于转轴的各平面内做圆周运动。圆心在转轴上，圆周半径 R 等于该点到转轴的垂直距离，称为该点的**转动半径**。下面采用自然法来确定绕定轴转动刚体内各点的速度和加速度。

一、绕定轴转动刚体内各点的速度

如图 8-8 所示，刚体绕定轴 O 转动，其上任一点 M 的转动半径为 R。当刚体转过 φ 角时，点 M 由 M_0 运动到了 M。以点 M 的初始位置 M_0 为弧坐标 s 的原点，按 φ 角的正向规定弧坐标的正向，于是弧坐标

$$s=R\varphi \tag{a}$$

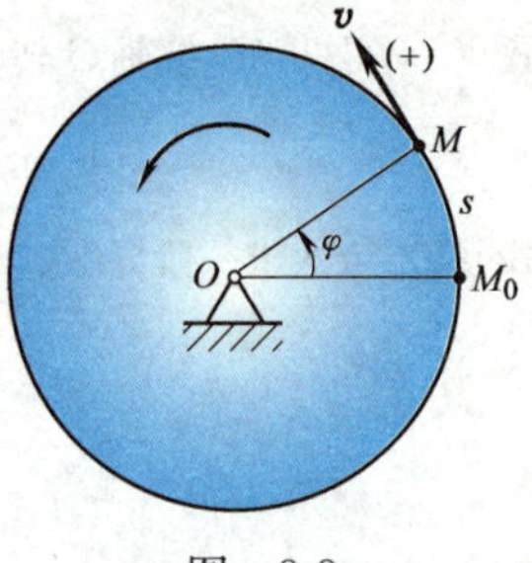

图 8-8

将式（a）对时间 t 求导，得绕定轴转动刚体内任一点的速度

$$v=\dot{s}=R\dot{\varphi}=R\omega \tag{8-11}$$

即绕定轴转动刚体内任一点速度的大小等于该点的转动半径与刚体角速度的乘积；方向垂直于该点的转动半径并指向刚体转动的一方。速度分布规律如图 8-9 所示。

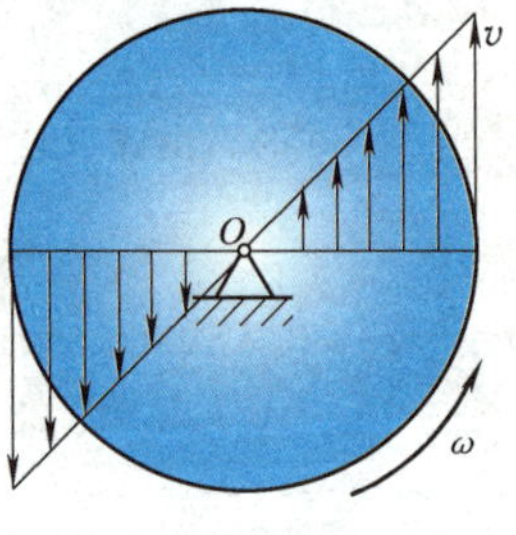

图 8-9

二、绕定轴转动刚体内各点的加速度

将式（8-11）对时间 t 求导，得绕定轴转动刚体内任一点的切向加速度

$$a_t=\dot{v}=R\dot{\omega}=R\alpha \tag{8-12}$$

即绕定轴转动刚体内任一点切向加速度的大小等于该点的转动半径与刚体角加速度的乘积；方向垂直于该点的转动半径，指向与角加速度 α 的转向一致，如图 8-10 所示。

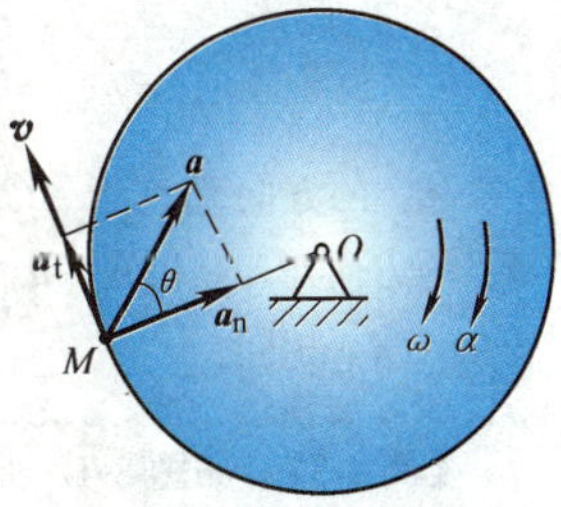

图　8-10

将式（8-11）代入式（7-26），得绕定轴转动刚体内任一点的法向加速度

$$a_n=\frac{v^2}{\rho}=R\omega^2 \tag{8-13}$$

即绕定轴转动刚体内任一点法向加速度的大小等于该点的转动半径与刚体角速度平方的乘积；方向沿转动半径指向转轴，如图 8-10 所示。

绕定轴转动刚体内任一点的全加速度 $\boldsymbol{a}$ 等于切向加速度 $\boldsymbol{a}_t$ 与法向加速度 $\boldsymbol{a}_n$ 的矢量和，如图 8-10 所示，其大小为

$$a=\sqrt{a_t^2+a_n^2}=R\sqrt{\alpha^2+\omega^4} \tag{8-14}$$

用 θ 表示全加速度 $\boldsymbol{a}$ 与转动半径 MO（或法向加速度 $\boldsymbol{a}_n$）之间的夹角，有

$$\tan\theta=\frac{|a_t|}{a_n}=\frac{|R\alpha|}{R\omega^2}=\frac{|\alpha|}{\omega^2} \tag{8-15}$$

综上所述，绕定轴转动刚体内各点的速度和加速度有如下规律：

1）绕定轴转动刚体内各点速度、加速度的大小，均与该点的转动半径成正比。

2）绕定轴转动刚体内各点速度的方向，垂直于转动半径并指向刚体转动的一方。

3）绕定轴转动刚体内各点的全加速度与转动半径间具有相同的夹角 θ，并偏向角加速度 α 转向的一方。

【例 8-4】 搅拌机构如图 8-11 所示，已知 $AO_1=BO_2=R$、$O_1O_2=AB$，曲柄 AO_1 以不变的转速 n 转动。试求搅拌杆 BAM 的端点 M 的速度与加速度。

解： 由题意知，搅拌杆 BAM 做曲线平移，因此端点 M 的速度、加速度与点 A 的完全相同。点 A 既是搅拌杆 BAM 上的一点，又是曲柄 AO_1 上的一点，而曲柄 AO_1 绕定轴 O_1 转动，故有

$$v_M = v_A = O_1A \cdot \omega = R\,\frac{\pi n}{30}$$

$$a_M^{\mathrm{t}} = a_A^{\mathrm{t}} = R\alpha = 0$$

$$a_M^{\mathrm{n}} = a_A^{\mathrm{n}} = \frac{v_A^2}{R} = R\left(\frac{\pi n}{30}\right)^2 = \frac{R\pi^2 n^2}{900}$$

$$a_M = a_M^{\mathrm{n}} = \frac{R\pi^2 n^2}{900}$$

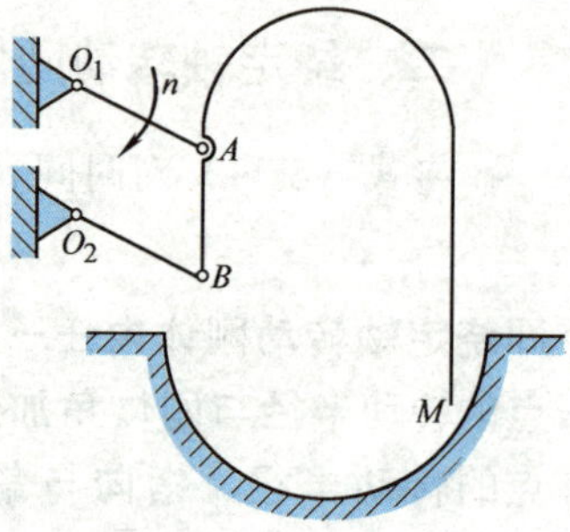

图 8-11

$\boldsymbol{v}_A$ 的方向垂直于 AO_1，指向与杆 AO_1 的转向一致，$\boldsymbol{v}_M$ 的方向与 $\boldsymbol{v}_A$ 相同。$\boldsymbol{a}_A$ 的方向沿 AO_1 指向 O_1，$\boldsymbol{a}_M$ 的方向与$\boldsymbol{a}_A$ 相同。

【例 8-5】 如图 8-12 所示，鼓轮绕轴 O 转动，其半径 R＝0.2 m，转动方程为 $\varphi=-t^2+4t$（t 以 s 计，φ 以 rad 计）。不可伸长的绳索缠绕在鼓轮上，绳索的另一端悬挂重物 A。试求当 t＝1 s 时，轮缘上的点 M 以及重物 A 的速度和加速度。

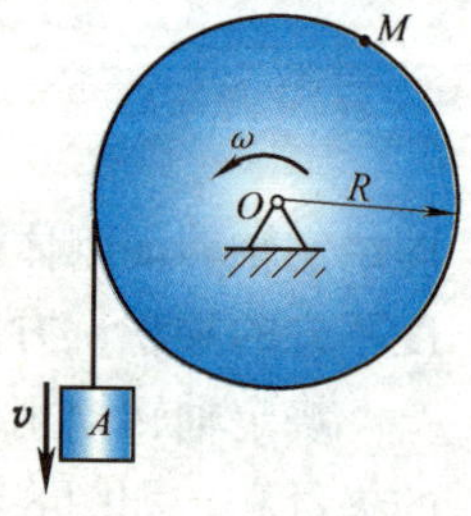

图 8-12

解：（1）求鼓轮绕轴 O 转动的角速度和角加速度

当 t＝1 s 时，由式（8-2），得鼓轮的角速度

$$\omega = \frac{\mathrm{d}\varphi}{\mathrm{d}t} = -2t+4 = (-2\times1+4)\ \mathrm{rad/s} = 2\ \mathrm{rad/s}$$

由式（8-4），得鼓轮的角加速度

$$\alpha = \frac{\mathrm{d}\omega}{\mathrm{d}t} = -2\ \mathrm{rad/s^2}$$

（2）求轮缘上点 M 的速度和加速度

由式（8-11），得 t＝1 s 时点 M 的速度

$$v_M = R\omega = (0.2\times2)\ \mathrm{m/s} = 0.4\ \mathrm{m/s}$$

方向沿轮缘切向、指向与角速度转向一致。

由式（8-12），得切向加速度

$$a_M^{\mathrm{t}} = R\alpha = [0.2\times(-2)]\ \mathrm{m/s^2} = -0.4\ \mathrm{m/s^2}$$

由式（8-13），得法向加速度

$$a_M^{\mathrm{n}} = R\omega^2 = (0.2\times2^2)\ \mathrm{m/s^2} = 0.8\ \mathrm{m/s^2}$$

所以，全加速度的大小为

$$a_M = \sqrt{(a_M^{\mathrm{t}})^2+(a_M^{\mathrm{n}})^2} = \sqrt{(-0.4)^2+0.8^2}\ \mathrm{m/s^2} = 0.89\ \mathrm{m/s^2}$$

全加速度与法线间的夹角由式（8-15）得

$$\tan\theta = \frac{|a_{\mathrm{t}}|}{a_{\mathrm{n}}} = \frac{|\alpha|}{\omega^2} = \frac{|-2|}{2^2} = 0.5$$

$$\theta = 26.6^\circ$$

（3）求重物 A 的速度和加速度

重物 A 的速度与轮边缘上各点的速度相同，即有

$$v_A = v_M = 0.4\ \mathrm{m/s}$$

方向铅垂向下。

重物 A 的加速度与轮边缘上各点的切向加速度相同，即有

$$a_A = a_M^t = -0.4\ \mathrm{m/s^2}$$

与速度方向相反，做减速运动。

【例 8-6】 半径 $R=0.5$ m 的飞轮由静止开始转动，角加速度按 $\alpha=\dfrac{b}{5+t}$ rad/s² （b 为常数）的规律变化。已知 $t=5$ s 时，轮缘上点的速度 $v=20$ m/s。试求当 $t=10$ s 时，轮缘上点的速度和加速度的大小。

解：（1）求飞轮的角速度、角加速度

对

$$\alpha=\frac{\mathrm{d}\omega}{\mathrm{d}t}=\frac{b}{5+t}$$

分离变量后积分，有

$$\int_0^\omega \mathrm{d}\omega = \int_0^t \frac{b}{5+t}\mathrm{d}t$$

解得

$$\omega = b\ln\frac{5+t}{5} \tag{a}$$

由初始条件可确定常数 b：当 $t=5$ s 时，轮缘上一点的速度 $v=R\omega=20$ m/s，代入式（a），求得常数 $b=57.7$。于是，角速度、角加速度方程分别为

$$\omega = 57.7\ln\frac{5+t}{5}\ \mathrm{rad/s}$$

$$\alpha=\frac{57.7}{5+t}\ \mathrm{rad/s^2}$$

当 $t=10$ s 时，代入计算得飞轮的角速度、角加速度的大小分别为

$$\omega=63.4\ \mathrm{rad/s},\quad \alpha=3.85\ \mathrm{rad/s^2}$$

（2）计算轮缘上点的速度和加速度

由式（8-11）～式（8-14），即得轮缘上点的速度和加速度的大小分别为

$$v=R\omega=(0.5\times63.4)\ \mathrm{m/s}=31.7\ \mathrm{m/s}$$

$$a_t=R\alpha=(0.5\times3.85)\ \mathrm{m/s^2}=1.92\ \mathrm{m/s^2}$$

$$a_n=R\omega^2=(0.5\times63.4^2)\ \mathrm{m/s^2}=2010\ \mathrm{m/s^2}$$

$$a=\sqrt{a_t^2+a_n^2}=\sqrt{1.92^2+2010^2}\ \mathrm{m/s^2}\approx2010\ \mathrm{m/s^2}$$

第四节　定轴轮系的传动比

工程中，经常利用定轴轮系传动来改变机器的转速。齿轮系和带轮系是其中最常见的两种，分别如图 8-13a、b 所示。

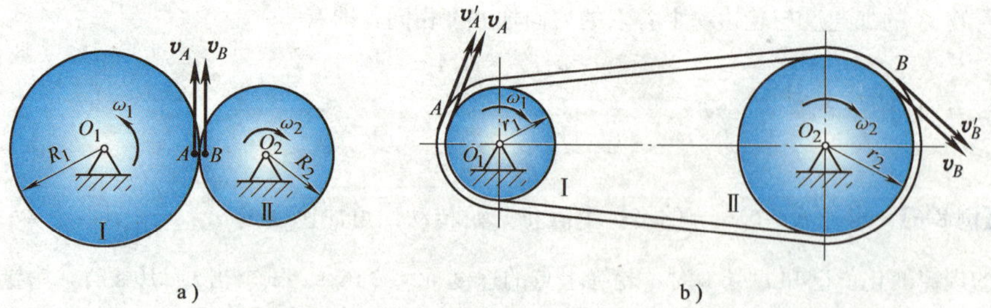

图 8-13

设主动轮Ⅰ的角速度为ω_1、从动轮Ⅱ的角速度为ω_2，定义

$$i_{12}=\frac{\omega_1}{\omega_2} \tag{8-16}$$

为定轴轮系的**传动比**。

对于齿轮传动，由于两个齿轮在啮合点A、B处的速度$\boldsymbol{v}_A$与$\boldsymbol{v}_B$相等（见图8-13a)，即

$$\omega_1 R_1=\omega_2 R_2 \tag{a}$$

其中，R_1、R_2分别为主动轮Ⅰ、从动轮Ⅱ的啮合圆半径。又因齿轮在啮合圆上的齿距相等，它们的齿数z_1、z_2与半径R_1、R_2成正比，所以，齿轮的传动比可表示为

$$i_{12}=\frac{\omega_1}{\omega_2}=\frac{R_2}{R_1}=\frac{z_2}{z_1} \tag{8-17}$$

对于带轮传动，假设胶带与带轮间无相对滑动，则$v_A=v'_A=v'_B=v_B$（见图8-13b)，即两个带轮边缘各点的速度相等，由此得

$$\omega_1 r_1=\omega_2 r_2 \tag{b}$$

其中，r_1、r_2分别为主动轮Ⅰ、从动轮Ⅱ的半径。故带轮的传动比可表示为

$$i_{12}=\frac{\omega_1}{\omega_2}=\frac{r_2}{r_1} \tag{8-18}$$

【例8-7】 两个内啮合齿轮Ⅰ和Ⅱ如图8-14所示，已知轮Ⅰ的齿数$z_1=36$、转速$n_1=100$ r/min，轮Ⅱ的转速$n_2=300$ r/min，试求该齿轮系的传动比以及轮Ⅱ的齿数。

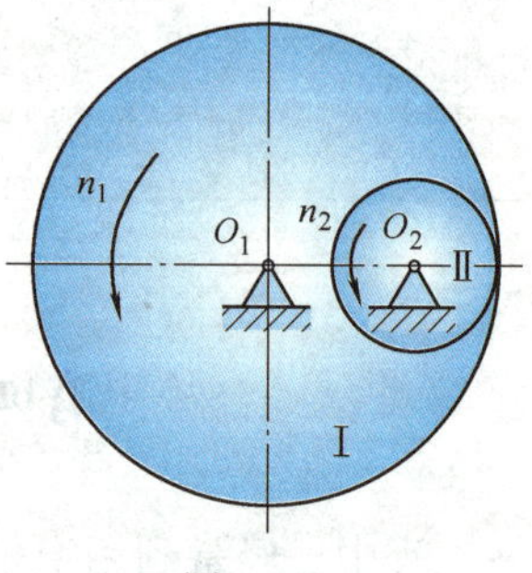

图 8-14

解： 由式（8-16)，得该齿轮系的传动比

$$i_{12}=\frac{\omega_1}{\omega_2}=\frac{n_1}{n_2}=\frac{100}{300}=\frac{1}{3}$$

再由式（8-17)，即得轮Ⅱ的齿数

$$z_2=i_{12}z_1=\frac{1}{3}\times 36=12$$

复习思考题

8-1　试判断下列说法是否正确：

（1）刚体在运动过程中，其上有一条直线始终平行于它的初始位置，则刚体做平移。

（2）某瞬时，平移刚体上各点速度的大小相等，但方向可以不同。

（3）若刚体内各点均做圆周运动，则此刚体的运动必为绕定轴转动。

（4）绕定轴转动刚体的转轴不能在刚体的外形轮廓之外。

8-2　绕定轴转动刚体上平行于轴线的线段做何种运动？

8-3　试问在下列刚体的运动中，哪些是平移？哪些是绕定轴转动？

（1）在水平直线轨道上行驶的车厢。

（2）在弯道上行驶的车厢。

（3）车床上旋转的飞轮。

（4）在地面上滚动的圆轮。

8-4　刚体绕定轴匀速转动时，其上各点的加速度是否等于零？为什么？

8-5　如思考题 8-5 图所示，T 形杆 ABC 的角速度 ω 与角加速度 α 为已知，试画出 B、C 两点的速度、切向加速度和法向加速度的方向。

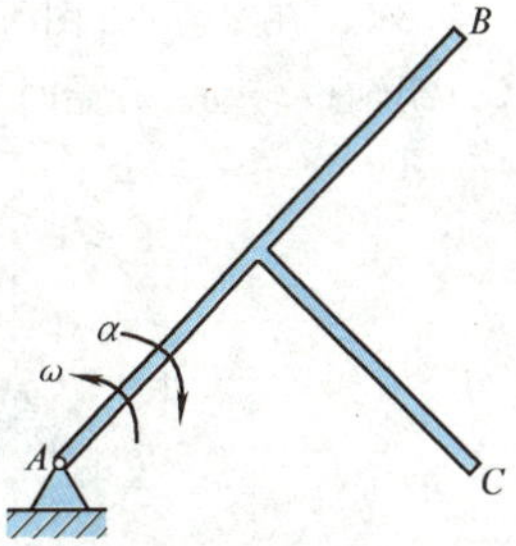

思考题 8-5 图

8-6　刚体绕定轴转动，已知其上任两点的速度，能否确定转轴的位置？

8-7　刚体绕定轴转动时，角加速度为正，则表示加速转动；角加速度为负，则表示减速转动。这一表述是否正确？为什么？

8-8　绕定轴转动刚体上哪些点的加速度大小相等？哪些点的加速度方向相同？

习题

8-1　平面机构如习题 8-1 图所示，三角板 ABM 与杆 AO_1、BO_2 铰接。已知 $AO_1=BO_2=l$，$O_1O_2=AB$，杆 AO_1 的摆动规律为 $\varphi=\dfrac{\pi}{2}\sin\dfrac{\pi}{6}t$（$t$ 以 s 计，φ 以 rad 计），试求当 $t=1$ s 时，点 M 的速度和加速度。

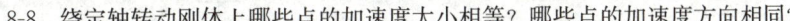

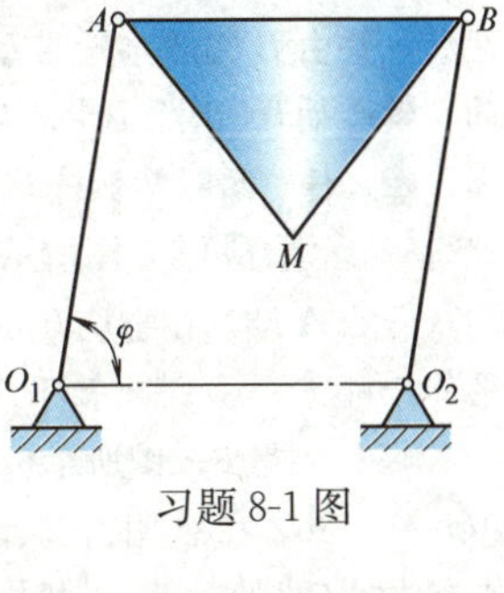

习题 8-1 图

8-2　如习题 8-2 图所示，杆 AO 绕轴 O 转动，其转动方程为 $\varphi=4t^2$（t 以 s 计，φ 以 rad 计），杆 BC 绕轴 C 转动，杆 AO 与杆 BC 平行等长，$AO=BC=0.5$ m。试求当 $t=1$ s 时，直角折杆 $EABD$ 上端点 D 的速度和加速度。

8-3　曲柄滑杆机构如习题 8-3 图所示，滑杆有一圆弧形滑道，其半径 $R=100$ mm，圆心 O_1 在导杆 BC 上。曲柄长 $AO=100$ mm，以等角速度 $\omega=4$ rad/s 绕轴 O 转动。设初始时曲

柄 AO 水平向右，试求：(1) 导杆 BC 的运动规律；(2) 当曲柄 AO 与水平线间的夹角 $\varphi=30°$时，导杆 BC 的速度和加速度。

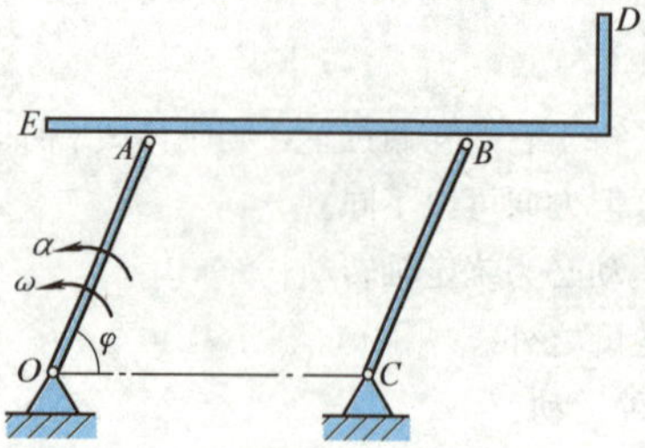

习题 8-2 图

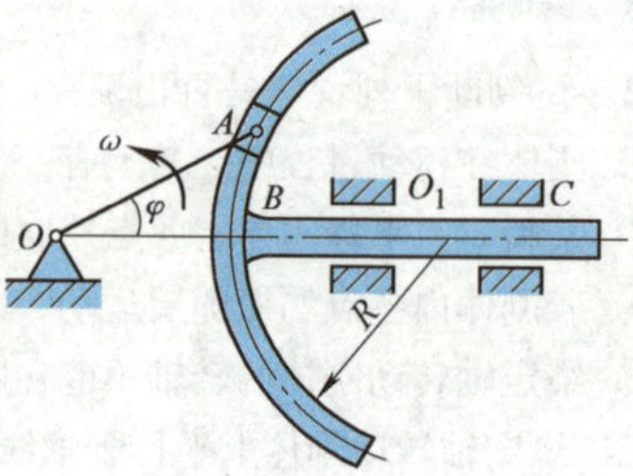

习题 8-3 图

8-4 如习题 8-4 图所示，曲柄 BC 以等角速度 ω_0 绕轴 C 转动，其转动方程为 $\varphi=\omega_0 t$。滑块 B 带动摇杆 AO 绕轴 O 转动。已知 $CO=h$，$BC=r$，试求摇杆 AO 的转动方程。

8-5 在习题 8-5 图所示平面机构中，杆 AB 以等速 $\boldsymbol{v}$ 向上滑动，通过滑块 A 带动摇杆 CO 绕轴 O 转动。开始时 $\varphi=0°$，试求当 $\varphi=\pi/4$ 时，摇杆 CO 的角速度和角加速度。

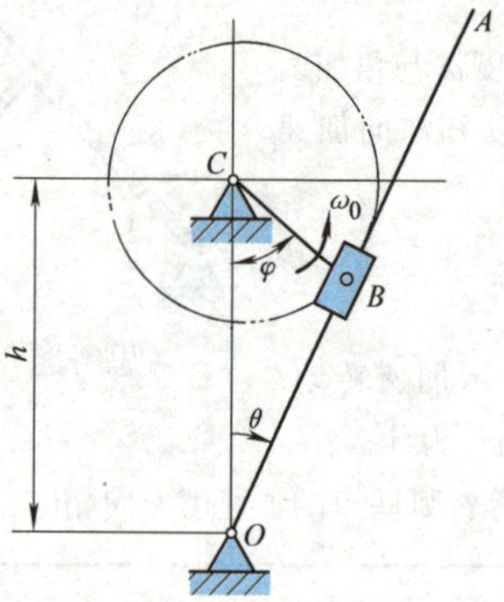

习题 8-4 图

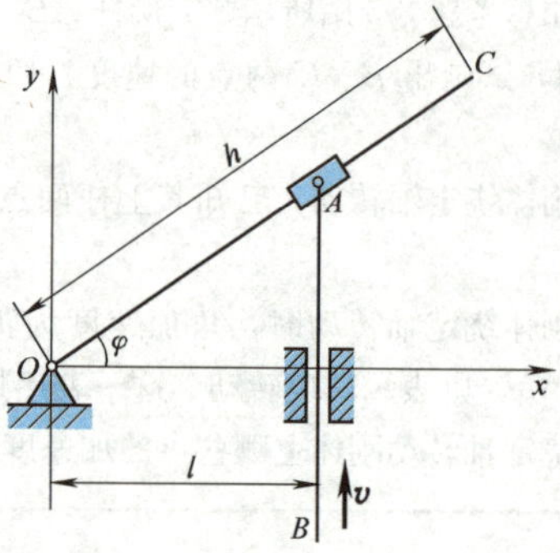

习题 8-5 图

8-6 如习题 8-6 图所示，杆 AB 沿铅垂滑道以等速 $\boldsymbol{v}$ 向下运动，并由 B 端的小轮带动半径为 R 的圆弧杆 CO 绕轴 O 转动。设运动开始时，$\varphi=\pi/4$，试求：(1) 圆弧杆 CO 的转动方程；(2) 任一瞬时圆弧杆 CO 的角速度以及端点 C 的速度。

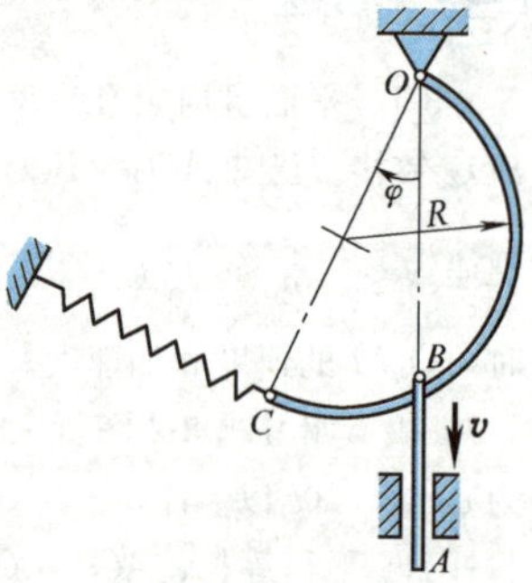

习题 8-6 图

8-7 如习题 8-7 图所示，杆 AO 的长度为 l，可绕轴 O 转动，杆的 A 端靠在物块 B 的侧面。已知物块 B 以等速 $\boldsymbol{v}_0$ 向右平移，且 $x=v_0 t$，试求杆 AO 的角速度和角加速度。

8-8 习题 8-8 图所示机构可将工件送入干燥炉内。已知杆 $AO=1.5$ m，在铅垂面内转动。杆 $AB=0.8$ m，A 端为铰链，B 端有放置工件的框架。在机构运动时，工件的速度恒为 0.05 m/s，杆 AB 始终铅垂。设运动开始时 $\varphi=0°$，试建立杆 AO 的转动方程

以及点 B 的轨迹方程。

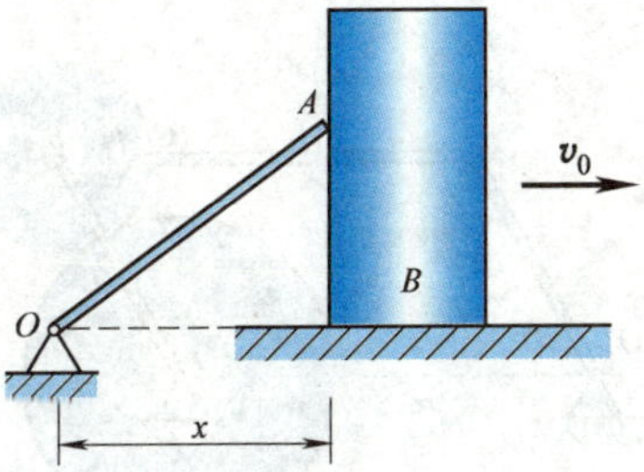

习题 8-7 图

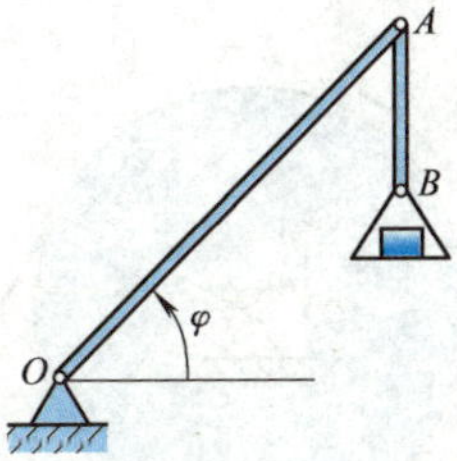

习题 8-8 图

8-9 如习题 8-9 图所示，半径 $R=100$ mm 的圆盘绕圆心 O 转动。在图示瞬时，点 A 的速度 $v_A=200$ mm/s，点 B 的切向加速度 $a_B^t=150$ mm/s²，方向如图所示。试求圆盘的角速度、角加速度以及点 C 的加速度。

8-10 习题 8-10 图所示为一带式输送机。已知主动轮Ⅰ的转速 $n_1=1200$ r/min、齿数 $z_1=24$，齿轮Ⅱ的齿数 $z_2=96$，齿轮Ⅲ和Ⅳ用链条传动，齿数各为 $z_3=15$ 和 $z_4=45$，轮Ⅴ的直径 $D=460$ mm。试求输送带的速度 $\boldsymbol{v}$。

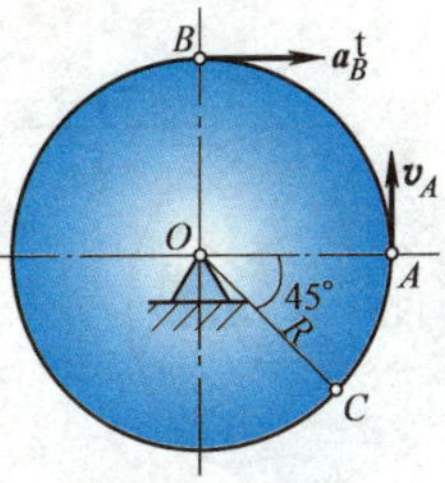

习题 8-9 图

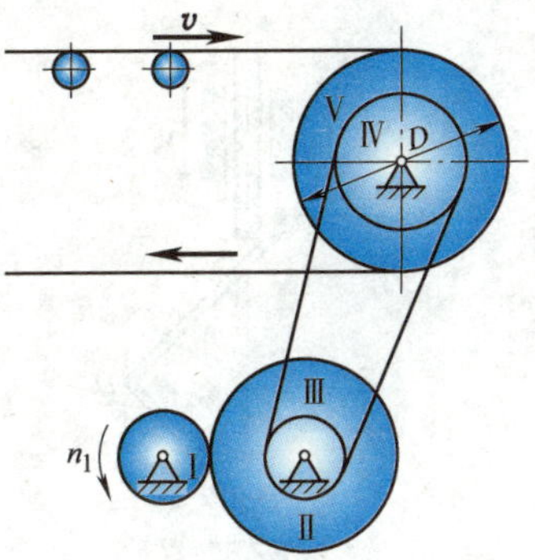

习题 8-10 图

8-11 在习题 8-11 图所示仪表机构中，指针 CO 固连于齿轮Ⅰ上。已知各齿轮齿数分别为 $z_1=6$、$z_2=24$、$z_3=8$、$z_4=32$，齿轮 5 的半径 $R=4$ cm。如齿条 AB 下移 1 cm，试求指针 CO 转过的角度 φ。

8-12 如习题 8-12 图所示，半径 $r=100$ mm 的圆盘绕定轴 O 转动。已知在某一瞬时，圆盘边缘上点 A 的速度 $v_A=800$ mm/s，盘内点 B 的全加速度 $\boldsymbol{a}_B$ 与其转动半径 BO 成 θ 角，且 $\tan\theta=0.6$。试求该瞬时圆盘的角加速度。

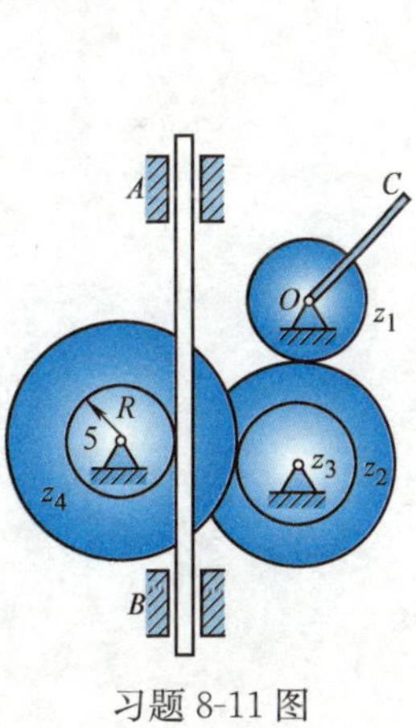

习题 8-11 图

8-13 如习题 8-13 图所示，机构中齿轮Ⅰ固连于杆 AC 上，齿轮Ⅰ通过曲柄 BO_2 与半径为 r_2 的齿轮Ⅱ啮合，齿轮Ⅱ可绕轴 O_2 转动。已知 $AB=O_1O_2$、$AO_1=BO_2=l$、$\varphi=b\sin\omega t$（b、ω

均为常数)，试求当 $t=\frac{\pi}{2\omega}$ 时，轮Ⅱ的角速度和角加速度。

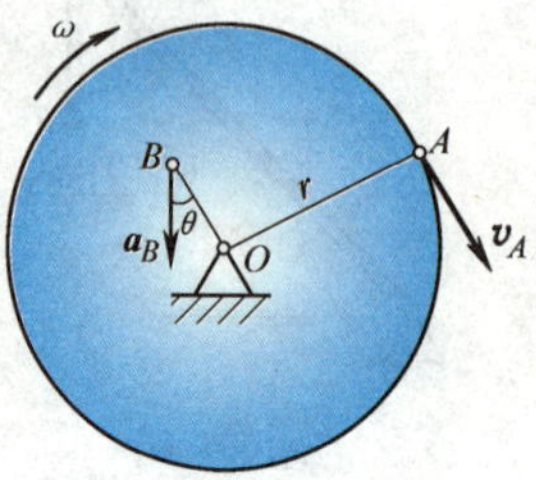

习题 8-12 图

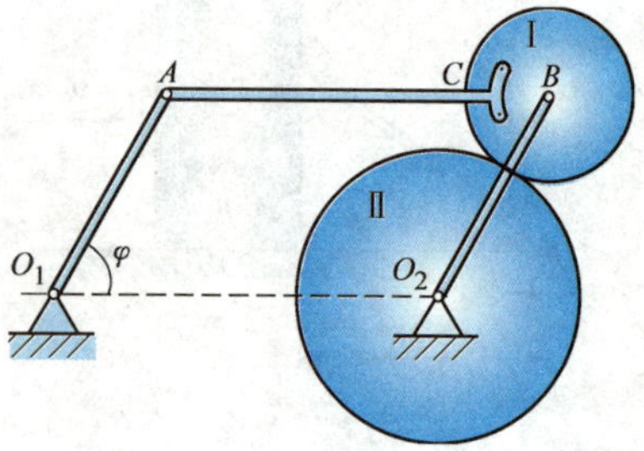

习题 8-13 图

8-14 如习题 8-14 图所示，杆 AB 以等速 $\boldsymbol{v}$ 沿铅直导轨向下运动，其一端 B 靠在直角杠杆 CDO 的 CD 边上，带动杠杆 CDO 绕位于导轨轴线上的轴 O 转动。试求杠杆的端点 C 的速度和加速度（表示为角 φ 的函数）。已知 $DO=l$、$CD=2l$。

8-15 如习题 8-15 图所示，纸盘由厚度为 b 的纸条卷成。现以匀速 $\boldsymbol{v}$ 水平拉纸条，若 $b \ll r$，试求纸盘的角加速度 α（表示为纸盘半径 r 的函数）。

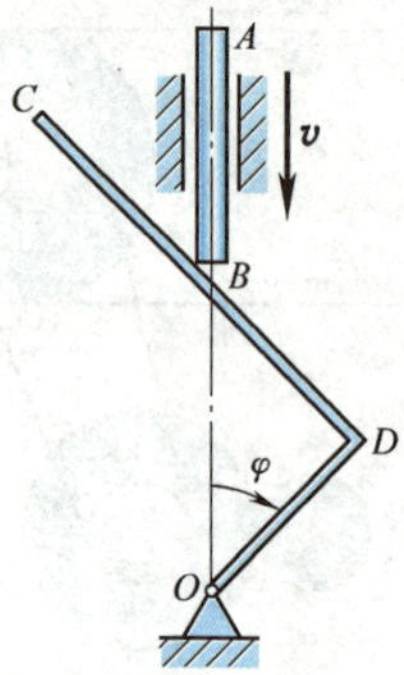

习题 8-14 图

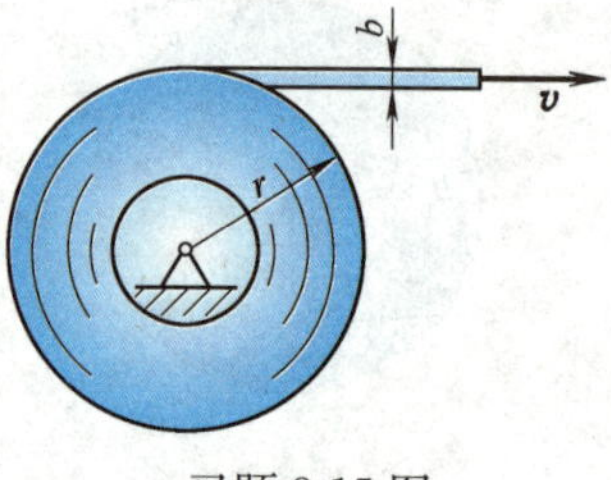

习题 8-15 图

第8章
知识要点与解题方法

第九章
点的合成运动

同一物体的运动在不同参考系中有着不同的运动特性。例如，采用日心参考系（坐标原点为太阳中心，坐标轴的方向始终指向恒星的参考系）描述行星的运动，行星的运动轨迹是椭圆；而采用地心参考系（坐标原点为地心，坐标轴方向始终指向恒星的参考系），行星的运动轨迹则是较为复杂的曲线。再如图 9-1a 所示，车床工作时，如参考系固连于地面，车刀刀尖的运动轨迹是直线；若参考系固连于旋转的工件上，车刀刀尖的运动轨迹则是螺旋线。

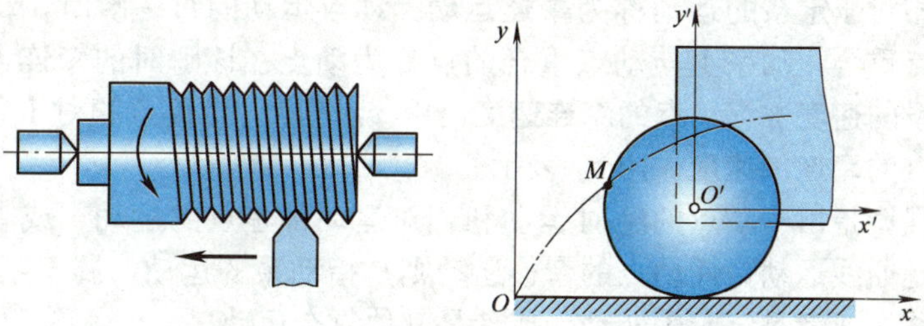

a)　　b)

图　9-1

通过对运动的观察还发现，点相对于某一参考系的较为复杂的运动可以看成是由相对于其他参考系的两个较为简单的运动组合而成的。如图 9-1b 所示，车轮上 M 点相对于地面参考系的运动轨迹是旋轮线，但也可以把它看成是该点相对于车架的圆周运动和车架相对于地面的平行移动这两个简单运动的合成。

本章主要研究物体相对于不同参考系的运动之间的关系，分析点的速度和加速度合成规律。

第一节　绝对运动、相对运动和牵连运动

为了方便起见，今后将所研究的运动的点简称为**动点**；将固连于地球上的

参考系称为**定参考系**，简称为**定系**，记作 Oxy；将固连于其他相对于地球运动的物体上的参考系称为**动参考系**，简称为**动系**，记作 $O'x'y'$。例如，在图 9-1b 中，动点为车轮上的 M 点；定系 Oxy 固连于地面；动系 $O'x'y'$固连于车架上。

知识点 4: 点的合成运动之一点两系三运动概念

在分析点的合成运动问题时，应首先选取一个动点和两个参考系，即定系与动系。在选定动点、定系和动系后，必须区分下列三种运动：

1. 绝对运动

动点相对于定系的运动称为**绝对运动**。动点在定系上留下的轨迹称为**绝对轨迹**。动点相对于定系的速度称为动点的**绝对速度**，用 $\boldsymbol{v}_{\mathrm{a}}$ 表示。动点相对于定系的加速度称为动点的**绝对加速度**，用 $\boldsymbol{a}_{\mathrm{a}}$ 表示。

2. 相对运动

动点相对于动系的运动称为**相对运动**。动点在动系上留下的轨迹称为**相对轨迹**。动点相对于动系的速度称为动点的**相对速度**，用 $\boldsymbol{v}_{\mathrm{r}}$ 表示。动点相对于动系的加速度称为动点的**相对加速度**，用 $\boldsymbol{a}_{\mathrm{r}}$ 表示。

3. 牵连运动

动系相对于定系的运动称为**牵连运动**。动点运动的每一瞬时，动系上都有一点与动点重合，动系上与动点重合的点称为动点在该瞬时的**牵连点**。牵连点相对于定系的速度称为动点的**牵连速度**，用 $\boldsymbol{v}_{\mathrm{e}}$ 表示。牵连点相对于定系的加速度称为动点的**牵连加速度**，用 $\boldsymbol{a}_{\mathrm{e}}$ 表示。

需要强调指出，动点的绝对运动和相对运动都是点的运动，或者是直线运动，或者是曲线运动；而动点的牵连运动则是指动系的运动，属于刚体的运动，或者是平移，或者是绕定轴转动，或者是其他复杂运动。

例如，在图 9-1a 中，取车刀刀尖为动点，定系固连于地面，动系固连于旋转的工件上，则动点（车刀刀尖）相对于定系（地面）的运动为绝对运动，绝对轨迹为直线；动点（车刀刀尖）相对于动系（旋转工件）的运动为相对运动，相对轨迹为螺旋线；动系（旋转工件）相对于定系（地面）的运动为牵连运动，牵连运动为绕定轴转动。再如，在图 9-1b 中，动点 M 相对于定系 Oxy（地面）的运动为绝对运动，绝对轨迹为旋轮线；动点 M 相对于动系 $O'x'y'$（车架）的运动为相对运动，相对轨迹为圆；动系 $O'x'y'$（车架）相对于定系 Oxy（地面）的运动为牵连运动，牵连运动为直线平移。

【例 9-1】 如图 9-2a 所示，点 M 沿半径为 r 的半圆环 AO 做圆周运动，同时半圆环 AO 又绕定轴 O 转动。试适当选择动点与动系，并确定动点的绝对速度、相对速度和牵连速度的方向。

解： 选取点 M 为动点，动系固连于半圆环 AO 上。

动点的相对运动：沿半圆环的圆周运动，相对速度 $\boldsymbol{v}_{\mathrm{r}}$ 的方向沿相对轨迹（半圆环）的切线方向（见图 9-2b）。

动点的牵连运动：绕定轴 O 转动，牵连点为该瞬时半圆环上与动点 M 重合的点 M'，其

速度即为牵连速度 v_e，方向垂直于 $M'O$（见图 9-2b）。

动点的绝对运动：曲线运动，轨迹未知，故暂时无法确定绝对速度 v_a 的方向。但如果相对速度 v_r 与牵连速度 v_e 皆已知，即可通过下一节介绍的点的速度合成定理求出绝对速度 v_a。

由于定系恒为固连于地面的参考系，故今后可以不再交代。

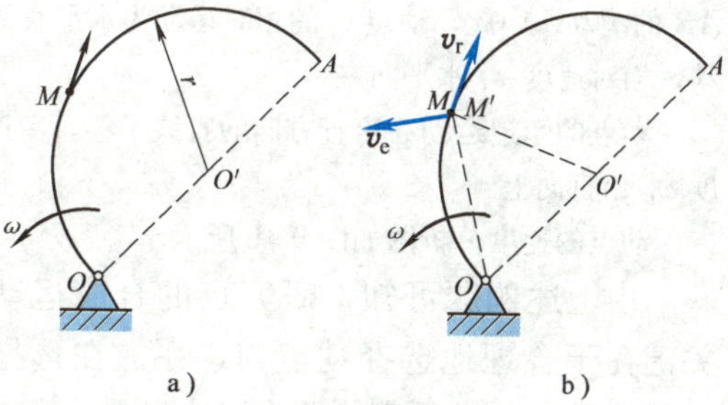

图 9-2

上述选择动点与动系、分析速度的过程称为**速度分析**，所绘制的速度矢量图称为**速度分析图**。

动点的加速度分析相对比较复杂，将在本章第三节中专门讨论。

【例 9-2】 在图 9-3a 所示的机构中，滑块 C 上刻有平均半径为 r 的滑槽，顶杆 AB 上的滚轮 A 置于滑槽内。滑块 C 以不变的速度 v 向右平移，带动顶杆 AB 向上平移。试适当选择动点与动系，并绘制动点的速度分析图。

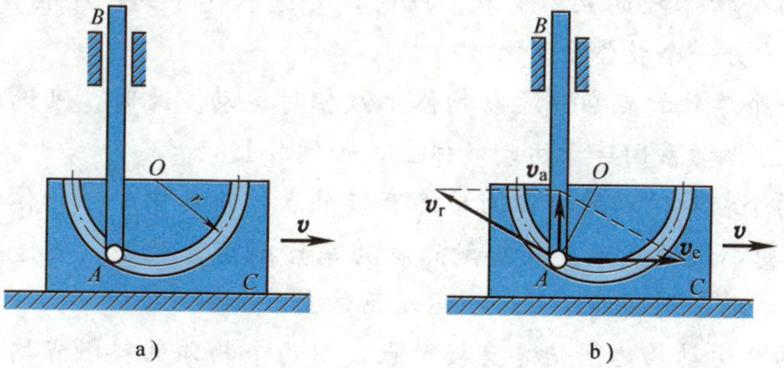

图　9-3

解： 选取顶杆 AB 上的接触点 A 为动点，动系固连于滑块 C 上。

动点的绝对运动：铅垂方向的直线运动，绝对速度 v_a 竖直向上。

动点的相对运动：沿半圆滑槽的圆周运动，相对速度 v_r 沿相对轨迹（半圆槽）的切线方向，即垂直于圆周半径 AO。

动点的牵连运动：水平方向的直线平移，牵连速度 v_e 即为滑块 C 的速度 v，水平向右。

速度分析图如图 9-3b 所示。

【例 9-3】 凸轮顶杆机构如图 9-4a 所示，已知凸轮以等角速度 ω 绕轴 O 转动，带动平底顶杆 ABD 上下平移。试适当选择动点与动系，并绘制动点的速度分析图。

解： 选取凸轮的轮心 C 为动点，动系固连于平底顶杆上。

动点的绝对运动：以点 O 为圆心、CO 为半径的圆周运动，绝对速度 v_a 垂直于转动半径 CO。

动点的相对运动：在观察相对运动时，可令动系不动，这样凸轮的运动可以看成是沿

AB 的滚动。因此，动点 C 的相对运动为水平直线运动，相对速度 v_r 水平向左。

动点的牵连运动：铅直方向的直线平移，牵连速度 v_e 铅直向上。

动点的速度分析图如图 9-4b 所示。

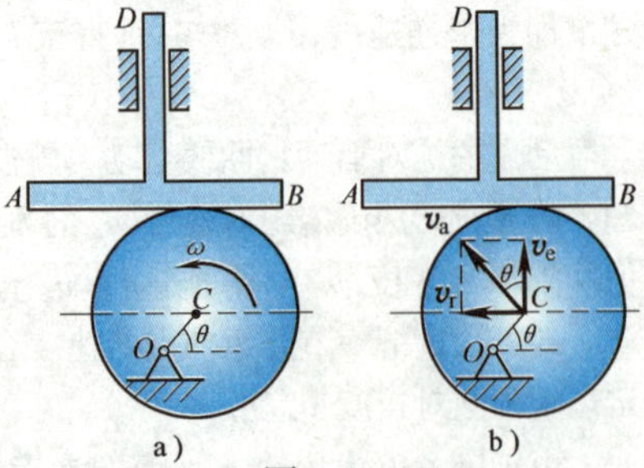

图 9-4

由上述例题可知，研究点的合成运动的关键在于合理地选择动点与动系。在选择动点与动系时，必须遵循两个基本原则：

1）动点与动系之间应存在相对运动。

2）动点的相对轨迹应简单明确。

在实际问题中，动点与动系的选择一般有下列五种情形：

1）两个物体之间互不关联。此时，可选取其中的一个物体为动点，动系固连于另一个物体上。

2）一个单独的点在一运动物体上做相对运动。此时，可选取该单独的点为动点，动系固连于运动物体上，如例 9-1。

3）两个相对运动的物体间始终有接触点，而其中一个物体上的接触点恒定不变，该恒定不变的接触点称为**常接触点**。此时，可选取常接触点为动点，动系则固连于另一个运动物体上，如例 9-2。

4）两个运动物体间始终有接触点，但两个物体的接触点均在不断变化，不存在常接触点。此时，应遵循上述两个基本原则，对问题进行具体分析后再适当地选取动点与动系，如例 9-3。

5）有关联物的多个物体的运动。此时，一般可取关联物为动点，根据需要，动系可能有多个选择。这种情形可见下节中的例 9-7。

第二节 点的速度合成定理

下面研究动点的相对速度、牵连速度与绝对速度之间的关系。

如图 9-5 所示，在 t 瞬时，动点位于运动曲线 AB 上的点 M 处。经过 Δt 时间后，曲线 AB 运动到新位置 $A'B'$，同时，动点沿弧线 $\widehat{MM'}$ 运动到 M' 处，而 t 瞬时的牵连点 M_t 则随 AB 运动至 M_1 处。在时间间隔 Δt 内，动点的绝对轨迹为弧线$\widehat{MM'}$；动点的相对轨迹为弧线$\widehat{M_1M'}$；t 瞬时的牵连点 M_t 的轨迹为弧线$\widehat{MM_1}$。矢量$\overrightarrow{MM'}$、$\overrightarrow{M_1M'}$和$\overrightarrow{MM_1}$分别为在时间间隔 Δt 内动点的绝对位移、相对位移和牵连点的位移。根据矢量关系有

$$\overrightarrow{MM'}=\overrightarrow{MM_1}+\overrightarrow{M_1M'}$$

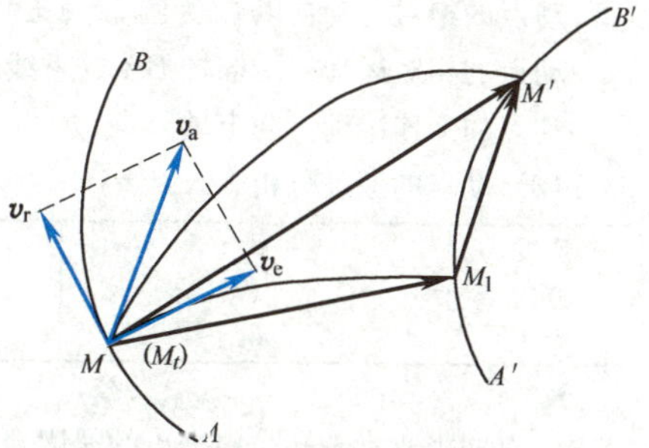

图　9-5

以 Δt 除上述等式的两边，并令 $\Delta t\rightarrow0$ 取极限，即

$$\lim_{\Delta t\rightarrow0}\frac{\overrightarrow{MM'}}{\Delta t}=\lim_{\Delta t\rightarrow0}\frac{\overrightarrow{MM_1}}{\Delta t}+\lim_{\Delta t\rightarrow0}\frac{\overrightarrow{M_1M'}}{\Delta t}$$

其中，第一项为动点在 t 时刻的绝对速度 $\boldsymbol{v}_{\mathrm{a}}$，它沿动点的绝对轨迹$\widehat{MM'}$在点 M 的切线方向；第二项为牵连速度 $\boldsymbol{v}_{\mathrm{e}}$，它沿弧线$\widehat{MM_1}$在点 M 的切线方向；第三项为相对速度 $\boldsymbol{v}_{\mathrm{r}}$，因为当 $\Delta t\rightarrow0$ 时，曲线 $A'B'$ 趋近于曲线 AB，故它沿曲线 AB 在点 M 的切线方向。于是得

$$\boldsymbol{v}_{\mathrm{a}}=\boldsymbol{v}_{\mathrm{e}}+\boldsymbol{v}_{\mathrm{r}} \tag{9-1}$$

式（9-1）表明，**在任一瞬时，动点的绝对速度等于其牵连速度与相对速度的矢量和**。即动点的绝对速度可以由牵连速度与相对速度所构成的平行四边形的对角线来确定。这称为**点的速度合成定理**，其对应的平行四边形称为点的**速度平行四边形**。

应当指出，在式（9-1）中，包含了三种速度的大小和方向共六个要素。一般情况下，必须已知其中四个要素，才能求出剩余的两个要素。

在应用点的速度合成定理解题时，可按以下四个步骤进行：

1）适当选取动点和动系；
2）分析绝对、相对和牵连三种运动；
3）根据点的速度合成定理，作出动点的速度平行四边形；
4）根据速度平行四边形求解未知量。

【例 9-4】 图 9-6 所示曲柄摇杆机构，已知 $OA=l=20$ cm，曲柄 CO 的角速度 $\omega_1=2$ rad/s。试求在图示位置时，摇杆 BA 的角速度 ω_2。

解：（1）选择动点与动系

本题属于前述五种情况中的第三种，故选取常接触点，即曲柄 CO 的端点 C 为动点；动系固连于摇杆 BA 上。

（2）运动分析

动点的绝对运动：以 O 为圆心、CO 为半径的圆周运动。

动点的相对运动：沿摇杆 BA 的直线运动。

动点的牵连运动：绕定轴 A 转动。

(3) 动点的速度分析

速度	$\boldsymbol{v}_a$	$\boldsymbol{v}_e$	$\boldsymbol{v}_r$
方向	$\perp CO$	$\perp CA$	沿摇杆 BA
大小	$\omega_1 l$	未知	未知

其中，有两个要素未知。根据点的速度合成定理，

$$\boldsymbol{v}_a=\boldsymbol{v}_e+\boldsymbol{v}_r$$

以 $\boldsymbol{v}_a$ 为对角线作速度平行四边形如图 9-6 所示。

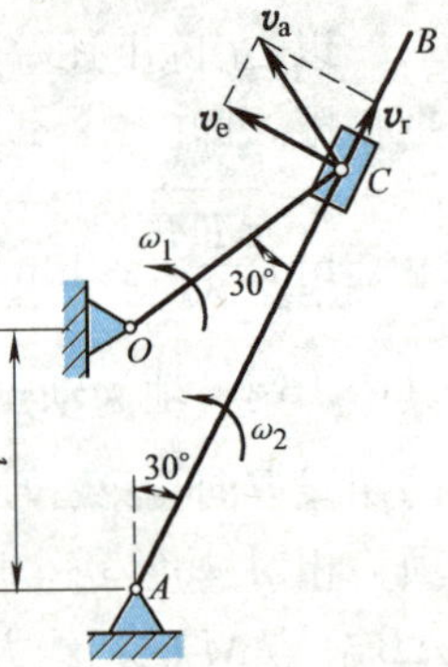

图 9-6

(4) 求解角速度 ω_2

由图示几何关系得

$$v_e=v_a\cos 30°=\frac{\sqrt{3}}{2}\omega_1 l=20\sqrt{3}\ \text{cm/s}$$

根据牵连速度的定义，又有

$$v_e=\omega_2\cdot 2l\cos 30°$$

解得摇杆 AB 的角速度

$$\omega_2=1\ \text{rad/s}$$

【例 9-5】 在图 9-7 所示曲柄滑杆机构中，曲柄长 $AO=r$，以等角速度 ω 绕定轴 O 转动。滑杆 BCD 上的滑槽 BD 与水平线成60°夹角。试求当曲柄 AO 与水平线的夹角 φ 分别为 0°、30°、60°时，滑杆 BCD 的速度。

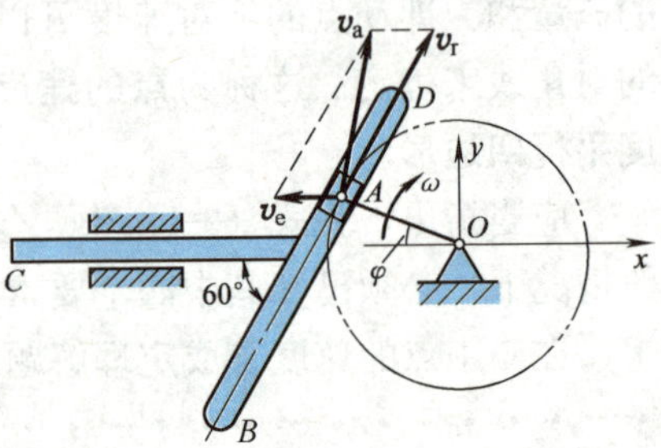

图 9-7

解：(1) 选择动点与动系

本题属于前述五种情况中的第三种，故选取常接触点，即曲柄端点 A 为动点；动系固连于滑杆 BCD 上。

(2) 运动分析

动点的绝对运动：以 O 为圆心、AO 为半径的圆周运动。

动点的相对运动：沿滑槽 BD 的直线运动。

动点的牵连运动：水平直线平移。

(3) 动点的速度分析

速度	$\boldsymbol{v}_a$	$\boldsymbol{v}_e$	$\boldsymbol{v}_r$
方向	$\perp AO$	水平向左	沿滑槽 BD
大小	ωr	未知	未知

其中，有两个要素未知。根据点的速度合成定理，

$$\boldsymbol{v}_a=\boldsymbol{v}_e+\boldsymbol{v}_r \quad \text{(a)}$$

以 $\boldsymbol{v}_a$ 为对角线作速度平行四边形如图 9-7 所示。

(4) 求解滑杆 *BCD* 的速度

注意到，滑杆 *BCD* 的速度即为牵连速度 $\boldsymbol{v}_e$。

将式 (a) 两边分别向 x、y 轴投影，得到

$$v_a\sin\varphi=-v_e+v_r\cos60°$$

$$v_a\cos\varphi=v_r\sin60°$$

由此，解得滑杆 *BCD* 的速度

$$v_e=\frac{v_a\cos\varphi}{\tan 60°}-v_a\sin\varphi$$

故得

$$\varphi=0°:\quad v_e=\frac{\sqrt{3}}{3}r\omega$$

$$\varphi=30°:\quad v_e=0$$

$$\varphi=60°:\quad v_e=-\frac{\sqrt{3}}{3}r\omega$$

上式中的负号表示此瞬时滑杆 *BCD* 的速度的方向与图示方向相反。

【例 9-6】 如图 9-8 所示，已知水流在水轮机工作轮入口处的绝对速度 $v_a=15$ m/s，与铅垂线的夹角 $\varphi=60°$，工作轮的外缘半径 $R=2$ m，转速 $n=30$ r/min。为避免水流与工作轮叶片相冲击，叶片应恰当地安装，以使水流对工作轮的相对速度与叶片相切。试求在工作轮外缘处水流相对于工作轮的速度的大小与方向。

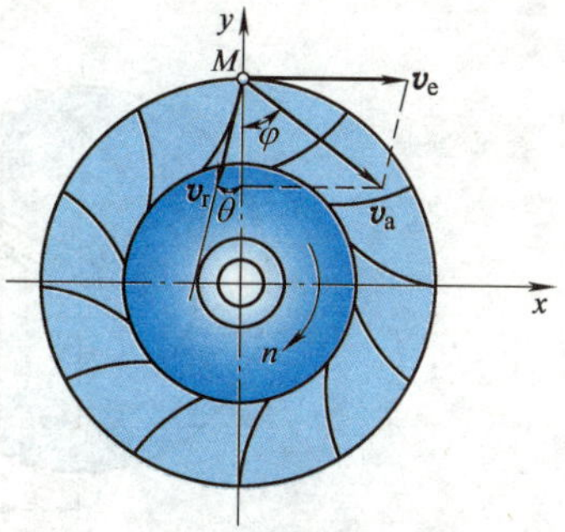

图　9-8

解：(1) 选择动点与动系

选取位于工作轮外缘处的水滴 *M* 为动点，动系固连在工作轮上。

(2) 运动分析

动点的绝对运动：曲线运动。

动点的相对运动：沿叶片表面的曲线运动。

动点的牵连运动：绕定轴转动。

(3) 动点的速度分析

速度	$\boldsymbol{v}_a$	$\boldsymbol{v}_e$	$\boldsymbol{v}_r$
方向	$\varphi=60°$	与轮缘相切	未知
大小	15 m/s	v_e	未知

其中，

$$v_e = R\frac{\pi n}{30} = \left(2\times\frac{30\pi}{30}\right)\ \text{m/s} = 6.28\ \text{m/s}$$

只有待求的相对速度 $\boldsymbol{v}_r$ 的大小与方向两个要素未知。根据点的速度合成定理，

$$\boldsymbol{v}_a = \boldsymbol{v}_e + \boldsymbol{v}_r \tag{a}$$

以 $\boldsymbol{v}_a$ 为对角线作速度平行四边形如图 9-8 所示，假设相对速度 $\boldsymbol{v}_r$ 与铅垂线的夹角为 θ。

(4) 求解水流相对于工作轮的速度 $\boldsymbol{v}_r$

将式 (a) 两边分别向 x、y 轴投影，得到

$$v_a\sin\varphi = v_e - v_r\sin\theta$$

$$-v_a\cos\varphi = -v_r\cos\theta$$

由此解得相对速度 $\boldsymbol{v}_r$ 的方向角、大小分别为

$$\tan\theta = \frac{v_r\sin\theta}{v_r\cos\theta} = \frac{v_e - v_a\sin\varphi}{v_a\cos\varphi} = -0.894,\quad \theta = 41°48'$$

$$v_r = \frac{v_a\cos\varphi}{\cos\theta} = \frac{15\times\cos 60°}{\cos 41°48'}\ \text{m/s} = 10.06\ \text{m/s}$$

【例 9-7】 如图 9-9a 所示，绕定轴 O 转动的圆盘 O 与曲柄 AO 上均有一导槽，两导槽间有一活动销子 M，圆盘导槽与转轴之间的距离 $b=0.1$ m。设在图示位置时，圆盘与曲柄的角速度分别为 $\omega_1=9$ rad/s 与 $\omega_2=3$ rad/s。试求此瞬时活动销子 M 的速度。

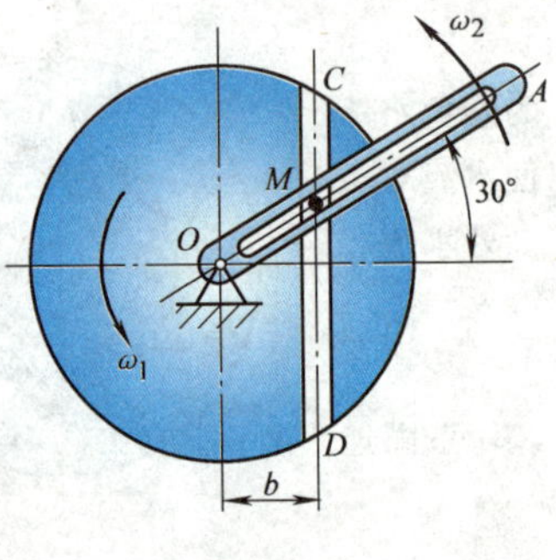

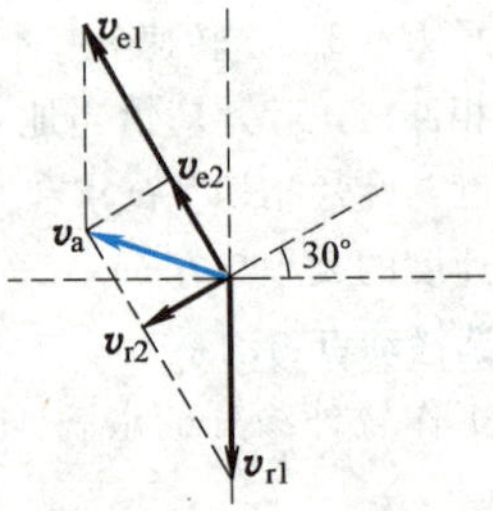

图 9-9

解：(1) 选择动点与动系

本题属于前述五种情况中的最后一种，即有关联物的多个物体的运动。可选取关联物活动销子 M 为动点；动系则选取两个，分别固连于圆盘 O 和曲柄 AO 上。

(2) 运动分析

1) 当动系固连于圆盘上时

动点的绝对运动：平面曲线运动。

动点的相对运动：沿圆盘上导槽 CD 的直线运动。

动点的牵连运动：以角速度 ω_1 绕定轴 O 的转动。

2) 当动系固连于曲柄 AO 上时

动点的绝对运动：平面曲线运动。

动点的相对运动：沿曲柄 AO 上导槽的直线运动。

动点的牵连运动：以角速度 ω_2 绕定轴 O 的转动。

（3）动点的速度分析

当动系固连于圆盘上时，

$$\boldsymbol{v}_{a1}=\boldsymbol{v}_{e1}+\boldsymbol{v}_{r1} \tag{a}$$

当动系固连于曲柄 AO 上时，

$$\boldsymbol{v}_{a2}=\boldsymbol{v}_{e2}+\boldsymbol{v}_{r2} \tag{b}$$

由于式（a）和式（b）中均含有三个未知的要素，故无法独立求解。但由于同一动点的绝对速度与动系的选择无关，即有 $\boldsymbol{v}_{a1}=\boldsymbol{v}_{a2}=\boldsymbol{v}_a$，故联立式（a）、式（b），得

$$\boldsymbol{v}_{e1}+\boldsymbol{v}_{r1}=\boldsymbol{v}_{e2}+\boldsymbol{v}_{r2} \tag{c}$$

其中，

速度	$\boldsymbol{v}_{e1}$	$\boldsymbol{v}_{r1}$	$\boldsymbol{v}_{e2}$	$\boldsymbol{v}_{r2}$
方向	$\perp MO$	沿 CD 导槽	$\perp MO$	沿 AO 导槽
大小	$MO\cdot\omega_1$	未知	$MO\cdot\omega_2$	未知

只有两个要素未知。作速度分析图如图 9-9b 所示。

将式（c）两边分别向 $\boldsymbol{v}_{e2}$、$\boldsymbol{v}_{r2}$ 方向投影，有

$$v_{e1}-v_{r1}\cos30^\circ=v_{e2}$$

$$v_{r1}\sin30^\circ=v_{r2}$$

其中，$v_{e1}=MO\cdot\omega_1=1.04\ \text{m/s}$、$v_{e2}=MO\cdot\omega_2=0.35\ \text{m/s}$，代入上式解得

$$v_{r1}=\frac{v_{e1}-v_{e2}}{\cos30^\circ}=0.8\ \text{m/s},\quad v_{r2}=\frac{1}{2}v_{r1}=0.4\ \text{m/s}$$

故得活动销子 M 的速度

$$v_a=\sqrt{v_{e2}^2+v_{r2}^2}=0.53\ \text{m/s}$$

第三节　点的加速度合成定理

一、牵连运动为平移时点的加速度合成定理

前面所述的点的速度合成定理，对于任何形式的牵连运动都是适用的。但点的加速度合成定理则比较复杂，对于不同形式的牵连运动会有不同的形式。

知识点 5：点的合成运动之加速度合成定理

当牵连运动为平移时，可以证明：**在任一瞬时，动点的绝对加速度等于其牵连加速度和相对加速度的矢量和**，即

$$\boldsymbol{a}_{\mathrm{a}}=\boldsymbol{a}_{\mathrm{e}}+\boldsymbol{a}_{\mathrm{r}} \tag{9-2}$$

这就是**牵连运动为平移时点的加速度合成定理**。

若动点的绝对运动与相对运动为曲线运动、牵连运动为曲线平移，则可将式（9-2）中的各个加速度分别沿其切向和法向分解，即将式（9-2）改写为

$$\boldsymbol{a}_{\mathrm{a}}^{\mathrm{t}}+\boldsymbol{a}_{\mathrm{a}}^{\mathrm{n}}=\boldsymbol{a}_{\mathrm{e}}^{\mathrm{t}}+\boldsymbol{a}_{\mathrm{e}}^{\mathrm{n}}+\boldsymbol{a}_{\mathrm{r}}^{\mathrm{t}}+\boldsymbol{a}_{\mathrm{r}}^{\mathrm{n}} \tag{9-3}$$

以方便计算。

【例 9-8】 如图 9-10a 所示，半圆形凸轮沿水平面向右做减速运动。已知凸轮半径为 R，图示瞬时的速度和加速度分别为 $\boldsymbol{v}$ 和 $\boldsymbol{a}$。试求此时顶杆 AB 的加速度。

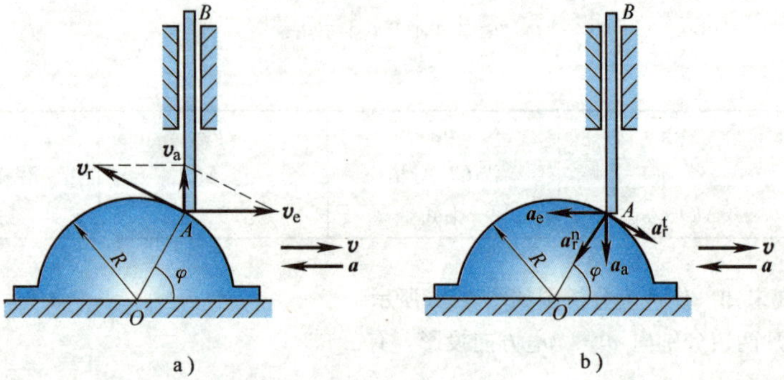

图 9-10

解：（1）选择动点与动系

选取常接触点，顶杆 AB 上的端点 A 为动点，动系固连于凸轮上。

（2）运动分析

动点的绝对运动：沿铅垂方向的直线运动。

动点的相对运动：沿凸轮轮廓的圆周运动。

动点的牵连运动：凸轮的水平直线平移。

（3）动点的加速度分析

根据牵连运动为平移时点的加速度合成定理，有

$$\boldsymbol{a}_{\mathrm{a}}=\boldsymbol{a}_{\mathrm{e}}+\boldsymbol{a}_{\mathrm{r}}^{\mathrm{t}}+\boldsymbol{a}_{\mathrm{r}}^{\mathrm{n}} \tag{a}$$

其中，

加速度	$\boldsymbol{a}_{\mathrm{a}}$	$\boldsymbol{a}_{\mathrm{e}}$	$\boldsymbol{a}_{\mathrm{r}}^{\mathrm{t}}$	$\boldsymbol{a}_{\mathrm{r}}^{\mathrm{n}}$
方向	铅垂方向	水平向左	垂直于 AO	沿 AO 指向 O
大小	未知	a	未知	v_{r}^2/R

相对速度 v_{r} 可由点的速度合成定理求得（见图 9-10a），为

$$v_{\mathrm{r}}=\frac{v_{\mathrm{e}}}{\sin\varphi}=\frac{v}{\sin\varphi}$$

这样，只有$\boldsymbol{a}_a$和$\boldsymbol{a}_r^t$的大小两个要素未知。作加速度分析图如图 9-10b 所示。

（4）计算顶杆 AB 的加速度

将式（a）两边向 AO 方向投影，有

$$a_a \sin\varphi = a_e \cos\varphi + a_r^n$$

从而解得动点的绝对加速度

$$a_a = \frac{a}{\tan\varphi} + \frac{v^2}{R\sin^3\varphi}$$

由于顶杆 AB 做平移，所以动点 A 的绝对加速度 $\boldsymbol{a}_a$ 即为顶杆 AB 的加速度。

【例 9-9】 平面机构如图 9-11a 所示，已知曲柄 AO 长为 r，以等角速度 ω_0 绕定轴 O 转动。铰接在曲柄 A 端的套筒可沿杆 BC 滑动。$BD=CE=l$、$BC=DE$。试求在图示位置杆 BD 的角速度和角加速度。

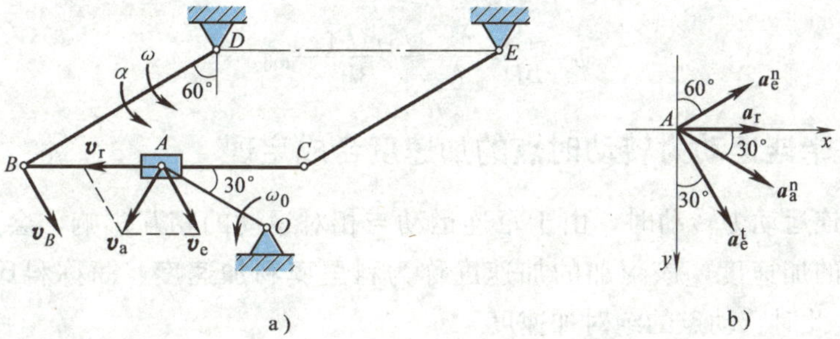

图　9-11

解：（1）选择动点与动系

选取常接触点，曲柄 AO 上的端点 A 为动点，动系固连于杆 BC 上。

（2）运动分析

动点的绝对运动：以点 O 为圆心、AO 为半径的圆周运动。

动点的相对运动：沿杆 BC 的水平直线运动。

动点的牵连运动：杆 BC 的曲线平移。

（3）动点的速度分析

根据点的速度合成定理，

$$\boldsymbol{v}_a = \boldsymbol{v}_e + \boldsymbol{v}_r \tag{a}$$

作动点的速度平行四边形如图 9-11a 所示，其中，动点的绝对速度 $v_a=\omega_0 r$。

由图示几何关系，易得牵连速度

$$v_e = v_a = r\omega_0$$

由于杆 BC 做曲线平移，动点的牵连速度 $\boldsymbol{v}_e$ 就等于点 B 的速度 $\boldsymbol{v}_B$，故得杆 BD 的角速度

$$\omega = \frac{v_B}{BD} = \frac{v_e}{l} = \frac{r}{l}\omega_0$$

（4）动点的加速度分析

根据牵连运动为平移时点的加速度合成定理，

$$\boldsymbol{a}_{\mathrm{a}}^{\mathrm{t}}+\boldsymbol{a}_{\mathrm{a}}^{\mathrm{n}}=\boldsymbol{a}_{\mathrm{e}}^{\mathrm{t}}+\boldsymbol{a}_{\mathrm{e}}^{\mathrm{n}}+\boldsymbol{a}_{\mathrm{r}} \tag{b}$$

作动点的加速度分析图如图 9-11b 所示，其中，

$$a_{\mathrm{a}}^{\mathrm{t}}=0,\quad a_{\mathrm{a}}^{\mathrm{n}}=r\omega_0^2,\quad a_{\mathrm{e}}^{\mathrm{n}}=a_B^{\mathrm{n}}=l\omega^2=\frac{r^2}{l}\omega_0^2$$

将式（b）两边向 y 轴投影，有

$$a_{\mathrm{a}}^{\mathrm{n}}\sin 30^\circ=-a_{\mathrm{e}}^{\mathrm{n}}\cos 60^\circ+a_{\mathrm{e}}^{\mathrm{t}}\cos 30^\circ \tag{c}$$

将已知量代入式（c），解得

$$a_{\mathrm{e}}^{\mathrm{t}}=\frac{\sqrt{3}r(l+r)}{3l}\omega_0^2$$

由于杆 BC 做曲线平移，动点的牵连切向加速度 $\boldsymbol{a}_{\mathrm{e}}^{\mathrm{t}}$ 就等于点 B 的切向加速度 $\boldsymbol{a}_B^{\mathrm{t}}$，故得杆 BD 的角加速度

$$\alpha=\frac{a_B^{\mathrm{t}}}{BD}=\frac{a_{\mathrm{e}}^{\mathrm{t}}}{l}=\frac{\sqrt{3}r(l+r)}{3l^2}\omega_0^2$$

二、牵连运动为转动时点的加速度合成定理

当牵连运动为转动时，由于牵连运动与相对运动的相互影响，会另外产生一种附加的加速度，该附加的加速度称为**科里奥利加速度**，简称**科氏加速度**，记作 $\boldsymbol{a}_{\mathrm{C}}$。此时，动点的绝对加速度

$$\boldsymbol{a}_{\mathrm{a}}=\boldsymbol{a}_{\mathrm{e}}+\boldsymbol{a}_{\mathrm{r}}+\boldsymbol{a}_{\mathrm{C}} \tag{9-4}$$

即在任一瞬时，动点的绝对加速度等于其牵连加速度、相对加速度和科氏加速度的矢量和。这就是**牵连运动为转动时点的加速度合成定理**。

类似地，在动点的绝对运动与相对运动为曲线运动的情况下，可将式（9-4）改写为

$$\boldsymbol{a}_{\mathrm{a}}^{\mathrm{t}}+\boldsymbol{a}_{\mathrm{a}}^{\mathrm{n}}=\boldsymbol{a}_{\mathrm{e}}^{\mathrm{t}}+\boldsymbol{a}_{\mathrm{e}}^{\mathrm{n}}+\boldsymbol{a}_{\mathrm{r}}^{\mathrm{t}}+\boldsymbol{a}_{\mathrm{r}}^{\mathrm{n}}+\boldsymbol{a}_{\mathrm{C}} \tag{9-5}$$

可以证明，在普遍情况下，科氏加速度 $\boldsymbol{a}_{\mathrm{C}}$ 等于动系的角速度矢 $\boldsymbol{\omega}_{\mathrm{e}}$ 与动点的相对速度矢 $\boldsymbol{v}_{\mathrm{r}}$ 的矢积的两倍，即

$$\boldsymbol{a}_{\mathrm{C}}=2\boldsymbol{\omega}_{\mathrm{e}}\times\boldsymbol{v}_{\mathrm{r}} \tag{9-6}$$

对于平面问题，动系的角速度矢 $\boldsymbol{\omega}_{\mathrm{e}}$ 与动点的相对速度矢 $\boldsymbol{v}_{\mathrm{r}}$ 始终垂直，故根据矢积运算规则可知，科氏加速度的大小

$$a_{\mathrm{C}}=2\omega_{\mathrm{e}}v_{\mathrm{r}} \tag{9-7}$$

将 $\boldsymbol{v}_{\mathrm{r}}$ 按照 ω_{e} 的转向转动90°即得科氏加速度的方向。

注意到，当牵连运动为平移时，动系的角速度矢 $\boldsymbol{\omega}_{\mathrm{e}}=\mathbf{0}$，故科氏加速度 $\boldsymbol{a}_{\mathrm{C}}=\mathbf{0}$，此时式（9-4）、式（9-5）即分别成为式（9-2）、式（9-3）。

·思 政 导 读·

科氏加速度是法国科学家科里奥利于1832年首先发现的，在许多现代科技领域中有着广泛应用。例如，卫星导航系统中，在修正地球自转影响、优化导航算法、处理多频信号时都要用到科氏加速度。卫星导航系统的发展水平体现了一个国家经济科技的综合实力，对国家的经济发展和安全保障起着重要作用。从1994年起，我国开始独立研发自己的北斗卫星导航系统。经过30年的发展，北斗系统已成为设计领先、技术先进、性能可靠、功能强大的世界一流全球卫星导航系统。迄今，全球已有120多个国家超过20亿用户在使用中国的北斗卫星导航服务。

【例9-10】 如图9-12a所示，滑杆 AB 以等速 $\boldsymbol{u}$ 向上运动，通过滑块带动摆杆 DO 绕定轴 O 转动。已知轴 O 与滑杆 AB 间的水平距离为 l，摆杆 DO 的长度为 b。开始时 $\varphi=0°$，试求当 $\varphi=\pi/4$ 时摆杆 DO 端点 D 的速度和加速度。

典型例题

11：例题9-10

解：（1）选择动点与动系

选取常接触点，滑杆 AB 上的点 A 为动点，动系固连于摆杆 DO 上。

（2）运动分析

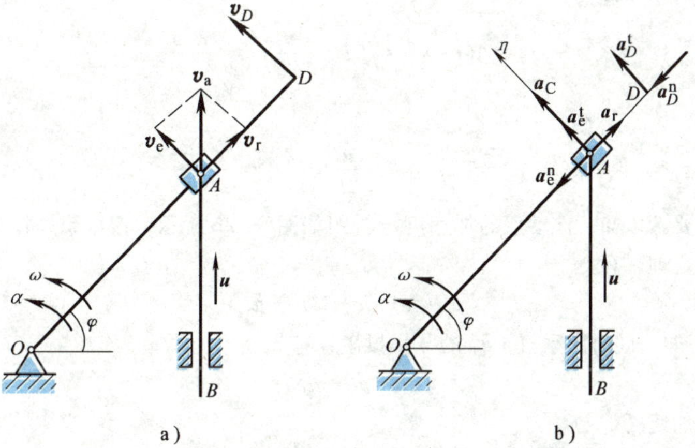

图 9-12

绝对运动：铅垂直线运动。

相对运动：沿摆杆 DO 的直线运动。

牵连运动：绕定轴 O 转动。

（3）速度分析

速度	$\boldsymbol{v}_a$	$\boldsymbol{v}_e$	$\boldsymbol{v}_r$
方向	铅垂向上	垂直于摆杆 DO	沿摆杆 DO
大小	u	未知	未知

只有两个要素未知，根据点的速度合成定理，作速度平行四边形如图 9-12a 所示。由几何关系易得

$$v_e = v_a \cos 45° = \frac{\sqrt{2}}{2}u, \quad v_r = v_a \sin 45° = \frac{\sqrt{2}}{2}u$$

于是，摆杆 DO 的角速度

$$\omega = \frac{v_e}{AO} = \frac{\frac{\sqrt{2}}{2}u}{\sqrt{2}\,l} = \frac{u}{2l}$$

转向为逆时针。

所以，摆杆 DO 端点 D 的速度的大小

$$v_D = b\omega = \frac{bu}{2l}$$

方向垂直于 DO，指向与 ω 转向一致（见图 9-12a）。

(4) 加速度分析

加速度	$\boldsymbol{a}_a$	$\boldsymbol{a}_e^t$	$\boldsymbol{a}_e^n$	$\boldsymbol{a}_r$	$\boldsymbol{a}_C$
方向	铅垂方向	垂直于 AO	沿 AO 指向 O	沿摆杆 DO	垂直于 AO
大小	0	未知	已知	未知	已知

其中，牵连法向加速度

$$a_e^n = AO \cdot \omega^2 = \sqrt{2}\,l \cdot \left(\frac{u}{2l}\right)^2 = \frac{\sqrt{2}}{4}\frac{u^2}{l}$$

科氏加速度

$$a_C = 2\omega v_r = 2 \times \frac{u}{2l} \times \frac{\sqrt{2}}{2}u = \frac{\sqrt{2}}{2}\frac{u^2}{l}$$

只有两个要素未知，作动点的加速度分析图如图 9-12b 所示。根据牵连运动为转动时点的加速度合成定理，有

$$\boldsymbol{a}_a = \boldsymbol{a}_e^t + \boldsymbol{a}_e^n + \boldsymbol{a}_r + \boldsymbol{a}_C \qquad \text{(a)}$$

将式 (a) 两边同时向垂直于 $\boldsymbol{a}_r$ 的 η 轴投影，有

$$0 = a_e^t + a_C$$

解得牵连切向加速度

$$a_e^t = -a_C = -\frac{\sqrt{2}}{2}\frac{u^2}{l}$$

于是，摆杆 DO 的角加速度

$$\alpha = \frac{a_e^t}{AO} = -\frac{a_C}{\sqrt{2}\,l} = -\frac{u^2}{2l^2}$$

负号说明其转向与图 9-12 所设转向相反，应为顺时针。

所以，摆杆 DO 端点 D 的加速度为

$$a_D^{\mathrm{t}}=b\alpha=-\frac{bu^2}{2l^2},\quad a_D^{\mathrm{n}}=b\omega^2=\frac{bu^2}{4l^2}$$

$$a_D=\sqrt{(a_D^{\mathrm{t}})^2+(a_D^{\mathrm{n}})^2}=\frac{\sqrt{5}\,bu^2}{4l^2}$$

【例 9-11】 如图 9-13a 所示，凸轮以等角速度 ω 绕定轴 O 转动，带动顶杆 AB 沿铅直滑槽上下平移，其中 O、A、B 共线。凸轮上与顶杆 AB 的接触点记作 A'，在图示瞬时，已知凸轮轮廓线上点 A' 的曲率半径为 ρ，法线与 AO 夹角为 θ，$AO=l$。试求该瞬时顶杆 AB 的速度和加速度。

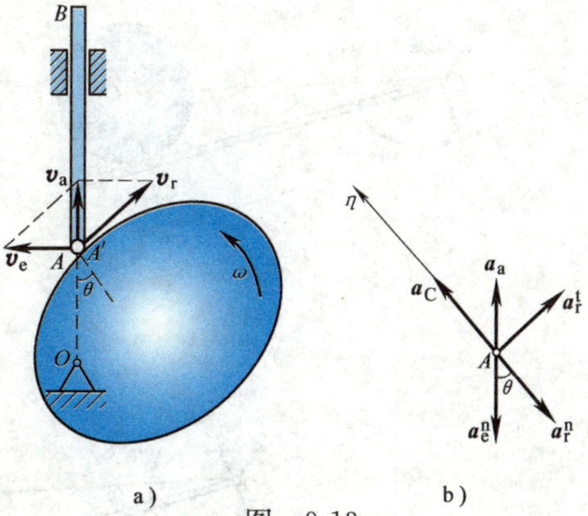

图　9-13

解：(1) 选择动点与动系

选取常接触点，顶杆 AB 上的端点 A 为动点，动系固连于凸轮上。

(2) 运动分析

动点的绝对运动：铅垂直线运动。

动点的相对运动：沿凸轮轮廓线的曲线运动。

动点的牵连运动：绕定轴 O 转动。

(3) 动点的速度分析

根据点的速度合成定理

$$\boldsymbol{v}_{\mathrm{a}}=\boldsymbol{v}_{\mathrm{e}}+\boldsymbol{v}_{\mathrm{r}} \tag{a}$$

作动点的速度平行四边形如图 9-13a 所示，其中，动点的牵连速度 $v_{\mathrm{e}}=\omega l$。

由图示几何关系，得其绝对速度、相对速度分别为

$$v_{\mathrm{a}}=v_{\mathrm{e}}\tan\theta=\omega l\tan\theta,\quad v_{\mathrm{r}}=\frac{v_{\mathrm{e}}}{\cos\theta}=\frac{\omega l}{\cos\theta}$$

由于顶杆 AB 做直线平移，所以，动点的绝对速度 $\boldsymbol{v}_{\mathrm{a}}$ 即为顶杆 AB 的速度。

(4) 动点的加速度分析

根据牵连运动为转动时点的加速度合成定理，

$$\boldsymbol{a}_{\mathrm{a}}=\boldsymbol{a}_{\mathrm{e}}^{\mathrm{t}}+\boldsymbol{a}_{\mathrm{e}}^{\mathrm{n}}+\boldsymbol{a}_{\mathrm{r}}^{\mathrm{t}}+\boldsymbol{a}_{\mathrm{r}}^{\mathrm{n}}+\boldsymbol{a}_{\mathrm{C}} \tag{b}$$

作动点的加速度分析图如图 9-13b 所示，其中，

$$a_{\mathrm{e}}^{\mathrm{t}}=0,\quad a_{\mathrm{e}}^{\mathrm{n}}=l\omega^2,\quad a_{\mathrm{r}}^{\mathrm{n}}=\frac{v_{\mathrm{r}}^2}{\rho}=\frac{\omega^2l^2}{\rho\cos^2\theta},\quad a_{\mathrm{C}}=2\omega v_{\mathrm{r}}=\frac{2\omega^2l}{\cos\theta}$$

将式 (b) 两边同时向垂直于 $\boldsymbol{a}_{\mathrm{r}}^{\mathrm{t}}$ 的 η 轴投影，有

$$a_{\mathrm{a}}\cos\theta=-a_{\mathrm{e}}^{\mathrm{n}}\cos\theta-a_{\mathrm{r}}^{\mathrm{n}}+a_{\mathrm{C}}$$

将已知量代入上式，解得

$$a_{\mathrm{a}}=-\omega^2l\left(1+\frac{l}{\rho\cos^3\theta}-\frac{2}{\cos^2\theta}\right)$$

由于顶杆 AB 做直线平移，所以，动点的绝对加速度 $\boldsymbol{a}_{\mathrm{a}}$ 即为顶杆 AB 的加速度。

【例 9-12】 如图 9-14a 所示，已知杆 AO 以等角速度 $\omega_0=2$ rad/s 绕定轴 O 转动，半径 $r=2$ cm 的小轮沿杆 AO 做无滑动的滚动，轮心 O_1 相对于杆 AO 的运动规律为 $b=4t^2$（b 以 cm 计，t 以 s 计）。当 $t=1$ s 时，杆 AO 与铅垂线的夹角 $\varphi=60°$，试求该瞬时轮心 O_1 的绝对速度和绝对加速度。

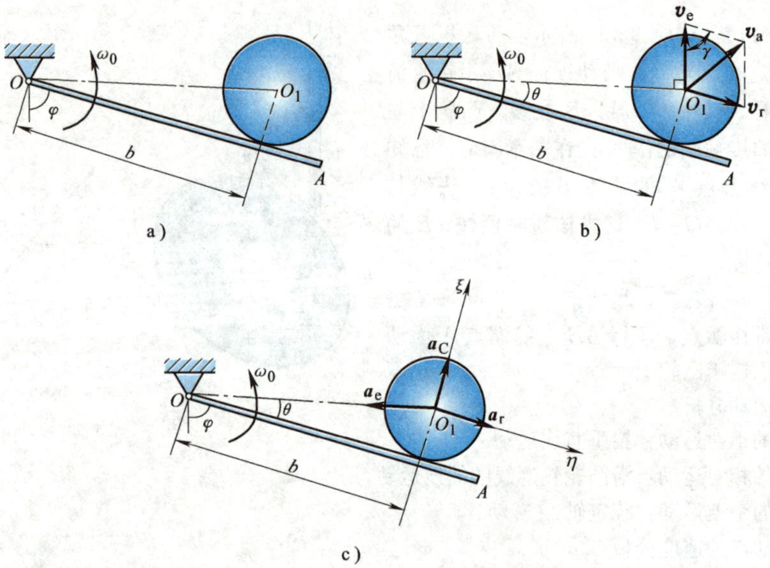

图 9-14

解：（1）选择动点和动系

选取轮心 O_1 为动点，动系固连于杆 AO 上。

（2）运动分析

绝对运动：未知曲线运动。

相对运动：沿 AO 方向的直线运动（相对轨迹为平行于 AO 的直线）。

牵连运动：绕定轴 O 转动。

（3）动点的速度分析

根据点的速度合成定理，

$$\boldsymbol{v}_a=\boldsymbol{v}_e+\boldsymbol{v}_r \tag{a}$$

作动点 A 的速度平行四边形如图 9-14b 所示。其中，当 $t=1$ s 时，牵连速度和相对速度分别为

$$v_e=O_1O\cdot\omega_0=\sqrt{b^2+r^2}\,\omega_0=8.94\ \text{cm/s},\quad v_r=\dot{b}=8\ \text{cm/s}$$

故由余弦定理得，该瞬时轮心 O_1 的绝对速度

$$v_a=\sqrt{v_e^2+v_r^2-2v_ev_r\cos\gamma}$$

其中，$\gamma=90°-\theta=90°-\arctan\dfrac{r}{b}=63.4°$。将数据代入上式，求得该瞬时轮心 O_1 的绝对速度为

$$v_a = 8.94\ \text{cm/s}$$

(4) 动点的加速度分析

根据牵连运动为转动的加速度合成定理，

$$\boldsymbol{a}_a = \boldsymbol{a}_e + \boldsymbol{a}_r + \boldsymbol{a}_C \tag{b}$$

作动点 O_1 的加速度分析图如图 9-14c 所示。其中，牵连加速度、相对加速度与科氏加速度分别为

$$a_e = a_e^n = O_1O \cdot \omega_0^2 = 17.9\ \text{cm/s}^2,\quad a_r = \ddot{b} = 8\ \text{cm/s}^2,\quad a_C = 2\omega_0 v_r = 32\ \text{cm/s}^2$$

将式（b）分别向直角坐标轴 η、ξ 上投影，得

$$a_{a\eta} = a_r - a_e\cos\theta = -8\ \text{cm/s}^2$$

$$a_{a\xi} = a_C - a_e\sin\theta = 24\ \text{cm/s}^2$$

所以，该瞬时轮心 O_1 的绝对加速度

$$a_a = \sqrt{a_{a\eta}^2 + a_{a\xi}^2} = 25.3\ \text{cm/s}^2$$

复习思考题

9-1 何谓定系？何谓动系？

9-2 举例说明什么是动点的绝对运动、相对运动和牵连运动。

9-3 什么是动点的绝对速度、相对速度和牵连速度？

9-4 牵连点和动点有何不同？

9-5 动点的牵连运动是指动系相对于定系的运动。因此，是否能说动点的牵连速度、牵连加速度就是动系的速度、加速度？

9-6 不论牵连运动为何种运动，点的速度合成定理 $\boldsymbol{v}_a = \boldsymbol{v}_e + \boldsymbol{v}_r$ 皆成立。该命题正确与否？

9-7 在思考题 9-7 图所示运动机构中，动点与动系应如何选择？速度应如何分析？

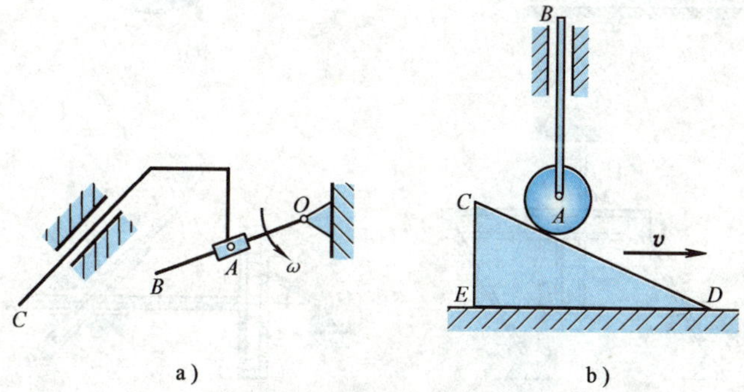

思考题 9-7 图

9-8 思考题 9-8 图中的速度平行四边形有无错误？如果有错，试改正错误。

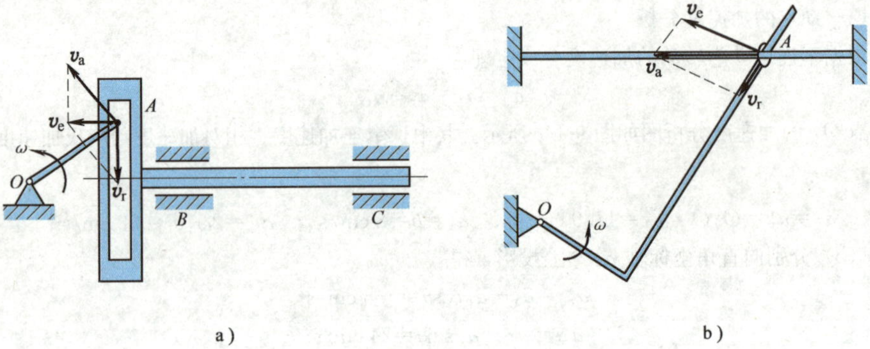

思考题 9-8 图

9-9 如何确定动点的科氏加速度?

9-10 在什么情况下，科氏加速度为零?

习题

9-1 在习题 9-1 图所示各机构中，试适当选择动点与动系，分析三种运动，并绘制速度分析图。

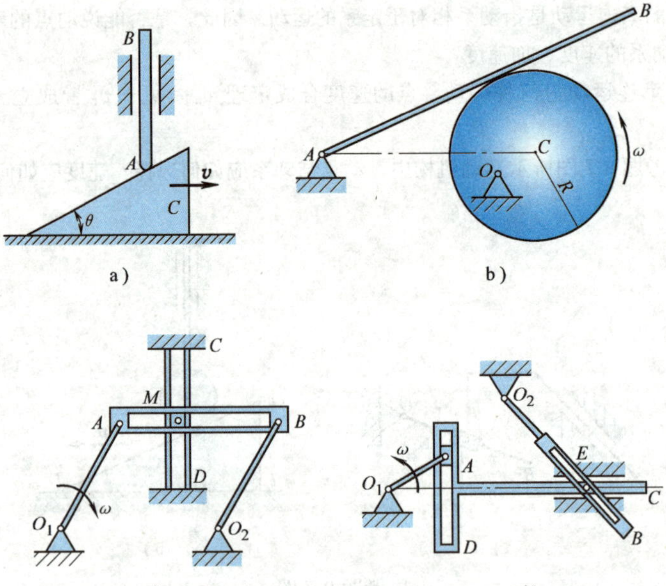

习题 9-1 图

9-2 如习题 9-2 图所示，汽车以速度 v_1 沿水平直线道路行驶，雨滴以速度 v_2 铅直下落。试求雨滴相对于汽车的速度。

9-3　习题9-3图所示曲柄滑杆机构，T形滑杆的BC部分置于水平滑槽内，DE部分处于铅直位置并放在套筒A中。已知曲柄AO以等角速度$\omega=20\ \text{rad/s}$绕轴O转动，$AO=r=10\ \text{cm}$。试求当曲柄AO与水平面的夹角$\varphi=0°$、$30°$、$90°$时，T形滑杆的速度。

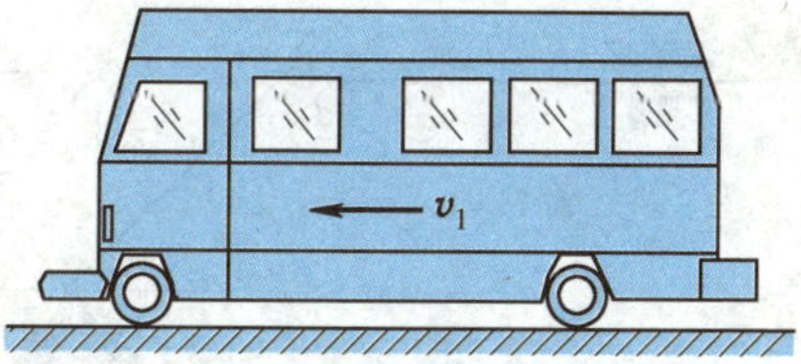

习题9-2图

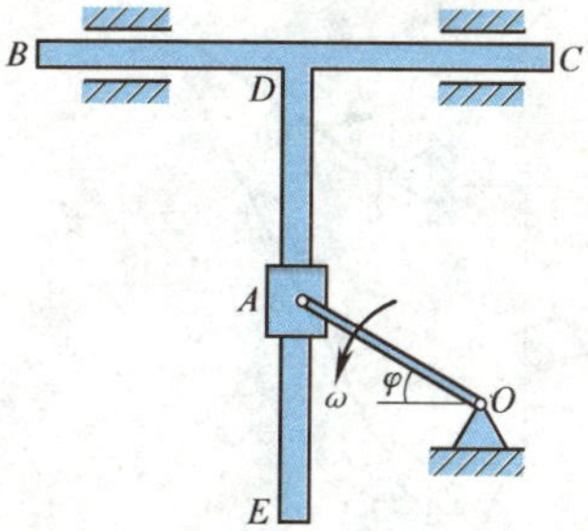

习题9-3图

9-4　如习题9-4图所示，曲柄AO以等角速度ω绕定轴O转动，其上套有小环M，而小环M又在固定的大圆环上运动，大圆环的半径为R。已知曲柄AO与水平线夹角$\varphi=\omega t$（ω为常数），试求小环M的速度和小环M相对于曲柄AO的速度。

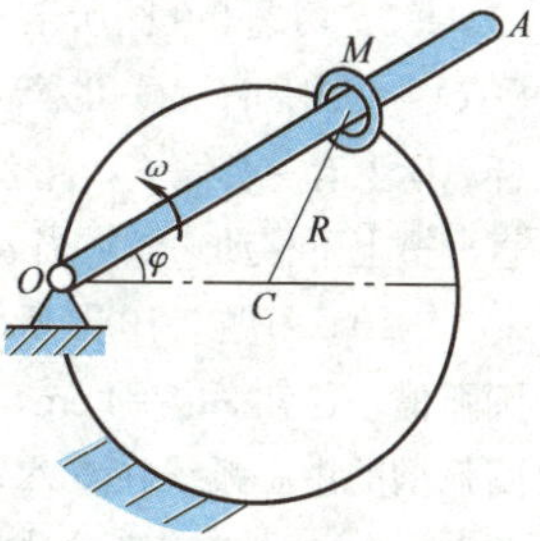

习题9-4图

9-5　如习题9-5图所示，半径为R、偏心距为e的凸轮，以等角速度ω绕定轴O转动，并使滑槽内的直杆AB上下移动。已知A、B、O在同一铅垂线上，在图示瞬时轮心C与轴O在水平线上。试求该瞬时杆AB的速度。

9-6　如习题9-6图所示，直角折杆BCD推动长为l的直杆AO绕定轴O转动。已知折杆BCD的速度为$\boldsymbol{u}$，BC段长为b。试求杆AO的端点A的速度（表示为点O至折杆的距离x的函数）。

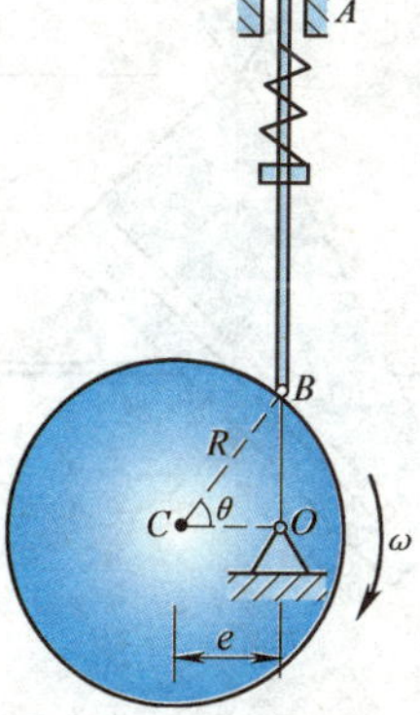

习题9-5图

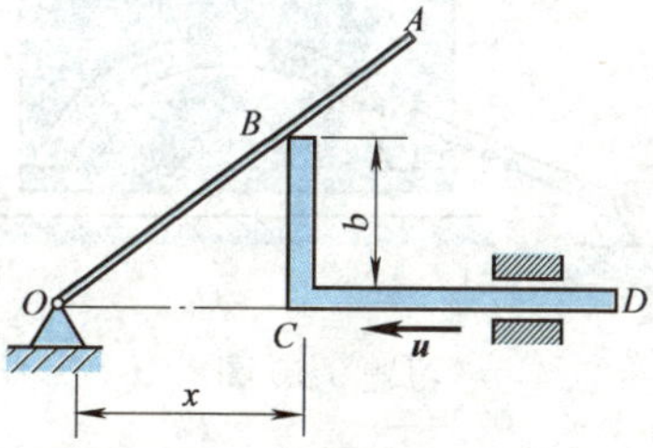

习题9-6图

9-7　在习题9-7图所示平面机构中，已知$O_1O_2=l=200\ \text{mm}$，曲柄BO_1的角速度$\omega_1=$

3 rad/s。试求图示瞬时摇杆 AO_2 的角速度 ω_2。

9-8 如习题 9-8 图所示，杆 BC 以等速 $\boldsymbol{v}$ 沿水平导槽运动，通过套筒 C 带动杆 AO 绕定轴 O 转动。试求图示瞬时杆 AO 的角速度。

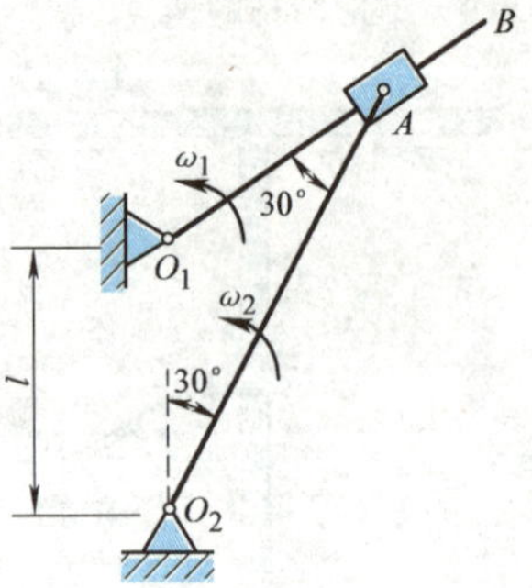

习题 9-7 图

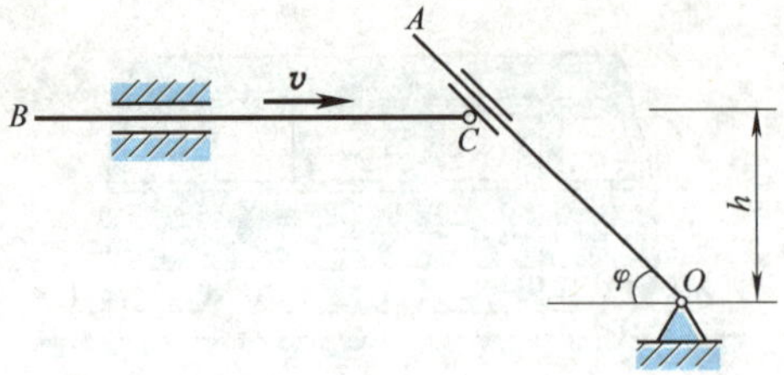

习题 9-8 图

9-9 习题 9-9 图所示平面机构中，$AO_1=BO_2=100$ mm，$O_1O_2=AB$，杆 AO_1 以等角速度 $\omega=2$ rad/s 绕定轴 O_1 转动。杆 AB 上有一套筒 C，此套筒又与杆 CD 铰接，杆 CD 可沿铅直滑槽上下移动。试求当 $\varphi=60°$时，杆 CD 的速度。

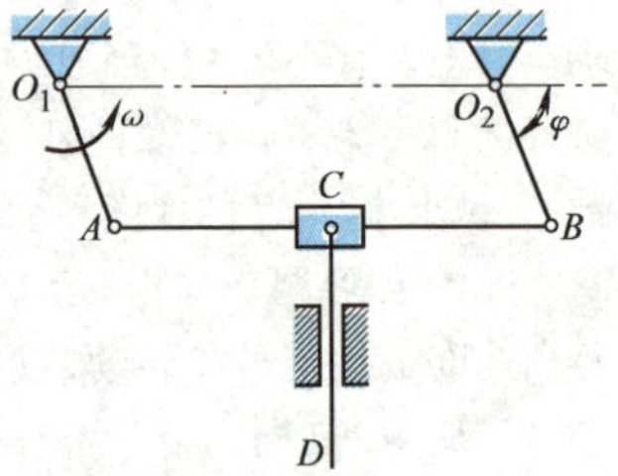

习题 9-9 图

9-10 习题 9-10 图所示一曲柄滑块机构，在滑块上有一圆弧槽，已知 $AO=4$ cm，当 $\varphi=30°$时，曲柄 AO 的中心线与圆弧槽的中心弧线在点 A 相切，此时滑块以速度 $v=0.4$ m/s 向左运动。试求在该瞬时曲柄 AO 的角速度 ω。

9-11 如习题 9-11 图所示，当杆 CO 转动时，通过杆 CO 上的销子 A 带动槽板 BDE 绕轴 B 摆动。在图示瞬时，杆 CO 的角速度 $\omega=2$ rad/s，$AB\perp CO$，$L=15$ cm，$\theta=45°$。试求该瞬时槽板 BDE 的角速度。

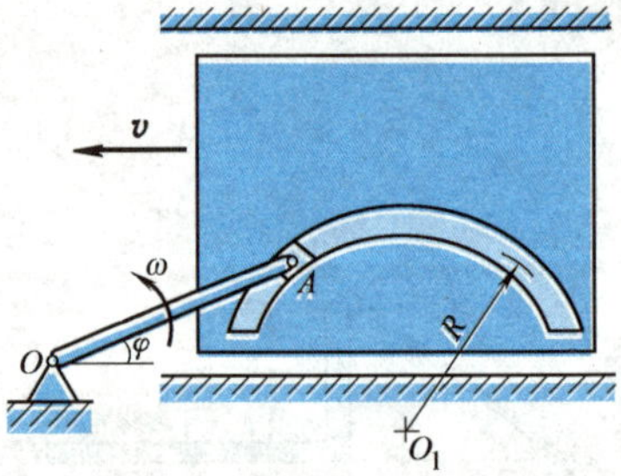

习题 9-10 图

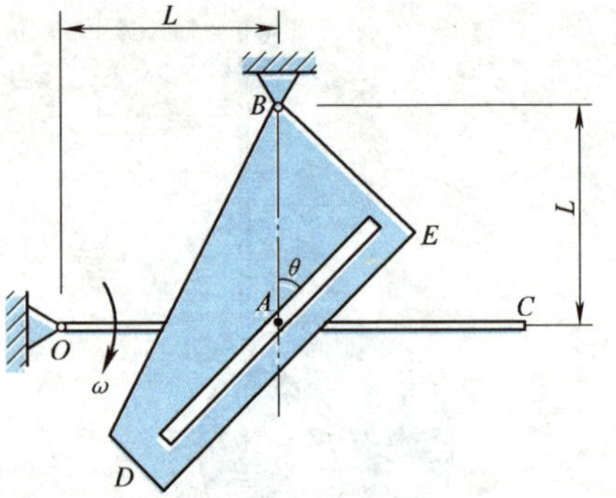

习题 9-11 图

9-12 如习题 9-12 图所示，摇杆 CO 通过固连在齿条 AB 上的销子 K 带动齿条上下移动，齿条又带动半径为 10 cm 的齿轮绕轴 O_1 转动。已知在图示位置时，摇杆 CO 的角速度 $\omega=0.5$ rad/s，试求此时齿轮的角速度。

9-13　如习题 9-13 图所示，半径为 R 的圆轮 D 以等角速度 ω 绕轮缘上的定轴 O_1 转动，杆 AO 绕定轴 O 转动并与圆轮始终接触。试求图示瞬时杆 AO 的角速度。

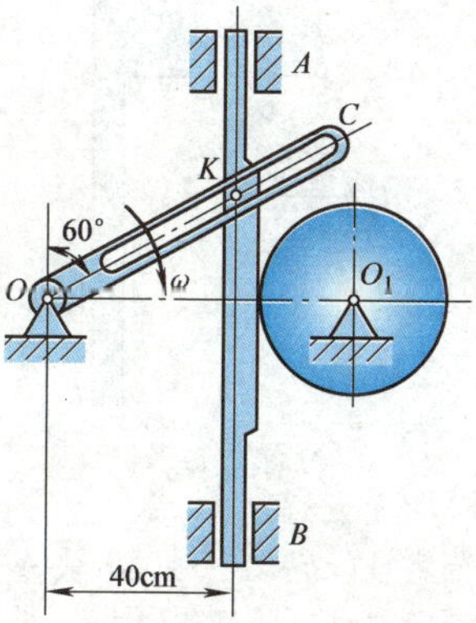

习题 9-12 图

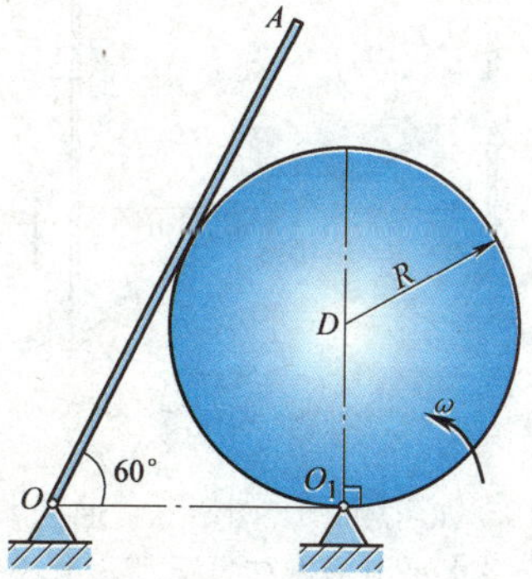

习题 9-13 图

9-14　习题 9-14 图所示平面机构中，转臂 BAO 以等角速度 ω 绕定轴 O 转动，转臂中有垂直于 AO 的滑道 BA，杆 DE 可在滑道中滑动。在图示瞬时，杆 DE 垂直于地面，试求此时 DE 杆的端点 D 的速度。

9-15　牛头刨床机构如习题 9-15 图所示。已知曲柄 AO_1 长 200 mm，角速度 $\omega_1=2$ rad/s。试求图示位置滑枕 CD 的速度。

9-16　习题 9-16 图所示机构中，杆 DE 以等速 $\boldsymbol{v}$ 沿铅直滑道向下运动。在图示瞬时，杆 CO 铅垂，$CO \parallel DE$，$AO_1=EO_1=2r$。试求此时杆 CO 的角速度。

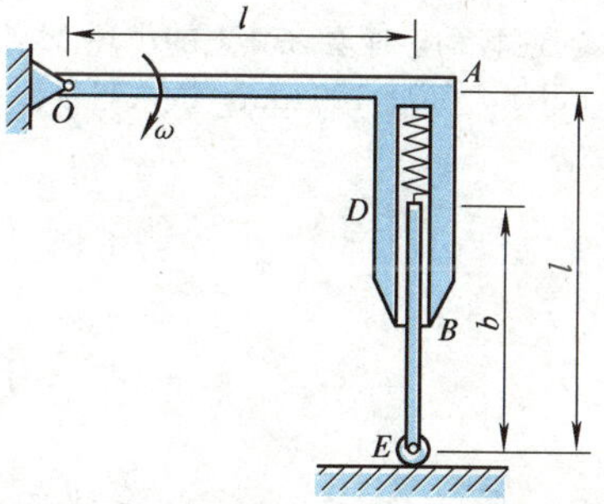

习题 9-14 图

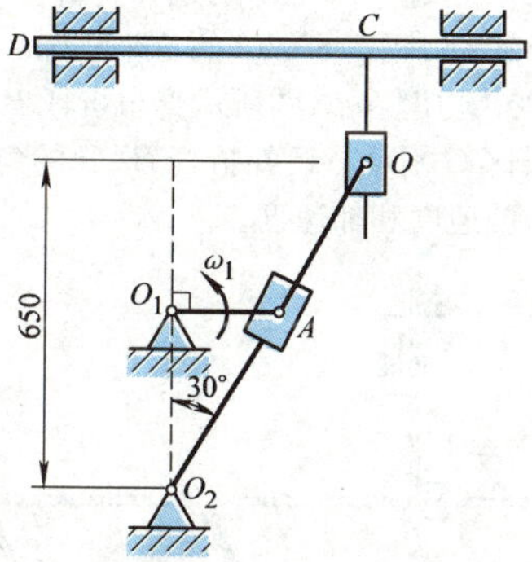

习题 9-15 图

9-17　如习题 9-17 图所示，曲柄 AO 长 0.4 m，以等角速度 $\omega=0.5$ rad/s 绕定轴 O 逆时针转动，推动滑杆 BCD 沿铅直滑槽运动。试求当曲柄 AO 与水平线间的夹角 $\theta=30°$时，滑杆 BCD 的速度和加速度。

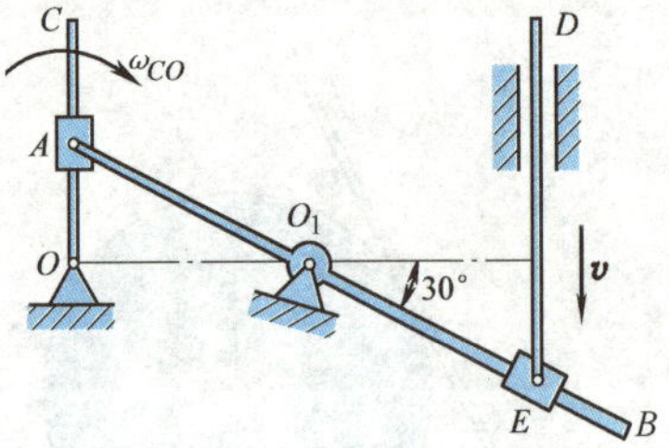

习题 9-16 图

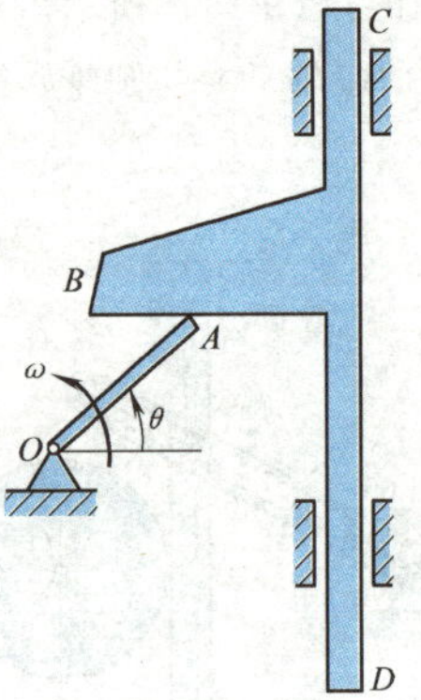

习题 9-17 图

9-18 如习题 9-18 图所示，曲柄 AO 以等角速度 ω 绕定轴 O 转动，通过滑块 A 带动 T 形杆 BCD 沿水平滑槽做往复运动，滑块在 T 形杆的铅直槽内滑动。已知 $AO=r$，曲柄 AO 与水平线间夹角 $\varphi=\omega t$，试求 T 形杆 BCD 的速度与加速度。

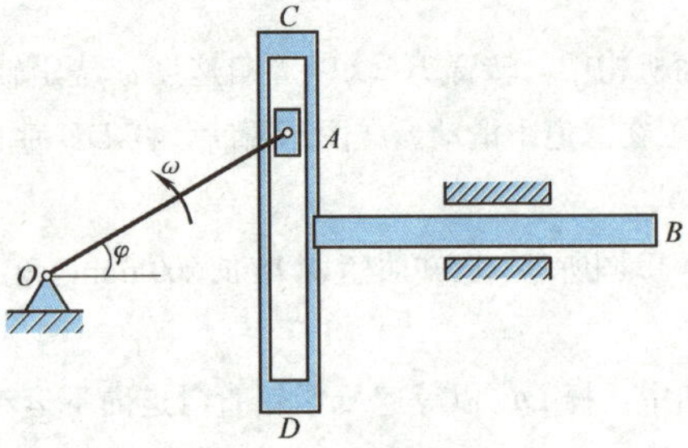

习题 9-18 图

典型例题
12: 习题9-19

9-19 习题 9-19 图所示平面机构中，已知 $AO=BO_1=l$，AO 平行于 BO_1，DE 垂直于 AC，当 $\varphi=60°$时，杆 AO 的角速度为 ω、角加速度为 α。试求该瞬时杆 DE 的速度与加速度。

9-20 习题 9-20 图所示直角折杆 BAO 绕定轴 O 匀速转动，使套在其上的小环 M 沿固定水平直杆 OC 滑动。已知折杆 BAO 的角速度 $\omega=0.5$ rad/s，$AO=100$ mm，试求当 $\varphi=60°$时，小环 M 的速度和加速度。

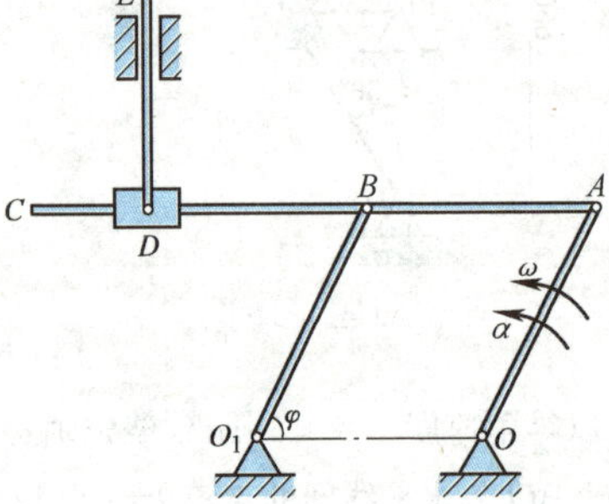

习题 9-19 图

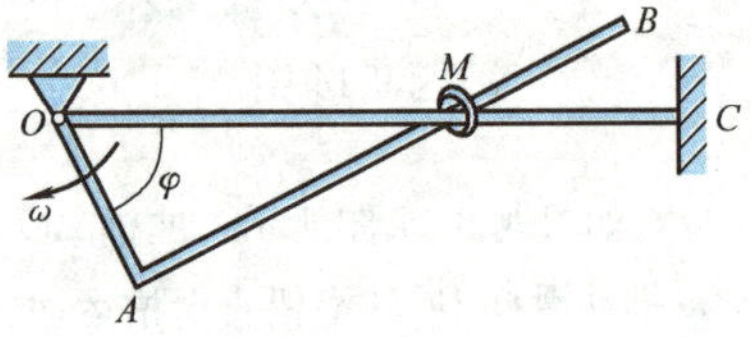

习题 9-20 图

9-21　如习题 9-21 图所示，小车以等加速度 $a_0=49.2\ \mathrm{cm/s^2}$ 水平向右运动，车上有一半径 $r=20\ \mathrm{cm}$ 的圆轮绕轴 O 按规律 $\varphi=t^2$ 转动（φ 以 rad 计，t 以 s 计）。当 $t=1\ \mathrm{s}$ 时，轮缘上点 A 的位置如图所示，试求此时点 A 的加速度。

9-22　如习题 9-22 图所示，小环 M 沿杆 AO 运动，杆 AO 绕定轴 O 转动。已知小环 M 的运动方程为 $x=10\sqrt{3}t$、$y=10\sqrt{3}t^2$（x、y 以 mm 计，t 以 s 计）。试求当 $t=1\ \mathrm{s}$ 时，杆 AO 的角速度与角加速度。

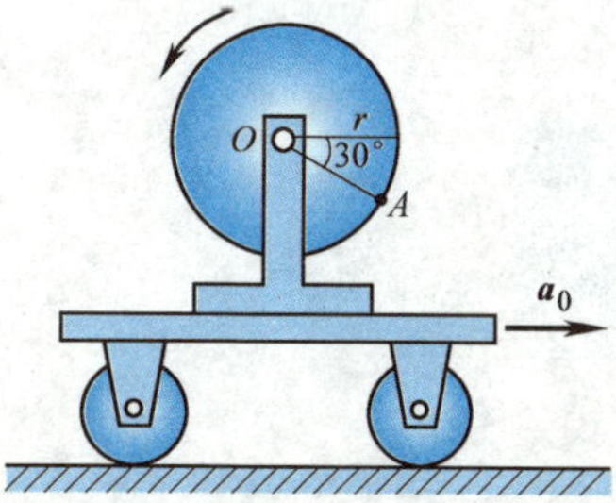

习题 9-21 图

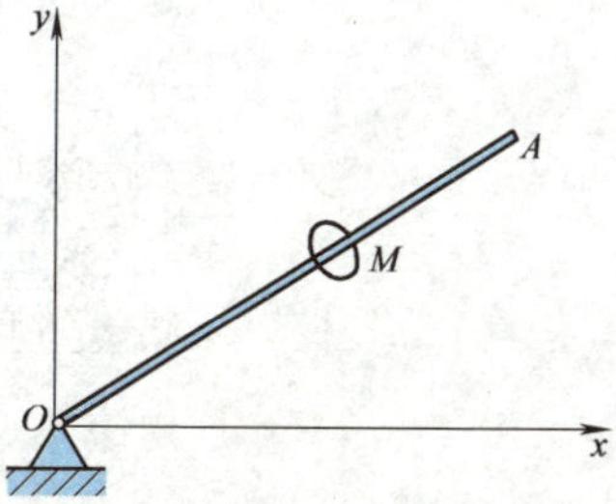

习题 9-22 图

9-23　如习题 9-23 图所示，半径为 r 的圆环以等角速度 ω 绕定轴 O 转动，一小球 M 以相对速度 $\boldsymbol{v}$ 在圆环内做匀速运动。当小球运动到图示 1、2 位置时，试求其加速度。

9-24　如习题 9-24 图所示，圆盘按规律 $\varphi=1.5t^2$（φ 以 rad 计，t 以 s 计）绕定轴 O 转动，盘上动点 M 按规律 $b=1+t^2$（b 以 cm 计，t 以 s 计）沿半径运动。试求当 $t=1\ \mathrm{s}$ 时，动点 M 的速度与加速度。

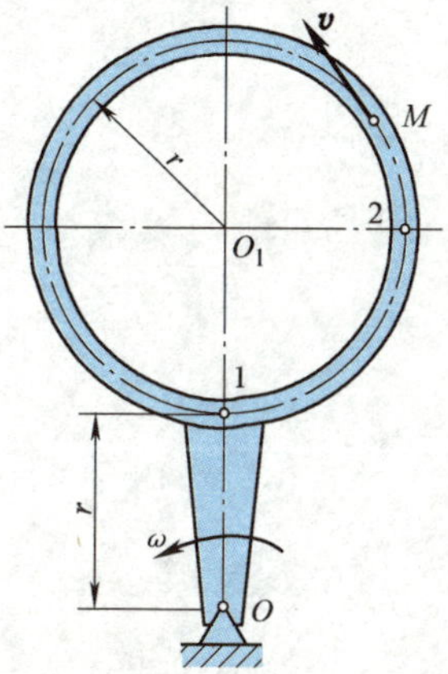

习题 9-23 图

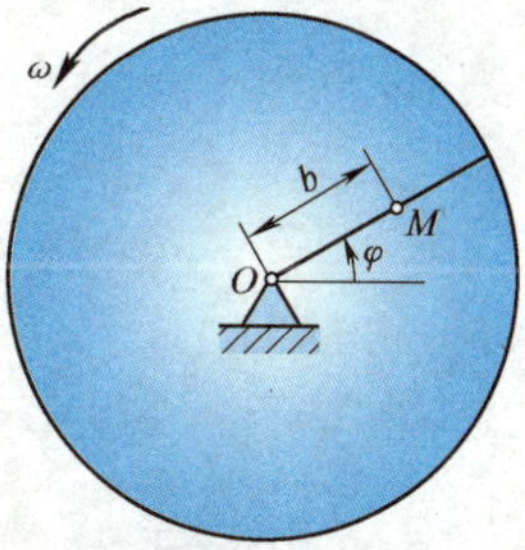

习题 9-24 图

9-25　如习题 9-25 图所示，曲柄 AO 长为 l，绕轴 O 转动，连杆 AB 始终与直角顶点 D 保持接触。在图示位置时，曲柄 AO 的角速度为 ω_0、角加速度为 α_0，转向如图所示。试求此时连杆 AB 的角速度和角加速度。

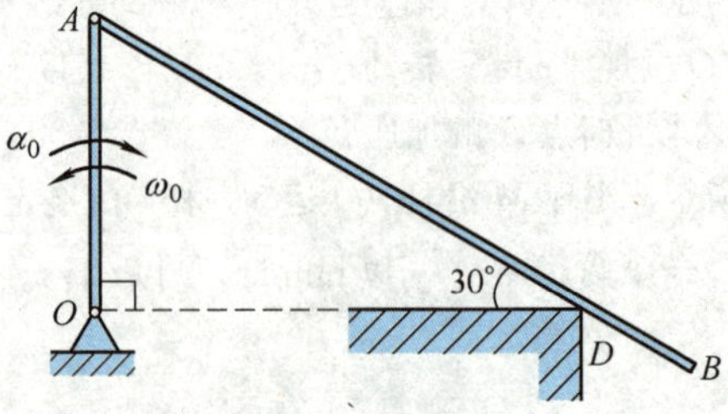

习题 9-25 图

第十章
刚体的平面运动

第八章讨论了刚体的两种基本运动，平行移动和绕定轴转动。本章将研究刚体的另一种常见运动，平面运动。

第一节　刚体平面运动的基本概念

一、平面运动的定义

在工程机械中，有很多运动构件，它们的运动既不是平移，也不是绕定轴转动。例如，自行车车轮沿直线轨道的滚动，如图 10-1a 所示；曲柄连杆机构中连杆 AB 的运动，如图 10-1b 所示；气缸活塞机构中活塞杆 AB 的运动，如

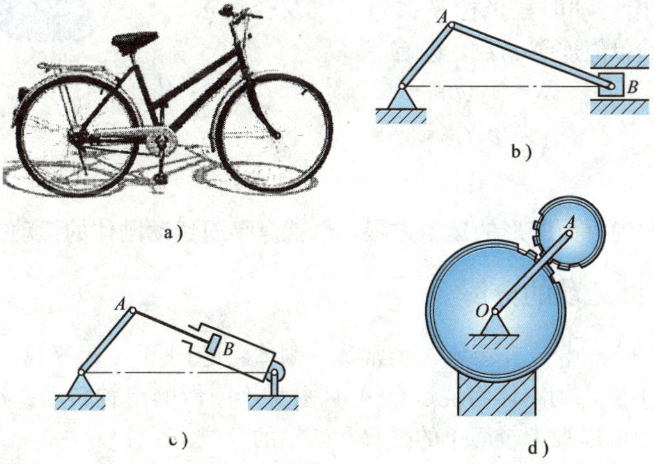

图　10-1

图 10-1c 所示；行星齿轮机构中动齿轮 A 的运动，如图 10-1d 所示。不难看出，它们都有一个共同的特点：即**在运动过程中，刚体上任意一点到某一固定平面的距离始终保持不变**，这种运动称为**刚体的平面运动**。

二、平面运动的简化

平面运动刚体如图 10-2 所示，其上任意一点至固定平面Ⅰ的距离保持不变。作一个与固定平面Ⅰ平行的平面Ⅱ，与刚体相交得截面 S，该截面称为平面运动刚体的**平面图形**。刚体运动时，平面图形 S 始终在平面Ⅱ内运动，刚体内与 S 垂直的任一直线段 A_1A_2 都做平移。直线段 A_1A_2 与平面图形 S 相交于点 A，因此，A_1A_2 上所有点的运动与点 A 的运动完全相同。从而，平面图形 S 上各点的运动就代表了刚体内过相应点且垂直于该平面的直线段的运动，平面图形 S 的运动也就代表了整个刚体的运动。因此，**刚体的平面运动可以简化为平面图形 S 在其自身平面内的运动**。

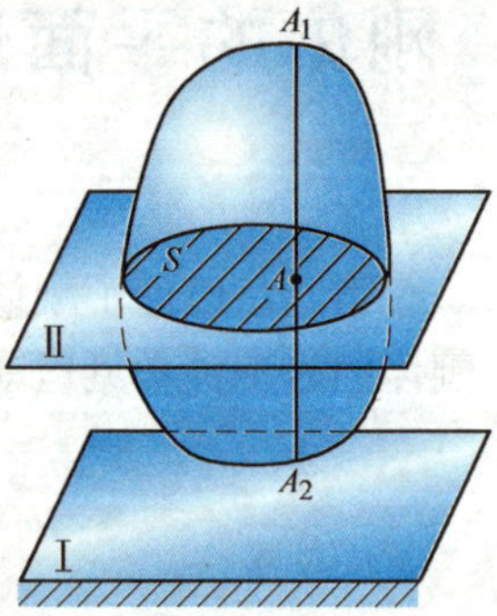

图 10-2

三、平面图形的运动方程

如图 10-3 所示，平面图形在平面内的位置完全可由其上任意线段 AM 的位置来确定，而线段 AM 的位置则可由线段上任一点 A 的坐标（x_A，y_A）和线段与 x 轴间的夹角 φ 来确定。当平面图形 S 在其自身平面内运动时，坐标 x_A、y_A 以及转角 φ 均是时间 t 的单值连续函数，即有

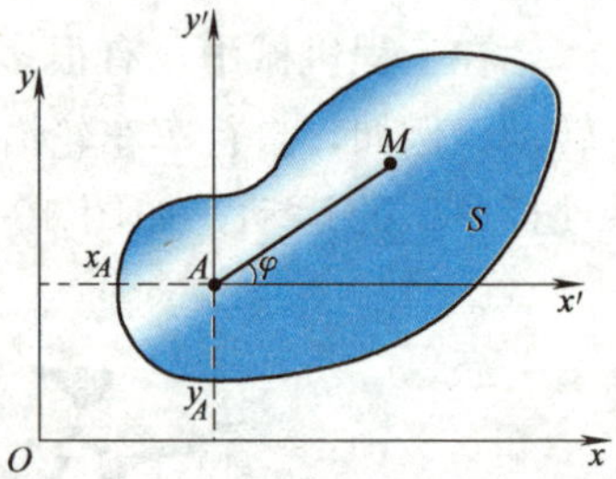

图 10-3

$$\left.\begin{aligned} x_A &= f_1(t) \\ y_A &= f_2(t) \\ \varphi &= f_3(t) \end{aligned}\right\} \tag{10-1}$$

式（10-1）称为**平面图形的运动方程**，也就是**平面运动刚体的运动方程**。

四、平面运动的分解

在式（10-1）中，若转角 φ 为常量，刚体将随同点 A 做平移；若点 A 的坐标 x_A、y_A 不变，则刚体将绕过点 A 且垂直于图形的定轴转动。这表明，较复杂的平面运动可以视为较简单的平移和转动的合成。

为了实现平面运动的分解，可以在平面图形上任取一点 A，称为**基点**，并以基点 A 为坐标原点，建立一平移动参考系 $Ax'y'$。当平面图形运动时，动系

$Ax'y'$随同基点A一起平移，如图 10-3 所示。这样，平面图形的运动就分解为**随同基点的平移和绕基点的转动**。按照上一章合成运动的观点解释，随基点的平移是牵连运动，绕基点的转动是相对运动。

在上述讨论中，基点的选择是任意的，平面图形内的任意一点都可选作基点。当然，基点不同，平面图形随基点平移的速度和加速度也就不同。如图 10-4 所示，平面图形由位置Ⅰ运动到位置Ⅱ（可分别用图形内的线段AB和$A'B'$代表），若以点A为基点，平移的位移为$\Delta \boldsymbol{r}_A$；若以点B为基点，平移的位移则为$\Delta \boldsymbol{r}_B$，显然$\Delta \boldsymbol{r}_A \neq \Delta \boldsymbol{r}_B$。基点不同，平移的位移不同，平移的速度和加速度自然也不相同。但由图 10-4 可见，对于绕不同基点转过的角位移$\Delta\varphi$与$\Delta\varphi'$的大小和转向却完全相同。这表明：在同一瞬时，平面图形绕任意基点转动的角速度、角加速度都相同。即无论对于哪个基点，平面图形绕基点转动的角速度、角加速度都是一样的，故今后直接称为**平面图形的角速度、角加速度**。

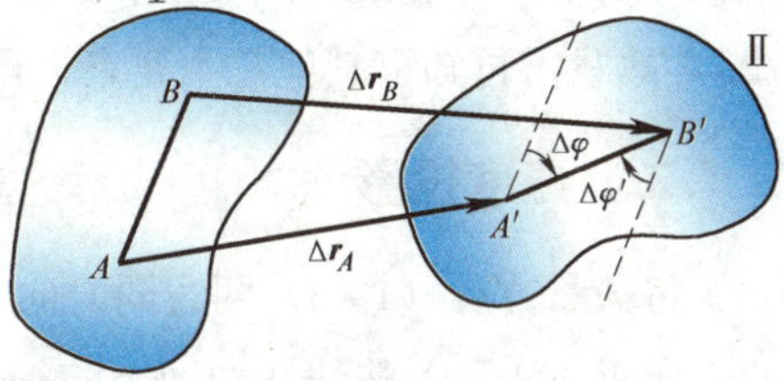

图　10-4

综上所述，**平面运动可分解为随同基点的平移和绕基点的转动。其中，随基点平移的速度、加速度与基点的选择有关，而绕基点转动的角速度和角加速度则与基点的选择无关**。

第二节　平面图形上点的速度分析

一、速度合成法（基点法）

平面图形的运动可以看成是随同基点的平移（牵连运动）与绕基点的转动（相对运动）的合成，因此，可以运用点的速度合成定理来分析平面图形上点的速度。

如图 10-5 所示，假设某瞬时平面图形上点A的速度为$\boldsymbol{v}_A$，平面图形的角速度为ω。取点A为基点，建立平移动参考系$Ax'y'$。于是，图形上任一点B的牵连速度$\boldsymbol{v}_{\mathrm{e}}=\boldsymbol{v}_A$；相对速度$\boldsymbol{v}_{\mathrm{r}}=\boldsymbol{v}_{BA}$，这里的$\boldsymbol{v}_{BA}$代表点$B$随平面图形绕基点$A$转动的速度，其大小等于点

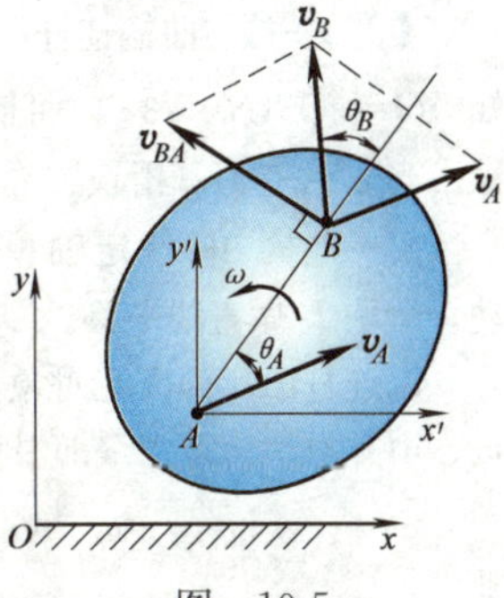

图　10-5

B 至基点 A 的距离 BA 与图形角速度 ω 的乘积，即

$$v_{BA}=BA\cdot\omega \tag{10-2}$$

方向垂直于 BA 连线而指向图形转动方向。故由点的速度合成定理，得平面图形上任一点 B 的速度

$$\boldsymbol{v}_B=\boldsymbol{v}_A+\boldsymbol{v}_{BA} \tag{10-3}$$

即平面图形上任一点的速度等于基点的速度和该点随图形绕基点转动速度的矢量和。这种分析平面图形上点的速度的方法称为**速度合成法**，也称为**基点法**。

式（10-3）中包含了三个速度矢量的大小和方向总计六个要素，要使问题可解，一般需要已知其中的四个要素。由于 $\boldsymbol{v}_{BA}$ 的方向总是已知的（垂直于 BA 连线），故只需再知道其他三个要素，即可解得剩余的两个要素。

二、速度投影法

将矢量方程（10-3）两边同时向 BA 连线所确定的轴上投影，并注意到 $\boldsymbol{v}_{BA}$ 的方向垂直于 BA 连线，如图 10-5 所示，即得

$$[\boldsymbol{v}_B]_{BA}=[\boldsymbol{v}_A]_{BA} \tag{10-4}$$

其中，$[\boldsymbol{v}_B]_{BA}$、$[\boldsymbol{v}_A]_{BA}$ 分别表示 $\boldsymbol{v}_B$、$\boldsymbol{v}_A$ 在 BA 连线上的投影。若以 θ_B、θ_A 分别代表速度 $\boldsymbol{v}_B$、$\boldsymbol{v}_A$ 与 BA 连线间的夹角，式（10-4）也可改写为

$$v_B\cos\theta_B=v_A\cos\theta_A \tag{10-5}$$

即平面图形上任意两点的速度在这两点连线上的投影相等。这称为**速度投影定理**。利用速度投影定理求平面图形上任一点速度的方法称为**速度投影法**。

速度投影定理实际上反映了刚体的基本特性，即刚体上任意两点间的距离保持不变。因此，它也适用于刚体的一般运动。运用速度投影法求解平面图形上点的速度，有时是很方便的。但由于其中没有涉及转动速度，故此定理不能直接用于求解平面图形的角速度。

还需指出，式（10-4）或式（10-5）中的 A、B 应是同一刚体上的两点，这在实际运用时要引起注意。

【例 10-1】 曲柄连杆滑块机构如图 10-6 所示，已知 $AO=r$、$AB=\sqrt{3}\,r$，曲柄 AO 以等角速度 ω 转动。试求当 $\varphi=60°$ 时，滑块 B 的速度和连杆 AB 的角速度。

解： 曲柄 AO 绕定轴 O 转动，连杆 AB 做平面运动，滑块 B 做直线平移。

以连杆 AB 为研究对象，取速度已知的点 A 为基点，由基点法，点 B（即滑块 B）的速度

$$\boldsymbol{v}_B=\boldsymbol{v}_A+\boldsymbol{v}_{BA}$$

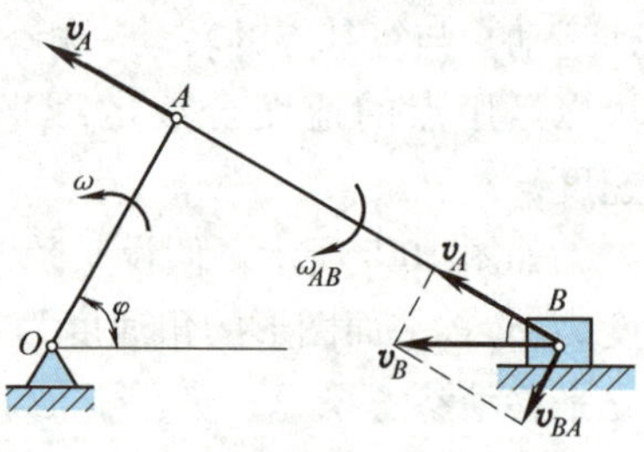

图 10-6

其中，

速度 方向 大小	$\boldsymbol{v}_B$ 水平向左 未知	$\boldsymbol{v}_A$ $\perp AO$ ωr	$\boldsymbol{v}_{BA}$ $\perp AB$ 未知

已知四个要素，只有两个要素未知，作对应的速度平行四边形如图 10-6 所示，注意到，此时 AO 恰好与 AB 垂直。由图易得

$$v_B=\frac{v_A}{\cos 30^\circ}=\frac{2\sqrt{3}}{3}\omega r$$

$$v_{BA}=v_A\tan 30^\circ=\frac{\sqrt{3}}{3}\omega r$$

又 $v_{BA}=AB\cdot\omega_{AB}$，所以连杆 AB 的角速度

$$\omega_{AB}=\frac{v_{BA}}{AB}=\frac{1}{3}\omega$$

为顺时针转向。

此题也可利用速度投影定理来求滑块 B 的速度，根据式（10-4），有

$$v_B\cos 30^\circ=v_A$$

即得 $v_B=\dfrac{2\sqrt{3}}{3}\omega r$。但速度投影定理不能求出连杆 AB 的角速度。

【例 10-2】 如图 10-7 所示，圆轮在水平直线轨道上滚动而无滑动，已知圆轮半径为 r，轮心 C 的速度为 $\boldsymbol{v}_C$，试求轮缘上点 A 和点 B 的速度。

解：（1）求圆轮角速度 ω

由于圆轮沿固定轨道滚动而无滑动，因此轮缘上与轨道接触点 P 的速度为零。以轮心 C 为基点，由基点法，点 P 的速度

$$\boldsymbol{v}_P=\boldsymbol{v}_C+\boldsymbol{v}_{PC}$$

因 $v_P=0$，故 $\boldsymbol{v}_{PC}$ 与 $\boldsymbol{v}_C$ 方向相反（见图 10-7），即有

$$v_P=v_C-v_{PC}=v_C-r\omega=0$$

得圆轮角速度

$$\omega=\frac{v_C}{r}$$

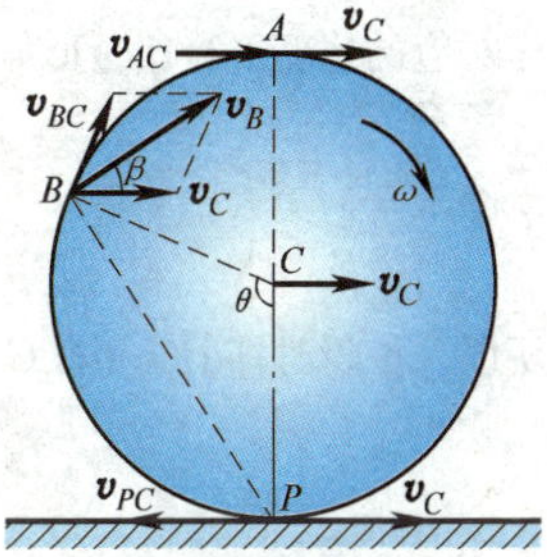

图　10-7

（2）求 A、B 两点的速度

以轮心 C 为基点，由基点法，点 A 的速度

$$\boldsymbol{v}_A=\boldsymbol{v}_C+\boldsymbol{v}_{AC}$$

其中，$\boldsymbol{v}_{AC}$ 的大小 $v_{AC}=r\omega=v_C$、方向与 $\boldsymbol{v}_C$ 一致，故得点 A 的速度

$$v_A=v_C+v_{AC}=2v_C$$

方向水平向右。

同理，点 B 的速度

$$\boldsymbol{v}_B=\boldsymbol{v}_C+\boldsymbol{v}_{BC}$$

其中，$\boldsymbol{v}_{BC}$ 的大小 $v_{BC}=r\omega=v_C$、方向垂直于 BC，指向右上方。其对应的速度平行四边形如图 10-7 所示，设 $\boldsymbol{v}_B$ 与 $\boldsymbol{v}_C$ 的夹角为 β，由几何关系易得 $\beta=90^\circ-\dfrac{\theta}{2}$，所以点 B 的速度

$$v_B = 2v_C\cos\beta = 2v_C\sin\frac{\theta}{2}$$

由于$\angle BPC = 90° - \frac{\theta}{2} = \beta$，故可知 $\boldsymbol{v}_B$ 垂直于 BP。

【例 10-3】 四杆机构如图 10-8 所示，已知 $BA=BC=CD=300\text{ mm}$，在图示位置，$BC/\!/AD$，杆 BA 的角速度 $\omega=5\text{ rad/s}$。试求该瞬时杆 BC 和杆 CD 的角速度。

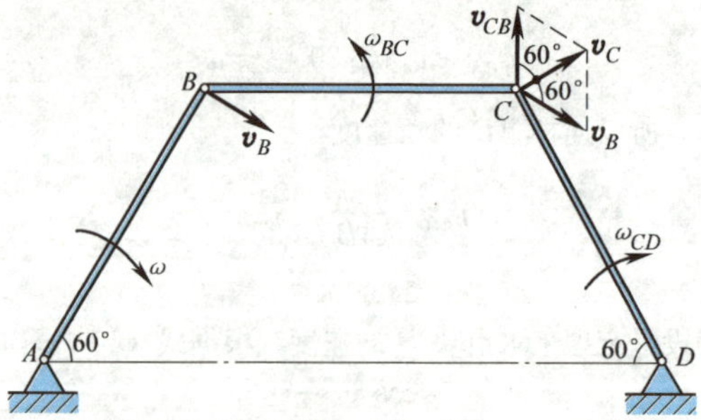

图　10-8

解： 杆 BA 和 CD 绕定轴转动，杆 BC 做平面运动。

研究杆 BC，取 B 点为基点，由基点法，点 C 速度

$$\boldsymbol{v}_C = \boldsymbol{v}_B + \boldsymbol{v}_{CB}$$

作对应的速度平行四边形如图 10-8 所示。其中，

$$v_B = BA \cdot \omega = 0.3\text{ m} \times 5\text{ rad/s} = 1.5\text{ m/s}$$

由图示几何关系，易得

$$v_C = v_{CB} = v_B = 1.5\text{ m/s}$$

所以，该瞬时杆 BC 和杆 CD 的角速度分别为

$$\omega_{BC} = \frac{v_{CB}}{BC} = \frac{1.5\text{ m/s}}{0.3\text{ m}} = 5\text{ rad/s}$$

$$\omega_{CD} = \frac{v_C}{CD} = \frac{1.5\text{ m/s}}{0.3\text{ m}} = 5\text{ rad/s}$$

【例 10-4】 双摇杆机构如图 10-9 所示，已知摇杆 AO_1 的角速度为 ω_1，摇杆 BO_2 的角速度为 ω_2，$AO_1=\sqrt{3}\,l$，$BO_2=l$。在图示瞬时，摇杆 AO_1 铅垂，连杆 AC、摇杆 BO_2 水平，连杆 BC 与铅垂方向成30°角。试求该瞬时连杆 AC 和 BC 的连接点 C 的速度。

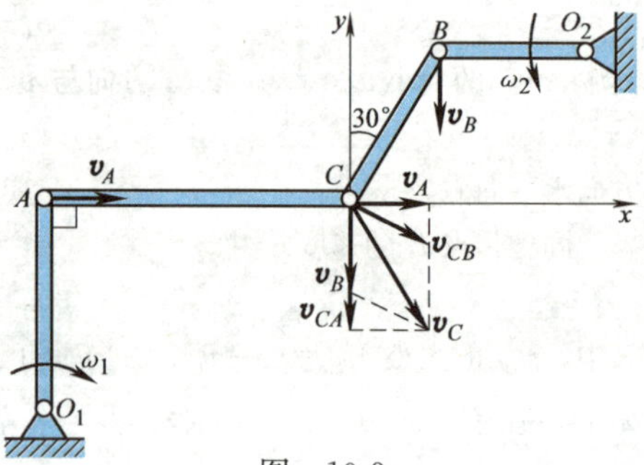

图　10-9

解： 摇杆 AO_1 和 BO_2 绕定轴转动，连杆 AC 和 BC 做平面运动。

研究连杆 AC，取点 A 为基点，由基点法，

点 C 速度

$$\boldsymbol{v}_C=\boldsymbol{v}_A+\boldsymbol{v}_{CA} \tag{a}$$

其中，

速度	$\boldsymbol{v}_C$	$\boldsymbol{v}_A$	$\boldsymbol{v}_{CA}$
方向	未知	$\perp AO_1$	$\perp AC$
大小	未知	$AO_1\cdot\omega_1$	未知

有三个未知要素，无法求解。

再研究连杆 BC，取点 B 为基点，由基点法，点 C 速度

$$\boldsymbol{v}_C=\boldsymbol{v}_B+\boldsymbol{v}_{CB} \tag{b}$$

其中，

速度	$\boldsymbol{v}_C$	$\boldsymbol{v}_B$	$\boldsymbol{v}_{CB}$
方向	未知	$\perp BO_2$	$\perp BC$
大小	未知	$BO_2\cdot\omega_2$	未知

有三个未知要素，也无法直接求解。

联立式（a）与式（b），有

$$\boldsymbol{v}_A+\boldsymbol{v}_{CA}=\boldsymbol{v}_B+\boldsymbol{v}_{CB} \tag{c}$$

式（c）中只含有两个未知要素，可解。

建立图示坐标轴，将式（c）两边向 x 轴投影，得

$$v_A=v_{CB}\cos 30^\circ$$

求得

$$v_{CB}=\frac{v_A}{\cos 30^\circ}=2\omega_1 l$$

再将式（b）分别向 x、y 轴投影，得

$$v_{Cx}=v_{Bx}+v_{CBx}=0+v_{CB}\cos 30^\circ=(2\omega_1 l)\left(\frac{\sqrt{3}}{2}\right)=\sqrt{3}\,\omega_1 l$$

$$v_{Cy}=v_{By}+v_{CBy}=-v_B-v_{CB}\sin 30^\circ=-\omega_2 l-2\omega_1 l\cdot\frac{1}{2}=-(\omega_1+\omega_2)l$$

故得点 C 速度

$$v_C=\sqrt{v_{Cx}^2+v_{Cy}^2}=l\sqrt{4\omega_1^2+2\omega_1\omega_2+\omega_2^2}$$

三、速度瞬心法

1. 速度瞬心引理

一般情况下，每一瞬时，在平面图形（或其延拓部分）上都唯一存在着一个速度为零的点。平面图形上这一速度为零的点称为**瞬时速度中心**，简称**速度瞬心**，记作 P。

证明如下：

假设某瞬时，平面图形 S 的角速度为 ω，其上一点 A 的速度为 $\boldsymbol{v}_A$，如图 10-10 所示。选取点 A 为基点，由基点法，图形上任一点 M 的速度为

$$\boldsymbol{v}_M = \boldsymbol{v}_A + \boldsymbol{v}_{MA}$$

若点 M 位于 $\boldsymbol{v}_A$ 的垂线段 AN 上（见图 10-10），则 $\boldsymbol{v}_{MA}$ 与 $\boldsymbol{v}_A$ 共线反向，故有

$$v_M = v_A - v_{MA} = v_A - MA \cdot \omega$$

由此可知，AN 上一定唯一存在着一点 P，该点的瞬时速度

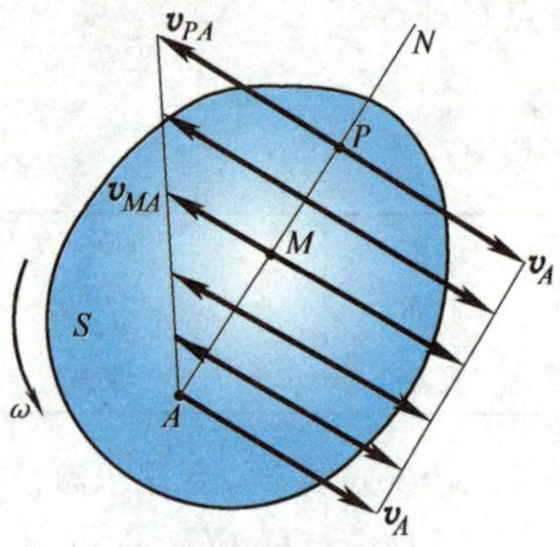

图 10-10

$$v_P = v_A - v_{PA} = v_A - PA \cdot \omega = 0$$

于是，速度瞬心 P 的位置由上式确定为

$$PA = \frac{v_A}{\omega}$$

至此引理得证。

显然，速度瞬心既可能位于图形之内，也可能位于图形之外的延拓部分上。

应该特别指出，速度瞬心的位置是随时间而改变的，它不是一个固定不变的点，即在不同瞬时，平面图形速度瞬心的位置也不相同。速度瞬心在该瞬时的速度等于零，但加速度一般并不为零。

2. 速度瞬心法

取速度瞬心 P 为基点，由基点法，平面图形上任意一点 M 的速度则可表为

$$\boldsymbol{v}_M = \boldsymbol{v}_P + \boldsymbol{v}_{MP} = \boldsymbol{v}_{MP} \tag{10-6}$$

即，**平面图形上任一点的速度等于该点随图形绕速度瞬心转动的速度**。由此知，平面图形上任意一点 M 的速度的大小等于点 M 至速度瞬心 P 的距离 MP 与图形角速度 ω 的乘积，即

$$v_M = MP \cdot \omega \tag{10-7}$$

方向垂直于 MP 连线，指向与平面图形角速度的转向一致，如图 10-11 所示。

综上所述，**平面图形上各点速度的大小与该点到速度瞬心的距离成正比；速度的方向垂直于该点至速度瞬心的连线，指向图形转动的一方**。这种利用速度瞬心分析平面图形上点的速度的方法称为**速度瞬心法**。

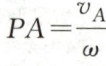

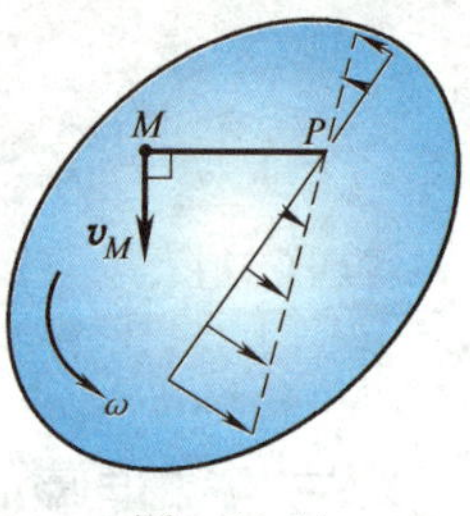

图 10-11

3. 速度瞬心位置的确定

用速度瞬心法分析平面图形上点的速度时，首先需要确定速度瞬心 P 的位置。确定速度瞬心位置的方法一般有下面几种：

1）平面图形沿一固定表面做无滑动的滚动（纯滚动）。

此时，平面图形上与固定表面的接触点 P 即为图形的速度瞬心，如图 10-12 所示。因为在该瞬时，点 P 相对于固定表面的速度为零，故其绝对速度也为零。车轮在纯滚动过程中，轮缘上各点相继与固定轨道接触而成为车轮在不同瞬时的速度瞬心。

2）在某瞬时，已知平面图形上 A、B 两点速度 $\boldsymbol{v}_A$、$\boldsymbol{v}_B$ 的方向，且 $\boldsymbol{v}_A$ 与 $\boldsymbol{v}_B$ 互不平行。

由于速度瞬心总在任一点速度的垂线上，因此，分别过 A、B 两点作 $\boldsymbol{v}_A$、$\boldsymbol{v}_B$ 的垂线，其交点即为图形在该瞬时的速度瞬心 P，如图 10-13 所示。

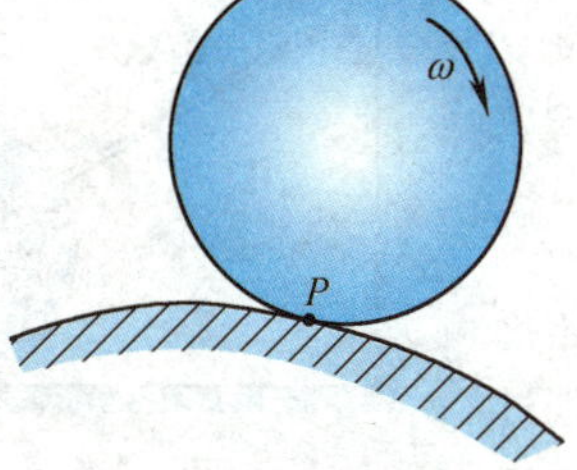

图 10-12

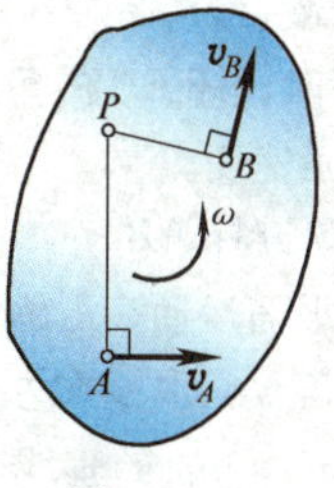

图 10-13

3）在某瞬时，已知平面图形上 A、B 两点速度 $\boldsymbol{v}_A$、$\boldsymbol{v}_B$ 的大小和方向，且 $\boldsymbol{v}_A$ 与 $\boldsymbol{v}_B$ 相互平行，均垂直于 A、B 两点连线。

由于平面图形上点的速度与点到速度瞬心的距离成正比，所以，速度 $\boldsymbol{v}_A$、$\boldsymbol{v}_B$ 矢端的连线与 A、B 两点连线的交点即为图形在该瞬时的速度瞬心 P。若 $\boldsymbol{v}_A$ 与 $\boldsymbol{v}_B$ 同向平行，速度瞬心位于 A、B 两点之外（见图 10-14a）；若 $\boldsymbol{v}_A$ 与 $\boldsymbol{v}_B$ 反向平行，速度瞬心则位于 A、B 两点之间（见图 10-14b）。

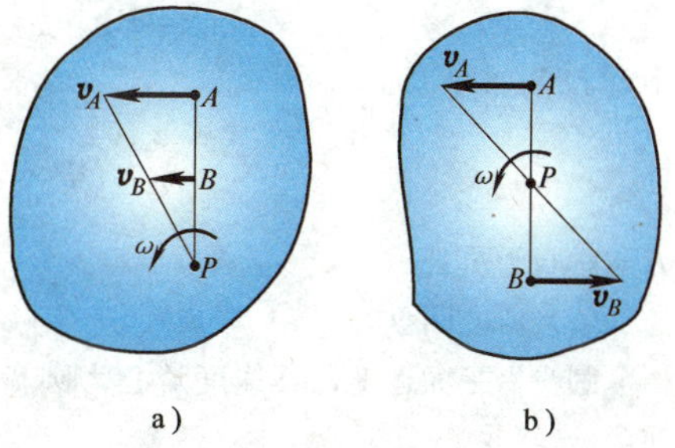

图 10-14

4. 瞬时平移

在某瞬时，若已知平面图形上 A、B 两点速度 $\boldsymbol{v}_A$、$\boldsymbol{v}_B$ 的方向相互平行，但不垂直于 A、B 两点连线，如图 10-15a 所示；或 $\boldsymbol{v}_A$、$\boldsymbol{v}_B$ 的方向相互平行且均垂直于 A、B 两点连线，但其大小相等，如图 10-15b 所示。在这两种情况下，平面图形在该瞬时的速度瞬心 P 位于无限远处。显然，在该瞬时，平面图形的角速度为零；

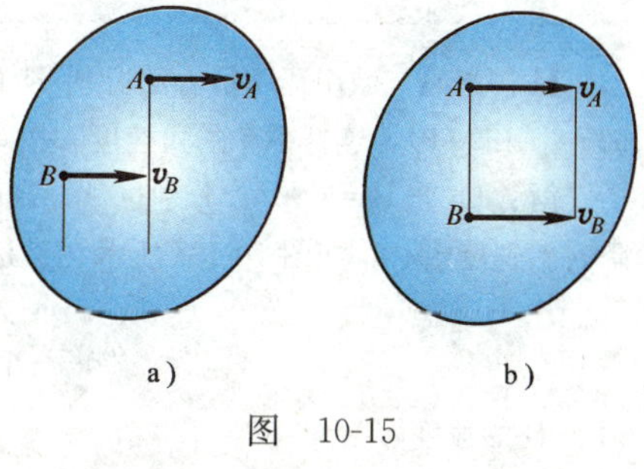

图 10-15

平面图形上各点的速度均相等。这种情况称为**瞬时平移**。

必须指出，瞬时平移属于平面运动，它与平移是两个完全不同的概念。瞬时平移时，平面图形仅仅是在该瞬时的角速度为零、各点的速度相等，而在另一瞬时，其角速度则不为零、各点的速度也不再相等。另外，瞬时平移时，平面图形的角加速度一般并不为零，其上各点的加速度一般也不相等。而刚体做平移时，在任一瞬时，其角速度、角加速度均为零，其上各点的速度、加速度均相等。

【例 10-5】 如图 10-16 所示，长为 l 的杆 AB，A 端始终靠在铅垂墙面上，B 端铰接在半径为 R 的圆盘中心，圆盘沿水平地面做纯滚动。若在图示位置，杆 A 端的速度为 $\boldsymbol{v}_A$，试求该瞬时，杆 AB 的角速度、端点 B 和中点 D 的速度以及圆盘的角速度。

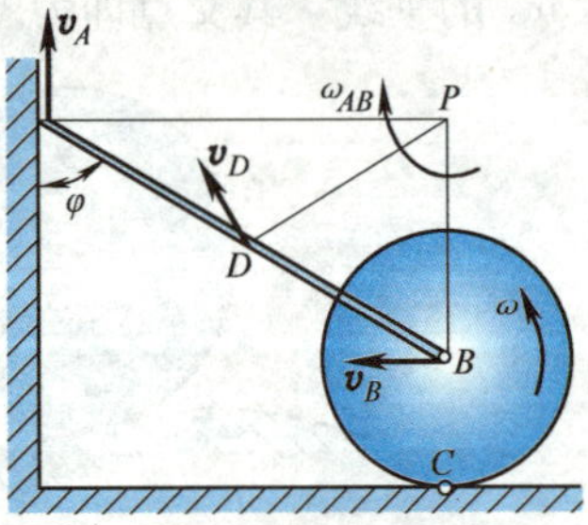

图 10-16

解：(1) 研究杆 AB

杆 AB 做平面运动。由题意知，其 A 端速度 $\boldsymbol{v}_A$ 铅垂向上、B 端速度 $\boldsymbol{v}_B$ 水平向左，如图 10-16 所示。分别过 A、B 两点作 $\boldsymbol{v}_A$、$\boldsymbol{v}_B$ 的垂线，其交点 P 即为杆 AB 的速度瞬心。由瞬心法，依次得杆 AB 的角速度

$$\omega_{AB}=\frac{v_A}{AP}=\frac{v_A}{l\sin\varphi}$$

端点 B 的速度

$$v_B=BP\cdot\omega_{AB}=l\cos\varphi\,\omega_{AB}=v_A\cot\varphi$$

中点 D 的速度

$$v_D=DP\cdot\omega_{AB}=\frac{l}{2}\,\omega_{AB}=\frac{v_A}{2\sin\varphi}$$

方向垂直于 DP。

(2) 研究圆盘

圆盘做平面运动，其速度瞬心为圆盘上与地面的接触点 C，由瞬心法易得，圆盘的角速度

$$\omega=\frac{v_B}{R}=\frac{v_A}{R}\cot\varphi$$

【例 10-6】 试用速度瞬心法分析例 10-1 中的曲柄连杆滑块机构，求出当 φ 角分别等于 60°、0°和90°时，连杆 AB 的角速度和滑块 B 的速度。

解：1) 当 $\varphi=60°$时，分别过 A、B 两点作 $\boldsymbol{v}_A$、$\boldsymbol{v}_B$ 的垂线，其交点 P 为连杆 AB 在该瞬时的速度瞬心，如图 10-17a 所示。于是，连杆 AB 的角速度

$$\omega_{AB}=\frac{v_A}{AP}=\frac{r\omega}{\sqrt{3}r\cdot\sqrt{3}}=\frac{1}{3}\omega$$

滑块 B 的速度

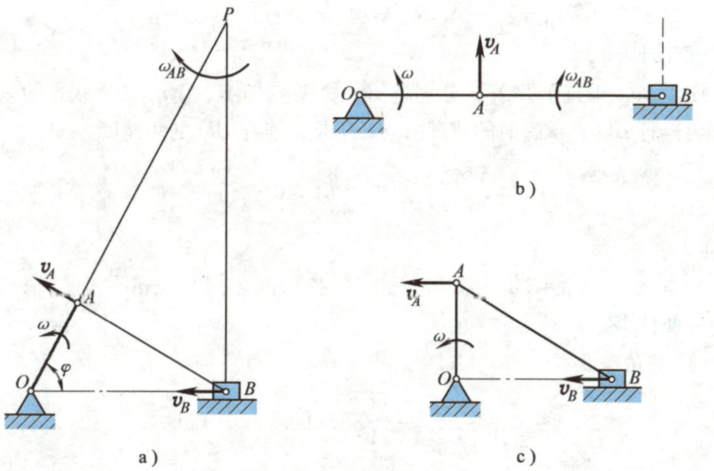

图 10-17

$$v_B = BP \cdot \omega_{AB} = \frac{2\sqrt{3}}{3} r\omega$$

2）当 $\varphi=0°$时，连杆 AB 的速度瞬心与点 B 重合，如图 10-17b 所示。因此

$$v_B = 0$$

连杆 AB 的角速度

$$\omega_{AB} = \frac{v_A}{AB} = \frac{r\omega}{\sqrt{3}\, r} = \frac{\sqrt{3}}{3}\omega$$

3）当 $\varphi=90°$时，曲柄 AO 铅直，$\boldsymbol{v}_A$ 与 $\boldsymbol{v}_B$ 的方向平行且不垂直于 AB 连线（见图 10-17c），故连杆 AB 做瞬时平移。此时，连杆 AB 的角速度

$$\omega_{AB} = 0$$

滑块 B 的速度

$$v_B = v_A = r\omega$$

【例 10-7】 平面机构如图 10-18 所示，曲柄 AO 以角速度 $\omega=2$ rad/s 绕定轴 O 转动。已知 $AO=DO_1=10$ cm、$BD=30$ cm，在图示位置时，曲柄 AO 处于水平位置，角 $\varphi=45°$。试求该瞬时连杆 AB、BD 和曲柄 DO_1 的角速度。

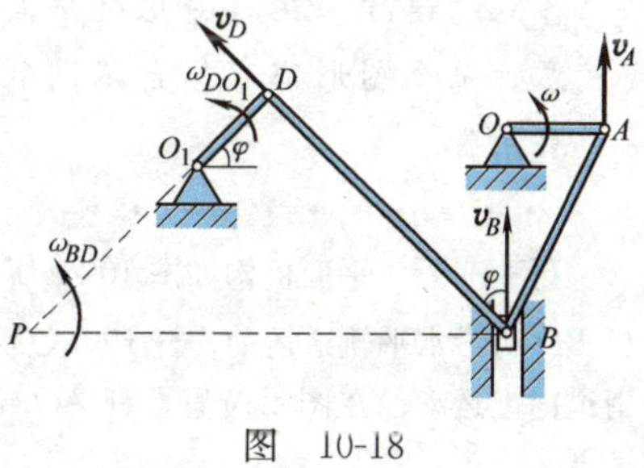

图 10-18

解： 曲柄 AO 和 DO_1 绕定轴转动，连杆 AB 和 BD 做平面运动。

(1) 研究连杆 AB

该瞬时，A、B 两点速度 $\boldsymbol{v}_A$、$\boldsymbol{v}_B$ 的方向平行但不垂直于 AB 连线，故连杆 AB 做瞬时平移，其角速度

$$\omega_{AB} = 0$$

点 B 的速度

$$v_B = v_A = AO \cdot \omega = (10\times 2)\ \text{cm/s} = 20\ \text{cm/s}$$

(2) 研究连杆 BD

点 D 的速度 $\boldsymbol{v}_D$ 垂直于 DO_1。分别过 B、D 两点作 $\boldsymbol{v}_B$、$\boldsymbol{v}_D$ 的垂线，两垂线相交于点 P，点 P 即为连杆 BD 在该瞬时的速度瞬心。于是，连杆 BD 的角速度

$$\omega_{BD} = \frac{v_B}{BP} = \frac{v_B}{\sqrt{2}BD} = \frac{20}{30\sqrt{2}}\ \text{rad/s} = 0.47\ \text{rad/s}$$

点 D 的速度

$$v_D = DP \cdot \omega_{BD} = (30\times 0.47)\ \text{cm/s} = 14.1\ \text{cm/s}$$

(3) 研究曲柄 DO_1

曲柄 DO_1 的角速度

$$\omega_{DO_1} = \frac{v_D}{DO_1} = \frac{14.1}{10}\ \text{rad/s} = 1.41\ \text{rad/s}$$

【例 10-8】 如图 10-19 所示，半径为 R 的圆轮，沿水平直线轨道做无滑动的滚动。已知轮心 C 的速度为 $\boldsymbol{v}_C$，试用速度瞬心法求轮缘上 A、B、D、P 四点的速度。

解： 由于圆轮沿水平直线轨道做无滑动的滚动，圆轮与轨道的接触点 P 即为速度瞬心。故轮缘上点 P 的速度

$$v_P = 0$$

由速度瞬心法，依次得圆轮的角速度

$$\omega = \frac{v_C}{R}$$

轮缘上点 A、B、D 的速度分别为

$$v_A = 2R \cdot \omega = 2v_C$$

$$v_B = v_D = \sqrt{2}R \cdot \omega = \sqrt{2}v_C$$

其方向如图 10-19 所示。

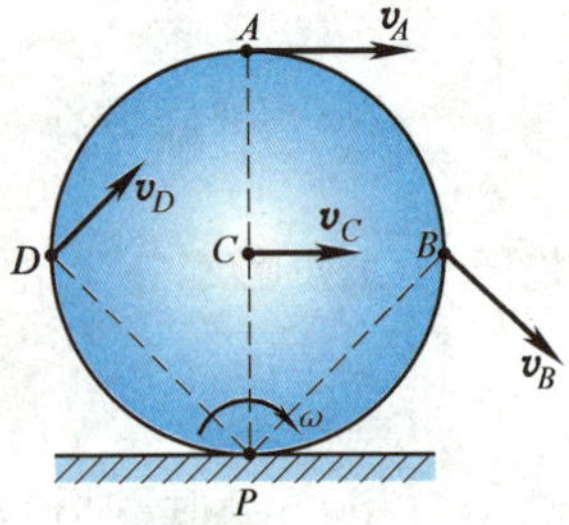

图 10-19

> 由上述各例可见，在运用速度瞬心法解题时，一般应首先根据已知条件确定图形的速度瞬心，然后求出图形的角速度，最后再计算图形上各点的速度。在对由几个平面图形组成的机构进行运动分析时应特别注意，每个图形都有各自不同的速度瞬心和角速度，要加以区分，切不可混淆。

【例 10-9】 平面机构如图 10-20 所示，滑块 B 可沿杆 AO 滑动，并与杆 BD 和 BE 铰接，杆 BD 可沿水平轨道运动，杆 BE 长为$\sqrt{2}l$，在 E 端与滑块 E 铰接，滑块 E 以匀速 $\boldsymbol{v}$ 沿铅直滑道向上运动。在图示位置，杆 AO 铅直，并与杆 BE 成45°夹角，试求该瞬时杆 AO 的角速度。

解： 杆 AO 绕定轴 O 转动，杆 BD 做水平直线平移，杆 BE 做平面运动，滑块 B 相对于杆 AO 滑动。

1）研究杆 BE。由 B、E 两点速度 $\boldsymbol{v}_B$、$\boldsymbol{v}$ 的方向（见图 10-20）可知，该瞬时杆 BE 的速度瞬心与点 O 重合，故由速度瞬心法依次得杆 BE 的角速度以及点 B 的速度分别为

$$\omega_{BE}=\frac{v}{EO}=\frac{v}{l}$$

$$v_B=BO\cdot\omega_{BE}=l\cdot\frac{v}{l}=v$$

2）选取滑块 B 为动点，动系固连于杆 AO 上。根据点的速度合成定理，

$$\boldsymbol{v}_{\mathrm{a}}=\boldsymbol{v}_{\mathrm{e}}+\boldsymbol{v}_{\mathrm{r}}$$

作动点的速度分析图如图 10-20 所示，其中，绝对速度 $v_{\mathrm{a}}=v_B=v$。

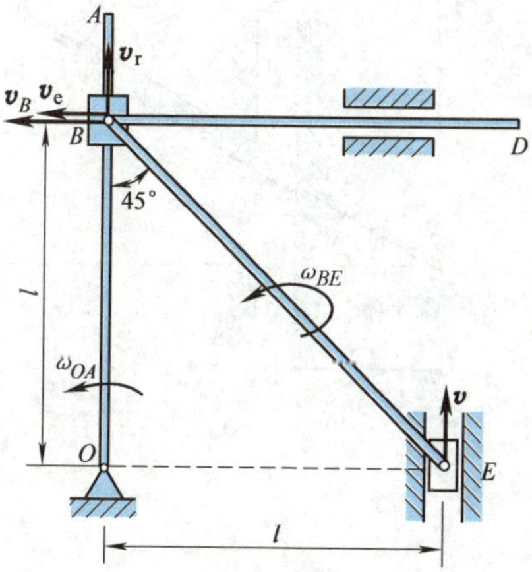

图 10-20

由图显见，相对速度、牵连速度分别为

$$v_{\mathrm{r}}=0,\quad v_{\mathrm{e}}=v_{\mathrm{a}}=v$$

故得该瞬时杆 AO 的角速度

$$\omega_{AO}=\frac{v_{\mathrm{e}}}{BO}=\frac{v}{l}$$

由上例可见，在复杂机构中，可能同时存在刚体平面运动以及点的合成运动问题。此时，应联合运用刚体平面运动与点的合成运动理论来分析求解。

【例 10-10】 图 10-21a 所示机构中，摇杆 CO 以等角速度 $\omega=2\ \mathrm{rad/s}$ 绕轴 O 转动；套筒 AB 可沿摇杆 CO 滑动，并用铰链连接滑块 A。已知 $h=100\ \mathrm{mm}$，$AB=l=200\ \mathrm{mm}$，试求当 $\varphi=30^\circ$ 时，套筒 AB 上点 B 的速度。

解： 本题可用三种方法求解。

方法一 由于摇杆 CO 做匀速转动，故此题可用点的运动学中的直角坐标法求解。

选取图 10-21a 所示直角坐标系 Oxy，由几何关系，得点 B 的运动方程

$$\left.\begin{aligned}x_B&=h+l\cos\varphi\\y_B&=h\tan\varphi+l\sin\varphi\end{aligned}\right\}\tag{a}$$

式中，φ 为时间 t 的一次函数。

将式（a）对时间 t 求一阶导数，并注意到 $\dot{\varphi}=-\omega$，得点 B 的速度在 x、y 轴上的投影

$$\left.\begin{aligned}v_{Bx}&=l\omega\sin\varphi\\v_{By}&=-h\omega\sec^2\varphi-l\omega\cos\varphi\end{aligned}\right\}\tag{b}$$

故当 $\varphi=30^\circ$ 时，套筒 AB 上点 B 的速度为

$$v_B=\sqrt{(v_{Bx})^2+(v_{By})^2}=645\ \mathrm{mm/s}$$

方法二 套筒 AB 做平面运动，可用平面运动知识求解。

套筒 AB 上的点 A 做竖直直线运动，首先由直角坐标法求得点 A 的速度

$$v_A=\dot{y}_A=\frac{\mathrm{d}}{\mathrm{d}t}(h\tan\varphi)=-h\omega\sec^2\varphi$$

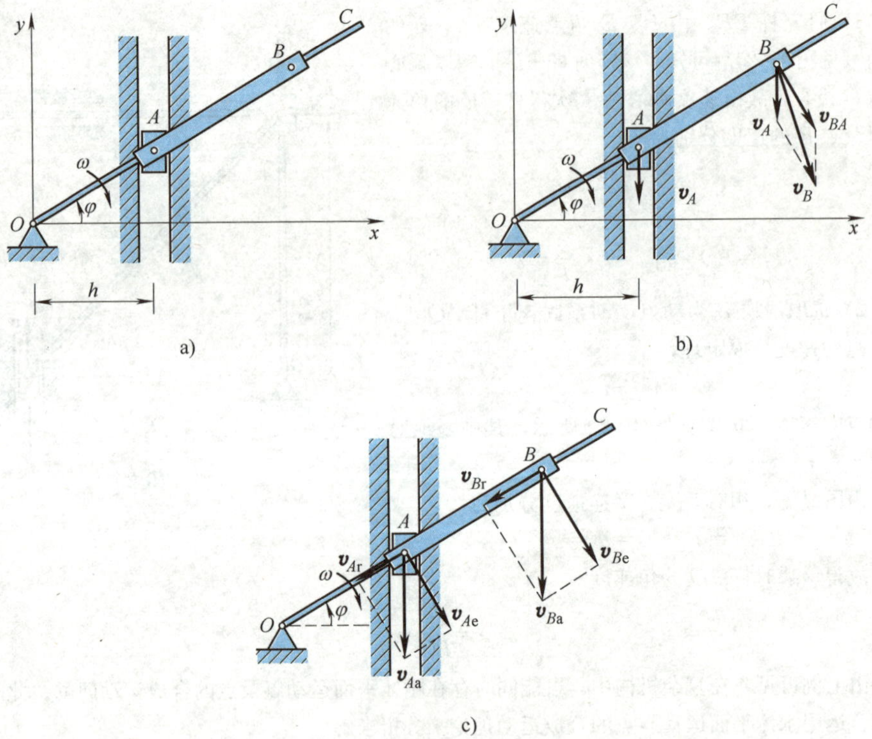

图 10-21

当 $\varphi = 30^\circ$ 时，$v_A = -267\ \mathrm{mm/s}$。

研究套筒 AB，选取点 A 为基点，由基点法，点 B 速度

$$\boldsymbol{v}_B = \boldsymbol{v}_A + \boldsymbol{v}_{BA}$$

作出对应的速度平行四边形如图 10-21b 所示。由于套筒 AB 与摇杆 CO 之间没有相对转动，故有

$$v_{BA} = BA \cdot \omega_{AB} = l\omega = 400\ \mathrm{mm/s}$$

由余弦定理，得此时套筒 AB 上点 B 的速度为

$$v_B = \sqrt{v_A^2 + v_{BA}^2 - 2v_A v_{BA}\cos(180^\circ - \varphi)} = 645\ \mathrm{mm/s}$$

方法三 运用点的速度合成定理求解。

首先选取套筒 AB 上的点 A 为动点，动系固连于摇杆 CO 上。此时，动点的绝对运动为沿滑槽的竖直直线运动；相对运动为沿摇杆 CO 的直线运动；牵连运动为绕定轴 O 转动。

根据点的速度合成定理，

$$\boldsymbol{v}_{A\mathrm{a}} = \boldsymbol{v}_{A\mathrm{e}} + \boldsymbol{v}_{A\mathrm{r}}$$

作出对应的速度平行四边形如图 10-21c 所示，其中，牵连速度

$$v_{A\mathrm{e}} = AO \cdot \omega = 400\frac{\sqrt{3}}{3}\ \mathrm{mm/s}$$

由速度四边形，得相对速度

$$v_{Ar}=v_{Ae}\tan\varphi=133\ \mathrm{mm/s}$$

再选取套筒 AB 上的点 B 为动点，动系固连于摇杆 CO 上。类似有

$$\boldsymbol{v}_{Ba}=\boldsymbol{v}_{Be}+\boldsymbol{v}_{Br}$$

对应的速度平行四边形如图 10-21c 所示，其中，

$$v_{Be}=BO\cdot\omega=631\ \mathrm{mm/s},\quad v_{Ar}=v_{Br}=133\ \mathrm{mm/s}$$

由速度四边形，得绝对速度，即套筒 AB 上点 B 的速度

$$v_B=v_{Ba}=\sqrt{v_{Be}^2+v_{Br}^2}=645\ \mathrm{mm/s}$$

三种解法，结果完全相同。

第三节　平面图形上点的加速度分析

如前所述，平面图形的运动可以看成是随同基点的平移（牵连运动）与绕基点的转动（相对运动）的合成，因此，可以运用牵连运动为平移时点的加速度合成定理来分析平面图形上点的加速度。

如图 10-22 所示，假设某瞬时平面图形上点 A 的加速度为 $\boldsymbol{a}_A$，平面图形的角速度为 ω，角加速度为 α。取点 A 为基点，建立平移动参考系 $Ax'y'$。此时，图形上任一点 B 的牵连加速度 $\boldsymbol{a}_e=\boldsymbol{a}_A$；相对加速度 $\boldsymbol{a}_r$ 为点 B 随图形绕基点 A 转动的加速度 $\boldsymbol{a}_{BA}$，可分解为绕基点 A 转动的切向加速度 $\boldsymbol{a}_{BA}^{t}$ 与法向加速度 $\boldsymbol{a}_{BA}^{n}$。于是，根据牵连运动为平移时点的加速度合成定理，得平面图形上任一点 B 的加速度

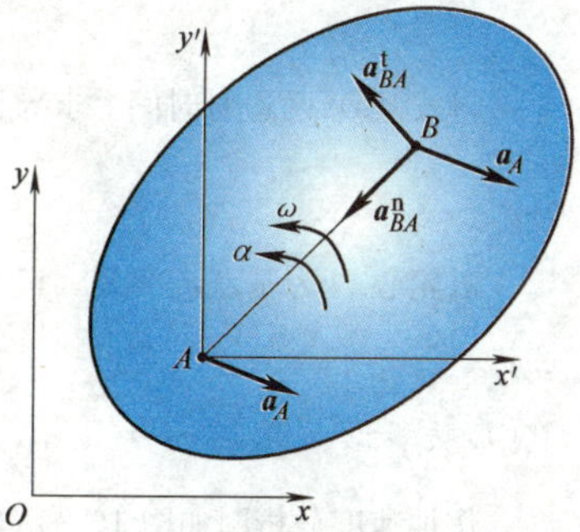

图　10-22

$$\boldsymbol{a}_B=\boldsymbol{a}_A+\boldsymbol{a}_{BA}^{t}+\boldsymbol{a}_{BA}^{n}\qquad(10\text{-}8)$$

式中，绕基点 A 转动的切向加速度 $\boldsymbol{a}_{BA}^{t}$ 的大小

$$a_{BA}^{t}=BA\cdot\alpha\qquad(10\text{-}9)$$

方向垂直于 BA，指向与角加速度 α 的转向一致。法向加速度 $\boldsymbol{a}_{BA}^{n}$ 的大小

$$a_{BA}^{n}=BA\cdot\omega^2\qquad(10\text{-}10)$$

方向沿 BA 指向基点 A。

式（10-8）表明，**平面图形上任一点的加速度等于基点的加速度与该点随图形绕基点转动的切向加速度和法向加速度的矢量和**。这种分析平面图形上点的加速度的方法称为**加速度合成法**，也称为**基点法**。

式（10-8）中包含了四个加速度矢量的大小和方向总计八个要素，要使问题可解，一般需要已知其中的六个要素。由于 $\boldsymbol{a}_{BA}^{t}$ 与 $\boldsymbol{a}_{BA}^{n}$ 的方向总是已知的，故只

需再知道其他四个要素，即可解得剩余的两个要素。在运用式（10-8）求解未知量时，通常采用其投影形式。

【例 10-11】 如图 10-23a 所示，滚轮沿水平直线轨道做纯滚动。已知滚轮半径为 r，轮心 O 的速度为 $\boldsymbol{v}$、加速度为 $\boldsymbol{a}$。试求滚轮上速度瞬心 P 的加速度。

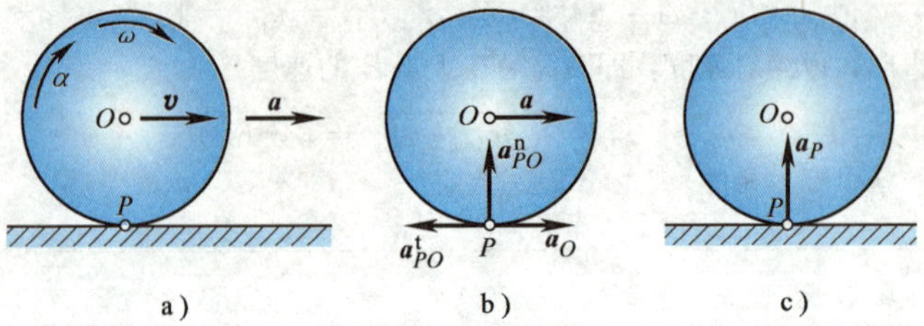

图 10-23

解： 滚轮做纯滚动，其上与轨道的接触点 P 即为速度瞬心。由速度瞬心法，滚轮的角速度为

$$\omega=\frac{v}{r} \tag{a}$$

由于轮心 O 做直线运动，故有

$$\frac{\mathrm{d}v}{\mathrm{d}t}=a \tag{b}$$

将式（a）两边对时间 t 求导，并代入式（b），即得滚轮的角加速度

$$\alpha=\frac{a}{r}$$

以轮心 O 为基点，由式（10-8），得速度瞬心 P 的加速度

$$\boldsymbol{a}_P=\boldsymbol{a}_O+\boldsymbol{a}_{PO}^{\mathrm{t}}+\boldsymbol{a}_{PO}^{\mathrm{n}} \tag{c}$$

其中，$a_O=a$、$a_{PO}^{\mathrm{t}}=r\alpha=a$、$a_{PO}^{\mathrm{n}}=r\omega^2=\dfrac{v^2}{r}$。

作加速度分析图如图 10-23b 所示，由于 $\boldsymbol{a}_{PO}^{\mathrm{t}}$ 与 $\boldsymbol{a}_O$ 大小相等、方向相反，故得滚轮上速度瞬心 P 的加速度的大小

$$a_P=a_{PO}^{\mathrm{n}}=\frac{v^2}{r}$$

方向与 $\boldsymbol{a}_{PO}^{\mathrm{n}}$ 相同，指向轮心 O（见图 10-23c）。

由此可见，刚体做平面运动时，其速度瞬心的加速度并不为零。

【例 10-12】 图 10-24a 所示平面机构中，曲柄 AO 以等角速度 ω_0 绕定轴 O 转动，通过连杆 AB 带动半径为 r 的滚轮沿水平固定面做纯滚动。已知 $AO=r$，$AB=2r$，试求当曲柄 AO 在图示竖直位置时，滚子的角速度和角加速度。

解：（1）运动分析

曲柄 AO 绕定轴 O 转动，连杆 AB 做平面运动，滚子做平面运动（纯滚动）。

（2）速度分析

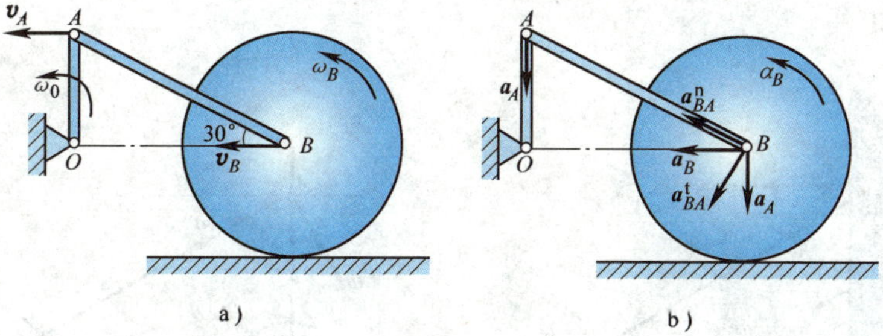

图　10-24

在图 10-24a 所示位置，连杆 AB 上 A、B 两点的速度都是沿水平方向，相互平行，故知连杆 AB 做瞬时平移，于是有

$$\omega_{AB}=0,\quad v_B=v_A=r\omega_0$$

由于滚轮做纯滚动，因此其角速度为

$$\omega_B=\frac{v_B}{r}=\omega_0$$

(3) 加速度分析

选取连杆 AB 为研究对象，以点 A 为基点，由式（10-8），得点 B 的加速度

$$\boldsymbol{a}_B=\boldsymbol{a}_A+\boldsymbol{a}_{BA}^{\mathrm{t}}+\boldsymbol{a}_{BA}^{\mathrm{n}} \qquad (*)$$

其中，$a_{BA}^{\mathrm{n}}=BA\cdot\omega_{AB}^2=0$、$a_A=a_A^{\mathrm{n}}=r\omega_0^2$。

作加速度矢量图如图 10-24b 所示，将式（*）两边向 AB 方向投影，有

$$a_B\cos 30°=-a_A\cos 60°$$

解得 B 点加速度

$$a_B=-\frac{\sqrt{3}}{3}\omega_0^2 r$$

负号表示 $\boldsymbol{a}_B$ 的实际方向与图中所设相反。

于是，得滚轮的角加速度

$$\alpha_B=\frac{a_B}{r}=-\frac{\sqrt{3}}{3}\omega_0^2$$

负号表示 α_B 的实际转向与图中所设相反，为顺时针转向。

【例 10-13】 平面机构如图 10-25a 所示，摇杆 CO 以等角速度 ω 绕定轴 O 转动，滑块 A 在摇杆 CO 的滑槽内滑动，滑块 B 以等速 $v=l\omega$ 沿水平导轨滑动。已知连杆 AB 长为 l，在图示瞬时，CO 铅直，AB 与 OB 成30°夹角。试求该瞬时连杆 AB 的角速度和角加速度。

典型例题
13: 例题
10-13

解：(1) 运动分析

摇杆 CO 绕定轴 O 转动，连杆 AB 做平面运动，滑块 A 在摇杆 CO 的滑槽内有相对运动，

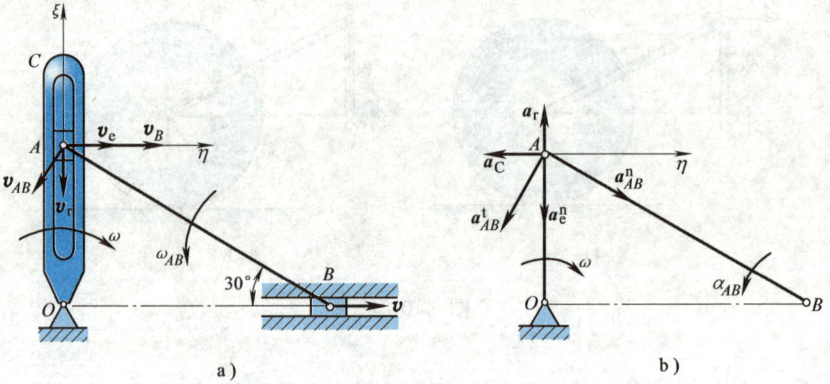

图 10-25

滑块 B 做直线平移。

(2) 速度分析

首先研究连杆 AB，取点 B 为基点，由基点法，点 A 速度

$$\boldsymbol{v}_A=\boldsymbol{v}_B+\boldsymbol{v}_{AB} \tag{a}$$

其中，$v_B=v=l\omega$。在式 (a) 中，包含了 $\boldsymbol{v}_A$ 的大小、方向以及 $\boldsymbol{v}_{AB}$ 的大小三个未知量，故不可解。

再选取连杆 AB 上的点 A 为动点，动系固连于摇杆 CO 上，根据点的速度合成定理，有

$$\boldsymbol{v}_a=\boldsymbol{v}_e+\boldsymbol{v}_r \tag{b}$$

其中，绝对速度 $v_a=v_A$，牵连速度 $v_e=AO\cdot\omega=\dfrac{l}{2}\omega$。式 (b) 中同样含有三个未知量，不可解。

联立式 (a)、式 (b)，有

$$\boldsymbol{v}_B+\boldsymbol{v}_{AB}=\boldsymbol{v}_e+\boldsymbol{v}_r \tag{c}$$

式 (c) 中仅含有 $\boldsymbol{v}_{AB}$ 与 $\boldsymbol{v}_r$ 的大小两个未知量，故可解。将式 (c) 两边分别向 η、ξ 轴投影 (见图 10-25a)，有

$$\left.\begin{aligned} v_B-v_{AB}\sin30^\circ&=v_e \\ -v_{AB}\cos30^\circ&=-v_r \end{aligned}\right\}$$

解得

$$v_{AB}=l\omega,\quad v_r=\frac{\sqrt{3}}{2}l\omega$$

所以，该瞬时连杆 AB 的角速度为

$$\omega_{AB}=\frac{v_{AB}}{AB}=\frac{l\omega}{l}=\omega$$

转向如图 10-25a 所示，为逆时针。

(3) 加速度分析

加速度分析的思路与速度分析类似，首先研究连杆 AB，取点 B 为基点，由基点法，得点 A 加速度

$$\boldsymbol{a}_A=\boldsymbol{a}_B+\boldsymbol{a}_{AB}^{\mathrm{t}}+\boldsymbol{a}_{AB}^{\mathrm{n}} \tag{d}$$

其中，$a_B=0$、$a_{AB}^{\mathrm{n}}=AB\cdot\omega_{AB}^2=l\omega^2$。式（d）中含有三个未知量。

再选取连杆 AB 上的点 A 为动点，动系固连于摇杆 CO 上，根据牵连运动为转动时点的加速度合成定理，有

$$\boldsymbol{a}_{\mathrm{a}}=\boldsymbol{a}_{\mathrm{e}}^{\mathrm{n}}+\boldsymbol{a}_{\mathrm{e}}^{\mathrm{t}}+\boldsymbol{a}_{\mathrm{r}}+\boldsymbol{a}_{\mathrm{C}} \tag{e}$$

其中，$\boldsymbol{a}_{\mathrm{a}}=\boldsymbol{a}_A$、$a_{\mathrm{e}}^{\mathrm{n}}=AO\cdot\omega^2=\dfrac{l}{2}\omega^2$、$a_{\mathrm{e}}^{\mathrm{t}}=AO\cdot\alpha=0$、$a_{\mathrm{C}}=2\omega v_{\mathrm{r}}=\sqrt{3}\,l\omega^2$。式（e）中也含有三个未知量。

联立式（d）、式（e），有

$$\boldsymbol{a}_{AB}^{\mathrm{t}}+\boldsymbol{a}_{AB}^{\mathrm{n}}=\boldsymbol{a}_{\mathrm{e}}^{\mathrm{n}}+\boldsymbol{a}_{\mathrm{r}}+\boldsymbol{a}_{\mathrm{C}} \tag{f}$$

式（f）中仅含有 $\boldsymbol{a}_{AB}^{\mathrm{t}}$ 与 $\boldsymbol{a}_{\mathrm{r}}$ 的大小两个未知量，故可解。

将式（f）两边同时向 η 轴投影（见图 10-25b），有

$$-a_{AB}^{\mathrm{t}}\sin 30°+a_{AB}^{\mathrm{n}}\cos 30°=-a_{\mathrm{C}}$$

解得

$$a_{AB}^{\mathrm{t}}=3\sqrt{3}\,l\omega^2$$

所以，该瞬时连杆 AB 的角加速度为

$$\alpha_{AB}=\frac{a_{AB}^{\mathrm{t}}}{AB}=\frac{3\sqrt{3}\,l\omega^2}{l}=3\sqrt{3}\,\omega^2$$

转向如图 10-25b 所示，为逆时针。

由上例可见，对于同时涉及刚体平面运动和点的合成运动的较为复杂的运动学问题，需综合运用运动学的各种理论和方法来联合求解。

【例 10-14】 平面机构如图 10-26a 所示，已知各杆的长度 $AO=r=0.2\ \mathrm{m}$、$BO_1=R=1\ \mathrm{m}$、$AB=l=1.2\ \mathrm{m}$；在图示瞬时，曲柄 AO 与摇杆 BO_1 均处于铅直位置，曲柄 AO 的角速度 $\omega=10\ \mathrm{rad/s}$，角加速度 $\alpha=5\ \mathrm{rad/s^2}$。试求此时连杆 AB 的角速度、角加速度和点 B 的速度、加速度。

解： 曲柄 AO 和摇杆 BO_1 绕定轴转动，连杆 AB 和 BC 做平面运动，滑块 C 做平移。

（1）速度分析

如图 10-26a 所示，连杆 AB 上 A、B 两点的速度平行同向，可知，连杆 AB 做瞬时平移，故得连杆 AB 的角速度、点 B 的速度分别为

$$\omega_{AB}=0,\ v_B=v_A=r\omega=2\ \mathrm{m/s}$$

（2）加速度分析

研究连杆 AB，选取点 A 为基点，根据式（10-8），并将其中点 A、点 B 的加速度分解为切向加速度和法向加速度，则有

$$\boldsymbol{a}_B^{\mathrm{t}}+\boldsymbol{a}_B^{\mathrm{n}}=\boldsymbol{a}_A^{\mathrm{t}}+\boldsymbol{a}_A^{\mathrm{n}}+\boldsymbol{a}_{BA}^{\mathrm{t}}+\boldsymbol{a}_{BA}^{\mathrm{n}} \tag{a}$$

作出对应的加速度矢量图如图 10-26b 所示，式中

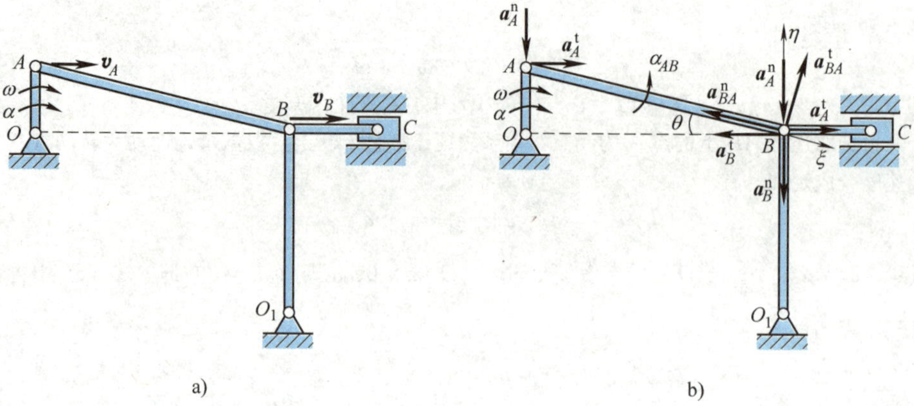

图 10-26

$$a_B^n=\frac{v_B^2}{R}=4\ \mathrm{m/s^2},\ a_A^t=r\alpha=1\ \mathrm{m/s^2},\ a_A^n=r\omega^2=20\ \mathrm{m/s^2},\ a_{BA}^n=l\omega_{AB}^2=0$$

只有 $\boldsymbol{a}_B^t$ 和 $\boldsymbol{a}_{BA}^t$ 的大小两个未知量，故问题可解。将式（a）的两边分别向沿 BO_1 方向的 η 轴和沿 AB 方向的 ξ 轴上投影，有

$$-a_B^n=-a_A^n+a_{BA}^t\cos\theta$$

$$-a_B^t\cos\theta+a_B^n\sin\theta=a_A^t\cos\theta+a_A^n\sin\theta$$

解得

$$a_B^t=-3.17\ \mathrm{m/s^2},\ a_{BA}^t=16.27\ \mathrm{m/s^2}$$

所以，连杆 AB 的角加速度、点 B 的加速度分别为

$$\alpha_{AB}=\frac{a_{BA}^t}{l}=13.6\ \mathrm{rad/s^2},\ a_B=\sqrt{(a_B^t)^2+(a_B^n)^2}=5.1\ \mathrm{m/s^2}$$

复习思考题

10-1 刚体的平面运动可分解为哪两种运动？它们与基点的选择是否有关？

10-2 刚体的平移和绕定轴转动都是平面运动的特例吗？

10-3 刚体的平移和刚体的瞬时平移有何异同？

10-4 平面运动刚体绕速度瞬心的转动和刚体绕定轴转动有何异同？

10-5 分析平面图形上点的速度有几种方法？哪种方法是最基本的方法？哪些方法可以求解图形的角速度？

10-6 平面图形速度瞬心的速度为零，而加速度又等于速度对时间的一阶导数，所以速度瞬心的加速度也为零。这一表述是否正确？为什么？

10-7 如思考题 10-7 图所示，杆 AO_1 的角速度为 ω_1，直角三角板 ABC 与杆 AO_1 在 A 处铰接。试问图中 CAO_1 上各点的速度分布规律正确与否？为什么？

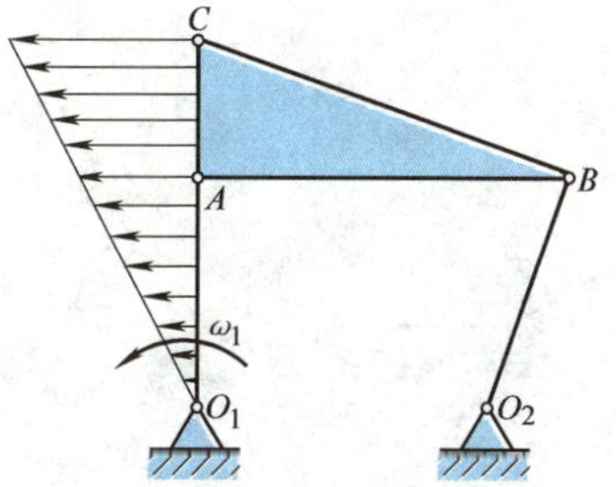

思考题 10-7 图

10-8　试判断思考题 10-8 图中所标示的刚体上各点速度的方向是否可能？

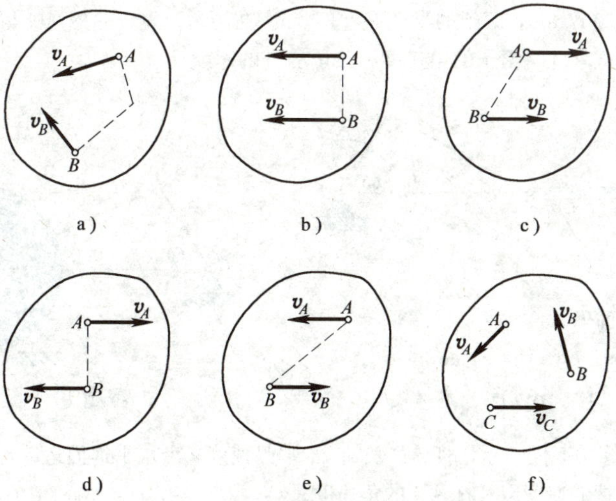

思考题 10-8 图

习题

10-1　平面机构如习题 10-1 图所示，曲柄 CO 以等角速度 $\omega_0=2$ rad/s 绕定轴 O 转动，并带动连杆 AB 上的滑块 A 和滑块 B 分别在铅垂滑道和水平滑道上运动。已知 $AC=BC=CO=12$ cm，初始时 CO 水平向右。试以点 C 为基点，建立连杆 AB 的运动方程，并求当 $\varphi=45°$时，滑块 A 的速度。

10-2　平面机构如习题 10-2 图所示。已知 $BA=BD=DE=l=300$ mm，在图示位置时，$BD /\!/ AE$，杆 BA 的角速度 $\omega=5$ rad/s。试求此瞬时杆 BD 的中点 C 的速度。

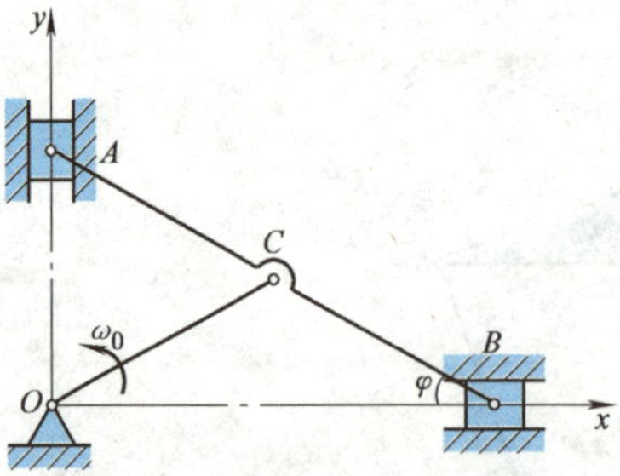

习题 10-1 图

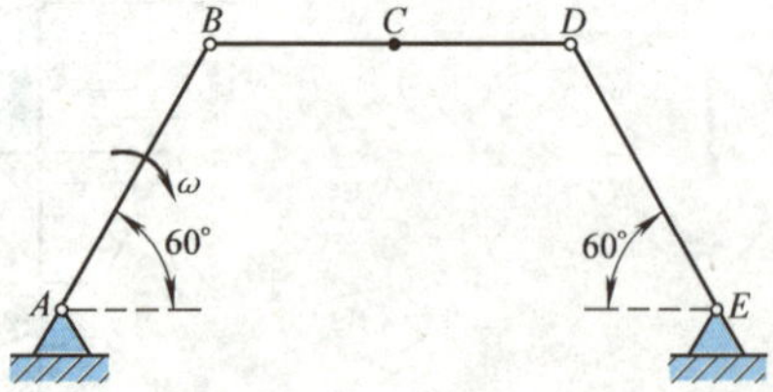

习题 10-2 图

10-3　在习题 10-3 图所示的筛动机构中，筛子 BC 的摆动由曲柄连杆机构带动。已知曲柄 AO 长 0.3 m，转速 $n=40$ r/min，$EO_1=DO_2$、$ED=O_1O_2$。当筛子运动到图示位置时，$AB\perp AO$，试求此时筛子 BC 的速度。

10-4　如习题 10-4 图所示，滚压机构的滚子沿水平路面做纯滚动。已知曲柄 AO 长 15 cm、转速 $n=60$ r/min，滚子的半径 $R=15$ cm。在图示位置，曲柄 AO 与水平线的夹角为 60°，$AO\perp AB$，试求此时滚子的角速度和滚子前进的速度。

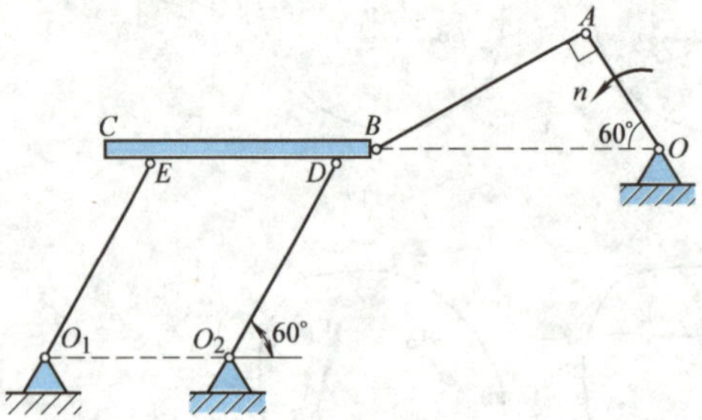

习题 10-3 图

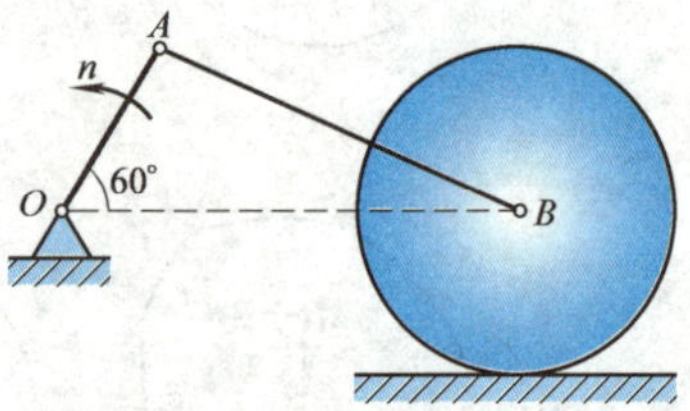

习题 10-4 图

10-5　如习题 10-5 图所示，杆 AB 长 l，A 端以速度 $\boldsymbol{u}$ 沿水平地面运动，B 端贴着铅垂墙壁运动，试求 B 端的速度以及杆 AB 的角速度。

10-6　使砂轮高速转动的装置如习题 10-6 图所示。杆 O_2O_1 绕定轴 O_1 转动，转速为 n。O_2 处用铰链连接一半径为 r_2 的活动齿轮Ⅱ。杆 O_2O_1 转动时，带动轮Ⅱ在半径为 r_3 的固定内齿轮Ⅲ上滚动，并使半径为 r_1 的轮Ⅰ绕定轴 O_1 转动。已知 $r_3 : r_1=11$，$n=900$ r/min，试求轮Ⅰ的转速。

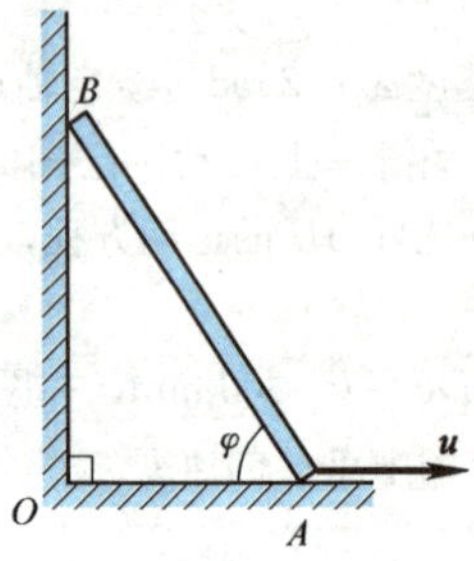

习题 10-5 图

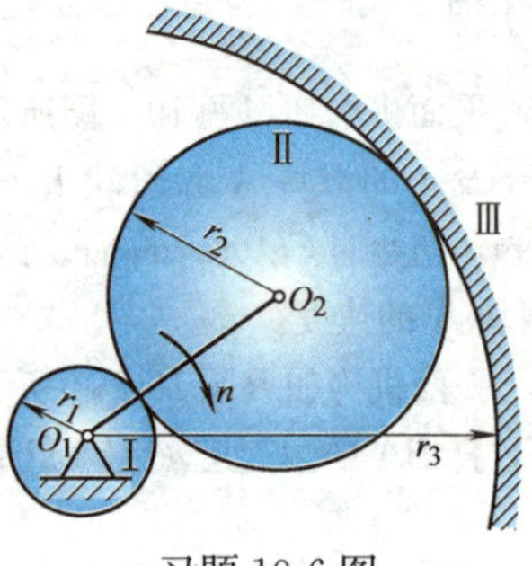

习题 10-6 图

10-7 习题10-7图所示平面机构中，曲柄 $AO=100$ mm，以角速度 $\omega=2$ rad/s 绕定轴 O 转动；连杆 AB 带动摇杆 DC，并通过连杆 DE 拖动轮 E 沿水平面滚动。已知 $DC=3BC$，在图示位置时，A、B、E 三点恰在同一水平线上，且 $DC\perp DE$，试求此瞬时点 E 的速度。

10-8 在习题10-8图所示双滑块摇杆机构中，滑块 A 和 B 可沿水平轨道滑动，摇杆 CO 可绕定轴 O 转动，连杆 CA 和 CB 可在图示平面内运动。已知 $CA=CB=l$，当机构处于图示位置时，滑块 A 的速度为 $\boldsymbol{v}_A$，试求该瞬时滑块 B 的速度以及连杆 CB 的角速度。

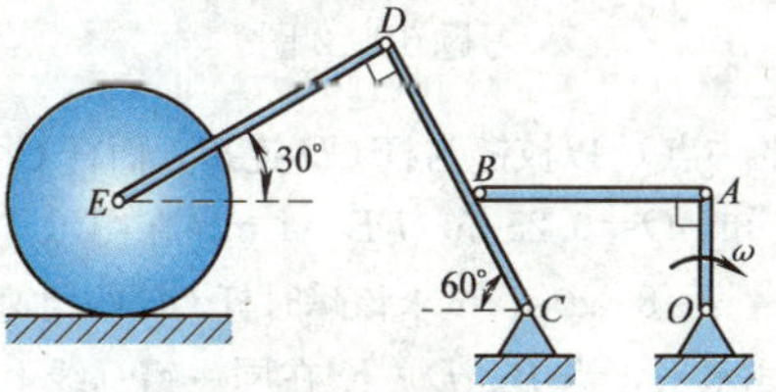

习题10-7图

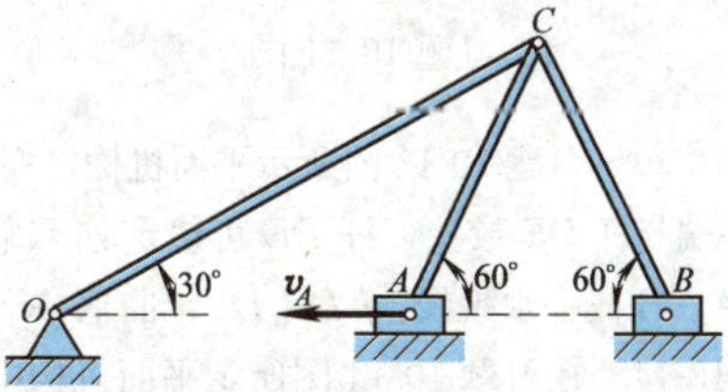

习题10-8图

10-9 习题10-9图所示平面机构，曲柄 BA 和圆盘 CO 分别绕定轴 A 和 O 转动。BCD 为三角板，B、C 处为铰链连接。若圆盘以等转速 $n_0=40$ r/min 顺时针转动，试求图示位置时曲柄 BA 的角速度以及三角板 BCD 上点 D 的速度。

10-10 在习题10-10图所示瓦特行星机构中，曲柄 AO_1 绕定轴 O_1 转动，并通过连杆 AB 带动曲柄 BO 绕定轴 O 转动。齿轮Ⅱ与连杆 AB 固连，齿轮Ⅰ装在轴 O 上。已知齿轮Ⅰ、Ⅱ的节圆半径 $r_1=r_2=0.3\sqrt{3}$ m，曲柄 AO_1 的角速度 $\omega_{O_1}=6$ rad/s、长度 $AO_1=0.75$ m，连杆 AB 的长度 $AB=1.5$ m。在图示位置，$AB\perp BO$、$\theta=60°$，试求此时曲柄 BO 和齿轮Ⅰ的角速度。

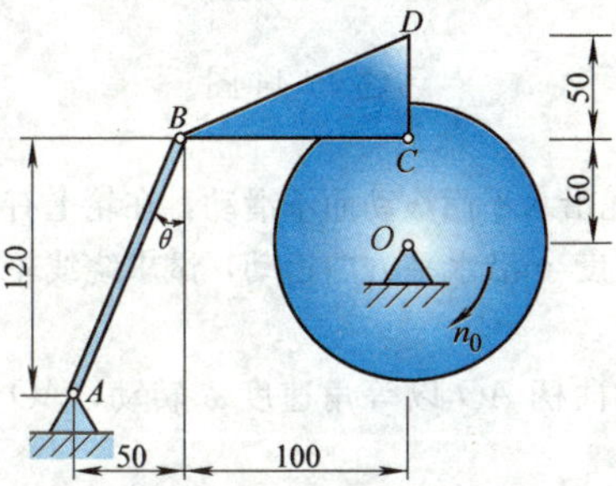

习题10-9图

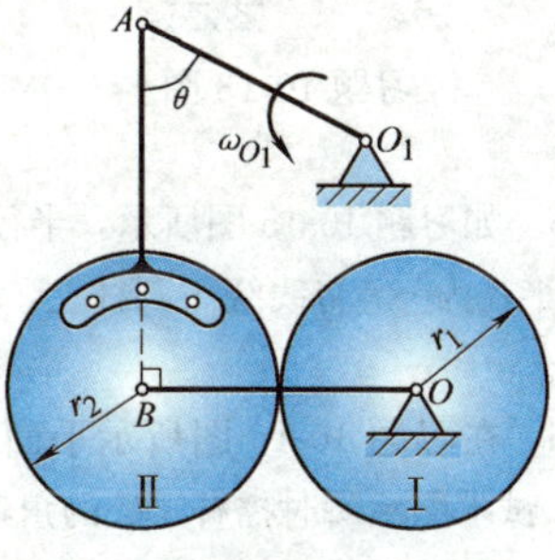

习题10-10图

10-11 在习题10-11图所示双曲柄连杆机构中，滑块 B 和 E 用杆 BE 连接，主动曲柄 AO 和从动曲柄 DO 都绕定轴 O 转动。主动曲柄 AO 做匀速转动，角速度 $\omega_0=12$ rad/s。已知各杆长度 $AO=0.1$ m、$DO=0.12$ m、$AB=0.26$m、$BE=0.12$m、$DE=0.12\sqrt{3}$ m。试求当曲柄 AO 垂直于滑块的导轨方向时，从动曲柄 DO 和连杆 DE 的角速度。

10-12 平面机构如习题10-12图所示。已知 $AO=AB=BC=L$、$BD=\sqrt{3}L/2$、$DE=3L/4$，曲柄 AO 的角速度为 ω。在图示位置时，$\theta=30°$，O、B、C 三点位于同一水平线上。试求该

瞬时滑块 C 的速度。

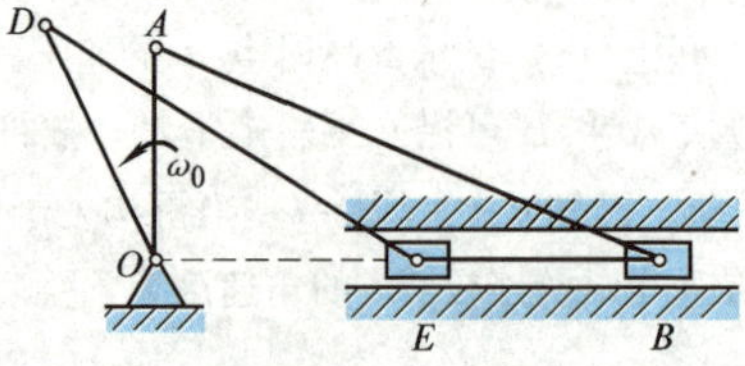

习题 10-11 图

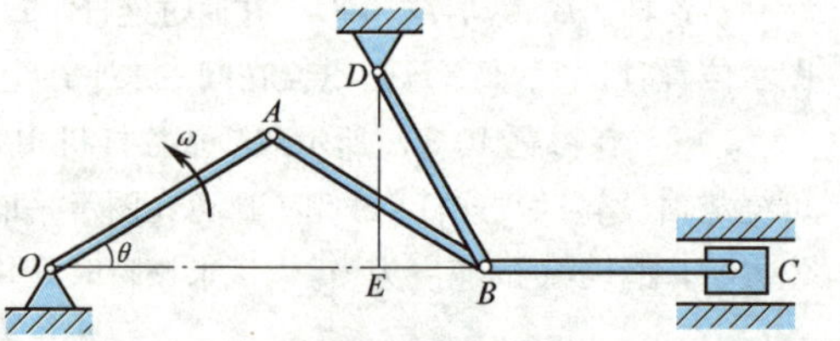

习题 10-12 图

10-13 习题 10-13 图所示平面机构，在杆 AB 的中点 C 以铰链与杆 CD 连接，而杆 CD 又在 D 端与杆 DE 铰接，杆 DE 可绕定轴 E 转动。已知 $AO=0.25$ m、$DE=1$ m，在图示位置，O、A、B 成一水平线，$CD\perp DE$，曲柄 AO 的角速度 $\omega=8$ rad/s。试求该瞬时杆 DE 的角速度。

10-14 在习题 10-14 图所示平面机构中，OB 线水平，当 B、D、K 在同一铅垂线上时，ED 垂直于 EK，AO 处于铅垂位置。已知 $AO=BD=ED=100$ mm，$EK=100\sqrt{3}$ mm，曲柄 AO 的角速度 $\omega=4$ rad/s。试求该瞬时连杆 EK 的角速度和滑块 K 的速度。

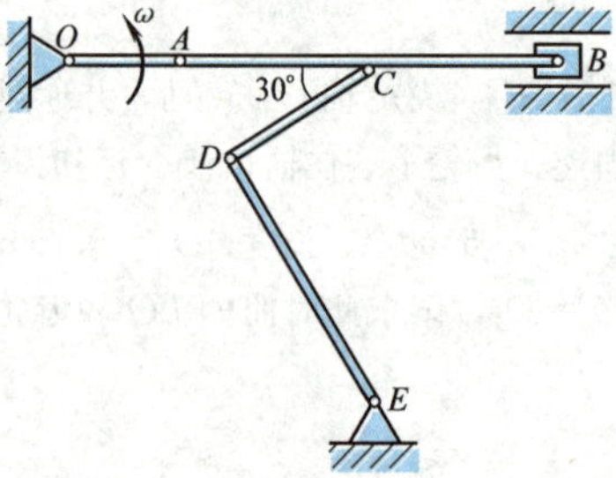

习题 10-13 图

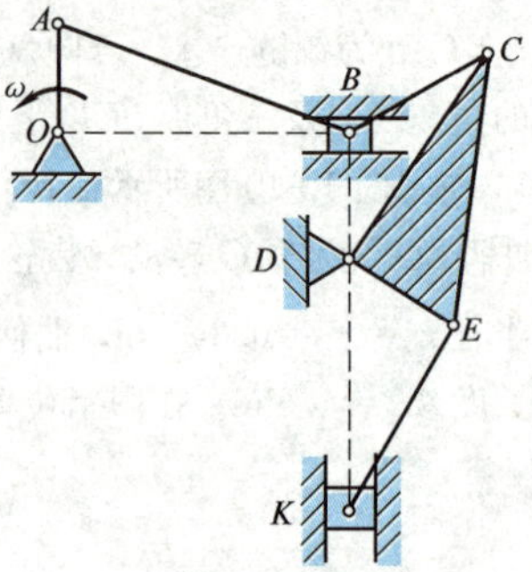

习题 10-14 图

10-15 如习题 10-15 图所示，半径为 R 的绕线轮沿水平面滚动而不滑动，在轮上有圆柱部分，其半径为 r。将线绕于圆柱上，线的 B 端以速度 $\boldsymbol{v}$ 沿水平方向运动，试求绕线轮中心 O 的速度。

10-16 在习题 10-16 图所示平面机构中，已知曲柄 AO 以等角速度 ω 转动，$AO=r$，$AB=2r$。试求图示瞬时摇杆 BC 的角速度。

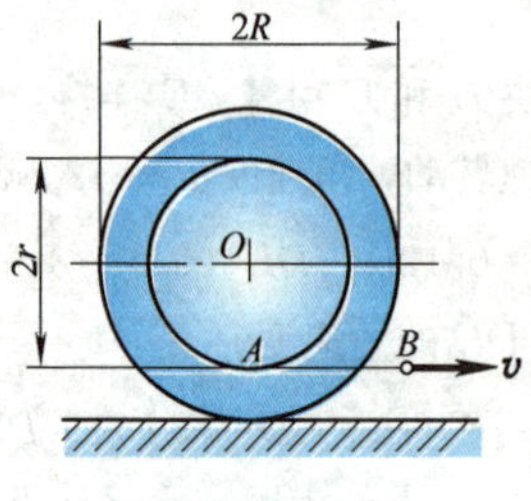

习题 10-15 图

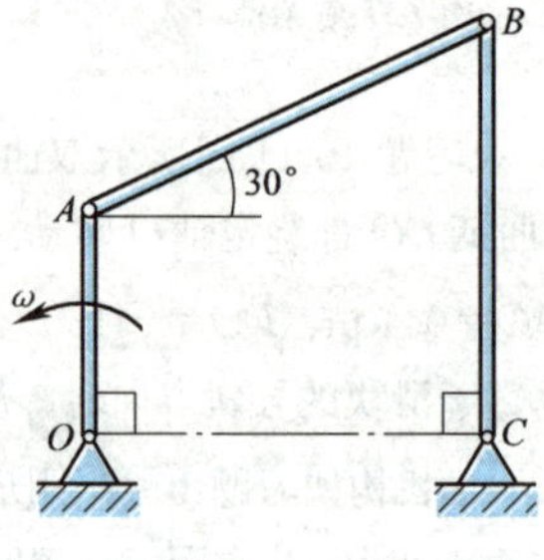

习题 10-16 图

10-17　如习题10-17图所示，轮 O 沿水平面做纯滚动。轮缘上固定销钉 B，此销钉可在摇杆 AO_1 的滑槽内滑动，并带动摇杆绕定轴 O_1 转动。已知轮心 O 的速度 $v_0=0.2\ \mathrm{m/s}$，轮的半径 $R=0.5\ \mathrm{m}$，在图示位置，AO_1 是轮的切线，摇杆与水平线的夹角为60°。试求该瞬时摇杆 AO_1 的角速度。

10-18　在习题10-18图所示平面机构中，曲柄 AO 以角速度 $\omega=3\ \mathrm{rad/s}$ 绕定轴 O 转动，$AC=3\ \mathrm{m}$，$R=1\ \mathrm{m}$，轮沿水平直线轨道做纯滚动。在图示位置，CO 铅垂，$\theta=60°$，$AO\perp AC$。试求该瞬时轮缘上点 B 的速度。

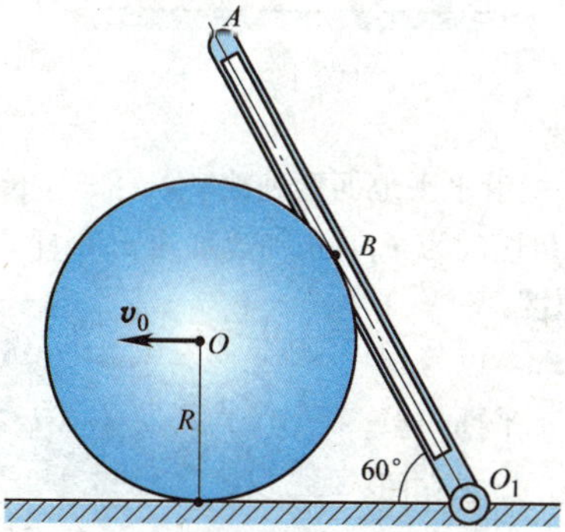

习题10-17图

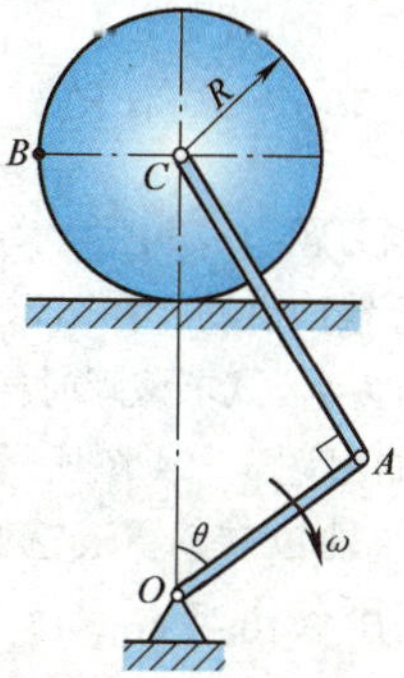

习题10-18图

10-19　在习题10-19图所示平面机构中，曲柄 AO 长为 $2l$，以等角速度 ω_0 绕定轴 O 转动。在图示瞬时，$AB=BO$、$AO\perp AD$。试求此时套筒 D 相对于杆 BC 的速度。

10-20　平面机构如习题10-20图所示，杆 AB 长为 l，滑块 A 可沿摇杆 CO 的滑槽滑动。已知摇杆 CO 以角速度 ω 绕轴 O 转动，滑块 B 以速度 $v=\omega l$ 沿水平导轨滑动。在图示瞬时，CO 铅直，AB 与水平线 OB 的夹角为30°，试求该瞬时杆 AB 的角速度。

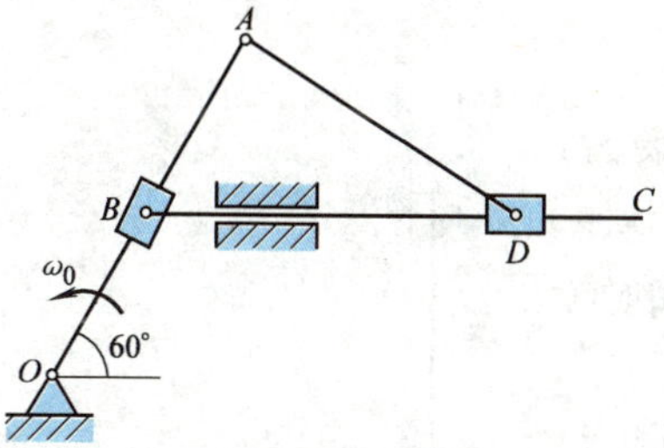

习题10-19图

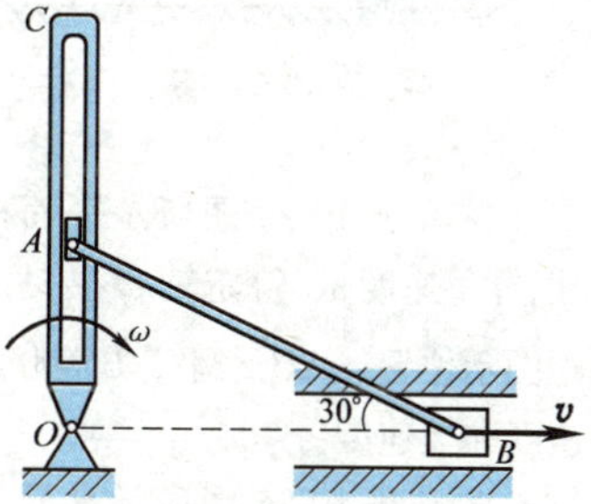

习题10-20图

10-21　在习题10-21图所示椭圆规机构中，已知 $CO=CA=CB=l$，曲柄 CO 以等角速度 ω_0 绕定轴 O 转动。试求当 $\varphi=45°$ 时，滑块 B 的速度和加速度。

10 22　如习题10-22图所示，已知 $BC-5\ \mathrm{cm}$，$AB-10\ \mathrm{cm}$，杆 AB 的端点 A 以等速 $v_A=10\ \mathrm{cm/s}$ 沿水平路面向右运动。在图示瞬时，$\theta=30°$，杆 BC 处于铅垂位置。试求该瞬时点 B 的加速度和杆 AB 的角加速度。

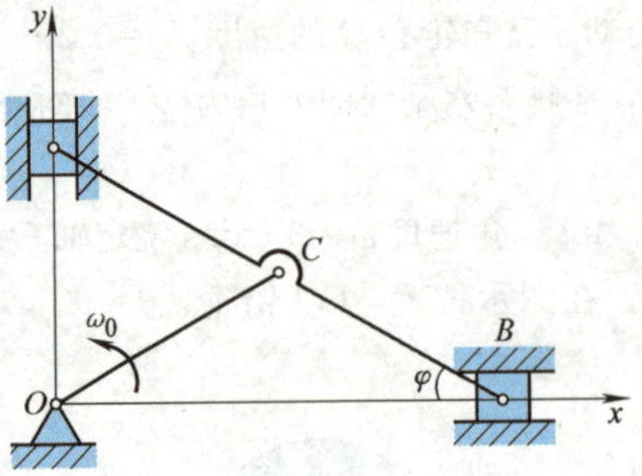

习题 10-21 图

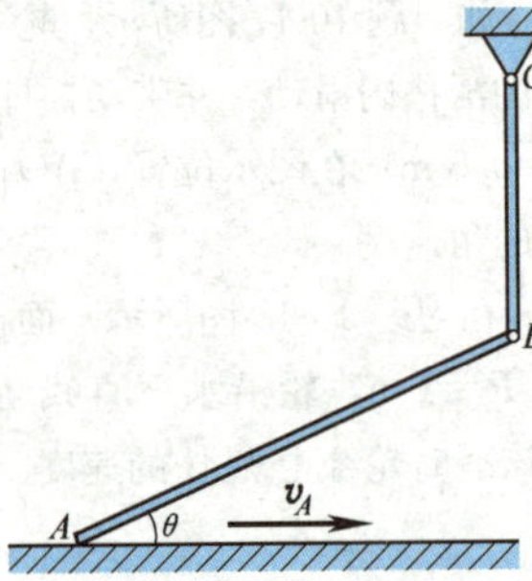

习题 10-22 图

10-23 如习题 10-23 图所示，半径为 R 的圆盘 A 沿水平地面做纯滚动，杆 AB 长为 l，杆端 B 沿铅垂墙面滑动。在图示瞬时，已知圆盘的角速度为 ω_0，角加速度为 α_0，杆 AB 与水平线的夹角为 θ。试求该瞬时杆端 B 的速度和加速度。

典型例题
14: 习题 10-23

10-24 如习题 10-24 图所示，曲柄 AO 长 10 cm，以等速 $n=30$ r/min 绕轴 O 转动。滚轮半径 $R=10$ cm，沿水平面只滚不滑。连杆 AB 长 $10\sqrt{3}$ cm，O、B 在同一水平线上。试求在图示位置时滚轮的角速度和角加速度。

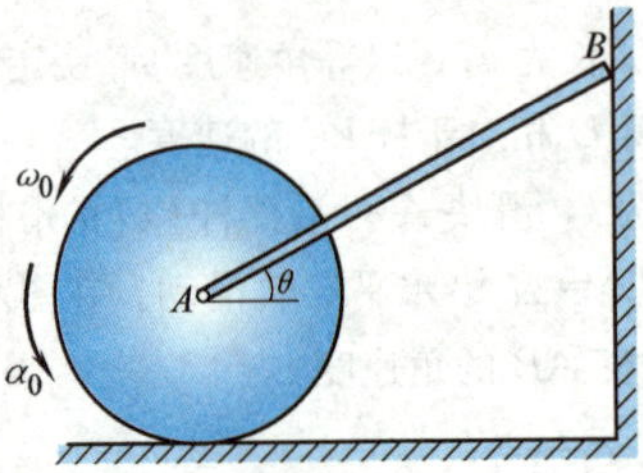

习题 10-23 图

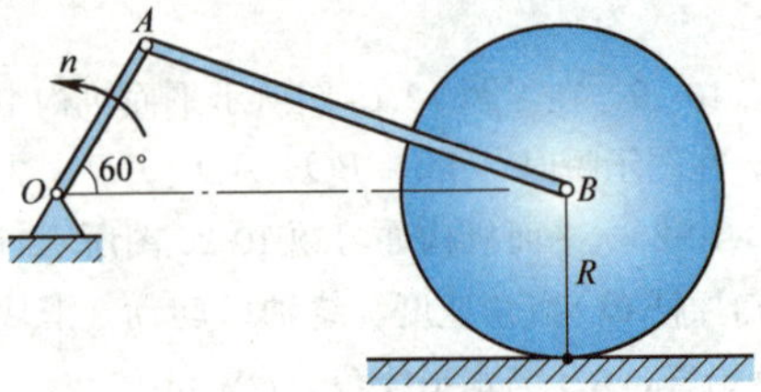

习题 10-24 图

10-25 在习题 10-25 图所示平面机构中，曲柄 AO 长为 r，以等角速度 ω_0 绕定轴 O 转动。$AB=6r$，$BC=3\sqrt{3}r$。在图示位置，AB 水平、BC 铅直。试求该瞬时滑块 C 的速度和加速度。

10-26 在习题 10-26 图所示平面机构中，曲柄 AO 以等角速度 $\omega=2$ rad/s 绕定轴 O 转动，并通过连杆 AB 带动半径 $r=0.5$ m 的滚轮在半径 $R=1$ m 的圆弧槽中做纯滚动。已知 $AO=AB=1$ m，在图示位置，AO 铅直、AB 水平，试求该瞬时点 B 的速度和加速度。

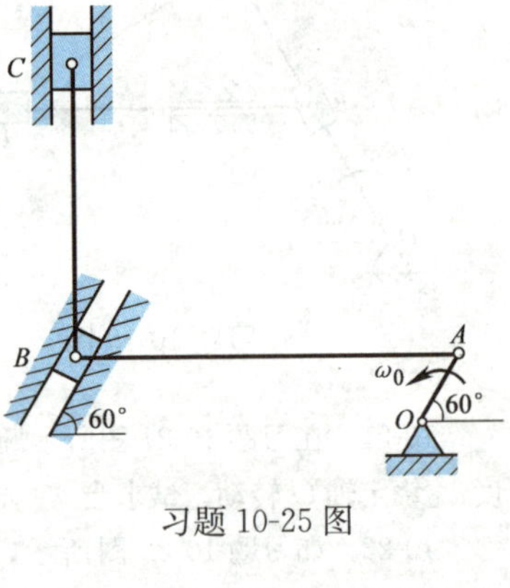

习题 10-25 图

10-27 在习题 10-27 图所示平面机构中，杆 AC 在水平导轨中以等速 v 运动，并通过铰链 A 带动杆 AB 沿套筒 O 运动，套筒 O 可绕定轴 O 转动。已知杆 AC 与套筒 O 的距离为 l，在图示位置，杆 AC 与杆 AB 的夹角 $\varphi=60°$，试求该瞬时杆 AB 的角速度和角加速度。

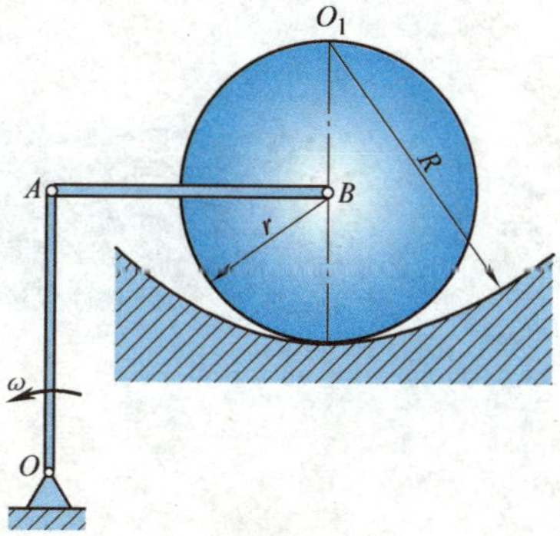

习题 10-26 图

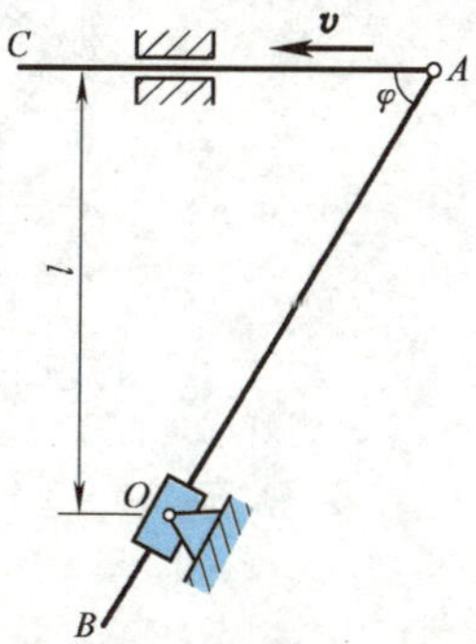

习题 10-27 图

10-28　在习题 10-28 图所示平面机构中，杆 AC、BD 分别在铅直、水平导轨中运动，滑块 B 可沿杆 AE 中的滑槽滑动。在图示瞬时，$AB=60$ mm，$\theta=30°$，$v_A=10\sqrt{3}$ mm/s，$a_A=10\sqrt{3}$ mm/s^2，$v_B=50$ mm/s，$a_B=10$ mm/s^2。试求该瞬时杆 AE 的角速度和角加速度。

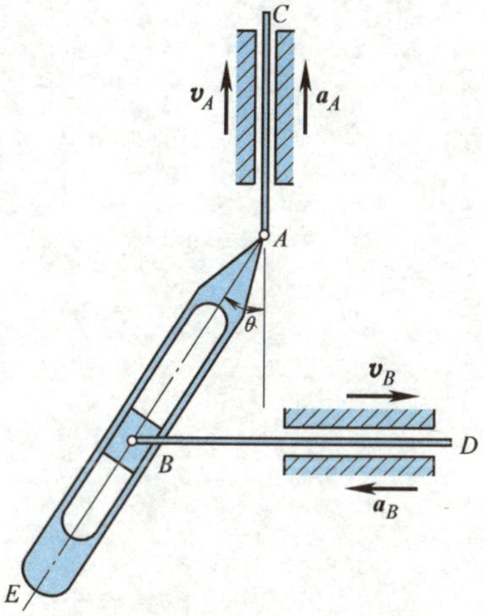

习题 10-28 图

10-29　平面机构如习题 10-29 图所示，已知 $AO=r$，$BD=2r$，O_1 为 BD 的中点。在图示位置时，$\varphi=60°$；杆 AO 的角速度为 ω，角加速度为零；$AO\perp AB$，$BD\perp DE$，OB 恰处于水平。试求该瞬时滑块 E 的速度和加速度。

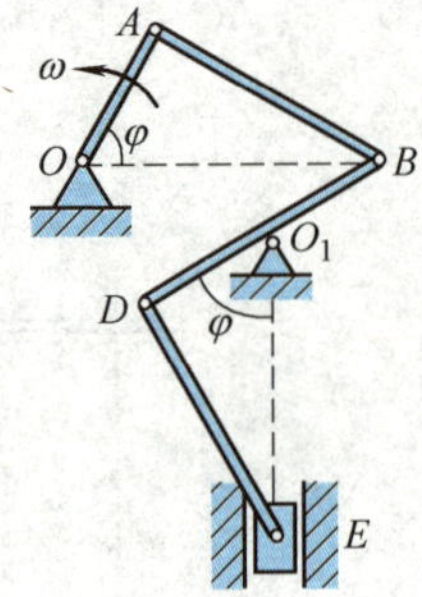

习题 10-29 图

第十一章
质点动力学基本方程

静力学主要研究物体在力系作用下的平衡规律，不涉及运动。运动学仅从几何的角度研究物体的机械运动，不涉及物体受力。**动力学**将对物体的机械运动进行全面的研究，分析作用于物体上的力与物体运动之间的关系，建立物体机械运动的普遍规律。

动力学可分为质点动力学和质点系动力学两大部分。本章主要研究作用于质点上的力与质点运动之间的一般关系。质点动力学也是质点系动力学的基础。

第一节　动力学基本概念

一、质点·质点系·刚体

在动力学中，将物体抽象为两种模型：质点和质点系。

质点是具有质量而几何形状和尺寸可以忽略不计的物体。当物体的形状和尺寸对其运动没有影响时，就可以将物体抽象为质量集中于质心的质点。刚体做平移时，因其上各点的运动情况完全相同，也可以将它抽象为一个质点来研究。

质点系是具有一定联系的若干个质点的集合。

刚体则可视为质点系的一个特殊情形，其上任意两个质点间的距离保持不变，故刚体也称为不变质点系。

二、惯性参考系

牛顿三定律是动力学的基础。牛顿三定律适用的参考系称为**惯性参考系**。因此，虽然在运动学中，参考系可以任意选择，但在动力学中，必须选择惯性参考系。

在一般的工程问题中，可取固定于地面的坐标系或者相对于地面做匀速直线平移的坐标系作为惯性坐标系。当物体运动的范围很大或者研究问题的精度要求很高时，例如研究绕地球旋转的飞行器的轨道，则必须考虑地球自转的影响，这时应选取以地心为原点、三个坐标轴指向三个恒星的地心坐标系作为惯性参考系。在研究天体的运动时，还要考虑地球公转的影响，因此需要选取以日心为原点，三个轴指向三个恒星的坐标系作为惯性坐标系。在以后的章节中，如果没有特殊说明，均取固定于地面的坐标系作为惯性参考系。

第二节 动力学基本定律

动力学的三个基本定律是牛顿在总结前人研究成果的基础之上，于 1687 年在他的名著《自然哲学之数学原理》中提出的，故又称为**牛顿三定律**。

一、惯性定律（牛顿第一定律）

不受力作用的质点，将保持静止或匀速直线运动的状态。

不受力作用的质点（包括受平衡力系作用的质点）保持运动状态不变的固有属性称为**惯性**。静止或匀速直线运动也称为**惯性运动**。

二、力与加速度关系定律（牛顿第二定律）

质点受力作用时所获得的加速度的大小与作用力的大小成正比，与质点的质量成反比；加速度的方向与作用力的方向相同，即

$$\boldsymbol{a}=\frac{\boldsymbol{F}}{m} \tag{11-1}$$

式中，$\boldsymbol{a}$ 为质点的加速度；$\boldsymbol{F}$ 为质点上的作用力；m 为质点的质量。方程（11-1）建立了质点的加速度、质量与作用力之间的关系，称为**质点动力学基本方程**。当质点上作用有多个力时，式（11-1）中的 $\boldsymbol{F}$ 应为多个力的合力。

牛顿第二定律给出了质点运动的加速度与其所受力之间的瞬时关系。它表明：加速度与作用力同时存在且方向一致（见图 11-1）；作用力并不直接决定质点的速度，它对于质点运动的影响是通过加速度来实现的。

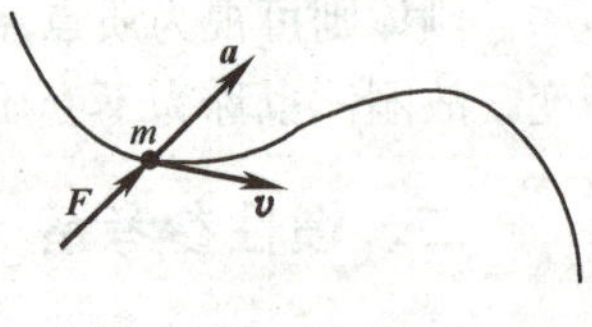

图 11-1

牛顿第二定律同时还说明，质点的加速度不仅取决于作用力，而且与质点的质量有关。在相同的力作用下，质量越大的质点，获得的加速度就越小，其惯性也就越大。由此可见，**质量是质点惯性的量度**。

位于地球表面附近的物体都会受到重力 $\boldsymbol{P}$ 的作用。在重力 $\boldsymbol{P}$ 作用下获得的加速度 $\boldsymbol{g}$ 称为重力加速度。根据式（11-1），可得物体质量与重力之间的关系

$$\boldsymbol{P}=m\boldsymbol{g} \tag{11-2}$$

根据国际计量委员会标准，重力加速度 g 的数值为 9.806 65 m/s^2。随着地区的不同，其值有些微小的差别，一般可取为 9.8 m/s^2。

在国际单位制（SI）中，加速度、质量、力的基本单位分别为 m/s^2（米/秒^2）、kg（千克）、N（牛）。在运用式（11-1）求解动力学问题时，需要注意三者单位的统一。

三、作用力与反作用力定律（牛顿第三定律）

两个物体之间的作用力和反作用力总是同时存在，大小相等，方向相反，沿同一直线，分别作用在这两个物体上。

这一定律曾在第一章中作为静力学公理 4 讨论过，它不仅适用于平衡物体，而且也适用于任何运动物体。

·思 政 导 读·

牛顿三定律概括了动力学最基本的规律，为我们理解和描述物体的运动提供了基本的理论框架，构成了现代动力学理论的基础。中国对动力学的发展也做出了独特的贡献。早在春秋战国时期，墨子在《墨经》中就指出，“力，刑之所以奋也”，意即力是使物体开始运动或加速的原因。北宋时期，科学家沈括在《梦溪笔谈》中对相对运动进行了阐述。20 世纪 50 年代，中国科学家钱学森提出了著名的“钱学森弹道”，这是最早的能够解决实际问题的高速飞行器弹道方案，对高速飞行器的设计和控制具有重要意义。

第三节　质点运动微分方程

动力学的问题可简单归结为两类：第一类是已知物体的运动，求作用于物体上的力；第二类是已知作用于物体上的力，求物体的运动。

本节主要介绍运用质点动力学基本方程来解决质点动力学的两类问题。

一、矢量形式的质点运动微分方程

设质点受到 n 个力 $\boldsymbol{F}_1,\boldsymbol{F}_2,\cdots,\boldsymbol{F}_n$ 的作用，根据质点动力学基本方程，有

$$m\boldsymbol{a}=\sum_{i=1}^{n}\boldsymbol{F}_i \tag{11-3}$$

将式（7-3a）代入式（11-3），得到

$$m\frac{\mathrm{d}^2\boldsymbol{r}}{\mathrm{d}t^2}=\sum_{i=1}^{n}\boldsymbol{F}_i \tag{11-4}$$

式（11-4）称为**矢量形式的质点运动微分方程**。在解决实际问题时，经常用它的投影形式。

二、直角坐标形式的质点运动微分方程

将矢量方程（11-4）向直角坐标轴上投影，得到

$$\left.\begin{aligned} m\ddot{x}&=\sum_{i=1}^{n}F_{ix}\\ m\ddot{y}&=\sum_{i=1}^{n}F_{iy}\\ m\ddot{z}&=\sum_{i=1}^{n}F_{iz}\end{aligned}\right\} \tag{11-5}$$

式（11-5）称为**直角坐标形式的质点运动微分方程**。

三、自然坐标形式的质点运动微分方程

当点的运动轨迹已知时，可将矢量方程（11-4）投影到自然坐标轴上，得到

$$\left.\begin{aligned} m\ddot{s}&=\sum_{i=1}^{n}F_{i\mathrm{t}}\\ m\frac{v^2}{\rho}&=\sum_{i=1}^{n}F_{i\mathrm{n}}\\ 0&=\sum_{i=1}^{n}F_{i\mathrm{b}}\end{aligned}\right\} \tag{11-6}$$

式（11-6）称为**自然坐标形式的质点运动微分方程**。

对于平面问题，式（11-5）与式（11-6）分别成为

$$\left.\begin{aligned} m\ddot{x} &= \sum_{i=1}^{n} F_{ix} \\ m\ddot{y} &= \sum_{i=1}^{n} F_{iy} \end{aligned}\right\} \tag{11-7}$$

与

$$\left.\begin{aligned} m\ddot{s} &= \sum_{i=1}^{n} F_{it} \\ m\frac{v^2}{\rho} &= \sum_{i=1}^{n} F_{in} \end{aligned}\right\} \tag{11-8}$$

运用质点运动微分方程求解质点动力学的第一类问题，即已知运动求力，在数学方面主要归结为导数运算，运算过程相对比较简单；而求解第二类问题，即已知力求运动，在数学方面则主要归结为求解微分方程的积分运算，其中积分常数需要根据运动初始条件来确定，运算过程相对比较复杂。现举例说明如下。

【例 11-1】 如图 11-2 所示，质量为 m 的小球在水平面内运动。已知运动轨迹为一椭圆，直角坐标系形式的运动方程为

$$\left.\begin{aligned} x &= a\cos\omega t \\ y &= b\sin\omega t \end{aligned}\right\}$$

其中，a、b 和 ω 均为常数。试求作用在小球上的力。

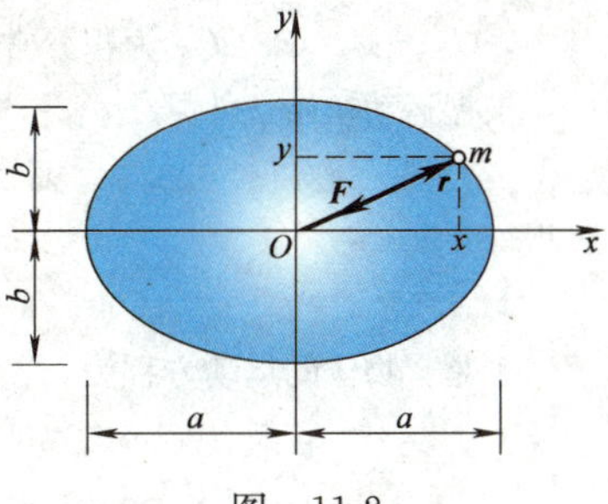

图　11-2

解： 本题为动力学第一类问题，即已知质点的运动，求作用于质点上的力。

取小球为研究对象，视其为质点。对小球的运动方程求导两次，可得小球的加速度在直角坐标轴上的投影

$$\left.\begin{aligned} \ddot{x} &= -a\omega^2\cos\omega t \\ \ddot{y} &= -b\omega^2\sin\omega t \end{aligned}\right\} \tag{a}$$

将式 (a) 代入式 (11-7)，得到作用于小球上的力 $\boldsymbol{F}$ 在 x、y 轴上的投影

$$\left.\begin{aligned} F_x &= -ma\omega^2\cos\omega t \\ F_y &= -mb\omega^2\sin\omega t \end{aligned}\right\}$$

于是，作用在小球上的力 $\boldsymbol{F}$ 的矢量表达式为

$$\boldsymbol{F} = F_x\boldsymbol{i} + F_y\boldsymbol{j} = -m\omega^2(a\cos\omega t\boldsymbol{i} + b\sin\omega t\boldsymbol{j}) = -m\omega^2(x\boldsymbol{i} + y\boldsymbol{j}) = -m\omega^2\boldsymbol{r}$$

其中，$\boldsymbol{r}$ 为小球所在位置的矢径（见图 11-2）。可见，力 $\boldsymbol{F}$ 的方向与矢径 $\boldsymbol{r}$ 相反，即力 $\boldsymbol{F}$ 的方向恒指向椭圆中心 O，这种力称为**有心力**。

【例 11-2】 如图 11-3 所示，从某处抛射一质量为 m 的物体，已知初速度为 $\boldsymbol{v}_0$，抛射角，即初速度 $\boldsymbol{v}_0$ 对水平线的仰角为 α。若不考虑空气阻力的影响，试求物体的运动方程和轨迹方程。

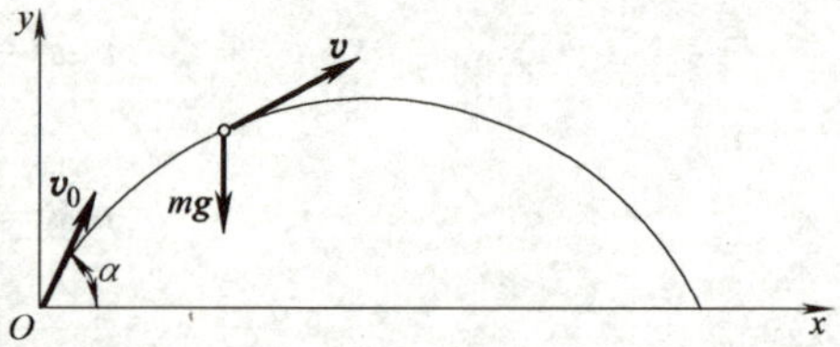

图 11-3

解： 本题属于动力学第二类问题，即已知力求运动。

视抛射体为质点，以初始位置为坐标原点 O，在抛射面内建立直角坐标系 Oxy，如图 11-3 所示。

由题意可知，物体在抛射过程中只受重力作用（见图 11-3）。根据式（11-7），有

$$\left.\begin{aligned} m\ddot{x} &= 0 \\ m\ddot{y} &= -mg \end{aligned}\right\}$$

对上式依次积分两次，分别得到

$$\left.\begin{aligned} v_x &= \dot{x} = C_1 \\ v_y &= \dot{y} = -gt + C_2 \end{aligned}\right\}$$

$$\left.\begin{aligned} x &= C_1 t + C_3 \\ y &= -\frac{1}{2}gt^2 + C_2 t + C_4 \end{aligned}\right\}$$

其中，C_1、C_2、C_3、C_4 为积分常数。

根据运动初始条件

$$x_0 = y_0 = 0, \quad v_{0x} = v_0\cos\alpha, \quad v_{0y} = v_0\sin\alpha$$

可得

$$C_1 = v_0\cos\alpha, \quad C_2 = v_0\sin\alpha, \quad C_3 = C_4 = 0$$

于是，物体的运动方程为

$$\left.\begin{aligned} x &= (v_0\cos\alpha)t \\ y &= (v_0\sin\alpha)t - \frac{1}{2}gt^2 \end{aligned}\right\}$$

从运动方程中消去时间参数 t，即得抛射体的轨迹方程为

$$y = (\tan\alpha)x - \frac{g}{2v_0^2\cos^2\alpha}x^2$$

可见，其轨迹为抛物线。

【例 11-3】 图 11-4a 所示摆动输送机，由曲柄 AO_1 和 BO_2 带动货架 AB 输送质量为 m 的木箱。已知 $AO_1 = BO_2 = 1.5\ \text{m}$，$O_1O_2 = AB$，在 $\theta = 45°$ 处，输送机由静止开始起动，曲柄 AO_1 的角加速度 $\alpha_0 = 5\ \text{rad/s}^2$。若起动时木箱与货架间没

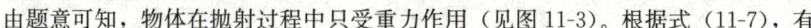

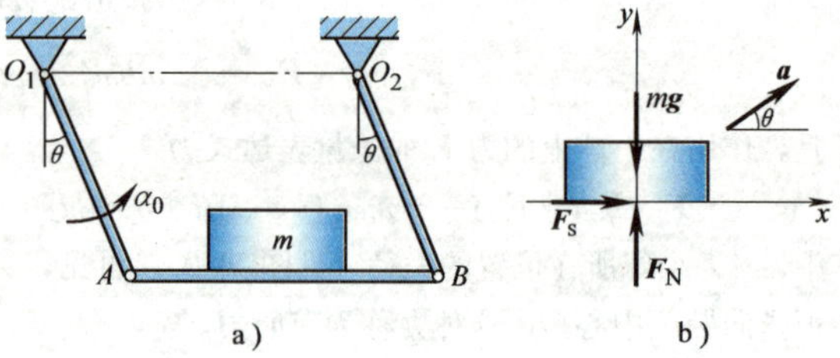

图 11-4

有相对滑动，试确定木箱与货架间静摩擦因数的最小值。

解： 该问题属于动力学第一类问题，已知运动求力。

研究木箱。由已知条件知，木箱与货架 AB 一起做曲线平移，故可将木箱视为质点。

作用在木箱上的力有重力 $m\boldsymbol{g}$、静摩擦力 $\boldsymbol{F}_s$、法向约束力 $\boldsymbol{F}_N$，受力图如图 11-4b 所示。

木箱的加速度与点 A 的加速度相同。注意到，在起动瞬时，点 A 的加速度

$$a_n=\frac{v^2}{l}=0, \quad a=a_t=l\alpha_0 \tag{a}$$

方向如图 11-4b 所示。

建立图示直角坐标系 Oxy，由式（11-7），有

$$\left.\begin{aligned}ma\cos\theta&=F_s\\ ma\sin\theta&=F_N-mg\end{aligned}\right\} \tag{b}$$

根据静摩擦力的属性，又有

$$F_s\leqslant f_sF_N \tag{c}$$

联立式（a）～式（c），解得

$$f_s\geqslant\frac{l\alpha_0\cos\theta}{g+l\alpha_0\sin\theta}=0.35$$

因此，木箱与货架间静摩擦因数的最小值

$$f_{s\,\min}=0.35$$

由上述三例可见，运用质点运动微分方程求解质点动力学问题的基本步骤为：

1）选取研究对象，对研究对象进行受力分析。

2）对研究对象进行运动分析。

3）根据研究对象的运动情况，选取适当的坐标系，建立质点运动微分方程。

4）解方程，求出未知量。

【例 11-4】 曲柄连杆滑块机构如图 11-5a 所示，曲柄 AO 以等角速度 ω 绕定轴 O 转动，$AO=r$，$AB=l$。令 $\lambda=r/l$，当 $\lambda\ll1$ 时，以点 O 为坐标原点建立图示直角坐标系，由例 7-2 可知，滑块 B 的运动方程可近似表达为

$$x=l\left(1-\frac{\lambda^2}{4}\right)+r\left(\cos\omega t+\frac{\lambda}{4}\cos2\omega t\right)$$

若滑块 B 的质量为 m，不计连杆 AB 的质量与各处摩擦，试求当 $\varphi=\omega t=0°$和 $\varphi=\omega t=90°$时，连杆 AB 所受的力。

解： 研究滑块 B，作用在其上的力有重力 $m\boldsymbol{g}$、连杆 AB 的作用力 $\boldsymbol{F}$ 与滑道的法向约束力 $\boldsymbol{F}_N$，如图 11-5b 所示。

由滑块 B 的运动方程，得其加速度在 x 轴上的投影

$$\ddot{x}=-r\omega^2(\cos\omega t+\lambda\cos2\omega t) \tag{a}$$

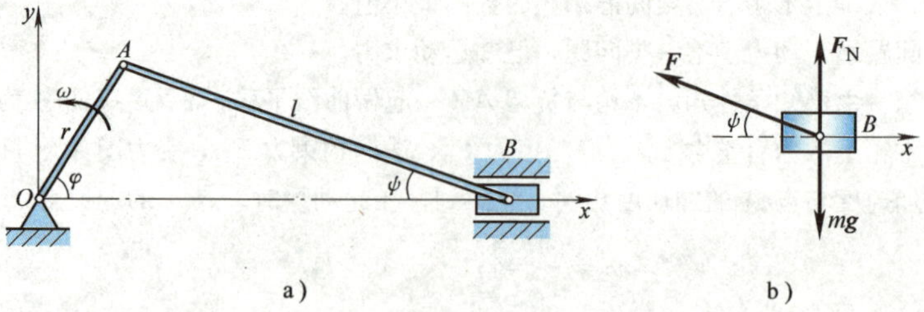

图 11-5

将式（a）代入式（11-7），得到

$$-mr\omega^2(\cos\omega t+\lambda\cos 2\omega t)=-F\cos\psi \tag{b}$$

当 $\varphi=\omega t=0°$时，$\psi=0°$，由式（b）解得连杆 AB 所受的力

$$F=mr\omega^2(1+\lambda)$$

为拉力。

当 $\varphi=\omega t=90°$时，$\cos\psi=\dfrac{\sqrt{l^2-r^2}}{l}$，解得

$$F=-\frac{mr^2\omega^2}{\sqrt{l^2-r^2}}$$

为压力。

【例 11-5】 如图 11-6 所示，桥式起重机上跑车悬吊一质量为 m 的重物，沿水平横梁以速度 $\boldsymbol{v}_0$ 做匀速运动，重物的重心至悬挂点的距离为 l。由于突然制动，重物因惯性绕悬挂点 O 向前摆动。试求钢绳的拉力随摆角 φ 的变化规律，并求钢绳的最大拉力。

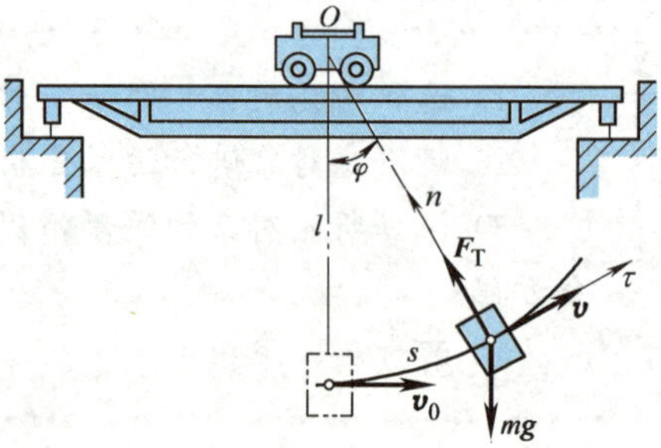

图 11-6

解： 研究重物，视其为质点，置于一般位置加以分析。重物受重力 $m\boldsymbol{g}$ 与钢绳拉力 $\boldsymbol{F}_T$ 的作用，受力图如图 11-6 所示。重物的运动轨迹为以悬挂点 O 为圆心、l 为半径的圆弧。

选取自然坐标系，根据自然坐标形式的质点运动微分方程，有

$$\left.\begin{aligned} m\ddot{s}&=-mg\sin\varphi \\ m\frac{\dot{s}^2}{l}&=F_T-mg\cos\varphi \end{aligned}\right\} \tag{a}$$

由于 $s=l\varphi$、$\dot{s}=l\dot{\varphi}$、$\ddot{s}=l\ddot{\varphi}$，故式（a）可改写为

$$\left.\begin{aligned} l\ddot{\varphi}&=-g\sin\varphi \\ ml\dot{\varphi}^2&=F_T-mg\cos\varphi \end{aligned}\right\} \tag{b}$$

又有

$$\ddot{\varphi}=\frac{\mathrm{d}\dot{\varphi}}{\mathrm{d}t}=\frac{\mathrm{d}\dot{\varphi}}{\mathrm{d}\varphi}\frac{\mathrm{d}\varphi}{\mathrm{d}t}=\dot{\varphi}\frac{\mathrm{d}\dot{\varphi}}{\mathrm{d}\varphi} \tag{c}$$

将式（c）代入式（b）中的第一式，可得

$$\dot{\varphi}\,\mathrm{d}\dot{\varphi}=-\frac{g}{l}\sin\varphi\,\mathrm{d}\varphi \tag{d}$$

对式（d）两边积分，并代入初始条件$(l\dot{\varphi})|_{t=0}=v_0$，得到

$$\dot{\varphi}^2=\frac{2g}{l}(\cos\varphi-1)+\frac{v_0^2}{l^2} \tag{e}$$

将式（e）代入式（b）中的第二式，得制动后钢绳的拉力

$$F_{\mathrm{T}}=mg(3\cos\varphi-2)+m\frac{v_0^2}{l} \tag{f}$$

由式（f）容易判断，在初始位置，即当$\varphi=0$时，钢绳具有最大拉力

$$F_{\mathrm{Tmax}}=mg+m\frac{v_0^2}{l}$$

由上述结果可见，此时钢绳的拉力由两部分组成，一部分是因重物的重量引起的静拉力mg；另一部分是重物的加速度引起的附加动拉力$m\frac{v_0^2}{l}$。为了避免钢绳中产生过大的附加动拉力，跑车的运行速度不能太大，并应平稳停止、起动，避免紧急制动。另外，在工作条件允许的情况下，应尽量增加钢绳的长度。

复习思考题

11-1　动力学与静力学、运动学的研究内容有何不同？

11-2　何谓质点的惯性？质点的惯性与质量有何关联？

11-3　什么是惯性参考系？固连在沿水平直线轨道行驶的汽车上的坐标系是不是惯性参考系？

11-4　动力学问题可分为哪两类？

11-5　质点在常力作用下，是否一定做匀加速运动？为什么？

11-6　质点的运动方向，是否一定就是质点所受合力的方向？

11-7　质点的速度越大，所受的力也就越大。这一表述是否正确？为什么？

11-8　质点运动微分方程与质点动力学基本方程有何关联？

习题

11-1　如习题11-1图所示，小车以等加速度 $\boldsymbol{a}$ 沿倾角为 θ 的斜面向上运动。在小车的平

顶上放一重 $\boldsymbol{P}$ 的物块，随车一同运动。试问物块与小车间的静摩擦因数 f_s 应为多少？

11-2 如习题 11-2 图所示，物块 A 重 $\boldsymbol{P}$，放置在以等加速度 $\boldsymbol{a}$ 向右运动的三棱块的斜面上。已知物块与斜面间的静摩擦因数为 f_s，斜面的倾角为45°。若要保持物块与斜面之间没有相对滑动，试问加速度 $\boldsymbol{a}$ 应为多大？

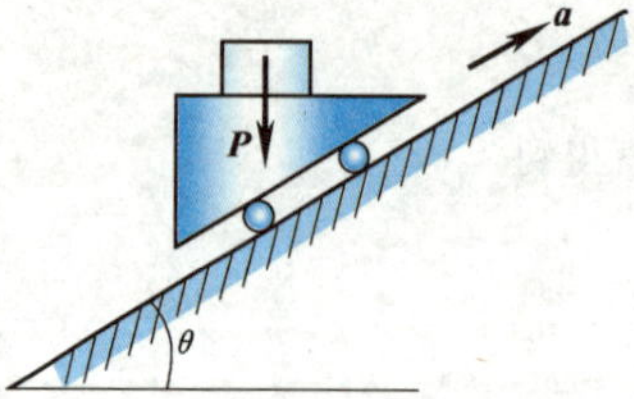

习题 11-1 图

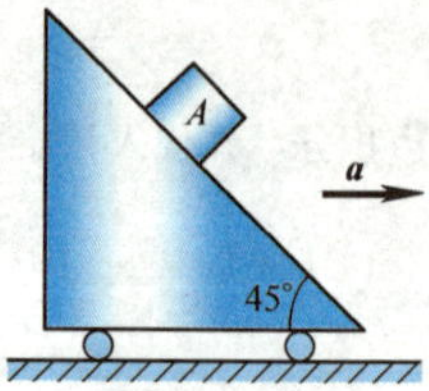

习题 11-2 图

11-3 在习题 11-3 图所示的曲柄滑道机构中，已知滑杆与活塞 BDC 的总质量为 50 kg，曲柄 AO 长 300 mm，以转速 $n=120$ r/min 绕定轴 O 匀速转动。试分别求出当曲柄运动至 $\varphi=0°$ 和 $\varphi=90°$ 位置时，作用在滑杆与活塞上的总的水平力。

11-4 如习题 11-4 图所示，质量分别为 m_1、m_2 的 A、B 两物体用一细绳相连，绳跨过一半径为 r 的滑轮。假设 $m_1>m_2$，滑轮质量不计，试求无初速释放后两个物体的加速度。

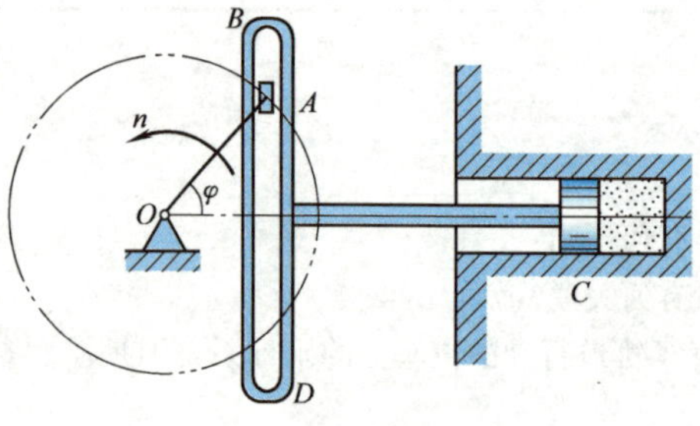

习题 11-3 图

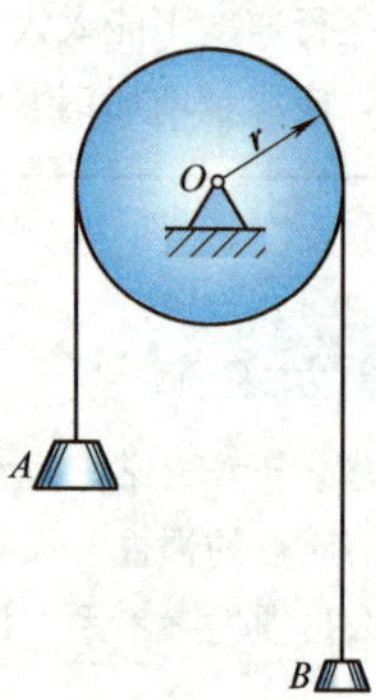

习题 11-4 图

11-5 习题 11-5 图所示气球的总质量为 m，在升力 $\boldsymbol{F}$ 的作用下以等加速度 $\boldsymbol{a}$ 上升。问气球的总质量增加多少，方能使它以相同的加速度下降？

11-6 在加速上升的升降机中用弹簧秤称一物体。物体原重 50 N，而弹簧秤的示数为51 N，试求升降机的加速度。

11-7 如习题 11-7 图所示，半径为 R 的偏心轮绕定轴 O 以等角速度 ω 转动，推动导板沿铅直轨道运动。导板顶部放有一质量为 m 的物块 A，已知偏心距 $CO=e$，开始时 CO 水平。试求：（1）物块对导板的最大压力；（2）使物块不离开导板的 ω 的最大值。

11-8 如习题 11-8 图所示，质量分别为 20 kg、40 kg 的 A、B 两物块用弹簧相连。物块

A 按 $y=H\cos(2\pi t/T)$ 的规律做铅垂简谐运动，其中振幅 $H=10\text{ mm}$、周期 $T=0.25\text{ s}$。试求物块 B 对支承面压力的最大值与最小值。

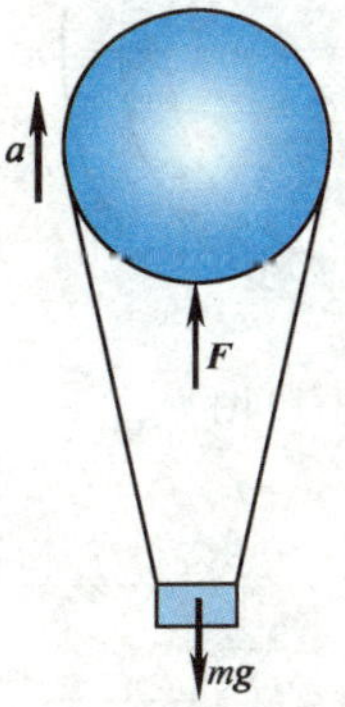

习题 11-5 图

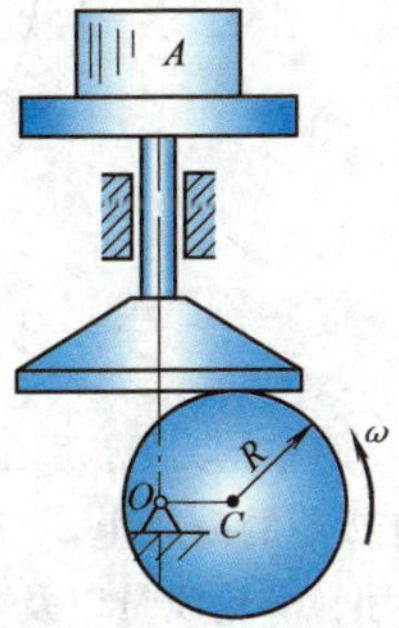

习题 11-7 图

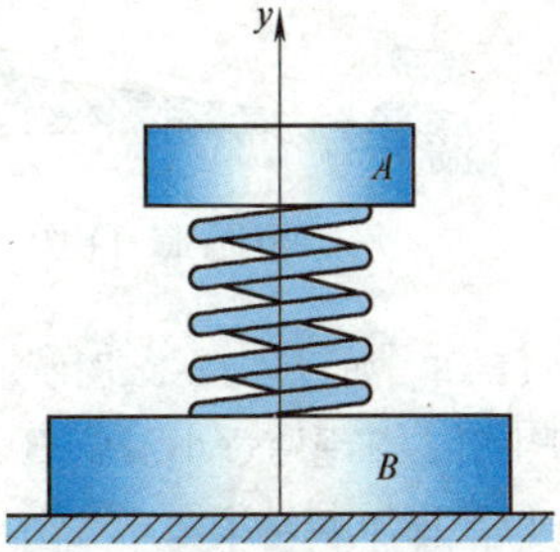

习题 11-8 图

11-9　如习题 11-9 图所示，一质量为 m 的物块自点 A 沿半径为 R 的光滑圆弧轨道无初速地滑下，落到传送带上。试求物块在圆弧轨道端点 B 处所受的法向约束力。若物块与传送带间无相对滑动，试确定半径为 r 的传送轮的转速 n。

11-10　如习题 11-10 图所示，小球从半径为 R 的固定半圆柱的顶点 A 处无初速下滑。若不计摩擦，试求小球脱离半圆柱时的位置角 φ。

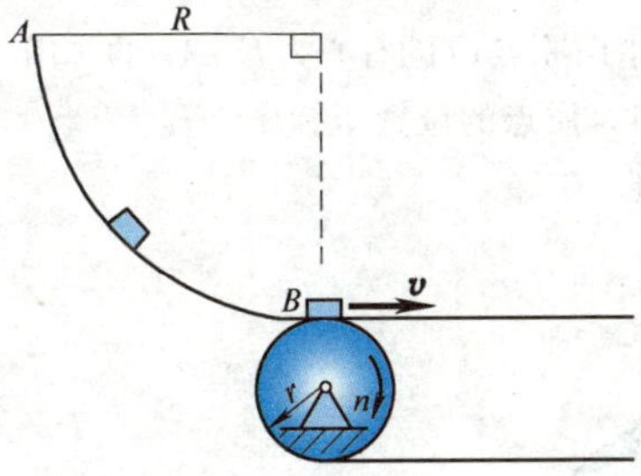

习题 11-9 图

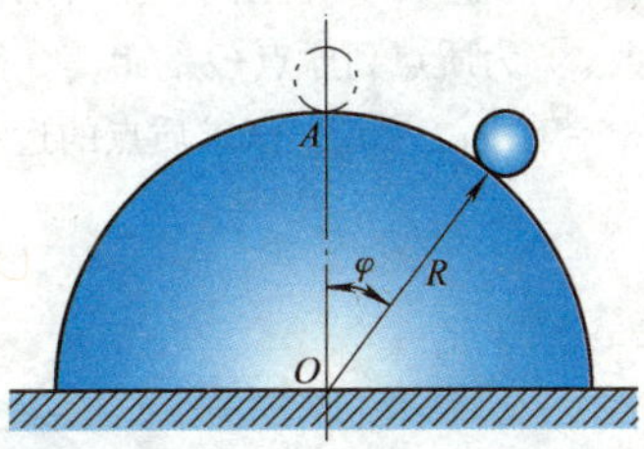

习题 11-10 图

11-11　如习题 11-11 图所示，为了使列车对于钢轨的作用力垂直于路基，在转弯处，外轨要比内轨稍高。已知轨道的曲率半径 $R=300\text{ m}$，列车速度 $v=12\text{ m/s}$，轨距 $b=1.6\text{ m}$。试确定外轨相对于内轨的高度 h。

11-12　球磨机如习题 11-12 图所示，当圆筒匀速转动时，带动钢球一起运动，待转至一定角度 θ 时，钢球即离开圆筒并沿抛物线轨迹下落击碎矿石。已知圆筒内径 $D=3.2\text{ m}$，并假设对于某种矿石，当圆筒转速为 $n=18\text{ r/min}$ 时粉碎效果最好。试求此时钢球脱离圆筒时的角度 θ。

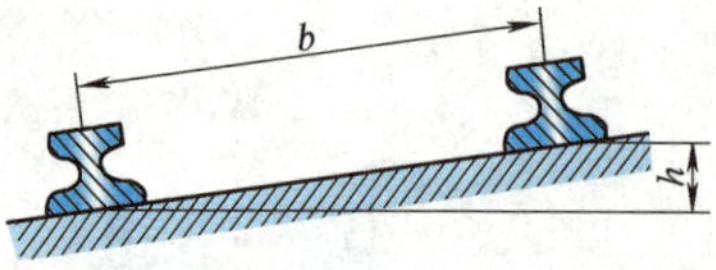

习题 11-11 图

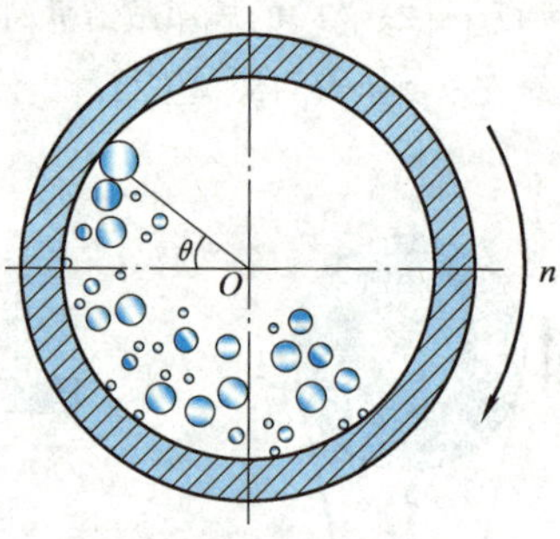

习题 11-12 图

11-13 如习题 11-13 图所示，套管 A 的重量为 P，由细绳牵引沿竖杆上升。细绳跨过小滑轮 B 绕在匀速转动的鼓轮上，当鼓轮转动时，以速度 $\boldsymbol{v}$ 拉动细绳。若不计滑轮尺寸、滑轮质量以及各处摩擦，试求绳的拉力 F_T 与距离 x 之间的关系。

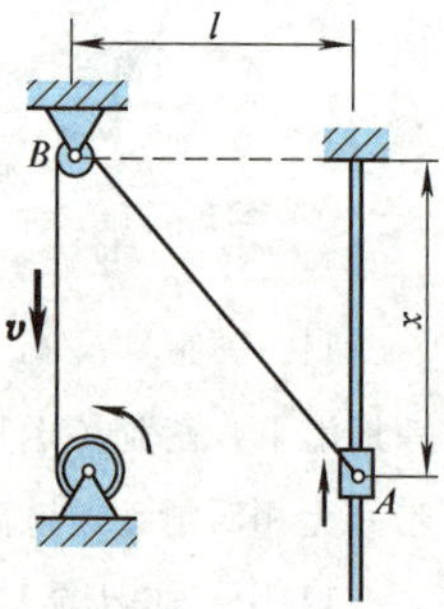

习题 11-13 图

11-14 已知质量为 m 的质点，在力 $F=F_0-kt$（F_0、k 为常数）的作用下沿 x 轴做直线运动。设当运动开始时，$x=x_0$、$v=v_0$，试求质点的运动规律。

11-15 质量 $m=10\ \mathrm{kg}$ 的质点，在力 $F=\dfrac{2v^2g}{3+x}$ 的作用下沿 x 轴做直线运动，其中 v 为质点的速度，x 为质点的位置坐标。设当 $t=0$ 时，$v_0=5\ \mathrm{m/s}$、$x_0=0$，试求质点的运动规律。重力加速度 g 可取为 $10\ \mathrm{m/s^2}$。

11-16 习题 11-16 图所示质点的质量为 m，受指向原点 O 的有心力 $F=kr$ 的作用，其中 k 为常数、r 为质点到原点 O 的距离。假设初始瞬时，质点的位置坐标 $x=x_0$、$y=0$，速度投影 $v_{0x}=0$、$v_{0y}=v_0$，试求质点的运动规律和轨迹。

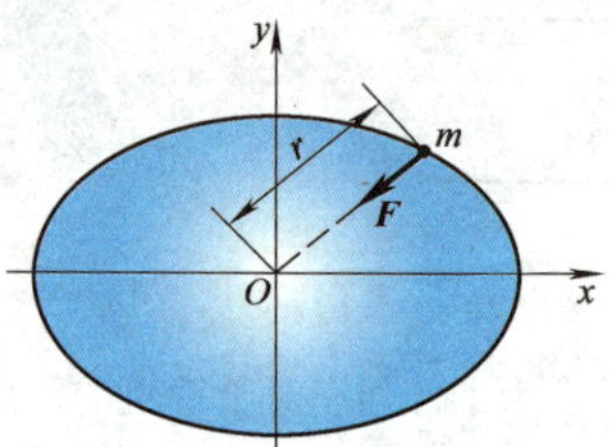

习题 11-16 图

11-17 如习题 11-17 图所示，小球 A 重量为 P，以两根长为 l 的细绳 AB、AC 悬挂在天花板上，φ 角为已知。若将绳 AB 突然剪断，试求：(1) 绳 AB 剪断瞬时绳 AC 的拉力；(2) 当绳 AC 运动到铅直位置时的拉力。

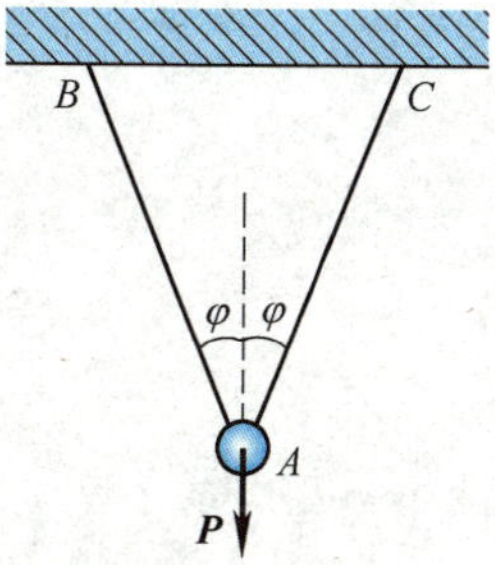

习题 11-17 图

第十二章 动量定理

上一章阐述了解决质点动力学问题的基本方法。从这一章开始，将重点介绍解决质点系动力学问题的理论和方法。

动力学普遍定理，包含动量定理、动量矩定理和动能定理，从不同侧面揭示了质点以及质点系的运动变化与作用力之间的关系，被广泛用于求解质点与质点系的动力学问题。本章介绍其中的动量定理。

第一节 动量与冲量

一、质点的动量

经验表明，质点机械运动的强度不仅与质点运动的速度有关，而且与质点的质量有关。因此，可以用质点的质量与速度的乘积来度量质点的运动强度。

质点的质量与速度的乘积定义为质点的动量，记作 $m\boldsymbol{v}$。

质点的动量是一个矢量，它的方向与速度 $\boldsymbol{v}$ 的方向相同，大小等于质量 m 与速度大小 v 的乘积。在国际单位制中，动量的单位是 kg · m/s（千克 · 米/秒）。

二、质点系的动量

质点系的动量定义为质点系内各质点动量的矢量和，记作 $\boldsymbol{p}$。即质点系的动量

$$\boldsymbol{p}=\sum(m_i\boldsymbol{v}_i) \tag{12-1}$$

式中，m_i、$\boldsymbol{v}_i$ 分别为第 i 个质点的质量、速度。

设质点系中任一质点 i 的位置矢径为 $\boldsymbol{r}_i$，则该质点的速度 $\boldsymbol{v}_i=\dfrac{\mathrm{d}\boldsymbol{r}_i}{\mathrm{d}t}$。由质点系质心的定义，质心 C 的位置矢径为

$$\boldsymbol{r}_C=\frac{\sum m_i \boldsymbol{r}_i}{m}$$

式中，m 是质点系的总质量。从而，式（12-1）可写为

$$\boldsymbol{p}=\sum(m_i \boldsymbol{v}_i)=\sum\left(m_i \frac{\mathrm{d}\boldsymbol{r}_i}{\mathrm{d}t}\right)=\frac{\mathrm{d}}{\mathrm{d}t}\sum(m_i\boldsymbol{r}_i)=\frac{\mathrm{d}}{\mathrm{d}t}(m\boldsymbol{r}_C)=m\boldsymbol{v}_C \tag{12-2}$$

式中，$\boldsymbol{v}_C$ 为质点系质心的速度。式（12-2）表明，**质点系的动量就等于其质心速度与全部质量的乘积。**

刚体可认为是一个由无限多个质点组成的不变质点系。对于质量均匀分布的刚体，其质心与形心重合。因此，利用式（12-2）来计算刚体的动量往往比较方便。

还需指出，式（12-1）、式（12-2）均为矢量形式，在实际计算质点系的动量时，为方便起见，一般采用其投影形式，如下面两例所示。

【例 12-1】 如图 12-1 所示，三个物块用绳相连，它们的质量分别为 $m_1=2m_2=4m_3=m$。不计绳的质量，设某瞬时，三物块的速度大小均为 v，试计算由三物块组成的质点系在此瞬时的动量。

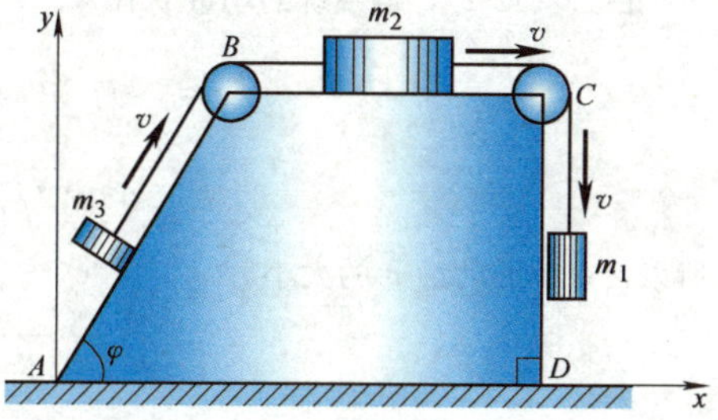

图　12-1

解： 根据式（12-1），该质点系的动量为

$$\boldsymbol{p}=\sum_{i=1}^{3} m_i \boldsymbol{v}_i$$

建立图示坐标系，动量 $\boldsymbol{p}$ 在 x、y 轴上的投影分别为

$$p_x=\sum_{i=1}^{3} m_i v_{ix}=m_2 v+m_3 v\cos\varphi=\frac{1}{4}mv(2+\cos\varphi)$$

$$p_y=\sum_{i=1}^{3} m_i v_{iy}=-m_1 v+m_3 v\sin\varphi=\frac{1}{4}mv(-4+\sin\varphi)$$

故得质点系动量 $\boldsymbol{p}$ 的大小

$$p=\sqrt{p_x^2+p_y^2}=\frac{1}{4}mv\sqrt{21+4(\cos\varphi-2\sin\varphi)}$$

与 x 轴夹角的正切

$$\tan\langle \boldsymbol{p},\boldsymbol{i}\rangle=\frac{p_y}{p_x}=\frac{-4+\sin\varphi}{2+\cos\varphi}$$

【例 12-2】 椭圆规如图 12-2 所示，已知 $CO=CA=CB=l$，曲柄 CO 以等角速度 ω 绕定轴 O 转动，曲柄 CO、连杆 AB 以及滑块 A、B 的质量均为 m，其中曲柄 CO、连杆 AB 可视为匀质杆。试求系统的动量。

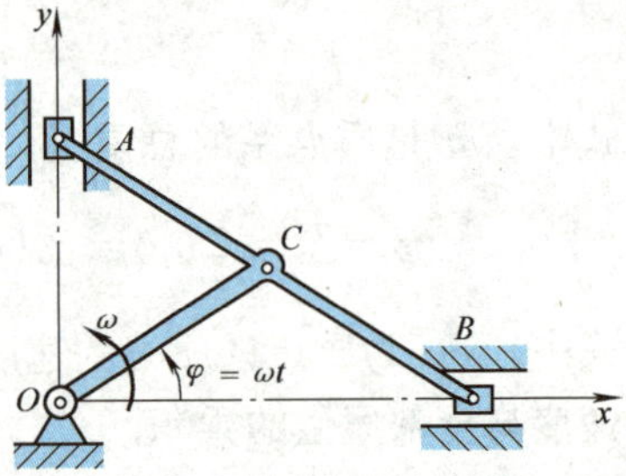

图 12-2

解：建立图示坐标系（见图 12-2），根据式（6-9），系统的质心坐标为

$$\left.\begin{aligned}x_C&=\frac{m\cdot 2l\cos\omega t+m\cdot\dfrac{l}{2}\cos\omega t+m\cdot l\cos\omega t}{4m}=\frac{7}{8}l\cos\omega t\\y_C&=\frac{m\cdot 2l\sin\omega t+m\cdot\dfrac{l}{2}\sin\omega t+m\cdot l\sin\omega t}{4m}=\frac{7}{8}l\sin\omega t\end{aligned}\right\}$$

将上述两式分别对时间 t 求导，得系统的质心速度 $\boldsymbol{v}_C$ 在 x、y 轴上的投影为

$$\left.\begin{aligned}v_{Cx}&=-\frac{7}{8}l\omega\sin\omega t\\v_{Cy}&=\frac{7}{8}l\omega\cos\omega t\end{aligned}\right\}$$

由式（12-2），得系统的动量 $\boldsymbol{p}$ 在 x、y 轴上的投影为

$$\left.\begin{aligned}p_x&=4m\cdot v_{Cx}=-\frac{7}{2}ml\omega\sin\omega t\\p_y&=4m\cdot v_{Cy}=\frac{7}{2}ml\omega\cos\omega t\end{aligned}\right\}$$

所以，系统的动量 $\boldsymbol{p}$ 的大小

$$p=\sqrt{p_x^2+p_y^2}=\frac{7}{2}ml\omega$$

与 x 轴夹角的正切

$$\tan\langle\boldsymbol{p},\boldsymbol{i}\rangle=\frac{p_y}{p_x}=-\frac{1}{\tan\omega t}$$

三、常力的冲量

物体的运动变化不仅与作用力的大小和方向有关，而且与力作用时间的长短有关。**常力与其作用时间的乘积定义为常力的冲量**，用 $\boldsymbol{I}$ 表示，即常力 $\boldsymbol{F}$ 的冲量

$$\boldsymbol{I}=\boldsymbol{F}t \tag{12-3}$$

冲量是矢量，其方向与力的方向一致。在国际单位制中，冲量的单位是 N·s（牛·秒）。

四、变力的冲量

如果力 $\boldsymbol{F}$ 是变力，可将力作用的时间分割成无数微小的时间间隔 $\mathrm{d}t$，在 $\mathrm{d}t$ 时间间隔内，力 $\boldsymbol{F}$ 可视为常力，故变力 $\boldsymbol{F}$ 在 $\mathrm{d}t$ 时间间隔内的冲量为

$$\mathrm{d}\boldsymbol{I}=\boldsymbol{F}\mathrm{d}t \tag{12-4}$$

$\mathrm{d}\boldsymbol{I}$ 称为变力 $\boldsymbol{F}$ 的**元冲量**。

对式（12-4）积分，即得变力 $\boldsymbol{F}$ 在作用时间段 $\Delta t=t_2-t_1$ 内的冲量

$$\boldsymbol{I}=\int_{t_1}^{t_2}\boldsymbol{F}\,\mathrm{d}t \tag{12-5}$$

在计算变力的冲量时，一般采用式（12-5）的投影形式。

【例 12-3】 如图 12-3 所示，质量为 m 的质点在水平面内沿一半径为 $\boldsymbol{r}$ 的圆周做匀速运动，其速度大小为 v，质点所受力的大小 $F=mv^2/r$，方向始终指向圆心。试求该力在质点经过半圆周的过程中的冲量。

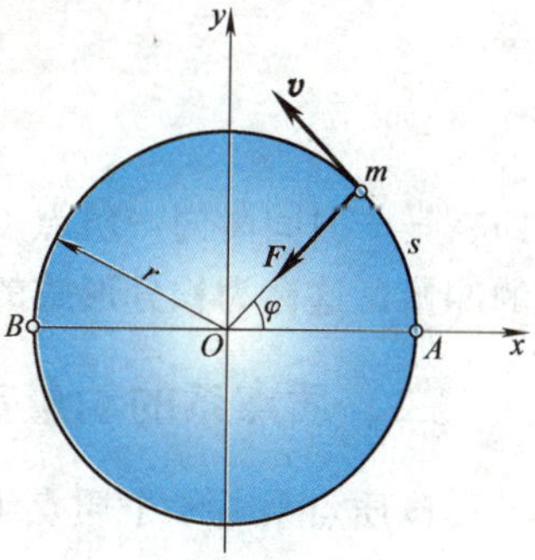

图　12-3

解： 设 $t_1=0$ 时，质点位于 A，经过半圆周后运动至 B 点，对应时间 $t_2=\pi r/v$。

建立图示坐标系，注意到 $\varphi=vt/r$，得力 $\boldsymbol{F}$ 在 x、y 轴上的投影

$$F_x=-F\cos\varphi=-\frac{mv^2}{r}\cos\frac{vt}{r}$$

$$F_y=-F\sin\varphi=-\frac{mv^2}{r}\sin\frac{vt}{r}$$

根据式（12-5），得该力冲量 $\boldsymbol{I}$ 在 x、y 轴上的投影

$$I_x=\int_0^{\pi r/v}\left(-\frac{mv^2}{r}\cos\frac{vt}{r}\right)\mathrm{d}t=0$$

$$I_y=\int_0^{\pi r/v}\left(-\frac{mv^2}{r}\sin\frac{vt}{r}\right)\mathrm{d}t=-2mv$$

故得该力在质点经过半圆周的过程中的冲量的大小为

$$I=\sqrt{I_x^2+I_y^2}=2mv$$

冲量的方向指向 y 轴的负向。

第二节　动 量 定 理

知识点 6：质点与质点系的动量定理

一、质点的动量定理

设质点的质量为 m，受到力 $\boldsymbol{F}$ 的作用，由质点动力学基本方程，有

$$m\boldsymbol{a}=m\frac{\mathrm{d}\boldsymbol{v}}{\mathrm{d}t}=\boldsymbol{F}$$

因为质量 m 是常量，故上式可写为

$$\frac{\mathrm{d}(m\boldsymbol{v})}{\mathrm{d}t}=\boldsymbol{F} \tag{12-6}$$

或者

$$\mathrm{d}(m\boldsymbol{v})=\boldsymbol{F}\mathrm{d}t=\mathrm{d}\boldsymbol{I} \tag{12-7}$$

即质点动量对时间的一阶导数等于作用于质点上的力，或者质点动量的微分等于作用于质点上的力的元冲量。这称为**微分形式的质点动量定理**。

若以 $\boldsymbol{v}_1$、$\boldsymbol{v}_2$ 分别表示质点在 t_1、t_2 瞬时的速度，对式（12-7）积分，可得到

$$m\boldsymbol{v}_2-m\boldsymbol{v}_1=\int_{t_1}^{t_2}\boldsymbol{F}\mathrm{d}t=\boldsymbol{I} \tag{12-8}$$

即在某一时间段内，质点动量的改变量等于作用于质点上的力在同一时间段内的冲量。这称为**积分形式的质点动量定理**，又称为**质点冲量定理**。

二、质点系的动量定理

设质点系由 n 个质点组成，其中第 i 个质点的质量为 m_i、速度为 $\boldsymbol{v}_i$，外部物体对该质点的作用力为 $\boldsymbol{F}_i^{\mathrm{e}}$，质点系内其他质点对该质点的作用力为 $\boldsymbol{F}_i^{\mathrm{i}}$，根据质点的动量定理，有

$$\frac{\mathrm{d}(m_i\boldsymbol{v}_i)}{\mathrm{d}t}=\boldsymbol{F}_i^{\mathrm{e}}+\boldsymbol{F}_i^{\mathrm{i}}$$

这样的方程有 n 个，将 n 个方程两边相加，得到

$$\sum\frac{\mathrm{d}(m_i\boldsymbol{v}_i)}{\mathrm{d}t}=\sum\boldsymbol{F}_i^{\mathrm{e}}+\sum\boldsymbol{F}_i^{\mathrm{i}}$$

改变上式中求和与求导的顺序，并注意到，内力 $\boldsymbol{F}_i^{\mathrm{i}}$ 总是成对出现、大小相等、方向相反，其矢量和 $\sum\boldsymbol{F}_i^{\mathrm{i}}=\boldsymbol{0}$，即可得到

$$\frac{\mathrm{d}\boldsymbol{p}}{\mathrm{d}t}=\sum\boldsymbol{F}_i^{\mathrm{e}} \tag{12-9}$$

或者

$$\mathrm{d}\boldsymbol{p}=\sum\boldsymbol{F}_i^{\mathrm{e}}\mathrm{d}t=\sum\mathrm{d}\boldsymbol{I}_i^{\mathrm{e}} \tag{12-10}$$

即质点系动量对时间的一阶导数等于作用于质点系上所有外力的矢量和，或者质点系动量的微分等于作用于质点系上所有外力元冲量的矢量和。这是**微分形式的质点系动量定理**。

若以 $\boldsymbol{p}_1$、$\boldsymbol{p}_2$ 分别表示质点系在 t_1、t_2 瞬时的动量，对式（12-10）积分，得

$$\boldsymbol{p}_2-\boldsymbol{p}_1=\sum\boldsymbol{I}_i^{\mathrm{e}} \tag{12-11}$$

即在某一时间段内，质点系动量的改变量等于在同一时间段内作用于质点系上所有外力冲量的矢量和。这是**积分形式的质点系动量定理**，又称为**质点系冲量定理**。

动量定理是矢量形式，具体应用时为方便起见通常取其投影形式。例如，在平面情况下，式（12-9）在直角坐标轴上的投影形式为

$$\left.\begin{aligned}\frac{\mathrm{d}p_x}{\mathrm{d}t}=\sum F_{ix}^{\mathrm{e}}\\ \frac{\mathrm{d}p_y}{\mathrm{d}t}=\sum F_{iy}^{\mathrm{e}}\end{aligned}\right\}\tag{12-12}$$

【例 12-4】 如图 12-4 所示，质量为 m_1 的平台 AB 与地面间的动摩擦因数为 f_{k}，质量为 m_2 的小车 D 相对于平台的运动规律为 $s=bt^2/2$（b 为常数）。若不计绞车质量，试求平台的加速度。

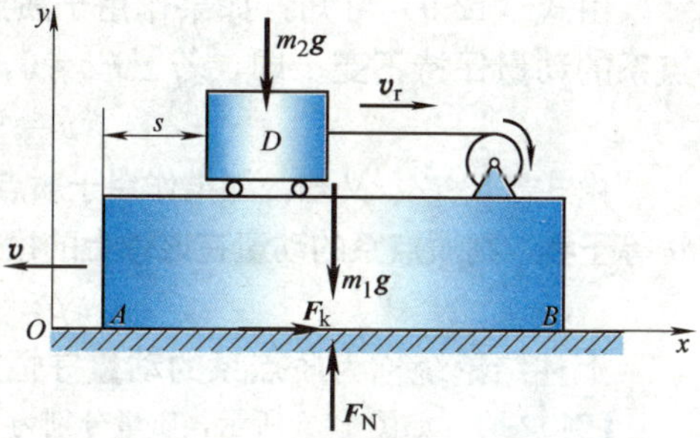

图　12-4

解： 选取小车 D 和平台 AB 整体为研究对象，系统的受力分析和运动分析如图 12-4 所示。

建立坐标系 Oxy，系统动量在 x、y 轴上的投影分别为

$$p_x=-m_1v+m_2(v_{\mathrm{r}}-v),\quad p_y=0$$

其中，小车相对于平台的速度 $v_{\mathrm{r}}=\dot{s}=bt$。

由式（12-12），有

$$\left.\begin{aligned}\frac{\mathrm{d}}{\mathrm{d}t}[-m_1v+m_2(v_{\mathrm{r}}-v)]=F_{\mathrm{k}}\\ 0=F_{\mathrm{N}}-(m_1+m_2)g\end{aligned}\right\}$$

其中，动摩擦力 $F_{\mathrm{k}}=f_{\mathrm{k}}F_{\mathrm{N}}$。

解得平台的加速度

$$a=\frac{\mathrm{d}v}{\mathrm{d}t}=\frac{m_2b-f(m_1+m_2)g}{m_1+m_2}$$

【例 12-5】 如图 12-5 所示，两个重物的质量分别为 m_1 和 m_2，系在两根质量不计的绳子上。两根绳分别缠绕在半径为 r_1 和 r_2 的鼓轮上。鼓轮的质量为 m_3，其质心位于转轴 O 处。设 $m_1r_1>m_2r_2$，鼓轮以角加速度 α 绕轴 O 逆时针转动，试求轴承 O 处的约束力。

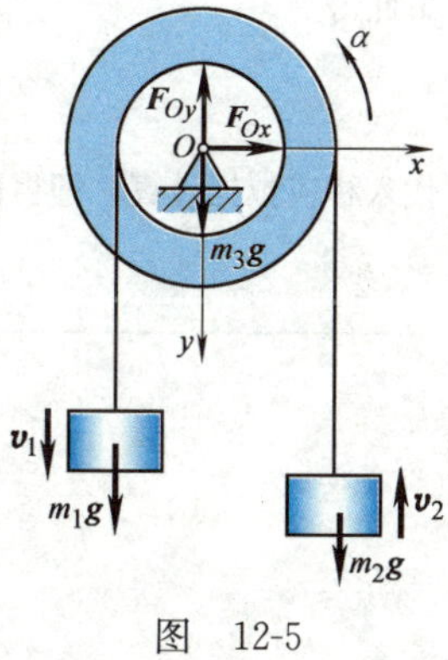

图　12-5

解： 选取鼓轮和两个重物构成的质点系为研究对象，其受力分析和运动分析如图 12-5 所示。

建立直角坐标系 Oxy，质点系动量在 x、y 轴上的投影分别为

$$p_x=0,\quad p_y=m_1v_1-m_2v_2$$

根据式（12-12），有

$$\left.\begin{aligned}F_{Ox}=0\\ m_1\frac{\mathrm{d}v_1}{\mathrm{d}t}-m_2\frac{\mathrm{d}v_2}{\mathrm{d}t}=m_1g+m_2g+m_3g-F_{Oy}\end{aligned}\right\}$$

将 $\frac{\mathrm{d}v_1}{\mathrm{d}t}=a_1=\alpha r_1$、$\frac{\mathrm{d}v_2}{\mathrm{d}t}=a_2=\alpha r_2$ 代入上式，整理即得轮心 O 处的约束力

$$\left.\begin{aligned} F_{Ox}&=0 \\ F_{Oy}&=m_1g+m_2g+m_3g+\alpha(m_2r_2-m_1r_1) \end{aligned}\right\}$$

三、质点系的动量守恒定律

由式（12-9）可知：**如果作用于质点系上所有外力的矢量和恒等于零，则质点系的动量保持不变**。即，若$\sum \boldsymbol{F}_i^e=\boldsymbol{0}$，则有

$$\boldsymbol{p}=\text{常矢量}$$

由式（12-12）又知：**如果作用于质点系上所有外力在某坐标轴上投影的代数和恒等于零，则质点系的动量在该轴上的投影保持不变**。即，若$\sum F_{ix}^e=0$，则有

$$p_x=\text{常量}$$

上述结论统称为**质点系的动量守恒定律**。

【例 12-6】 如图 12-6 所示，质量分别为 600 kg、800 kg 的两小车 A、B 在水平轨道上分别以等速 $v_A=1$ m/s、$v_B=0.4$ m/s 运动。一质量为 40 kg 的重物 C 从倾角为30°的斜面以速度 $v_C=2$ m/s 落入 A 车内。假设 A 车与 B 车相碰后以同一速度一起运动，并不计摩擦，试求两车共同的速度。

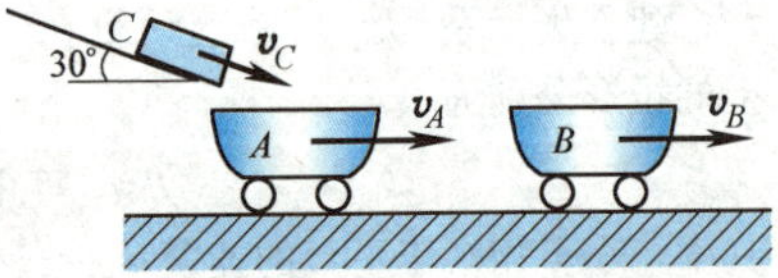

图 12-6

解： 首先以小车 A 及重物 C 为研究对象。设重物 C 落入 A 车后 A 车的速度大小为 v_1，由于在重物 C 落入 A 车的前后，系统水平方向不受外力作用，故其沿水平方向动量守恒，即有

$$(m_A+m_C)v_1=m_Av_A+m_Cv_C\cos 30°$$

代入数据，解得

$$v_1=1.05\ \text{m/s}$$

再以小车 A、B 与重物 C 为研究对象。设 A 车与 B 车相碰后的共同速度为 v_2，同理有

$$(m_A+m_B+m_C)v_2=(m_A+m_C)v_1+m_Bv_B$$

由此得

$$v_2=\frac{(m_A+m_C)v_1+m_Bv_B}{m_A+m_B+m_C}$$

代入相应数据计算，即得两车的共同速度

$$v_2=0.69\ \text{m/s}$$

第三节 质心运动定理

一、质心运动定理

对于质量不变的质点系，将式（12-2）代入式（12-9），并注意到$\dfrac{\mathrm{d}\boldsymbol{v}_C}{\mathrm{d}t}=\boldsymbol{a}_C$，

即得

$$m\boldsymbol{a}_C=\sum \boldsymbol{F}_i^{\mathrm{e}} \tag{12-13}$$

式中，$\boldsymbol{a}_C$ 为质点系的质心的加速度。式（12-13）表明：**质点系的质量与其质心加速度的乘积，等于作用在该质点系上所有外力的矢量和。**这称为**质心运动定理**。

式（12-13）与质点动力学基本方程 $m\boldsymbol{a}=\boldsymbol{F}$ 相似，因此，可以将质点系的质心的运动，看成为一个质点的运动，这个质点上集中了整个质点系的质量和所受的全部外力。

式（12-13）同时还表明，**质点系的内力不影响质心的运动，只有外力才能改变质心的运动**。例如，对于汽车而言，尽管发动机气缸内燃料燃烧后产生的高温高压气体的压力是汽车行驶的原动力，但由于气体的压力是内力，不能直接使汽车的质心运动。实际上，它所推动的是气缸内的活塞，并经过一套传动机构，转动驱动轮，靠驱动轮与地面的摩擦力来推动汽车前进。

质心运动定理是矢量形式，具体运用时应取其投影形式。例如，在平面情况下，式（12-13）在直角坐标轴上的投影形式为

$$\left.\begin{aligned} ma_{Cx}&=\sum F_{ix}^{\mathrm{e}} \\ ma_{Cy}&=\sum F_{iy}^{\mathrm{e}} \end{aligned}\right\} \tag{12-14}$$

【例 12-7】 如图 12-7 所示，质量为 m_1、长为 l 的匀质曲柄 AO 以等角速度 ω 绕定轴 O 转动，并带动质量为 m_2 的滑块 A 在滑杆 BDE 的竖直滑槽内滑动。滑杆 BDE 沿水平导轨滑动，质量为 m_3，质心位于点 G 处。开始时，曲柄 AO 水平向右。不计各处摩擦，试求：(1) 系统质心的运动规律；(2) 轴 O 处的最大水平约束力。

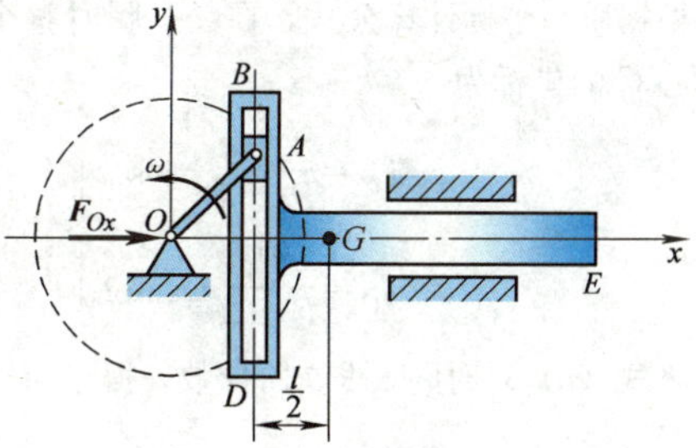

图 12-7

解：（1）求系统质心的运动规律

建立图示直角坐标系 Oxy，根据质心坐标计算公式，有

$$\left.\begin{aligned} x_C&=\frac{m_1\dfrac{l}{2}\cos\omega t+m_2 l\cos\omega t+m_3\left(l\cos\omega t+\dfrac{l}{2}\right)}{m_1+m_2+m_3} \\ y_C&=\frac{m_1\dfrac{l}{2}\sin\omega t+m_2 l\sin\omega t}{m_1+m_2+m_3} \end{aligned}\right\} \tag{a}$$

整理即得系统质心的运动方程为

$$\left.\begin{aligned} x_C&=\frac{m_3 l}{2(m_1+m_2+m_3)}+\frac{m_1+2m_2+2m_3}{2(m_1+m_2+m_3)}l\cos\omega t \\ y_C&=\frac{m_1+2m_2}{2(m_1+m_2+m_3)}l\sin\omega t \end{aligned}\right\} \tag{b}$$

（2）求轴 O 处的最大水平约束力

选取整个系统为研究对象，在水平方向上的外力只有轴 O 处的水平约束力 $\boldsymbol{F}_{Ox}$（见图 12-7）。

将式（b）中的第一式对时间 t 求二阶导数，得质心加速度在 x 轴上的投影

$$a_{Cx}=-\frac{m_1+2m_2+2m_3}{2(m_1+m_2+m_3)}l\omega^2\cos\omega t$$

根据式（12-14）中的第一式，即得

$$F_{Ox}=-\frac{1}{2}(m_1+2m_2+2m_3)l\omega^2\cos\omega t$$

所以，轴 O 处的最大水平约束力为

$$F_{Ox\max}=\frac{1}{2}(m_1+2m_2+2m_3)l\omega^2$$

【例 12-8】 如图 12-8 所示，电动机用螺栓固定在水平地基上。已知电动机的外壳与定子重 $\boldsymbol{P}_1$，质心 O_1 位于转子的转轴上；转子重 $\boldsymbol{P}_2$，质心 O_2 与转轴有偏心距 $O_2O_1=e$。若转子以等角速度 ω 转动，试求螺栓和地基对电动机的约束力。

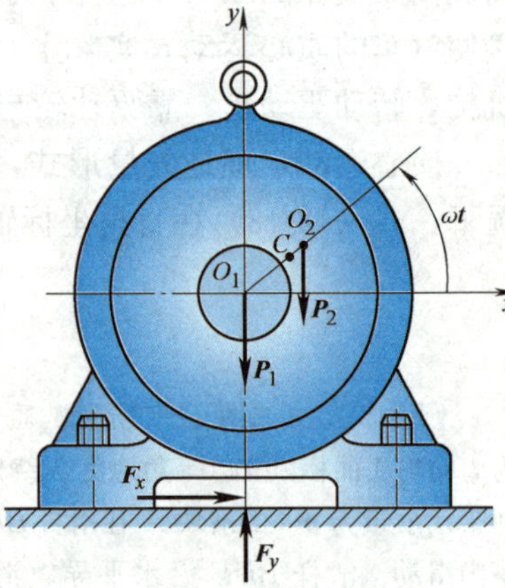

图 12-8

解： 选取整个电动机为研究对象，其受力图如图 12-8 所示。

以转轴 O_1 为坐标原点，建立固定坐标系 O_1xy，根据质心坐标计算公式，在任一瞬时整个电动机的质心 C 的坐标为

$$\left.\begin{aligned}x_C&=\frac{P_2e}{P_1+P_2}\cos\omega t\\ y_C&=\frac{P_2e}{P_1+P_2}\sin\omega t\end{aligned}\right\}\tag{a}$$

将式（a）对时间 t 求二阶导数，得电动机质心 C 的加速度在 x、y 轴上的投影

$$\left.\begin{aligned}a_{Cx}&=-\frac{P_2e\omega^2}{P_1+P_2}\cos\omega t\\ a_{Cy}&=-\frac{P_2e\omega^2}{P_1+P_2}\sin\omega t\end{aligned}\right\}\tag{b}$$

根据质心运动定理的投影式（12-14），有

$$\left.\begin{aligned}-\frac{P_2e\omega^2}{g}\cos\omega t&=F_x\\ -\frac{P_2e\omega^2}{g}\sin\omega t&=F_y-P_1-P_2\end{aligned}\right\}\tag{c}$$

由此解得螺栓和地基对电动机的约束力

$$\left.\begin{aligned}F_x&=-\frac{P_2e\omega^2}{g}\cos\omega t\\ F_y&=P_1+P_2-\frac{P_2e\omega^2}{g}\sin\omega t\end{aligned}\right\}\tag{d}$$

当电动机不转动（$\omega=0$）时，螺栓和地基只有向上的约束力 P_1+P_2，称为**静约束力**。由式（d）确定的电动机转动时的约束力称为**动约束力**。动约束力与静约束力的差称为**附加动约束力**。由上述计算结果可见，因转子偏心而引起的附加动约束力随时间做周期性变化，而且其数值一般要远远大于静约束力（由于电动机转子的角速度 ω 一般较大），故会引起电动机振动，甚至导致电动机损坏。所以，在电动机的制造与安装过程中，应避免转子偏心。

二、质心运动守恒定律

由式（12-13）可知：**如果作用于质点系上所有外力的矢量和恒等于零，则质心做匀速直线运动；若开始时质心是静止的，则其位置保持不变。**

由式（12-14）又知：**如果作用于质点系上所有外力在某坐标轴上投影的代数和恒等于零，则质心速度在该轴上的投影保持不变；若开始时质心速度在该轴上的投影等于零，则质心沿该轴的坐标保持不变。**

上述结论统称为**质心运动守恒定律**。

【例 12-9】 如图 12-9 所示，两根匀质杆 AD 和 BD 在 D 处用光滑铰链相连。已知两杆长均为 l，质量各为 m_1、m_2，并且 $m_1>m_2$。开始时，两杆竖直静止立于光滑的水平面上，然后在铅直平面内向两边分开倒下。试确定两杆倒地时点 D 的位置。

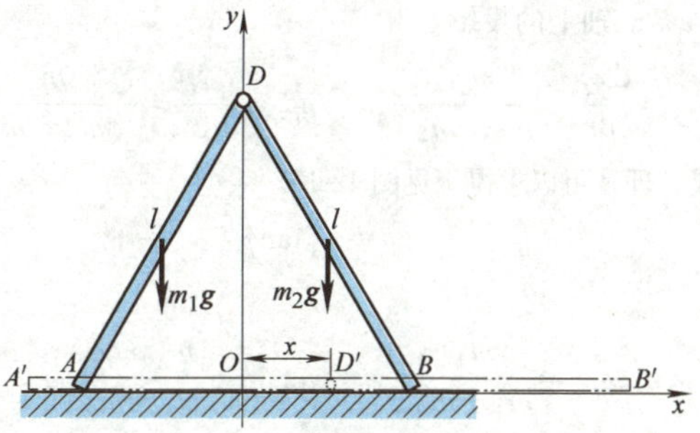

图 12-9

解： 取两杆为研究对象，建立图示固定直角坐标系 Oxy。

初始时，两杆竖直，系统静止，其质心坐标

$$x_{C1}=0$$

两杆倒地时，设点 D 向右移动 x，则系统质心坐标为

$$x_{C2}=\frac{m_2\left(\frac{l}{2}+x\right)-m_1\left(\frac{l}{2}-x\right)}{m_1+m_2}$$

由于系统在水平方向不受外力作用，故由质心运动守恒定律，系统质心的横坐标保持不变，即有

$$x_{C1}=x_{C2}$$

从而解得

$$x=\frac{(m_1-m_2)}{m_1+m_2}\frac{l}{2}$$

【例 12-10】 如图 12-10 所示，质量为 m_1、倾角为 φ 的三角形楔块 A 放在光滑水平面上。质量为 m_2 的杆 BC 可沿铅直导轨运动，其 B 端放在楔块 A 上。在图示瞬时，楔块的速度为 $\boldsymbol{v}_A$，试求此时系统质心的速度。

解： 选取楔块 A 和杆 BC 构成的系统为研究对象，建立图示固定直角坐标系 Oxy。

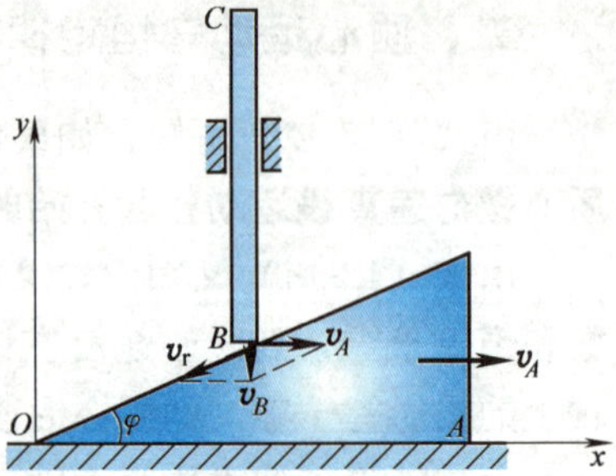

图 12-10

设任意瞬时 BC 杆的质心坐标为 (x_{BC}, y_{BC})，楔块 A 的质心坐标为 (x_A, y_A)，由质心坐标计算公式，系统的质心坐标为

$$x_C=\frac{m_1x_A+m_2x_{BC}}{m_1+m_2},\quad y_C=\frac{m_1y_A+m_2y_{BC}}{m_1+m_2}$$

将上式对时间求一阶导数，并代入

$$\frac{\mathrm{d}x_A}{\mathrm{d}t}=v_A,\quad \frac{\mathrm{d}y_A}{\mathrm{d}t}=0$$

$$\frac{\mathrm{d}x_{BC}}{\mathrm{d}t}=0,\quad \frac{\mathrm{d}y_{BC}}{\mathrm{d}t}=-v_B$$

即得系统质心速度在 x、y 轴上的投影

$$v_{Cx}=\frac{\mathrm{d}x_C}{\mathrm{d}t}=\frac{m_1}{m_1+m_2}v_A,\quad v_{Cy}=\frac{\mathrm{d}y_C}{\mathrm{d}t}=-\frac{m_1}{m_1+m_2}v_B$$

运用点的速度合成定理，可以求得（见图 12-10）

$$v_B=v_A\tan\varphi$$

从而得到

$$v_{Cx}=\frac{m_1}{m_1+m_2}v_A,\quad v_{Cy}=-\frac{m_1\tan\varphi}{m_1+m_2}v_A$$

所以，此时系统质心的速度为

$$v_C=\sqrt{v_{Cx}^2+v_{Cy}^2}=\frac{m_1v_A}{m_1+m_2}\sqrt{1+\tan^2\varphi}$$

复习思考题

12-1 什么是质点系的动量？如何计算质点系的动量？

12-2 质点做匀速曲线运动时，它在每一瞬时的动量是否都相等？为什么？

12-3 动量是一个瞬时量，冲量也是一个瞬时量。该表述对吗？

12-4 内力能否改变质点系的动量？为什么？

12-5 若质点系的动量为零，该质点系就一定处于静止状态。这一表述是否正确？为什么？

12-6 质点系的动量是否一定大于其中任一质点的动量？

12-7 在什么情况下质点系动量守恒？在什么情况下质点系动量在某轴上的投影恒等？

12-8 质点系动量守恒时，其质心一定静止不动。这一表述是否正确？为什么？

12-9 质点系的内力能否改变质心的运动？为什么？

12-10 高空作业的安全网为什么可以保护从高空掉下来的人？

习题

12-1 习题 12-1 图所示各个物体都是匀质的，而且质量皆为 m，试求出各个物体在图示位置时的动量。

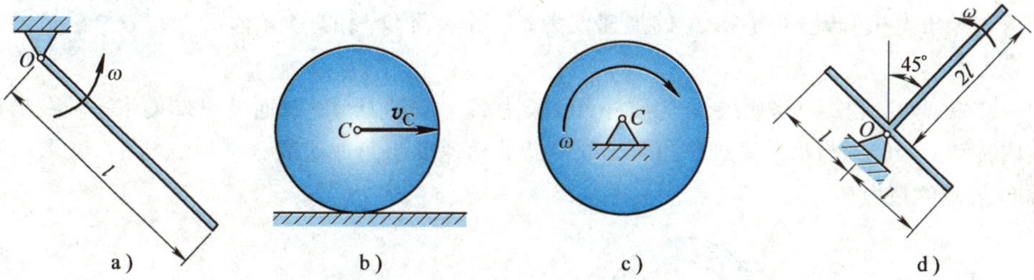

习题 12-1 图

12-2 如习题 12-2 图所示，质量同为 m 的匀质杆 AO、AB 的长度分别为 l_1、l_2，匀质滚轮的半径为 R、质量也为 m。若已知杆 AO 的角速度为 ω，并假设滚轮只滚不滑，试求图示瞬时系统的动量。

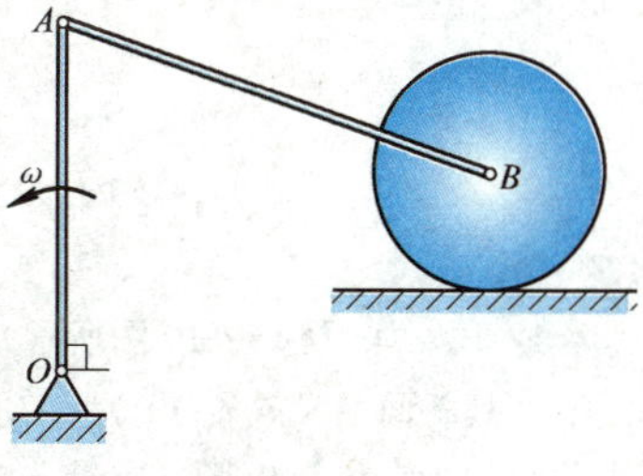

习题 12-2 图

12-3 汽车以 10 m/s 的速度在水平直道上行驶。设车轮在制动后立即停止转动，试问车轮对地面的摩擦因数 f 应为多大方能使汽车在制动 6 s 后停止？

12-4 小车重 2400 N，以速度 0.1 m/s 沿光滑水平轨道做匀速直线运动。一重为 500 N 的人垂直跳上小车，试求小车和人一起运动时的速度。

12-5 机车质量为 m_1，以速度 v_1 与静止在平直轨道上的车厢对接，车厢质量为 m_2。若不计摩擦，试求对接后列车的速度 v_2 以及机车损失的动量。

12-6 如习题 12-6 图所示，子弹质量为 0.15 kg，以速度 $v_1=600$ m/s 沿水平线击中圆盘的中心。设圆盘质量为 2 kg，静止地放置在光滑水平支座上。如子弹穿出圆盘时的速度 $v_2=300$ m/s，试求此时圆盘的速度大小 v_3。

12-7 如习题 12-7 图所示，浮动起重机举起质量 $m_1=2000$ kg 的重物。起重机质量 $m_2=20000$ kg，吊杆 AO 长 8 m。开始时，吊杆与铅直位置成60°角。水的阻力与杆重均略去不计，当吊杆 AO 转到与铅直位置成30°角时，试求浮动起重机的位移。

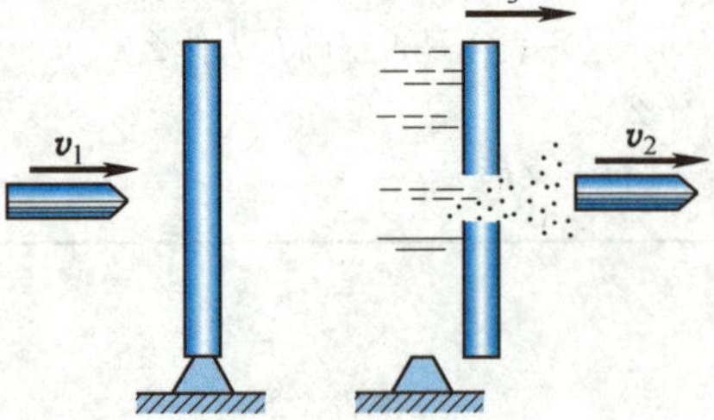

习题 12-6 图

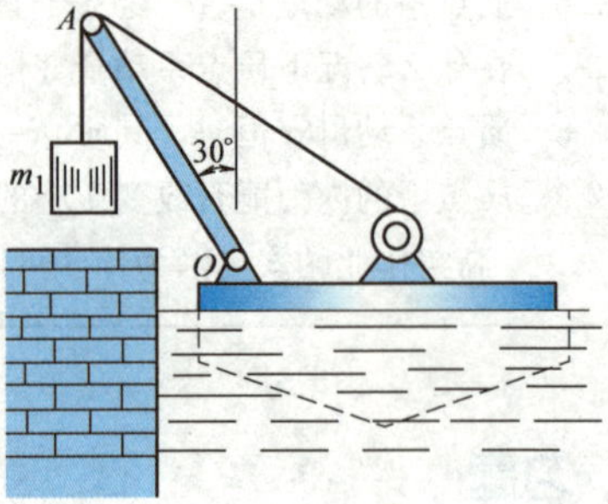

习题 12-7 图

12-8 习题 12-8 图所示机构中，鼓轮的质量为 m_1，质心位于转轴 O 上。重物 A 的质量为 m_2，重物 B 的质量为 m_3。斜面光滑，倾角为 θ。若已知重物 A 的加速度为 $\boldsymbol{a}$，试求轴 O 处的约束力。

典型例题
15: 习题12-8

12-9 如习题 12-9 图所示，匀质杆 AO 长为 $2l$、质量为 m，绕通过 O 端的水平轴在铅直面内转动。当转到与水平线成 φ 角时，杆 AO 的角速度与角加速度分别为 ω 与 α。试求此时轴 O 处的约束力。

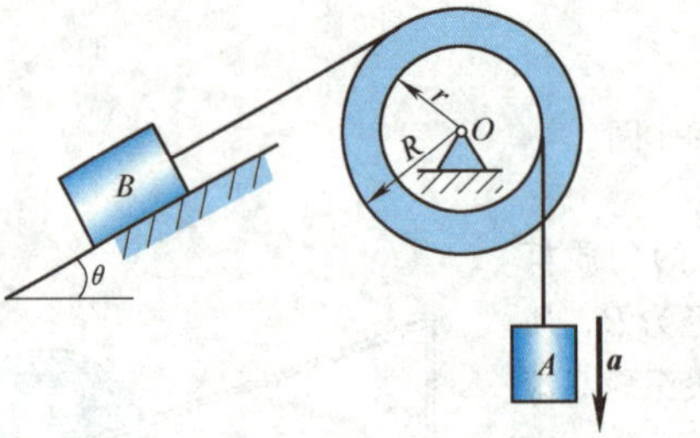

习题 12-8 图

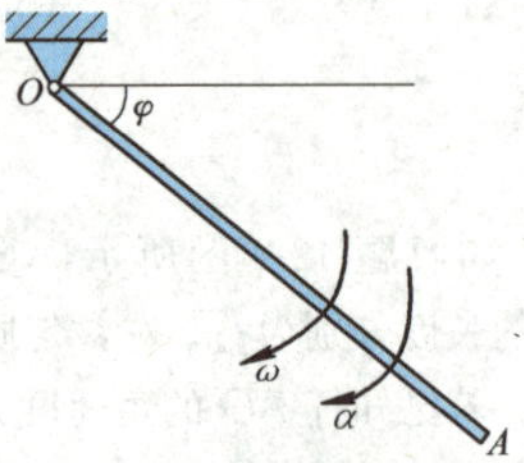

习题 12-9 图

12-10 如习题 12-10 图所示，一匀质三棱柱 A 放置在水平面上，其斜面上又放置了另一匀质三棱柱 B。已知两三棱柱的横截面均为直角三角形，质量 $m_A=3m_B$，几何尺寸如图所示。设初始系统静止，所有接触面的摩擦均忽略不计，试求三棱柱 A 的加速度以及地面的约束力。

典型例题
16: 习题
12-10

12-11 在上题中，当三棱柱 B 沿三棱柱 A 下滑接触到水平面时，试求三棱柱 A 移动的距离。

12-12 如习题 12-12 图所示，已知匀质半圆板的质量 m、半径 R、角速度 ω、角加速度 α、质心位置 $CO=\dfrac{4R}{3\pi}$。试求在图示位置时，轴 O 处的约束力。

12-13 一凸轮机构如习题 12-13 图所示，凸轮为匀质圆轮，绕定轴 O 以等角速度 ω 转动，带动质量为 m_1 的夹板

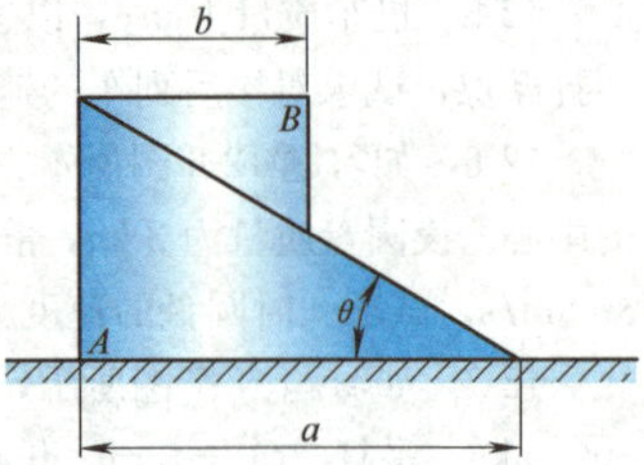

习题 12-10 图

做往复直线平移。已知凸轮质量为 m_2，半径为 r，偏心距为 e。试求螺栓和地基对机构的附加动约束力。

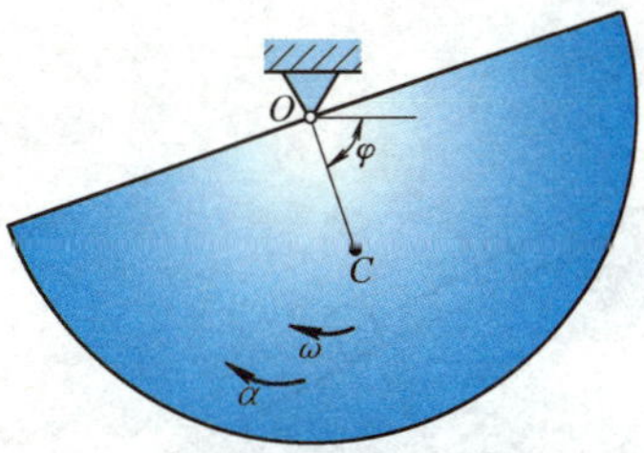

习题 12-12 图

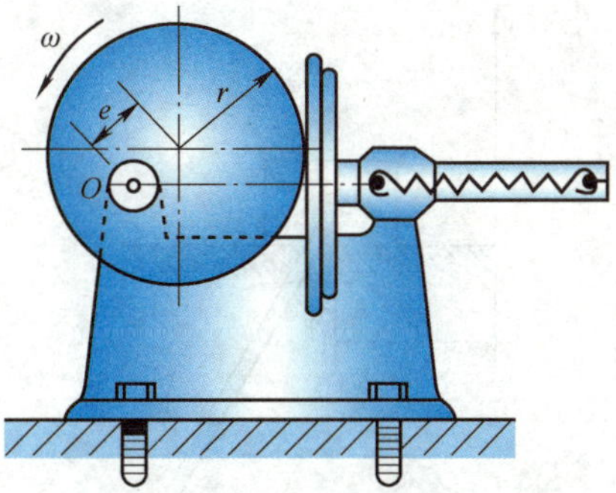

习题 12-13 图

12-14 如习题 12-14 图所示，匀质杆 AO 长为 l，直立在光滑的水平面上。当它从铅垂位置无初速地倒下时，试求杆端 A 的轨迹。

12-15 如习题 12-15 图所示，曲柄连杆滑块机构安装在平台上，平台放置在光滑的水平面上。已知 $AO=AB=l$，曲柄 AO 重 $\boldsymbol{P}_1$，以等角速度 ω 绕定轴 O 转动，连杆 AB 重 $\boldsymbol{P}_2$，平台重 $\boldsymbol{P}_3$，滑块 B 的重量不计。曲柄、连杆和平台均为匀质。若 $t=0$ 时 $\varphi=0°$，且平台的初速度为零，试求平台的水平运动规律以及基础对平台的约束力。

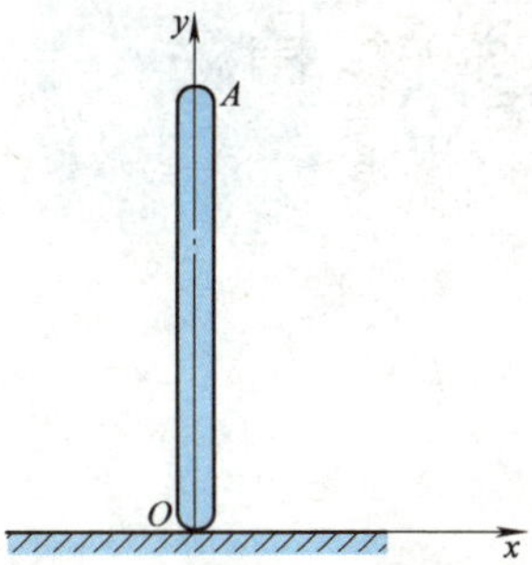

习题 12-14 图

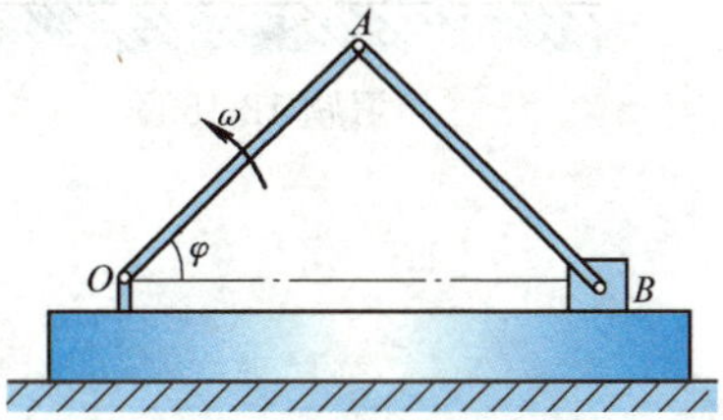

习题 12-15 图

12-16 如习题 12-16 图所示，一长为 l、质量为 m_B 的单摆 B（假设单摆的质量集中于 B 点），其支点铰接在一可沿光滑水平轨道做直线平移的滑块 A 上，滑块 A 的质量为 m_A。试求任意时刻轨道对滑块 A 的约束力。若运动开始时，$x=x_0$、$\varphi=\varphi_0$、$\dot{x}=0$、$\dot{\varphi}=0°$，再求滑块 A 的运动方程以及 B 点的轨迹方程。（说明：将计算结果表达为 φ 及其导数的函数）

12-17 如习题 12-17 图所示，已知质量为 $2m$ 的直角楔块放在水平面上，物块 P 的质量为 $3m$，物块 Q 的质量为 m。假设所有接触都是光滑的，且不计滑轮质量，试求楔块的加速度、绳中张力和楔块对质点 P 的作用力。

12-18 如习题 12-18 图所示，电动机外壳和定子的总质量为 m_1，其质心位于转子转轴的中心 O_1；转子的质量为 m_2，其质心 O_2 偏离转轴的中心 O_1，偏心距 $O_2O_1=e$。已知转子

以等角速度 ω 转动，初始时电动机静止。若电动机机座与水平基础之间无螺栓固定，且为光滑接触，试求电动机外壳的运动规律，并分析电动机跳起的条件。

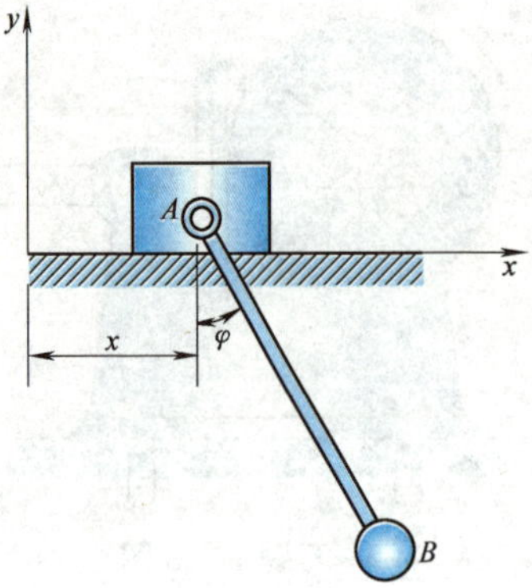

习题 12-16 图

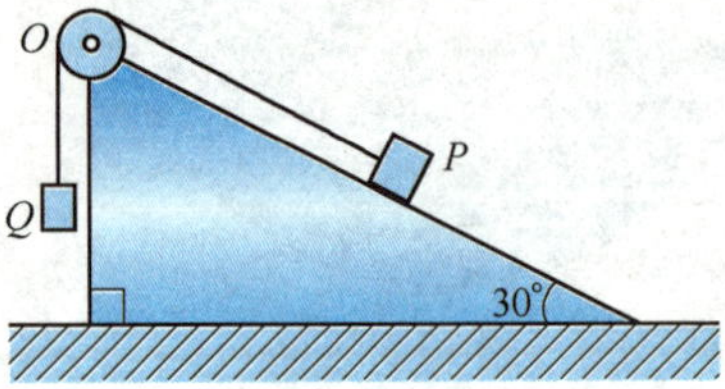

习题 12-17 图

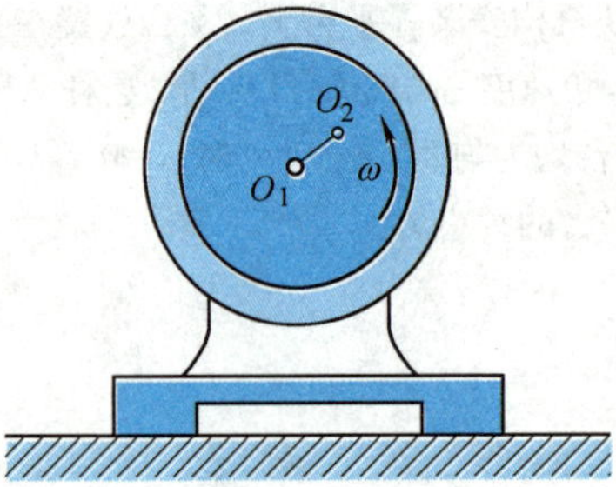

习题 12-18 图

第12章
知识要点、解题方法与难题解析

第十三章 动量矩定理

上一章研究的动量定理，建立了物体上的作用力与动量变化之间的关系。它仅从一个侧面反映了质点系机械运动规律，并不适合于所有场合。例如，若刚体在外力作用下绕通过质心的定轴转动，则无论其运动状态如何变化，它的动量都恒等于零。因此，动量定理也就无法描述这种情况下物体的运动规律。

本章学习的动量矩定理则是从另一个侧面，揭示了质点系相对于某轴（或某点）的运动规律，常被用来解决转动物体的动力学问题。

第一节 质点和质点系的动量矩

一、质点的动量矩

质点的动量是对质点的运动强度的一种度量。而质点的动量矩则是对质点相对于某轴（或某点）的运动强度的一种度量。

设质点的质量为 m，速度为 $\boldsymbol{v}$，动量为 $m\boldsymbol{v}$。有定轴 z，取平面 x-y 垂直于轴 z，交轴 z 于点 O，如图 13-1 所示。与力对轴的矩类似，定义

$$M_z(m\boldsymbol{v})=M_O(m\boldsymbol{v}_{xy})=\pm mv_{xy}\cdot d \tag{13-1}$$

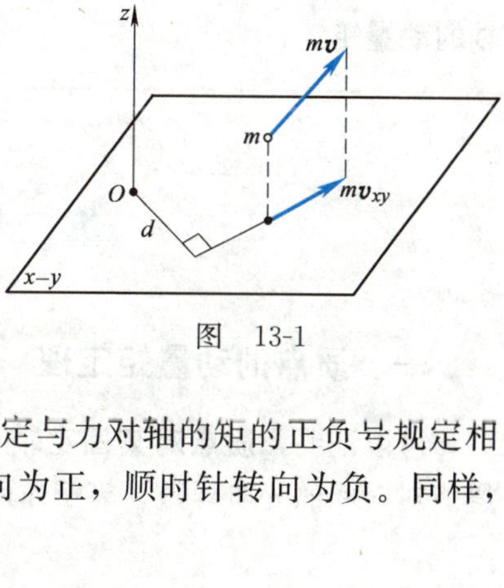

图 13-1

为质点对轴 z 的动量矩。式中，mv_{xy} 为质点动量 $m\boldsymbol{v}$ 在平面 x-y 上的投影。

质点对轴的动量矩为代数量，其正负号规定与力对轴的矩的正负号规定相同，即从轴 z 的正向往负向看去，逆时针转向为正，顺时针转向为负。同样，

质点对轴的动量矩的正负号也可以按照右手螺旋法则来确定。

在国际单位制中，动量矩的单位为 $kg \cdot m^2/s$（千克·米^2/秒）。

二、质点系的动量矩

质点系对轴的动量矩定义为质点系内所有质点对同一轴的动量矩的代数和，记作 L_z，即

$$L_z = \sum M_z(m_i \boldsymbol{v}_i) \tag{13-2}$$

三、刚体的动量矩

刚体平移时，可将刚体的全部质量集中于质心，按质点的动量矩来计算。

刚体以角速度 ω 绕定轴转动时，设其上任一质点 i 的质量为 m_i，转动半径为 r_i（见图 13-2），则由式（13-2），得其对转轴 z 的动量矩为

$$L_z = \sum M_z(m_i \boldsymbol{v}_i) = \sum(m_i v_i r_i) = \omega \sum(m_i r_i^2)$$

令 $J_z = \sum(m_i r_i^2)$，称其为**刚体对轴 z 的转动惯量**，则有

$$L_z = J_z \omega \tag{13-3}$$

即绕定轴转动刚体对转轴的动量矩等于刚体对转轴的转动惯量与转动角速度的乘积。

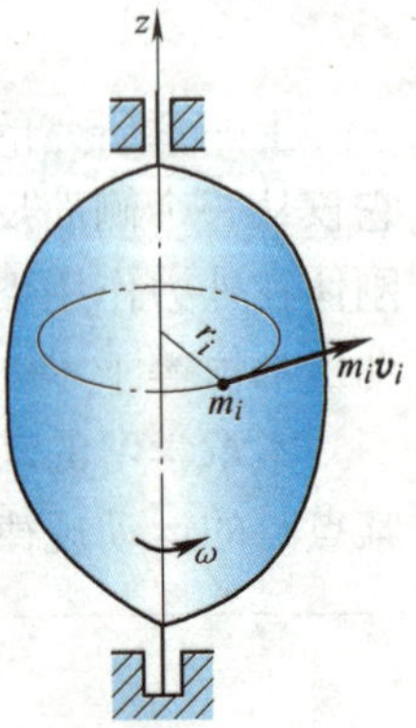

图 13-2

具有质量对称平面的刚体平面运动时，若轴 z 为垂直于刚体质量对称平面的固定轴，则可以证明，其对定轴 z 的动量矩为

$$L_z = M_z(m \boldsymbol{v}_C) + J_{z_C}\omega \tag{13-4}$$

式中，$\boldsymbol{v}_C$ 为刚体质心 C 的速度；ω 为刚体的角速度；z_C 为平行于 z 轴的质心轴。**即平面运动刚体对垂直于质量对称平面的固定轴的动量矩，等于刚体随同质心平移时对该轴的动量矩再加上刚体绕与该轴平行的质心轴转动时对该质心轴的动量矩。**

第二节 动量矩定理

知识点
7: 动量矩定理

一、质点的动量矩定理

可以证明，**质点对某固定轴（或某固定点）的动量矩对时间的一阶导数，等于作用于质点上的力对该轴（或该点）的矩**，即

$$\frac{\mathrm{d}}{\mathrm{d}t}[M_z(m\boldsymbol{v})]=M_z(\boldsymbol{F}) \tag{13-5}$$

这称为**质点对固定轴（或固定点）的动量矩定理**。

二、质点的动量矩守恒定律

由式（13-5）可知：**如果作用于质点上的力对某固定轴（或某固定点）的矩恒等于零，则质点对该轴（或该点）的动量矩保持不变**。即，若 $M_z(\boldsymbol{F})=0$，则

$$M_z(m\boldsymbol{v})=\text{常量}$$

上述结论称为**质点的动量矩守恒定律**。

【例 13-1】 如图 13-3 所示，已知小球的质量为 m，线长为 l。当 $t=0$ 时，将小球在 $\varphi=\varphi_0$ 的位置上无初速地释放，假设 $\varphi_0\ll 1$，试求小球做微幅摆动时的运动规律。

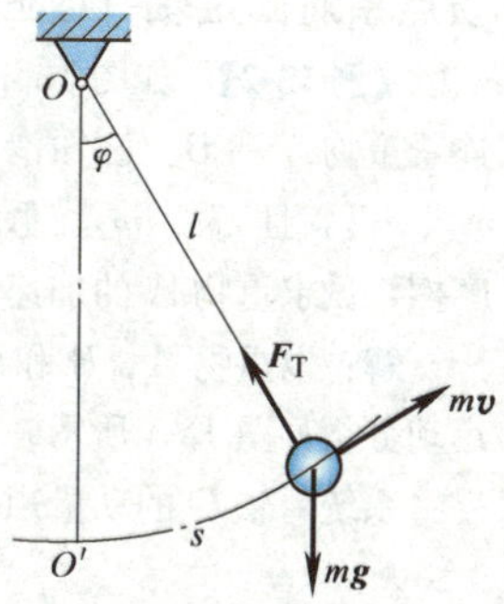

图　13-3

解： 选取小球为研究对象。其受力如图 13-3 所示。

小球的运动轨迹是以 O 为圆心、l 为半径的圆弧。设在一般位置，小球的速度为 $\boldsymbol{v}$，则小球对轴 O 的动量矩为

$$M_O(m\boldsymbol{v})=mvl$$

根据质点的动量矩定理，有

$$ml\frac{\mathrm{d}v}{\mathrm{d}t}=-mgl\sin\varphi \tag{a}$$

将 $v=\dot{s}=l\dot{\varphi}$ 代入式（a），得到

$$\ddot{\varphi}+\frac{g}{l}\sin\varphi=0 \tag{b}$$

当小球做微幅摆动时，有 $\sin\varphi\approx\varphi$，式（b）可改写为

$$\ddot{\varphi}+\frac{g}{l}\varphi=0 \tag{c}$$

解微分方程（c），并代入初始条件：$t=0$ 时，$\varphi=\varphi_0$、$\dot{\varphi}=0$，即得小球做微幅摆动时的运动方程

$$\varphi=\varphi_0\cos\left(\sqrt{\frac{g}{l}}\,t\right)$$

可知，小球摆动的角振幅为 φ_0，周期为 $2\pi\sqrt{\dfrac{l}{g}}$。

三、质点系的动量矩定理

设质点系由 n 个质点组成，其中第 i 个质点的质量为 m_i、速度为 $\boldsymbol{v}_i$，外部物体对该质点的作用力为 $\boldsymbol{F}_i^{\mathrm{e}}$，质点系内其他质点对该质点的作用力为 $\boldsymbol{F}_i^{\mathrm{i}}$，根据质点的动量矩定理，有

$$\frac{\mathrm{d}}{\mathrm{d}t}[M_z(m_i\boldsymbol{v}_i)]=M_z(\boldsymbol{F}_i^{\mathrm{e}})+M_z(\boldsymbol{F}_i^{\mathrm{i}})$$

这样的方程有 n 个，将 n 个方程两边相加，得到

$$\sum\frac{\mathrm{d}}{\mathrm{d}t}[M_z(m_i\boldsymbol{v}_i)]=\sum M_z(\boldsymbol{F}_i^{\mathrm{e}})+\sum M_z(\boldsymbol{F}_i^{\mathrm{i}})$$

改变上式中求和与求导的顺序，并注意到，内力 $\boldsymbol{F}_i^{\mathrm{i}}$ 总是成对出现、大小相等、方向相反，对 z 轴的矩的代数和 $\sum M_z(\boldsymbol{F}_i^{\mathrm{i}})=0$，即可得到

$$\frac{\mathrm{d}L_z}{\mathrm{d}t}=\sum M_z(\boldsymbol{F}_i^{\mathrm{e}}) \tag{13-6}$$

式（13-6）表明：**质点系对某固定轴（或某固定点）的动量矩对时间的一阶导数，等于作用于质点系上所有外力对该轴（或该点）的矩的代数和**。这就是**质点系对固定轴（或固定点）的动量矩定理**。

【例 13-2】 如图 13-4 所示，跨过定滑轮 O 的一根细绳的两端分别连着重物 A 和 B。已知滑轮 O 的半径为 r，重物 A、B 的质量分别为 m_1、m_2，且 $m_1>m_2$。假设绳与轮之间不打滑，并不计滑轮质量与轴承摩擦，试求重物 A 的加速度。

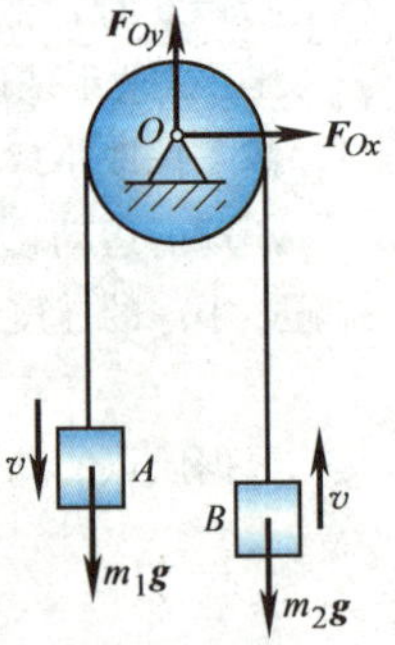

图 13-4

解： 以重物 A、B 和滑轮 O 构成的质点系为研究对象，系统受力和运动分析如图 13-4 所示。

系统对轴 O 的动量矩

$$L_O=m_1vr+m_2vr$$

作用于系统上的外力对轴 O 的矩的代数和

$$\sum M_z(\boldsymbol{F}_i^{\mathrm{e}})=m_1gr-m_2gr$$

根据质点系的动量矩定理，有

$$\frac{\mathrm{d}}{\mathrm{d}t}(m_1vr+m_2vr)=m_1gr-m_2gr$$

解得重物 A 的加速度为

$$a=\frac{\mathrm{d}v}{\mathrm{d}t}=\frac{m_1-m_2}{m_1+m_2}g$$

【例 13-3】 如图 13-5 所示，在矿井提升设备中，两个鼓轮固连在一起，总质量为 m，质心与转轴 O 重合，对转轴 O 的转动惯量为 J_O。在半径为 r_1 的鼓轮上用绳悬挂一质量为 m_1 的重物 A，在半径为 r_2 的鼓轮上用绳牵引一质量为 m_2 的小车 B 沿倾角为 θ 的斜面向上运动，小车的牵引绳与斜面平行。在鼓轮上作用有一不变的力偶矩 M。假设绳与轮之间不打滑，并不计绳索质量和各处摩擦，试求小车上升的加速度。

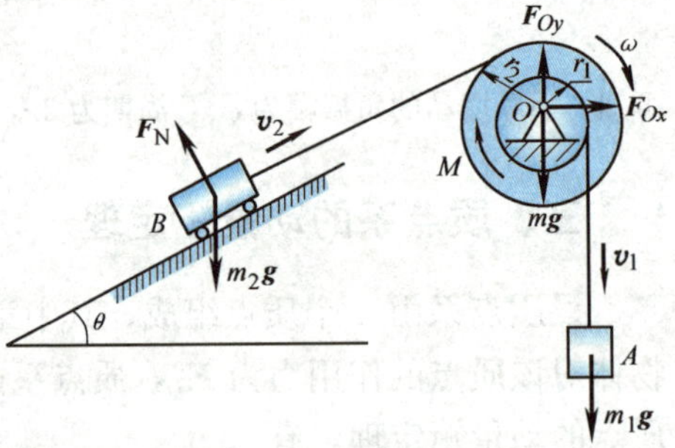

图 13-5

解： 选取整个系统为研究对象，受力分析与运动分析如图 13-5 所示。

作用在质点系上的外力有三个物体的重力 $m_1\boldsymbol{g}$、$m_2\boldsymbol{g}$、$m\boldsymbol{g}$，鼓轮上的力偶矩 M，轮轴 O

以及斜面处的约束力 $\boldsymbol{F}_{Ox}$、$\boldsymbol{F}_{Oy}$、$\boldsymbol{F}_{\mathrm{N}}$。

质点系对转轴 O 的动量矩为

$$L_O = J_O\omega + m_1v_1r_1 + m_2v_2r_2$$

其中，$v_1 = r_1\omega$、$v_2 = r_2\omega$，代入上式有

$$L_O = (J_O + m_1r_1^2 + m_2r_2^2)\omega$$

注意到，$\boldsymbol{F}_{\mathrm{N}}$ 与 $m_2\boldsymbol{g}$ 沿斜面法线方向的分力对 O 的矩相互抵消，故作用于系统上的所有外力对转轴 O 的矩的代数和为

$$\sum M_O(\boldsymbol{F}_i^{\mathrm{e}}) = M + m_1gr_1 - m_2gr_2\sin\theta$$

由质点系的动量矩定理，即有

$$(J_O + m_1r_1^2 + m_2r_2^2)\dot{\omega} = M + m_1gr_1 - m_2gr_2\sin\theta$$

解得鼓轮的角加速度

$$\alpha = \dot{\omega} = \frac{M + (m_1r_1 - m_2r_2\sin\theta)g}{J_O + m_1r_1^2 + m_2r_2^2}$$

于是，小车上升的加速度为

$$a = \alpha r_2 = \frac{r_2[M + (m_1r_1 - m_2r_2\sin\theta)g]}{J_O + m_1r_1^2 + m_2r_2^2}$$

四、质点系的动量矩守恒定律

由式（13-6）可知：**如果作用于质点系上所有外力对某固定轴（或某固定点）的矩的代数和恒等于零，则质点系对该轴（或该点）的动量矩保持不变。**即，若 $\sum M_z(\boldsymbol{F}_i^{\mathrm{e}}) = 0$，则

$$L_z = 常量$$

上述结论称为**质点系的动量矩守恒定律**。

【例 13-4】 如图 13-6a 所示，小球 A、B 质量皆为 m，以细绳 AB 相连。系统绕轴 z 自由转动，初始时系统的角速度为 ω_0。若构件质量与各处摩擦忽略不计，试求当细绳 AB 断开后，各杆与铅垂线成 θ 角时系统的角速度 ω（见图 13-6b）。

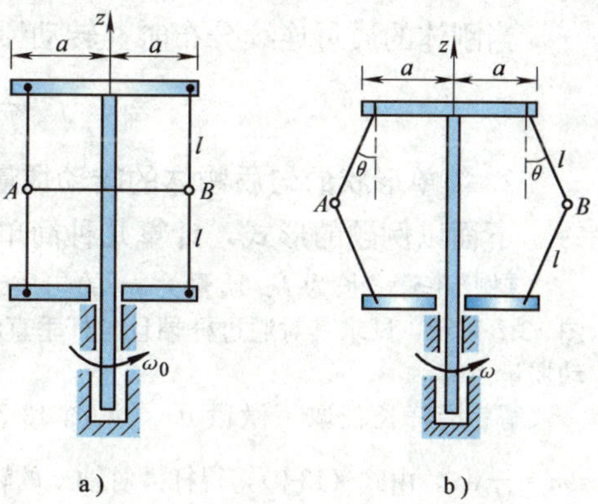

图　13-6

解：以整个系统为研究对象。作用于质点系上的外力有重力和轴承的约束力，它们对转轴 z 的矩恒为零，因此，质点系对转轴 z 的动量矩守恒。

初始时，质点系对轴 z 的动量矩

$$L_{z0} = 2ma^2\omega_0$$

当细绳 AB 断开、各杆与铅垂线成 θ 角时，质点系对转轴 z 的动量矩

$$L_z = 2m(a + l\sin\theta)^2\omega$$

根据质点系动量矩守恒定律，即得

$$\omega = \frac{a^2}{(a + l\sin\theta)^2}\omega_0$$

第三节 刚体绕定轴转动微分方程

一、刚体绕定轴转动微分方程

对于绕定轴转动刚体，将式（13-3）代入式（13-6），即可得到

$$J_z\alpha = J_z\dot{\omega} = J_z\ddot{\varphi} = \sum M_z(\boldsymbol{F}_i) \tag{13-7}$$

式（13-7）称为**刚体绕定轴转动微分方程**。它表明：**刚体绕定轴转动时，刚体对转轴的转动惯量与角加速度的乘积等于作用于刚体上所有外力对转轴的矩的代数和。**

二、转动惯量

1. 转动惯量的定义

由式（13-7）可知，刚体对轴 z 的转动惯量是对刚体绕轴 z 转动惯性的量度。它的定义已在本章第一节中介绍，为

$$J_z = \sum(m_i r_i^2) \tag{13-8}$$

由式（13-8）可见，转动惯量恒为正值，其大小不仅与刚体的质量大小和质量分布有关，还与轴 z 的位置有关。在国际单位制中，转动惯量的单位为 kg·m^2（千克·米^2）。

当刚体的质量连续分布时，转动惯量的定义式可写成积分形式，即

$$J_z = \int r^2\mathrm{d}m \tag{13-9}$$

2. 简单形状的匀质物体的转动惯量

下面以例题的形式，计算几种简单形状的匀质物体的转动惯量。

【例 13-5】 长为 l、质量为 m 的匀质细长杆，如图 13-7 所示，试求其对通过杆端且与杆垂直的轴 z 的转动惯量。

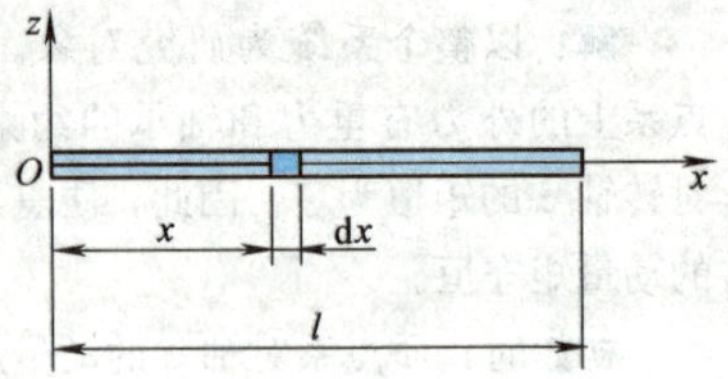

图 13-7

解： 沿杆长任取一微段 dx（见图 13-7），其质量 $\mathrm{d}m = \frac{m}{l}\mathrm{d}x$，由式（13-9），得杆件对轴 z 的转动惯量

$$J_z = \int x^2\mathrm{d}m = \int_0^l x^2\frac{m}{l}\mathrm{d}x = \frac{1}{3}ml^2$$

【例 13-6】 半径为 R、质量为 m 的匀质圆盘，如图 13-8 所示，试求其对过圆心 O 且与盘面垂直的轴 z 的转动惯量。

解： 在圆盘上取一半径为 r、宽度为 $\mathrm{d}r$ 的薄圆环（见图 13-8），其质量 $\mathrm{d}m=\dfrac{m}{\pi R^2}2\pi r\,\mathrm{d}r$，根据式（13-9），得圆盘对轴 z 的转动惯量

$$J_z=\int r^2\,\mathrm{d}m=\int_0^R\frac{2m}{R^2}r^3\,\mathrm{d}r=\frac{1}{2}mR^2$$

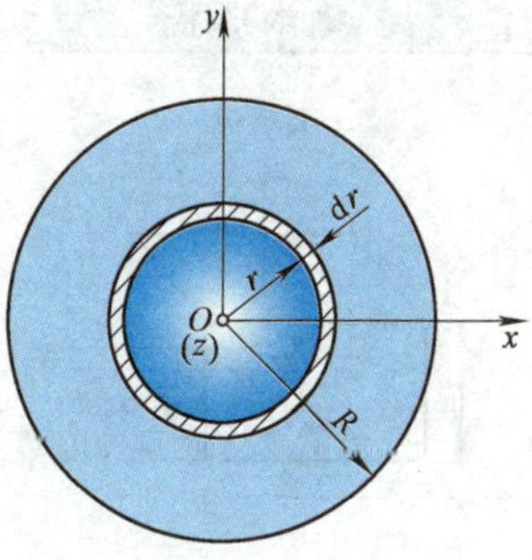

图　13-8

简单形状的匀质物体的转动惯量可从有关手册中查到。表 13-1 中列出了一些，以供参考。在查阅转动惯量时，应特别注意所对应的坐标轴。

3. 回转半径（或惯性半径）

定义

$$\rho_z=\sqrt{\frac{J_z}{m}} \tag{13-10}$$

为刚体对轴 z 的**回转半径**（或惯性半径）。

在引入回转半径后，转动惯量即可表示为

$$J_z=m\rho_z^2 \tag{13-11}$$

即**转动惯量等于质量与回转半径平方的乘积。**

表 13-1 中同时列出了简单形状的匀质物体的回转半径。

表 13-1　简单形状的匀质物体的转动惯量与回转半径

物体形状	转动惯量	回转半径
细长杆 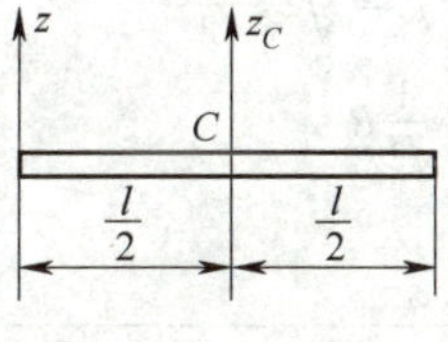	$J_{zC}=\dfrac{1}{12}ml^2$ $J_z=\dfrac{1}{3}ml^2$	$\rho_{zC}=\dfrac{1}{2\sqrt{3}}l=0.289l$ $\rho_z=\dfrac{1}{\sqrt{3}}l=0.577l$
矩形薄板 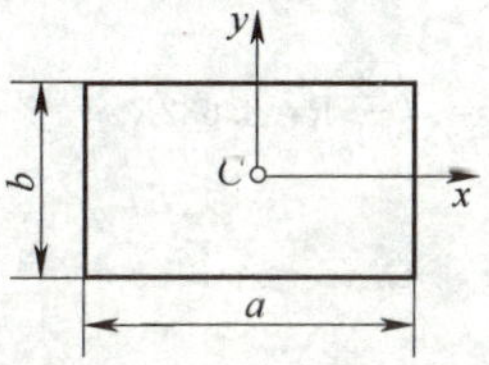	$J_x=\dfrac{1}{12}mb^2$ $J_y=\dfrac{1}{12}ma^2$ $J_z=\dfrac{1}{12}m(a^2+b^2)$ （轴 z 通过质心 C 且垂直于薄板平面）	$\rho_x=\dfrac{1}{2\sqrt{3}}b=0.289b$ $\rho_y=\dfrac{1}{2\sqrt{3}}a=0.289a$ $\rho_z=\dfrac{1}{2\sqrt{3}}\sqrt{a^2+b^2}$ $=0.289\sqrt{a^2+b^2}$

（续）

物体形状	转动惯量	回转半径
长方体 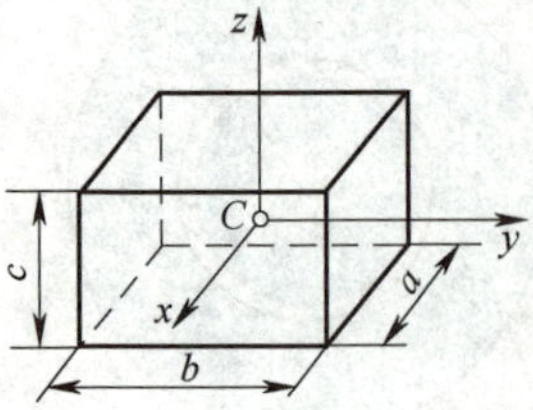	$J_x=\frac{1}{12}m(b^2+c^2)$ $J_y=\frac{1}{12}m(c^2+a^2)$ $J_z=\frac{1}{12}m(a^2+b^2)$	$\rho_x=\sqrt{\frac{b^2+c^2}{12}}$ $\rho_y=\sqrt{\frac{c^2+a^2}{12}}$ $\rho_z=\sqrt{\frac{a^2+b^2}{12}}$
细圆环 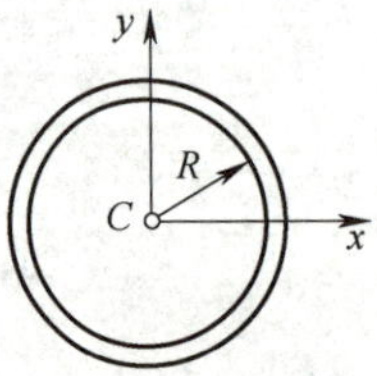	$J_x=J_y=\frac{1}{2}mR^2$ $J_z=mR^2$ （轴 z 通过质心 C 且垂直于圆环平面）	$\rho_x=\rho_y=\frac{1}{\sqrt{2}}R$ $\rho_z=R$
薄圆板 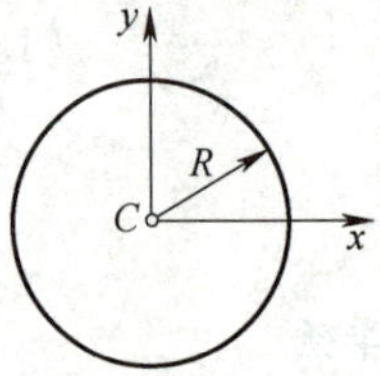	$J_x=J_y=\frac{1}{4}mR^2$ $J_z=\frac{1}{2}mR^2$ （轴 z 通过质心 C 且垂直于圆板平面）	$\rho_x=\rho_y=\frac{1}{2}R$ $\rho_z=\frac{1}{\sqrt{2}}R$
圆柱 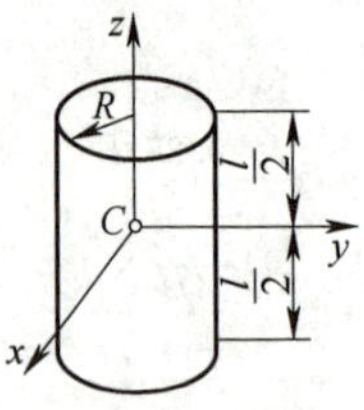	$J_x=J_y=\frac{1}{12}m(l^2+3R^2)$ $J_z=\frac{1}{2}mR^2$	$\rho_x=\rho_y=\sqrt{\frac{l^2+3R^2}{12}}$ $\rho_z=\frac{1}{\sqrt{2}}R$
实心球 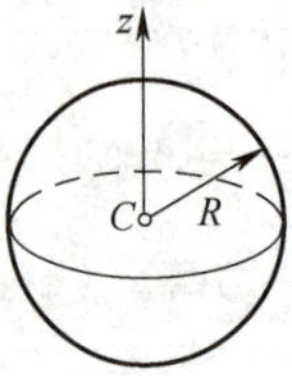	$J_z=\frac{2}{5}mR^2$	$\rho_z=\sqrt{\frac{2}{5}}R=0.632R$

（续）

物体形状	转动惯量	回转半径
圆锥体 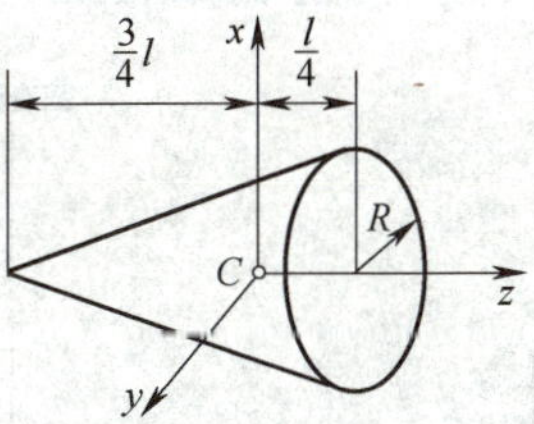	$J_x=J_y=\frac{3}{80}m(4R^2+l^2)$ $J_z=\frac{3}{10}mR^2$	$\rho_x=\rho_y=\sqrt{\frac{3}{80}(4R^2+l^2)}$ $\rho_z=\sqrt{\frac{3}{10}}R=0.548R$

4. 平行移轴公式

可以证明：**刚体对任一轴的转动惯量，等于刚体对与该轴平行的质心轴的转动惯量，再加上刚体的质量与两轴间距离平方的乘积**，即

$$J_z=J_{z_C}+md^2 \tag{13-12}$$

式中，z_C 为质心轴；z 为与质心轴 z_C 平行的任一轴；d 为两轴间的距离。该式称为**转动惯量的平行移轴公式**。

【例 13-7】 质量为 m、长为 l 的匀质杆如图 13-9 所示，试求杆对质心轴 z_C 的转动惯量。

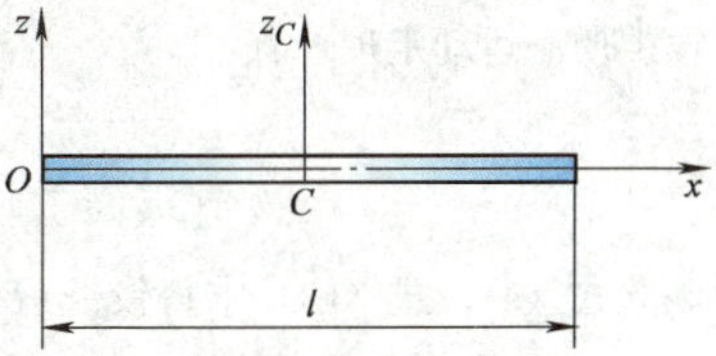

图　13-9

解： 由例 13-5 知，$J_z=\frac{1}{3}ml^2$，根据平行移轴公式（13-12），即得

$$J_{z_C}=J_z-md^2=\frac{1}{3}ml^2-m\left(\frac{l}{2}\right)^2=\frac{1}{12}ml^2$$

【例 13-8】 如图 13-10 所示，复摆由匀质细杆和匀质圆盘固连而成。已知杆的质量为 m_1、长为 l，圆盘的质量为 m_2、直径为 d，在图示位置，复摆的角速度为 ω。试求复摆对轴 O 的动量矩。

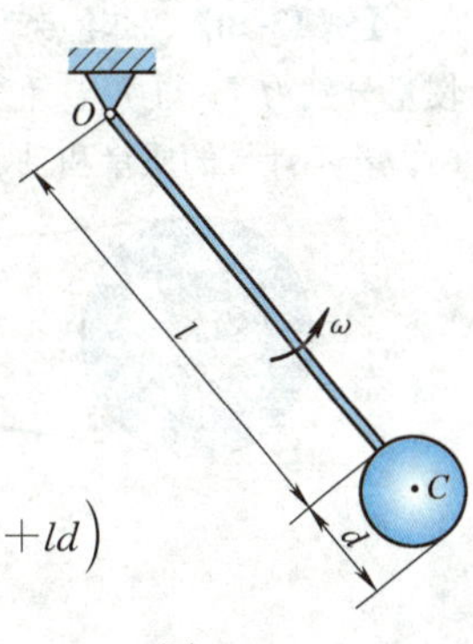

图　13-10

解： 匀质细杆对轴 O 的转动惯量

$$J_O^{\mathrm{I}}=\frac{1}{3}m_1l^2$$

匀质圆盘对轴 O 的转动惯量利用平行移轴公式计算，得到

$$J_O^{\mathrm{II}}=J_C^{\mathrm{II}}+m_2\left(l+\frac{d}{2}\right)^2=\frac{1}{2}m_2\left(\frac{d}{2}\right)^2+m_2\left(l+\frac{d}{2}\right)^2=m_2\left(\frac{3}{8}d^2+l^2+ld\right)$$

于是，整个复摆对轴 O 的转动惯量为

$$J_O=J_O^{\mathrm{I}}+J_O^{\mathrm{II}}=\frac{1}{3}m_1l^2+m_2\left(\frac{3}{8}d^2+l^2+ld\right)$$

由式（13-3），得复摆对轴 O 的动量矩为

$$L_O=J_O\omega=\left[\frac{1}{3}m_1l^2+m_2\left(\frac{3}{8}d^2+l^2+ld\right)\right]\omega$$

【例 13-9】 如图 13-11 所示，水平匀质杆 AO 长为 l，质量为 m，其 O 端用铰链支承，A 端用细绳悬挂。试求细绳突然断裂瞬时，铰链 O 处的约束力。

典型例题
17: 例 13-9

解： 细绳断裂，杆受重力 $m\boldsymbol{g}$ 与铰链 O 处的约束力 $\boldsymbol{F}_{Ox}$、$\boldsymbol{F}_{Oy}$ 作用，受力图如图 13-11 所示。

细绳断裂后，杆 AO 绕定轴 O 转动，在断裂瞬时，其角速度 ω 为零。

由刚体绕定轴转动微分方程，有

$$\frac{1}{3}ml^2(-\alpha)=-mg\frac{l}{2}$$

得细绳断裂瞬时杆 AO 的角加速度

$$\alpha=\frac{3g}{2l}$$

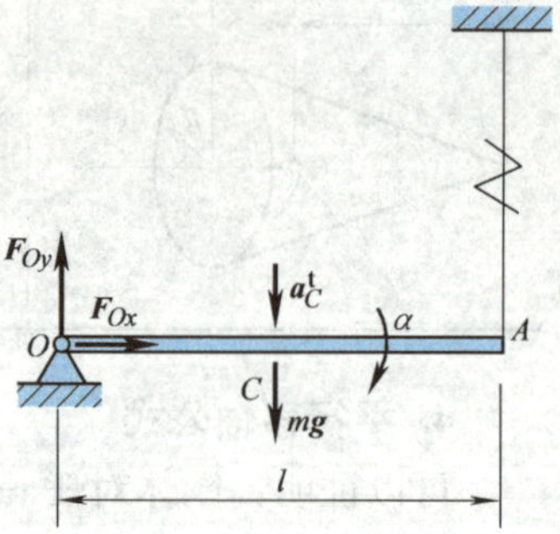

图 13-11

在此瞬时，杆质心 C 的加速度

$$\left.\begin{aligned}a_C^n&=\frac{l}{2}\omega^2=0\\a_C^t&=\frac{l}{2}\alpha=\frac{3}{4}g\end{aligned}\right\}\tag{a}$$

根据质心运动定理，有

$$\left.\begin{aligned}ma_C^n&=-F_{Ox}\\ma_C^t&=mg-F_{Oy}\end{aligned}\right\}\tag{b}$$

联立式 (a)、式 (b)，求得铰链 O 处的约束力为

$$F_{Ox}=0,\quad F_{Oy}=\frac{1}{4}mg$$

【例 13-10】 带轮传动装置如图 13-12a 所示，主动轮 O_1 与从动轮 O_2 对各自转轴的转动惯量分别为 J_1 与 J_2，重分别为 $\boldsymbol{P}_1$ 与 $\boldsymbol{P}_2$，半径分别为 r_1 和 r_2。主动轮 O_1 上作用一力偶矩 M。若不计带的质量和轴承摩擦，试求主动轮与从动轮的角加速度。

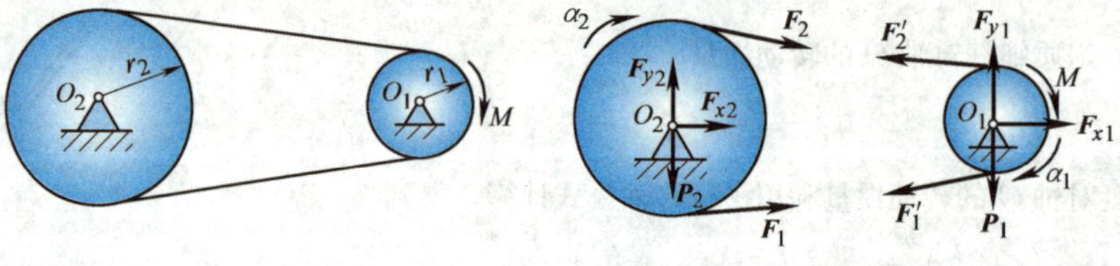

a) b)

图 13-12

解： 分别选取主动轮、从动轮为研究对象，其受力分析和运动分析如图 13-12b 所示。由刚体绕定轴转动微分方程，分别有

$$J_1\alpha_1=M+(F_1'-F_2')r_1$$

$$J_2\alpha_2=(F_2-F_1)r_2$$

其中，$\alpha_1 r_1=\alpha_2 r_2$、$F_1=F_1'$、$F_2=F_2'$，代入上述方程，解得主动轮与从动轮的角加速度分别为

$$\alpha_1=\frac{Mr_2^2}{J_1 r_2^2+J_2 r_1^2}$$

$$\alpha_2=\frac{Mr_1 r_2}{J_1 r_2^2+J_2 r_1^2}$$

第四节 刚体平面运动微分方程

可以证明，若平面运动刚体具有质量对称平面，且其运动平面与该质量对称平面平行，则有

$$J_C\alpha=J_C\dot{\omega}=J_C\ddot{\varphi}=\sum M_C(\boldsymbol{F}_i) \tag{13-13}$$

式中，轴 C 为垂直于运动平面的质心轴。

将式（13-13）与质心运动定理联立，有

$$\left.\begin{aligned}m\boldsymbol{a}_C=m\frac{\mathrm{d}\boldsymbol{v}_C}{\mathrm{d}t}=m\frac{\mathrm{d}^2\boldsymbol{r}_C}{\mathrm{d}t^2}=\sum\boldsymbol{F}_i\\ J_C\alpha=J_C\dot{\omega}=J_C\ddot{\varphi}=\sum M_C(\boldsymbol{F}_i)\end{aligned}\right\} \tag{13-14}$$

式（13-14）称为**刚体的平面运动微分方程**。在实际应用时，前一式可取投影形式。例如，其直角坐标形式的投影式为

$$\left.\begin{aligned}ma_{Cx}=m\dot{v}_{Cx}=m\ddot{x}_C=\sum F_{ix}\\ ma_{Cy}=m\dot{v}_{Cy}=m\ddot{y}_C=\sum F_{iy}\\ J_C\alpha=J_C\dot{\omega}=J_C\ddot{\varphi}=\sum M_C(\boldsymbol{F}_i)\end{aligned}\right\} \tag{13-15}$$

利用刚体的平面运动微分方程，可方便求解平面运动刚体的动力学问题。

【例 13-11】 如图 13-13 所示，半径为 r、质量为 m 的匀质圆轮在常力偶矩 M 的作用下沿平直路面做纯滚动。轮与路面间的静摩擦因数为 f_s。试求轮心 C 的加速度以及轮受到的实际摩擦力。

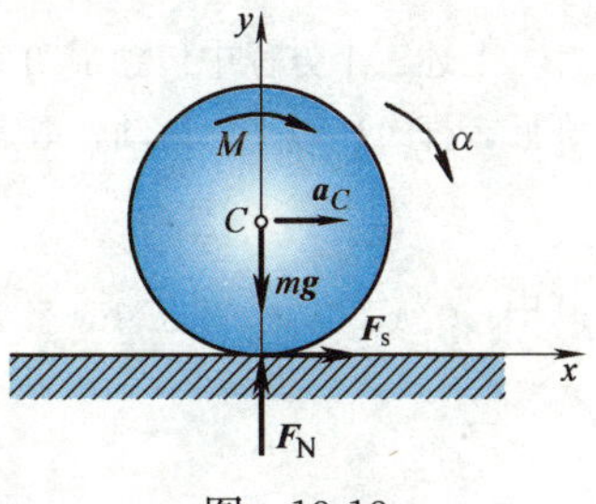

图 13-13

解： 轮的受力分析与运动分析如图 13-13 所示。由于轮做纯滚动，因此 $a_C=\alpha r$，轮所受的摩擦力 $\boldsymbol{F}_s$ 为静摩擦力。取图示直角坐标系，根据刚体的平面运动微分方程，有

$$\left.\begin{aligned}ma_{Cx}=F_s\\ ma_{Cy}=F_N-mg\\ \frac{1}{2}mr^2\alpha=M-F_s r\end{aligned}\right\}$$

将 $a_{Cx}=a_C=\alpha r$、$a_{Cy}=0$ 代入上式，联立解之，得轮心 C 的加速度以及轮受到的实际摩擦力

分别为

$$a_C=\frac{2M}{3mr},\quad F_s=\frac{2M}{3r}$$

讨论：轮做纯滚动时，轮所受摩擦力为静摩擦力，故由 $F_s \leqslant F_{s\max}=f_s F_N=f_s mg$，可得该圆轮做纯滚动的条件为

$$M \leqslant \frac{3}{2} f_s mgr$$

【例 13-12】 如图 13-14a 所示，已知匀质杆 AB 长为 l，质量为 m。若不计滑块 A 质量和滑槽摩擦，试求当绳子 BO 断裂瞬间滑槽的约束力以及杆 AB 的角加速度。

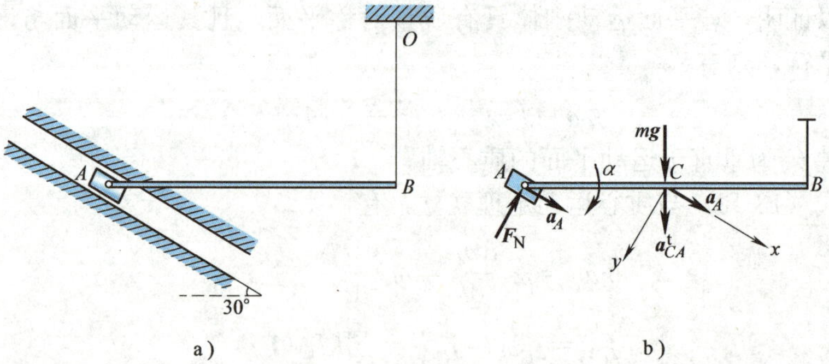

图 13-14

解：选取杆 AB（含滑块 A）为研究对象。在绳断裂瞬间，杆 AB 的角速度为零，其受力分析和运动分析如图 13-14b 所示。

建立图示直角坐标系，根据刚体的平面运动微分方程，有

$$\left.\begin{aligned} ma_{Cx}&=mg\sin 30^\circ \\ ma_{Cy}&=mg\cos 30^\circ-F_N \\ \frac{1}{12}ml^2\alpha&=F_N\,\frac{l}{2}\cos 30^\circ \end{aligned}\right\} \tag{a}$$

上述三个方程中包含了四个未知量，不可解，需要根据运动学知识建立补充方程。绳断裂后，杆 AB 做平面运动，取点 A 为基点，由基点法，质心 C 的加速度

$$\boldsymbol{a}_C=\boldsymbol{a}_A+\boldsymbol{a}_{CA}^{t}+\boldsymbol{a}_{CA}^{n} \tag{b}$$

其中，$a_{CA}^{n}=\frac{l}{2}\omega^2=0$、$a_{CA}^{t}=\frac{l}{2}\alpha$。将式（b）两边向 y 轴投影，有

$$a_{Cy}=\frac{l}{2}\alpha\cos 30^\circ \tag{c}$$

联立式（a）与式（c），解得当绳子 BO 断裂瞬间，滑槽的约束力以及杆 AB 的角加速度分别为

$$F_N=\frac{2\sqrt{3}}{13}mg,\quad \alpha=\frac{18g}{13l}$$

【例 13-13】 如图 13-15a 所示，匀质圆柱体 A 和 B 的质量均为 m，半径均为 r，绳的一端缠在绕定轴 O 转动的圆柱体 A 上，另一端绕在圆柱体 B 上。不计摩擦，(1) 求圆柱体 B 下落时其质心 C 的加速度；(2) 若在圆柱体 A 上作用一逆时针转向、矩为 M 的力偶，问在什么条件下圆柱体 B 的质心加速度将向上。

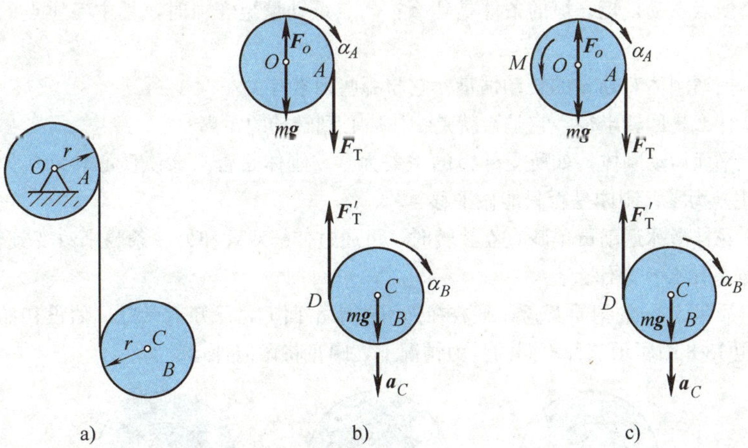

图　13-15

解： 分别选取圆柱体 A 和 B 为研究对象，受力分析与运动分析如图 13-15b 所示。

对圆柱体 A 运用刚体的绕定轴转动微分方程，有

$$J_A\alpha_A = F_T r \tag{a}$$

对圆柱体 B 运用刚体的平面运动微分方程，有

$$\left.\begin{aligned} ma_C &= mg - F'_T \\ J_B\alpha_B &= F'_T r \end{aligned}\right\} \tag{b}$$

式中，$F_T = F'_T$，$J_B = J_A = \frac{1}{2}mr^2$。式 (a)、(b) 中共含有 4 个未知量，需要补充方程。

圆柱体 B 做平面运动，由基点法，得其质心 C 的加速度

$$a_C = a_D^t + a_{CD}^t = r\alpha_A + r\alpha_B \tag{c}$$

联立式 (a)、(b) 和 (c)，解得圆柱体 B 的质心 C 的加速度

$$a_C = \frac{4}{5}g$$

若在圆柱体 A 上作用一逆时针转向、矩为 M 的力偶（见图 13-15c），则式 (a) 成为

$$\frac{1}{2}mr^2\alpha_A = -M + F_T r \tag{d}$$

联立式 (d)、(b) 和 (c)，解得此时圆柱体 B 的质心加速度

$$a_C = \frac{-2M + 4mgr}{5mr}$$

令 $a_C < 0$，即得使圆柱体 B 的质心加速度向上的条件为

$$M > 2mgr$$

复习思考题

13-1 质点对某轴的动量矩是如何定义的？试比较力矩和动量矩的异同。

13-2 内力能否改变质点系的动量矩？

13-3 质点系动量矩守恒的条件是什么？质点系动量矩守恒时，其中各质点的动量矩是否也守恒？

13-4 何谓刚体对轴 z 的转动惯量？它与哪些因素有关？

13-5 什么是回转半径？它是否就是物体质心到转轴的距离？

13-6 平面运动刚体，如所受外力的主矢为零，刚体是否只能绕质心转动？如所受外力对质心的主矩为零，刚体是否只能做平移？

13-7 花样滑冰运动员单腿直立旋转时，可通过伸缩双臂和另一条腿来改变旋转的速度。其理论依据是什么？为什么？

13-8 质量为 m 的匀质圆盘，平放在光滑的水平面上，已知 $R=2r$。假设初始静止，试问在思考题13-8图所示三种不同的受力情况下，圆盘将做何种运动？

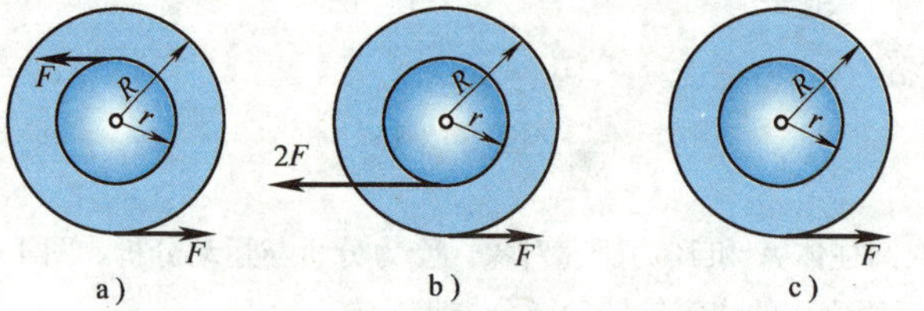

思考题13-8图

13-9 如思考题13-9图所示，在铅垂面内，匀质杆 AO 可绕水平轴 O 自由转动，匀质圆盘可绕其质心轴 A 自由转动。如 AO 水平时，系统静止，试问自由释放后圆盘将做何种运动？

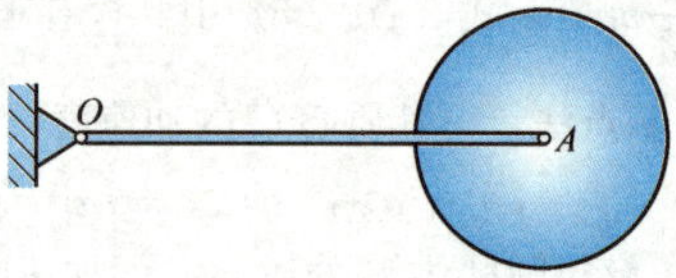

思考题13-9图

习题

13-1 质量为 m 的质点在 Oxy 坐标平面内运动，已知其运动方程为 $\left.\begin{matrix} x=a\cos\omega t \\ y=b\sin2\omega t \end{matrix}\right\}$，其中 a、b、ω 均为常数。试求该质点对坐标原点 O 的动量矩。

13-2 试求习题13-2图所示质量均为 m 的各匀质物体对其转轴 O 的动量矩。

13-3　如习题13-3图所示，两小球C、D的质量均为m，用长为$2l$、质量为$2m$的匀质杆连接。杆的中点固定在转轴AB上，CD与AB的夹角为θ。已知转轴AB以角速度ω转动，试求系统对转轴AB的动量矩。

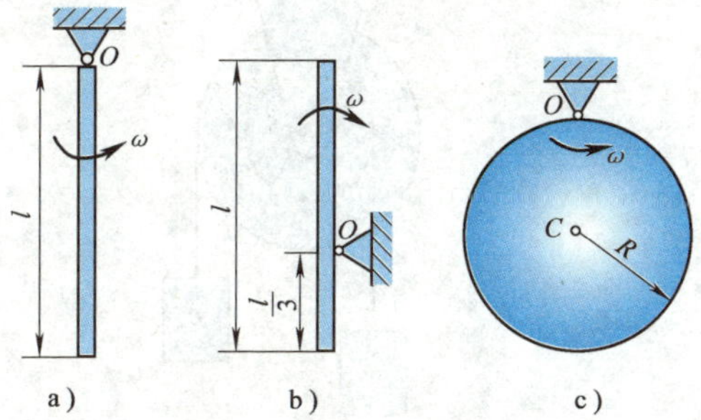

习题13-2图

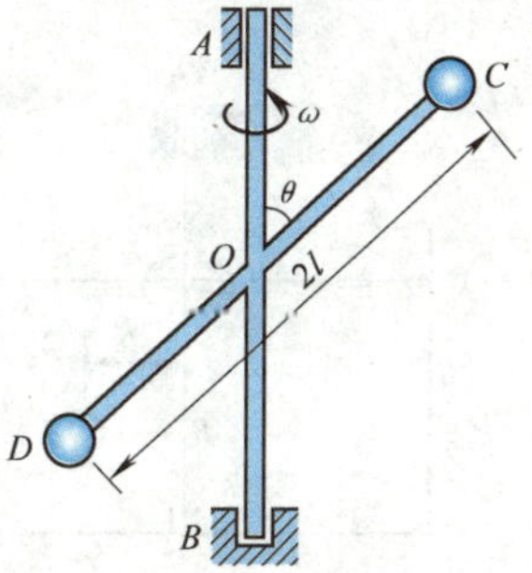

习题13-3图

13-4　如习题13-4图所示，质量为m、半径为R的偏心轮沿平直路面运动。轮圆心为A，质心为C，偏心距$CA=e$，轮对圆心A的转动惯量为J_A。在图示位置，C、A、B三点在同一铅垂线上。(1) 当轮子只滚不滑时，若已知圆心A的速度$\boldsymbol{v}_A$，试求偏心轮的动量和对地面上B点的动量矩。(2) 当轮子又滚又滑时，若已知$\boldsymbol{v}_A$、ω，试求偏心轮的动量和对地面上B点的动量矩。

13-5　如习题13-5图所示，已知定滑轮A的质量为m_1、半径为R_1、对质心O的转动惯量为J_1；动滑轮B的质量为m_2、半径为R_2、对质心O'的转动惯量为J_2；物体C的质量为m_3、速度为$\boldsymbol{v}_3$。若$R_1=2R_2$，并假设绳与轮之间不打滑，试求系统对定轴O的动量矩。

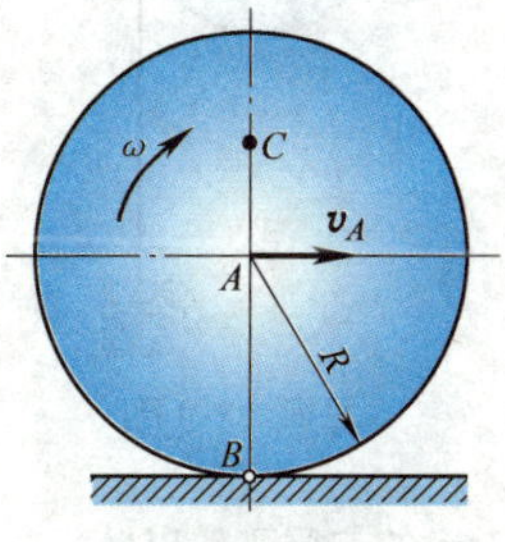

习题13-4图

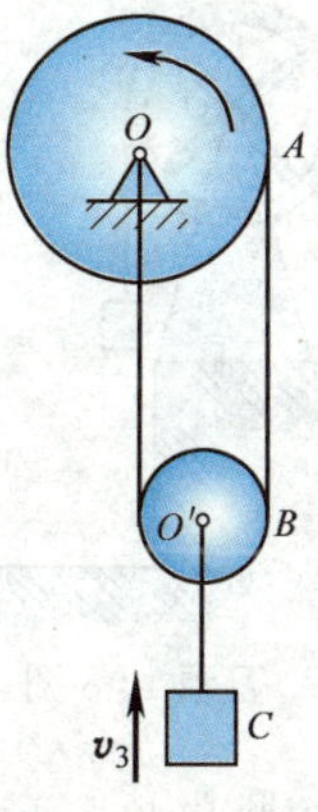

习题13-5图

13-6　如习题13-6图所示，质量为m的小球A，固连在长为l的无重杆AB上，并放在盛有液体的容器中。当杆AB以角速度ω绕O_1O_2轴旋转时，小球受到与速度反向的液体阻力$F=km\omega$的作用，其中k为比例常数。设杆AB的初角速度为ω_0，试问经过多长时间，角速度ω变为初角速度ω_0的一半？

13-7 如习题 13-7 图所示，已知重物 A、B 的质量各为 m_1、m_2，鼓轮由两个半径分别为 r_1、r_2 的圆轮固结而成，其质量为 m_3，对轴 O 的回转半径为 ρ。若鼓轮的质心位于转轴 O 处，并设 $m_1r_1>m_2r_2$，试求鼓轮的角加速度。

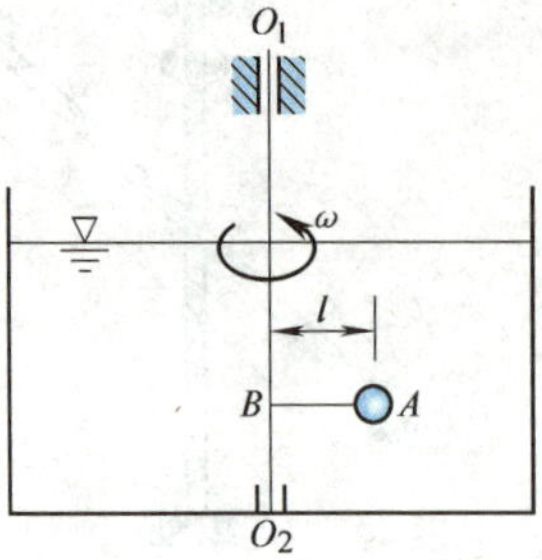

习题 13-6 图

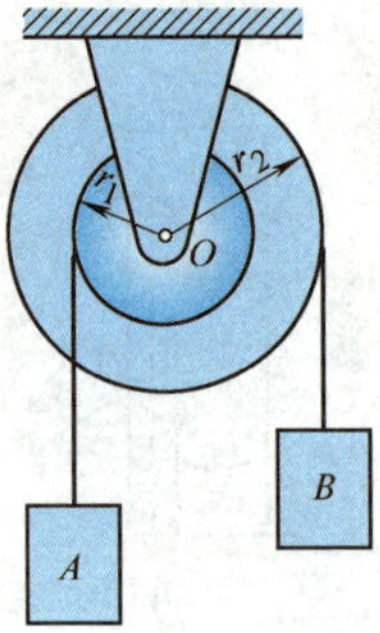

习题 13-7 图

13-8 如习题 13-8 图所示，为求半径 $R=0.5\ \mathrm{m}$ 的飞轮对质心轴 O 的转动惯量，在飞轮上绕以细绳，绳的末端系一质量 $m_1=8\ \mathrm{kg}$ 的重锤。当重锤自高度 $h=2\ \mathrm{m}$ 处落下时，测得落下时间 $t_1=16\ \mathrm{s}$。为消去轴承摩擦的影响，再用质量 $m_2=4\ \mathrm{kg}$ 的重锤做第二次试验，测得此重锤自同一高度落下的时间 $t_2=25\ \mathrm{s}$。假定轴承的摩擦力矩不变，试求飞轮对质心轴 O 的转动惯量。

13-9 如习题 13-9 图所示，质量为 m_1、半径为 r 的匀质滑轮可绕质心轴 O 转动，滑轮上绕一细绳，绳的一端悬挂一质量为 m_2 的重物 A，滑轮上作用一常力偶矩 M。设 $M>m_2gr$，试求重物 A 上升的加速度。

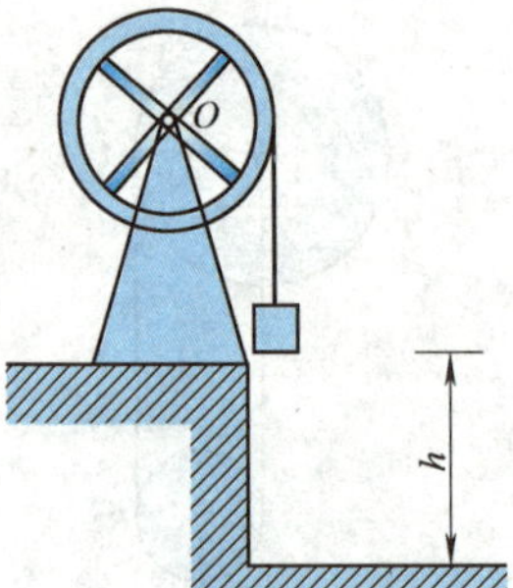

习题 13-8 图

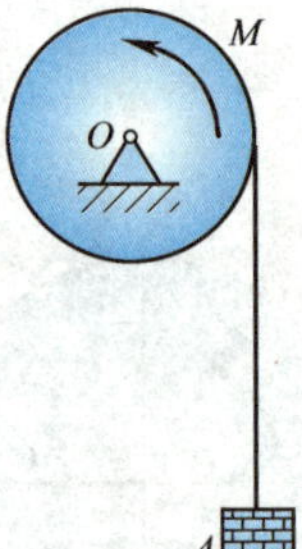

习题 13-9 图

13-10 如习题 13-10 图所示，质量为 100 kg、半径为 1 m 的匀质飞轮以转速 $n=120\ \mathrm{r/min}$ 绕质心轴 O 转动。设有一常力 $\boldsymbol{F}$ 作用于制动杆，使飞轮历时 10 s 停止转动。已知制动杆与飞轮间的摩擦因数 $f=0.1$，试确定力 $\boldsymbol{F}$ 的大小。

13-11 习题 13-11 图所示装置，质量为 m 的匀质杆 AB 可在质量为 m' 的匀质管 DE 内自由滑动，DE 管绕铅直轴 z 转动。已知 $AB=DE=l$，当运动初始时，杆 AB 与管 DE 重合，角速度为 ω_0。若不计各处摩擦，试求杆 AB 伸出一半时此装置的角速度。

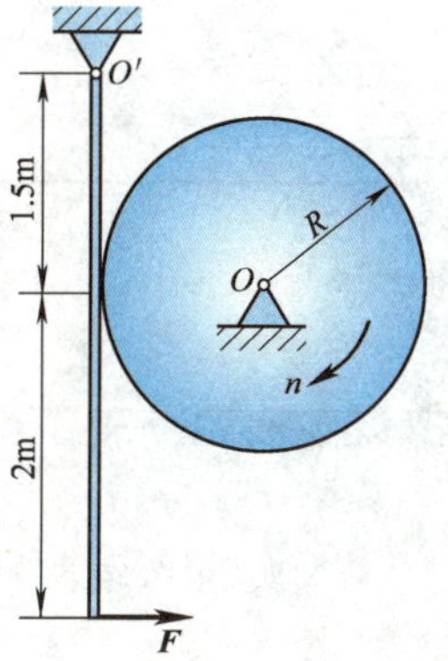

习题 13-10 图

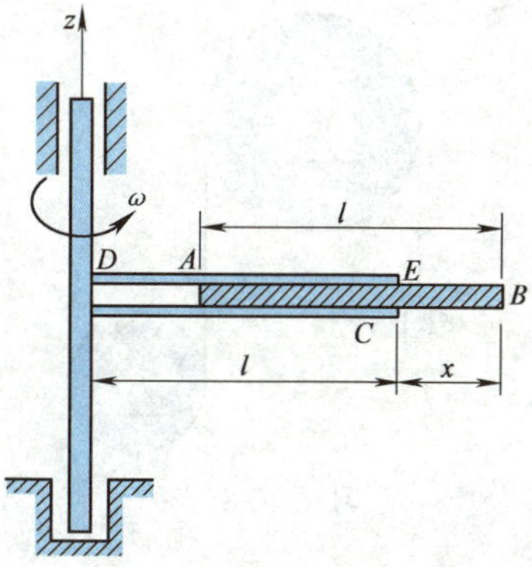

习题 13-11 图

13-12　试求习题 13-12 图所示质量为 m、高为 h 的匀质三角形薄板 OAB 对底边的转动惯量。

13-13　如习题 13-13 图所示，匀质圆轮 A 质量为 m_1，半径为 r_1，以角速度 ω 绕其中心 A 转动。现将轮 A 放置在质量为 m_2、半径为 r_2 的另一匀质圆轮 B 上，轮 B 原为静止，但可绕其中心 B 自由转动。放置后，轮 A 的重量由轮 B 支撑。已知两轮间的摩擦因数为 f。若不计轴承摩擦和杆 AO 重量，试问经过多长时间两轮间没有相对滑动？

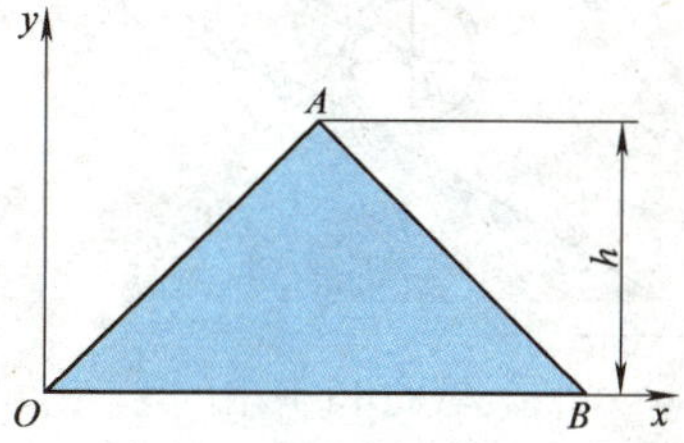

习题 13-12 图

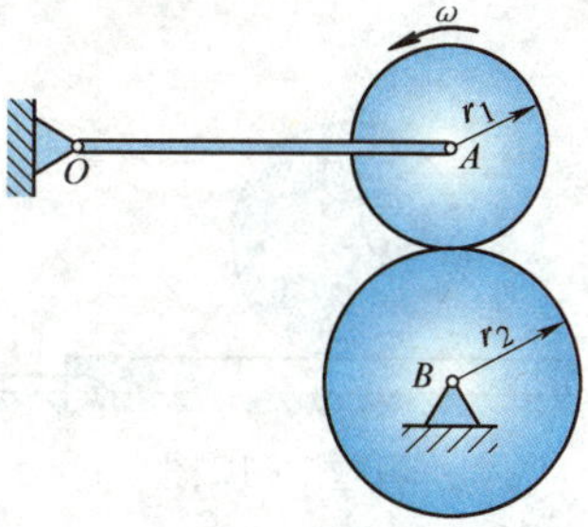

习题 13-13 图

13-14　如习题 13-14 图所示，两根质量均为 8 kg、长度 l 均为 0.5 m 的匀质细杆 AO 和 BD 固连成 T 形，可绕水平轴 O 在铅垂平面内转动。当 AO 处于水平位置时，T 形杆的角速度 $\omega=4$ rad/s，试求该瞬时轴 O 处的约束力。

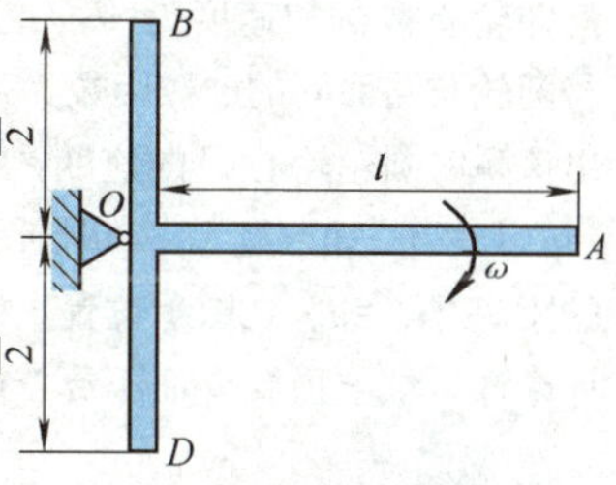

习题 13-14 图

13-15　卷扬机如习题 13-15 图所示，已知轮 B、轮 C 的半径分别为 R、r，对各自水平转轴 B、C 的转动惯量分别为 J_1、J_2。重物 A 的质量为 m。在轮 C 上作用一驱动力偶矩 M。假设绳与轮之间不打滑，试求重物 A 上升的加速度。

典型例题
18: 习题 13 16

13-16　如习题 13-16 图所示，物块 A 的质量为 m_1，系在细绳上。绳跨过一质量不计的定滑轮 D，并绕在半径为 r 的轮 B 上。轮 B 又与半径为 R 的轮 E 固结在一起，总质量为 m_2，对水平质心轴 O 的回转半径为 ρ。由于物块 A 下降，带动轮 E 沿平直轨道做纯滚动，试求物块 A 的加速度。

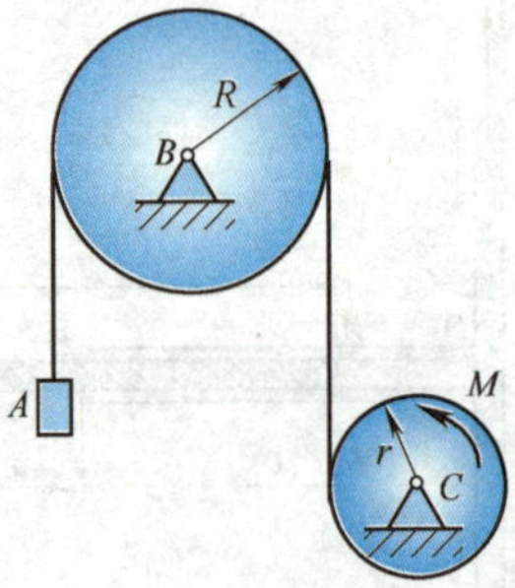

习题 13-15 图

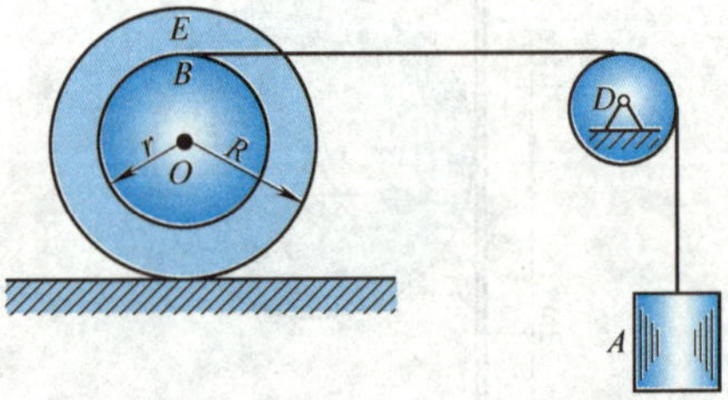

习题 13-16 图

13-17 如习题 13-17 图所示，平板的质量为 m_1，受水平力 $\boldsymbol{F}$ 的作用，沿水平路面运动。平板上放一半径为 R、质量为 m_2 的匀质圆盘，圆盘相对于平板只滚不滑。若平板与路面间的摩擦因数为 f，试求平板的加速度。

13-18 如习题 13-18 图所示，匀质实心圆柱体 A 和薄铁环 B 的质量均为 m，半径均为 r，两者用杆 AB 铰接，无滑动地沿倾角为 θ 的斜面滚下。若不计杆 AB 的质量，试求圆柱体 A 和薄铁环 B 的角加速度以及杆 AB 所受的力。

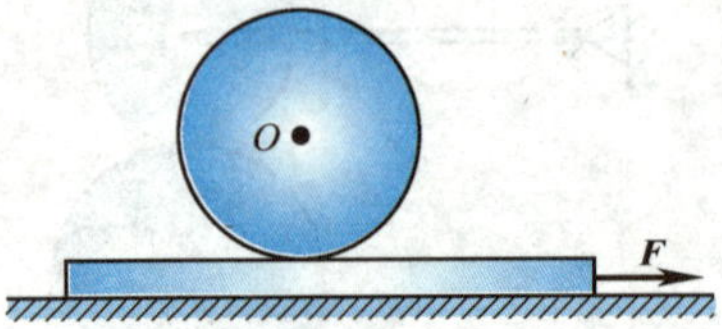

习题 13-17 图

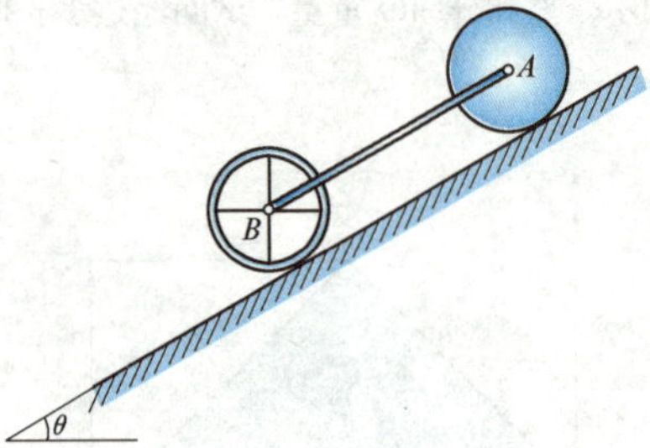

习题 13-18 图

13-19 如习题 13-19 图所示，半径为 r、质量为 m 的匀质圆轮沿粗糙的平直路面运动。已知轮心 C 的初速度为 $\boldsymbol{v}_0$，方向水平向右；初角速度为 ω_0，转向顺时针，假设 $v_0>r\omega_0$。若圆轮与路面间的摩擦因数为 f，试问经过多长时间，圆轮才能只滚不滑地向前运动？并求出该瞬时圆轮轮心 C 的速度。

13-20 如习题 13-20 图所示，匀质细长杆 AB 的质量为 m、长为 l，棱角 D 至杆质心 C 的距离 $CD=e$。在图示位置，杆与铅垂面间的夹角为 θ。此时将杆 AB 突然静止释放，若不计摩擦，试求释放瞬时杆质心 C 的加速度以及 D 处的约束力。

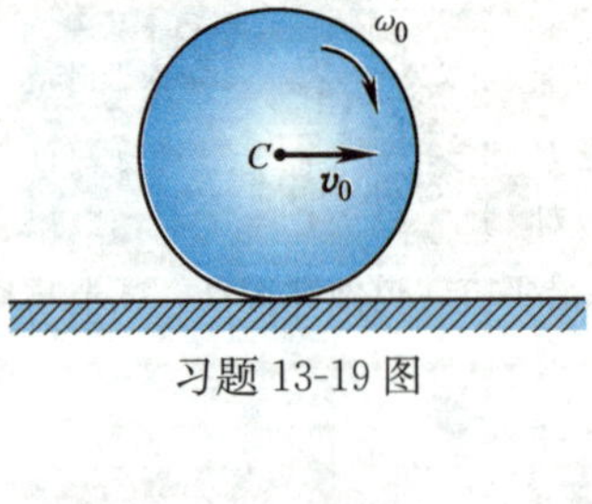

习题 13-19 图

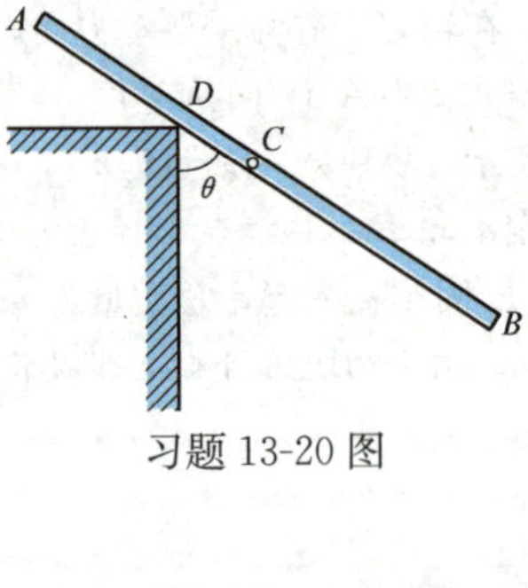

习题 13-20 图

第13章 知识要点、解题方法与难题解析

第十四章
动 能 定 理

动能定理是动力学的又一普遍定理。与动量定理和动量矩定理不同，动能定理是从能量的角度来分析和解决质点与质点系的动力学问题，这在有些场合更为方便和有效。

本章主要讨论动能定理及其应用，并对功率、功率方程以及机械效率做了简要介绍。

第一节　力 的 功

一、常力在直线运动中的功

设质点 M 在大小和方向都不变的常力 $\boldsymbol{F}$ 作用下，沿直线 M_1M_2 移动一段路程 s（见图 14-1），定义

$$W=Fs\cos\theta \tag{14-1}$$

为**力 $\boldsymbol{F}$ 在路程 s 上所做的功**。其中，θ 为力 $\boldsymbol{F}$ 与直线位移正方向之间的夹角。

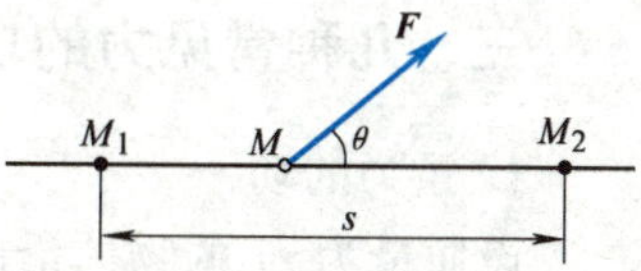

图　14-1

功是代数量，当 $0\leqslant\theta<\dfrac{\pi}{2}$ 时，力 $\boldsymbol{F}$ 做正功；当 $\dfrac{\pi}{2}<\theta\leqslant\pi$ 时，力 $\boldsymbol{F}$ 做负功；当 $\theta=\dfrac{\pi}{2}$ 时，力 $\boldsymbol{F}$ 不做功。

在国际单位制中，功的单位为 J（焦），1 J=1 N・m。

二、变力的功

设质点 M 在变力 $\boldsymbol{F}$ 的作用下做曲线运动，从位置 M_1 运动到位置 M_2，如

图14-2所示。为了计算变力 $\boldsymbol{F}$ 沿曲线由 M_1 移动到 M_2 所做的功，将曲线 $\widehat{M_1M_2}$ 分割成无限多个微段 $\widehat{MM'}=\mathrm{d}s$，微段 $\mathrm{d}s$ 可视为直线段，在微段 $\mathrm{d}s$ 上，变力 $\boldsymbol{F}$ 可视为常力。力 $\boldsymbol{F}$ 在微段 $\mathrm{d}s$ 上做的功称为**元功**，用 δW 表示。于是，根据式（14-1），变力 $\boldsymbol{F}$ 的元功

$$\delta W=F\cos\theta\,\mathrm{d}s \tag{14-2}$$

变力 $\boldsymbol{F}$ 在全路程上所做的功 W 等于元功 δW 的总和，对式（14-2）两边积分即有

$$W=\int_0^s F\cos\theta\,\mathrm{d}s \tag{14-3}$$

设 $\mathrm{d}\boldsymbol{r}$ 为微弧段 $\mathrm{d}s$ 所对应的位移，由于 $\mathrm{d}s=|\mathrm{d}\boldsymbol{r}|$，故式（14-2）可改写为

$$\delta W=\boldsymbol{F}\cdot\mathrm{d}\boldsymbol{r} \tag{14-4}$$

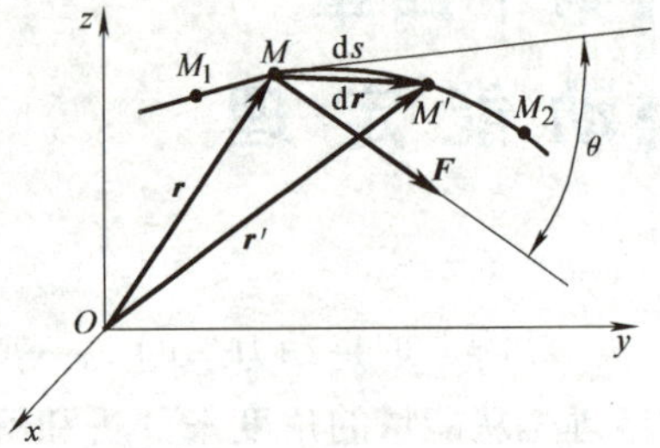

图 14-2

在直角坐标系 $Oxyz$ 中，力 $\boldsymbol{F}$、位移 $\mathrm{d}\boldsymbol{r}$ 可分别表达为

$$\boldsymbol{F}=F_x\boldsymbol{i}+F_y\boldsymbol{j}+F_z\boldsymbol{k}$$
$$\mathrm{d}\boldsymbol{r}=\mathrm{d}x\boldsymbol{i}+\mathrm{d}y\boldsymbol{j}+\mathrm{d}z\boldsymbol{k}$$

将上述两式代入式（14-4），则元功的表达式成为

$$\delta W=F_x\mathrm{d}x+F_y\mathrm{d}y+F_z\mathrm{d}z \tag{14-5}$$

于是，变力 $\boldsymbol{F}$ 在全路程上所做的功又可表为

$$W=\int_{M_1}^{M_2}(F_x\mathrm{d}x+F_y\mathrm{d}y+F_z\mathrm{d}z) \tag{14-6}$$

式中，F_x、F_y、F_z 分别为力 $\boldsymbol{F}$ 在三根直角坐标轴上的投影。

三、几种常见力的功

1. 重力的功

设质量为 m 的物体沿曲线从位置 M_1 运动到位置 M_2，如图14-3所示，则其重力在直角坐标轴上的投影

$$F_x=F_y=0,\quad F_z=-mg$$

代入式（14-6），即得重力的功为

$$W=\int_{z_1}^{z_2}(-mg)\mathrm{d}z=mg(z_1-z_2) \tag{14-7}$$

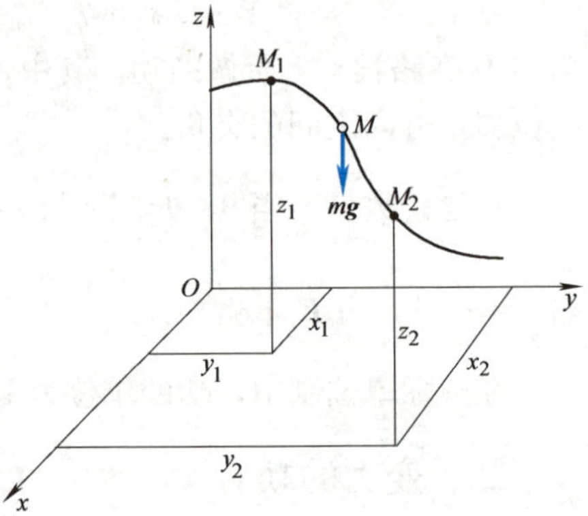

图 14-3

由此可见，重力功只与物体重心始末位置的高度差（z_1-z_2）有关，而与物体的运动路径无关。重心下降，重力做正

功；重心上升，重力做负功。

2. 弹性力的功

如图 14-4 所示，物体与自然长度为 l_0 的弹簧连接，以弹簧未变形时物体的自然位置为坐标原点 O 建立 x 轴，在弹簧的弹性极限内，弹性力 $\boldsymbol{F}$ 的大小与弹簧拉伸（压缩）的变形量 x 成正比，即 $F=kx$，其中，比例系数 k 称为弹簧的**刚度系数**。在国际单位制中，刚度系数 k 的单位为 N/m（牛/米）。弹性力 $\boldsymbol{F}$ 的方向总是指向未变形的自然位置。

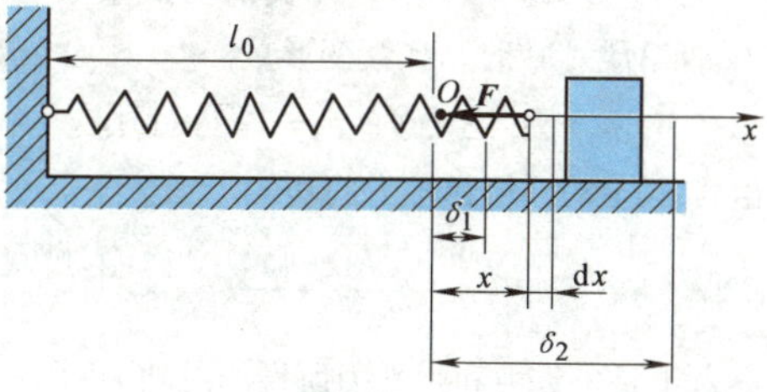

图　14-4

弹性力 $\boldsymbol{F}$ 在直角坐标轴上的投影

$$F_x=-kx,\quad F_y=F_z=0$$

代入式（14-6），即得弹性力的功

$$W=\int_{\delta_1}^{\delta_2}(-kx)\,\mathrm{d}x=\frac{1}{2}k(\delta_1^2-\delta_2^2) \tag{14-8}$$

式中，δ_1、δ_2 分别为弹簧的始、末变形量。式（14-8）表明，弹性力的功同样与运动路径无关，而只取决于弹簧的始、末变形量。

3. 绕定轴转动刚体上的力的功

如图 14-5 所示，刚体在力 $\boldsymbol{F}$ 作用下绕定轴 z 转动，由于 $\mathrm{d}s=r\mathrm{d}\varphi$，故根据式（14-3），力 $\boldsymbol{F}$ 在刚体从转角 φ_1 到 φ_2 的转动过程中所做的功为

$$W=\int_0^s F\cos\theta\,\mathrm{d}s=\int_{\varphi_1}^{\varphi_2}F\cos\theta r\,\mathrm{d}\varphi$$

其中，$F\cos\theta r=M_z$，为力 $\boldsymbol{F}$ 对转轴 z 的矩。于是，上式成为

$$W=\int_{\varphi_1}^{\varphi_2}M_z\,\mathrm{d}\varphi \tag{14-9}$$

若 $M_z=$常量，则有

$$W=M_z(\varphi_2-\varphi_1) \tag{14-10}$$

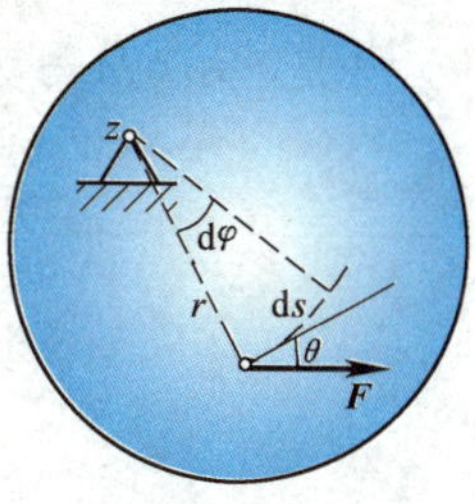

图　14-5

上述两式也可用来计算力偶的功。

【例 14-1】 两等长的杆 CA 和 CB 组成可变体系，如图 14-6 所示。A 处为固定铰支座，B 处为活动铰支座，两杆在 C 处铰链连接，并悬挂质量为 m 的重物 D。一刚度系数为 k 的弹簧连于两杆的中点，弹簧的自然长度 $l_0=\dfrac{CA}{2}=\dfrac{CB}{2}$。若不计两杆自重，试求当$\angle CAB$ 由60°变为30°时，重物 D 的重力和弹性力所做的总功。

解：（1）求重物 D 的重力的功

重物 D 下降的高度差

$$z_1-z_2=2l_0(\sin 60°-\sin 30°)=(\sqrt{3}-1)l_0$$

由式（14-7），得重力的功

$$W_1=mg(\sqrt{3}-1)l_0$$

（2）求弹性力的功

当$\angle CAB=60°$时，弹簧的变形量 $\delta_1=0$。

当$\angle CAB=30°$时，弹簧变形量

$$\delta_2=2l_0\cos 30°-l_0=(\sqrt{3}-1)l_0$$

由式（14-8），得弹性力的功

$$W_2=-\frac{(\sqrt{3}-1)^2}{2}kl_0^2$$

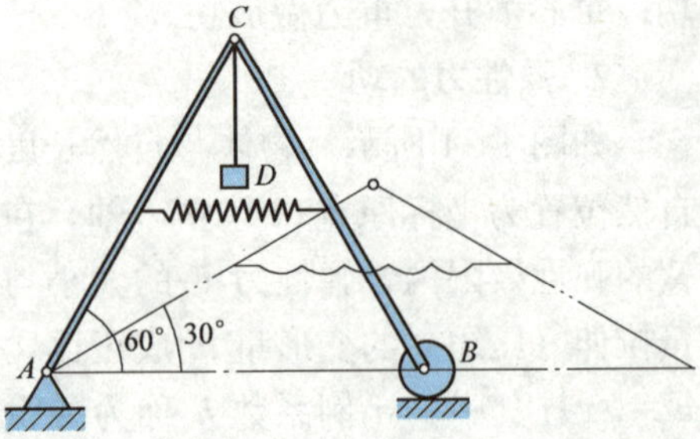

图 14-6

于是，重力和弹性力所做的总功为

$$W=W_1+W_2=mg(\sqrt{3}-1)l_0-\frac{(\sqrt{3}-1)^2}{2}kl_0^2$$

【例 14-2】 如图 14-7 所示，一细绳跨过半径 $r=0.5$ m 的滑轮，绳的两端吊有质量分别为 3 kg 和 2 kg 的两物块 A 和 B。在圆盘上作用一力偶，其力偶矩按 $M=4\varphi$ 的规律变化（M 以 N·m 计，φ 以 rad 计）。设绳与轮之间不打滑，试求转角 φ 由 0 到 2π 时，力偶 M 与物块 A、B 的重力所做的总功。

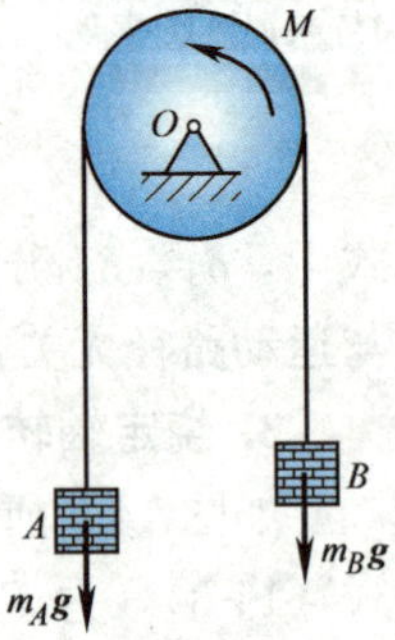

图 14-7

解： 重力的功由式（14-7）得

$$W_1=m_Ag\varphi r-m_Bg\varphi r=(3-2)\ \text{kg}\times 9.8\ \text{m/s}^2\times 2\pi\times 0.5\ \text{m}=9.8\pi\ \text{J}$$

力偶的功由式（14-9）得

$$W_2=\int_0^{2\pi}M\mathrm{d}\varphi=\int_0^{2\pi}4\varphi\mathrm{d}\varphi=8\pi^2\ \text{J}$$

于是，力偶 M 与物块 A、B 的重力所做的总功为

$$W=W_1+W_2=9.8\pi\ \text{J}+8\pi^2\ \text{J}=110\ \text{J}$$

第二节 动 能

一、质点的动能

设质点的质量为 m，速度大小为 v，则质点的动能定义为

$$\frac{1}{2}mv^2$$

动能是标量，恒为正值。在国际单位制中，动能的单位与功的单位相同，为 J（焦）。

动能表征了物体因为机械运动而具有的做功的本领，即能量，同时也是对物体机械运动强度的另一种度量。

二、质点系的动能

质点系的动能定义为质点系内所有质点的动能的和，记作 T，即

$$T=\sum\left(\frac{1}{2}m_iv_i^2\right) \tag{14-11}$$

其中，m_i 与 v_i 分别表示质点系中第 i 个质点的质量与速度。

三、平移刚体的动能

当刚体做平移时，每一瞬时刚体内各质点的速度都相同，记作 v，由式（14-11），得平移刚体的动能为

$$T=\sum\left(\frac{1}{2}m_iv_i^2\right)=\frac{1}{2}v^2\sum m_i=\frac{1}{2}mv^2 \tag{14-12}$$

式中，m 为刚体的质量。即**平移刚体的动能等于刚体的质量与平移速度平方乘积的一半**。

四、绕定轴转动刚体的动能

设刚体以角速度 ω 绕定轴 z 转动，则其上转动半径为 r_i 的质点的速度 $v_i=r_i\omega$。于是，由式（14-11），得绕定轴转动刚体的动能

$$T=\sum\left(\frac{1}{2}m_iv_i^2\right)=\frac{1}{2}\omega^2\sum(m_ir_i^2)=\frac{1}{2}J_z\omega^2 \tag{14-13}$$

式中，J_z 为刚体对转轴 z 的转动惯量。即**绕定轴转动刚体的动能等于刚体对转轴的转动惯量与角速度平方乘积的一半**。

五、平面运动刚体的动能

刚体做平面运动时，任一瞬时都可视为绕通过速度瞬心 P 并垂直于运动平面的轴的转动。因此，由式（14-13），得平面运动刚体的动能为

$$T=\frac{1}{2}J_P\omega^2 \tag{14-14}$$

式中，J_P 为刚体对瞬心轴 P 的转动惯量；ω 为刚体的角速度。即**平面运动刚体的动能等于刚体对瞬心轴的转动惯量与角速度平方乘积的一半**。

根据转动惯量的平行移轴公式

$$J_P=J_C+mb^2 \tag{$*$}$$

式中，J_C 为刚体对平行于瞬心轴 P 的质心轴 C 的转动惯量；m 为刚体的质量；$b=CP$ 为两轴间距。将式（$*$）代入式（14-14），得

$$T=\frac{1}{2}J_C\omega^2+\frac{1}{2}m(\omega b)^2=\frac{1}{2}J_C\omega^2+\frac{1}{2}mv_C^2 \tag{14-15}$$

式中，$v_C=\omega b$，为质心 C 的速度。**即平面运动刚体的动能又等于刚体随质心平移的动能与绕质心转动的动能的和。**

【例 14-3】 如图 14-8 所示，质量为 m、长为 l 的匀质杆绕轴 O 摆动，已知摆动方程 $\varphi=\varphi_0\sin(bt)$，其中 φ_0、b 为常数。试计算该杆在任一瞬时的动能。

解： 杆对轴 O 的转动惯量

$$J_O=\frac{1}{3}ml^2$$

角速度

$$\omega=\frac{\mathrm{d}\varphi}{\mathrm{d}t}=\varphi_0 b\cos(bt)$$

由式（14-13），得该杆在任一瞬时的动能

$$T=\frac{1}{2}J_O\omega^2=\frac{1}{6}ml^2\varphi_0^2b^2\cos^2(bt)$$

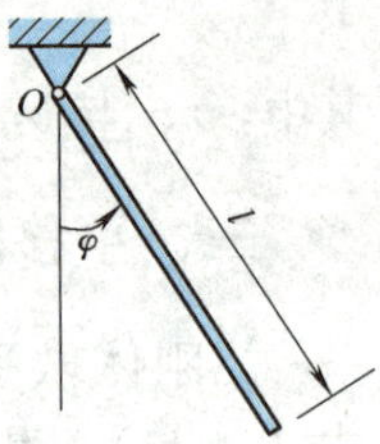

图 14-8

【例 14-4】 如图 14-9 所示，半径为 R、质量为 m 的匀质圆轮沿平直轨道做纯滚动。已知轮心 C 的速度 $\boldsymbol{v}_C$，试求圆轮的动能。

解： 由于圆轮做纯滚动，故其角速度 $\omega=\dfrac{v_C}{R}$。由式（14-15），得圆轮的动能为

$$T=\frac{1}{2}J_C\omega^2+\frac{1}{2}mv_C^2=\frac{1}{2}\left(\frac{1}{2}mR^2\right)\left(\frac{v_C}{R}\right)^2+\frac{1}{2}mv_C^2=\frac{3}{4}mv_C^2$$

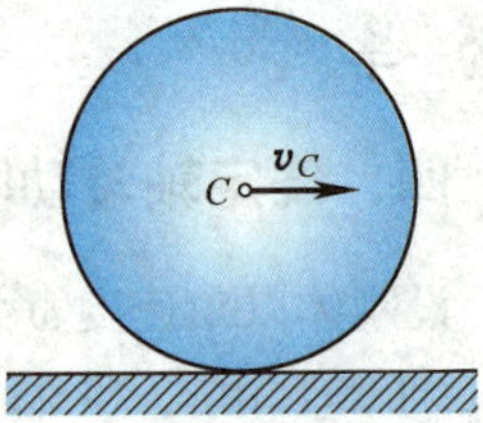

图 14-9

【例 14-5】 在图 14-10 所示系统中，定滑轮 B（可视为匀质圆盘）和匀质圆柱体 C 的质量均为 m_1、半径均为 R，重物 A 的质量为 m_2，圆柱体 C 沿倾角为 θ 的斜面做纯滚动。在图示瞬时，重物 A 的速度为 $\boldsymbol{v}$。假设绳与轮间无相对滑动，并不计绳的质量，试求系统的动能。

解： 重物 A 做平移，速度为 $\boldsymbol{v}$；滑轮 B 绕定轴转动，角速度 $\omega_B=\dfrac{v}{R}$；圆柱体 C 做平面运动，其质心速度 $v_C=v$、角速度 $\omega_C=\dfrac{v_C}{R}=\dfrac{v}{R}$。

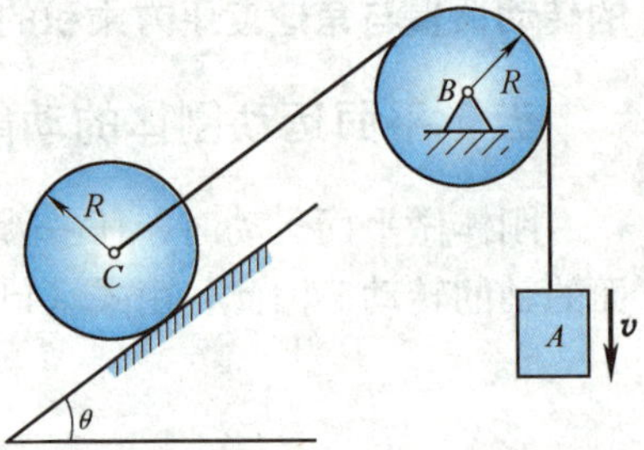

图 14-10

由式（14-12），得重物 A 的动能

$$T_A=\frac{1}{2}m_2v^2$$

由式（14-13），得滑轮 B 的动能

$$T_B=\frac{1}{2}J_B\omega_B^2=\frac{1}{2}\left(\frac{1}{2}m_1R^2\right)\left(\frac{v}{R}\right)^2=\frac{1}{4}m_1v^2$$

由式 (14-15)，得圆柱体 C 的动能

$$T_C=\frac{1}{2}m_1v_C^2+\frac{1}{2}J_C\omega_C^2=\frac{1}{2}m_1v^2+\frac{1}{2}\left(\frac{1}{2}m_1R^2\right)\left(\frac{v}{R}\right)^2=\frac{3}{4}m_1v^2$$

所以，系统的动能为

$$T=T_A+T_B+T_C=\frac{1}{2}m_2v^2+\frac{1}{4}m_1v^2+\frac{3}{4}m_1v^2=\frac{1}{2}(m_2+2m_1)v^2$$

第三节　动能定理

知识点

8: 动能定理

一、质点的动能定理

对矢量形式的质点运动微分方程

$$m\frac{\mathrm{d}\boldsymbol{v}}{\mathrm{d}t}=\boldsymbol{F}$$

两边点乘 $\mathrm{d}\boldsymbol{r}$ 得到

$$m\frac{\mathrm{d}\boldsymbol{v}}{\mathrm{d}t}\cdot\mathrm{d}\boldsymbol{r}=\boldsymbol{F}\cdot\mathrm{d}\boldsymbol{r}$$

因 $\boldsymbol{v}=\frac{\mathrm{d}\boldsymbol{r}}{\mathrm{d}t}$，$\delta W=\boldsymbol{F}\cdot\mathrm{d}\boldsymbol{r}$，故上式成为

$$m\mathrm{d}\boldsymbol{v}\cdot\boldsymbol{v}=\delta W$$

而

$$\mathrm{d}\boldsymbol{v}\cdot\boldsymbol{v}=\mathrm{d}\left(\frac{1}{2}\boldsymbol{v}\cdot\boldsymbol{v}\right)=\mathrm{d}\left(\frac{1}{2}v^2\right)$$

于是得到

$$\mathrm{d}\left(\frac{1}{2}mv^2\right)=\delta W \tag{14-16}$$

即质点动能的增量等于作用于质点上的力的元功。这称为**质点动能定理的微分形式**。

对式 (14-16) 积分，得到

$$\frac{1}{2}mv_2^2-\frac{1}{2}mv_1^2=W \tag{14-17}$$

即在质点运动的某一过程中，质点动能的改变量等于作用于质点上的力所做的功。这称为**质点动能定理的积分形式**。

二、质点系的动能定理

设质点系由 n 个质点组成，根据质点动能定理的微分形式，对于其中第 i

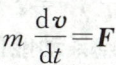

个质点，有

$$\mathrm{d}\left(\frac{1}{2}m_i v_i^2\right)=\delta W_i$$

其中，δW_i 为作用于该质点上的力 $\boldsymbol{F}_i$ 的元功。

对于 n 个质点，就有 n 个上述方程，将其相加，得

$$\sum \mathrm{d}\left(\frac{1}{2}m_i v_i^2\right)=\mathrm{d}\sum\left(\frac{1}{2}m_i v_i^2\right)=\sum\delta W_i$$

其中，$\sum\left(\frac{1}{2}m_i v_i^2\right)=T$，为质点系的动能。于是，上式可写为

$$\mathrm{d}T=\sum\delta W_i \tag{14-18}$$

即质点系动能的增量等于作用于质点系上全部力的元功的和。这称为**质点系动能定理的微分形式**。

对式（14-18）积分，得到

$$T_2-T_1=\sum W_i \tag{14-19}$$

即在质点系运动的某一过程中，质点系动能的改变量等于作用于质点系上的全部力所做的功的和。这称为**质点系动能定理的积分形式**。

必须指出，作用于质点系上的力既有外力，又有内力。在有些情况下，内力尽管大小相等而方向相反，但所做功的和并不一定为零。例如，对于图 14-11 所示两个质点 M_1、M_2 组成的质点系，两质点间的相互作用力 $\boldsymbol{F}_{12}$ 与 $\boldsymbol{F}_{21}$ 是一对内力，虽然等值反向、其矢量和为零，但当在运动过程中两质点间的距离改变（相互趋近或离开）时，两内力所做的功的和显然不等于零。再如，机器中轴与轴承之间相互作用的摩擦力对于整个机器是内力，但它们做负功，所做功的和也不为零。

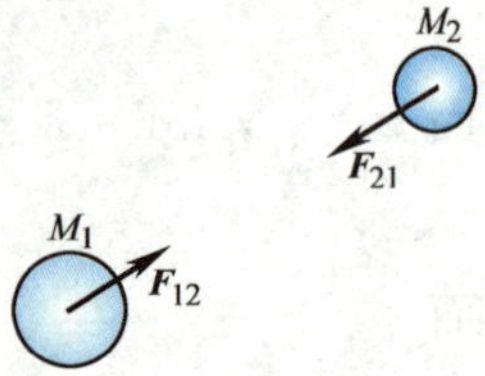

图 14-11

同时，也应注意到，在不少情况下，内力所做功的和是等于零的。例如，刚体的内力、不可伸缩的绳索的内力等。

所以，在运用质点系的动能定理时，要根据具体情况，分析包括内力在内的所有作用力是否做功。

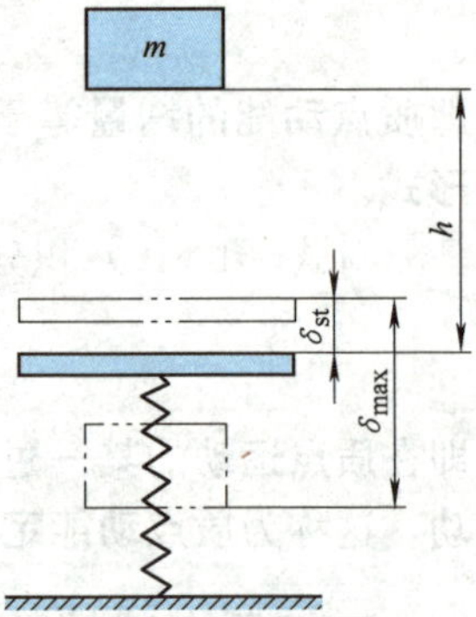

图 14-12

【例 14-6】 如图 14-12 所示，质量为 m 的物块，自高度 h 处自由落下，落到下面有弹簧支撑的平板上。设板的质量为 m_1，弹簧的刚度系数为 k。若不计弹簧质量，试求弹簧的最大压缩量。

解： 选取物块、平板和弹簧组成的质点系为研究对象。初始时，弹簧在板的重力作用下有一静压缩量

$$\delta_{st}=\frac{m_1 g}{k} \tag{a}$$

设弹簧的最大压缩量为 δ_{max}（见图 14-12），在从物块下落初始到弹簧达到最大压缩量的过程中，物块重力做功为

$$W_1=mg(h+\delta_{max}-\delta_{st})$$

平板重力做功为

$$W_2=m_1 g(\delta_{max}-\delta_{st})$$

弹性力做功为

$$W_3=\frac{1}{2}k(\delta_{st}^2-\delta_{max}^2)$$

所以，作用于质点系上的全部力所做功的和为

$$\sum W_i=W_1+W_2+W_3=mg(h+\delta_{max}-\delta_{st})+m_1 g(\delta_{max}-\delta_{st})+\frac{1}{2}k(\delta_{st}^2-\delta_{max}^2)$$

在物块下落初始时刻以及弹簧达到最大压缩量时，系统各部分的速度均为零，故由质点系动能定理的积分形式，有

$$0-0=mg(h+\delta_{max}-\delta_{st})+m_1 g(\delta_{max}-\delta_{st})+\frac{1}{2}k(\delta_{st}^2-\delta_{max}^2) \tag{b}$$

将式（a）代入式（b），整理得

$$\frac{1}{2}k\delta_{max}^2-(mg+m_1 g)\delta_{max}+\left(\frac{m_1^2 g^2}{2k}-mgh+\frac{m_1 mg^2}{k}\right)=0$$

解上述关于 δ_{max} 的一元二次方程，得弹簧的最大压缩量为

$$\delta_{max}=\frac{(m+m_1)g+\sqrt{(mg+m_1 g)^2-(m_1^2 g^2-2kmgh+2m_1 mg^2)}}{k}$$

【例 14-7】 如图 14-13 所示，匀质轮Ⅰ的质量为 m_1、半径为 r_1，在匀质曲柄 O_1O_2 的带动下沿半径为 r_2 的固定轮Ⅱ做纯滚动。曲柄 O_1O_2 的质量为 m_2，长 $l=r_1+r_2$。系统处于水平面内，曲柄上作用有一不变的力偶矩 M。初始时系统静止。若不计各处摩擦，试求曲柄 O_1O_2 转过 φ 角时，曲柄的角速度和角加速度。

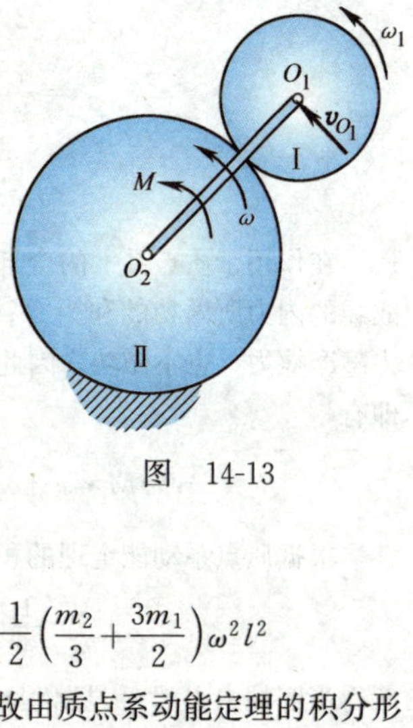

图　14-13

解： 选取曲柄 O_1O_2 和轮Ⅰ组成的质点系为研究对象，质点系的初动能

$$T_1=0$$

曲柄 O_1O_2 绕定轴 O_2 转动，轮Ⅰ做平面运动。设曲柄 O_1O_2 转过 φ 角时曲柄 O_1O_2 的角速度为 ω，则轮Ⅰ的质心速度 $v_{O_1}=\omega l$、角速度 $\omega_1=\frac{\omega l}{r_1}$。因此，曲柄 O_1O_2 转过 φ 角时质点系的动能为

$$T_2=\frac{1}{2}\left(\frac{1}{3}m_2 l^2\right)\omega^2+\frac{1}{2}m_1 v_{O_1}^2+\frac{1}{2}\left(\frac{1}{2}m_1 r_1^2\right)\omega_1^2=\frac{1}{2}\left(\frac{m_2}{3}+\frac{3m_1}{2}\right)\omega^2 l^2$$

由于系统处于水平面内，重力不做功，只有力偶 M 做功，故由质点系动能定理的积分形

式，有

$$\frac{1}{2}\left(\frac{m_2}{3}+\frac{3m_1}{2}\right)\omega^2 l^2=M\varphi \qquad (*)$$

于是，曲柄 O_1O_2 的角速度为

$$\omega=\sqrt{\frac{12M\varphi}{(9m_1+2m_2)l^2}}$$

将式（*）两边同时对时间 t 求导，并代入 $\dot{\omega}=\alpha$、$\dot{\varphi}=\omega$，整理即得曲柄 O_1O_2 的角加速度

$$\alpha=\frac{6M}{(9m_1+2m_2)l^2}$$

【例 14-8】 卷扬机如图 14-14 所示，鼓轮 O 在常力偶矩 M 的作用下通过一根细绳将匀质圆柱 C 由静止开始沿倾角为 θ 的斜坡上拉。已知鼓轮的半径为 r_1、质量为 m_1、质量集中分布于轮缘处；圆柱 C 的半径为 r_2、质量为 m_2。假设圆柱 C 沿斜坡只滚不滑，绳与鼓轮之间无相对滑动，试求当圆柱中心 C 经过路程 s 时的速度和加速度。

解： 选取鼓轮和圆柱组成的质点系为研究对象，其受力分析与运动分析如图 14-14 所示。

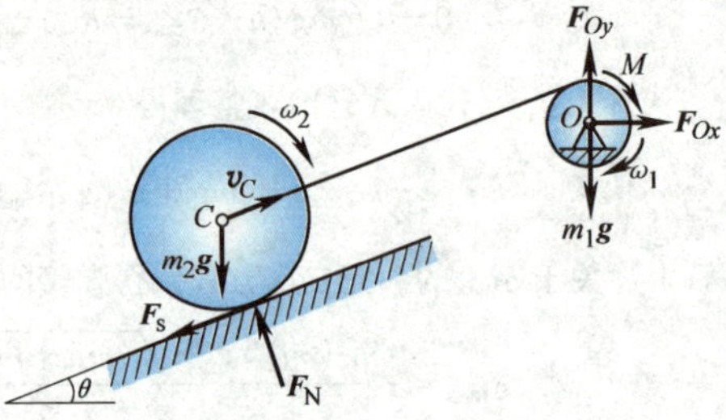

图 14-14

质点系的初动能

$$T_1=0$$

鼓轮绕定轴 O 转动，圆柱做平面运动，设当圆柱中心 C 经过路程 s 时的速度为 $\boldsymbol{v}_C$，则鼓轮、圆柱的角速度分别为 $\omega_1=\frac{v_C}{r_1}$、$\omega_2=\frac{v_C}{r_2}$。

于是，质点系的动能为

$$\begin{aligned}T_2&=\frac{1}{2}J_O\omega_1^2+\frac{1}{2}m_2v_C^2+\frac{1}{2}J_C\omega_2^2\\&=\frac{1}{2}(m_1r_1^2)\left(\frac{v_C}{r_1}\right)^2+\frac{1}{2}m_2v_C^2+\frac{1}{2}\left(\frac{1}{2}m_2r_2^2\right)\left(\frac{v_C}{r_2}\right)^2\\&=\frac{1}{4}(2m_1+3m_2)v_C^2\end{aligned}$$

在作用于质点系上的全部力中，$\boldsymbol{F}_{Ox}$、$\boldsymbol{F}_{Oy}$、$\boldsymbol{F}_N$ 与 $m_1\boldsymbol{g}$ 显然不做功；由于绳不可伸缩，故绳的内力所做功的和为零；圆柱只滚不滑，与斜坡接触点的速度为零，故所受摩擦力 $\boldsymbol{F}_s$ 为静摩擦力，也不做功。因此，在运动过程中，只有圆柱的重力 $m_2\boldsymbol{g}$ 和主动力偶矩 M 做功，即有

$$W=M\cdot\varphi-m_2g\cdot s\sin\theta=M\frac{s}{r_1}-m_2gs\sin\theta=\left(\frac{M}{r_1}-m_2g\sin\theta\right)s$$

根据质点系动能定理的积分形式，有

$$\frac{1}{4}(2m_1+3m_2)v_C^2-0=\left(\frac{M}{r_1}-m_2g\sin\theta\right)s \qquad (*)$$

解得当圆柱中心 C 经过路程 s 时的速度为

$$v_C=2\sqrt{\frac{(M-m_2gr_1\sin\theta)s}{(2m_1+3m_2)r_1}}$$

将式（*）两边对时间 t 求导，并注意到$\frac{\mathrm{d}v_C}{\mathrm{d}t}=a_C$、$\frac{\mathrm{d}s}{\mathrm{d}t}=v_C$，整理即得圆柱中心 C 的加速度为

$$a_C=\frac{2(M-m_2gr_1\sin\theta)}{(2m_1+3m_2)r_1}$$

【例 14-9】 如图 14-15 所示，匀质圆轮 A 和 B 的质量均为 m，半径均为 r。轮 A 可绕质心轴 A 转动。一根细绳的两端分别缠绕在轮 A 和轮 B 上。运动初始时，系统静止，两轮的轮心位于同一水平线上。假设轮与绳之间没有相对滑动，并不计轴承摩擦，试求当轮 B 下落 h 时，其质心 B 的速度和加速度，以及轮 A 与轮 B 的角速度和角加速度。

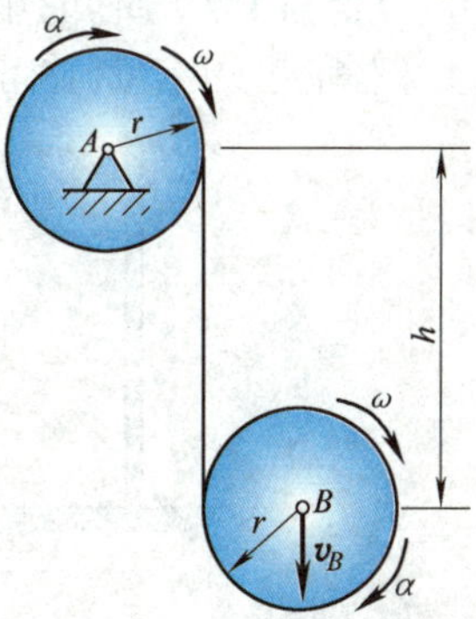

图　14-15

解： 选取轮 A 和轮 B 组成的质点系为研究对象。运动初始时，质点系的动能

$$T_1=0$$

轮 A 绕定轴转动，轮 B 做平面运动。对轮 A 运用绕定轴转动微分方程，对轮 B 运用平面运动微分方程，并结合运动初始条件可知，在系统运动过程中，轮 A 和轮 B 具有相同的角加速度 α 和角速度 ω。另研究轮 B，由基点法易得 $v_B=2r\omega$。于是，当轮 B 下落 h 时，质点系的动能为

典型例题
19：例14-9

$$\begin{aligned}T_2&=\frac{1}{2}J_A\omega^2+\frac{1}{2}mv_B^2+\frac{1}{2}J_B\omega^2\\&=\frac{1}{2}\left(\frac{1}{2}mr^2\right)\left(\frac{v_B}{2r}\right)^2+\frac{1}{2}mv_B^2+\frac{1}{2}\left(\frac{1}{2}mr^2\right)\left(\frac{v_B}{2r}\right)^2\\&=\frac{5}{8}mv_B^2\end{aligned}$$

作用于质点系上的所有力中，显然只有轮 B 的重力做功，即有

$$W=mgh$$

根据质点系动能定理的积分形式，有

$$\frac{5}{8}mv_B^2-0=mgh \tag{a}$$

于是，得轮 B 质心的速度为

$$v_B=\sqrt{\frac{8gh}{5}}$$

将式（a）两边对时间 t 求导，并注意到$\frac{\mathrm{d}h}{\mathrm{d}t}=v_B$、$\frac{\mathrm{d}v_B}{\mathrm{d}t}=a_B$，整理即得轮 B 质心的加速度

$$a_B=\frac{4}{5}g$$

轮 A 与轮 B 的角速度

$$\omega=\frac{v_B}{2r}=\frac{1}{r}\sqrt{\frac{2gh}{5}} \tag{b}$$

将式（b）两边对时间 t 求导，即得轮 A 与轮 B 的角加速度

$$\alpha=\frac{2}{5}\frac{g}{r}$$

【例 14-10】 如图 14-16a 所示，长为 l、质量为 m 的匀质杆 AB 静止直立于光滑水平地面上。若杆受微小扰动而自由倒下，试求杆刚刚到达地面时的角速度和地面约束力。

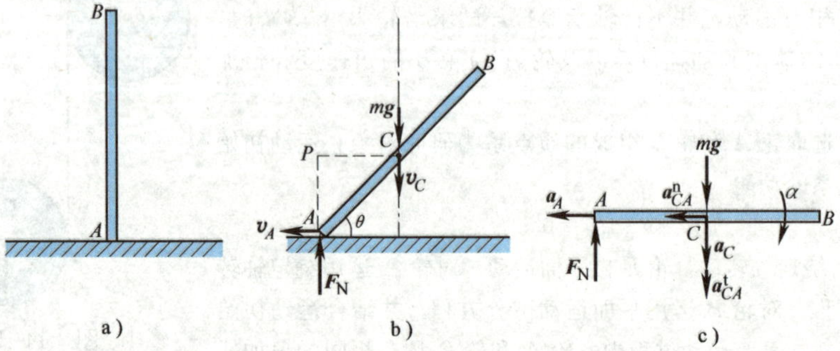

图 14-16

解： 由于地面光滑，杆沿水平方向不受力，故由质心运动守恒定律可知，在杆倒下过程中，质心 C 将铅直向下运动。同时，杆端 A 贴着地面水平向左运动。杆在一般位置的受力分析与运动分析如图 14-16b 所示，点 P 为杆的速度瞬心。设杆质心 C 的速度为 $\boldsymbol{v}_C$，由速度瞬心法，杆的角速度为

$$\omega=\frac{v_C}{CP}=\frac{2v_C}{l\cos\theta} \tag{a}$$

故得杆的动能

$$T=\frac{1}{2}mv_C^2+\frac{1}{2}J_C\omega^2=\frac{1}{2}mv_C^2+\frac{1}{2}\left(\frac{1}{12}ml^2\right)\left(\frac{2v_C}{l\cos\theta}\right)^2=\frac{1}{2}m\left(1+\frac{1}{3\cos^2\theta}\right)v_C^2$$

杆的初始动能为零，在杆倒下过程中只有重力做功，由动能定理，有

$$\frac{1}{2}m\left(1+\frac{1}{3\cos^2\theta}\right)v_C^2-0=mg\,\frac{l}{2}(1-\sin\theta) \tag{b}$$

当杆刚刚达到地面时，$\theta=0°$，将其代入式（a）、式（b），即得此时杆的角速度

$$\omega=\sqrt{\frac{3g}{l}}$$

杆刚刚到达地面时的受力分析和运动分析如图 14-16c 所示，由刚体平面运动微分方程，有

$$mg-F_{\mathrm{N}}=ma_C \tag{c}$$

$$J_C\alpha=\frac{1}{12}ml^2\alpha=F_{\mathrm{N}}\frac{l}{2} \tag{d}$$

另由基点法，质心 C 的加速度

$$\boldsymbol{a}_C=\boldsymbol{a}_A+\boldsymbol{a}_{CA}^{\mathrm{n}}+\boldsymbol{a}_{CA}^{\mathrm{t}} \tag{e}$$

此时，$\boldsymbol{a}_A$ 沿水平方向，$\boldsymbol{a}_C$ 沿铅垂方向，$a_{CA}^{\mathrm{t}}=\alpha\ \frac{l}{2}$。将式（e）两边向铅垂方向投影，得

$$a_C=a_{CA}^{\mathrm{t}}=\alpha\ \frac{l}{2} \tag{f}$$

联立式（c）、式（d）、式（f），解得杆刚刚到达地面时的地面约束力为

$$F_{\mathrm{N}}=\frac{1}{4}mg$$

第四节 功率、功率方程与机械效率

一、功率

功率是度量力做功快慢的一个物理量，定义为**单位时间力所做的功**，用 P 表示。即功率

$$P=\frac{\delta W}{\mathrm{d}t} \tag{14-20}$$

在国际单位制中，功率的单位为 W（瓦），1 W=1 J/s。工程中，功率常用 kW（千瓦）为单位，1 kW=1000 W。

由于力的元功 $\delta W=\boldsymbol{F}\cdot\mathrm{d}\boldsymbol{r}$，故力的功率可以表达为

$$P=\boldsymbol{F}\cdot\frac{\mathrm{d}\boldsymbol{r}}{\mathrm{d}t}=\boldsymbol{F}\cdot\boldsymbol{v}=Fv\cos\theta \tag{14-21}$$

式中，$\boldsymbol{v}$ 为力 $\boldsymbol{F}$ 作用点的速度；θ 为力 $\boldsymbol{F}$ 与速度 $\boldsymbol{v}$ 正方向之间的夹角。

由于力偶矩 M 的元功 $\delta W=M\mathrm{d}\varphi$，故力偶矩的功率可以表达为

$$P=M\ \frac{\mathrm{d}\varphi}{\mathrm{d}t}=M\omega \tag{14-22}$$

二、功率方程

将质点系动能定理的微分形式，即式（14-18）的两边同时除以 $\mathrm{d}t$，得

$$\frac{\mathrm{d}T}{\mathrm{d}t}=\sum\frac{\delta W_i}{\mathrm{d}t}=\sum P_i \tag{14-23}$$

式（14-23）称为**功率方程**。功率方程表明：**质点系的动能相对于时间的变化率，等于作用于质点系上全部力的功率的代数和**。

对于机器，功率方程可以表达为下列形式：

$$\frac{\mathrm{d}T}{\mathrm{d}t}=P_{输入}-P_{有用}-P_{无用} \tag{14-24}$$

式中，$P_{输入}$为机器的输入功率；$P_{有用}$为机器做功所消耗的有用功率；$P_{无用}$为机器在传动过程中因摩擦等所损耗的无用功率。

机器的功率方程表明，在机器的起动阶段$\left(\frac{\mathrm{d}T}{\mathrm{d}t}>0\right)$，要求$P_{输入}>P_{有用}+P_{无用}$；在机器的稳定运转阶段$\left(\frac{\mathrm{d}T}{\mathrm{d}t}=0\right)$，应有$P_{输入}=P_{有用}+P_{无用}$；在机器的停车阶段$\left(\frac{\mathrm{d}T}{\mathrm{d}t}<0\right)$，则需$P_{输入}<P_{有用}+P_{无用}$。

三、机械效率

机器在稳定运转阶段的有用功率与输入功率的比值称为机器的**机械效率**，用η表示。即机器的机械效率

$$\eta=\frac{P_{有用}}{P_{输入}}\times 100\% \tag{14-25}$$

机械效率η表明了机器对输入功率的有效利用程度，是评价机器质量的一个重要指标。显然，任何机器的机械效率均小于1。

·思 政 导 读·

提高机械效率对于节能增效具有重要意义。提高机械效率的主要方法包括改进机械结构、采用新材料和新技术、润滑和减少摩擦、提高机械的运行速度以及优化机械的工作流程等。作为全球制造业强国，我国在提高机械效率方面取得了长足的进步，在世界上已处于领先地位。中国制造的工程机械、电力装备、能源装备、交通设备等在国际市场上都具备很强的竞争力，很多机械设备在全球市场的占有率遥遥领先，例如，中国盾构机在全球市场的占有率高达七成，中国高铁在全球市场的占有率亦达五成以上。

【例 14-11】 已知车床的电动机功率$P_{输入}=5.4\ \mathrm{kW}$，机械效率$\eta=70\%$，工件的直径$d=100\ \mathrm{mm}$，转速$n=42\ \mathrm{r/min}$。问允许切削力的最大值为多少？

解： 工件匀速转动时，车床的有用功率

$$P_{有用}=P_{输入}\times\eta=5.4\ \mathrm{kW}\times 70\%=3.78\ \mathrm{kW}$$

由式（14-21），又有

$$P_{有用}=Fv=F\omega\frac{d}{2}=F\cdot\frac{\pi n}{30}\cdot\frac{d}{2}$$

故得允许切削力的最大值为

$$F=\frac{60P_{有用}}{\pi nd}=\frac{60\times(3780\ \mathrm{W})}{\pi\times(42\ \mathrm{r/min})\times(0.1\ \mathrm{m})}=17189\ \mathrm{N}$$

【例 14-12】 如图 14-17 所示，用胶带输送机输送物料，已知输送速度 $v=1.26\ \mathrm{m/s}$，输送量 $Q=450\ \mathrm{t/h}$，提升高度 $h=40\ \mathrm{m}$，输送机的机械效率 $\eta=68\%$。试确定输送机所需的电动机功率。

图　14-17

解： 在 Δt(s)时间段内，输送机将质量

$$m=\frac{450\times1000\ \mathrm{kg}}{3600\ \mathrm{s}}\times\Delta t=125\Delta t\ (\mathrm{kg})$$

的物料提升到高度 $h=40\ \mathrm{m}$ 处，输送机所做的有用功为

$$\Delta W_{有用}=mgh$$

与此同时，又有同样多的物料补充到胶带上，并且速度由零变为 $v=1.26\ \mathrm{m/s}$。因此，在 Δt(s)时间段内，系统的动能增量为

$$\Delta T=\frac{1}{2}mv^2$$

根据机器的功率方程，应有

$$\frac{\Delta T}{\Delta t}=\eta P-\frac{\Delta W_{有用}}{\Delta t}$$

代入已知数据，联立求解上述各式，得输送机所需的电动机功率约为

$$P=73\ \mathrm{kW}$$

复习思考题

14-1　摩擦力可能做正功吗？试举例说明。

14-2　当质点做匀速圆周运动时，其动能有无变化？

14-3　由于质点系的内力总是成对出现，且等值反向，因此，内力功的和恒等于零。这种说法是否正确？

14-4　动能与速度的方向是否有关？如一质点以大小相同、方向不同的速度抛出，在抛出瞬时，其动能是否相同？

14-5　汽车行驶时，地面对驱动轮的摩擦力向前，因此该力做正功。这种说法是否正确？为什么？

14-6　一般来说，应用动能定理能否求出系统的约束力？为什么？

14-7　如思考题 14-7 图所示，质量为 m_1 的匀质杆 AO，一端铰接在质量为 m_2 的匀质圆

轮的轮心 O 上，另一端落在水平面上。圆轮在地面上做纯滚动，若轮心的速度为 v_O，试确定系统的动能。

14-8 运动员起跑时，什么力使运动员的质心加速运动？什么力使运动员的动能增加？产生加速度的力是否一定做功？

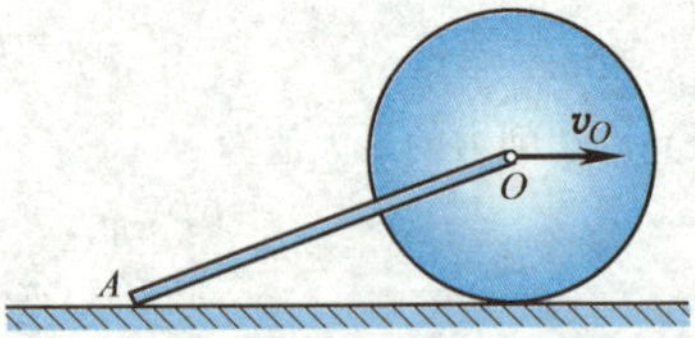

思考题 14-7 图

习题

14-1 如习题 14-1 图所示，一物块在倾角为 θ、长为 l_1 的斜坡上的 A 处无初速滑下，至水平段又滑行距离 l_2 后于 C 处停止。空气阻力不计，试求物块与地面的摩擦因数 f。

14-2 如习题 14-2 图所示，弹簧的原长 $l=0.1$ m，刚度系数 $k=4.9$ kN/m，其一端固定，一端可沿半径 $R=0.1$ m 的圆弧运动。试求弹簧一端由 A 到 B 以及由 B 到 D 的过程中弹性力所做的功。

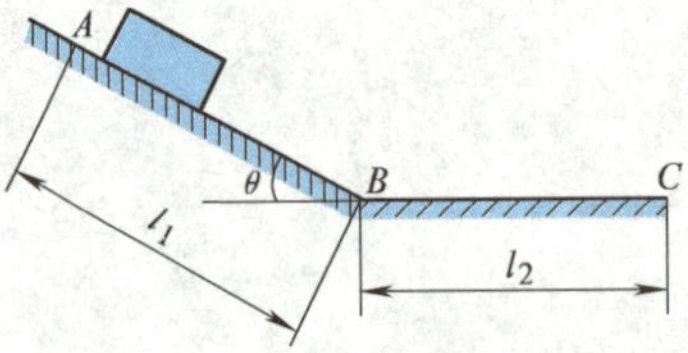

习题 14-1 图

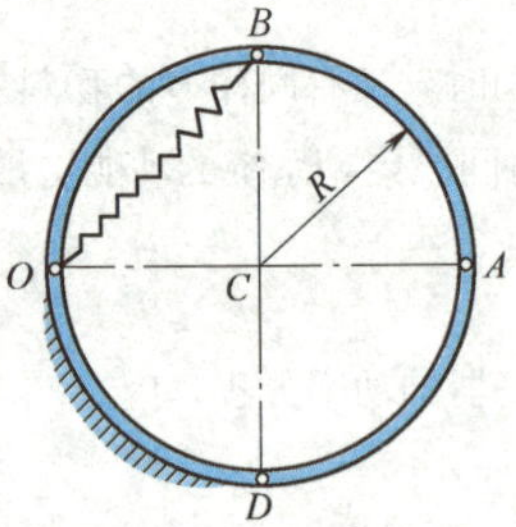

习题 14-2 图

14-3 如习题 14-3 图所示，在半径为 R 的卷筒 O 上，作用一力偶矩 $M=a\varphi+b\varphi^2$（φ 为转角，a 和 b 为常数）。卷筒上的绳索拉动水平面上的重物 B。设重物 B 的质量为 m，它与水平面之间的摩擦因数为 f。若不计绳索质量，试求当卷筒转过两圈时作用于系统上所有力的功的和。

14-4 如习题 14-4 图所示，两齿轮外啮合，其半径分别为 r_1 和 r_2，质量分别为 m_1 和 m_2，且均可视为匀质圆盘。当轮 A 以角速度 ω_1 转动时，试求系统的动能。

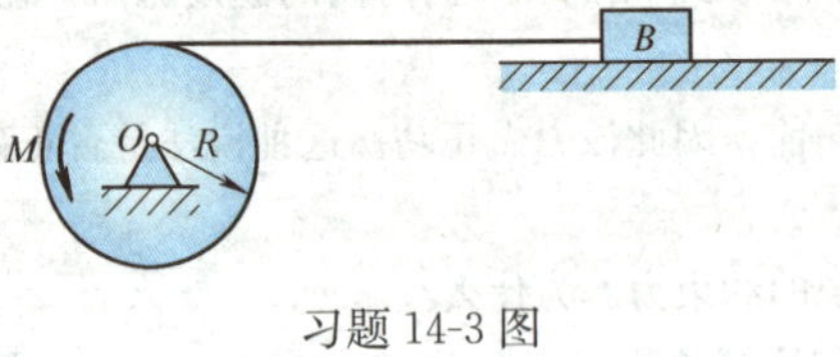

习题 14-3 图

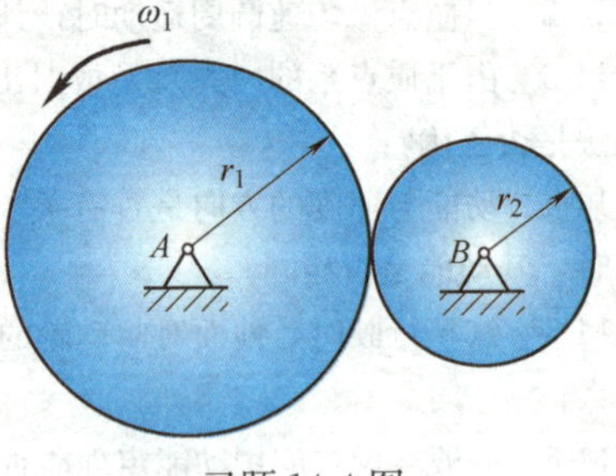

习题 14-4 图

14-5　如习题 14-5 图所示，质量为 m_1 的滑块 B 沿水平面以速度 $\boldsymbol{v}$ 移动，质量为 m_2 的物块 A 沿滑块 B 以相对速度 $\boldsymbol{u}$ 滑下。试求系统的动能。

14-6　平面机构如习题 14-6 图所示，已知曲柄 AO 长为 r，以等角速度 ω 绕定轴 O 转动，曲柄 AO 对轴 O 的转动惯量为 J_O，滑杆 BCD 的质量为 m。若不计滑块 A 的质量，试求此机构动能的最大值。

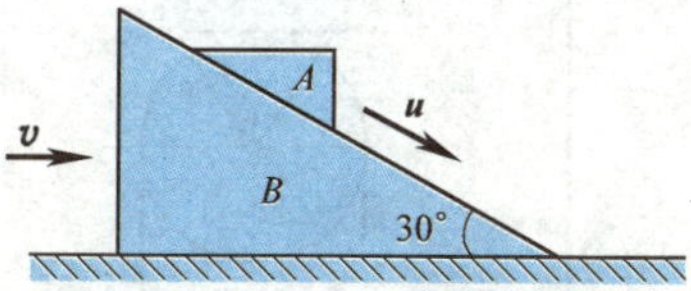

习题 14-5 图

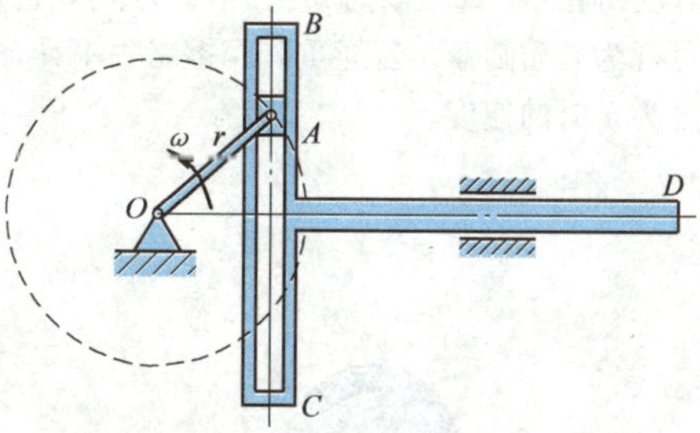

习题 14-6 图

14-7　如习题 14-7 图所示，已知物块 A、B 的质量均为 m，两匀质圆轮 C、D 的质量均为 $2m$，半径均为 R。定滑轮 C 铰接于无重悬臂梁 CK 上。D 为动滑轮。若某瞬时，物块 A 的速度大小为 v_A，试求该瞬时系统的动能。假设绳与轮间无相对滑动。

14-8　质量为 3 kg 的质点以 5 m/s 的速度沿水平直线向左运动。现对其施加水平向右的常力，此力的作用经 30 s 停止。此时，质点的速度水平向右，大小为 55 m/s。试求该力的大小以及在这一过程中该力所做的功。

14-9　如习题 14-9 图所示，两匀质直杆，长均为 l，质量均为 m，在 B 处用铰链连接，可在铅垂平面内运动。在 AB 杆上，作用一矩为 M 的常力偶，在图示位置由静止开始运动。若不计摩擦，试求当 AB 杆的 A 端碰到铰支座 O 时，A 端的速度。

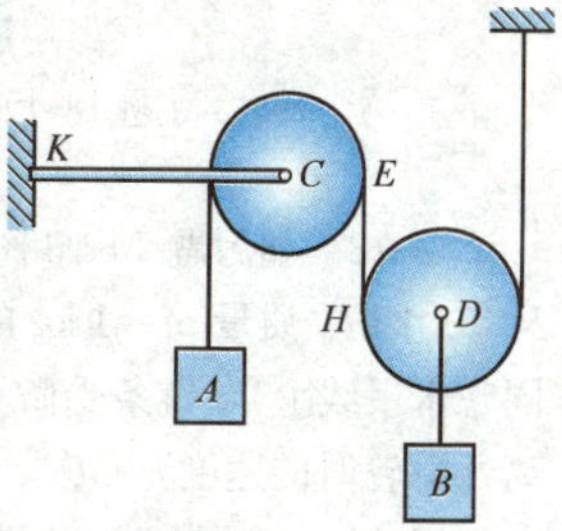

习题 14-7 图

14-10　如习题 14-10 图所示，绞车的鼓轮可视为质量为 m_1、半径为 r 的匀质圆盘。鼓轮在常力偶矩 M 的作用下，通过绳索牵引一质量为 m_2 的重物沿倾角为 θ 的斜面上升。设开始时系统静止，不计各处摩擦，试求当鼓轮转过 φ 角时的角速度和角加速度。

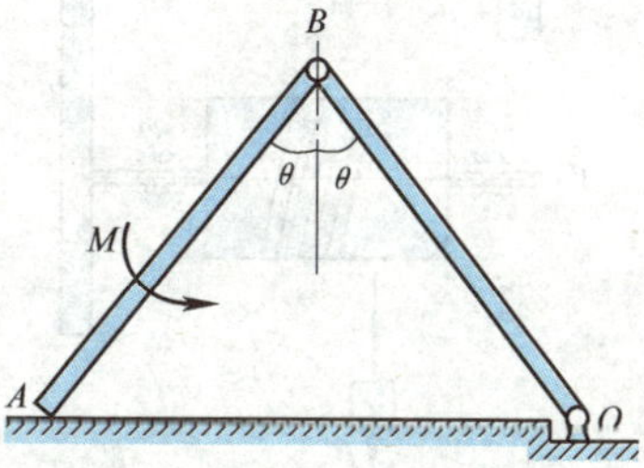

习题 14-9 图

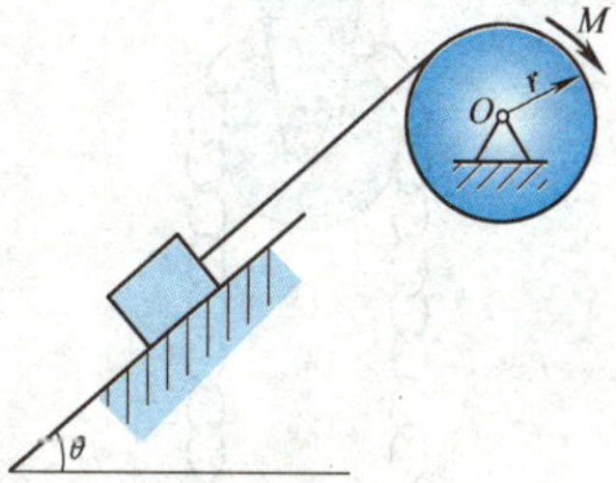

习题 14-10 图

14-11 如习题 14-11 图所示，已知滑轮质量为 m_1，半径为 R，对中心轴 O 的回转半径为 ρ。缠绕在滑轮上的细绳的一端连着一质量为 m_2 的物块。滑轮上作用一常力偶矩 M，使系统由静止开始运动。若绳与滑轮间不打滑，并设 $M>m_2gR$，试求物块上升高度为 h 时的速度和加速度。

14-12 习题 14-12 图所示滑轮组中悬挂两重物，其中定滑轮 O_1 的质量为 m_1、半径为 r_1，动滑轮 O_2 的质量为 m_2、半径为 r_2，重物 A 的质量为 m_3，重物 B 的质量为 m_4。两轮都可视为匀质圆盘。若绳重和摩擦略去不计，并设 $m_4>2m_3-m_2$，试求重物 B 由静止下降高度为 h 时的速度。

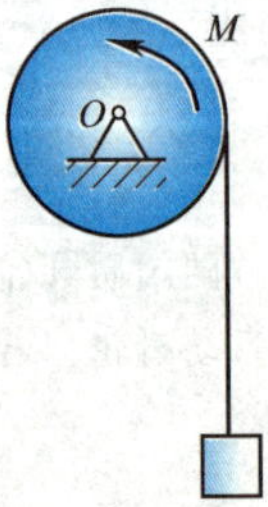

习题 14-11 图

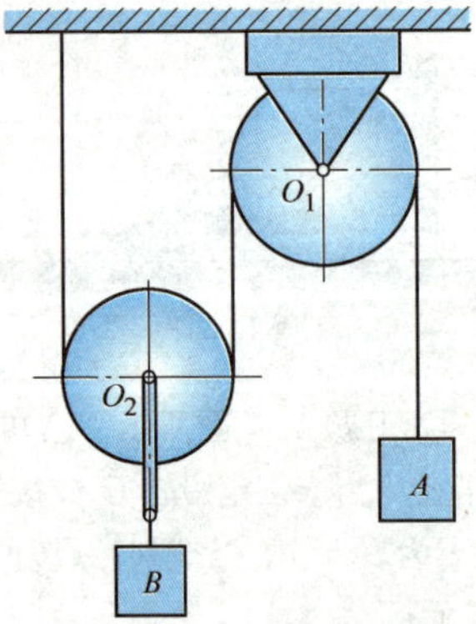

习题 14-12 图

14-13 如习题 14-13 图所示，链条长 $l=1\ \text{m}$、单位长度质量 $\rho=2\ \text{kg/m}$，悬挂在半径 $R=0.1\ \text{m}$、质量 $m=1\ \text{kg}$ 的滑轮上，滑轮可视为匀质圆盘。在图示位置（链条的两个端点在同一水平线上），链条受微小扰动由静止开始下落。设链条与滑轮间无相对滑动，试求链条刚离开滑轮时的速度。

14-14 如习题 14-14 图所示，绞车的主动轴Ⅰ上作用一常力偶矩 M，用以提升重为 $\boldsymbol{P}$ 的重物。已知主动轴Ⅰ、从动轴Ⅱ连同安装在这两轴上的齿轮等附件对各自转轴的转动惯量分别为 J_1、J_2，传动比 $\omega_1/\omega_2=i_{12}$，提升重物的鼓轮的半径为 R。若不计轴承摩擦和吊绳质量，试求当重物由静止开始提升高度为 h 时的速度和加速度。

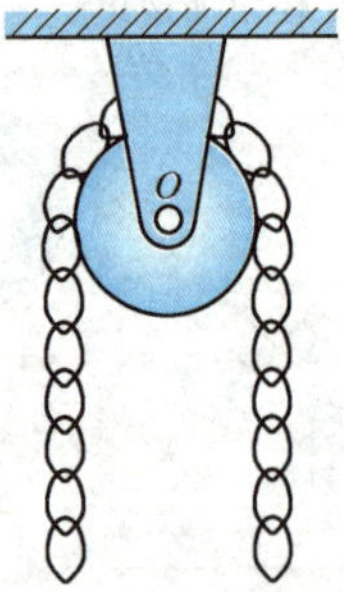

习题 14-13 图

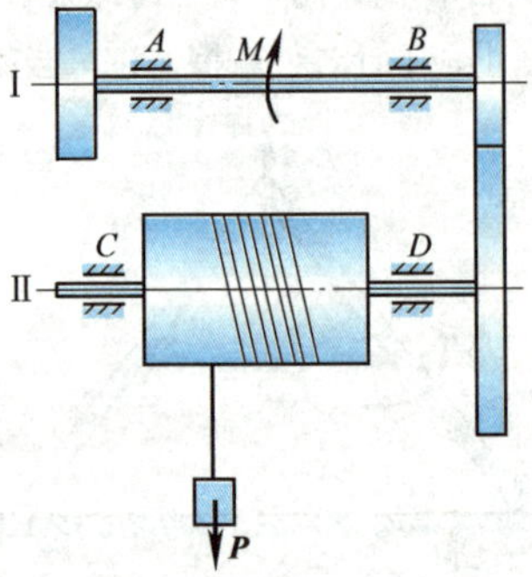

习题 14-14 图

14-15 如习题 14-15 图所示，水平匀质杆质量为 m，长为 l，C 为杆的质心。A 处为光滑铰支座，B 处为一挂钩。如 B 端突然脱落，杆转到铅垂位置时，问 b 值多大能使杆有最大角速度？

典型例题
20: 习题 14-16

14-16 如习题 14-16 图所示，匀质杆 CO 可在铅垂平面内绕水平轴 O 转动，其 C 端铰接于匀质圆盘的质心处，圆盘可在铅垂平面内绕 C 自由转动。已知杆 CO 长为 l、质量为 m_1，圆盘半径为 R、质量为 m_2。初始时，杆 CO 水平，杆和圆盘静止。试求杆 CO 与水平线成 θ 角时，杆 CO 的角速度和角加速度。

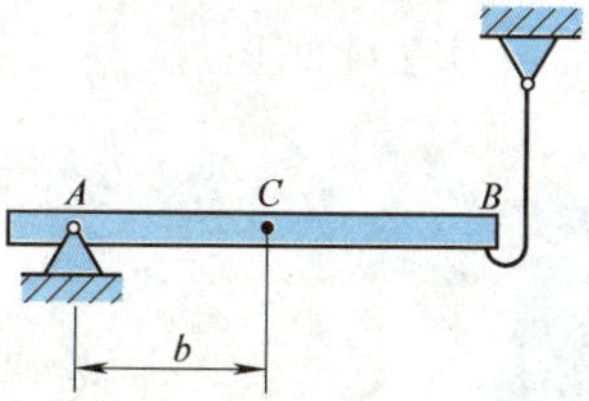

习题 14-15 图

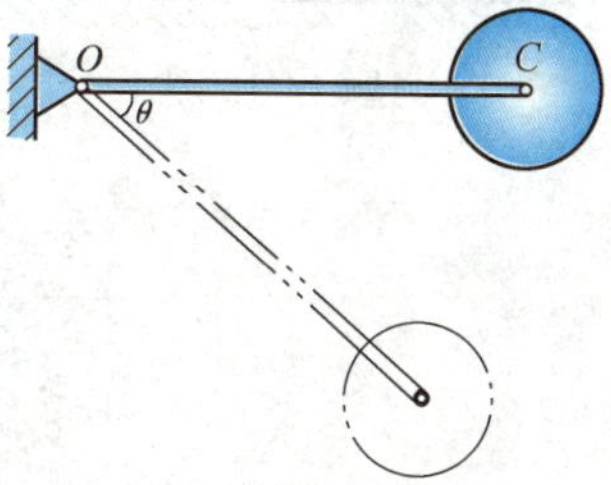

习题 14-16 图

14-17 如习题 14-17 图所示，质量为 m、边长为 l 的匀质正方形板静止直立在铅垂面内，受微小扰动后沿顺时针转向自由倒下，若不计摩擦，试求当 AO 边处于水平位置时，板的角速度。

14-18 在习题 14-18 图所示的系统中，已知重物与两匀质圆轮的质量均为 m，两圆轮半径均为 r，水平无重弹簧的刚度系数为 k，滚轮 C 与地面间无滑动。现于弹簧原长处由静止自由释放重物，试求重物下降高度为 h 时的速度、加速度以及滚轮 C 所受的摩擦力。

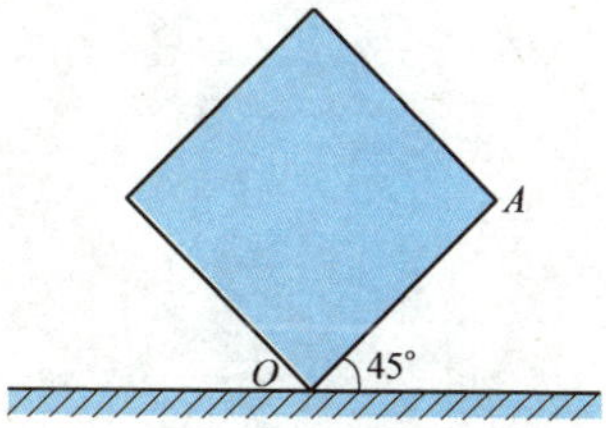

习题 14-17 图

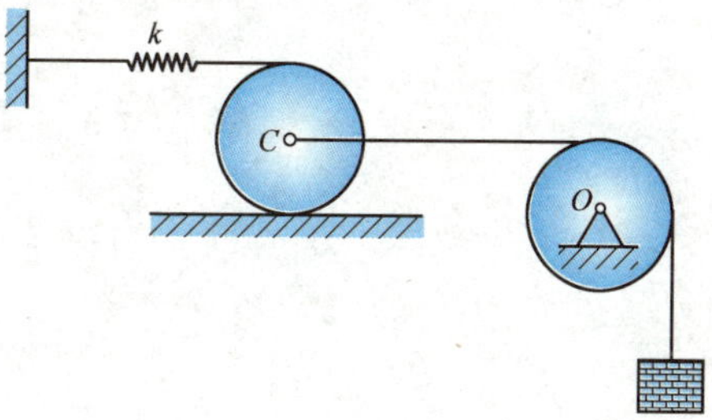

习题 14-18 图

14-19 如习题 14-19 图所示，质量为 m_1 的物块上刻有平均半径为 r 的半圆槽，放在光滑水平面上，原处于静止状态。有一质量为 m_2 的小球自 A 处无初速地沿光滑半圆槽滑下，若 $m_1=3m_2$，试求小球滑至 B 处时相对于物块的速度以及槽对小球的约束力。

14-20 如习题 14-20 图所示，车床切削直径 $D=48$ mm 的工件，主切削力 $F=7.84$ kN。若车床主轴转速 $n_1=240$ r/min，电动机转速 $n_2=1420$ r/min，传动系统的总机械效率 $\eta=75\%$。试求所需电动机的功率以及车床主轴、电动机主轴所受到的力偶矩。

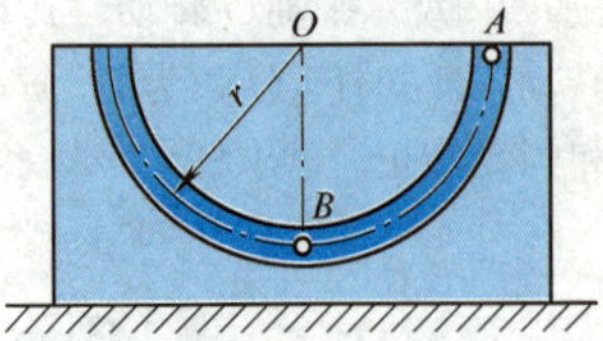

习题 14-19 图

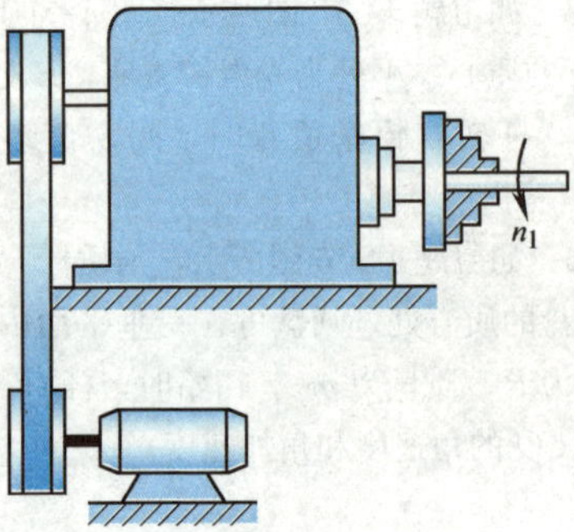

习题 14-20 图

第十五章 动静法

动静法又称为达朗贝尔原理，它采用静力学中处理平衡问题的方法来解决动力学问题，方便而有效，在工程中得到了广泛应用。

第一节 质点的惯性力与动静法

设某质点的质量为 m，受主动力 $\boldsymbol{F}$ 和约束力 $\boldsymbol{F}_{\mathrm{N}}$ 的作用，其加速度为 $\boldsymbol{a}$，如图 15-1 所示。根据质点动力学基本方程，有

$$\boldsymbol{F}+\boldsymbol{F}_{\mathrm{N}}=m\boldsymbol{a}$$

将上式右边移项，得

$$\boldsymbol{F}+\boldsymbol{F}_{\mathrm{N}}+(-m\boldsymbol{a})=\boldsymbol{0}$$

令

$$\boldsymbol{F}_{\mathrm{I}}=-m\boldsymbol{a} \tag{15-1}$$

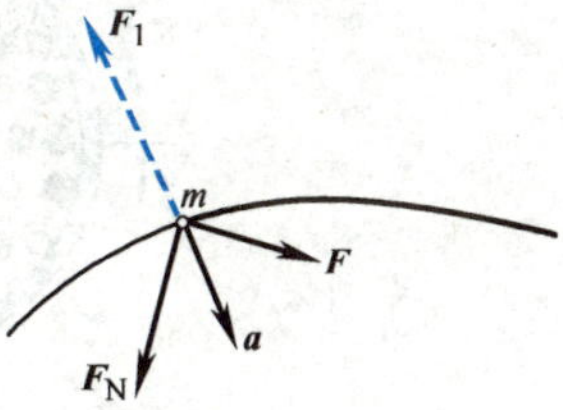

图 15-1

则有

$$\boldsymbol{F}+\boldsymbol{F}_{\mathrm{N}}+\boldsymbol{F}_{\mathrm{I}}=\boldsymbol{0} \tag{15-2}$$

由式（15-1）定义的 $\boldsymbol{F}_{\mathrm{I}}$ 具有力的量纲，称为**质点的惯性力**，即**质点惯性力的大小等于质点的质量与加速度的乘积，方向与质点的加速度的方向相反。**

式（15-2）表明：**任一瞬时，作用于质点上的主动力、约束力和虚加在质点上的惯性力在形式上构成平衡力系**。这称为**质点的达朗贝尔原理**。

根据达朗贝尔原理，即可将动力学问题转化为静力学问题来处理，故称为**动静法**。应该指出，达朗贝尔原理并没有改变动力学问题的性质，质点并非真正处于平衡状态，这仅仅是一种方法上的转变。

【例 15-1】 如图 15-2 所示，一根长 $l=30$ cm 的细绳一端固定在天花板上，另一端系着一个重 $P=9.8$ N 的小球，绳与铅直线的夹角 $\varphi=60°$。已知小球在水平面内做匀速圆周运动，试求小球的速度和绳子的拉力。

解： 取小球为研究对象，其受力分析和运动分析如图15-2所示。

由于小球在水平面内做匀速圆周运动，加速度 $\boldsymbol{a}=\boldsymbol{a}_n$，故其惯性力的大小

$$F_I=F_I^n=\frac{P}{g}a_n=\frac{P}{g}\ \frac{v^2}{l\sin\varphi}$$

方向与法向加速度 $\boldsymbol{a}_n$ 相反。

将惯性力 $\boldsymbol{F}_I$ 虚加在小球上（见图15-2），由质点的达朗贝尔原理知，小球的重力 $\boldsymbol{P}$、绳子的拉力 $\boldsymbol{F}_T$ 和惯性力 $\boldsymbol{F}_I$ 在形式上构成平衡力系。

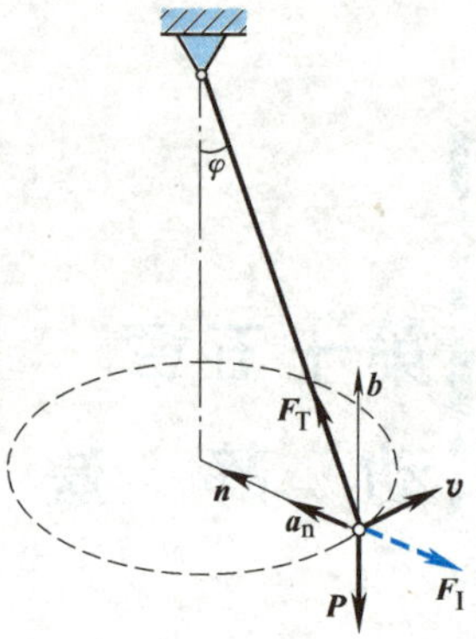

图 15-2

建立自然坐标轴，列平衡方程，有

$$\sum F_n=0,\quad F_T\sin\varphi-F_I=0$$
$$\sum F_b=0,\quad F_T\cos\varphi-P=0$$

联立求解上述三式，得小球的速度和绳子的拉力分别为

$$v=2.1\ \text{m/s},\quad F_T=19.6\ \text{N}$$

【例15-2】 如图15-3a所示，球磨机的滚筒内装有钢球和需要研磨的物料，以等角速度 ω 绕水平中心轴 O 转动。钢球被筒壁带到一定高度后脱离筒壁，沿抛物线轨迹落下击碎物料。已知滚筒的内半径为 r，试求钢球脱离筒壁的角度 θ。

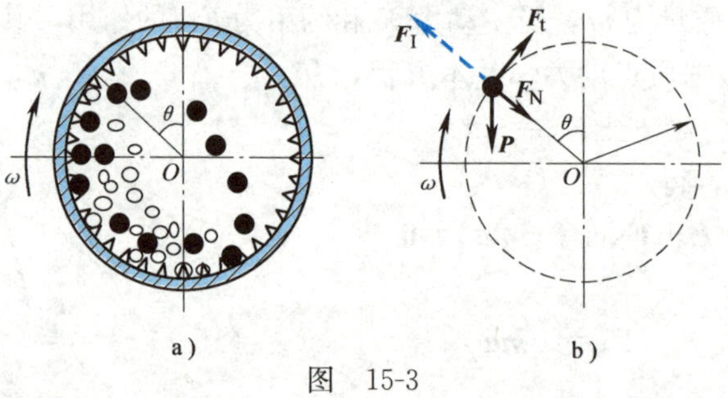

图 15-3

解： 研究脱离筒壁前的某个钢球，其受到重力 $\boldsymbol{P}$、筒壁的法向约束力 $\boldsymbol{F}_N$ 和切向约束力 $\boldsymbol{F}_t$ 的作用（见图15-3b）。

由于钢球在脱离筒壁前，随筒壁做匀速圆周运动，只有法向加速度 $a_n=\omega^2 r$，因此其惯性力 $\boldsymbol{F}_I$ 的大小

$$F_I=F_I^n=\frac{P}{g}a_n=\frac{P}{g}\omega^2 r \tag{a}$$

方向背离中心轴 O。

将惯性力 $\boldsymbol{F}_I$ 虚加在钢球上（见图15-3b），由质点的达朗贝尔原理知，这四个力在形式上构成平衡力系。

沿法向列出平衡方程，有

$$F_N+P\cos\theta-F_I=0 \tag{b}$$

将式（a）代入式（b），解得筒壁的法向约束力为

$$F_N = P\left(\frac{\omega^2 r}{g} - \cos\theta\right)$$

在钢球脱离筒壁的瞬时，$F_N=0$，代入上式即得钢球的脱离角

$$\theta = \arccos\left(\frac{\omega^2 r}{g}\right)$$

由结果可见，当 $\omega^2 r/g=1$ 时，$\theta=0$，这意味着钢球始终不会脱离筒壁。此时滚筒的角速度

$$\omega_{cr} = \sqrt{\frac{g}{r}}$$

称为临界角速度。显然，对球磨机而言，应有 $\omega<\omega_{cr}$；而对于离心浇铸机，为使熔体在旋转的铸模内能够紧贴内壁而成型，则要求 $\omega>\omega_{cr}$。

第二节　质点系的动静法

设质点系由 n 个质点组成，其中任一质点的质量为 m_i，加速度为 $\boldsymbol{a}_i$，将其上的作用力分为质点系的外力 $\boldsymbol{F}_i^e$ 和内力 $\boldsymbol{F}_i^i$，并虚加上惯性力 $\boldsymbol{F}_{Ii}=-m_i\boldsymbol{a}_i$，根据质点的达朗贝尔原理，则有

$$\boldsymbol{F}_i^e + \boldsymbol{F}_i^i + \boldsymbol{F}_{Ii} = \boldsymbol{0}$$

即，质点系中每个质点上作用的外力、内力和虚加的惯性力在形式上构成平衡力系。根据加减平衡力系公理，平衡力系的组合依然是平衡力系，而质点系的内力总是成对出现，且等值、反向、共线，自行平衡，将其减去后不会影响原力系的平衡，故有结论：**作用在质点系上的所有外力与虚加在所有质点上的惯性力在形式上构成平衡力系**。这就是**质点系的达朗贝尔原理**。

根据质点系的达朗贝尔原理，即可将质点系的动力学问题转化为静力学中物体系的平衡问题来处理。现举例说明如下：

【例 15-3】 如图 15-4a 所示，细绳绕过半径 $r=100$ mm、质量可忽略不计的定滑轮，绳的两端分别悬挂物块 A 和 B，两物块的重力分别为 $P_A=4$ kN、$P_B=1$ kN，滑轮上作用一矩 $M=0.4$ kN·m 的力偶。假设绳与轮间无相对滑动，并不计轴承摩擦，试求物块的加速度与轴 O 处的约束力。

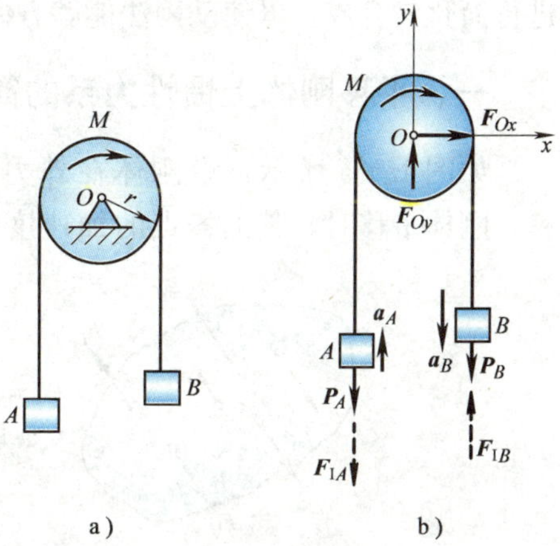

图　15-4

解： 选取物块 A、B 与滑轮组成的质点系为研究对象，其上所受外力有重力 $\boldsymbol{P}_A$、$\boldsymbol{P}_B$、

力偶矩 M 和轴 O 处的约束力 $\boldsymbol{F}_{Ox}$、$\boldsymbol{F}_{Oy}$。

由题意知，物块 A 上升的加速度与物块 B 下降的加速度相等，令 $a_A=a_B=a$，两物块惯性力的大小分别为

$$F_{\mathrm{I}A}=\frac{P_A}{g}a,\quad F_{\mathrm{I}B}=\frac{P_B}{g}a \tag{a}$$

方向与各自加速度方向相反。

将惯性力 $\boldsymbol{F}_{\mathrm{I}A}$、$\boldsymbol{F}_{\mathrm{I}B}$ 分别虚加在物块 A、B 上（见图 15-4b），由质点系的达朗贝尔原理知，所有外力与惯性力在形式上构成平衡力系。

建立直角坐标系，列平衡方程，有

$$\sum F_{ix}=0,\quad F_{Ox}=0$$

$$\sum F_{iy}=0,\quad F_{Oy}-P_A-P_B-F_{\mathrm{I}A}+F_{\mathrm{I}B}=0$$

$$\sum M_O(\boldsymbol{F}_i)=0,\quad -M+P_Ar-P_Br+F_{\mathrm{I}A}r+F_{\mathrm{I}B}r=0$$

将式（a）和已知数据代入上述平衡方程，解得物块的加速度与轴 O 的约束力分别为

$$a=\frac{M+(P_B-P_A)r}{(P_A+P_B)r}g=1.96\ \mathrm{m/s^2}$$

$$F_{Ox}=0,\quad F_{Oy}=P_A+P_B+(P_A-P_B)\frac{a}{g}=5.6\ \mathrm{kN}$$

第三节 刚体上惯性力系的简化

在运用动静法求解质点系的动力学问题时，需要在每个质点上虚加惯性力，这对刚体来说难以做到，因为刚体是由无数个质点所组成的。为此，需要运用静力学的力系简化与合成理论，对刚体上无数个质点的惯性力构成的惯性力系进行简化与合成，以使动静法能够方便地运用于刚体。

知识点 9：刚体惯性力系的简化

一、平移刚体上惯性力系的简化

如图 15-5a 所示，设刚体在外力 $\boldsymbol{F}_i$ 的作用下平移。刚体平移时，其上各点的加速度都相同，都等于质心 C 的加速度 $\boldsymbol{a}_C$。因

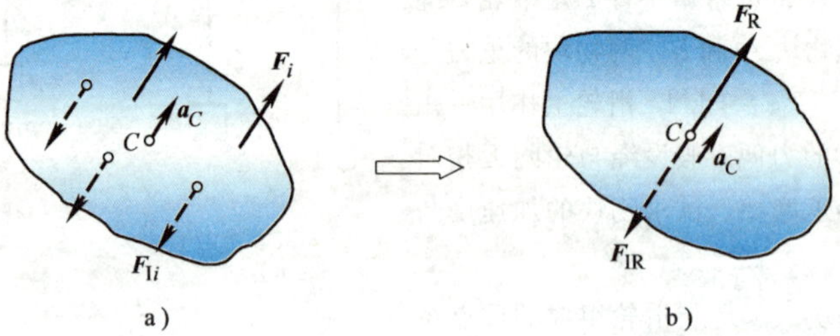

图 15-5

此，各质点的惯性力 $\boldsymbol{F}_{Ii}$ 的方向均与 $\boldsymbol{a}_C$ 的方向相反，它们组成一同向平行力系（见图 15-5a）。显然，该同向平行力系可合成为一个作用线通过质心 C 的合力（见图 15-5b），

$$\boldsymbol{F}_{IR}=-m\boldsymbol{a}_C \tag{15-3}$$

式中，m 为刚体质量。即有结论：**平移刚体上的惯性力系可合成为一个作用线通过质心的合力，该合力的大小等于刚体的质量与质心加速度的乘积，方向与质心加速度的方向相反。**

根据上述结论，由动静法以及二力平衡公理易知，刚体平移时，其所受外力合力 $\boldsymbol{F}_R$ 的作用线一定通过刚体质心 C（见图 15-5b）。

二、绕定轴转动刚体上惯性力系的简化

假设刚体具有质量对称平面，且绕垂直于该质量对称平面的定轴转动。此时，可先将刚体上的空间惯性力系转化为在质量对称平面内的平面惯性力系，然后再将其向转轴与质量对称平面的交点 O 简化，得到一个主矢 $\boldsymbol{F}_{IR}$ 和一个主矩 M_{IO}（见图 15-6）。可以证明，该主矢和主矩分别为

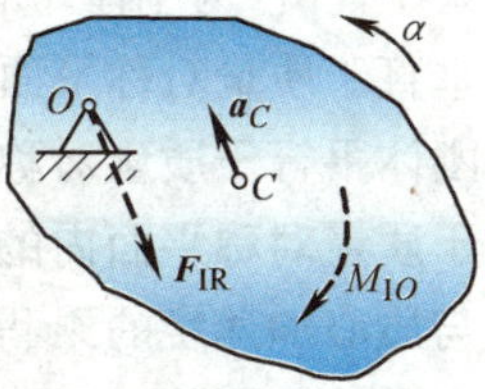

图 15-6

$$\boldsymbol{F}_{IR}=-m\boldsymbol{a}_C \tag{15-4}$$

$$M_{IO}=-J_O\alpha \tag{15-5}$$

式中，$\boldsymbol{a}_C$ 为刚体质心加速度；α 为刚体角加速度；m 为刚体质量；J_O为刚体对转轴 O 的转动惯量。即有结论：**具有质量对称平面的刚体绕垂直于质量对称平面的定轴转动时，刚体上惯性力系向转轴简化的结果一般为位于质量对称平面内的一个主矢和一个主矩。其中，主矢的大小等于刚体的质量与质心加速度的乘积，方向与质心加速度方向相反，作用线通过转轴；主矩的大小等于刚体对转轴的转动惯量与角加速度的乘积，转向与角加速度转向相反。**

几种特殊情况：

1）转轴不通过质心，刚体做匀速转动。

此时，$\alpha=0$，从而 $M_{IO}=0$，惯性力系合成为一个作用线通过转轴的合力，其大小为 $F_{IR}=m\omega^2 r_C$（ω 为刚体的角速度，r_C 为质心的转动半径），方向由转轴 O 指向质心 C。

2）转轴通过质心，刚体做变速转动。

此时，$a_C=0$，从而 $F_{IR}=0$，惯性力系合成为一个合力偶，其矩的大小 $M_{IO}=J_O\alpha$，转向与角加速度 α 的转向相反。

3）转轴通过质心，刚体做匀速转动。

此时，$F_{IR}=0$，$M_{IO}=0$，惯性力系自行平衡，这种情形称为**动平衡**。

三、平面运动刚体上惯性力系的简化

假设刚体具有质量对称平面，且平行于该平面运动。此时，与刚体绕定轴转动类似，可先将刚体上的空间惯性力系转化为在质量对称平面内的平面惯性力系，然后再将其向质心 C 简化，得到一个主矢 $\boldsymbol{F}_{IR}$ 和一个主矩 M_{IC}（见图 15-7），分别为

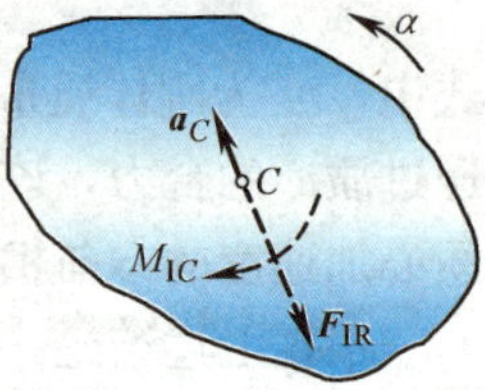

图 15-7

$$\boldsymbol{F}_{IR}=-m\boldsymbol{a}_C \tag{15-6}$$

$$M_{IC}=-J_C\alpha \tag{15-7}$$

式中，$\boldsymbol{a}_C$ 为刚体质心加速度；α 为刚体角加速度；m 为刚体质量；J_C 为刚体对垂直于质量对称平面的质心轴 C 的转动惯量。即有结论：**具有质量对称平面的刚体平行于质量对称平面运动时，刚体上惯性力系向质心简化的结果一般为位于质量对称平面内的一个主矢和一个主矩。其中，主矢的大小等于刚体的质量与质心加速度的乘积，方向与质心加速度方向相反，作用线通过质心；主矩的大小等于刚体对垂直于质量对称平面的质心轴的转动惯量与角加速度的乘积，转向与角加速度转向相反。**

【例 15-4】 如图 15-8a 所示，质量为 m 的汽车以加速度 $\boldsymbol{a}$ 沿着水平路面行驶。汽车重心 C 离地面的高度为 h，汽车的前、后轮轴到重心的水平距离分别为 c 和 b。试求汽车前、后轮的正压力，并确定汽车以多大的加速度行驶方能使前、后轮的正压力相等。

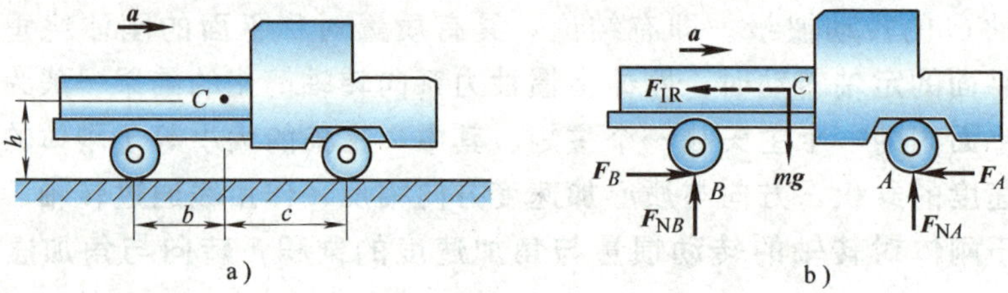

图 15-8

解： 取汽车为研究对象，其受力图如图 15-8b 所示。

汽车做直线平移，在质心 C 处虚加惯性合力 $\boldsymbol{F}_{IR}=-m\boldsymbol{a}$，根据达朗贝尔原理，列平衡方程

$$\sum M_A(\boldsymbol{F}_i)=0,\quad F_{IR}h+mgc-(b+c)F_{NB}=0$$

$$\sum M_B(\boldsymbol{F}_i)=0,\quad F_{IR}h-mgb+(b+c)F_{NA}=0$$

联立求解，得汽车前、后轮的正压力分别为

$$F_{NA}=\frac{bg-ha}{b+c}m,\quad F_{NB}=\frac{cg+ha}{b+c}m$$

使汽车前、后轮的正压力相等，即令

$$F_{NA}=F_{NB},\quad \frac{bg-ha}{b+c}m=\frac{cg+ha}{b+c}m$$

解得此时汽车的加速度为

$$a=\frac{b-c}{2h}g$$

【例 15-5】 如图 15-9a 所示，质量分别为 m_1 和 m_2 的物块 A 和 B，分别系在两条绳子上，绳子又分别绕于半径为 r_1 和 r_2 并固连在 起的两个鼓轮上。已知两轮共重 $\boldsymbol{P}$，对转轴 O 的转动惯量为 J，且 $m_1r_1>m_2r_2$，鼓轮的质心位于转轴 O 上。系统在重力作用下发生运动，试求鼓轮的角加速度以及轴承 O 处的约束力。

典型例题 21: 例15-5

解： 选取整个系统为研究对象，如图 15-9b 所示，作用于系统上的外力有重力 $m_1\boldsymbol{g}$、$m_2\boldsymbol{g}$、$\boldsymbol{P}$ 和轴承 O 处的约束力 $\boldsymbol{F}_{Ox}$、$\boldsymbol{F}_{Oy}$。

物块 A、B 可视为质点，其惯性力的大小分别为 $F_{I1}=m_1a_1$、$F_{I2}=m_2a_2$，方向与各自加速度 $\boldsymbol{a}_1$、$\boldsymbol{a}_2$ 的方向相反。鼓轮绕质心轴 O 转动，其上的惯性力系合成为一个力偶，该惯性合力偶矩的大小 $M_{IO}=J\alpha$，转向与鼓轮角加速度 α 相反。

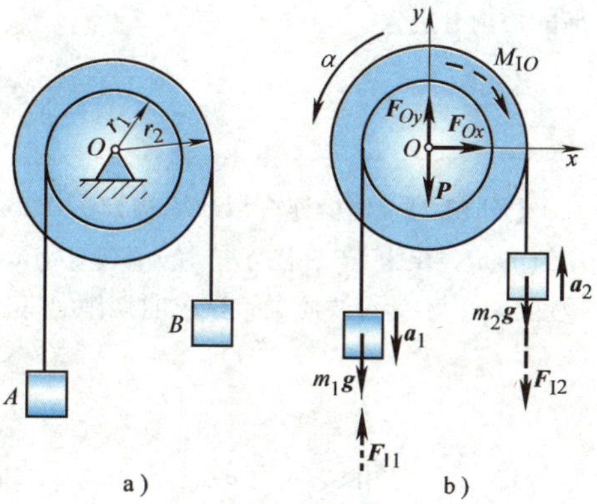

图　15-9

根据达朗贝尔原理，列平衡方程

$$\sum M_O(\boldsymbol{F}_i)=0,\quad m_1gr_1-F_{I1}r_1-M_{IO}-m_2gr_2-F_{I2}r_2=0$$

$$\sum F_{ix}=0,\quad F_{Ox}=0$$

$$\sum F_{iy}=0,\quad F_{Oy}-m_1g-m_2g-P+F_{I1}-F_{I2}=0$$

将 $F_{I1}=m_1a_1$、$F_{I2}=m_2a_2$、$M_{IO}=J\alpha$ 和 $a_1=r_1\alpha$、$a_2=r_2\alpha$ 代入上述平衡方程，解得鼓轮的角加速度

$$\alpha=\frac{(m_1r_1-m_2r_2)g}{m_1r_1^2+m_2r_2^2+J}$$

轴承 O 的约束力

$$F_{Ox}=0,\quad F_{Oy}=(m_1+m_2)g+P-\frac{(m_1r_1-m_2r_2)^2g}{m_1r_1^2+m_2r_2^2+J}$$

【例 15-6】 匀质圆柱体的质量为 m、半径为 R，在外缘上绕有一细绳，绳的一端固定在天花板上，如图 15-10a 所示。若圆柱体无初速地自由下降，试求圆柱体质心 C 的加速度和绳的拉力。绳与圆柱体间无相对滑动。

解： 取圆柱体为研究对象，如图 15-10b 所示，其上的作用力有圆柱体的重力 $m\boldsymbol{g}$ 和绳的拉力 $\boldsymbol{F}_{\mathrm{T}}$。

圆柱体做平面运动，其上惯性力系简化为一个作用线通过质心 C 的惯性主矢 $\boldsymbol{F}_{IR}$ 和一个惯性主矩 M_{IC}（见图 15-10b），其大小分别为

$$F_{IR}=ma_C,\quad M_{IC}=J_C\alpha$$

其中，$J_C=\frac{1}{2}mR^2$，$a_C=R\alpha$。

根据达朗贝尔原理，列平衡方程

$$\sum M_P(\boldsymbol{F}_i)=0,\quad M_{IC}-mgR+F_{IR}R=0$$

$$\sum F_{iy}=0,\quad -mg+F_T+F_{IR}=0$$

联立求解上述各式，即得圆柱体质心 C 的加速度和绳的拉力分别为

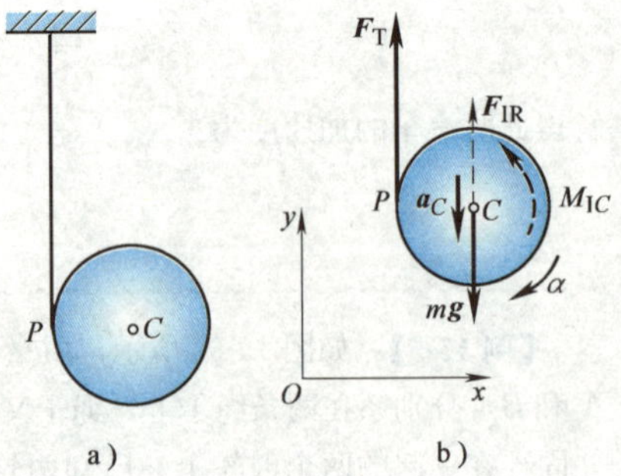

图 15-10

$$a_C=\frac{2}{3}g,\quad F_T=\frac{1}{3}mg$$

【例 15-7】 曲柄连杆滑块机构如图 15-11a 所示。已知曲柄 AO 长为 r，匀质连杆 AB 的质量为 m、长为 l，在图示位置，$AO\perp OB$，连杆质心 C 的加速度为 $\boldsymbol{a}_{Cx}$ 和 $\boldsymbol{a}_{Cy}$，连杆的角加速度为 α。不计滑块质量，试求曲柄销 A 和光滑导轨 B 对连杆 AB 的约束力。

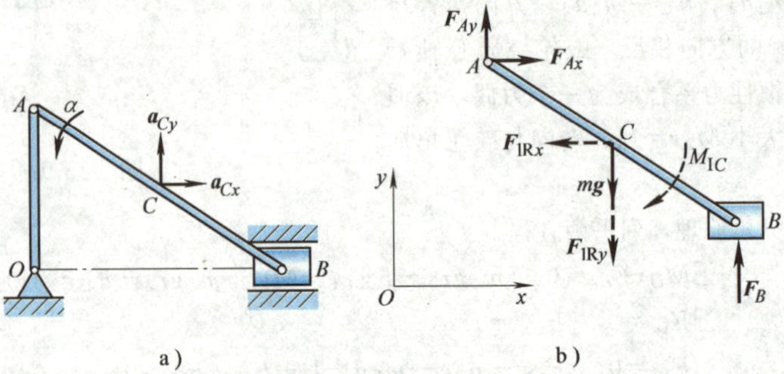

图 15-11

解： 选取连杆 AB 和滑块 B 组成的质点系为研究对象，如图 15-11b 所示，作用于系统上的外力有连杆 AB 的重力 $m\boldsymbol{g}$，曲柄销 A 的约束力 $\boldsymbol{F}_{Ax}$、$\boldsymbol{F}_{Ay}$ 和光滑导轨 B 的约束力 $\boldsymbol{F}_B$。

连杆 AB 做平面运动，其上惯性力系向质心 C 简化得到惯性主矢和惯性主矩（见图 15-11b），其大小分别为

$$F_{IRx}=ma_{Cx},\quad F_{IRy}=ma_{Cy},\quad M_{IC}=\frac{1}{12}ml^2\alpha$$

根据达朗贝尔原理，列平衡方程

$$\sum F_{ix}=0,\quad F_{Ax}-F_{IRx}=0$$

$$\sum F_{iy}=0,\quad F_{Ay}+F_B-mg-F_{IRy}=0$$

$$\sum M_A(\boldsymbol{F}_i)=0,\quad F_B\sqrt{l^2-r^2}-(mg+F_{IRy})\frac{\sqrt{l^2-r^2}}{2}-F_{IRx}\frac{r}{2}-M_{IC}=0$$

联立解得曲柄销 A 和光滑导轨 B 对连杆 AB 的约束力分别为

$$F_{Ax}=ma_{Cx}, \quad F_{Ay}=\frac{m}{2}\left[g+a_{Cy}-\frac{1}{\sqrt{l^2-r^2}}\left(ra_{Cx}+\frac{l^2}{6}\alpha\right)\right]$$

$$F_B=\frac{m}{2}\left[g+a_{Cy}+\frac{1}{\sqrt{l^2-r^2}}\left(ra_{Cy}+\frac{l^2}{6}\alpha\right)\right]$$

【例 15-8】 如图 15-12a 所示，匀质矩形板的质量为 m，边长 $AE=b$、$AB=2b$，用两根平行等长细绳吊在水平天花板上。若在静止状态下突然剪断细绳 BO_2，试求剪断瞬时矩形板质心 C 的加速度与细绳 AO_1 的拉力。

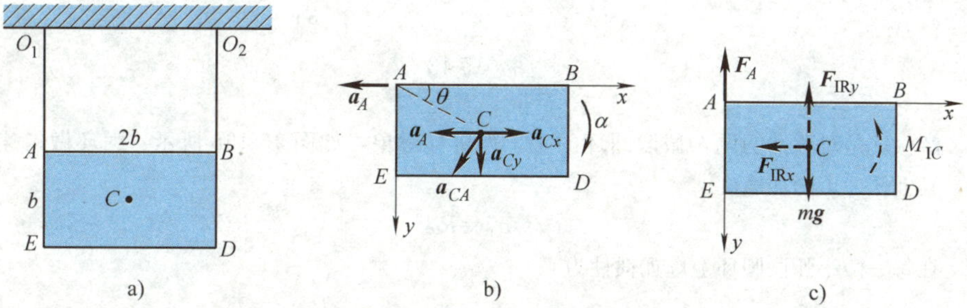

图　15-12

解： 选取矩形板为研究对象。剪断细绳 BO_2 后，矩形板将做平面运动，以点 A 为基点，由基点法得质心 C 的加速度

$$\boldsymbol{a}_{Cx}+\boldsymbol{a}_{Cy}=\boldsymbol{a}_A+\boldsymbol{a}_{CA}^{n}+\boldsymbol{a}_{CA}^{t} \tag{a}$$

在剪断细绳 BO_2 的瞬时，矩形板的角速度以及其上任一点的速度均为零，故知 $\boldsymbol{a}_A$ 的方向垂直于 AO_1，$a_{CA}^{n}=0$，$a_{CA}=a_{CA}^{t}$，对应的加速度分析图如图 15-12b 所示。将式（a）的两边向 y 轴投影，得

$$a_{Cy}=a_{CA}\cos\theta=\left(\alpha\cdot\frac{AD}{2}\right)\frac{2b}{AD}=b\alpha$$

作出矩形板的受力图，并虚加惯性力系的主矢和主矩（见图 15-12c），其中

$$F_{IRx}=ma_{Cx}, F_{IRy}=ma_{Cy}=mb\alpha$$

$$M_{IC}=J_C\alpha=\frac{1}{12}m[b^2+(2b)^2]\alpha=\frac{5}{12}mb^2\alpha$$

根据达朗贝尔原理，列平衡方程

$$\sum F_x=0, -F_{IRx}=0$$

$$\sum F_y=0,\ -mg+F_A+F_{IRy}=0$$

$$\sum M_C(F)=0,\ M_{IC}-F_Ab=0$$

联立上述各式，解得剪断瞬时矩形板质心 C 的加速度与细绳 AO_1 的拉力分别为

$$a_{Cx}=0, a_{Cy}=\frac{12}{17}g, F_A=\frac{5}{17}mg$$

【例 15-9】 如图 15-13a 所示，匀质薄壁圆环的质量为 m，半径为 R，在水平平面内以等角速度 ω 绕环心 O 转动。试求圆环横截面上的张力。

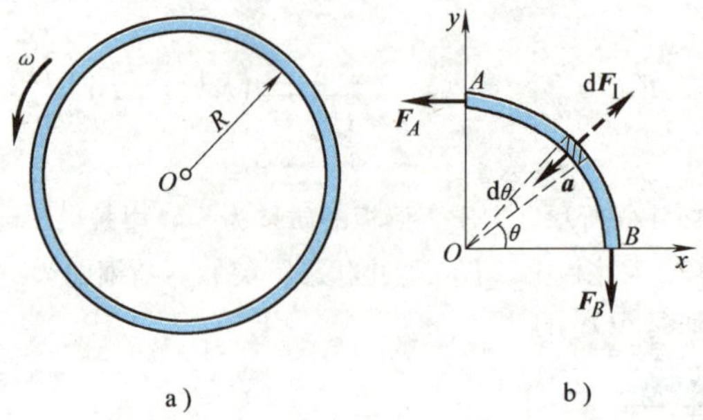

图 15-13

解： 这是对称性问题，截取圆环的 1/4 为研究对象，如图 15-13b 所示。圆环做匀速转动，其上任一点的加速度

$$a = a_{\mathrm{n}} = R\omega^2$$

在每一微小弧段圆环上虚加惯性力

$$\mathrm{d}F_{\mathrm{I}} = a \cdot \mathrm{d}m = R\omega^2 \cdot \frac{m}{2\pi R} R\,\mathrm{d}\theta = \frac{mR\omega^2}{2\pi}\mathrm{d}\theta$$

根据达朗贝尔原理，惯性力与圆环横截面上的张力 $\boldsymbol{F}_A$、$\boldsymbol{F}_B$ 在形式上构成平衡力系（见图 15-13b）。列平衡方程

$$\sum F_{ix} = 0, \quad -F_A + \int \mathrm{d}F_{\mathrm{I}}\cos\theta = -F_A + \int_0^{\frac{\pi}{2}} \frac{mR\omega^2}{2\pi}\cos\theta\,\mathrm{d}\theta = 0$$

$$\sum F_{iy} = 0, \quad -F_B + \int \mathrm{d}F_{\mathrm{I}}\sin\theta = -F_B + \int_0^{\frac{\pi}{2}} \frac{mR\omega^2}{2\pi}\sin\theta\,\mathrm{d}\theta = 0$$

解得

$$F_A = F_B = \frac{mR\omega^2}{2\pi}$$

由于对称性，圆环任一横截面上的张力均相等。

注意： 由于此题无法直接采用前面所介绍的刚体上惯性力系的简化结果，因此必须在研究对象的每一个质点上都虚加惯性力，对于质量连续分布的刚体，则需要通过高等数学中的积分元素法来进行计算。

【例 15-10】 如图 15-14 所示，已知飞轮的质量 $m=20$ kg，转轴 AB 垂直于飞轮的质量对称平面，飞轮质心 C 不在转轴上，偏心距 $e=0.1$ min。当飞轮以转速 $n=12000$ r/min 匀速转动时，试求向心轴承 A、B 处的最大约束力。转轴质量忽略不计。

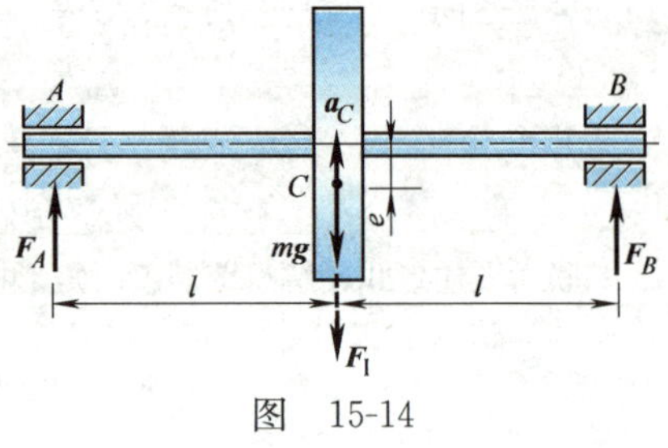

图 15-14

解： 取飞轮与转轴整体为研究对象。显然，当

飞轮质心 C 位于正下方时，轴承处的约束力最大，对应受力图如图 15-14 所示。

由于飞轮匀速转动，故飞轮上的惯性力系可合成为一个惯性合力，其大小

$$F_{\mathrm{I}}=ma_C=me\omega^2=20\ \mathrm{kg}\times0.1\times10^{-3}\ \mathrm{m}\times\left(\frac{12000\pi}{30}\ \mathrm{rad/s}\right)^2=3160\ \mathrm{N}$$

根据达朗贝尔原理，由平衡方程易得向心轴承 A、B 的最大约束力

$$F_A=F_B=\frac{1}{2}(mg+F_{\mathrm{I}})=98\ \mathrm{N}+1580\ \mathrm{N}=1678\ \mathrm{N}$$

讨论： 在上述计算结果中，98 N 是飞轮自重引起的，称为**轴承静约束力**；1580 N 是飞轮转动惯性力引起的，称为**轴承附加动约束力**；轴承静约束力与附加动约束力之和称为**轴承动约束力**。注意到，此处的轴承附加动约束力高达静约束力的 16 倍之多。

第四节　绕定轴转动刚体的轴承动约束力

由例 15-10 可见，当绕定轴转动刚体高速旋转时，很小的偏心距都会引起很大的轴承动约束力。而且，由于绕定轴转动刚体上的惯性力及其导致的轴承附加动约束力的大小和方向还将随着刚体的旋转做周期性变化，从而使机器产生振动、噪声甚至破坏。因此，如何尽量减小或消除绕定轴转动刚体的轴承附加动约束力，是工程中一个十分重要的问题。

设刚体以角速度 ω、角加速度 α 绕定轴 z 转动，取转轴 z 上任一点 O 为坐标原点，建立直角坐标系 $Oxyz$，将其上惯性力系向坐标原点 O 简化，一般可得一主矢 $\boldsymbol{F}_{\mathrm{IR}}$ 和一主矩矢 $\boldsymbol{M}_{\mathrm{IO}}$。可以证明，惯性力系的主矢

$$\boldsymbol{F}_{\mathrm{IR}}=-m\boldsymbol{a}_C \tag{15-8}$$

式中，m 为刚体质量；$\boldsymbol{a}_C$ 为刚体质心 C 的加速度。

惯性力系的主矩矢

$$\begin{aligned}\boldsymbol{M}_{\mathrm{IO}}&=M_{\mathrm{I}x}\boldsymbol{i}+M_{\mathrm{I}y}\boldsymbol{j}+M_{\mathrm{I}z}\boldsymbol{k}\\&=(J_{zx}\alpha-J_{yz}\omega^2)\boldsymbol{i}+(J_{yz}\alpha+J_{zx}\omega^2)\boldsymbol{j}-J_z\alpha\boldsymbol{k}\end{aligned} \tag{15-9}$$

式中，

$$J_{yz}=\sum(m_iy_iz_i),\quad J_{zx}=\sum(m_iz_ix_i) \tag{15-10}$$

分别称为刚体对轴 y、z 和对轴 z、x 的惯性积。

在上述惯性力系的简化结果中，$M_{\mathrm{I}z}=-J_z\alpha$ 是惯性力系对转轴 z 的主矩，它不会引起轴承附加动约束力，故要使轴承附加动约束力为零，必须有

$$\left.\begin{aligned}a_C&=0\\J_{yz}=J_{zx}&=0\end{aligned}\right\} \tag{15-11}$$

式（15-11）即为消除绕定轴转动刚体的轴承附加动约束力的条件。前一条件要求转轴 z 通过刚体质心 C。满足后一条件的 z 轴称为**惯性主轴**，通过质心的惯性主轴，称为**中心惯性主轴**。因此，消除绕定轴转动刚体的轴承附加动约束力的条件可以简单表述为：**绕定轴转动刚体的转轴应为中心惯性主轴**。可以证明，若刚体具有质量对称平面，则**垂直于质量对称平面的质心轴就是中心惯性主轴**。

最后，再介绍一下绕定轴转动刚体的静平衡和动平衡的概念。若刚体的转轴通过质心，且刚体除重力外，不受其他主动力的作用，则刚体可以在任意位置静止，这种现象称为绕定轴转动刚体的**静平衡**。若刚体的转轴为中心惯性主轴，则刚体转动时不会引起轴承附加动约束力，这种现象称为绕定轴转动刚体的**动平衡**。工程中，为了避免出现轴承动约束力，对于高速转动的部件，必须通过专门的静平衡和动平衡试验机进行平衡找正，使之尽量实现静平衡和动平衡。

复习思考题

15-1 设质点在空中运动时，只受重力作用，试确定在下列三种情况下，质点惯性力的大小和方向：(1) 质点做自由落体运动；(2) 质点垂直上抛；(3) 质点沿抛物线运动。

15-2 刚体上的惯性力系向任一点简化所得的主矢是否相同？主矩呢？

15-3 是否只要运动的质点就有惯性力？

15-4 做匀速运动的质点的惯性力一定为零。试问这一表述是否正确？为什么？

15-5 一列火车在起动时，哪一节车厢的挂钩受力最大？为什么？

15-6 在什么情况下绕定轴转动刚体上的惯性力系为平衡力系？

15-7 绕定轴转动刚体上的惯性力系能否向质心简化？如能，其简化结果如何？

15-8 如果平面运动刚体上的惯性力系可以合成为一个合力，则该合力的作用线一定通过刚体的质心。试问这一表述是否正确？为什么？

15-9 做瞬时平移的刚体，在该瞬时，其上惯性力系向质心简化的主矩一定为零。试问这一表述是否正确？为什么？

15-10 何谓绕定轴转动刚体的轴承静约束力和附加动约束力？

15-11 绕定轴转动刚体的轴承附加动约束力有何危害？如何消除绕定轴转动刚体的轴承附加动约束力？

15-12 何谓绕定轴转动刚体的静平衡和动平衡？如何实现绕定轴转动刚体的静平衡和动平衡？

习题

15-1 如习题 15-1 图所示，三棱柱 A 的斜面与水平地面成 θ 角，若不计各处摩擦，试问三棱柱 A 以多大的加速度沿水平地面运动时，才能使放在斜面上的物块 B 与三棱柱 A 之间不发生相对运动？已知物块 B 的质量为 m。

15-2　如习题 15-2 图所示，在半径为 r 的光滑圆柱顶部放置一小物块。设小物块开始静止，受微小扰动后在铅垂面内自圆柱顶部滑下，试求小物块脱离圆柱面时的 φ 角。

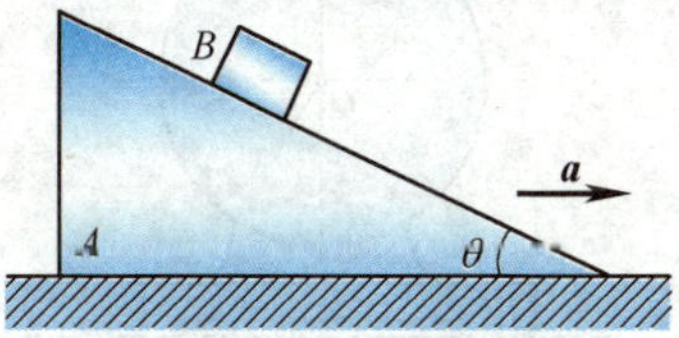

习题 15-1 图

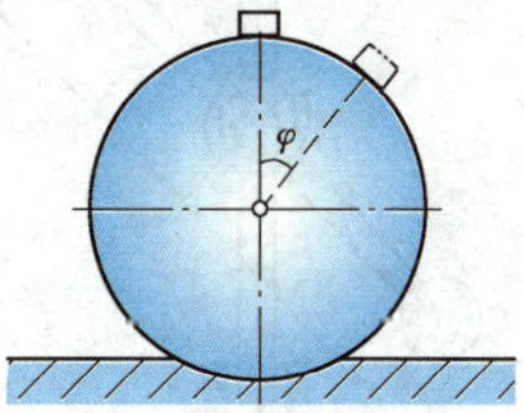

习题 15-2 图

15-3　如习题 15-3 图所示，重量均为 P 的两个物块 A 和 B，系在细绳的两端，细绳绕过半径为 R、质量可不计的定滑轮，光滑斜面的倾角为 θ。试求物块 A 下降的加速度以及轴承 O 处的约束力。

15-4　如习题 15-4 图所示，质量 $m_1=100$ kg 的匀质物块置于平台车上，平台车质量 $m_2=50$ kg，可沿水平路面运动，车和物块一起由质量为 m_3 的重物牵引。若不计平台车与路面间的摩擦力以及滑轮质量，并假设物块与平台车之间的摩擦力足以阻止其相对滑动，试求使物块不翻倒的重物质量 m_3 的最大值，以及此时平台车的加速度。

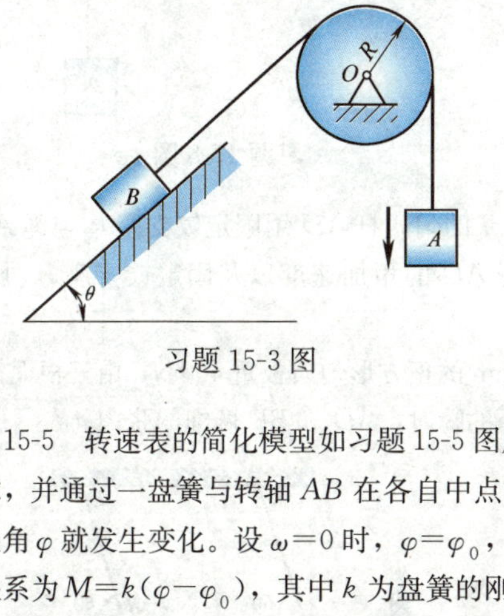

习题 15-3 图

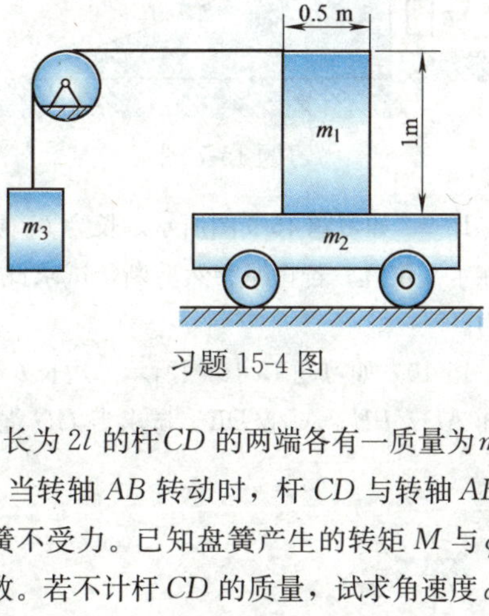

习题 15-4 图

15-5　转速表的简化模型如习题 15-5 图所示。长为 $2l$ 的杆 CD 的两端各有一质量为 m 的小球，并通过一盘簧与转轴 AB 在各自中点铰接。当转轴 AB 转动时，杆 CD 与转轴 AB 间的夹角 φ 就发生变化。设 $\omega=0$ 时，$\varphi=\varphi_0$，且盘簧不受力。已知盘簧产生的转矩 M 与 φ 角的关系为 $M=k(\varphi-\varphi_0)$，其中 k 为盘簧的刚度系数。若不计杆 CD 的质量，试求角速度 ω 与角 φ 之间的关系。

15-6　如习题 15-6 图所示，电动机的外壳用螺栓固定在水平基础上。外壳与定子的总质量为 m_1，质心位于转轴中心 O 处。转子质量为 m_2，由于制造和安装误差，转子的质心 C 到转轴中心 O 有一偏心距 e。若转子匀速转动，角速度为 ω，试用动静法求基础的最大约束力。

15-7　如习题 15-7 图所示，物块 A 重量为 P_1，沿倾角为 θ 的楔形块的斜面下滑，通过绕过滑轮的细绳使重量为 P_2 的物块 B 上升。楔形块放置在水平地面上，若滑轮、细绳的质量以及各处摩擦均略去不计，试求楔形块作用于水平地面凸起部分 E 处的水平压力。

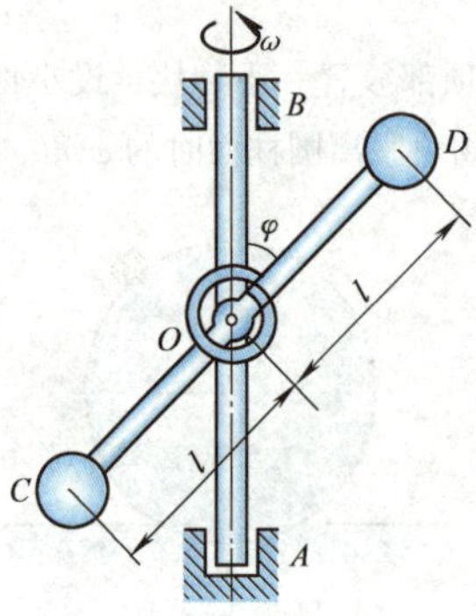

习题 15-5 图

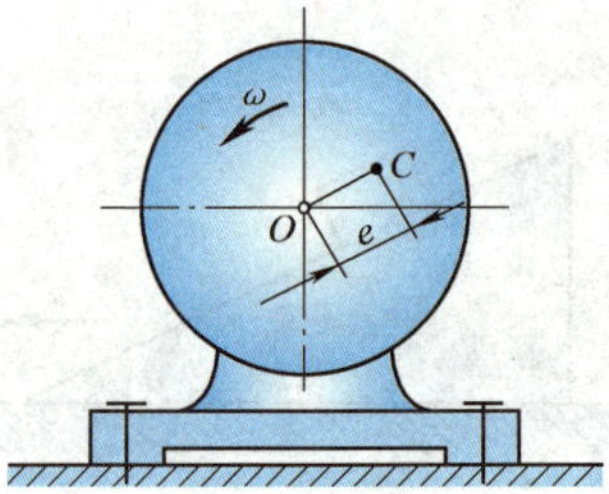

习题 15-6 图

15-8 如习题 15-8 图所示，质量为 m_1 的物体 A 下落时，带动质量为 m_2、半径为 R 的匀质圆盘绕质心轴 B 转动，不计支撑杆 BC 与绳的重力，试求固定端 C 处的约束力。

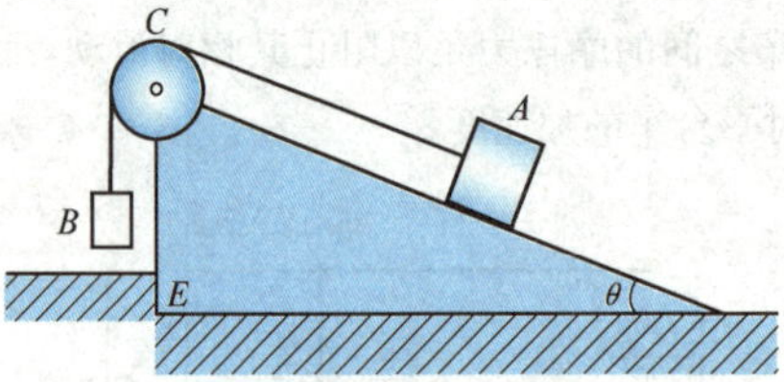

习题 15-7 图

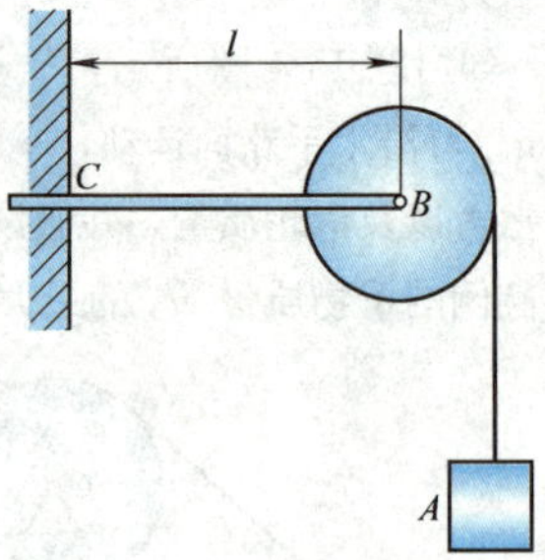

习题 15-8 图

15-9 如习题 15-9 图所示，长为 l、质量为 m 的匀质杆 AD 用固定铰支座 B 与绳 AC 维持在水平位置。若将绳突然剪断，试求此瞬时杆 AD 的角加速度以及固定铰支座 B 处的约束力。

15-10 如习题 15-10 图所示，边长 b=100 mm 的正方形匀质板重 400 N，由三根绳拉住。已知 $AD/\!/BE$、$AB/\!/DE$。试求当 HG 绳被剪断的瞬时，AD 和 BE 两绳的张力。

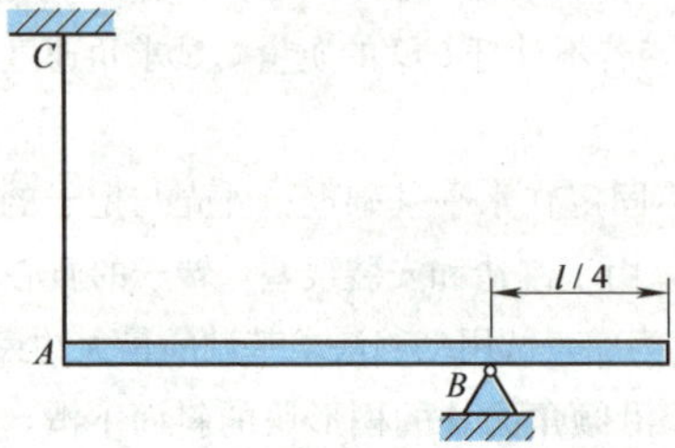

习题 15-9 图

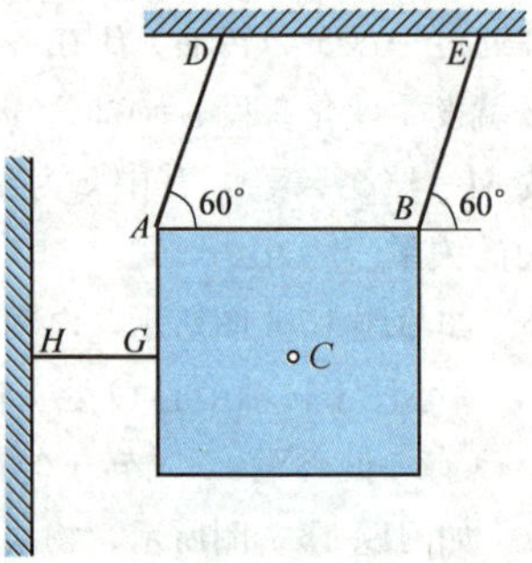

习题 15-10 图

15-11　如习题 15-11 图所示，匀质平板质量为 m，放在两个质量皆为 $m/2$ 的匀质圆柱滚子上，滚子的半径均为 r。现在平板上作用一水平拉力 $\boldsymbol{F}$，假设滚子只滚不滑，试求平板的加速度。

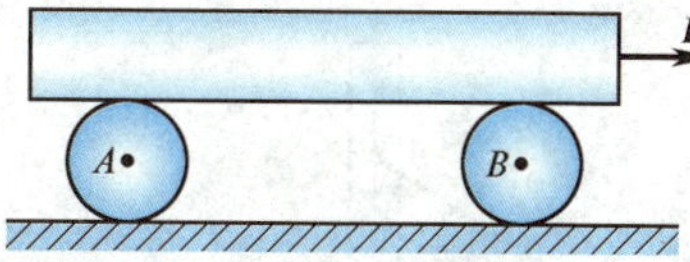

习题 15-11 图

15-12　如习题 15-12 图所示，匀质曲柄 AO 的质量为 m_1、长为 r，以等角速度 ω 绕水平轴 O 逆时针转动。曲柄的 A 端推动质量为 m_2 的滑杆 BCD 沿铅直滑槽运动。不计摩擦，试求当曲柄与水平线夹角 $\theta=30°$时，作用于曲柄上的力偶矩 M 以及轴 O 处的约束力。

15-13　如习题 15-13 图所示，长为 l、质量为 m 的匀质细杆 AB 置于铅直面内，与水平面成角 φ_0。杆的一端 A 靠在光滑的铅直墙上，另一端 B 放在光滑的水平地面上。若杆由静止状态自由倒下，试求：（1）杆在任意位置时的角加速度 α；（2）杆脱离墙时与水平面所成的夹角 φ_1。

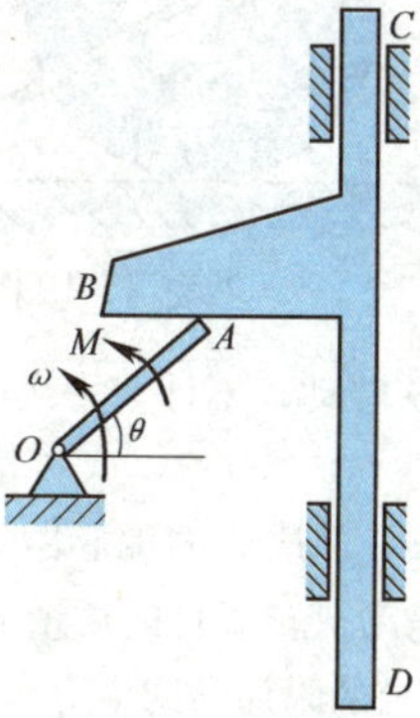

习题 15-12 图

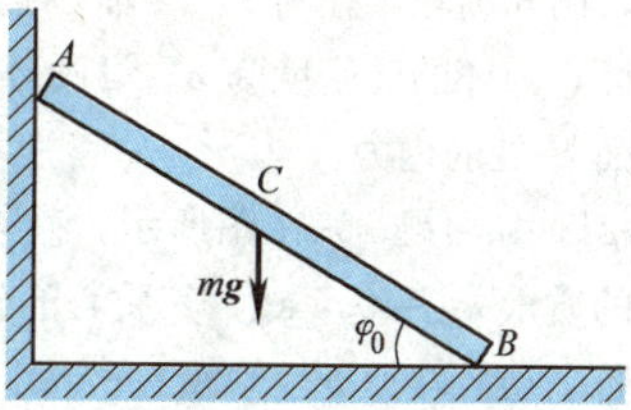

习题 15-13 图

15-14　如习题 15-14 图所示，质量为 m 的小球用细绳连接于匀质圆轮的中心 O 处，圆轮的质量为 m_1，放置在粗糙的水平地面上。假设圆轮只滚不滑，试求在图示位置，小球无初速释放瞬时轮心 O 的加速度。

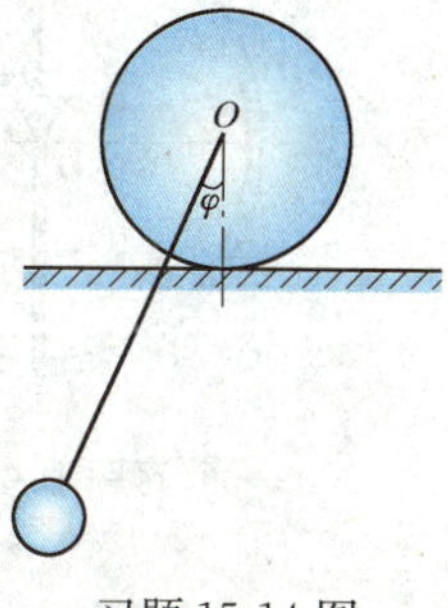

习题 15-14 图

15-15　试用动静法求解习题 13-18。

15-16　试用动静法求解习题 13-20。

15-17　习题 15-17 图所示曲柄滑槽机构，匀质曲柄 AO 的质量为 m_1，长度为 r，以等角速度 ω 绕水平轴 O 转动。滑槽 BDE 的质量为 m_2，其质心位于 C 点。当曲柄转至图示位置时，$\theta=\omega t$。若不计滑块 A 的质量和各处摩擦，试求轴承 O 处的约束力以及作用在曲柄 AO 上的转矩 M。

15-18　如习题 15-18 图所示，匀质细杆 AO 长为 l，质量为 m，由水平位置静止释放，在铅垂平面内绕轴 O 转动。试求杆 AO 转过 θ 角到达 $A'O$ 位置时的角速度、角加速度以及轴 O 处的约束力。

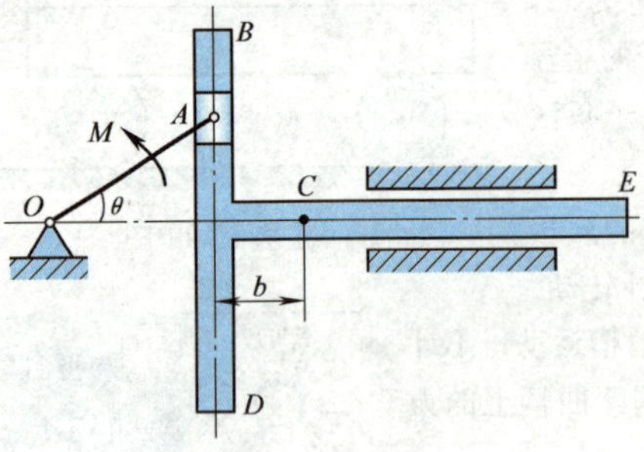

习题 15-17 图

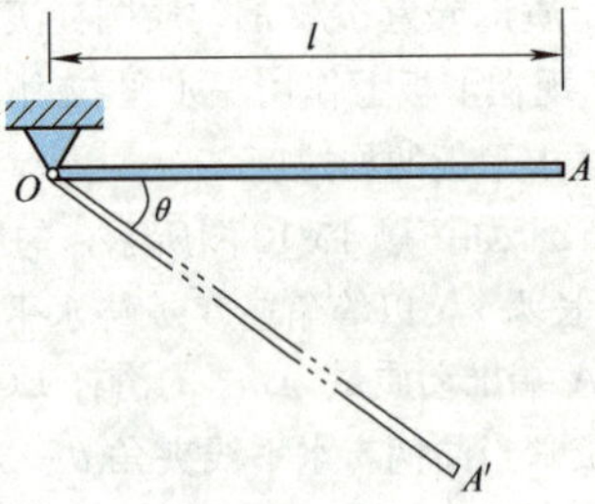

习题 15-18 图

15-19 如习题 15-19 图所示，匀质圆轮质量为 m_1、半径为 R，匀质杆质量为 m_2、长度为 $2R$，杆端 A 与轮心用光滑铰链连接。如在 A 处加一水平拉力 $\boldsymbol{F}$，使轮沿水平面做纯滚动，试问力 $\boldsymbol{F}$ 多大方能使杆的 B 端刚好离开地面？又问为保证纯滚动，轮与水平面间的静摩擦因数 f_s 应为多大？

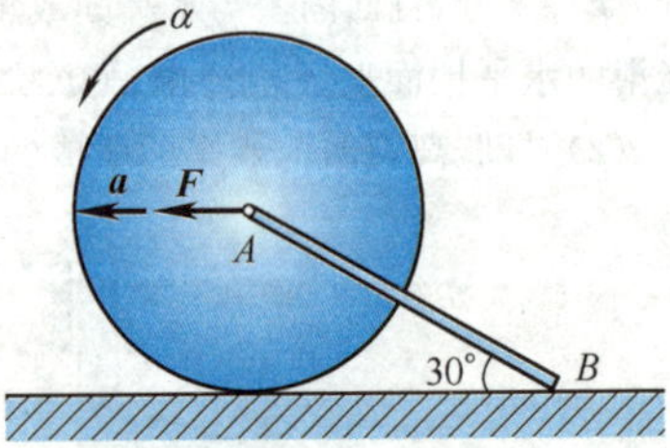

习题 15-19 图

15-20 用匀质细杆弯成的开口圆环如习题 15-20 图所示，已知圆环半径为 r，转轴 O 通过圆环圆心并垂直于环面，圆环的线密度为 ρ。设圆环以等角速度 ω 绕轴 O 转动，不计重力影响，试求圆环任意截面 B 处的内力。

15-21 如习题 15-21 图所示，砂轮Ⅰ的质量 $m_1=1$ kg，其质心的偏心距 $e_1=0.5$ mm；砂轮Ⅱ的质量 $m_2=0.5$ kg，其质心的偏心距 $e_2=1$ mm；电动机转子Ⅲ的质量 $m_3=8$ kg，无偏心。若电动机转速 $n=3000$ r/min，试求向心轴承 A、B 处的附加动约束力。

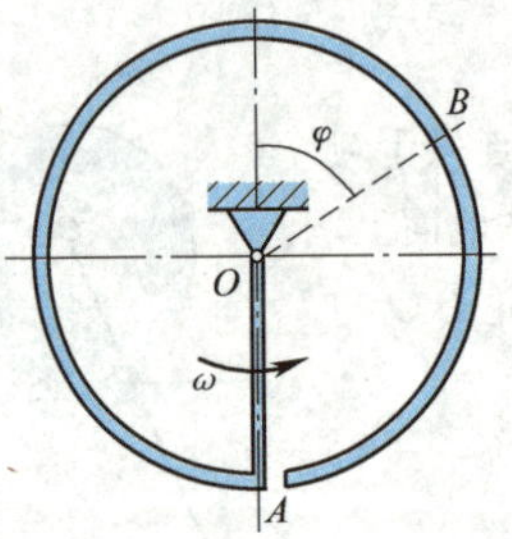

习题 15-20 图

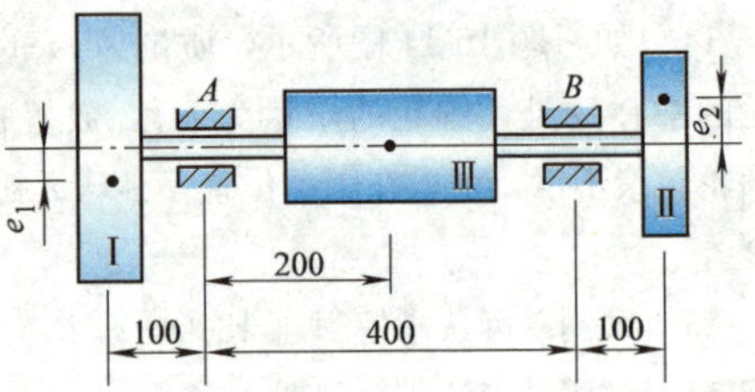

习题 15-21 图

第15章
知识要点、解题方法与难题解析

第十六章 碰撞专题

碰撞是指相对运动的物体在瞬间接触，其运动状态在极短的时间内发生急剧变化的力学现象。碰撞是工程与日常生活中一种常见而又复杂的动力学问题。例如，锻锤、冲床、沉桩和球类运动中的弹射和反弹等均是碰撞的实例。再如，车厢挂钩的连接、飞机着陆，航天器对接中也有碰撞问题。本章将根据碰撞现象的特征，给出基本假定，再利用动力学的基本原理对物体间的碰撞进行研究。

第一节 碰撞概念

一、碰撞问题的基本假设

碰撞现象的基本特征是，碰撞时间极短（约为$10^{-4}\sim10^{-3}$ s），速度变化为有限值，加速度变化巨大，碰撞力极大。例如，一铁锤重为 4.45 N，以速度457.2 mm/s敲击钢板表面，测得碰撞时间为 0.00044 s，碰撞力的最大值为1491 N，约为静载荷的 335 倍。

鉴于碰撞特征，难以对碰撞过程中的所有物理量进行精确分析，故在研究碰撞问题时，需做以下两点简化：

1）在碰撞过程中，忽略普通力（如重力、弹性力、摩擦力等）的作用，只考虑碰撞力的作用，而且只讨论碰撞力在碰撞时间内的积累效果，即在碰撞问题的分析计算中，仅考虑碰撞力的冲量（**碰撞冲量**）对物体的作用。

2）由于碰撞过程非常短促，碰撞过程中，速度变化为有限值，物体在碰撞开始和碰撞结束时的位置变化很小。因此，在碰撞过程中，各物体的位移忽略不计。

二、碰撞的分类

碰撞可按下述方法进行分类：

1）在碰撞过程中，两物体的质心均位于接触点的公法线上，称为**对心碰撞**（见图 16-1a、b），否则称为**偏心碰撞**（见图 16-1c）。

2）在碰撞过程中，两物体接触点的速度均沿接触点的公法线，则称为**正碰撞**，否则称为**斜碰撞**。图 16-1a 所示为对心正碰撞，图 16-1b 所示为对心斜碰撞。

3）在碰撞过程中，按其接触处有无摩擦，可分为**光滑碰撞**和**非光滑碰撞**。

4）在碰撞过程中，按物体碰撞后变形的恢复程度，可分为**完全弹性碰撞**、**弹性碰撞**和**塑性碰撞**，详见本章第三节。

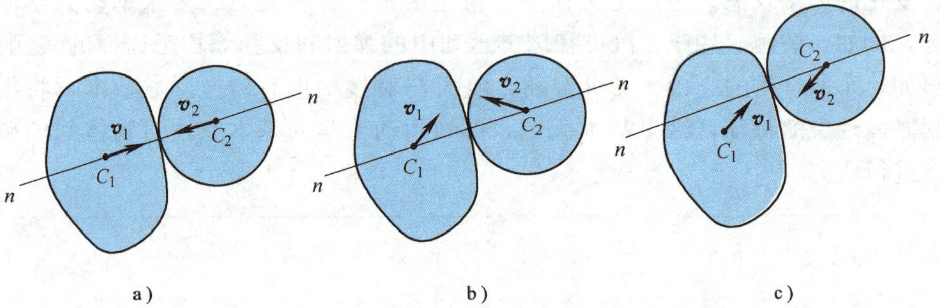

图 16-1

第二节 用于分析碰撞的基本定理与方程

由于碰撞过程的时间极短而碰撞力的变化非常复杂，因此不宜采用运动微分方程描述碰撞力与运动的瞬时关系。在碰撞过程中，物体会变形、发声、发热甚至发光，伴随着有能量损失，因此也不宜采用动能定理。

在分析碰撞时，一般采用动量定理和动量矩定理的积分形式，即冲量定理和冲量矩定理，来确定碰撞前后力与运动之间的关系。

一、冲量定理

设质点的质量为 m，碰撞开始瞬时的速度为 $\boldsymbol{v}$，碰撞结束时的速度为 $\boldsymbol{v}'$，由质点动量定理的积分形式，可得**质点碰撞时的冲量定理**

$$m\boldsymbol{v}'-m\boldsymbol{v}=\boldsymbol{I} \tag{16-1}$$

式中，$\boldsymbol{I}$ 为碰撞冲量，不计普通力的冲量。因此，质点碰撞时的冲量定理可表述为：**质点在碰撞开始和结束时动量的改变量等于碰撞冲量**。

设质点系由 n 个质点组成，第 i 个质点的质量为 m_i，作用在该质点上的外碰撞冲量和内碰撞冲量分别为$\boldsymbol{I}_i^{\mathrm{e}}$ 和$\boldsymbol{I}_i^{\mathrm{i}}$，根据质点碰撞时的冲量定理，有

$$m_i\boldsymbol{v}_i'-m_i\boldsymbol{v}_i=\boldsymbol{I}_i^{\mathrm{e}}+\boldsymbol{I}_i^{\mathrm{i}}$$

这样的方程有 n 个，将其两边相加，得到

$$\sum m_i\boldsymbol{v}_i'-\sum m_i\boldsymbol{v}_i=\sum\boldsymbol{I}_i^{\mathrm{e}}+\sum\boldsymbol{I}_i^{\mathrm{i}}$$

注意到，内碰撞冲量$\boldsymbol{I}_i^{\mathrm{i}}$ 总是成对出现、大小相等、方向相反，其矢量和$\sum\boldsymbol{I}_i^{\mathrm{i}}=\boldsymbol{0}$，于是得

$$\sum m_i\boldsymbol{v}_i'-\sum m_i\boldsymbol{v}_i=\sum\boldsymbol{I}_i^{\mathrm{e}} \tag{16-2}$$

即质点系在碰撞开始和结束时动量的改变量等于作用于质点系的外碰撞冲量的矢量和。此即质点系碰撞时的冲量定理。

质点系的动量也可用质点系的总质量与质心速度的乘积来表示，于是式（16-2）可改写为

$$m\boldsymbol{v}_C'-m\boldsymbol{v}_C=\sum\boldsymbol{I}_i^{\mathrm{e}} \tag{16-3}$$

式中，$\boldsymbol{v}_C$ 和$\boldsymbol{v}_C'$分别为碰撞开始和结束时质心的速度。

注意到，式（16-2）和式（16-3）是矢量形式，在具体应用时通常取其投影形式。

二、冲量矩定理

可以证明，**质点在碰撞开始和结束时其动量对某固定轴（或某固定点）之矩的改变量等于碰撞冲量对该轴（或该点）之矩**，即

$$M_z(m\boldsymbol{v}')-M_z(m\boldsymbol{v})=M_z(\boldsymbol{I}) \tag{16-4}$$

这称为**质点碰撞时的冲量矩定理**。

类似地，对于质点系，则有

$$L_z'-L_z=\sum M_z(\boldsymbol{I}_i^{\mathrm{e}}) \tag{16-5}$$

即质点系在碰撞开始和结束时对某固定轴（或某固定点）动量矩的改变量等于作用于质点系的外碰撞冲量对该轴（或该点）之矩的代数和。此即质点系碰撞时的冲量矩定理。

三、绕定轴转动刚体的碰撞方程

对于绕定轴转动刚体，将式（13-3）代入式（16-5），可得

$$J_z\omega'-J_z\omega=\sum M_z(\boldsymbol{I}_i^{\mathrm{e}}) \tag{16-6}$$

式中，ω'和ω 分别为绕定轴转动刚体在碰撞开始和结束时的角速度；J_z 为刚体对转轴 z 的转动惯量。式（16-6）称为**绕定轴转动刚体的碰撞方程**，它表明：**绕**

定轴转动刚体在碰撞开始和结束时，刚体绕转轴的转动惯量与角速度乘积的改变量等于作用于刚体的外碰撞冲量对转轴之矩的代数和。

四、平面运动刚体的碰撞方程

可以证明，若平面运动刚体具有质量对称面，且其运动平面与该质量对称面平行，则有

$$J_C\omega' - J_C\omega = \sum M_C(\boldsymbol{I}_i^e) \tag{16-7}$$

式中，轴 C 为垂直于运动平面的质心轴；ω' 和 ω 分别为平面运动刚体在碰撞开始和结束时的角速度；J_C 为刚体对质心轴 C 的转动惯量。

将式（16-7）与式（16-3）联立，有

$$\left.\begin{aligned} m\boldsymbol{v}_C' - m\boldsymbol{v}_C &= \sum \boldsymbol{I}_i^e \\ J_C\omega' - J_C\omega &= \sum M_C(\boldsymbol{I}_i^e) \end{aligned}\right\} \tag{16-8}$$

式（16-8）称为**平面运动刚体的碰撞方程**。在实际应用时，前一式一般采用投影形式。例如，其平面直角坐标形式的投影式为

$$\left.\begin{aligned} mv_{Cx}' - mv_{Cx} &= \sum I_{ix}^e \\ mv_{Cy}' - mv_{Cy} &= \sum I_{iy}^e \\ J_C\omega' - J_C\omega &= \sum M_C(\boldsymbol{I}_i^e) \end{aligned}\right\} \tag{16-9}$$

第三节 恢复系数

如图 16-2 所示，一小球铅直地落在固定平面上，发生正碰撞。碰撞开始时，设小球质心速度为 $\boldsymbol{v}$，由于受到固定面碰撞冲量的作用，小球质心速度逐渐减小，变形逐渐增大，直至速度为零。此后，小球的弹性变形逐渐恢复，质心获得反向速度。当小球离开固定面的瞬时，碰撞结束，设此时小球质心速度为 $\boldsymbol{v}'$。

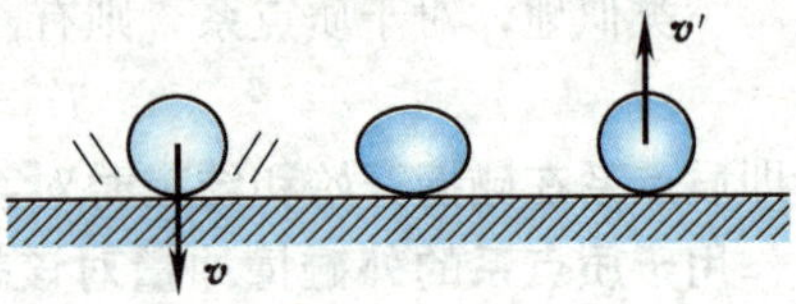

图 16-2

由于碰撞过程会发热、发声甚至发光，物体的变形也不可能是完全弹性的，因此，物体将损失动能，碰撞结束时的速度大小 v' 将小于碰撞开始时的速度大小 v。

实践表明，对于材料一定的物体，碰撞结束时的速度大小 v' 与碰撞开始时的速度大小 v 的比值几乎不变。定义该比值

$$e=\frac{v'}{v} \tag{16-10}$$

为**恢复系数**，它反映了物体在碰撞后速度恢复程度。恢复系数 e 的值在 0 与 1 之间，当 $e=1$ 时，变形完全恢复，没有动能损失，称为**完全弹性碰撞**；当 $e=0$ 时，物体的变形没有丝毫恢复，称为**塑性碰撞**；对于各种实际材料，均有 $0<e<1$，这种碰撞称为**弹性碰撞**。

恢复系数可用下述简单的实验方法测定。令小球自高度 h_1 处自由落下，碰撞固定平面后回弹高度为 h_2，如图 16-3 所示。

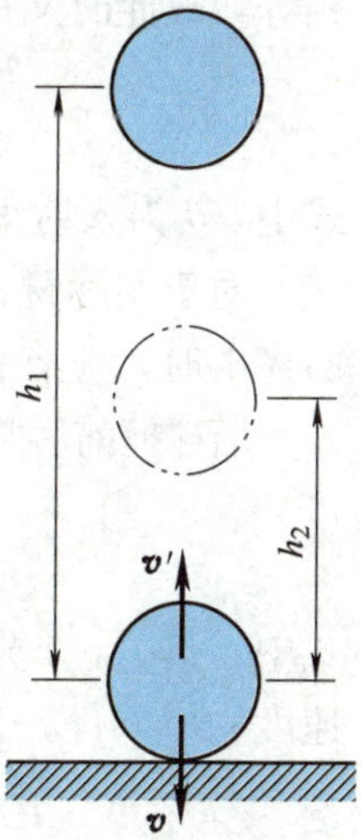

图　16-3

小球与固定平面接触的瞬时，即碰撞开始的时刻，由质点动能定理易得小球速度

$$v=\sqrt{2gh_1}$$

小球离开固定平面的瞬时，即碰撞结束的时刻，小球速度为

$$v'=\sqrt{2gh_2}$$

故得恢复系数

$$e=\frac{v'}{v}=\sqrt{\frac{h_2}{h_1}} \tag{16-11}$$

只要测得 h_1 和 h_2，即可由式（16-11）确定恢复系数。几种常见材料的恢复系数见表 16-1。

表 16-1　几种常见材料的恢复系数

碰撞物体的材料	铁对铅	木对胶木	木对木	钢对钢	铁对铁	玻璃对玻璃
恢复系数	0.14	0.26	0.50	0.56	0.66	0.94

如本节开始所述，碰撞过程可以分为两个阶段：第一阶段，物体速度大小由碰撞开始时的 v（碰撞速度）降至零；第二阶段，物体速度由零升至碰撞结束时的 v'（反弹速度）。对于正碰撞，若令第一阶段的碰撞冲量为 I_1，第二阶段的碰撞冲量为 I_2，由冲量定理易得

$$\frac{v'}{v}=\frac{I_2}{I_1}$$

于是，又有

$$e=\frac{I_2}{I_1} \tag{16-12}$$

即恢复系数又等于正碰撞两个阶段中作用于物体的碰撞冲量的比值。

若小球与固定面发生斜碰撞，如图 16-4 所示，假设不计摩擦，两物体仅在接触点法线方向发生碰撞，此时则定义恢复系数为

$$e=\left|\frac{v_n'}{v_n}\right| \tag{16-13}$$

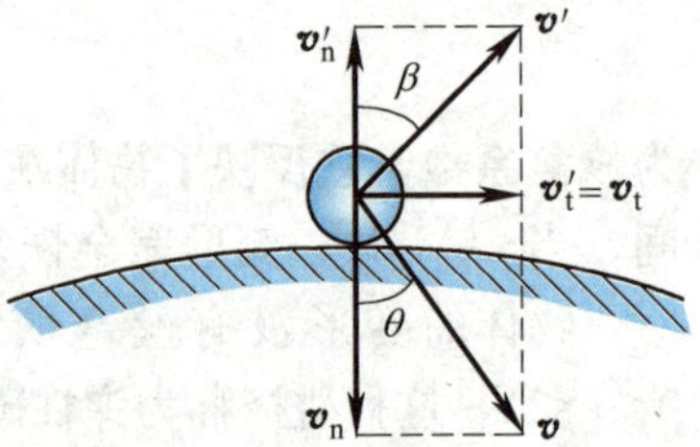

图 16-4

式中，v_n、v_n'分别为碰撞速度 $\boldsymbol{v}$、反弹速度 $\boldsymbol{v}'$在法线方向的投影。

由于不计摩擦，$\boldsymbol{v}$ 和 $\boldsymbol{v}'$在切线方向的投影相等，故此时又得

$$e=\frac{\tan\theta}{\tan\beta} \tag{16-14}$$

式中，θ 为入射角；β 为反射角。

对于实际材料，因为恢复系数 $e<1$，故由式（16-14）可知，当碰撞物体表面光滑时，应有 $\beta>\theta$。

若碰撞前后两个物体都在运动，在不计摩擦的一般情况下，恢复系数则定义为

$$e=\left|\frac{v'^{n}_{r}}{v^{n}_{r}}\right| \tag{16-15}$$

式中，v_r^n、v'^n_r 分别为碰撞前、碰撞后两物体接触点沿接触面公法线方向的相对速度。

第四节　碰撞问题实例

应用冲量定理和冲量矩定理，并借助恢复系数的概念，即可解决碰撞动力学问题。下面通过具体实例介绍详细方法。

【例 16-1】 如图 16-5 所示，两物体的质量分别为 m_1 和 m_2，恢复系数为 e，碰撞前其质心速度大小分别为 v_1 和 v_2。假设 $v_1>v_2$，两物体发生对心正碰撞，试求碰撞结束时两物体各自质心的速度大小 v_1'和 v_2'以及碰撞过程中损失的动能。

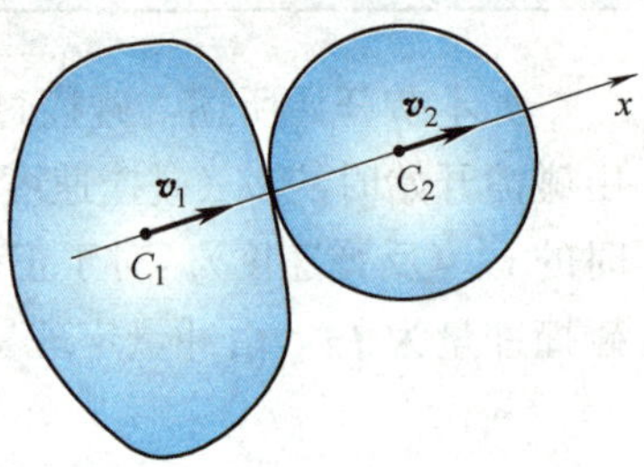

图 16-5

解： 首先以两物体为研究对象，由于此质点系无外碰撞冲量作用，因此动量守恒。取接触点公法线为投影轴，根据动量守恒定律有

$$m_1v_{1x}+m_2v_{2x}=m_1v_{1x}'+m_2v_{2x}'$$

由恢复系数定义，得

$$e=\frac{v_2'-v_1'}{v_1-v_2}$$

联立上述两式，即得碰撞结束时两物体各自质心的速度

$$v_1'=v_1-(1+e)\frac{m_2}{m_1+m_2}(v_1-v_2),\quad v_2'=v_2+(1+e)\frac{m_1}{m_1+m_2}(v_1-v_2)$$

对于完全弹性碰撞，$e=1$，则有

$$v_1'=v_1-\frac{2m_2}{m_1+m_2}(v_1-v_2),\quad v_2'=v_2+\frac{2m_1}{m_1+m_2}(v_1-v_2)$$

对于塑性碰撞，$e=0$，则有

$$v_1'=v_2'=\frac{m_1v_1+m_2v_2}{m_1+m_2}$$

即碰撞结束时，两物体以相同的速度一起运动。

以 T_1 和 T_2 分别表示两物体组成的质点系在碰撞开始和结束时的动能，则有

$$T_1=\frac{1}{2}m_1v_1^2+\frac{1}{2}m_2v_2^2,\quad T_2=\frac{1}{2}m_1v_1'^2+\frac{1}{2}m_2v_2'^2$$

由此，并利用上述各式，最终可得碰撞过程中损失的动能

$$\Delta T=T_1-T_2=\frac{m_1m_2}{2(m_1+m_2)}(1-e^2)(v_1-v_2)^2$$

对于完全弹性碰撞，$e=1$，则有 $\Delta T=0$，即系统动能没有损失。

对于塑性碰撞，$e=0$，则损失的动能为

$$\Delta T=\frac{m_1m_2}{2(m_1+m_2)}(v_1-v_2)^2$$

如果第二个物体在塑性碰撞开始时静止，即 $v_2=0$，上式可改写为

$$\Delta T=\frac{m_1m_2}{2(m_1+m_2)}v_1^2=\frac{1}{\frac{m_1}{m_2}+1}T_1=\frac{m_2}{m_1+m_2}T_1$$

讨论：当 $m_2\gg m_1$ 时，$\Delta T\approx T_1$，即系统在碰撞开始时的动能几乎完全损失于碰撞过程中。显然，这种情况对于锻压金属是最理想的，因此应采用比锻锤重很多的砧座。

当 $m_1\gg m_2$ 时，$\Delta T\approx 0$，即系统在碰撞过程中没有损失动能，碰撞开始时的动能完全转变为碰撞结束时的动能。显然，这种情况对于打桩是最理想的，因此应取比桩重很多的锤去打桩。

【例 16-2】 图 16-6 所示为一测定子弹速度的冲击摆，已知摆的质量为 m_1，摆的重心 C 到轴 O 的距离为 a，摆对轴 O 的回转半径为 ρ；子弹的质量为 m_2，子弹射入点 D 到轴 O 的距离为 b。若测得子弹射入后摆转过的角度为 θ，试求子弹速度。

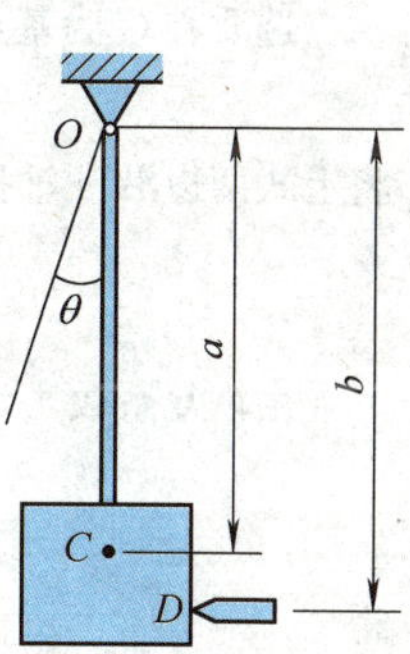

图 16-6

解：以子弹和摆组成的质点系为研究对象，子弹射入摆直至与摆一起运动可视为碰撞过程。在此过程中，外碰撞冲量对轴 O 的矩等于零，因此，碰撞前后质点系对轴 O 的动量矩守恒。

设碰撞开始时，子弹的速度大小为 v，则碰撞前质点系对轴 O 的动量矩为

$$L_{O1}=m_2vb$$

设碰撞结束时，摆的角速度为 ω，则有

$$L_{O2}=m_1\rho^2\omega+m_2b^2\omega$$

由 $L_{O1}=L_{O2}$，解得

$$v=\frac{m_1\rho^2+m_2b^2}{m_2b}\omega \tag{a}$$

碰撞结束后，子弹与摆一起绕轴 O 转过角度 θ，应用动能定理，有

$$0-\left(\frac{1}{2}m_1\rho^2\omega^2+\frac{1}{2}m_2b^2\omega^2\right)=-m_1g(a-a\cos\theta)-m_2g(b-b\cos\theta)$$

解得

$$\omega=\sqrt{\frac{2(m_1a+m_2b)(1-\cos\theta)g}{m_1\rho^2+m_2b^2}} \tag{b}$$

将式（b）代入式（a），即得子弹速度

$$v=\frac{\sqrt{2(m_1a+m_2b)(m_1\rho^2+m_2b^2)(1-\cos\theta)g}}{m_2b}$$

一般情况下，$m_2\ll m_1$，故子弹速度约为

$$v=\frac{m_1\rho}{m_2b}\sqrt{2ga(1-\cos\theta)}$$

【例 16-3】 如图 16-7 所示，在铅直面内做平移的匀质杆 AB 长 l，质量为 m，与铅垂线成 θ 角。杆以铅直速度 $\boldsymbol{v}$ 与光滑地面相碰。如为完全弹性碰撞，试求碰撞后杆 AB 的角速度。

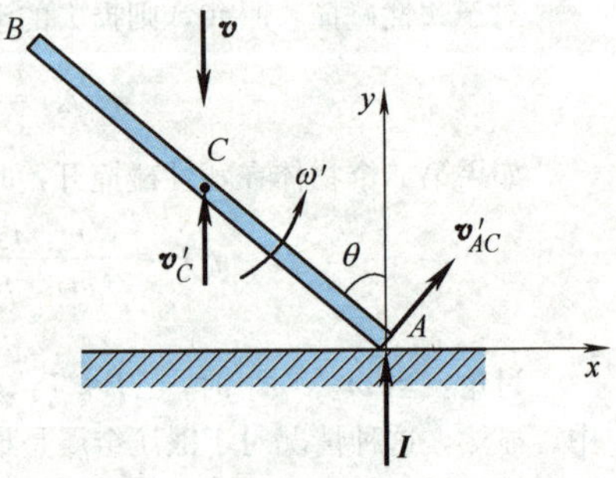

图 16-7

解： 杆在碰撞过程中做平面运动，碰撞开始时 $\omega=0$。由刚体平面运动碰撞方程，即式（16-9）

$$mv'_{Cx}-mv_{Cx}=\sum I_{ix}^{e} \tag{a}$$

$$mv'_{Cy}-mv_{Cy}=\sum I_{iy}^{e} \tag{b}$$

$$J_C\omega'-J_C\omega=\sum M_C(\boldsymbol{I}_i^{e}) \tag{c}$$

注意到，地面光滑，$\sum I_{ix}^{e}=0$，由式（a）可得

$$v'_{Cx}=v_{Cx}=0$$

选质心 C 为基点，有

$$\boldsymbol{v}'_A=\boldsymbol{v}'_C+\boldsymbol{v}'_{AC}$$

将上式两边沿 y 轴投影，有

$$v'_{Ay}=v'_{Cy}+\frac{l}{2}\omega'\sin\theta \tag{d}$$

由恢复系数

$$e=\frac{v'_{Ay}}{v_{Ay}}=\frac{v'_{Ay}}{v}=1$$

得

$$v'_{Ay}=v$$

代入式（d），得

$$v=v'_{Cy}+\frac{l}{2}\omega'\sin\theta \tag{e}$$

由式（b）和式（c），可得

$$mv'_{Cy}+mv=I \tag{f}$$

$$\frac{1}{12}ml^2\omega' = I\frac{l}{2}\sin\theta \tag{g}$$

由式（f）、式（g）两式消去 I，得

$$v'_{Cy} = \frac{l\omega'}{6\sin\theta} - v \tag{h}$$

再将式（h）代入式（e），即得碰撞后杆 AB 的角速度

$$\omega' = \frac{12v\sin\theta}{l(1+3\sin^2\theta)}$$

【例 16-4】 如图 16-8a 所示，质量为 m_1 的物块 A 放在光滑水平面上，并与质量为 m_2、长为 l 的匀质杆 AB 相铰接。系统初始静止，杆 AB 铅锤，$m_1=2m_2$。今有一水平碰撞冲量 $\boldsymbol{I}$ 作用在杆的 B 端，试求碰撞结束瞬时物块 A 的速度。

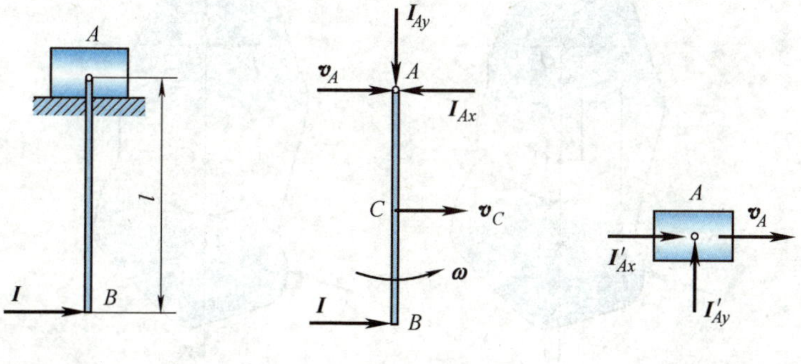

图　16-8

解： 取杆 AB 为研究对象，如图 16-8b 所示，杆 AB 在碰撞过程中做平面运动，设碰撞结束瞬时杆 AB 的角速度为 ω，质心 C 速度为 $\boldsymbol{v}_C$。由刚体平面运动碰撞方程

$$m_2v_{Cx} - 0 = I - I_{Ax} \tag{a}$$

$$m_2v_{Cy} - 0 = I_{Ay} \tag{b}$$

$$J_C\omega - 0 = (I + I_{Ax})\frac{l}{2} \tag{c}$$

其中，$v_{Cy}=0$，$J_C=\frac{1}{12}m_2l^2$。

以 A 点为基点，则质心 C 的速度可表示为

$$v_C = v_{Cx} = v_A + \frac{l}{2}\omega \tag{d}$$

再取物块 A 为研究对象，如图 16-8c 所示，由冲量定理可得

$$m_1v_A - 0 = I'_{Ax} \tag{e}$$

注意到，$I_{Ax}=I'_{Ax}$、$I_{Ay}=I'_{Ay}$。联立上述各式，即可解得碰撞结束时物块 A 的速度

$$v_A = -\frac{2I}{9m_2}$$

负号表示 $\boldsymbol{v}_A$ 的实际方向与图示方向相反。

第五节 撞击中心

如图 16-9a 所示，具有质量对称面 Oxy 的刚体，可绕垂直于该对称面的固定轴 O 转动，其质量为 m，对转轴的转动惯量为 J_O。当在刚体的质量对称面内作用一外碰撞冲量 $\boldsymbol{I}$ 时，轴承 O 处往往会引起瞬时反碰撞冲量。

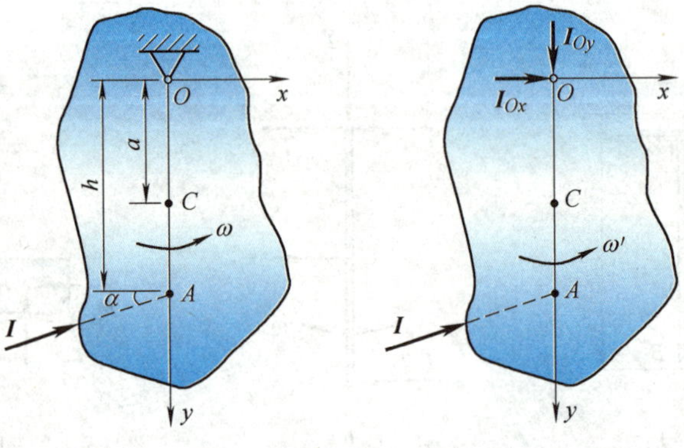

a）　　b）

图 16-9

设质心 C 到轴 O 的距离为 a，碰撞冲量 $\boldsymbol{I}$ 与水平线的夹角为 α，撞击点 A 到轴 O 的距离为 h。若碰撞前刚体的角速度为 ω，试求撞击后瞬时刚体的角速度 ω' 以及轴承 O 处的反碰撞冲量。

如图 16-9b 所示，假设轴承 O 处的反碰撞冲量沿 x 和 y 轴的分量分别为 I_{Ox} 和 I_{Oy}。由冲量定理和绕定轴转动刚体碰撞方程，有

$$mv'_{Cx} - mv_{Cx} = I + I_{Ox} \tag{a}$$

$$mv'_{Cy} - mv_{Cy} = -I\sin\alpha + I_{Oy} \tag{b}$$

$$J_O\omega' - J_O\omega = Ih\cos\alpha \tag{c}$$

$\boldsymbol{v}_C$ 和 $\boldsymbol{v}'_C$ 分别为质心在碰撞前瞬时和碰撞后瞬时的速度。显然有

$$v_{Cx} = a\omega,\quad v'_{Cx} = a\omega',\quad v_{Cy} = v'_{Cy} = 0 \tag{d}$$

联立上述各式，解得

$$I_{Ox} = I\cos\alpha\left(\frac{mah}{J_O} - 1\right)$$

$$I_{Oy}=I\sin\alpha$$

由此可见，为了保证轴承处的反碰撞冲量等于零，即轴承处不发生碰撞，必须同时满足以下两个条件：

1）$\alpha=0$，即外碰撞冲量垂直于轴承与质心的连线；

2）撞击点 A 到轴 O 的距离

$$h=\frac{J_O}{ma} \tag{16-16}$$

满足式（16-16）的撞击点 A 称为**撞击中心**。于是得出结论：**当外碰撞冲量作用于物体质量对称面内的撞击中心，且垂直于轴承中心与质心的连线时，在轴承处不会引起碰撞冲量。**

根据上述结论，在设计测试材料冲击韧性的摆式冲击试验机时，应使撞击点位于摆的撞击中心，这样在撞击时就不会在轴承处引起碰撞力。在使用各种锤子或棒杆敲击东西时，若敲击位置正好位于锤杆或者棒杆的撞击中心，则敲击时手上就不会感到冲击。

【例 16-5】 如图 16-10a 所示，质量为 m、长为 l 的匀质杆，其上端为固定铰支座。杆由水平位置无初速度落下，撞上一固定物块 A，物块 A 至轴 O 的距离为 h。设恢复系数为 e，试求：（1）物块作用于杆的碰撞冲量；（2）轴承 O 处的碰撞冲量；（3）撞击中心的位置。

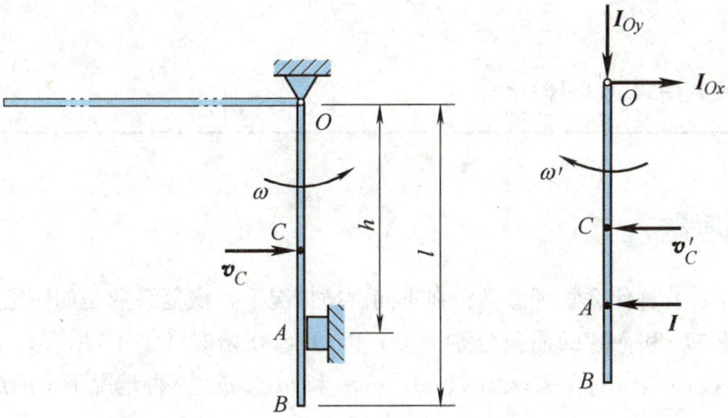

图 16-10

解： 取 OB 杆为研究对象，如图 16-10b 所示，设碰撞开始和结束瞬时杆的角速度分别为 ω 和 ω'。

在碰撞前，杆由水平位置自由落下，利用动能定理，有

$$\frac{1}{2}J_O\omega^2-0=mg\frac{l}{2}$$

得

$$\omega=\sqrt{\frac{mgl}{J_O}}=\sqrt{\frac{3g}{l}} \tag{a}$$

设撞击点碰撞前后的速度分别为 v_A 和 v_A'，则由恢复系数

$$e=\frac{v_A'}{v_A}=\frac{h\omega'}{h\omega}=\frac{\omega'}{\omega}$$

得

$$\omega'=e\omega \tag{b}$$

由绕定轴转动刚体碰撞方程有

$$J_O\omega'+J_O\omega=Ih \tag{c}$$

联立上述各式，解得物块作用于杆的碰撞冲量

$$I=\frac{ml(1+e)\sqrt{3gl}}{3h}$$

再由冲量定理

$$-mv_C'-mv_C=I_{Ox}-I,\quad I_{Oy}=0$$

其中，$v_C'=\frac{l}{2}\omega'$、$v_C=\frac{l}{2}\omega$，解得轴承 O 处的碰撞冲量

$$I_O=I_{Ox}=m(1+e)\sqrt{3gl}\left(\frac{l}{3h}-\frac{1}{2}\right)$$

由上式可见，当$\frac{l}{3h}-\frac{1}{2}=0$时，$I_O=0$，此时撞击点即为撞击中心，由此得撞击中心的位置

$$h=\frac{2l}{3}$$

该结论也可直接利用式（16-16）获得。

复习思考题

16-1 恢复系数有什么物理意义？在不同碰撞情况下，恢复系数是如何定义的？

16-2 两球 M_1 和 M_2 的质量分别为 m_1 和 m_2，开始时 M_2 不动，M_1 以速度 v_1 撞于 M_2。设恢复系数 $e=1$，问在 $m_1 \ll m_2$、$m_1=m_2$ 和 $m_1 \gg m_2$ 三种情况下，两球在碰撞后将如何运动？

16-3 如何提高锻压机的效率？为什么？

16-4 在碰撞过程中，可以采用动能定理吗？为什么？

16-5 击打棒球时，有时震手，有时不感到震手，这是为什么？

16-6 绕质心轴转动的刚体，受外碰撞力作用，其轴承的反碰撞冲量能否消除？为什么？

习题

16-1 如习题16-1图所示，棒球的质量为0.14 kg，以速度 $v_0=50$ m/s 向右沿水平线运动。当它被棒敲击后，其速度自原来方向改变了 $\theta=135°$而向左朝上，其速度大小降至 $v=$

40 m/s。试求球棒作用于球的水平与铅垂方向的碰撞冲量。设球与棒的接触时间为 0.02 s，试求击球时碰撞力的平均值。

16-2　如习题 16-2 图所示，小球与固定面做斜碰撞，入射角为 α，反射角为 β（指速度方向与固定面法线之间的夹角）。设固定面光滑，试计算其恢复系数。

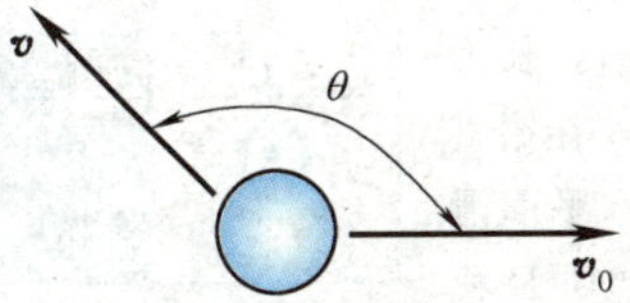

习题 16-1 图

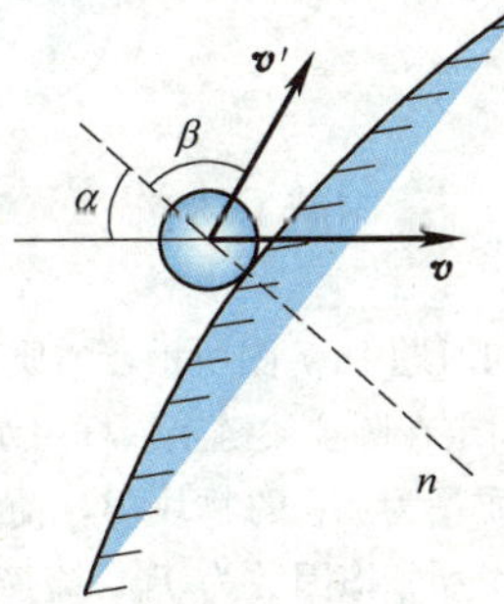

习题 16-2 图

16-3　如习题 16-3 图所示，两球质量相等，用等长细绳悬挂。球 A 由 $\varphi=45°$ 的位置自由下摆，撞击在球 B 上，使球 B 摆至 $\theta=30°$ 的位置。试求两球碰撞时的恢复系数。

16-4　打桩机如习题 16-4 图所示，已知锤重 $P_1=4.5\ \text{kN}$，自高度 $h=2\ \text{m}$ 处自由落下，桩重 $P_2=500\ \text{N}$，如碰撞恢复系数 $e=0$，经过一次锤击后，桩下沉 $\delta=0.5\ \text{cm}$。试求土壤对桩的平均阻力以及碰撞时损失的动能。

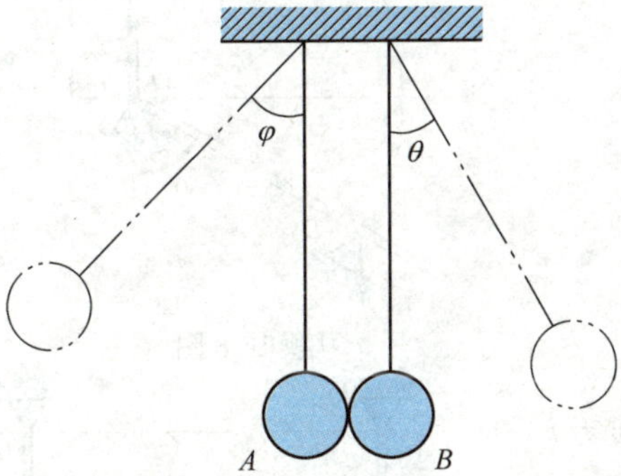

习题 16-3 图

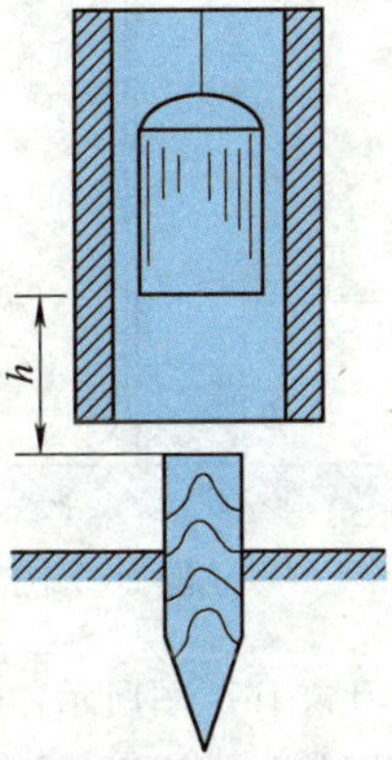

习题 16-4 图

16-5　如习题 16-5 图所示，球 1 速度 $v_{10}=6\ \text{m/s}$，方向与静止球 2 相切。两球半径相同、质量相等，碰撞的恢复系数 $e=0.6$。若不计摩擦，试求碰撞后两球的速度。

16-6　如习题 16-6 图所示匀质正方形板，边长为 l，质量为 m，以速度 $\boldsymbol{v}_C$ 沿水平线移动，点 A 突然与铰链 A 连接。已知正方形板关于 A 点的转动惯量 $J_A=\dfrac{2}{3}ml^2$。试求：(1) 平板的角速度；(2) 作用于点 A 处的碰撞冲量。

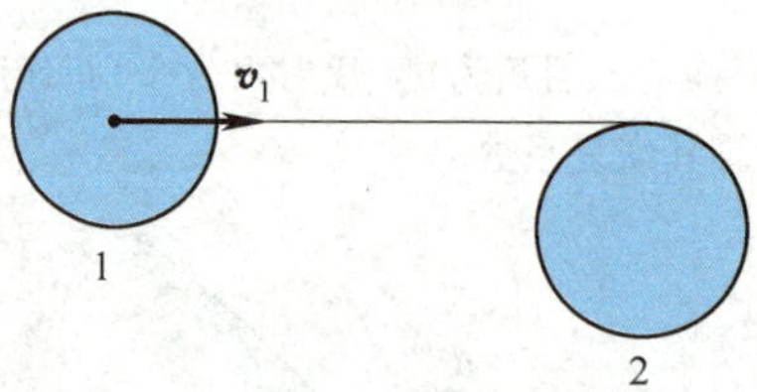

习题 16-5 图

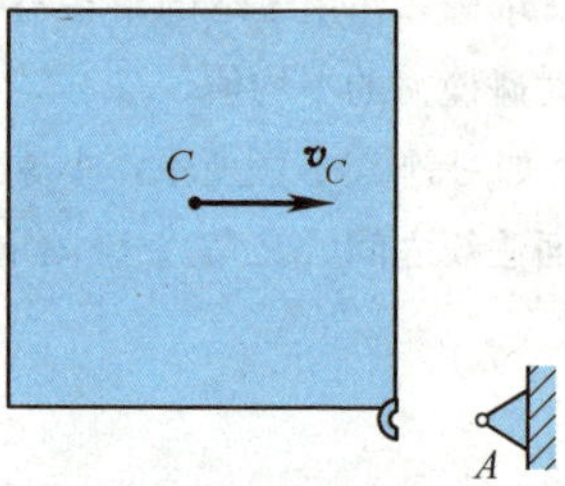

习题 16-6 图

16-7 如习题 16-7 图所示，匀质杆 AO 的质量为 m_1，长为 l，其 O 端固定在圆柱铰链上。杆由水平位置静止释放，在铅直位置撞到一质量为 m_2 的物块 B，使后者沿着粗糙的水平面滑动。已知动滑动摩擦因数为 f_k，碰撞是塑性的，试求物块 B 移动的路程 s。

典型例题
23: 习题16-7

16-8 如习题 16-8 图所示，匀质细杆 AO 由铅直静止位置绕下端的轴 O 倒下，杆上的点 K 击中固定钉子 D，碰撞后杆回弹至水平位置，试求碰撞时的恢复系数 e。

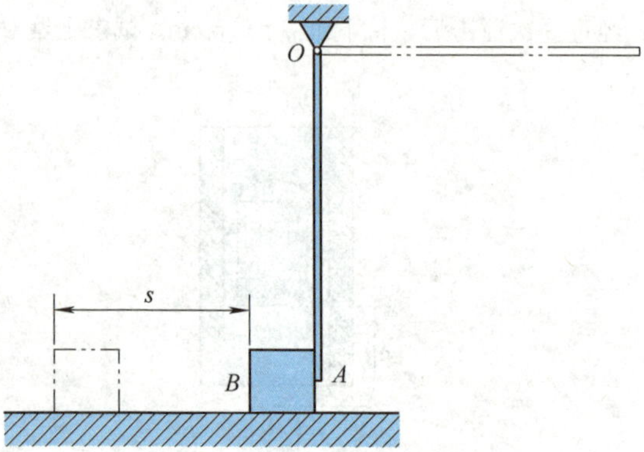

习题 16-7 图

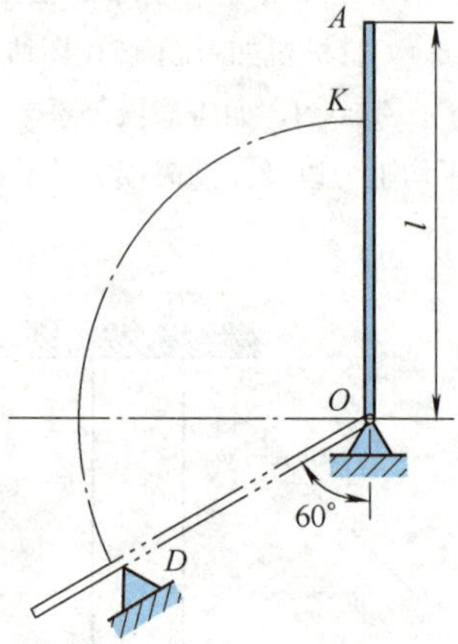

习题 16-8 图

16-9 如习题 16-9 图所示，质量为 m、长度为 l 的三根完全相同的匀质杆用铰链连接，并由铰链 A、D 支撑在铅直平面内。其中，$AD=BC$，且不计各铰链摩擦。如在铰链 B 处作用一水平冲量 $\boldsymbol{I}$，试求：(1) 碰撞后杆 BA 和 CD 的角速度；(2) 碰撞后杆 BA 和 CD 的最大偏角。

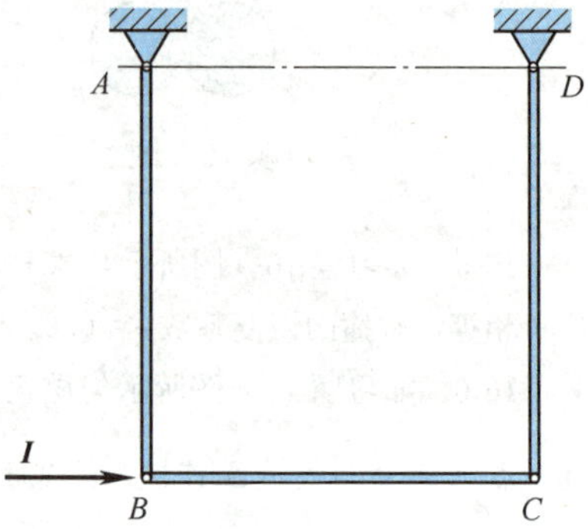

习题 16-9 图

16-10 如习题 16-10 图所示，两个直径相同的钢球用一根刚性杆连接起来，$l=600$ mm，杆的质量忽略不计。开始时杆处于水平静止位置，然后从高度

$h=150\ \mathrm{mm}$ 处自由落下，撞在两块较大的平板上，一块为钢板，另一块为铜板。若球与钢板和铜板之间的碰撞恢复系数分别为 0.6 和 0.4，并假设这两个碰撞是同时进行的，试求碰撞后杆的角速度。

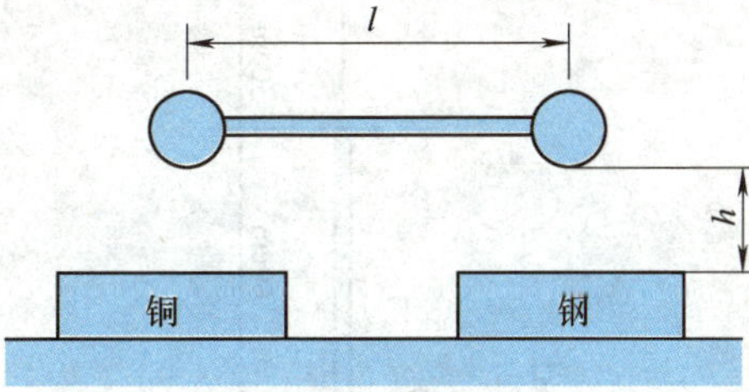

习题 16-10 图

16-11 如习题 16-11 图所示匀质细杆置于光滑的水平面上，围绕其重心 C 以角速度 ω_0 转动。如突然将点 B 固定（作为转轴），问杆将以多大的角速度围绕点 B 转动？

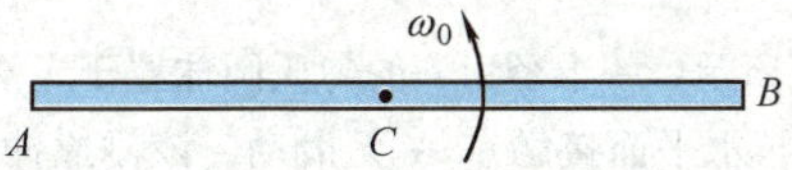

习题 16-11 图

16-12 如习题 16-12 图所示，长为 l、质量为 m 的匀质杆 AB，水平地无初速度自由下落一段距离 h 后，与支座 D 碰撞。假定碰撞是塑性的，试求：(1) 碰撞后的角速度 ω；(2) 碰撞冲量大小 I；(3) 碰撞时损失的动能。

16-13 如习题 16-13 图所示，两根相同的匀质直杆在 B 处铰接并铅垂静止地悬挂在铰链 A 处。已知每根杆长 $l=1.5\ \mathrm{m}$，质量 $m=5\ \mathrm{kg}$。今在杆 BC 的中点作用一水平冲量 $I=20\ \mathrm{N\cdot s}$，试求碰撞后两杆的角速度。

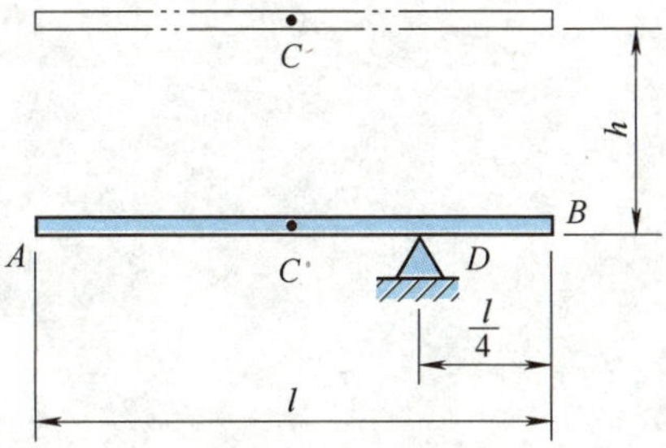

习题 16-12 图

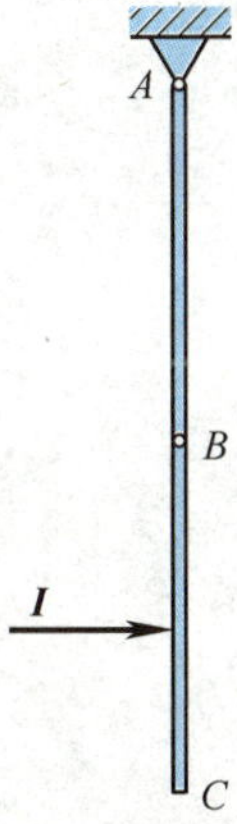

习题 16-13 图

16-14 如习题 16-14 图所示，质量 $m=2.4\ \mathrm{kg}$、长 $l=90\ \mathrm{cm}$ 的木棒用细绳悬挂于天花板

上。一质量 $m_1=0.2\ \mathrm{kg}$ 的垒球以水平速度 $v=48\ \mathrm{km/h}$ 击打在木棒上。若恢复系数 $e=0.5$，试求碰撞后木棒两端 A、B 的速度。

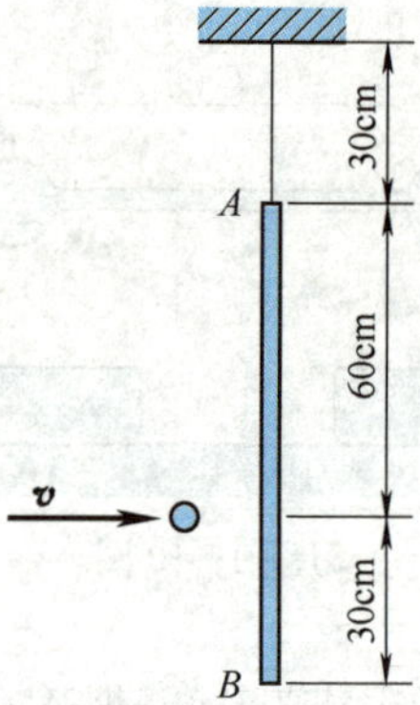

习题 16-14 图

16-15 如习题 16-15 图所示，一半径为 r 的匀质圆球置于光滑水平面上，在球上作用一水平碰撞冲量 $\boldsymbol{I}$。要使圆球与水平面接触点 A 无滑动，该碰撞冲量距水平面的高度 h 应为多少？

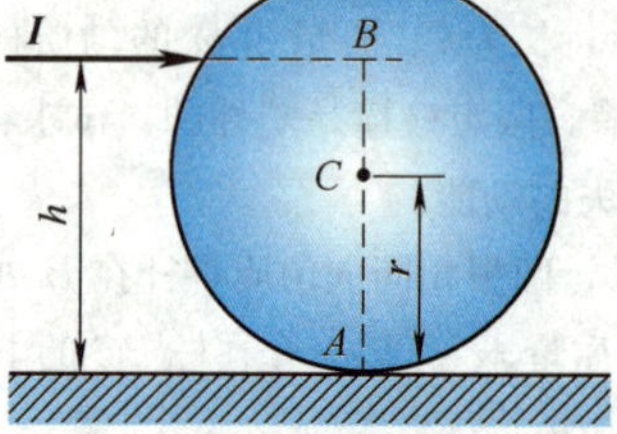

习题 16-15 图

习题参考答案

第二章　平面汇交力系

2-1　$F_{1x}=894.4\ \text{N}$、$F_{1y}=447.2\ \text{N}$，$F_{2x}=565.7\ \text{N}$、$F_{2y}=-565.7\ \text{N}$
$F_{3x}=-237.2\ \text{N}$、$F_{3y}=-711.5\ \text{N}$，$F_{4x}=-450\ \text{N}$、$F_{4y}=0$
$F_{5x}=-223.6\ \text{N}$、$F_{5y}=447.2\ \text{N}$

2-2　$F_{\text{R}}=90.6\ \text{N}$、$\langle \boldsymbol{F}_{\text{R}},\boldsymbol{i}\rangle=46.79°$

2-3　$F_{\text{R}}=352\ \text{N}$、$\alpha=33°16'$

2-4　$F_{AB}=54.6\ \text{kN}$（拉）、$F_{CB}=74.6\ \text{kN}$（压）

2-5　$F_A=1.12F$、$F_D=0.5F$

2-6　$F_{CB}=20\sqrt{2}\ \text{kN}$（压），$F_{Ax}=20\ \text{kN}$（←）、$F_{Ay}=10\ \text{kN}$（↓）

2-7　$F_{CD}=4.24\ \text{kN}$、$F_A=3.16\ \text{kN}$

2-8　$F_A=53.79\ \text{kN}$、$F_C=43.29\ \text{kN}$

2-9　$F_{AB}=86.6\ \text{kN}$（拉）、$F_{BC}=100\ \text{kN}$（压）

2-10　$F_{AB}=0.866P$（拉）、$F_{AC}=0.5P$（拉）

2-11　$F_1:F_2=0.612$

2-12　$F_A=800\ \text{N}$、$F_B=800\ \text{N}$、$F_C=1200\ \text{N}$

2-13　$F=F_1\cot\alpha$、$F_2/F_1=5.67$

2-14　图 a：$F_A=0.707F$、$F_B=0.707F$
图 b：$F_A=0.79F$、$F_B=0.35F$

2-15　$\theta=2\arcsin\dfrac{P_1}{P}$

2-16　$\theta=90°-2\alpha$

2-17　$F_{\text{T1}}=1\ \text{kN}$、$F_{\text{T2}}=1.41\ \text{kN}$、$F_{\text{T3}}=1.58\ \text{kN}$、$F_{\text{T4}}=1.15\ \text{kN}$

2-18　$F_{\text{NH}}=\dfrac{F}{2\sin^2\alpha}$

第三章　力矩、力偶与平面力偶系

3-1　$M_A(\boldsymbol{F}_1)=-8\ \text{kN}\cdot\text{m}$、$M_A(\boldsymbol{F}_2)=-16\ \text{kN}\cdot\text{m}$
$M_A(\boldsymbol{F}_3)=0$、$M_A(\boldsymbol{F}_4)=13.9\ \text{kN}\cdot\text{m}$

3-2　$M_A(\boldsymbol{F})=-Fb\cos\theta$、$M_B(\boldsymbol{F})=F(a\sin\theta-b\cos\theta)$

3-3　$M_A(\boldsymbol{F}_R)=15.2\ \text{kN}\cdot\text{m}$

3-4　$l_1=\dfrac{b}{3}$、$l_2=\dfrac{b}{4}$、$l_3=\dfrac{b}{5}$

3-5　图 a 与图 b：$F_A=F_B=M/l$；图 c：$F_A=F_B=\dfrac{M}{l\cos\theta}$

3-6　$F_A=33.6\ \text{kN}$、$F_B=33.6\ \text{kN}$

3-7　图 a：$F_A=F_B=\dfrac{M}{2l}$

图 b：$F_A=F_B=\dfrac{M}{l}$

3-8　$F_C=F_D=\dfrac{Fl}{d}$

3-9　$F_A=F_B=2.5\ \text{kN}$

3-10　$F_A=F_B=2.31\ \text{kN}$

3-11　$M_2=\dfrac{r_2}{r_1}M_1$、$F_{O_1}=\dfrac{M_1}{r_1\cos\theta}$、$F_{O_2}=\dfrac{M_1}{r_1\cos\theta}$

3-12　$F_A=F_C=0.53\ \text{kN}$

3-13　$F_A=F_B=\dfrac{M}{\sqrt{a^2+b^2}}$

3-14　$M_2=3\ \text{N}\cdot\text{m}$、$F_{AB}=5\ \text{N}$

3-15　$F_A=\sqrt{2}\dfrac{M}{l}$

3-16　$M=Fa\tan2\theta$

第四章　平面任意力系

4-1　$F'_R=\sqrt{2}F$、$\langle\boldsymbol{F}'_R,\boldsymbol{i}\rangle=135°$、$M_O=2Fa$

4-2　（1）$F'_R=98.05\ \text{N}$、$\langle\boldsymbol{F}'_R,\boldsymbol{i}\rangle=47.6°$、$M_A=-80.24\ \text{N}\cdot\text{m}$（顺时针）

（2）合力作用线方程：$72.42x-66.10y=-80.24$

4-3　（1）$F'_R=709.4\ \text{kN}$、$\langle\boldsymbol{F}'_R,\boldsymbol{i}\rangle=70.84°$、$M_O=-2355\ \text{kN}\cdot\text{m}$（顺时针）

（2）合力作用线方程：$670.1x+232.9y=2355$

4-4　$F_q=\dfrac{ql}{2}$、$x_C=\dfrac{2}{3}l$

4-5　图 a：$F_{Ax}=0.69\ \text{kN}$、$F_{Ay}=0.3\ \text{kN}$、$F_B=1.10\ \text{kN}$

图 b：$F_A=16\ \text{kN}$（↑）、$M_A=6\ \text{kN}\cdot\text{m}$（逆时针）

图 c：$F_{Ax}=2.12\ \text{kN}$、$F_{Ay}=0.33\ \text{kN}$、$F_B=4.23\ \text{kN}$

图 d：$F_{Ax}=0$、$F_{Ay}=15\ \text{kN}$、$F_B=21\ \text{kN}$

4-6 $F_{Ax}=20\ \text{kN}$、$F_{Ay}=100\ \text{kN}$、$M_A=130\ \text{kN}\cdot\text{m}$

4-7 图 a：$F_{Ax}=0$、$F_{Ay}=17\ \text{kN}$、$M_A=33\ \text{kN}\cdot\text{m}$

图 b：$F_{Ax}=3\ \text{kN}$、$F_{Ay}=5\ \text{kN}$、$F_B=-1\ \text{kN}$

4-8 $F_T=0.707\ \text{kN}$、$F_{Ax}=0.683\ \text{kN}$、$F_{Ay}=1.183\ \text{kN}$

4-9 $F_{Ax}=0$、$F_{Ay}=5.96\ \text{kN}$、$F_B=6.12\ \text{kN}$

4-10 $\alpha=\arccos\left[\left(\dfrac{2b}{l}\right)^{1/3}\right]$

4-11 $F_{Ax}=32\ \text{kN}$（←）、$F_{Ay}=0$、$M_A=132\ \text{kN}\cdot\text{m}$（逆时针）

4-12 （1）$F_A=33.2\ \text{kN}$、$F_B=96.8\ \text{kN}$

（2）$P_{\max}=52.2\ \text{kN}$

4-13 $F_{Ax}=-6.7\ \text{kN}$、$F_{Bx}=6.7\ \text{kN}$、$F_{By}=13.5\ \text{kN}$

4-14 $F_{Ax}=-4.66\ \text{kN}$、$F_{Ay}=-47.6\ \text{kN}$、$F_{BC}=22.4\ \text{kN}$（拉）

4-15 $F_T=\dfrac{Pr}{l\cos\alpha(1-\cos\alpha)}$；当 $\alpha=\arccos\dfrac{1}{2}$ 时，$F_{T\min}=\dfrac{4Pr}{l}$

4-16 $F_{Ax}=-400\ \text{N}$、$F_{Ay}=-150\ \text{N}$、$F_C=250\ \text{N}$

4-17 图 a：$F_{Ax}=34.6\ \text{kN}$、$F_{Ay}=60\ \text{kN}$、$M_A=220\ \text{kN}\cdot\text{m}$、$F_C=69.3\ \text{kN}$

图 b：$F_A=-2.5\ \text{kN}$、$F_B=15\ \text{kN}$、$F_D=2.5\ \text{kN}$

图 c：$F_A=2.5\ \text{kN}$、$M_A=10\ \text{kN}\cdot\text{m}$、$F_C=1.5\ \text{kN}$

图 d：$F_A=-51.3\ \text{kN}$、$F_B=105\ \text{kN}$、$F_D=6.25\ \text{kN}$

4-18 $F_{AB}=\dfrac{3}{4}ql$、$F_{Cx}=\dfrac{3}{4}ql$、$F_{Cy}=0$

4-19 $F_{Ax}=50\ \text{kN}$、$F_{Ay}=25\ \text{kN}$、$F_B=-10\ \text{kN}$、$F_D=15\ \text{kN}$

4-20 图 a：$F_{Ax}=F_{Ay}=0$、$F_{Bx}=-50\ \text{kN}$、$F_{By}=100\ \text{kN}$、$F_{Cx}=-50\ \text{kN}$、$F_{Cy}=0$

图 b：$F_{Ax}=20\ \text{kN}$、$F_{Ay}=70\ \text{kN}$、$F_{Bx}=-20\ \text{kN}$、$F_{By}=50\ \text{kN}$

$F_{Cx}=20\ \text{kN}$、$F_{Cy}=10\ \text{kN}$

4-21 $F_T=\dfrac{Fa\cos\alpha}{2h}$

4-22 $F_{AC}=8\ \text{kN}$（拉）、$F_{BC}=6.93\ \text{kN}$（压）

4-23 $F_{Ax}=-4\ \text{kN}$、$F_{Ay}=0.58\ \text{kN}$、$M_A=-2\ \text{kN}\cdot\text{m}$、$F_B=2.89\ \text{kN}$

4-24 $\varphi=30°$、$\theta=30°$

4-25 $F=F_T\dfrac{h}{H}$、$F_{BD}=\dfrac{P}{2}+F_T\dfrac{ha}{2bH}$

4-26 $F=150\ \text{N}$

4-27 $F_{Ax}=70\ \text{kN}$（←）、$F_{Ay}=30\ \text{kN}$（↑）、$F_{Gx}=50\ \text{kN}$（→）、$F_{Gy}=10\ \text{kN}$（↑）

$F_{BE}=40\ \text{kN}$（拉）、$F_{CE}=-70.7\ \text{kN}$（压）

4-28 $M=\dfrac{Fr\cos(\beta-\theta)}{\sin\beta}$

4-29 $F_{Ax}=-7\ \text{kN}$、$F_{Ay}=3\ \text{kN}$、$F_{Cx}=7\ \text{kN}$、$F_{Cy}=3\ \text{kN}$

4-30 $F_{Ax}=1200\ \text{N}$、$F_{Ay}=150\ \text{N}$、$F_B=1050\ \text{N}$、$F_{BC}=1500\ \text{N}$（压）

4-31 $F_{Ax}=0$、$F_{Ay}=-\dfrac{M}{2a}$、$F_{Bx}=0$、$F_{By}=-\dfrac{M}{2a}$、$F_{Dx}=0$、$F_{Dy}=\dfrac{M}{a}$

4-32 $F_{Ax}=0$、$F_{Ay}=10\ \text{kN}$（↑）、$F_{Bx}=0$、$F_{By}=40\ \text{kN}$（↑）、$F_C=10\ \text{kN}$（↑）

4-33 $AC=a+\dfrac{F}{k}\left(\dfrac{l}{b}\right)^2$

4-34 $F_{CD}=60\ \text{kN}$（拉）、$F_{EO}=-36.1\ \text{kN}$（压）

4-35 $F_1=\dfrac{\sqrt{2}}{2}(3ql+F)$、$F_2=-\dfrac{1}{2}(3ql+F)$、$F_3=\dfrac{1}{2}(3ql+F)$

4-36 $F=1684\ \text{N}$、$F_{AB}=666.7\ \text{N}$、$F_{Ox}=1459\ \text{N}$、$F_{Oy}=325\ \text{N}$、$F_{Dx}=0$、$F_{Dy}=1167\ \text{N}$

4-37 $F_{Ax}=-2250\ \text{N}$、$F_{Ay}=-3000\ \text{N}$、$F_{Dx}=2250\ \text{N}$、$F_{Dy}=4000\ \text{N}$

4-38 $F_{Ax}=-ql$、$F_{Ay}=2ql$、$M_A=2ql^2$、$F_{Dx}=\dfrac{1}{2}ql$、$F_{Dy}=-ql$

4-39 $F_{Ax}=\dfrac{P}{2}$、$F_{Ay}=0$、$M_A=PR$

第五章 空间力系

5-1 $M_x=\dfrac{F}{4}(h-3r)$、$M_y=\dfrac{\sqrt{3}}{4}F(r+h)$、$M_z=-\dfrac{Fr}{2}$

5-2 $F_x=F_y=-\dfrac{\sqrt{3}}{3}F$、$F_z=\dfrac{\sqrt{3}}{3}F$

$M_x(\boldsymbol{F})=\dfrac{\sqrt{3}}{3}Fa$、$M_y(\boldsymbol{F})=-\dfrac{\sqrt{3}}{3}Fa$、$M_z(\boldsymbol{F})=0$

5-3 $F_A=596.3\ \text{N}$、$F_B=F_C=-298.1\ \text{N}$

5-4 $F_{CA}=-\sqrt{2}P$、$F_{BD}=P(\cos\theta-\sin\theta)$、$F_{BE}=P(\cos\theta+\sin\theta)$、$F_{AB}=-\sqrt{2}P\cos\theta$

5-5 $a=350\ \text{mm}$

5-6 $F_{Ay}=F_{By}=0$、$F_2=577.4\ \text{N}$、$F_{Az}=265.5\ \text{N}$、$F_{Bz}=611.9\ \text{N}$

5-7 $F=70.9\ \text{N}$、$F_{Ax}=-68.4\ \text{N}$、$F_{Ay}=-47.6\ \text{N}$、$F_{Bx}=-207\ \text{N}$、$F_{By}=-19.1\ \text{N}$

5-8 $F_{Ax}=-2\ \text{kN}$、$F_{Az}=4.5\ \text{kN}$、$F_{Bx}=-6\ \text{kN}$、$F_{Bz}=1.5\ \text{kN}$

5-9 $F_{Ox}=150\ \text{N}$、$F_{Oy}=75\ \text{N}$、$F_{Oz}=500\ \text{N}$

$M_x=100\ \text{N}\cdot\text{m}$、$M_y=-37.5\ \text{N}\cdot\text{m}$、$M_z=-24.38\ \text{N}\cdot\text{m}$

5-10 $F_1=F$、$F_2=-\sqrt{2}F$、$F_3=-F$、$F_4=\sqrt{2}F$、$F_5=\sqrt{2}F$、$F_6=-F$

第六章 静力学专题

6-1 静止、$F_s=98\ \text{N}$

6-2 $4383\ \text{N}<F<6574\ \text{N}$

6-3 $M>\dfrac{(1+f_s)f_s}{1+f_s^2}PR$

6-4 $f_s=\dfrac{1}{2\sqrt{3}}$

6-5 $\dfrac{M\sin(\theta-\varphi_f)}{l\cos\theta\cos(\beta-\varphi_f)}\leqslant F\leqslant\dfrac{M\sin(\theta+\varphi_f)}{l\cos\theta\cos(\beta+\varphi_f)}$（其中 $\tan\varphi_f=f_s$）

6-6 $a<\dfrac{b}{2f_s}$

6-7 $b\leqslant 110\ \text{mm}$

6-8 (1) $F\geqslant W\tan(\alpha+\varphi_f)$、$\tan\varphi_f=f_s$

(2) $\alpha\leqslant\varphi_f=\arctan f_s$

6-9 $F_{max}=\sqrt{3}f_sP$

6-10 $F_1=-29.7\ \text{kN}$、$F_2=21\ \text{kN}$、$F_3=21\ \text{kN}$、$F_4=-21\ \text{kN}$、$F_5=15\ \text{kN}$

$F_6=9\ \text{kN}$、$F_7=0$、$F_8=-41.0\ \text{kN}$、$F_9=9\ \text{kN}$

6-11 $F_{BB'}=F_{BC'}=F_{CC'}=F_{DD'}=0$、$F_{AB}=F_{BC}=F_{CD}=11.7\ \text{kN}$、$F_{DC'}=24\ \text{kN}$

$F_{AB'}=F_{B'C'}=-14.6\ \text{kN}$、$F_{DE}=25\ \text{kN}$、$F_{C'D'}=F_{D'E}=-18.8\ \text{kN}$

6-12 $F_{BC}=F_{CE}=0$、$F_{BE}=-4.24\ \text{kN}$、$F_{DE}=3\ \text{kN}$、$F_{AD}=-8.49\ \text{kN}$

$F_{BD}=3\ \text{kN}$、$F_{AB}=-3\ \text{kN}$、$F_{OD}=9\ \text{kN}$

6-13 $F_1=0$、$F_2=0.33F$、$F_3=-0.33F$、$F_4=0.47F$

6-14 $F_1=-125\ \text{kN}$、$F_2=53\ \text{kN}$、$F_3=-87.5\ \text{kN}$

6-15 $F_{CD}=-0.866F$

6-16 $F_1=\sqrt{2}F$

6-17 $F_1=-\frac{4}{9}F$（压）、$F_2=-\frac{2}{3}F$（压）、$F_3=0$

6-18 图 a：$x_C=\frac{2}{5}a$、$y_C=\frac{b}{2}$

图 b：$x_C=0$、$y_C=\frac{4b}{3\pi}$

6-19 $x_C=18.4\ \text{cm}$、$y_C=13.2\ \text{cm}$

6-20 $x_C=27.6\ \text{cm}$、$y_C=0$

6-21 $x_C=90\ \text{mm}$、$y_C=0$

6-22 图 a：$x_C=0$、$y_C=153.6\ \text{mm}$

图 b：$x_C=19.7\ \text{mm}$、$y_C=39.7\ \text{mm}$

6-23 $x_C=79.7\ \text{mm}$、$y_C=34.9\ \text{mm}$

6-24 $x_C=21.4\ \text{mm}$、$y_C=21.4\ \text{mm}$、$z_C=-7.14\ \text{mm}$

6-25 图 a：(2.02 m，1.15 m，0.716 m)

图 b：(0.511 m，1.41 m，0.717 m)

6-26 $P_2=\frac{l}{a}P_1$

6-27 $F=8660\ \text{N}$

6-28 $F_1 : F_2=0.612$

6-29 $AC=a+\frac{F}{k}\left(\frac{l}{b}\right)^2$

6-30 $F_B=15\ \text{kN}$、$F_D=2.5\ \text{kN}$

第七章 点的运动学

7-1 $\frac{x^2}{(a+b)^2}+\frac{y^2}{b^2}=1$

7-2 $x=0$、$y=e\sin\omega t+\sqrt{R^2-e^2\cos^2\omega t}$、$v=e\omega\left(\cos\omega t+\frac{e\sin 2\omega t}{2\sqrt{R^2-e^2\cos^2\omega t}}\right)$

7-3 相对于地面：$y_A=10\sqrt{64-t^2}$ (mm)、$v_A=-\frac{10t}{\sqrt{64-t^2}}$ (mm/s)

相对于凸轮：$x'_A=10t$ (mm)、$y'_A=10\sqrt{64-t^2}$ (mm)

$v_{Ax'}=10$ (mm/s)、$v_{Ay'}=-\frac{10t}{\sqrt{64-t^2}}$ (mm/s)

7-4 $y=l\tan Ct$、$v=lC\sec^2 Ct$、$a=2lC^2\tan Ct\sec^2 Ct$

$\theta=\frac{\pi}{3}$：$v=4lC$、$a=8\sqrt{3}lC^2$

7-5 $v_M=\frac{v_0}{l+h}\sqrt{l^2\tan^2\theta+h^2}$、$a_M=\frac{lv_0^2}{(l+h)^2\cos^3\theta}$

7-6 椭圆：$\frac{(x_A-0.2)^2}{0.7^2}+\frac{y_A^2}{0.2^2}=1$、$v_A=0.35\ \text{m/s}$

7-7 自然法：$s=2R\omega t$、$v=2R\omega$、$a_t=0$、$a_n=4R\omega^2$

直角坐标法：$x=R+R\cos2\omega t$、$y=R\sin2\omega t$、$v_x=-2R\omega\sin2\omega t$

$v_y=2R\omega\cos2\omega t$、$a_x=-4R\omega^2\cos2\omega t$、$a_y=-4R\omega^2\sin2\omega t$

7-8 $a=3.05\ \text{m/s}^2$

7-9 $y^2-2y-4x=0$、$\rho=2.8\ \text{m}$

7-10 $x=v_Ct-r\sin\frac{v_Ct}{r}$、$y=r-r\cos\frac{v_Ct}{r}$、$v=2v_C\sin\frac{v_Ct}{2r}$、$s=4r\left(1-\cos\frac{v_Ct}{2r}\right)$

$a_t=\frac{v_C^2}{r}\cos\frac{v_Ct}{2r}$、$a_n=\frac{v_C^2}{r}\sin\frac{v_Ct}{2r}$、$\rho=4r\sin\frac{v_Ct}{2r}$

7-11 $v_C=-v_0\sqrt{\frac{l-b}{l+b-2x}}$、$v_C=-v_0$

7-12 (1) $\frac{x_C^2}{4l^2}+\frac{y_C^2}{l^2}=1$；(2) $\rho=\frac{l}{2}$

7-13 $v=20\ \text{cm/s}$、$a_t=10\ \text{cm/s}^2$、$a_n=40\ \text{cm/s}^2$

7-14 $v=300\ \text{m/s}$、$a=60.8\ \text{m/s}^2$

7-15 $v=\frac{h}{h-l}u$、$a=0$

7-16 $y=\sqrt{64+t^2}-8$、$v=\frac{t}{\sqrt{64+t^2}}$、$a=\frac{64}{(64+t^2)^{3/2}}$、$t=15\ \text{s}$

7-17 $v_B=0.5\ \text{m/s}$、$a_B=0.045\ \text{m/s}^2$

7-18 $s=25t^2$

第八章 刚体的基本运动

8-1 $v_M=\frac{\sqrt{3}\pi^2}{24}l$、$a_M^t=-\frac{\pi^3}{144}l$、$a_M^n=\frac{\pi^4}{192}l$

8-2 $v=4\ \text{m/s}$、$a_t=4\ \text{m/s}^2$、$a_n=32\ \text{m/s}^2$、$a=32.25\ \text{m/s}^2$、$\tan\theta=0.125$

8-3 (1) $x_{O_1}=0.2\cos4t$ (m)；(2) $v=-0.4\ \text{m/s}$、$a=-2.77\ \text{m/s}^2$

8-4 $\theta=\arctan\left(\frac{r\sin\omega_0t}{h-r\cos\omega_0t}\right)$

8-5 $\omega=\frac{v}{2l}$、$\alpha=\frac{v^2}{2l^2}$

8-6 （1）$\varphi=\arccos\left[\frac{1}{2}\left(\sqrt{2}+\frac{vt}{R}\right)\right]$

（2）$\omega=-\frac{v}{\sqrt{2R^2-2\sqrt{2}Rvt-(vt)^2}}$、$v_C=-\frac{2Rv}{\sqrt{2R^2-2\sqrt{2}Rvt-(vt)^2}}$

8-7 $\omega=\frac{v_0}{\sqrt{l^2-v_0^2t^2}}$、$\alpha=\frac{v_0^3t}{\sqrt{(l^2-v_0^2t^2)^3}}$

8-8 $\varphi=\frac{1}{30}t$、$x_B^2+(y_B+0.8)^2=1.5^2$

8-9 $\omega=2\ \text{rad/s}$、$\alpha=1.5\ \text{rad/s}^2$、$a_C=0.427\ \text{m/s}^2$

8-10 $v=2.41\ \text{m/s}$

8-11 $\varphi=4\ \text{rad}$

8-12 $\alpha=38.4\ \text{rad/s}^2$

8-13 $\omega_2=0$、$\alpha_2=-\frac{bl\omega^2}{r_2}$

8-14 $v_C=\frac{\sqrt{5}\,v\cos^2\varphi}{\sin\varphi}$、$a_C=\frac{\sqrt{5}\,v^2}{l}\cot^3\varphi\sqrt{1+3\sin^2\varphi}$

8-15 $\alpha=\frac{v^2b}{2\pi r^3}$

第九章 点的合成运动

9-1 略

9-2 $v_r=\sqrt{v_2^2+v_1^2}$、$\tan\theta=\frac{v_1}{v_2}$

9-3 $\varphi=0°$：$v=0$

$\varphi=30°$：$v=100\ \text{cm/s}$

$\varphi=90°$：$v=200\ \text{cm/s}$

9-4 $v_a=2R\omega$、$v_r=2R\omega\sin\omega t$

9-5 $v_{AB}=\omega e$

9-6 $v_A=\frac{lbu}{x^2+b^2}$

9-7 $\omega_2=2\ \text{rad/s}$

9-8 $\omega=\frac{v}{h}\sin^2\varphi$

9-9 $v_{CD}=0.10\ \text{m/s}$

9-10 $\omega=5\ \text{rad/s}$

9-11 $\omega_B=2\ \text{rad/s}$

9-12 $\omega_1=2.67\ \text{rad/s}$

9-13 $\omega_{AO}=\dfrac{\omega}{2}$

9-14 $v_D=\omega(l-b)$

9-15 $v_{CD}=0.325\ \text{m/s}$

9-16 $\omega_{CO}=\dfrac{\sqrt{3}}{4r}v$

9-17 $v_{BCD}=0.173\ \text{m/s}$、$a_{BCD}=0.05\ \text{m/s}^2$

9-18 $v_{BCD}=r\omega\sin\omega t$、$a_{BCD}=r\omega^2\cos\omega t$

9-19 $v=\dfrac{1}{2}\omega l$、$a=0.866\omega^2 l-0.5\alpha l$

9-20 $v_M=173.2\ \text{mm/s}$、$a_M=350\ \text{mm/s}^2$

9-21 $a_A=74.6\ \text{cm/s}^2$

9-22 $\omega=0.5\ \text{rad/s}$、$\alpha=-0.5\ \text{rad/s}^2$

9-23 $a_1=r\omega^2-\dfrac{v^2}{r}-2\omega v$、$a_2=\sqrt{\left(r\omega^2+\dfrac{v^2}{r}+2\omega v\right)^2+4r^2\omega^4}$

9-24 $v_M=6.32\ \text{cm/s}$、$a_M=24.1\ \text{cm/s}^2$

9-25 $\omega_{AB}=\dfrac{\omega_0}{4}$、$\alpha_{AB}=\dfrac{\alpha_0}{4}-\dfrac{\sqrt{3}}{8}\omega_0^2$

第十章 刚体的平面运动

10-1 $x_C=12\cos 2t$、$y_C=12\sin 2t$、$\varphi=2t$

$v_A=24\sqrt{2}\ \text{cm/s}$

10-2 $v_C=1.3\ \text{m/s}$

10-3 $v_{BC}=2.51\ \text{m/s}$

10-4 $\omega_B=7.25\ \text{rad/s}$、$v_B=108.8\ \text{cm/s}$

10-5 $v_B=\dfrac{u}{\tan\varphi}$、$\omega_{AB}=\dfrac{u}{l\sin\varphi}$

10-6 $n_1=10800\ \text{r/min}$

10-7 $v_E=0.8\ \text{m/s}$

10-8 $v_B=2v_A$、$\omega_{CB}=\dfrac{\sqrt{3}}{l}v_A$

10-9 $\omega_{BA}=2.09\ \text{rad/s}$、$v_D=199\ \text{mm/s}$

10-10 $\omega_{OB}=3.75\ \text{rad/s}$、$\omega_{\text{I}}=6\ \text{rad/s}$

10-11 $\omega_{DO}=10\sqrt{3}\ \text{rad/s}$、$\omega_{DE}=\dfrac{10}{3}\sqrt{3}\ \text{rad/s}$

10-12 $v_C=1.5L\omega$

10-13 $\omega_{DE}=0.5\ \text{rad/s}$

10-14 $\omega_{EK}=1.33\ \text{rad/s}$、$v_K=0.46\ \text{m/s}$

10-15 $v_O=\dfrac{R}{R-r}v$

10-16 $\omega_{BC}=\dfrac{\omega}{2}$

10-17 $\omega_{AO_1}=0.2\ \text{rad/s}$

10-18 $v_B=14.7\ \text{cm/s}$

10-19 $v_{Dr}=1.16l\omega_0$

10-20 $\omega_{AB}=\omega$

10-21 $v_B=\sqrt{2}\omega l$、$a_B=\sqrt{2}\omega^2 l$

10-22 $a_B=\dfrac{40\sqrt{3}}{3}\ \text{cm/s}^2$、$\alpha_{AB}=\dfrac{4\sqrt{3}}{3}\ \text{rad/s}^2$

10-23 $v_B=R\omega_0\cot\theta$、$a_B=R\alpha_0\cot\theta+\dfrac{R^2\omega_0^2}{l\sin^3\theta}$

10-24 $\omega=3.62\ \text{rad/s}$、$\alpha=2.2\ \text{rad/s}^2$

10-25 $v_C=\dfrac{3}{2}r\omega_0$、$a_C=\dfrac{\sqrt{3}}{12}r\omega_0^2$

10-26 $v_B=2\ \text{m/s}$、$a_B=8\ \text{m/s}^2$

10-27 $\omega_{AB}=\dfrac{3v}{4l}$、$\alpha_{AB}=\dfrac{3\sqrt{3}v^2}{8l^2}$

10-28 $\omega_{AE}=0.866\ \text{rad/s}$、$\alpha_{AE}=0.289\ \text{rad/s}^2$

10-29 $v_E=\dfrac{4r\omega}{3}$、$a_E=0.932r\omega^2$

第十一章 质点动力学基本方程

11-1 $f_s\geqslant\dfrac{a\cos\theta}{a\sin\theta+g}$

11-2 $\dfrac{1-f_s}{1+f_s}g\leqslant a\leqslant\dfrac{1+f_s}{1-f_s}g$

11-3 $\varphi=0°$：$F=2369\ \text{N}$

$\varphi=90°$：$F=0$

11-4 $a=\dfrac{m_1-m_2}{m_1+m_2}g$

11-5 $\Delta m=\frac{2ma}{g-a}$

11-6 $a=0.196\ \mathrm{m/s^2}$

11-7 (1) $F_{\mathrm{Nmax}}=m(g+e\omega^2)$；(2) $\omega_{\max}=\sqrt{\frac{g}{e}}$

11-8 $F_{\mathrm{Nmax}}=714.3\ \mathrm{N}$、$F_{\mathrm{Nmin}}=461.7\ \mathrm{N}$

11-9 $F_{\mathrm{N}}=3mg$、$n=\frac{30\sqrt{2gR}}{\pi r}$

11-10 $\varphi=48.2°$

11-11 $h=78.3\ \mathrm{mm}$

11-12 $\theta=35°27'$

11-13 $F_{\mathrm{T}}=P\left(1+\frac{v^2l^2}{gx^3}\right)\sqrt{1+\left(\frac{l}{x}\right)^2}$

11-14 $x=\frac{t^2}{2m}\left(F_0-\frac{1}{3}kt\right)+v_0t+x_0$

11-15 $s=\frac{15t}{3-5t}$

11-16 $x=x_0\cos\sqrt{\frac{k}{m}}\,t$、$y=v_0\sqrt{\frac{m}{k}}\sin\sqrt{\frac{k}{m}}\,t$、$\frac{x^2}{x_0^2}+\frac{k}{m}\frac{y^2}{v_0^2}=1$

11-17 $F_{\mathrm{T0}}=P\cos\varphi$、$F_{\mathrm{T}}=3P-2P\cos\varphi$

第十二章 动量定理

12-1 图 a：$p=\frac{1}{2}ml\omega$

图 b：$p=mv_C$

图 c：$p=0$

图 d：$p=\frac{m\omega l}{2}$

12-2 $p=\frac{5}{2}ml_1\omega$

12-3 $f=0.17$

12-4 $v=0.083\ \mathrm{m/s}$

12-5 $v_2=\frac{m_1v_1}{m_1+m_2}$、$\Delta p=m_2v_2$

12-6 $v_3=22.5\ \mathrm{m/s}$

12-7 向左移动 0.266 m

12-8　$F_{Ox}=m_3\dfrac{R}{r}a\cos\theta+m_3g\cos\theta\sin\theta$

$F_{Oy}=(m_1+m_2+m_3)g-m_3g\cos^2\theta+m_3\dfrac{R}{r}a\sin\theta-m_2a$

12-9　$F_{Ox}=-m(l\omega^2\cos\varphi+l\alpha\sin\varphi)$、$F_{Oy}=mg+m(l\omega^2\sin\varphi-l\alpha\cos\varphi)$

12-10　$a_A=\dfrac{\sin\theta\cos\theta}{\sin^2\theta+3}g$、$F_N=\dfrac{12m_Bg}{\sin^2\theta+3}$

12-11　向左移动$\dfrac{a-b}{4}$

12-12　$F_{Ot}=mg\cos\varphi-m\dfrac{4R}{3\pi}\alpha$、$F_{On}=mg\sin\varphi+m\dfrac{4R}{3\pi}\omega^2$

12-13　$F_x=-(m_1+m_2)e\omega^2\cos\omega t$、$F_y=-m_2e\omega^2\sin\omega t$

12-14　$4x^2+y^2=l^2$

12-15　$x=\dfrac{(P_1+3P_2)l}{2(P_1+P_2+P_3)}(1-\cos\omega t)$、$F_N=P_1+P_2+P_3-\dfrac{\omega^2l(P_1+P_2)}{2g}\sin\omega t$

12-16　$F_N=m_Ag+m_Bg+m_Bl(\ddot{\varphi}\sin\varphi+\dot{\varphi}^2\cos\varphi)$

$x=x_0+\dfrac{m_Bl}{m_A+m_B}(\sin\varphi_0-\sin\varphi)$

$\left(1+\dfrac{m_B}{m_A}\right)^2(x_B-C)^2+y_B^2=l^2$ $\left(\text{其中，}C=x_0+\dfrac{m_Bl}{m_A+m_B}\sin\varphi_0\right)$

12-17　$a=\dfrac{\sqrt{3}}{23}g$、$F_T=\dfrac{27}{23}mg$、$F_N=\dfrac{33\sqrt{3}}{23}mg$

12-18　$x=\dfrac{m_2e}{m_1+m_2}(1-\cos\omega t)$、$\omega\geqslant\sqrt{\dfrac{(m_1+m_2)g}{e}}$

第十三章　动量矩定理

13-1　$M_O(m\boldsymbol{v})=2mab\omega\cos\omega t$

13-2　图 a：$L_O=\dfrac{1}{3}ml^2\omega$

图 b：$L_O=-\dfrac{1}{9}ml^2\omega$

图 c：$L_O=\dfrac{3}{2}mR^2\omega$

13-3　$L_z=\dfrac{8}{3}m\omega l^2\sin^2\theta$

13-4 (1) $L_B=[J_A-me^2+m\,(R+e)^2]\dfrac{v_A}{R}$

(2) $L_B=mv_A(R+e)+\omega(J_A+mRe)$

13-5 $L_O=\left(\dfrac{J_1+J_2}{R_2^2}+m_2+m_3\right)R_2v_3$

13-6 $t=\dfrac{l}{k}\ln2$

13-7 $\alpha=\dfrac{(m_1r_1-m_2r_2)g}{m_1r_1^2+m_2r_2^2+m_3\rho^2}$

13-8 $J_O=1060\ \text{kg}\cdot\text{m}^2$、$M_f=6.024\ \text{N}\cdot\text{m}$

13-9 $a=\dfrac{2(M-m_2gr)}{(m_1+2m_2)r}$

13-10 $F=269.3\ \text{N}$

13-11 $\omega=\dfrac{m'+m}{m'+\dfrac{13}{4}m}\omega_0$

13-12 $J_x=\dfrac{mh^2}{6}$

13-13 $t=\dfrac{\omega r_1}{2fg\left(1+\dfrac{m_1}{m_2}\right)}$

13-14 $F_{Ox}=-32\ \text{N}$、$F_{Oy}=109.8\ \text{N}$

13-15 $a=\dfrac{(M-mgr)R^2r}{(J_1r^2+J_2R^2)+mr^2R^2}$

13-16 $a_A=\dfrac{m_1g\,(r+R)^2}{m_1\,(r+R)^2+m_2(\rho^2+R^2)}$

13-17 $a=\dfrac{F-f(m_1+m_2)g}{m_1+\dfrac{1}{3}m_2}$

13-18 $\alpha=\dfrac{4g}{7r}\sin\theta$、$F_{AB}=-\dfrac{1}{7}mg\sin\theta$

13-19 $t=\dfrac{v_0-r\omega_0}{3fg}$、$v=\dfrac{2v_0+r\omega_0}{3}$

13-20 $a_{Cx}=\dfrac{gl^2\sin\theta\cos\theta}{12e^2+l^2}$、$a_{Cy}=\dfrac{gl^2\ \sin^2\theta}{12e^2+l^2}-g$、$F_D=\dfrac{mgl^2\sin\theta}{12e^2+l^2}$

第十四章 动能定理

14-1 $f=\dfrac{l_1\sin\theta}{l_1\cos\theta+l_2}$

14-2 $W_{AB}=20.3\ \text{J}$、$W_{BD}=0$

14-3 $W=\dfrac{4\pi}{3}(6\pi a+16\pi^2 b-3fmgR)$

14-4 $T=\dfrac{1}{4}r_1^2\omega_1^2(m_1+m_2)$

14-5 $T=\dfrac{1}{2}m_1v^2+\dfrac{1}{2}m_2(v^2+u^2+\sqrt{3}vu)$

14-6 $T_{\max}=\dfrac{1}{2}\omega^2(J_O+mr^2)$

14-7 $T=\dfrac{3}{2}mv_A^2$

14-8 $F=6\ \text{N}$、$W=4500\ \text{J}$

14-9 $v_A=\sqrt{\dfrac{3}{m}[M\theta-mgl(1-\cos\theta)]}$

14-10 $\omega=\dfrac{2}{r}\sqrt{\dfrac{M-m_2gr\sin\theta}{2m_2+m_1}\varphi}$、$\alpha=\dfrac{2(M-m_2gr\sin\theta)}{(2m_2+m_1)r^2}$

14-11 $v=\sqrt{\dfrac{2h\left(\dfrac{M}{R}-m_2g\right)}{m_2+m_1\dfrac{\rho^2}{R^2}}}$、$a=\dfrac{\dfrac{M}{R}-m_2g}{m_2+m_1\dfrac{\rho^2}{R^2}}$

14-12 $v=\sqrt{\dfrac{4gh(m_4-2m_3+m_2)}{2m_4+8m_3+4m_1+3m_2}}$

14-13 $v=2.512\ \text{m/s}$

14-14 $v=\sqrt{\dfrac{2(Mi_{12}-PR)Rh}{J_1i_{12}^2+J_2+\dfrac{P}{g}R^2}}$、$a=\dfrac{(Mi_{12}-PR)R}{J_1i_{12}^2+J_2+\dfrac{P}{g}R^2}$

14-15 $b=\dfrac{\sqrt{3}}{6}l$

14-16 $\omega=\sqrt{\dfrac{(6m_2+3m_1)g\sin\theta}{(m_1+3m_2)l}}$、$\alpha=\dfrac{3g(2m_2+m_1)}{2l(m_1+3m_2)}\cos\theta$

14-17 $\omega=\dfrac{3.12}{\sqrt{l}}\ \text{rad/s}$

14-18 $v=\sqrt{\dfrac{2(mg-2kh)h}{3m}}$、$a=\dfrac{1}{3}g-\dfrac{4}{3}\dfrac{kh}{m}$、$F_s=\dfrac{1}{6}mg+\dfrac{4}{3}kh$

14-19 $v_r=\dfrac{2\sqrt{6}}{3}\sqrt{gr}$、$F_N=\dfrac{5}{2}m_2g$

14-20 $P=6.31\ \text{kW}$、$M_1=188.2\ \text{N}\cdot\text{m}$、$M_2=42.4\ \text{N}\cdot\text{m}$

第十五章 动 静 法

15-1 $a=g\tan\theta$

15-2 $\varphi=\arccos\dfrac{2}{3}=48°11'$

15-3 $F_{Ox}=\dfrac{P}{2}(1+\sin\theta)\cos\theta$、$F_{Oy}=\dfrac{P}{2}(1+\sin\theta)^2$

15-4 $m_3=50\ \text{kg}$、$a=2.45\ \text{m/s}^2$

15-5 $\omega=\sqrt{\dfrac{k(\varphi-\varphi_0)}{ml^2\sin2\varphi}}$

15-6 $F_{x\max}=m_2e\omega^2$、$F_{y\max}=(m_1+m_2)g+m_2e\omega^2$

15-7 $F=\dfrac{P_1(P_1\sin\theta-P_2)\cos\theta}{P_1+P_2}$

15-8 $F_C=\dfrac{3m_1m_2+m_2^2}{2m_1+m_2}g$、$M_C=\dfrac{3m_1m_2+m_2^2}{2m_1+m_2}gl$

15-9 $F_{Bx}=0$、$F_{By}=\dfrac{4}{7}mg$

15-10 $F_{AD}=73.2\ \text{N}$、$F_{BE}=273.2\ \text{N}$

15-11 $a=\dfrac{8F}{11m}$

15-12 $M=\dfrac{\sqrt{3}}{4}(m_1+2m_2)rg-\dfrac{\sqrt{3}}{4}m_2r^2\omega^2$、$F_{Ox}=\dfrac{\sqrt{3}}{4}m_1r\omega^2$

$F_{Oy}=(m_1+m_2)g-\dfrac{1}{4}(m_1+2m_2)r\omega^2$

15-13 (1) $\alpha=\dfrac{3g}{2l}\cos\varphi$，(2) $\varphi_1=\arcsin\left(\dfrac{2}{3}\sin\varphi_0\right)$

15-14 $a_O=\dfrac{mg\sin2\varphi}{3m_1+2m\sin^2\varphi}$

15-15 $\alpha=\dfrac{4g}{7r}\sin\theta$、$F_{AB}=-\dfrac{1}{7}mg\sin\theta$

15-16 $a_{Cx}=\dfrac{gl^2\sin\theta\cos\theta}{12e^2+l^2}$、$a_{Cy}=\dfrac{gl^2\sin^2\theta}{12e^2+l^2}-g$、$F_D=\dfrac{mgl^2\sin\theta}{12e^2+l^2}$

15-17 $F_{Ox}=-r\omega^2\left(m_2+\dfrac{m_1}{2}\right)\cos\omega t$、$F_{Oy}=m_1\left(g-\dfrac{r\omega^2}{2}\sin\omega t\right)$

$M=\left(\dfrac{m_1g}{2}+m_2r\omega^2\sin\omega t\right)r\cos\omega t$

15-18 $\omega=\sqrt{\dfrac{3g\sin\theta}{l}}$、$\alpha=\dfrac{3g}{2l}\cos\theta$

$F_{Ox}=\dfrac{9}{8}mg\sin2\theta$（←）、$F_{Oy}=mg\left(1+\dfrac{3}{2}\sin^2\theta-\dfrac{3}{4}\cos^2\theta\right)$（↑）

15-19 $F=\sqrt{3}\left(\dfrac{3}{2}m_1+m_2\right)g$、$f_s\geqslant\dfrac{\sqrt{3}m_1}{2\ (m_1+m_2)}$

15-20 $F_S=\rho r^2\omega^2\sin\varphi$、$F_N=\rho r^2\omega^2(1+\cos\varphi)$、$M=\rho r^3\omega^2(1+\cos\varphi)$

15-21 $F_A=-F_B=74$ N

第十六章 碰撞专题

16-1 $I_x=-10.96$ N·m、$I_y=3.96$ N·m、$F^*=582.7$ N

16-2 $e=\dfrac{\tan\alpha}{\tan\beta}$

16-3 $e=0.353$

16-4 $F=166.7$ kN、$\Delta T=900$ J

16-5 $v_1=3.175$ m/s、$v_2=4.157$ m/s

16-6 (1) $\omega=\dfrac{3v_C}{4l}$；(2) $I_x=\dfrac{5}{8}mv_C$、$I_y=\dfrac{3}{8}mv_C$

16-7 $s=\dfrac{3l}{2f}\ \dfrac{m_1^2}{(m_1+3m_2)^2}$

16-8 $e=\dfrac{\sqrt{3}}{3}$

16-9 (1) $\omega=\dfrac{3I}{5ml}$；(2) $\sin\dfrac{\varphi}{2}=\dfrac{\sqrt{3}I}{2m\sqrt{10gl}}$

16-10 $\omega=0.57$ rad/s

16-11 $\omega=\dfrac{\omega_0}{4}$

16-12 (1) $\omega=\dfrac{12}{7l}\sqrt{2gh}$；(2) $I=\dfrac{4m}{7}\sqrt{2gh}$；(3) $\Delta T=\dfrac{4}{7}mgh$

16-13 $\omega_{AB}=2.29$ rad/s、$\omega_{BC}=1.14$ rad/s

16-14 $v_A=0$、$v_B=3$ m/s

16-15 $h=\dfrac{7}{5}r$

参考文献

[1] 哈尔滨工业大学理论力学教研室．理论力学［M］. 7版．北京：高等教育出版社，2009.
[2] 朱炳麒．理论力学［M］. 2版．北京：机械工业出版社，2014.
[3] 郝桐生．理论力学［M］. 4版．北京：高等教育出版社，2017.
[4] 贾启芬，刘习军．理论力学［M］. 5版．北京：机械工业出版社，2023.
[5] 蔡泰信，和兴锁．理论力学教与学［M］. 北京：高等教育出版社，2007.
[6] 王铎．理论力学解题指导及习题集［M］. 北京：高等教育出版社，2005.

教学支持申请表

本书配有多媒体课件、教学设计（教案）、备课笔记、教学及考核大纲、习题详解、期末试卷等，为了确保您及时有效地申请，请您**务必完整填写**如下表格，加盖系/院公章后扫描或拍照发送至下方邮箱，我们将会在2～3个工作日内为您处理。

请填写所需教学资源的开课信息：

采用教材			□中文版 □英文版 □双语版
作　　者		出版社	
版　　次		ISBN	
课程时间	始于　　年　月　日	学生专业及人数	专业：＿＿＿＿＿＿＿＿＿； 人数：＿＿＿＿＿。
	止于　　年　月　日	学生层次及学期	□专科　□本科　□研究生 第＿＿学期

请填写您的个人信息：

学　　校			
院　　系			
姓　　名			
职　　称	□助教 □讲师 □副教授 □教授	职　　务	
手　　机		电　　话	
邮　　箱			

系／院主任：　　　　　　　（签字）

（系／院办公室章）

＿＿＿年＿＿＿月＿＿＿日

100037　北京市西城区百万庄大街22号 机械工业出版社高教分社　张金奎

电话：(010) 88379722

邮箱：jinkui_zhang@163.com

网址：www.cmpedu.com